사회조사분석사

분석사

2급 1차 필기

핵심분석

PREFACE

사회조사분석사란 사회의 다양한 정보를 수집·분석·활용하는 새로운 직종으로 각종 단체의 여론 조사 및 시장조사 등에 대한 계획을 수립하고 조사를 수행하며 그 결과를 가지고 분석하여 보고서를 작성하는 전문가를 말한다.

사회가 복잡해짐에 따라 중앙정부에서는 다양한 사회현상에 대해 파악하는 것이 요구되고 민간 기업에서는 수요자의 욕구를 파악하여 경제활동에 필요한 전략의 수립이 요구되어 진다. 그러므로 사회조사분석의 필요성과 전문성을 느끼는 것은 당연한 결과라 하겠다. 따라서 본서는 이런 시대적 흐름에 부합하여 사회조사분석사 자격증 시험을 준비하는 수험생들을 위해 발행하게 되었다.

사회조사분석사 2급 필기시험의 특성상 문제은행 형식으로 출제되므로 기출문제를 반복적으로 풀어봄으로써 최대의 학습효과를 거둘 수 있다.

이에 본서는 2022년 사회조사분석사 2급 필기시험 대비 종합본으로서 조사방법론Ⅰ, Ⅱ, 사회통계 과목에 대한 2018~2020년 최신 3개년 기출문제를 과목별 챕터별로 구분하여 중요 핵심이론과 함께 수록하여 이론정리와 함께 동시에 출제경향 파악이 가능하도록 구성하였으며, 모든 챕터마다 기출 & 예상문제를 수록하여 본인의 실력은 물론 본인이 학습한 이론에 대한 이해도를 스스로 평가할 수 있도록 하여 사회조사분석사 2급 필기시험에 완벽하게 대비할 수 있도록 하였다.

모쪼록 많은 수험생들이 본서를 통하여 합격의 기쁨을 누리게 되기를 진심으로 바라며 수험생 여러분의 건투를 빈다.

▍사회조사분석사의 개요

사회조사분석사란 다양한 사회정보의 수집·분석·활용을 담당하는 새로운 직종으로, 기업·정당·중앙정부·지방자치단체 등 각종 단체의 시장조사 및 여론조사 등에 대한 계획을 수립하고 조사를 수행하며 그 결과를 분석, 보고서를 작성하는 전문가이다.

사회조사를 완벽하게 끝내기 위해서는 '사회조사방법론'은 물론이고 자료분석을 위한 '통계지식', 통계분석을 위한 '통계패키지프로그램'이용법 등을 알아야 한다. 또, 부가적으로 알아야 할 분야는 마케팅관리론이나 소비자행동론, 기획론 등의 주변 관련 분야로 이는 사회조사의 많은 부분이 기업과 소비자를 중심으로 발생하기 때문이다. 사회조사분석사는 보다 정밀한 조사업무를 수행하기 위해 관련분야를 보다 폭 넓게 경험하는 것이 중요하다.

▍수행직무

기업, 정당, 정부 등 각종단체에 시장조사 및 여론조사 등에 대한 계획을 수립하여 조사를 수행하고 그 결과를 통계처리 및 분석보고서를 작성하는 업무를 담당한다.

▍진로 및 전망

각종 연구소, 연구기관, 국회, 정당, 통계청, 행정부, 지방자치단체, 용역회사, 기업체, 사회단체 등의 조사업무를 담당한 부서 특히, 향후 지방자치단체에서의 수요가 클 것으로 전망된다.

▍응시자격

사회조사분석사 2급은 응시자격의 제한이 없어 누구나 시험에 응시할 수 있다. 사회조사분석사 1급 시험에 응시하고자 하는 자는 당해 사회조사분석사 2급 자격증을 취득한 후 해당 실무에 2년 이상 종사한 자와 해당 실무에 3년 이상 종사한 자로 응시자격을 제한하고 있다. 따라서 일반인의 경우 우선 사회조사분석사 1급에 응시하기 앞서 해당 실무에 3년 이상 종사한 자가 아닌 경우는 사회조사분석사 2급 자격증을 취득한 후에 사회조사분석에 관련된 업무에 2년 이상 종사해야만 응시자격이 주어진다.

▌ 시험방법

사회조사분석사 자격시험에서 필기시험은 객관식 4지 택일형을 실시하여 합격자를 결정한다. 총 100문항으로 150분에 걸쳐 시행된다. 실기시험은 사회조사실무에 관련된 복합형 실기시험으로 작업형 120분과 필답형 120분으로 4시간 정도에 걸쳐 진행된다.

▌ 출제경향 및 검정방법

① 출제경향 : 시장조사, 여론조사 등 사회조사 계획 수립, 조사를 수행하고 그 수행결과를 통계처리하여 분석결과를 작성할 수 있는 업무능력 평가
② 검정방법
   ㉠ 필기 : 객관식 4지 택일형
   ㉡ 실기 : 복합형[작업형＋필답형]

▌ 시험과목

구분	시험과목
필기	• 조사방법론 I • 조사방법론 II • 사회통계
실기	사회조사실무 (설문작성, 단순통계처리 및 분석)

▌ 합격자 기준

① 필기 : 100점을 만점으로 하며, 과목당 40점 이상, 전과목 평균 60점 이상 득점한 자를 합격자로 한다.
② 실기 : 100점을 만점으로 하며, 60점 이상 득점한 자를 합격자로 한다.

*기타 시험에 관한 자세한 내용에 대하여는 한국산업인력공단(http : //www.q-net.or.kr)로 문의하기 바랍니다.

▌ 필기 출제기준

과목명	문제수	주요항목	세부항목	세세항목
조사방법론 I	30	1. 과학적 연구의 개념	1. 과학적 연구의 의미	1. 과학적 연구의 의미 2. 과학적 연구의 논리체계
			2. 과학적 연구의 목적과 유형	1. 과학적 연구의 목적과 접근방법 2. 과학적 연구의 유형
			3. 과학적 연구의 절차와 계획	1. 과학적 연구의 절차 2. 과학적 연구의 분석단위
			4. 연구문제 및 가설	1. 연구문제의 의미와 유형 2. 이론 및 가설의 개념
			5. 조사윤리와 개인정보보호	1. 조사윤리의 의미 2. 개인정보보호의 의미
			6. 현장조사 이해 및 실무	1. 현장조사의 이해 2. 현장조사의 실무
		2. 조사설계의 이해	1. 설명적 조사 설계	설명적 조사설계의 기본원리
			2. 기술적 조사 설계	1. 기술적 조사설계의 개념 2. 횡단면적 조사설계의 개념과 유형 3. 내용분석의 의미
			3. 질적 연구의 조사설계	1. 질적연구의 개념과 목적 2. 행위연구 설계의 의미 3. 사례연구 설계의 의미
		3. 자료수집방법	1. 자료의 종류와 수집방법의 분류	1. 자료의 종류 2. 자료수집방법의 분류
			2. 질문지법의 이해	1. 질문지법의 의의 2. 질문지 작성 3. 질문지 적용방법
			3. 관찰법의 이해	1. 관찰법의 이해 2. 관찰법의 유형 3. 관찰법의 장단점
			4. 면접법의 이해	1. 면접법의 의미 2. 면접법의 종류 3. 집단면접 및 심층면접의 개념

과목명	문제수	주요항목	세부항목	세세항목
조사방법론 II	30	1. 개념과 측정	1. 개념, 구성개념, 개념적 정의	1. 개념 및 구성개념 2. 개념적 정의
			2. 변수와 조작적 정의	1. 변수의 개념 및 종류 2. 개념적, 조작적 정의
			3. 변수의 측정	1. 측정의 개념 2. 측정의 수준과 척도
			4. 측정도구와 척도의 구성	1. 측정도구 및 척도의 의미 2. 척도구성방법 3. 척도분석의 방법
			5. 지수(index)의 의미	1. 지수(index)의 의미와 작성방법 2. 사회지표의 종류
		2. 측정의 타당성과 신뢰성	1. 측정오차의 의미	1. 측정오차의 개념 2. 측정오차의 종류
			2. 타당성의 의미	1. 타당성의 개념 2. 타당성의 종류
			3. 신뢰성의 의미	1. 신뢰성의 개념 2. 신뢰성 추정방법 3. 신뢰성 제고방안
		3. 표본 설계	1. 표본추출의 의미	1. 표본추출의 기초개념 2. 표본추출의 이점
			2. 표본추출의 설계	1. 표본추출설계의 의의 2. 확률표본추출방법 3. 비확률표본추출방법
			3. 표본추출오차와 표본크기의 결정	1. 표본추출 오차와 비표본추출 오차의 개념 2. 표본추출 오차의 크기 및 적정 표본 크기의 결정

과목명	문제수	주요항목	세부항목	세세항목
사회 통계	40	1. 기초통계량	1. 중심경향측정치	평균, 중앙값, 최빈값
			2. 산포의 정도	범위, 평균편차, 분산, 표준편차
			3. 비대칭도	1. 피어슨의 비대칭도 2. 분포의 모양과 평균, 분산, 비대칭도
		2. 확률이론 및 확률분포	1. 확률이론의 의미	사건과 확률법칙
			2. 확률분포의 의미	1. 확률변수와 확률분포 2. 이산확률변수와 연속확률변수 3. 확률분포의 기댓값과 분산
			3. 이산확률분포의 의미	이항분포의 개념
			4. 연속확률분포의 의미	1. 정규분포의 의미 2. 표준정규분포
			5. 표본분포의 의미	1. 평균의 표본분포 2. 비율의 표본분포
		3. 추정	1. 점추정	1. 모평균의 추정 2. 모비율의 추정 3. 모분산의 추정
			2. 구간추정	1. 모평균의 구간추정 2. 모비율의 구간추정 3. 모분산의 구간추정 4. 두 모집단의 평균차의 추정 5. 대응모집단의 평균차의 추정 6. 표본크기의 결정
		4. 가설검정	1. 가설검정의 기초	1. 가설검정의 개념 2. 가설검정의 오류
			2. 단일모집단의 가설검정	1. 모평균의 가설검정 2. 모비율의 가설검정 3. 모분산의 가설검정
			3. 두 모집단의 가설검정	1. 두 모집단평균의 가설검정 2. 대응 모집단의 평균차의 가설검정 3. 두 모집단비율의 가설검정
		5. 분산분석	1. 분산분석의 개념	분산분석의 기본가정
			2. 일원분산분석	1. 일원분산분석의 의의 2. 일원분산분석의 전개과정
			3. 교차분석	교차분석의 의의
		6. 회귀분석	1. 회귀분석의 개념	1. 회귀모형 2. 회귀식
			2. 단순회귀분석	1. 단순회귀식의 적합도 추정 2. 적합도 측정방법 3. 단순회귀분석의 검정
			3. 중회귀분석	1. 표본의 중회귀식 2. 중회귀식의 적합도 검정 3. 중회귀분석의 검정 4. 변수의 선택 방법
			4. 상관분석	1. 상관계수의 의미 2. 상관계수의 검정

▌ 최근 5개년 사회조사분석사 2급 필기 응시현황

연도	응시	합격	합격률(%)
2020	10,589	7,948	75.1%
2019	9,635	6,887	71.5%
2018	8,629	5,889	68.2%
2017	7,752	5,348	69%
2016	7,254	4,731	65.2%

▌ 응시인원 증가추세

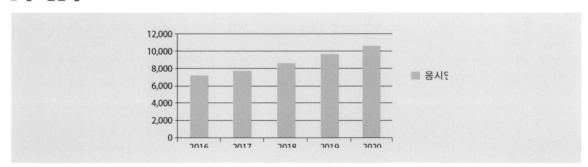

▌ 합격률 변화 추이

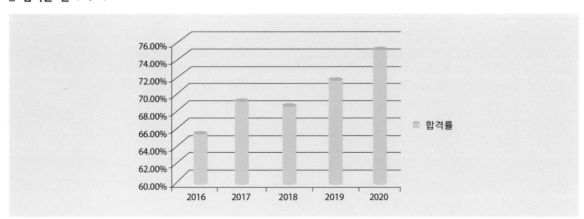

▌합격전략

사회조사분석사 2급 필기시험은 문제은행식으로 출제되므로 출제 포인트를 확인하고 기출문제를 꼼꼼히 숙지한다면 충분히 합격이 가능하다.

문제은행식의 출제 패턴을 가지고 있으므로 이론 및 계산 수식 등의 문제 역시 기존 기출문제가 보기 순서 및 지문의 숫자까지 동일하거나 유사하게 출제되고 있다.

신 유형의 문제 유형이 출제되거나 크게 변하기 많고 그대로 출제가 되고 있다.

자주 출제되는 기출문제를 숙지하고 정답 및 풀이과정을 반복하여 학습한다면 비전공자도 충분히 합격의 영광을 누릴 수 있다.

▌조사방법론Ⅰ, Ⅱ

이론과 가설을 바탕으로 경험적, 실제적 자료를 통한 검증을 확인하는 단계의 과정을 이해하고 학습한다면 충분히 좋은 점수를 획득할 수 있다.

신뢰도, 타당도, 조사방법 등 시험에 자주 출제되는 빈출 영역은 반복적으로 학습하여 정확하게 숙지하고 있어야 필기뿐 아니라 실기 시험에서도 좋은 점수를 획득할 수 있다.

▌사회통계

통계의 개념, 확률, 수리능력 등을 요하는 계산문제가 많아 비전공자들의 과락 비율이 가장 높은 과목이다.

사회통계에서는 고득점을 획득하기 보다는 평균점수를 목표로 통계 관련 공식, 통계의 기본 개념 등에 대한 문제가 출제되고 있기 때문에 통계 관련 수식은 물론 교차분석, 회귀분석, 분산분석 등의 통계 개념을 반드시 숙지하고 있어야 한다.

계산문제의 경우 점수 획득이 어렵기 때문에 이론 문제는 무조건 다 암기한다는 목표로 학습하여야 하며, 계산문제의 경우 통계에 대한 이해 없이 단순 수식만을 암기한다면 문제풀이가 불가능할 수가 있다.

그러므로 분산공식, 영가설, 모평균과 표본평균 등 개념을 확실하게 이해하고 공식에 반영할 줄 알아야 한다.

가장 중요한 것은 사회통계 역시 계산문제는 보기와 숫자의 약간 변형만 있을 뿐 유형 그대로 출제되는 방식이므로 기출문제를 통해 중요한 공식과 적용 원리를 이해하고 반복적으로 학습한다면 좋은 결과는 당연한 일일 것이다.

STRUCTURE

상세한 이론 제시

쉽고 상세한 이론을 통하여 혼자 공부하는 수험생들도 빠르게 이해할 수 있도록 구성하였습니다. 시험에 자주 출제되는 내용은 Plus tip을 통해 더욱 깊이 있게 학습할 수 있습니다.

기출 & 예상문제

매 단원마다 출제기준에 맞춘 기출문제, 예상문제를 수록하여 자신의 학습능력을 점검해 볼 수 있습니다. 이해가 잘 되지 않는 문제는 자세한 해설을 통해 다시 한 번 익힐 수 있습니다.

상세한 해설

매 문제마다 상세한 해설을 달아 문제풀이만으로도 학습이 가능하도록 하였습니다. 문제풀이와 함께 완벽하게 이론을 정리할 수 있도록 하였습니다.

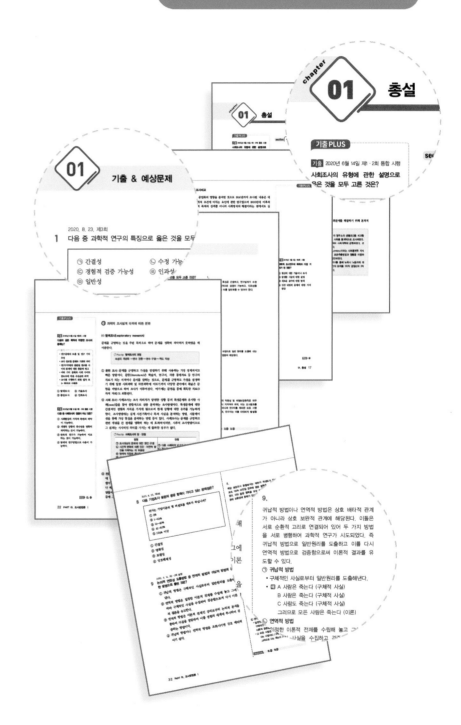

COTENTS

CONTENTS

PART

01

조사방법론 Ⅰ

기출 PLUS

기출 2020년 6월 14일 제1·2회 통합 시행

사회조사의 유형에 관한 설명으로 옳은 것을 모두 고른 것은?

보기
㉠ 탐색, 기술, 설명적 조사는 조사의 목적에 따른 구분이다.
㉡ 패널조사와 동년배집단(cohort) 조사는 동일대상인에 대한 반복측정을 원칙으로 한다.
㉢ 2차 자료 분석연구는 비관여적 연구방법에 해당한다.
㉣ 탐색적 조사의 경우에는 명확한 연구가설과 구체적 조사계획이 사전에 수립되어야 한다.

① ㉠, ㉡, ㉢
② ㉠, ㉢
③ ㉡, ㉣
④ ㉣

section 1 조사방법론

❶ 조사방법론의 의의 [2018 2회] [2019 2회]

조사방법론이란 세상의 여러 사상 중에서 학문의 대상이 되는 것을 발췌하여 이것을 관찰하고 거기에서 수집된 자료들을 과학적으로 분석·처리한 후 그 결과 나타난 사실들을 해석하여 이론화하는 것을 말한다. 모든 학문에 있어서 공통되는 기본과학(basic science)으로서의 성질을 가지며 현 생활에서의 응용적 역할도 갖는다. 조사방법론은 분야에 따라 심리조사방법론, 사회조사방법론, 행정조사방법론, 고고인류조사방법론 등으로 나뉘며 각 학문별로 약간의 내용차이는 있으나 조사방법론이 가지는 원리나 과정(관찰→가설→추리→증명) 자체는 같다.

❷ 조사방법론의 발달

(1) 발생

근대국가의 형성과 자본주의 발달에 의하여 생긴 사회문제를 해결하기 위해 본격적으로 사회조사가 행해졌다.

> ☆ **Plus tip** 사회조사의 예
> ㉠ John Haward : Bedfordshine의 보안관으로 각 형무소의 생활조건을 비교함으로써 형무소 내의 생활개선에 기여하였고, 사회를 통계적으로 조사하였다.
> ㉡ Fredeic Le Play : 노동자의 가족조사를 통하여 사회개혁에 공헌하였고, 조사방법에 사례조사(case study)를 도입하였다.
> ㉢ Charles Booth : 「Life Labor of people in London」이라는 사회통계학 저서로 사회문제 개선에 공헌하였고 조사방법에 표본추출방법과 행렬을 이용하였으며, 최저생활수준의 기준인 '빈곤선'을 창안하였다.
> ㉣ Rowntree : 「빈곤 – 도시생활의 연구」라는 저서를 통해 뉴욕시 노동자에 대한 조사를 하였고 임금노동자와 사회조건 간의 문제를 1차적 궁핍선과 2차적 궁핍선이라는 용어를 사용하여 분석하였다.

정답 ②

(2) 미국과 영국의 조사비교

① **미국**: 도시화 및 공업화의 영향을 분석한 것으로 1914년까지 조사된 내용은 대부분 경제적·사회적 조건에 미치는 요인에 관한 연구였으며 1920년대 이후의 사회조사는 학문적 목적의 성격뿐 아니라 사회병리의 해결이라는 점에서도 실시되었다.

② **영국**: 제2차 세계대전 이전까지는 빈곤, 생활수준, 노동문제가 조사대상이 되었다. 그리고 제2차 세계대전 중에 노령문제, 공공복지에서의 부인집단의 역할이 조사되면서 제2차 세계대전 후에는 모성, 정신질환, 혼성클럽 등에까지 그 조사범위가 확대되었다.

---

section 2 과학적 조사방법

❶ 과학적 조사방법의 의의 `2019 1회`

과학적 조사방법이란 어떤 현상에 대한 사고나 과학적 탐구를 위해서 새로운 현상과 기존의 지식체계와의 연결이 잘 이루어지도록 가설적인 명제들을 체계적이고 비판적으로 탐구·검증하여 이론을 도출하는 것으로 종합적·체계적인 실험을 통해 일반원칙을 밝히는 것이다.

> ☆ Plus tip 과학적 조사방법
> 현상 → 개념 → 가설 → 검증

❷ 과학적 접근방법

M. Cohen & E. Nagel은 과학적 방법을 통하여 증명하지 않은 주장과 이론을 사용하는 제방법과 과학적 방법의 차이에 의하여 경험적 진술 후 그 진위를 검증하는 네 가지 방법으로 과학적 접근방법을 설명하였다.

(1) 권위에 의한 방법(method of authority)

① 주장의 근거를 사회적·전문적으로 높이 평가되는 근원(source)에 호소하는 방법이다.

기출PLUS

기출 2019년 3월 3일 제1회 시행

과학적 조사연구의 목적과 가장 거리가 먼 것은?

① 현상에 대한 기술이나 묘사
② 발생한 사실에 대한 설명
③ 새로운 분야에 대한 탐색
④ 인간 내면의 문제에 대한 가치 판단

정답 ④

② 종류 : 전문가에게 위임하는 합리적인 방법과 절대과오를 부정하고 그 결정에 외적인 힘을 필요로 하는 방법 두 가지가 있다.

③ 단점

    ㉠ 권위의 근원이 다르면 견해의 일치를 볼 수 없다.

    ㉡ 근원의 종류가 같을지라도 사회현상에 관한 문제 중 전문가들 사이에서 의견이 일치되지 않는 경우가 많이 있다.

    ㉢ 권위에 의한 방법이 모든 신념이나 주장을 조정하는 데에 있어서 만능일 수 없다.

기출 2020년 8월 23일 제3회 시행

비과학적 지식형성 방법 중 직관에 의한 지식형성의 오류에 해당하지 않는 것은?

① 부정확한 관찰
② 지나친 일반화
③ 자기중심적 현상 이해
④ 분명한 명제에서 출발

(2) 직관에 의한 방법(method of intuition)

① 확증을 얻기 위하여 자명적 명제('전체는 부분보다 크다', '지구는 둥글다'와 같은 명제)에 호소하는 방법을 말한다.

② 명제는 유행의 영향으로 형성될 수 있으므로 언제나 분명성을 가지는 것은 아니다.

③ 단점

    ㉠ 개인의 편견이 개입되어 객관성을 상실하고, 관찰과정 또는 탐구과정 자체가 주관적 편견에 의해 이루어질 가능성이 높다.

    ㉡ 우연히 관찰한 몇 가지의 예외적인 현상을 마치 전체 현상 속에서 볼 수 있는 규칙적 특성으로 일반화해 버리는 오류를 범하기 쉽다.

    ㉢ 개인적 경험이나 직관에 의해 어떠한 현상에 규칙성이 존재한다고 판단될 때 규칙성을 옹호하는 사실이나 사상, 현상에 대해서는 필요 이상의 주의를 기울이면서, 이러한 규칙성과 관계가 없거나 규칙성을 벗어나는 사실 및 현상에 대해서는 의도적으로 무시한다.

기출 2020년 9월 26일 제4회 시행

다음 중 과학적 방법을 설명하고 있는 것은?

① 전문가에게 위임하는 방법과 어떤 어려운 결정에 있어 외적 힘을 요구하는 방법이다.
② 주장의 근거를 습성이나 관습에서 찾는 방법이다.
③ 스스로 분명한 명제에 호소하는 방법이다.
④ 의문을 제기하고, 가설을 설정하고, 과학적으로 증명하는 방법이다.

(3) 관습에 의한 방법(method of tenacity)

① 명제나 주장의 근거를 선례나 관습에 의하여 찾는 방법을 말한다.

② 한계점 : 시대적 흐름이나 개별적 관심에 따라 변하기 때문에 객관성을 확보하기 어렵다.

(4) 과학적 방법(method of science)

개인적인 편견을 최대한 배제한 후 객관적인 검토를 통해 사건에 대한 관찰과 실험, 검증을 거쳐 증명하는 방법이다.

정답 ④, ④

❸ 과학적 지식의 특징 [2018 4회] [2019 5회] [2020 1회]

(1) 경험성(empirical)

① 연구대상이 궁극적으로는 감각기관에 의해 지각될 수 있다는 형이하학적 의미이다.

② Goode와 Hatt의 가정 : 경험성을 과학의 비과학적 토대라고 하여 다음의 가정을 하였다.
  ㉠ 세계는 존재한다.
  ㉡ 인간은 세계를 인식할 수 있다.
  ㉢ 인식은 인간의 감각기관으로 이루어진다.
  ㉣ 세계에 있는 사물은 인과율에 지배된다.

(2) 재생가능성(reproducibility)

① 어떤 결론이나 결과는 그 결과를 얻는 절차나 방법을 동일하게 반복 실행함으로써 똑같은 결과를 얻을 가능성이 있다.

② 과정과 절차에 관한 재생가능성을 타당성(입증가능성)이라고 하고, 결과에 대한 재생가능성을 신뢰성이라 한다.

(3) 객관성(objectivity)

① 사람은 불완전한 감각기관을 통해 세계를 인지·인식하므로 다수인의 상식 또한 오류가 있을 수 있다는 가정하에 이러한 문제의 해결방안을 위해 객관성을 검증할 수 있는 방법과 도구가 창안되기 시작하였다. 이에 따라 채점표, 조사표, 척도와 같은 객관화의 도구가 발달하였다.

② 객관적 과학지식의 습득 저해 요인
  ㉠ 편견, 상식적 판단 등
  ㉡ 가치판단에 의한 인식 차이

③ 다수결 : 과학적 객관성을 가지고 있는지를 판단하는 것이 아니라 선택수단일 뿐이다.

(4) 간주관성(intersubjectivity, 혹은 상호주관성)

과학적 지식에 있어서 여러 연구자들이 자신의 주관에 입각하여 같은 방법을 사용했을 경우에는 같은 결과에 도달해야 된다는 가정을 말한다.

기출 PLUS

기출 2018년 8월 19일 제3회 시행

다음은 과학적 방법의 특징 중 무엇에 관한 설명인가?

┌─ 보기 ─
│ 대통령 후보 지지율에 대한 여론
│ 조사를 여당과 야당이 동시에 실
│ 시하였다. 서로 다른 동기에 의
│ 해서 조사를 하였지만 양쪽의 조
│ 사 설계와 자료 수집 과정이 객
│ 관적이라면 서로 독립적으로 조
│ 사했더라도 양쪽당의 조사결과는
│ 동일해야 한다.
└─

① 논리적 일관성
② 검증가능성
③ 상호주관성
④ 재생가능성

기출 2019년 3월 3일 제1회 시행

실증주의적 과학관에서 주장하는 과학적 지식의 특징과 가장 거리가 먼 것은?

① 객관성(objectivity)
② 직관성(intuition)
③ 재생가능성(reproducibility)
④ 반증가능성(falsifiability)

정답 ③, ②

(5) 체계성

과학적 방법은 내용의 전개과정 또는 조사과정의 틀, 순서, 원칙을 일정하게 하여 논리적인 체계를 가지도록 하는 것이다.

④ 과학적 조사의 기본개념

(1) 개념

우리 주위에서 일어나는 다양한 현상을 일반화하여 대표할 수 있는 추상화된 표현이나 용어로 정리한 것으로, 명확성, 통일성, 범위의 제한성, 체계성을 갖추어야 한다.

① **명확성** : 사실, 또는 현상의 특징을 명확하게 드러내야 한다.
② **통일성** : 하나의 사실이나 현상에 대한 개념은 통일성이 실현되어야 한다.
③ **범위의 제한성** : 개념은 그것이 드러내는 범위를 적절하게 정할 수 있어야 한다.
④ **체계성** : 개념은 이론에 있어서 구체화되어야 한다.

(2) 사실

현상을 객관적으로 이해하는 것으로 이론을 형성시켜주며 현존하는 이론을 재구성하고 명확화 한다.

(3) 이론 [2018 1회] [2019 1회]

이론은 논리적 연관성과 경험적 검증을 가져야 하며 이론적 관련성을 도출하는 방법으로 연역적 방법, 귀납적 방법, 경험적 검증이 있다.

① **연역적 방법** [2018 2회] [2019 3회] [2020 1회] : 이론적 전제에서 출발하여 가설화, 조작화, 관찰, 검증을 거치는 방법이다.

> 🔖 Plus tip **연역적 논리 전개**
> 가설 설정 → 잠정적 결론 제시 → 가설 채택 또는 기각

② **귀납적 방법** [2018 1회] [2019 1회] [2020 1회] : 경험을 통해 관찰된 많은 사실 중에서 공통유형을 찾아내고, 이를 객관적으로 증명하기 위해 통계학적 분석법을 적용하는 방법이다.

> ☆ **Plus tip** 귀납적 논리 전개
> 관찰 → 유형 발견 → 잠정적 결론

(4) 변수

많은 값들 중 하나를 가정할 수 있는 관계적 분석단위로서 일정한 경험적 속성, 계량화가 가능한 속성, 각기 다른 특징의 속성을 특성으로 한다.

⑤ 과학적 연구의 특징 `2018 1회` `2019 1회`

(1) 논리적이다(사건과 사건의 연결이 우리가 알고 있는 지식체계 내의 객관적인 사실에 의해 뒷받침되어야 함).

(2) 결정론적이다(모든 현상이 어떤 앞선 원인에 의해 발생하며 논리적으로 원인과 결과의 관계로 이해할 수 있어야 함을 가정).

(3) 사회현상에 대한 일반적인 설명을 모색한다(개별적인 현상을 설명하기보다 전체에 대한 일반적인 이해를 추구하는 것을 가정).

(4) 간결성을 추구한다(최소한의 설명변수를 이용해서 최대의 효과를 얻는 것을 가정).

(5) 한정적 특수성을 갖는다(측정방법을 한정적으로 명백히 해야 함을 가정).

(6) 경험적 검증가능성을 전제한다.

(7) 간주관성(intersubjectivity)을 전제한다.

> ☆ **Plus tip** 간주관성
> 동일한 실험을 행할 경우 서로 다른 주관적 동기에 의해서도 같은 결과가 도출되어야 한다.

(8) 수정가능성을 전제한다.

기출PLUS

기출 2020년 8월 23일 제3회 시행

다음 중 과학적 연구의 특징으로 옳은 것을 모두 고른 것은?

┌ 보기 ┐
㉠ 간결성
㉡ 수정 가능성
㉢ 경험적 검증 가능성
㉣ 인과성
㉤ 일반성

① ㉠, ㉡, ㉣
② ㉡, ㉣, ㉤
③ ㉠, ㉡, ㉢, ㉣
④ ㉠, ㉡, ㉢, ㉣, ㉤

정답 ④

다음과 같은 목적에 적합한 조사의 종류는?

─ 보기 ─
- 연구문제의 도출 및 연구 가치 추정
- 보다 정교한 문제와 기회의 파악
- 연구구주제와 관련된 변수를 사이의 관계에 대한 통찰력 제고
- 여러 가지 문제와 사회 사이의 중요도에 따른 우선순위 파악
- 조사를 시행하기 위한 절차 또는 행위의 구체화

① 탐색조사   ② 기술조사
③ 종단조사   ④ 인과조사

다음 중 사례조사의 장점이 아닌 것은?

① 사회현상의 가치적 측면의 파악이 가능하다.
② 개별적 상황의 특수성을 명확히 파악하는 것이 가능하다.
③ 반복적 연구가 가능하여 비교하는 것이 가능하다.
④ 탐색적 연구방법으로 사용이 가능하다.

정답 ①, ③

6 과학적 조사설계 목적에 따른 분류

(1) 탐색조사(exploratory research)

문제를 규명하는 것을 주된 목적으로 하며 문제를 정확히 파악하지 못하였을 때 이용한다.

> 🖰 Plus tip 탐색조사의 과정
> 속성의 개념화 → 변수 전환 → 변수 구분 → 척도 작성

① 문헌 조사: 문제를 규명하고 가설을 정립하기 위해 사용하는 가장 경제적이고 빠른 방법이다. 문헌(literature)은 학술지, 연구서, 각종 통계자료 등 연구의 자료가 되는 서적이나 문서를 말하는 것으로, 문제를 규명하고 가설을 설정하기 위해 일반 사회과학 및 자연과학에 이르기까지 다양한 분야에서 폭넓은 문헌을 바탕으로 하여 조사가 이루어진다. 여기에는 문헌을 통해 획득한 자료(2차적 자료)도 포함된다.

② 사례 조사: 사례조사는 조사 의뢰자가 당면한 상황 등의 특정문제와 유사한 사례(case)들을 찾아 종합적으로 심층 분석하는 조사방법이다. 특정문제에 대한 간접적인 경험과 지식을 가지게 됨으로써 현재 상황에 대한 유추를 가능하게 한다. 조사방법에는 실제 사건기록이나 목격 사실을 분석하는 방법, 시뮬레이션을 통해 가상 현실을 분석하는 방법 등이 있다. 사례조사는 문제를 규명하고 관련 개념들 간 관계를 명확히 하는 데 효과적이지만, 사후적 조사방법이므로 그 결과는 시사적인 의미를 가지는 데 불과한 경우가 많다.

> 🖰 Plus tip 사례조사의 장·단점
>
> | 장점 | 단점 |
> | --- | --- |
> | ㉠ 조사대상의 문제에 대한 원인 규명
㉡ 시간적 변화에 따른 인간·자연적 발전을 이해하는 데 유용함
㉢ 탐색적 작업에 용이함
㉣ 처리 가능한 특성을 제한없이 포괄적으로 파악 | ㉠ 다른 사례와의 비교가 불가능함
㉡ 학술적 일반화가 어려움
㉢ 관찰변수의 폭이 불분명함 |

③ 전문가 의견 조사: 경험조사 또는 파일럿(pilot) 조사라고도 하며, 주어진 문제에 대해 전문적인 견해와 경험을 가지고 있는 전문가들로부터 정보를 얻는 방법이다. 문헌조사에 대한 보완적인 수단이 되며, 특정문제에 대해 일치된 견해나 해결방법을 찾기보다는 문제의 성격에 대해 명확하게 이해하는 것, 관련 개념들에 대해 새로운 아이디어를 찾는 것, 문제해결 과정에서 조언을 구하는 것 등에 그 목적을 둔다.

(2) 기술조사

관련 상황에 대한 특성 파악, 특정상황의 발생빈도 조사, 관련 변수들 사이의 상호관계의 정도 파악, 관련 상황에 대한 예측을 목적으로 하는 조사방법이다. 기술조사의 목적은 "현상의 기술과 설명"이다. 기술조사는 관심이 있는 변수들에 대한 특성을 찾아내고 그 관련성의 정도를 파악하는 것이다. 따라서 보다 정확한 예측을 위해서는 인과조사가 필요하다.

① 종단조사(time series analysis) : 특정 조사대상인 패널(panel)을 선정하여 동일한 대상에 일정한 시간 간격을 두고 반복적으로 측정하여 자료를 얻는 방법이다. 각 기간 동안에 일어난 변화에 대해 측정하는 것이 주요 과제이다. 종단조사의 예로는 '일란성 쌍둥이들의 지적능력의 발달'을 조사하기 위해 실시하는 조사를 들 수 있다.

② 횡단조사(cross sectional analysis) : 서로 다른 특성을 가지고 있는 집단들 간의 측정치를 비교함으로써 그 의미를 찾는 데 목적을 두는 조사방법이며, 종단조사와 달리 측정이 한 번의 시행으로 이루어진다. 연구대상이 되는 모집단에서 표본을 추출하여 자료를 얻으며, 가장 널리 사용되는 조사방법이다.

(3) 인과조사

원인과 결과의 관계를 파악하는 것을 목적으로 하는 조사방법으로, 작업환경이 조업도에 미치는 영향에 대한 조사, 어린이의 광고에 대한 관심을 자극하여 구매활동을 유발시키는 변수들을 찾기 위한 조사 등이 인과조사의 좋은 예라 할 수 있다. 인과조사의 목적은 "인과관계의 규명"이다. 즉, 특정 사회현상에 야기된 원인과 결과 사이의 관계를 규명하기 위한 방법이다.

기술적 조사의 연구문제로 적합하지 않은 것은?

① 대도시 인구의 연령별 분포는 어떠한가?
② 어느 노시의 노도확충이 가상 시급한가?
③ 아동복지법 개정에 찬성하는 사람의 비율은 얼마인가?
④ 가족 내 영유아 수와 의료비 지출은 어떤 관계를 가지는가?

탐색적 조사(Exploratory Research)에 관한 설명으로 옳은 것은?

① 시간의 흐름에 따라 일반적인 대상 집단의 변화를 관찰하는 조사이다.
② 어떤 현상을 정확하게 기술하는 것을 주목적으로 하는 조사이다.
③ 동일한 표본을 대상으로 일정한 시간간격을 두고 반복적으로 측정하는 조사이다.
④ 연구문제의 발견, 변수의 규명, 가설의 도출을 위해서 실시하는 조사로서 예비적 조사로 실시한다.

정답 ④, ④

❼ 조사내용과 구조에 의한 분류

(1) 기술적 조사

기술적 조사는 조사내용에 대한 전반적인 지식, 규정된 측정대상과 조사방법, 제한 없는 자료수집, 치밀한 절차의 계획 등을 전제조건으로 한다.

> 🖑 **Plus tip** 기술적 조사의 일반적 절차
> 조사대상 설정 → 자료수집의 방법모색 → 표본추출 → 자료의 수집과 조사 → 결과분석

① 현지조사 : 사회 내 여러 대상에 대한 변수 사이의 관계와 가설검증을 현실적 상황에서 조사한다.
② 서베이조사 : 연구대상이 되는 모집단에서 추출한 표본을 이용하여 모집단을 연구한다.

(2) 탐색적 조사

조사분야에 대한 연구정도를 조사하여 가설을 발전시키는 조사로 문헌조사, 경험자 조사, 특례분석, 현지조사로 나뉘어진다.

① 문헌조사 : 조사대상·조사분야에 대한 최초의 조사로 그 분야의 기존문헌을 조사하는 방법이다.
② 경험자 조사 : 연구대상의 조사분야에 있어 변수 상호 간의 관계에 통찰력·경험성 있는 전문가를 대상으로 조사하는 방법이다.
③ 특례분석 : 문제설정이 빈약하거나 가설 자체가 부족할 때 개인, 상황집단의 특별한 예증을 분석하여 조사하는 방법이다.
④ 현지조사 : 문제설정과 가설형성을 위해 기술적 조사와 달리 현장에서 문제점을 찾고 자료를 얻는 방법이다.

① 사회과학연구방법론 [2018 2회] [2019 1회]

(1) 전통주의적 접근

관습·권위 및 직관에 의한 방법으로 과학성, 체계성이 결여된 과학이론의 방법으로, 과학성이나 특정 가치를 추구하기보다는 현실적응·현실적용에 주력한다.

(2) 과학적 방법(행태주의)

과학적 방법은 가능한 한 많은 의문을 제기하고 과학적으로 증명한다는 점에서 다른 방법과 다르며, 현대 조사방법론의 대표적인 방법이다.

② 사회과학의 객관성

(1) 사회과학의 객관성 저해요인

① 연구자에서 오는 요인 : 연구자의 가치관 차이에 의한 요인이다.

② 연구 대상에서 오는 요인 : 연구대상의 변화에 의한 요인이다.

③ 사회환경에서 오는 요인 : 각 사회의 사회·문화적 차이에 의한 요인이다.

④ 전통적 연구방법에서 오는 요인 : 직관·관습·권위에 의한 요인이다.

⑤ 과학적 조작행위에서 오는 요인
   ㉠ 가설검증에 의한 문제
   ㉡ 변수 통제에 의한 문제
   ㉢ 계량화의 문제
   ㉣ 조작적 정의 문제

(2) 사회과학의 객관성 확보 방안

① 객관적 도구(척도)의 발달은 신뢰도를 높일 수 있어 사회과학의 객관성을 높인다.
② 표준화된 기호와 용어 체계는 감각 경험을 정밀하게 기술하고 전달할 수 있으므로 사회과학의 객관성을 높인다.

기출PLUS

기출 2018년 4월 28일 제2회 시행

사회과학적 연구의 일반적인 연구목적과 가장 거리가 먼 것은?

① 사건이나 현상을 설명(Explanation)하는 것이다.
② 사건이나 상황을 기술 또는 서술(Description)하는 것이다.
③ 사건이나 상황을 예측(Prediction)하는 것이다.
④ 새로운 이론(Theory)이나 가설(Hypothesis)을 만드는 것이다.

정답 ④

❸ 사회과학연구와 가치문제

(1) 사회과학에서의 가치

가치가 사회과학의 주요한 연구대상이 되고 있고, 과학자가 가지고 있는 주관적 가치가 연구활동을 하는 것에 있어서 객관성을 침해하는 중요한 요인이 되고 있어 중요시되고 있다.

(2) 사회과학 연구대상에서의 가치

① 사회과학자들은 일반적으로 가치를 사회행위의 궁극적인 목표나 의도로 이해하고 있다.

② 가치란 존재와 대치되는 '당위에 관한 것'으로 도덕적 요청의 표현이다.

③ 사회에서 인간의 성품 또는 대인관계를 보는 범위나 관점은 비슷하나 상이한 문화를 갖고 있는 사회 사이에서는 좋은 가치와 나쁜 가치를 평가함에 있어 차이가 있다.

(3) 과학활동에서 가치에 대한 연구자의 입장

① 과학적 연구에서 가장 중요한 목적은 조직화된 경험적 지식체계를 얻는 것이다.

② 가치문제를 다루는 것에 대한 견해

   ⓐ **가치배제론**: 사회과학이 '과학'이 되기 위해서는 처음부터 주관적 요소를 연구대상에서 배제하여야 한다.

   ⓑ **가치중립화론**: 사회현상에서 주관적 요소가 주요 요소로 존재하기 때문에 인식의 대상에서 제외시킬 수는 없다. 다만, 해석에 있어서는 규범성에 입각한 처방과 같이 주관성이 개재되어서는 안 된다.

   ⓒ **가치포함론**: 사회과학이 사회현상을 과거 경험에 비추어 예견·처방을 하여야 하는데, 가치를 배제한 처방은 불가능하다.

❹ 사회과학연구와 윤리문제 [2018 1회] [2020 1회]

과학의 논리에 의한 연구절차가 행정적, 윤리적, 정치적으로 반드시 실행 가능한 것은 아니다.

(1) 윤리적 문제

① **연구내용상의 윤리문제**: 과학자의 연구대상이 되는 것은 사회적 통념에 허용되는 것이어야 하고, 인간이 생활하는 데 있어서 해보다 이익을 주어야 한다.

② **연구과정상의 윤리문제**
　　㉠ **연구대상 조작문제**: 연구의 필요에 의해 인간에 대한 조작이 불가피한 경우에는 우선 이로부터 오는 위험보다 연구결과로부터의 잠재적 이익이 커야 연구 활동이 용인된다.
　　㉡ **비밀의 보장**: 연구 자료원에 대한 비밀의 보장은 연구의 필요상 확보되어야 한다.

③ **연구결과 발표과정에서의 윤리문제**
　　㉠ 개인의 신분을 보장하기 위해서 연구보고서에 신분을 밝히면 안 된다.
　　㉡ 연구결과에 대한 책임이나 이익문제는 단독연구에서는 책임자에게, 공동연구에서는 공동연구자들에게 배분되어야 한다.
　　㉢ 연구결과에 대한 자료를 다른 목적으로 사용할 때에는 사전에 연구계약에 명기해야 한다.
　　㉣ **발표과정**: 연구자가 하는 보고서 작성·발표 이외에 이로 인하여 돌아오는 비난이나 명성을 포함하는 것이다.

(2) 과학과 윤리

강력한 윤리성의 요구는 사회과학의 실행을 원천적으로 저지할 수 있고 객관성, 사실성을 저해할 수도 있으나 윤리성의 요구가 항상 과학성을 저해하는 것만은 아니다.

⑤ 연구방법론의 변천

(1) 사회과학의 연구방법

① **표준과학관**: 보통 사회과학에서 형태주의, 실증주의, 신실증주의, 자연과학주의 등으로 지칭하는 것으로 그 근원이 실증주의 철학에 있다.

② **비판적 사회과학관**: 사회과학의 진정한 목적은 인간해방이라는 가치의 실천에 있다고 보는 방법이다.

③ **해석적 사회과학관**
　　㉠ 인간의 주관적 의식을 강조하는 방법론적 입장이다.

기출PLUS

기출 2018년 4월 28일 제2회 시행
다음 중 연구윤리에 어긋나는 것은?
① 연구 대상자의 동의 확보
② 연구 대상자의 프라이버시 확보
③ 학술지에 기고한 내용을 대중서, 교양잡지에 쉽게 풀어쓰는 행위
④ 이미 발표된 연구결과 또는 문장을 인용표시 없이 발췌하여 연구계획서를 작성

정답 ④

참여관찰(participant observation)에 대한 설명으로 틀린 것은?

① 연구자는 상황에 대한 통제를 할 수 없다.
② 양적자료이기 때문에 대규모 모집단에 대한 기술이 쉽다.
③ 연구자가 관심을 가지고 있는 변수들 간의 관계를 현실상황에서 체계적으로 관찰하는 연구조사방법이다.
④ 독립변수를 조작하는 현장시험과는 다르며, 자연 상태에서 연구대상을 관찰해 그들의 관계를 규명하는 것이다.

ⓒ 연구대상에 연구자가 직접 접근하여 대상의 관점과 입장에서 일상적 삶의 실제를 이해하려는 연구방법이다.

(2) 과학철학의 유형

① 귀납주의

　ⓐ 중세 과학적 지식의 근원을 자연철학이 갖는 형이상학적 설명과 성서로 보던 시대적 사조 반발로 시작되었다.

　ⓑ 베이컨 : 16세기에 과학적 사고로서 경험을 중요시하는 귀납주의의 토대를 형성하였다.

② 연역주의 : 연역주의의 근간은 일반적 공리 또는 전제로부터 논리적 추론을 통해 결론을 도출하는 연역적 사고에 있다.

③ 경험주의 : 18세기에 영국의 Hume은 연역적 사고에서 얻을 수 있는 경험적 사실과 지식을 귀납적 추론으로 얻게 되는 지식과 비교하여 두 가지 추론 양식을 조화롭게 적용해 합리적 지식의 습득이 가능하다고 주장하였다.

④ 논리적 실증주의 : 논리주의와 경험주의에 기초하며, 고전적 실증주의와 경험론의 융합으로 형성되었다.

⑤ 논리적 경험주의 : 논리적 실증주의의 문제점을 극복하고자 제시된 이론으로 Carnap은 입증이라는 개념 대신 확증이라는 개념의 사용을 주장하였다.

⑥ 반증주의

　ⓐ 논리적 경험주의의 문제점을 극복하고자 제시된 것으로 이를 주장한 학자는 Popper이다.

　ⓑ Popper는 과학은 이론에서 출발한다고 가정하고, 진리란 입증이나 확증이 아니며 과학의 발전은 본래의 이론과 상충되는 현상을 관찰하는 데서 출발하는 반증이라고 주장하였다.

❻ 사회현상의 과학적 연구에 대한 보완책

(1) 참여관찰

연구자가 연구 대상의 세계 속에 직접 참여하여 관찰한다.

(2) 심층면접

연구대상자들과의 직접적인 대화를 통해서 자료를 수집한다.

(3) 민속방법론

연구대상자들의 삶을 직·간접적으로 관찰하며 사회를 이끌어가는 원칙들을 체계화하는 방법이다.

(4) 생활사 연구

개인·조직·집단의 경험과 환경을 그들의 입장에서 연구한다.

(5) 다원적 방법론

어떤 대상에 대해 접근하고자 할 때 한 가지 이상의 방법을 이용한다.

2020. 8. 23. 제3회

1 다음 중 과학적 연구의 특징으로 옳은 것을 모두 고른 것은?

> ㉠ 간결성　　　　　㉡ 수정 가능성
> ㉢ 경험적 검증 가능성　　㉣ 인과성
> ㉤ 일반성

① ㉠, ㉡, ㉣

② ㉡, ㉣, ㉤

③ ㉠, ㉡, ㉢, ㉣

④ ㉠, ㉡, ㉢, ㉣, ㉤

2020. 8. 23. 제3회

2 소득수준과 출산력의 관계를 알아볼 때, 개별사례를 바탕으로 어떤 일반적 유형을 찾아내는 방법은?

① 연역적 방법

② 귀납적 방법

③ 참여관찰법

④ 질문지법

2020. 8. 23. 제3회

3 사회조사의 윤리적 원칙으로 옳지 않은 것은?

① 윤리적 원칙은 연구결과의 보고에도 적용된다.

② 고지된 동의서는 조사자를 보호하기 위해 활용될 수 있다.

③ 연구 참여에 따른 위험과 더불어 혜택도 고지되어야 한다.

④ 조사대상자의 익명성은 조사결과를 읽는 사람에게만 해당된다.

1.

과학적 연구의 특징은 간결하고, 연구설계가 수정 가능하며, 경험적으로 검정이 가능하고, 인과성을 증명할 수 있어 이를 일반화할 수 있어야 한다.

2.

구체적 사실을 바탕으로 일반 원리를 도출해 내는 방법은 귀납적 방법에 해당된다.

3.

④ 조사대상자의 익명성 및 비밀보장원칙은 의무사항으로 반드시 지켜져야 하며, 이는 조사결과를 읽는 사람 뿐 아니라 연구자를 제외한 모든 사람들에게 해당되며, 연구자는 이를 타인에게 발설할 수 없다.

Answer 1.④ 2.② 3.④

4 연구 문제가 학문적으로 의미 있는 것이라고 할 때, 학문적 기준과 가장 거리가 먼 것은?

① 독창성을 가져야 한다.

② 이론적인 의의를 지녀야 한다.

③ 경험적 검증가능성이 있어야 한다.

④ 광범위하고 질문형식으로 쓴 상태여야 한다.

5 실제 연구가 가능한 주제가 되기 위한 조건과 가장 거리가 먼 것은?

① 기존의 이론 체계와 반드시 관련이 있어야 한다.

② 연구현상이 실증적으로 검증 가능해야 한다.

③ 연구문제가 관찰 가능한 현상과 밀접히 연결되어야 한다.

④ 연구대상이 되는 현상에 대한 명확한 규정이 존재해야 한다.

6 다음 중 대규모 모집단의 특성을 기술하기에 유용한 방법은?

① 참여관찰(participant observation)

② 표본조사(sample survey)

③ 유사실험(quasi-experiment)

④ 내용분석(contents analysis)

7 연구 진행 과정에서 위약효과(placebo effect)가 큰 것으로 의심이 될 때 연구자가 유의해야 할 점은?

① 연구대상자 수를 줄여야 한다.

② 사전조사와 본조사의 간격을 줄여야 한다.

③ 연구결과를 일반화시키지 말아야 한다.

④ 연구대상자에게 피험자임을 인식시켜야 한다.

4.

학문적 기준은 독창성, 이론적 의의, 경험적 검증 가능성이 있어야 한다.

5.

① 연구 주제는 기존 이론체계에서 미진한 부분이나 연구 결과가 상호 모순되는 경우, 또는 사회적 요청이 있거나 개인적 경험에 의해 결정될 수 있다. 따라서 반드시 기존 이론 체계와 관련이 있을 필요는 없다.

6.

표본조사는 대규모 모집단을 반영한 표본을 바탕으로 모집단의 특성을 기술하기에 유용하다.

7.

위약효과(플라시보 효과)란 약효가 전혀 없는 거짓 약을 진짜 약으로 가장, 환자에게 복용토록 했을 때 환자의 병세가 호전되는 효과를 말한다. 즉, 실제로는 전혀 효과가 없는 물질인데도 환자가 치료 효과가 있는 약물이라고 믿는 데서 비롯되는 효과를 말한다. 이 경우, 실험변수의 인과관계를 명확히 규명하기 어렵기 때문에 연구 결과를 일반화시키지 말아야 한다.

Answer 4.④ 5.① 6.② 7.③

8 다음 기업조사 설문의 응답 항목이 가지고 있는 문제점은?

귀사는 기업이윤의 몇 퍼센트를 재투자 하십니까?

① 0%

② 1~10%

③ 11~40%

④ 41~50%

⑤ 100% 이상

---

① 간결성

② 명확성

③ 포괄성

④ 상호배제성

9 논리적 연관성 도출방법 중 연역적 방법과 귀납적 방법에 관한 설명으로 틀린 것은?

① 귀납적 방법은 구체적인 사실로부터 일반원리를 도출해 낸다.

② 연역적 방법은 일정한 이론적 전제를 수립해 놓고 그에 따라 구체적인 사실을 수집하여 검증함으로써 다시 이론적 결론을 유도한다.

③ 연역적 방법은 이론적 전제인 공리로부터 논리적 분석을 통하여 가설을 정립하여 이를 경험의 세계에 투사하여 검증하는 방법이다.

④ 귀납적 방법이나 연역적 방법을 조화시키면 상호 배타적이기 쉽다.

8.

해당 설문조사 문항에서는 재투자 퍼센트가 50% 초과, 100% 미만일 경우에 응답 항목을 선택할 수 없다. 이는 응답 항목을 모두 포괄하기 어렵기 때문에 포괄성에 문제가 있다.

9.

귀납적 방법이나 연역적 방법은 상호 배타적 관계가 아니라 상호 보완적 관계에 해당된다. 이들은 서로 순환적 고리로 연결되어 있어 두 가지 방법을 서로 병행하여 과학적 연구가 시도되었다. 즉 귀납적 방법으로 일반원리를 도출하고 이를 다시 연역적 방법으로 검증함으로써 이론적 결과를 유도할 수 있다.

㉠ **귀납적 방법**

• 구체적인 사실로부터 일반원리를 도출해낸다.

• 예 A 사람은 죽는다 (구체적 사실)
   B 사람은 죽는다 (구체적 사실)
   C 사람도 죽는다 (구체적 사실)
   그러므로 모든 사람은 죽는다 (이론)

㉡ **연역적 방법**

• 일정한 이론적 전제를 수립해 놓고 그에 따라 구체적인 사실을 수집하고 검증함으로써 다시 이론적 결론을 유도한다.

• 예 모든 사람은 죽는다 (이론)
   D는 사람이다 (구체적 사실)
   그러므로 D는 죽는다 (이론)

Answer 8.③ 9.④

2020. 6. 14. 제1 · 2회 통합

10 다음 설명에 해당하는 기계를 통한 관찰도구는?

> 어떠한 자극을 보여주고 피관찰자의 눈동자 크기를 측정하는 것으로, 동공의 크기 변화를 통해 응답자의 반응을 측정한다.

① 오디미터(audimeter)
② 사이코갈바노미터(psychogalvanometer)
③ 퓨필로미터(pupilometer)
④ 모션 픽처 카메라(motion picture camera)

10.

눈동자의 크기를 측정하는 장치인 퓨필로미터를 통해 어떠한 자극을 보여주고 피관찰자의 눈동자 크기를 측정할 수 있으며, 이를 통해 동공의 크기 변화를 알 수 있으며 응답자의 반응을 측정할 수 있다.

※ 관찰 장치 종류
  ⊙ 오디미터 : TV 채널의 시청 여부를 기록하는 장치
  ⓛ 사이코갈바노미터 : 거짓말탐지기
  ⓒ 모션 픽처 카메라 : 움직이는 동작을 촬영하는 장치

2020. 6. 14. 제1 · 2회 통합

11 설문조사로 얻고자 하는 정보의 종류가 결정된 이후의 질문지 작성과정을 바르게 나열한 것은?

> A. 자료수집방법의 결정　　B. 질문내용의 결정
> C. 질문형태의 결정　　D. 질문순서의 결정

① A→B→C→D
② B→C→D→A
③ B→D→C→A
④ C→A→B→D

11.

질문지 작성과정으로는 자료수집방법 결정→질문내용 결정→질문형태 결정→질문순서 결정 순으로 진행한다.

2019. 8. 4. 제3회

12 과학적 연구방법의 특징에 관한 설명으로 옳지 않은 것은?

① 간결성 : 최소한의 설명변수만을 사용하여 가능한 최대의 설명력을 얻는다.
② 인과성 : 모든 현상은 자연발생적인 것이어야 한다.
③ 일반성 : 경험을 통해 얻은 구체적 사실로 보편적인 원리를 추구한다.
④ 경험적 검증가능성 : 이론은 현실세계에서 경험을 통해 검증이 될 수 있어야 한다.

12.

② 인과성이란 과학의 모든 현상은 자연발생적인 것이 아니라 어떠한 원인에 의해서 나타난 결과를 의미한다.

Answer 　10.③　11.①　12.②

13 과학적 조사방법의 일반적인 과정을 바르게 나열한 것은?

> A. 조사설계
> B. 자료수집
> C. 연구주제의 선정
> D. 연구보고서 작성
> E. 자료분석 및 해석
> F. 가설의 구성 및 조작화

① A→B→C→E→F→D

② A→E→C→B→F→D

③ C→F→A→B→E→D

④ C→A→F→B→E→D

13.

과학적 조사의 절차는 문제 제기(＝C. 주제선정, F. 가설설정)→A. 조사설계→B. 자료수집→E. 자료분석 및 해석→D. 보고서 작성이다.

14 연역적 연구방법과 귀납적 연구방법의 논리체계를 바르게 나열한 것은?

> ㉠ 연역적 : 관찰→가설검증→유형발전→일반화
>   귀납적 : 가설형성→유형발전→관찰→임시결론
> ㉡ 연역적 : 관찰→유형발전→일반화→임시결론
>   귀납적 : 관찰→가설검증→이론형성→일반화
> ㉢ 연역적 : 가설형성→관찰→가설검증→임시결론
>   귀납적 : 가설형성→유형발전→가설검증→일반화
> ㉣ 연역적 : 가설형성→관찰→가설검증→이론형성
>   귀납적 : 관찰→유형발전→임시결론→이론형성

① ㉠

② ㉡

③ ㉢

④ ㉣

14.

연역적 방법과 귀납적 방법

㉠ **연역적 방법**

• 일정한 이론적 전제를 수립해 놓고 그에 따라 구체적인 사실을 수집하고 검증함으로써 다시 이론적 결론을 유도한다.

• 가설형성 → 관찰 → 가설검증 → 이론형성

> 예 모든 사람은 죽는다 (이론)
>   A는 사람이다 (구체적 사실)
>   그러므로 A는 죽는다 (이론)

㉡ **귀납적 방법**

• 구체적인 사실로부터 일반원리를 도출해낸다

• 관찰 → 유형발전 → 임시결론 → 이론형성

> 예 A 사람은 죽는다 (구체적 사실)
>   B 사람은 죽는다 (구체적 사실)
>   C 사람도 죽는다 (구체적 사실)
>   그러므로 모든 사람은 죽는다 (이론)

Answer 13.③ 14.④

15 조사연구의 목적과 그 예가 틀리게 짝지어진 것은?

① 기술(description) – 유권자들의 대선후보 지지율 조사
② 탐색(exploration) – 단일사례설계를 통하여 개입의 효과를 검증하려는 연구
③ 설명(explanation) – 시민들이 왜 담뱃값 인상에 반대하는지 파악하고자 하는 연구
④ 평가(evaluation) – 현재의 공공의료정책이 1인당 국민 의료비를 증가시켰는지에 대한 연구

15.

탐색은 문제에 대한 사전에 알려진 정보가 충분하지 않을 때, 정보를 얻기 위해 행해지는 것으로, 단일사례설계를 통하여 개입 효과를 검증하는 연구는 '탐색'과는 거리가 있다.

16 과학적 연구방법의 특징에 관한 설명으로 틀린 것은?

① 과학적 연구는 논리적 사고에 의존한다.
② 과학적 진실의 현실적합성을 높이기 위하여 가급적 많은 자료와 변수를 포함하는 것이 좋다.
③ 과학적 현상은 스스로 발생하는 것이 아니라 어떤 원인이 있는 것이며, 그 원인은 논리적으로 확인될 수 있는 것이다.
④ 사회과학분야 연구에서의 과학성은 연구자들이 공통적으로 가지는 주관성(inter-subjectivity)에 근거하는 경우가 많다.

16.

과학적 연구는 간결하고 검정할 수 있어야 하므로 무조건 많은 자료와 변수가 포함되는 것은 해당 인과성을 증명하기 어려워 일반화할 수 없다.

17 과학적 연구의 논리체계에 관한 설명으로 틀린 것은?

① 사회과학 이론과 연구는 연역과 귀납의 방법을 통해 연결된다.
② 연역은 이론으로부터 기대 또는 가설을 이끌어내는 것이다.
③ 귀납은 구체적인 관찰로부터 일반화로 나아가는 것이다.
④ 귀납적 논리의 고전적인 예는 "모든 사람은 죽는다. 소크라테스는 사람이다. 따라서 소크라테스는 죽는다."이다.

17.

"모든 사람은 죽는다. 소크라테스는 사람이다. 따라서 소크라테스는 죽는다"라는 예는 연역적 방법에 해당한다.

Answer   15.② 16.② 17.④

18 과학적 연구의 과정을 바르게 나열한 것은?

① 이론→관찰→가설→경험적 일반화
② 이론→가설→관찰→경험적 일반화
③ 이론→경험적 일반화→가설→관찰
④ 관찰→경험적 일반화→가설→이론

18.
과학적 연구 과정은 이론을 바탕(= 이론)으로 가설을 설정(= 가설)하고, 관찰(= 관찰)을 통해 일반화(= 경험적 일반화)한다.

19 사회조사 시 수집한 자료를 편집, 정정, 보완하거나 필요에 따라서 삭제하여야 할 필요성이 생겨나는 단계는?

① 문제설정단계(Problem statement stage)
② 자료수집단계(Data collection stage)
③ 자료분석단계(Data analysis stage)
④ 예비검사단계(Pilot test stage)

19.
자료분석을 위해서는 자료분석단계에서 조사목적에 따라 수집된 자료를 편집, 정정, 보완, 삭제를 통해 분석용 자료로 전환한 후 통계분석을 통해 가설을 평가할 수 있다.

20 다음 (   )에 알맞은 것은?

> (   )(이)란 Thomas Kuhn이 제시한 개념으로, 어떤 한 시대 사람들의 견해나 사고를 지배하고 있는 이론적 틀이나 개념의 집합체를 말한다. 조사연구에서 (   )의 의미는 특정 과학공동체의 구성원이 공유하는 세계관, 신념 및 연구과정의 체계로서 개념적, 이론적, 방법론적, 도구적 체계를 지칭한다.

① 패러다임(paradigm)
② 명제(proposition)
③ 법칙(law)
④ 공리(axioms)

20.
② 명제: 가부(可否)를 판단할 수 있는 진실
③ 법칙: 실험, 증명을 통해 확증을 얻은 명제의 체계
④ 공리: 증명이 필요 없이 이론체계에서 전제가 되는 원리

Answer   18.② 19.③ 20.①

21 조사문제를 해결하기 위한 연구절차를 바르게 나열한 것은?

> ㉠ 자료수집
> ㉡ 연구설계의 기획
> ㉢ 문제의 인식과 정의
> ㉣ 보고서의 작성
> ㉤ 결과 분석 및 해석

① ㉡→㉢→㉠→㉤→㉣
② ㉡→㉠→㉢→㉣→㉤
③ ㉢→㉡→㉠→㉤→㉣
④ ㉢→㉠→㉡→㉣→㉤

21.

연구 절차는 문제 제기(= ㉢ 문제의 인식과 정의) → 조사설계(= ㉡ 연구설계의 기획)→ ㉠ 자료수집 → ㉤ 자료분석 및 해석→ ㉣ 보고서 작성이다.

22 실증주의적 과학관에서 주장하는 과학적 지식의 특징과 가장 거리가 먼 것은?

① 객관성(objectivity)
② 직관성(intuition)
③ 재생가능성(reproducibility)
④ 반증가능성(falsifiability)

22.

과학적 연구의 특징은 논리성, 실증성, 경험적 검증, 객관성, 결정론적 인과관계, 변화(수정) 가능성이 있어야 한다.

23 과학적 조사연구의 목적과 가장 거리가 먼 것은?

① 현상에 대한 기술이나 묘사
② 발생한 사실에 대한 설명
③ 새로운 분야에 대한 탐색
④ 인간 내면의 문제에 대한 가치판단

23.

과학적 연구는 이론적이고 논리적이며, 경험적으로 검증 가능성을 내포하고 있어야 하므로 인간 내면의 문제에 대한 가치판단을 위한 목적과는 다소 거리가 있다.

Answer　21.③　22.②　23.④

24 과학적 연구의 논리체계에 관한 설명으로 틀린 것은?

① 연역적 논리는 일반적인 사실로부터 특수한 사실을 이끌어내는 방법이다.
② 연역적 논리는 반복적 관찰을 통해 반복적인 패턴을 발견한다.
③ 귀납적 논리는 경험을 결합하여 이론을 형성하는 방법이다.
④ 귀납적 방법은 탐색적 연구에 주로 쓰인다.

24.
② 반복적 관찰을 통해 반복적인 패턴을 발견하는 것은 귀납적 논리에 해당한다.

25 다음 중 과학적 연구에 관한 설명으로 틀린 것은?

① 연구의 목적은 현상을 체계적으로 조사하고 분석하여 문제를 해결하는 것이다.
② 과학적 연구는 핵심적, 실증적 그리고 주관적으로 수행하는 것이다.
③ 예측을 위한 연구는 이론에 근거하여 주로 이루어진다.
④ 연구의 결론은 자료가 제공하는 범위 안에서 내려져야 한다.

25.
② 과학적 연구는 이론적이고 논리적이며, 경험적으로 검증 가능성을 내포한다.

26 이론의 기능을 모두 고른 것은?

> ㉠ 연구주제 선정 시 아이디어 제공
> ㉡ 새로운 이론 개발 시 도움
> ㉢ 가설설정에 도움
> ㉣ 연구 전반에 대한 지침 제공

① ㉡, ㉢
② ㉠, ㉡, ㉢
③ ㉠, ㉢, ㉣
④ ㉠, ㉡, ㉢, ㉣

26.
이론은 ㉠ 연구주제 선정 시 아이디어를 제공하며, ㉢ 가설설정에 도움이 된다. 또한 ㉣ 연구 전반에 대한 지침이 될 수 있으며 ㉡ 새로운 이론 개발 시 도움이 된다.

Answer 24.② 25.② 26.④

27 다음은 조사연구과정의 일부이다. 이를 순서대로 나열한 것은?

> ㉠ '난민의 수용은 사회분열을 유발할 것이다.'로 가설 설정
> ㉡ 할당표집으로 대상자를 선정하여 자료수집
> ㉢ 난민의 수용으로 관심주제 선정
> ㉣ 구조화된 설문지 작성

① ㉠→㉡→㉢→㉣
② ㉠→㉢→㉣→㉡
③ ㉢→㉠→㉣→㉡
④ ㉢→㉣→㉠→㉡

27.

조사과정은 관심주제 선정(난민의 수용) → 가설설정(가설 : 난민의 수용은 사회분열을 유발할 것이다) → 설문지 작성(구조화된 설문지 작성) → 자료수집(할당표집으로 대상자 선정, 자료수집) 순서로 진행된다.

28 다음은 과학적 방법의 특징 중 무엇에 관한 설명인가?

> 대통령 후보 지지율에 대한 여론조사를 여당과 야당이 동시에 실시하였다. 서로 다른 동기에 의해서 조사를 하였지만 양쪽의 조사설계와 자료수집 과정이 객관적이라면 서로 독립적으로 조사했더라도 양쪽당의 조사결과는 동일해야 한다.

① 논리적 일관성   ② 검증가능성
③ 상호주관성   ④ 재생가능성

28.

재생가능성은 동일한 절차나 방법을 반복 실행하면 같은 결과를 얻는 것이며, 상호주관성은 여러 연구자가 다른 목적으로 같은 분석을 하더라도 같은 결과에 도달하는 것을 의미한다. 따라서 여당과 야당이 서로 다른 동기에 의해 조사를 진행했지만 조사설계와 자료수집 과정이 객관적이라면 조사결과가 동일하므로 이는 상호주관성에 해당된다.

29 다음 중 과학적 조사연구의 특징과 가장 거리가 먼 것은?

① 논리적 체계성
② 주관성
③ 수정가능성
④ 경험적 실증성

29.

과학적 조사연구는 객관적이다.

Answer   27.③ 28.③ 29.②

30 연역법과 귀납법에 관한 설명으로 옳은 것은?

① 연역법은 선(先)조사 후(後)이론의 방법을 택한다.
② 연역법과 귀납법은 상호보완적으로 사용할 수 없다.
③ 연역법과 귀납법의 선택은 조사의 용이성에 달려 있다.
④ 기존 이론의 확인을 위해서는 연역법을 주로 사용한다.

31 다음 설명에 가장 적합한 연구 방법은?

> 이 질적연구는 11명의 여성들이 아동기의 성학대 피해 경험을 극복하고 대처해 나가는 과정을 조사한 것이다. 포커스 그룹에 대한 10주간의 심층면접을 통하여 160개가 넘는 개인적인 전략들이 코딩되고 분석되어 1) 극복과 대처 전략을 만들어 내는 인과조건, 2) 그런 인과조건들로부터 발생한 현상, ⓒ 전략을 만들어내는데 영향을 주는 맥락, 3) 중재조건들, 4) 그 전략의 결과들을 설명하기 위한 이론적 모델이 개발되었다.

① 현상학적 연구
② 근거이론 연구
③ 민속지학적 연구
④ 내용분석 연구

30.

① 연역법은 이론적인 가설이나 명제에서 연구가 시작되고, 귀납법은 현실의 경험 세계에서 연구가 출발한다. 따라서 선이론 후조사에 해당된다.
② 연역법과 귀납법은 서로 다른 연구방법이 아니라 상호보완적인 관계에 있는 접근방법이다.
③ 연역법은 이론적인 전제를 정립하고 경험적 검증을 통해 이론적인 결론을 유도하는 방법이다. 즉, 이론적인 근거를 따라 가설을 설정하고 이를 관찰을 통해 검증하여 가설의 채택여부를 판단하는 방법이다. 반면에 귀납법은 구체적인 사실로부터 일반적인 원리를 도출하는 방법이다. 즉, 수집된 사실을 근거로 하여 보편적인 이론을 찾아내는 방법이다.

31.

근거이론 연구는 특정 집단(=아동기의 성학대 피해 경험을 극복한 11명의 여성들)에 대해 사전에 알려진 사실이 없거나 새로운 정보를 얻기 위해서 10주간 심층면접(=근거)을 통해 이론적 모델을 개발하는 연구방법에 해당된다.

① **현상학적 연구** : 인간이 인지하는 현상을 탐구하기 위해 인간에 의해 경험되는 현상을 연구하는 연구방법
③ **민속지학적 연구** : 집단에서 나타나는 문화적 행위를 해석하기 위해 해당 집단의 생활 양상을 현장에서 조사, 수집, 기록, 분석하는 연구방법
④ **내용분석 연구** : 연구대상에 필요한 자료를 수집, 분석함으로써 객관적, 체계적으로 확인하여 진의를 추론하는 연구방법

Answer 30.④ 31.②

32 과학적 지식에 가장 가까운 것은?

① 절대적 진리
② 개연성이 높은 지식
③ 전통에 의한 지식
④ 전문가가 설명한 지식

32.

과학적 지식은 명확하게 정의된 모집단에 있어 큰 규모의, 명확하게 정의된(또는 노출된) 처리에 의해서 이에 대한 반응으로 변화가 나타났을 것이라고 충분히 추정이 가능한 개연성이 있는 경우에 가장 유용하다.

33 사회과학적 연구의 일반적인 연구목적과 가장 거리가 먼 것은?

① 사건이나 현상을 설명(Explanation)하는 것이다.
② 사건이나 상황을 기술 또는 서술(Description)하는 것이다.
③ 사건이나 상황을 예측(Prediction)하는 것이다.
④ 새로운 이론(Theory)이나 가설(Hypothesis)을 만드는 것이다.

33.

새로운 이론(theory)이나 가설(hypothesis)을 만드는 것은 사회과학의 목적이 아니다.

34 다음 중 연구윤리에 어긋나는 것은?

① 연구 대상자의 동의 확보
② 연구 대상자의 프라이버시 확보
③ 학술지에 기고한 내용을 대중서, 교양잡지에 쉽게 풀어쓰는 행위
④ 이미 발표된 연구결과 또는 문장을 인용표시 없이 발췌하여 연구계획서를 작성

34.

이미 발표된 내용을 인용표시 없이 작성하는 것은 표절에 해당되며 연구윤리에 어긋나는 행위이다.

Answer 32.② 33.④ 34.④

35 조사계획서에 포함되어야 할 일반적인 내용에 해당하지 않는 것은?

① 조사의 목적과 조사 일정

② 조사의 잠정적 제목

③ 조사결과의 요약 내용

④ 조사일정과 조사 참여자의 프로파일

35.

조사계획서에는 조사결과는 포함되지 않아도 된다.

36 과학적 연구에서 이론의 역할을 모두 고른 것은?

> ㉠ 연구의 주요방향을 결정하는 토대가 된다.
> ㉡ 현상을 개념화하고 분류하도록 한다.
> ㉢ 사실을 예측하고 설명해 준다.
> ㉣ 지식을 확장시킨다.
> ㉤ 지식의 결함을 지적해 준다.

① ㉠, ㉡, ㉣

② ㉡, ㉢, ㉤

③ ㉠, ㉢, ㉣, ㉤

④ ㉠, ㉡, ㉢, ㉣

36.

이론의 역할은 ㉠ 연구의 주요방향 결정, ㉡ 현상의 개념화 및 분류, ㉢ 사실 예측 및 설명, ㉣ 지식 확장, ㉤ 지식의 결함 지적에 있다.

37 연구자들의 신념체계를 구성하는 과학적인 연구방법의 기본가정과 가장 거리가 먼 것은?

① 진리는 절대적이다.

② 모든 현상과 사건에는 원인이 있다.

③ 자명한 지식은 없다.

④ 경험적 관찰이 지식의 원천이다.

37.

과학적 연구방법의 기본 가정 가운데 절대적인 진리는 없다.

Answer   35.③ 36.④ 37.①

2018. 3. 4. 제1회

38 이론으로부터 가설을 도출한 후 경험적 관찰을 통하여 검증하는 탐구방식은?

① 귀납적 방법   ② 연역적 방법

③ 기술적 연구   ④ 분석적 연구

38.

연역적 방법은 논리적 분석을 통해 가설을 정립한 후 이를 경험의 세계에 투사하여 검증하는 방법이다.

39 계량화된 자료의 분석보다는 연구자가 연구대상에 직접 접근하여 그들의 입장과 관점에서 일상적인 삶의 실제를 이해하려는 연구방법은?

① 실증적 연구방법   ② 해석적 연구방법

③ 실험연구방법   ④ 조사연구방법

39.

② 해석적 연구방법은 현장에서 문제점을 찾고 자신이 직접 그 삶 속에서 연구의 문제를 해결하려는 방법이다.

40 다음 중 과학적 방법에 의한 이론의 도출과정으로 옳은 것은?

① 현상 – 가설 – 개념 – 검증

② 개념 – 현상 – 가설 – 검증

③ 현상 – 개념 – 가설 – 검증

④ 가설 – 개념 – 현상 – 검증

40.

과학적 방법은 현상 – 개념 – 가설 – 검증의 과정을 거쳐 이론을 도출한다.

41 다음 탐색적 조사에 있어서 현지조사에 대한 설명 중 옳은 것은?

① 목적하는 조사분야에 있어 통찰력 있는 전문가나 경험자를 바탕으로 하는 조사이다.

② 조사내용에 대한 전반적 지식을 알아야 하며 측정대상 등이 규정되어 있어야 한다.

③ 문제설정이나 가설형성을 위하여 현장에서 문제를 찾고 자료를 얻는 조사이다.

④ 문제설정이 빈약하거나 가설 자체가 부족할 때 사용하는 방법이다.

41.

① 경험자조사

② 기술적 조사

④ 특례분석

Answer   38.②   39.②   40.③   41.③

42 다음 조사방법론의 설명으로 옳지 않은 것은?

① 실제 사회과학에서는 조사방법이 유용하게 이용되지 않는다.
② 조사방법론은 모든 학문의 기본과학으로서의 성격을 갖는다.
③ 근대국가의 형성과 자본주의 발달에 따른 사회문제 해결을 위해 생성되었다.
④ 일정한 준거틀에 의해 자료를 수집·분석한다.

43 다음 중 사회조사에 있어 통계조사의 문제점으로 볼 수 있는 것은?

① 전문지식의 결여
② 수량화와 계산상의 오류
③ 표본추출의 난이
④ 내용의 미비와 조사자 훈련의 어려움

44 다음 중 표본조사가 전수조사에 비해 갖는 장점으로 옳지 않은 것은?

① 조사비가 비싸다.
② 표본오차 이외의 오차를 통제하여 이용할 수 있다.
③ 조사원의 훈련비가 저렴하며 조사원이 적게 든다.
④ 모집단이 작은 경우에는 전수조사가 가능하며 훨씬 정밀하다.

45 다음 중 조사방법의 분류기준이 아닌 것은?

① 과학성과 객관성의 여부
② 조사설계의 목적
③ 조사대상의 조사 정도
④ 자료의 수집방법

42.
① 조사방법론은 학문적 분야에서뿐만 아니라 실제 생활분야에 응용할 수 있는 응용적 역할도 수행한다.

43.
통계학을 사회과학에 도입하는 데 논쟁이 많은 이유는 사회과학의 내용이 질적인 것이 많고, 수량화가 어려우며 계산 시 오류가 발생하기 때문이다.

44.
① 조사비가 저렴하다.

45.
① 대체로 사회조사는 과학성을 지니고 있어서 분류기준이 될 수 없다.
②③④ 이외에 조사의 내용과 구조에 따라서 분류할 수 있다.

Answer　　42.① 43.② 44.① 45.①

46 다음 중 사례조사의 장점에 해당하지 않는 것은?

① 생활사 연구에 편리하다.
② 특례분석과 같은 탐색적 작업에도 사용한다.
③ 학술적 일반화가 용이하다.
④ 조사대상에 대한 문제의 원인을 규명할 수 있다.

47 다음 중 기술적 조사가 취급하는 내용으로 옳지 않은 것은?

① 관련 변수들 사이의 상호관계의 정도 파악
② 관련 상황에 대한 특성 파악
③ 연구대상이 되는 모집단의 추출된 표본
④ 인과관계에 대한 가설

48 다음 중 기술적 조사가 갖는 특징으로 옳지 않은 것은?

① 절차의 치밀한 계획 필요
② 자료수집의 제한
③ 조사분야에 대한 지식의 전제
④ 측정하려는 대상의 분명한 규정

49 다음 중 과학적 지식의 특징으로 옳지 않은 것은?

① 재생가능성
② 직관성
③ 경험성
④ 객관성

46.

사례조사의 장점은 ①②④ 이외에 조사대상을 포괄적으로 파악할 수 있다는 것이며 단점으로는 학술적 일반화가 어렵고 관찰변수의 폭이 불분명하다는 것이다.

47.

기술적 조사는 ①②③ 외에 상황에 대한 예측, 지역사회의 특징, 어떤 문제와 특정 변수 간의 관련성을 시험하고 발견하는 것 등을 포함한다.

48.

② 기술적 조사는 어떤 상황에 대한 특징 또는 성격을 기술하는 것으로 자료수집에 제한을 두지 않는다.

49.

① 일정한 절차방법을 반복적으로 실행할 때 같은 결론을 가질 수 있다.
③ 연구대상은 인간의 감각에 의해 감지될 수 있어야 한다.
④ 같은 연구대상에 대한 모집단의 인식이 일치해야 한다.

50 다음 과학적 지식의 특징에 대한 설명 중 옳지 않은 것은?

① 경험성은 인간의 감각기관을 통하여 지각이 가능한 성질을 의미한다.
② 재생가능성은 결과의 재생가능성뿐만 아니라 방법이나 절차의 재생가능성도 포함한다.
③ 과학적 지식은 과학적 방법에 의해 증명된 지식을 말한다.
④ 객관성을 저해하는 요인으로 주관이나 편견 등이 있으며, 가치판단은 객관성을 확보해 주는 하나의 방법이다.

51 다음 중 탐색적 조사에 해당하지 않는 것은?

① 경험자 조사
② 문헌조사
③ 실험적 조사
④ 특례조사

52 다음 중 조사의뢰자가 당면하고 있는 상황과 유사한 사례들을 찾아내어 깊이 분석하는 조사방법은?

① 사례조사
② 문헌조사
③ 표본조사
④ 전수조사

53 다음 중 조사방법론에 대한 설명으로 옳지 않은 것은?

① 학문의 대상이 되는 것을 발췌해서 이를 관찰하여 과학적으로 분석·처리한다.
② 심리학, 행정학, 고고인류학 등의 분야에 응용된다.
③ 결과에 나타난 사실들을 해석하여 이론화시키는 역할을 담당한다.
④ 조사방법은 사회과학 분야에 국한적으로 이용된다.

50.

④ 사람의 감각을 통해 세계를 인식하므로 다수인의 상식도 오류가 발생할 수 있다. 따라서 객관성을 검증할 수 있는 방법과 도구가 창안되기 시작하였다.

51.

③ 기술적 조사라고도 하며 인과조사에 해당한다.

52.

② 기존문헌을 조사한다.
③ 조사대상의 일부를 추출하여 전체를 추정·조사한다.
④ 문제의 정밀도를 위해 조사대상과 관계되는 것을 모두 조사한다.

53.

④ 조사방법론은 학문적 기초로서의 역할뿐만 아니라 현생활에서 실제로 응용되는 응용적 역할도 하고 있다.

54 다음 중 '개인의 재산은 불가침이다'라는 분명한 명제에 의해 지식을 얻는 방법은?

① 과학적 방법

② 직관에 의한 방법

③ 권위에 의한 방법

④ 관습에 의한 방법

55 다음 중 전수조사를 하여야 할 상황으로 옳지 않은 것은?

① 작은 모집단에서의 추정의 정도를 높이려 할 경우

② 국세조사와 같이 오차가 없어야 하는 경우

③ 표본조사에 대한 전문적 지식이 없을 경우

④ 조사대상의 일부로도 전체집단의 성격을 파악할 수 있을 경우

56 다음 중 과학적 조사방법에 대한 설명으로 옳지 않은 것은?

① 조사설계의 목적에 따라 탐색적 조사, 실험적 조사, 기술적 조사로 분류할 수 있다.

② 문제의 규명을 정확히 할수록 과학적 조사에 의해 얻어진 결과를 보다 효과적으로 이용하여 조사계획을 세울 수 있다.

③ 한번의 측정으로 상이한 집단 사이의 측정치를 비교하는 것을 종단조사라 한다.

④ 실험조사, 유사실험조사는 인과조사에 속한다.

57 다음 사회과학에 대한 설명 중 옳은 것은?

① 일부 과학적 연구는 어느 정도의 가치판단 문제의 개입여부를 배제할 수 있다.
② 학문활동에 있어서의 가치문제를 최초로 제기한 학자는 Max Weber이다.
③ 과학은 사실에서 출발하기 때문에 사람의 인식활동과는 관계가 없다.
④ 과학적 명제는 항상 오류가 없는 진리이다.

58 다음 중 조사방법론의 학문적 의의로 옳은 것은?

① 학문적 대상이 되는 대상을 뽑아 관찰·분석하여 그 결과를 해석하고 이론으로 증명한다.
② 수집된 자료를 일정한 준거틀에 의하여 경험적으로 분석하고 정리한다.
③ 조사방법론은 모든 학문에 있어서 공통되는 기본과학으로서의 성질만을 갖는다.
④ 미래에 대한 예측관찰과 이에 대처할 수 있는 방법을 모색한다.

57.

① 사회과학자들은 일반적으로 가치를 사회행동의 궁극적 목표나 의도로 이해하고 있다.
② Max Weber는 사회과학에서의 몰가치성에 관한 문제를 논하며 학문에 있어의 가치문제를 제기하였다.
③ 과학은 새로운 현상을 사람들의 지식체계와 연결되도록 가설과 검증을 통해 이론을 도출한다.
④ 과학적 연구는 수정가능성을 전제로 한다.

58.

② 준거틀에 의하여 과학적으로 분석·처리한다.
③ 기본과학뿐만 아니라 현생활에서의 응용적 성질도 갖는다.
④ 조사방법론의 응용적 의미이다.

Answer   57.② 58.①

59 다음 중 과학적 방법의 의의 및 그 속성으로 볼 수 없는 것은?

① 사회현상과 자연현상에 의해서 과학성이 획득되는 것이다.

② 과학적 방법이란 종합적 · 체계적인 실험활동을 통하여 일 반원칙을 밝혀내는 것을 뜻한다.

③ 새로운 현상과 기존 지식체계와의 연결이 이루어지도록 체 계적 · 비판적 이론을 도출하는 방법이다.

④ 과학적 방법이란 과학성을 높여 이론을 도출하는 것이다.

59.

과학적 방법은 다루는 방법에 의해 과학성이 성취되며 의문을 제기하여 가설을 설정한 후 이를 증명한다는 특징이 있다.

02 사회과학적 방법

section 1 연구의 과정과 모형

1 과학적 연구과정

(1) 의의

연구대상 자체의 속성을 비판적 · 경험적 · 체계적으로 연구하는 것이며 자연적이고 잠재적인 해결책에 관한 정보는 문제구성의 절차를 통하여 창출된다.

(2) 과학적 연구과정의 특성

① **문제제기** : 연구자가 조사대상에 대한 주제, 조사의 목적, 조사의 중요성, 학문적 공헌 및 이론적 의의 등에 관해서 논리적으로 정립하는 단계이다.

② **가설구성(가설설정)** : 문제제기를 통해서 문제가 선정되면, 문제를 구체화시켜야 되는데 이것은 가설을 통해서 얻어진다. 가설(hypothesis)이란 "연구하고자 하는 문제에 대한 잠정적인 해답"이다.

③ **조사설계** : 가설설정이 되면, 가설의 옳고 그름(true and false)을 판단하기 위한 계획 내지 전략이라고 할 수 있다. 즉, 조사설계는 "조사방법의 선택, 조사대상의 선정, 자료수집의 방법, 자료분석의 방법결정, 조사일정과 예산 등을 고려하는 단계"이다.

④ **자료수집** : 조사설계가 고려되면, 자료수집이 이루어지는데 자료수집의 방법에는 관찰, 면접, 질문지법 등 여러 가지 방법이 있다. 문제의 성격과 연구범위에 따라서 결정하거나 동시에 병행하는 경우도 고려해야 한다. 자료수집에서 "가장 중요한 점은 최대한 객관성을 확보해야 한다는 것"이다.

⑤ **자료분석** : 자료수집이 종료되면, 자료를 편집(editing)하고, 부호화(coding)하는 과정 등을 거쳐 자료분석과 해석이 이루어진다.

⑥ **보고서** : 조사의 최종단계로 조사결과를 정리하고, 조사결과에 의미(meaning)를 부여함으로써 조사를 완결하는 단계이다.

기출PLUS

기출 2018년 3월 4일 제1회 시행

연구자들의 신념체계를 구성하는 과학적인 연구방법의 기본가정과 가장 거리가 먼 것은?

① 진리는 절대적이다.
② 모든 현상과 사건에는 원인이 있다.
③ 자명한 지식은 없다.
④ 경험적 관찰이 지식의 원천이다.

정답 ①

(3) 과학적 연구과정의 절차

> 문제 제기→가설 구성→조사 설계→자료 수집→자료 분석·해석·이용→보고서 작성

① **문제 제기**: 전체적인 과학적 조사의 방향을 설정하기 위한 중요한 단계로서 조사를 통하여 해결하여야 할 문제 자체와 문제가 야기된 배경에 대한 분석이 병행되어야 한다. 배경분석을 위해 상황분석, 문헌조사, 전문가 의견조사, 사례연구 등이 활용된다.

② **가설 구성**
　㉠ **가설**: 둘 이상 변수 간의 관계를 설명하고 경험적으로 증명이 가능한 추측된 진술로 문제에서 기대되는 해답이다.
　㉡ **구성요건**: 문제를 가설로 구성하기 위해서는 조사가 가능해야 하고, 조사문제의 선정을 위해서는 윤리성 또는 창의성, 실용적 가치 이외에 과학적 조사가 가능하여야 한다.

③ **조사설계**: 조사전체를 수행하고 통제하기 위한 청사진으로, 시간과 비용을 절감하고, 효율성을 높이는 데 초점을 맞추며, 다음의 네 가지 주요 활동과제로 조사 설계가 이루어진다.
　㉠ 규정된 문제에 대한 조사목적, 조사대상, 연구가설 등을 종합적으로 검토한다.
　㉡ 이용될 조사방법의 제시, 조사 시 따라야 할 전반적인 조사골격의 설정, 자료수집절차와 자료분석기법들의 결정 등이 이루어져야 한다.
　㉢ 인원, 시간, 비용 등을 고려하여 예산을 편성하고 조사 일정을 정해야 한다.
　㉣ 조사설계의 평가하는 과정이 포함된다.

> **🖐 Plus tip 평가**
> 조사설계의 신뢰성, 타당성, 결과의 일반화 가능성 등의 기준을 통하여 이루어지는 것으로 이는 조사절차와 기법들을 실제상황이나 모의상황에 적용시킴으로서 평가하게 된다. 조사설계는 여러 대체안이 있을 수 있으며 경제성, 객관성 등을 고려하여 선택하게 된다.

④ **자료의 수집**
　㉠ 자료를 수집하기 위해서 우선 자료수집방법을 검토한 다음, 자료를 수집하여 자료를 정리하고 조정하는 단계를 거친다.
　㉡ **1차 자료**: 조사목적과 직결된 자료를 조사자가 조사를 시행하는 가운데 직접 수집하여 제시하여야 한다.

기출PLUS

기출 2019년 3월 3일 제1회 시행

조사문제를 해결하기 위한 연구절차를 바르게 나열한 것은?

┌─ 보기 ─
│ ㉠ 자료수집
│ ㉡ 연구설계의 기획
│ ㉢ 문제의 인식과 정의
│ ㉣ 보고서 작성
│ ㉤ 결과 분석 및 해석
└

① ㉡→㉢→㉠→㉤→㉣
② ㉡→㉠→㉢→㉣→㉤
③ ㉢→㉡→㉠→㉤→㉣
④ ㉢→㉠→㉡→㉣→㉤

기출 2019년 4월 27일 제2회 시행

조사자가 필요로 하는 자료를 1차 자료와 2차 자료로 구분할 때 1차 자료에 대한 설명으로 옳지 않은 것은?

① 조사목적에 적합한 정보를 필요한 시기에 제공한다.
② 자료 수집에 인력과 시간, 비용이 많이 소요된다.
③ 현재 수행 중인 의사 결정 문제를 해결하기 위해 직접 수집한 자료이다.
④ 1차 자료를 얻은 후 조사목적과 일치하는 2차 자료의 존재 및 사용가능성을 확인하는 것이 경제적이다.

정답 ③, ④

Plus tip 1차 자료 수집방법
○ 직접적인 방법 : 조사대상자에게 직접 질문하여 얻는 방법(면접, 전화, 우편, 인터넷 이용)
ⓒ 간접적인 방법 : 관찰, 흔적조사법, 내용분석법

ⓒ **2차 자료** : 특정기관에서 발행한 간행물, 기업에서 수집한 자료 등으로 조사를 평가 · 분석하는 데 지침을 제공한다. 1차 자료에 비해서 손쉽고 저렴하게 획득할 수 있다.

⑤ **자료의 분석 · 해석 및 이용**

○ 자료분석은 수집된 자료의 편집과 코딩 과정이 끝난 뒤에 통상 통계적 기법을 이용하여 이루어진다.

ⓒ 통계적 분석방법은 그에 맞는 자료의 형태를 갖추어야 하므로 조사설계를 계획할 때부터 수집할 자료의 성격과 분석방법을 일관성 있게 결정하여야 한다.

Plus tip 편집과 코딩
○ 편집 : 자료의 정정, 보완, 삭제 등이 이루어지는 작업
ⓒ 코딩 : 자료분석의 용이성을 위해 관찰내용에 일정한 숫자를 부여하는 과정

⑥ **보고서 작성**

○ 실제 이용자가 이해할 수 있도록 이용자의 이해도와 조사에 관한 전반적인 지식의 정도에 맞추어 작성한다.

ⓒ 분석결과의 해석과 이론형성, 보고서 작성과 발표로 구분된다.

2 과학적 연구의 분석단위 2019 1회 2020 1회

(1) 의의

'보다 큰 집단을 기술하거나 추상적인 현상을 설명하기 위하여 수집하는 자료의 단위' 또는 '집단 및 현상의 특성에 관하여 기술하고자 수집하는 대상이나 사물'을 뜻한다.

(2) 분석단위의 요건

① 명료해야 한다.

② 측정 가능해야 한다.

기출 2021년 3월 7일 제1회 시행

2차 자료(secondary date) 사용에 관한 설명으로 틀린 것은?

① 자료 수집에 걸리는 시간과 노력을 줄일 수 있다.
② 2차 자료는 가설의 검증을 위해서는 사용할 수 없다.
③ 다른 방법에 의해 수집된 자료를 보충하고 타당성을 검토하기 위해 사용한다.
④ 연구자가 원하는 개념을 마음대로 측정할 수 없으므로 척도의 타당도가 문제될 수 있다.

기출 2020년 9월 26일 제4회 시행

다음 중 과학적 방법을 설명하고 있는 것은?

① 전문가에게 위임하는 방법과 어떤 어려운 결정에 있어 외적 힘을 요구하는 방법이다.
② 주장의 근거를 습성이나 관습에서 찾는 방법이다.
③ 스스로 분명한 명제에 호소하는 방법이다.
④ 의문을 제기하고, 가설을 설정하고, 과학적으로 증명하는 방법이다.

정답 ②, ④

③ 연구 주제와 목적에 적합해야 한다.

④ 시간이나 장소의 비교가 가능해야 한다.

(3) 분석단위의 분류

① **개인** : 사회과학 조사의 가장 일반적인 분석단위로 개개인의 특성을 수집하여 집단과 사(私)의 상호작용을 기술할 때 주로 이용된다.

② **집단** : 사회집단을 연구할 경우의 분석단위이다.

③ **조직·제도** : 제도 자체의 특성 또는 이들 조직을 구성하는 개인이 분석단위가 된다.

④ **프로그램** : 프로그램 자체 또는 프로그램의 수혜자인 개인이 분석단위가 된다.

⑤ **사회적 생성물** : 인간이 아닌 사회적 생성물 역시 분석단위에 포함된다.

⑥ **지방자치단체·국가** : 지역사회, 지방정부, 국가 등도 분석단위에 해당된다.

(4) 분석단위의 문제 `2018 3회` `2019 1회` `2020 1회`

① **원자 오류(atomistic fallacy)** : 개별 단위에 대한 조사결과를 근거로 하여 상위의 집단단위에 대한 추론을 시도할 때 발생하는 오류를 말한다.

② **생태학적 오류(ecological fallacy)** : 집단이나 집합체 단위의 조사에 근거해서 그 안에 소속된 개별 단위들에 대한 성격을 규정하는 경우에 나타날 수 있는 오류이다.

③ **환원주의적 오류(reductionism)** : 특정한 현상의 원인이라고 생각되는 개념이나 변수를 지나치게 제한하거나 한 가지로 환원시키려는 경우 발생하는 오류이다.

③ 조사설계

(1) 조사설계의 목적

연구문제의 해답을 구하기 위해서 필요한 경험적 증거를 수집하기 위한 '조사연구의 계획'으로, 가장 경제적인 방법으로 정확한 답을 얻는 것이 목적이다.

다음 중 조사대상의 두 변수들 사이에 인과관계가 성립되기 위한 조건이 아닌 것은?

① 원인의 변수가 결과의 변수에 선행하여야 한다.
② 두 변수간의 상호관계는 제3의 변수에 의해 설명되면 안 된다.
③ 때로는 원인변수를 제거해도 결과변수가 존재할 수 있다.
④ 두 변수는 상호연관성을 가져야 한다.

(2) 인과관계 추론의 조건 (J. S. Mill의 세 가지 원칙) `2018 2회` `2019 1회` `2020 1회`

① **시간적 선후관계**: 원인이 되는 사건이나 현상이 시간적으로 결과보다 먼저 발생해야 한다.

② **동시변화성의 원칙**: 원인이 되는 현상이 변화하면 결과적인 현상도 항상 같이 변화해야 한다.

③ **비허위적 관계**: 다른 변수의 영향이나 효과가 모두 제거되어도 추정된 원인과 결과의 관계가 계속된다면 그 관계는 비허위적 관계이다.

(3) 조사설계의 원리

실험변수의 극대화, 외부변수통제, 일반화 가능성, 오차분산의 최소화, 조사문제에 대한 해답을 제공한다.

> ☞ Plus tip 조사설계과정
> 주제 선정 → 개념의 재정의 → 가설 설정 → 개념 조작 → 이론

④ 실험설계

(1) 실험설계의 개념 `2019 1회` `2020 1회`

사회현상을 보다 정확히 이해하고 예측을 위한 정보를 얻고자 연구의 초점이 되는 현상과 그와 관련된 사항만을 정확하게 집중적으로 관찰 또는 분석하기 위하여 실시하는 방법이다.

(2) 실험설계의 기본조건 `2018 1회` `2019 2회`

① **실험변수(원인변수, 독립변수) 조작과 결과변수(종속변수)**: 실험변수 조작이란 실험자가 연구의 초점이 되는 현상의 원인이 되는 변수를 인위적으로 변화시키는 것을 뜻한다. 실험변수의 조작·통제에 따라 영향을 받는 변수를 결과 변수라고 하며 연구자는 이에 관심을 가지고 관찰·측정한다.

② **실험결과에 영향을 미치는 외생변수의 통제**: 결과변수와 실험변수 간 인과관계를 명확히 규명하기 위함이다.

③ 실험결과의 일반화를 위해 실험대상을 무작위로

실험설계(Experimental Design)의 타당성을 높이기 위한 외생변수 통제방법이 아닌 것은?

① 제거(Elimination)
② 균형화(Matching)
③ 성숙(Maturation)
④ 무작위화(Randomization)

정답 ③, ③

> **☆Plus tip** 변수의 의미
> ㉠ 독립변수(실험변수, 원인변수) : 사회현상의 인과관계 중 원인이 되는 변수
> ㉡ 종속변수(결과변수) : 독립변수에 의해 변화가 일어나는 변수
> ㉢ 외생변수(통제변수) : 독립변수 이외에 종속변수에 영향을 미칠 수 있는 변수

(3) 실험설계의 종류 `2018 4회` `2019 2회` `2020 4회`

① **진실험설계(순수실험설계)** : 실험설계의 세 가지 조건을 비교적 충실하게 갖추고 있는 설계, 즉 엄격한 외생변수의 통제하에서 독립변수를 조작하여 인과관계를 밝힐 수 있는 설계이다.

　㉠ **통제집단 사후측정 설계** : 무작위 배정에 의해서 동질적인 실험집단과 통제집단을 구성한 다음 실험집단에 대해서는 실험변수를 처리하고 통제집단에 대해서는 실험변수를 처리하지 않는다.

　㉡ **통제집단 사전사후측정 설계** : 난선화를 통해 선정된 두 집단에 대하여 실험집단에는 실험변수의 조작을 가하고 통제집단에는 독립변수의 조작을 가하지 않는 방법을 말한다.

　㉢ **Solomon의 4집단 설계** : 통제집단 사전사후설계와 통제집단 사후설계를 결합하는 것으로 가장 이상적인 방법이다.

② **준실험설계(유사실험설계)** : 무작위 배정에 의하여 실험집단과 통제집단의 동등화를 꾀할 수 없을 때 사용한다.

　㉠ **비동질적 통제집단 설계** : 실험조건상 조사대상을 실험·통제집단으로 나눌 수는 있으나 무작위배정을 통한 동질화가 이루어지지 않는다.

　㉡ **회귀·불연속 설계** : 실험집단과 통제집단에 실험대상을 배정할 때 분명하게 알려진 자격기준을 적용하는 방법이다.

　㉢ **단절적 시계열 설계** : 여러 시점에서 관찰되는 자료를 통하여 실험변수의 효과를 추정하기 위한 방법이다.

　㉣ **단절적 시계열 비교집단 설계** : 단절적 시계열 설계와 비동질적 통제집단 설계의 두 가지를 조합한 방법이다.

　㉤ **동류집단 설계** : 실험대상집단이 시간이 경과하여도 비슷한 특징을 보이고 있으며, 집단 간에 경험한 사건이 다를 때, 각 대상집단 간의 차이를 통하여 알고자 하는 변수의 효과를 측정하는 방법이다.

③ **비실험설계(원시실험설계)** : 인과적 추론의 세 가지 조건을 모두 갖추지 못한 설계이다.

　㉠ **단일집단 사후측정설계** : 실험변수에 노출된 하나의 집단에 대해 사후적으로 결과변수를 측정하는 방법이다.

기출 PLUS

기출 2021년 3월 7일 제1회 시행

순수실험설계(true experimental design)의 특징이 아닌 것은?

① 독립변수의 조작
② 외생변수의 통제
③ 비동질 통제집단의 설정
④ 실험집단과 통제진단에 대한 무작위 할당

기출 2020년 6월 14일 제1·2회 통합 시행

사후실험설계(ex-post facto research design)의 특징에 관한 설명으로 틀린 것은?

① 가설의 실제적 가치 및 현실성을 높일 수 있다.
② 분석 및 해석에 있어 편파적이거나 근시안적 관점에서 벗어날 수 있다.
③ 순수실험설계에 비하여 변수 간의 인과관계를 명확히 밝힐 수 있다.
④ 조사의 과정 및 결과가 객관적이며 조사를 위해 투입되는 시간 및 비용을 줄일 수 있다.

기출 2021년 3월 7일 제1회 시행

실험설계 방법 중 유사실험설계에 해당하지 않는 것은?

① 동류집단설계
② 비동질 통제집단설계
③ 단일집단 반복실험설계
④ 통제집단 사후측정설계

기출 2020년 9월 26일 제4회 시행

실험설계를 사전실험설계, 순수실험설계, 유사실험설계, 사후실험설계로 구분할 때 유사실험설계에 해당하는 것은?

① 단일집단 사후측정설계
② 집단비교설계
③ 솔로몬 4집단설계
④ 비동질 통제집단설계

정답 ▶ ③, ③, ④, ④

기출 2021년 3월 7일 제1회 시행

다음에서 설명하는 실험설계의 타당성을 저해하는 외생변수는?

• 보기 •
실험기간 중에 실험집단의 육체적·심리적 특성이 자연적으로 변화해 종속변수에 영향을 미칠 수 있다.

① 시험효과
② 표본의 편중
③ 성숙효과
④ 우연적 사건

기출 2019년 8월 4일 제3회 시행

실험설계를 위하여 충족되어야 하는 조건과 가장 거리가 먼 것은?

① 독립변수의 조작
② 인과관계의 일반화
③ 외생변수의 통제
④ 실험대상의 무작위화

기출 2019년 4월 27일 제2회 시행

다음 연구의 진행에 있어 내적 타당성을 위협하는 요인이 아닌 것은?

• 보기 •
대학생들의 성(性) 윤리의식을 파악하기 위해 실험 연구 방법을 적용하여 각각 30명의 대학생을 실험집단과 통제집단으로 선정하여 1개월간의 현지실험조사를 실시하려 한다.

① 우연적 사건(history)
② 표본의 편중(selection bias)
③ 측정수단의 변화
   (instrumentation)
④ 실험변수의 확산 또는 모방
   (diffusion or imitation of treatments)

ⓛ 단일집단 사전사후측정설계: 실험변수를 조작하기 전에 결과변수에 대한 측정을 하고, 실험변수를 조작한 후에 결과변수의 수준을 측정하여 두 결과 간의 차이로 실험변수의 효과를 측정하는 방법이다.

ⓒ 정태적 집단비교설계: 실험대상을 두 개의 집단으로 나누어 실험변수를 조작하는 집단과 그렇지 않은 집단으로 구분하여 사후측정결과의 차이로 실험변수조작의 효과를 측정하는 방법이다.

(4) 실험설계의 타당성과 위협요인 `2018 2회` `2019 4회` `2020 1회`

경험적 조사연구를 통하여 인과관계를 얼마나 진실에 가깝게 추론하는가 하는 정도이다.

① 성숙요인: 시간의 경과 때문에 발생하는 조사대상 집단자체 내에서 발생한 특성의 변화이다.

   예 어린이 영양제의 효과를 측정하기 위해 어린이의 키와 몸무게를 매년 측정했을 때 성장의 원인이 영양제인지 자연성장인지 정확히 측정할 수 없다.

② 역사요인: 조사시간 등에 연구자의 의도와는 관계없이 일어난 사건으로 결과변수에 영향을 미칠 수 있는 사건이다.

③ 선발·선정요인: 실험·통제집단의 구성원이 다르기 때문에 나타나는 요인이다.

④ 상실요인: 조사기간 중에 관찰대상집단의 일부가 탈락·상실됨으로써 남아있는 대상이 처음의 관찰대상집단과 다른 특성을 갖게 되는 현상이다.

   예 할인매장을 방문하는 지역주민 중 일부를 조사대상으로 했을 때 이사 등의 이유로 지역주민의 특성은 매년 변화할 수 있다.

⑤ 회귀요인: 극단적인 측정값을 갖는 사례들을 재측정할 때 평균값으로 회귀하여 처음과 같은 극단적인 측정값을 나타낼 확률이 줄어드는 현상이다.

⑥ 검사요인: 조사실시 전·후에 유사한 검사를 반복하는 경우에 프로그램 참여자들의 친숙도가 높아져서 측정값에 영향을 미치는 현상이다.

⑦ 도구요인: 측정기준이 달라지거나 측정수단이 변화하여 왜곡되는 현상이다.

⑧ 확산요인: 실험집단 간에 의사소통이 가능할 경우 다른 실험집단 또는 통제집단으로부터 사전에 정보를 얻을 수 있다.

(5) 내적 타당성과 외적 타당성

외생변수의 영향을 제거하여 내적 타당성을 높이기 위해 엄격한 인위적 환경을 만들 경우 현실적 상황에 적용할 수 있는 외적 타당성, 즉 일반화 가능성은 감소한다.

❺ 모형

(1) 의의

어떤 이론·현상·사건 등을 가능한 한 그대로 모방하여 만들어낸 유질동형의 형상물이다.

(2) 기능

① 자료를 과학적으로 처리·가능하게 조직화한다.

② 연구방향 및 연구의도를 표시하는 의사소통의 역할을 한다.

③ 이론형성에 간접적으로 기여한다.

④ 인식의 도구역할을 한다.

(3) 특징

① **유질동형의 이론**: 이론에 대한 모형을 적용함으로써 두 개의 이론이 법칙의 형태가 같으면 그 이론들은 서로 유질동형 내지 기능·구조적으로 유사하다.

② 의식적·외연적·한정적이다.

③ 은유 및 유추와 성격이 유사하기도 하다.

④ 모형은 이론처럼 일반화의 역량을 갖는 설명의 도구가 아니라 어떤 현상에 대한 인식의 도구로 이론과 구별된다.

⑤ 모형은 실현상을 단순화한 것이다.

(4) 종류

① **물질적 모형**: 어떤 현상에 대해 구체적인 실질을 가진 축소물이다.

② **어의적 모형**: 어떤 현상에 대해 개념적이거나 상징적인 유추모형이다.

③ **형식적 모형**: 이론의 구조를 상징화된 기호로 나타낸 모형이다.

④ **해석적 모형**: 형식적 모형의 기능을 보완한 모형으로 이론영역과 경험영역을 일치시켜준다.

(5) 문제점

① 모형은 실현상에 비해 불완전하거나 불충분하기 때문에 항상 실현상에 대하여 동일한 구조일 수는 없다.

② 모형구조의 인위적 속성 포함을 수용하지 못하는 경우 혼란을 초래한다.

③ 모형의 지나친 단순화나 엄격성의 강조, 상징적 기호의 지나친 강조 등 모형 자체에 지나치게 집착할 경우 여러 가지 병폐를 초래한다.

④ 구조적·기능적 유사성에 있어 제한적이다.

(6) 평가기준

타당성, 신축성, 단순성, 유의성, 내적 논리성, 일반성 등을 기준으로 한다.

6 시뮬레이션

(1) 의의

연구대상을 현실세계와 유사한 모의상황에 당면하도록 함으로써 상황의 여러 속성을 재현하는 것이다.

(2) 속성

① 초상황적 속성: 내용은 같은데 규모가 작은 모의실험의 경우

② 유사적 속성: 국제정치게임에서 문화를 유추하기 위해 외국인 학생을 대용으로 쓰는 것처럼, 원체계는 아니지만 비슷하게 행동하는 대용물을 쓰는 경우

③ 상동물: 외양이 같을 뿐만 아니라 준거 속성까지 충실히 상징하는 모형의 경우

(3) 시뮬레이션의 종류

① 실험으로서의 시뮬레이션
  ㉠ 인공적이고 복잡한 상황에서 여러 행태에 관해 경험적 연구를 한다.
  ㉡ 행태를 의도적으로 구성하고 체계의 주요 속성을 측정·조작한다.
  ㉢ 연구는 전체적이고 손대지 않은 구체적인 상황에서 진행된다.

② 게임으로서의 시뮬레이션

  ⊙ 인간 시뮬레이션이라고도 하는데 다양하고 실제적인 경쟁상태에서 각각의 인간이 취하는 전략을 의태화하기 위해 경쟁을 실험적인 게임에서 해보는 것을 말한다.

  ⓛ 전략적 게임

    • 정보가 완전한 전략적 게임 : 각자 전략적 대안이 다양하지만 어떤 대안을 선택하게 되면 완전정보의 상황으로 바뀐다.

    • 정보가 불완전한 전략적 게임 : 불완전한 정보를 갖는 상황의 게임이다.

  ⓒ 비전략적 게임 : 이기느냐 지느냐의 둘 중 하나의 대안을 선택하는 문제로서 일반적으로 1명의 플레이어만 갖는 상황을 의미한다.

③ 컴퓨터 시뮬레이션

  ⊙ 구체적인 행태의 속성과 동태성을 모형화하는 것을 말한다.

  ⓛ 이론 또는 모형의 모든 결과를 전부 검토하고, 함의를 찾아낼 수 있다.

  ⓒ 시뮬레이션의 결과를 시뮬레이션되고 있는 현실과 비교할 수 있다.

(4) 시뮬레이션의 장·단점

① 장점

  ⊙ 반복적인 실험·분석이 가능하다.

  ⓛ 실험적·실제적 시간을 단축 또는 확대할 수 있다.

  ⓒ 독립변인의 조작이 가능하며 현실성이 높다.

  ⓔ 일반적으로 피험자의 관여도가 높다.

② 단점

  ⊙ 의태화 가능성에 대한 일정한 한계성이 있다.

  ⓛ 독립변인의 식별이 곤란하다.

  ⓒ 인과가설 검증기회가 감소된다.

  ⓔ 시뮬레이션의 단순화나 추상화에 따른 오차가 발생한다.

  ⓜ 시뮬레이션이 성립되면 자체 폐쇄체제로서의 메커니즘이 생겨 상황과의 끊임없는 상호작용이 결여된다.

  ⓑ 비용이 많이 든다.

과학적 방법에 관한 설명으로 맞는 것은?

① 선별적 관찰에 근거한다.
② 연구의 반복을 요구하지 않는다.
③ 연역법적 논리의 상대적 우월성을 지지한다.
④ 모든 지식은 잠정적이라는 태도에 기반 한다.

다음 중 질적 연구에 관한 설명과 가장 거리가 먼 것은?

① 조사자와 조사 대상자의 주관적인 인지나 해석 등을 모두 정당한 자료로 간주한다.
② 조사결과를 폭넓은 상황에 일반화하기에 유리하다.
③ 연구절차가 양적 조사에 비해 유연하고 직관적이다.
④ 일반적으로 상호작용의 과정에 보다 많은 관심을 둔다.

양적 연구와 질적 연구에 관한 설명으로 옳지 않은 것은?

① 양적 연구는 연구자와 연구대상이 독립적이라는 인식론에 기초한다.
② 질적 연구는 현실 인식의 주관성을 강조한다.
③ 질적 연구는 연역적 과정에 기초한 설명과 예측을 목적으로 한다.
④ 양적 연구는 가치중립성과 편견의 배제를 강조한다.

정답 ④, ②, ③

---

section 2 과학적 연구의 유형

1 질적 연구와 양적 연구 [2018 4회] [2019 5회] [2020 1회]

(1) 질적 연구

① **개념** : 연구 대상에 대해 심층적이고 상세한 정보를 얻고자 연구자의 풍부한 경험과 직관적인 통찰을 이용한 사회과학 연구방법으로, 해석적·주관적이라는 특징을 가진다.

② **특징**
  ㉠ 질적 방법의 사용을 옹호한다.
  ㉡ 자연주의적·비통계적 관찰을 이용한다.
  ㉢ 과정지향적이다.
  ㉣ 자료에 가까이 있다.
  ㉤ 자료에서 파생한 발견지향적·탐색적·확장주의적·서술적·귀납적 연구이다.
  ㉥ 동태적 현상을 가정한다.
  ㉦ 주관적이다.
  ㉧ 일반화할 수 없다.
  ㉨ 총체론적이다.
  ㉩ 타당성 있는 실질적이고 풍부하며 깊이 있는 자료이다.
  ㉪ 행위자 자신의 준거의 틀에 입각하여 인간의 행태를 이해하는 데 관심을 갖는 현상학적 입장을 취한다.

(2) 양적 연구

① **개념** : 연구대상의 속성을 양적으로 표현하고 그들의 관계를 통계분석을 통하여 밝히는 연구를 말한다.

② **특징**
  ㉠ 양적 방법의 사용을 옹호한다.
  ㉡ 강제된 측정과 통제된 측정을 이용한다.
  ㉢ 결과지향적이다.
  ㉣ 자료와 거리가 멀다.
  ㉤ 자료에서 파생하지 않는 확인지향적·확증적·축소주의적·추론적·가설연역적 연구이다.

ⓗ 특정적이다.

ⓢ 객관적이다.

ⓞ 일반화할 수 있다.

ⓩ 안정적 현상을 가정한다.

ⓩ 신뢰성 있는 결과의 반복이 가능한 자료이다.

ⓚ 개인들의 주관적인 상태에는 관심을 두지 않고 사회현상의 사실이나 원인들을 탐구하는 논리실증주의적 입장을 취한다.

② 탐색적 연구 [2018 3회] [2019 1회] [2020 2회]

(1) 개요

사회조사 초기단계에 조사에 대한 통찰력을 얻기 위한 조사로서 일반적으로 본조사를 위한 예비적 조사로 실시한다.

> 🖋 Plus tip 탐색적 연구의 과정
> 속성의 개념화 → 변수 전환 → 변수 구분 → 척도 작성

(2) 문헌연구

① 주로 문헌 등의 1차적·2차적 자료들을 통해 과거나 현재의 현상을 기술·설명하는 연구방법이다.

② 연구의 분야 또는 대상에 대해 잘 알지 못할 때 행하는 최초의 연구이다.

③ 가장 경제적이며 신속한 방법이다.

④ 목적

ⓐ 연구의 초점을 명백하게 한다.

ⓑ 연구에 대한 이론적 연구경향, 자료수집·분석법에 이르기까지 포괄적인 지식을 얻고자 한다.

(3) 경험적 조사

① 경험자 조사, 파일럿 조사라고도 하며 주어진 문제에 대한 전문적 지식과 경험을 가진 전문가들에게 정보를 얻어내는 방법을 말한다.

② 보통 문헌조사에서 부족한 부분을 보완하기 위하여 사용한다.

기출 PLUS

기출 2020년 9월 26일 제4회 시행

다음 중 탐색적 연구를 하기 위한 방법으로 가장 적합한 것은?

① 횡단연구
② 유사실험설계
③ 시계열연구
④ 사례연구

정답 ④

③ 면접 시 조직적인 질문서를 이용할 수 없으므로 문제범위에 대해 체계적으로 나열하고 수시로 융통성 있는 질문을 하여야 한다.

④ 응답에 대한 증명을 할 수 있어야 한다.

⑤ 전문가의 의견이라 할지라도 일정한 편견이 개입될 수 있으므로 주의하여야 한다.

(4) 사례연구

① 사회적 단위로서의 개인이나 집단 및 지역사회에 관한 현상을 보다 종합적·집중적으로 연구하기 위한 방법이다.

② 사례연구의 절차
- ㉠ 개념 정립
- ㉡ 가설의 설정
- ㉢ 특정사례의 분석으로 가설과의 부합 검토
- ㉣ 가설이 부합되지 않을 경우 엄밀한 가설로 재구성
- ㉤ 재구성된 가설을 검증하고 특정사례와 비슷한 사례에 적용
- ㉥ 보편적인 설명이 가능할 때까지 위 과정을 반복하여 일반화시킴
- ㉦ 제외된 사례조사와 최종적 가설에 부합되지 않는 원인규명

③ 장점
- ㉠ 자료범위가 광범위하다.
- ㉡ 정보의 양과 질이 경제적이다.
- ㉢ 생태학적인 접근을 가능하게 한다.
- ㉣ 가설에 대한 신뢰도를 높여준다.

④ 단점
- ㉠ 자료가 피상적이다.
- ㉡ 시간과 비용이 많이 든다.
- ㉢ 다른 사례와 비교하는 것이 불가능하다.
- ㉣ 학술적으로 일반화하기가 힘들다.

기출 2021년 3월 7일 제1회 시행

사례연구의 단계를 순서대로 나열한 것은?

- 보기 -
- ㉠ 사실의 설명
- ㉡ 사실 또는 자료수집
- ㉢ 연구문제 선정
- ㉣ 사실 또는 자료의 요약
- ㉤ 보고를 위한 기술

① ㉠ → ㉢ → ㉡ → ㉣ → ㉤
② ㉢ → ㉠ → ㉣ → ㉡ → ㉤
③ ㉢ → ㉡ → ㉠ → ㉤ → ㉣
④ ㉢ → ㉡ → ㉣ → ㉠ → ㉤

기출 2018년 4월 28일 제2회 시행

단일사례연구에 관한 설명으로 틀린 것은?

① 외적 타당도가 높다.
② 개입효과에 대한 즉각적인 피드백이 가능하다.
③ 조사연구 과정과 실천과정이 통합될 수 있다.
④ 개인과 집단뿐만 아니라 조직이나 지역사회도 연구대상이 될 수 있다.

정답 ④, ①

(5) 특례분석

① 사례연구에 속하는 것으로서 가설구성에 지침이 되는 연구가 결여되거나 문제 설정이 빈약한 분야에서 사용된다.

② 어떤 문제에 대해 철저한 조사연구가 이루어져야 한다.

③ 연구자에게 어떤 문제를 탐구하려는 태도가 필요하다.

④ 연구의 성과는 조사자의 통찰력에 따라 달라진다.

⑤ 분류
- ㉠ 순수한 사례
- ㉡ 과도기에 있는 개인 또는 집단
- ㉢ 외국인 또는 외부인
- ㉣ 한계인 또는 한계집단
- ㉤ 극단적인 사례
- ㉥ 사회구조상 상이한 위치에 있는 개인
- ㉦ 소외자, 일탈자, 병리적인 사람
- ㉧ 자신의 경험 고찰

③ 사례조사와 통계조사 `2018 1회` `2020 2회`

(1) 사례조사

① 개념 : 연구대상과 관련된 모든 가능한 방법과 기술을 이용하여 전체를 파악하고 전체와의 연관성을 포착한다.

② 장점
- ㉠ 생활사를 연구하는 데 유용하다.
- ㉡ 조사대상의 제한 없이 포괄적인 인과관계 파악이 가능하다.
- ㉢ 연구대상의 동태적 분석이 가능하며 기능적 관계를 규명하는 데 적합하다.

③ 단점
- ㉠ 시간과 비용이 많이 소요된다.
- ㉡ 자료의 신뢰성을 검증할 수 없다.
- ㉢ 다른 사례와 비교할 수 없으며 학술적으로 일반화하기 어렵다.

기출PLUS

기출 2018년 3월 4일 제1회 시행

탐색적 조사(Exploratory Research)에 관한 설명으로 옳은 것은?

① 시간의 흐름에 따라 일반적인 대상 집단의 변화를 관찰하는 조사이다.

② 어떤 현상을 정확하게 기술하는 것을 주목적으로 하는 조사이다.

③ 동일한 표본을 대상으로 일정한 시간간격을 두고 반복적으로 측정하는 조사이다.

④ 연구문제의 발견, 변수의 규명, 가설의 도출을 위해서 실시하는 조사로서 예비적 조사로 실시한다.

기출 2020년 6월 14일 제1·2회 통합 시행

다음 중 사례조사의 장점이 아닌 것은?

① 사회현상의 가치적 측면의 파악이 가능하다.

② 개별적 상황의 특수성을 명확히 파악하는 것이 가능하다.

③ 반복적 연구가 가능하여 비교하는 것이 가능하다.

④ 탐색적 연구방법으로 사용이 가능하다.

정답 ④, ③

사례조사연구의 목적으로 가장 적합한 것은?

① 명제나 가설의 검증
② 연구대상에 대한 기술과 탐구
③ 분석단위의 파악
④ 연구결과에 대한 일반화

패널(panel)조사의 특징과 가장 거리가 먼 것은?

① 패널조사는 측정기간 동안 패널이 이탈될 수 있는 단점이 있다.
② 패널조사는 조사대상자로부터 추가적인 자료를 얻기가 비교적 쉽다.
③ 패널조사는 조사대상자의 태도 및 행동변화에 대한 분석이 가능하다.
④ 패널조사는 최초 패널을 다소 잘못 구성하더라도 장기간에 걸쳐 수정이 가능하다는 장점이 있다.

다음 중 종단적 연구가 아닌 것은?

① 패널 연구(panel study)
② 코호트 연구
③ 시계열 연구
④ 단면 연구

정답 ②, ④, ④

(2) 통계적 조사

① 양적 기술방법을 사용하는 과학적 조사기법을 말한다.

② 전수조사
 ㉠ 연구대상의 문제가 되는 모든 측면을 조사하는 것이다.
 ㉡ 표본조사의 전문지식이 없거나 오차를 최소화하거나 전혀 없게 할 때 이용되는 연구유형이다.

③ 표본조사
 ㉠ 연구대상의 일부를 추출하여 전체를 추정하는 것이다.
 ㉡ 비용·시간·노력을 절약하며 표본오차 이외의 오차를 통제할 수 있다.

④ 종단적 조사 `2019 1회` `2020 1회` `2021 1회`

(1) 개요

같은 표본으로 시간 간격을 일정하게 두고 반복적으로 측정하는 조사로서 이 연구는 한 번 이상 측정하기 때문에 시간변화에 따른 반응을 잘 살펴보아야 한다.

(2) 패널 조사 `2018 1회` `2019 3회` `2020 1회`

① 개념 : 계속해서 정보를 제공할 사람 또는 단체(패널)를 선정하여 이들로부터 반복적이며 지속적으로 연구자가 필요로 하는 정보를 획득하는 방식을 말한다.

② 패널조사의 장·단점
 ㉠ 장점
  • 패널로부터 추가적인 자료를 획득하는 것이 수월하다.
  • 초기비용은 많이 드나 장기적으로는 경제적이다.
  • 사건에 대한 변화분석이 가능하다.
 ㉡ 단점
  • 모집단의 대표성에 위협성이 있다.
  • 정보의 유연성이 적으며 부정확한 자료가 제공된다.
  • 패널을 관리하기가 힘들다.

(3) **코호트 조사**(cohort study) `2018 3회`

① 개념: 동기생·동시경험집단을 연구하는 것으로 일정한 기간 동안에 어떤 한정된 부분 모집단을 연구하는 것이다.

② 특정한 경험을 같이 하는 사람들이 갖는 특성에 대해 다른 시기에 걸쳐 두 번 이상 비교하고 연구한다.

> 🐷 Plus tip **코호트 조사의 예**
> 386세대의 생활변화, 베이비붐 세대의 대학 진학률

(4) **추세 조사**(trend study) `2019 2회`

① 개념: 일반적인 대상집단에서 시간의 흐름에 따라 나타나는 변화를 관찰하는 것을 말한다.

② 측정을 하고 자료를 수집할 때마다 매번 같은 모집단에서 새로운 표본을 독립적으로 추출하여 연구하는데, 모집단이 같으므로 추출된 표본은 근본적으로 같다는 것을 전제로 한다.

③ 새로운 표본의 측정에서 나타나는 변화는 새로운 표본에서 나타난 것이 아니라 모집단에서의 변화나 경향을 반영한 것이다.

❺ 횡단적 연구 `2019 1회` `2020 1회`

(1) 개요

일정 시점을 기준으로 하여 관련된 모든 변수에 대한 자료를 수집하는 연구방법으로, 측정을 단 한 번만 하며, 가장 보편적으로 사용되고 있다.

(2) 유형

어떤 사건과 관련된 상황이나 상태를 정확하게 파악하기 위해 기술하는 '현황조사'와 둘이나 그 이상 변수들 간의 관계를 상관계수의 계산으로 확인하는 '상관적 연구'가 있다.

기출PLUS

기출 2018년 3월 4일 제1회 시행

2017년 특정한 3개 고등학교(A, B, C)의 졸업생들을 모집단으로 하여 향후 10년간 매년 일정시점에 표본을 추출하여 조사를 한다면 어떤 조사에 해당하는가?

① 횡단조사
② 서베이 리서치
③ 코호트조사
④ 사례조사

기출 2019년 4월 27일 제2회 시행

다음 ( )에 알맞은 조사방법으로 옳은 것은?

- 보기 -
• (㉠)는 특정 조사대상을 사전에 선정하고 이들을 대상으로 반복조사를 하는 방식이다.
• (㉡)는 다른 시점에서 반복조사를 통해 얻은 시계열자료를 이용하는 방식이다.

① ㉠: 패널조사, ㉡: 횡단조사
② ㉠: 패널조사, ㉡: 추세조사
③ ㉠: 횡단조사, ㉡: 추세조사
④ ㉠: 전문가조사, ㉡: 횡단조사

기출 2019년 8월 4일 제3회 시행

횡단조사(cross-sectional study)**에 관한 설명으로 옳은 것은?**

① 정해진 연구대상의 특정 변수값을 여러 시점에 걸쳐 연구한다.
② 패널조사에 비하여 인과관계를 더 분명하게 밝힐 수 있다.
③ 여러 연구 대상들을 정해진 한 시점에서 조사, 분석하는 방법이다.
④ 집단으로 구성된 패널에 대하여 여러 시점에 걸쳐 조사한다.

정답 ③, ②, ③

서베이 조사의 일반적인 특성에 관한 설명으로 틀린 것은?

① 모집단으로부터 추출된 표본을 대상으로 조사하는 방법이다.
② 센서스(census)는 대표적인 서베이 방법 중 하나이다.
③ 인과관계 분석보다는 예측과 기술을 주목적으로 한다.
④ 대인조사, 전화조사, 우편조사, 온라인 조사 등이 있다.

(3) 현지조사

① **개념**: 실제의 사회구조에서 사회적 · 교육적 및 정치적인 변수 간의 관계와 상호작용을 직접 관찰하는 사후적인 과학적 연구방법을 말한다.

② **형태**

   ㉠ **탐색적 형태**: 어떤 연구대상이 존재하느냐를 찾는 형태로서, 현지상황에서의 중요변수 발견 및 변수 간의 관계발견, 차후 체계적이고 엄격한 가설검증을 위한 토대확립을 목적으로 한다.

   ㉡ **가설검증형태**: 연구를 통하여 설정된 가설을 실제로 검증하는 형태를 말한다.

③ **서베이 연구와의 차이점**

   ㉠ 현지조사의 초점은 구조 및 구조 내 변수 간의 관계 및 상호작용의 분석에 있으므로 서베이 연구보다 직접적인 측정과 관찰을 더 강조한다.

   ㉡ 현지조사는 연구대상의 실제적 구조와 과정에 중점을 두나 서베이 연구는 연구범위의 크기와 대표성에 중점을 둔다.

   ㉢ 서베이 연구보다 실험적 연구에 근접하다.

   ㉣ 광범위한 연구를 하는 서베이 연구의 예비조사로 사용된다.

④ **장점**

   ㉠ 인위적인 조작이 배제되어 가장 현실적인 연구이다.

   ㉡ 실험실 실험보다 변수의 분산이 크다.

   ㉢ 인간대상의 문제를 다루기 쉽다.

   ㉣ 새로운 사실에 교시적이다.

   ㉤ 실제적인 문제를 해결하기 위해 설계될 경우에 유용하다.

⑤ **단점**

   ㉠ 실현불가능성, 표본추출, 시간, 비용 등의 문제가 있다.

   ㉡ 변수의 계측에 정밀성이 결여되어 있다.

   ㉢ 변수 간의 관계진술이 약하다.

6 실험적 연구

(1) 현장실험

① **개념**: 현실상태하에서 조사자가 가설검증을 위하여 독립변수를 조작하여 연구하는 실태조사이다.

② **현지조사와의 차이점**: 현지조사는 단순히 자료수집을 통한 검증과 실천적 문제해결에 중점을 두지만 현장실험은 독립변수를 직접 조작하며 이론적 가설검증에 중점을 둔다.

③ **실험실 실험과의 차이점**: 실험실 실험이 자연적 상황을 그대로 묘사해 전체 통제하에서 실험을 하는 반면 현장실험은 자연적 상황에서 몇몇 변수만을 통제한다.

④ **장점**
  ㉠ 가설검증에 적합하고 이론검증 또는 실제적 문제해결에 부합이 잘 된다.
  ㉡ 실험실 실험의 변수보다 현장실험의 변수가 일반적으로 영향력이 더 강력하다.
  ㉢ 일상생활과 같은 복잡한 사회적 변화·과정 및 영향 등의 연구에 적절하다.

⑤ **단점**
  ㉠ 독립변수를 조작하는 것은 이론적으로 가능하나 현장상황에 부딪히면 불가능할 경우가 많다.
  ㉡ 연구자의 연구태도가 장애요인이 될 수 있다.
  ㉢ 실험 대상들의 동의와 협조가 있어야 결과를 정확하게 얻을 수 있다.
  ㉣ 실험 이외에 실험에 영향을 미치는 것에 대한 지식이 있어야 한다.
  ㉤ 실험실 실험보다 연구결과의 정밀도가 낮다.

(2) 실험실 실험

① **개념**: 일상생활과 엄격하게 분리된 실험상황에서 행하는 실험이다.

② **장점**
  ㉠ 가설의 실제적 가치 및 현실성을 높인다.
  ㉡ 수집된 자료를 폭넓게 분석하고 해석할 수 있다.
  ㉢ 조사과정 및 결과가 객관적이다.
  ㉣ 시간 및 비용을 줄일 수 있다.

③ **단점**
  ㉠ 순수실험단계에 비해 변수 간의 인과관계가 명확하지 않다.
  ㉡ 외생변수의 통제가 어렵다.
  ㉢ 실험적 조사상황이 인위적이며 외적 타당도가 결여되는 경우가 많다.

연구유형에 관한 설명으로 틀린 것은?

① 순수연구 : 이론을 구성하거나 경험적 자료를 토대로 이론을 검증한다.
② 평가연구 : 응용연구의 특수형태로 진행중인 프로그램이 의도한 효과를 가져왔는가를 평가한다.
③ 탐색적 연구 : 선행연구가 빈약하여 조사연구를 통해 연구해야 할 속성을 개념화한다.
④ 기술적 연구 : 축적된 자료를 토대로 특정된 사실관계를 파악하여 미래를 예측한다.

특정 시점에 다른 특성을 지닌 집단들 사이의 차이를 측정하는 조사방법은?

① 패널(panel)조사
② 추세(trend)조사
③ 코호트(cohort)조사
④ 서베이(survey)조사

7 기술적 연구 2019 1회 2020 1회

(1) 사후연구

① 과학자가 독립변수를 직접 통제할 수 없는 체계적·경험적 연구방법으로 심리학, 사회학, 교육학에서 이루어진다.

② 단점
  ㉠ 독립변수의 조작이 어렵다.
  ㉡ 해석을 부적절하게 할 위험이 있다.
  ㉢ 난선화를 할 힘이 결여되어 있다.

③ 실험연구보다 사후연구가 수적·질적으로 우월하나 사후연구 자료의 결과나 해석은 주의 깊게 행해야 한다.

(2) 서베이 연구 2019 1회

① 개념 : 횡단적 연구의 일종으로 모집단에서 추출한 표본을 연구하여 모집단의 특성을 추론하는 방법을 말한다.

② 유형 : 전화조사, 우편조사, 인터넷 조사, 면접조사, 집합조사, 통제관찰 등으로 면접자에게 연구주제와 관련된 질문에 대한 답변을 체계적으로 수집하는 방법이다.

③ 절차 : 연구설계, 자료수집, 자료분석, 결과해석 및 보고서 작성

④ 장점
  ㉠ 자료의 범위가 넓고 풍부한 자료를 수집할 수 있다.
  ㉡ 수집된 자료의 정확성이 높다.

⑤ 단점
  ㉠ 고도의 조사지식과 기술이 필요하다.
  ㉡ 이 연구로 획득된 정보는 피상적이다.
  ㉢ 비용과 시간이 많이 든다.
  ㉣ 서베이 연구로 수집한 정보가 정확해도 표준오차가 존재한다.

⑧ 미래예측기법

(1) 양적인 방법에 의한 미래예측

① **전통적 시계열분석** : 시계열 자료를 분석하여 불규칙적 변화, 순환적 파동, 계속적 경향의 요소를 박스-젠킨스 분석기법, 자기회기누적이동평균을 사용하여 분석하는 방법을 말한다.

② **비선형 시계열**

    ㉠ 이 방법은 유형을 순환·진동·성장·쇠퇴·재난으로 나누어 설명한다.

    ㉡ **순환** : 수년 또는 그 이상에서 나타나는 비선형파동이다.

    ㉢ **진동** : 일정한 범위 내에서만 시계열이 선형성을 잃는 현상을 보인다.

    ㉣ **재난** : 시계열곡선에서 갑자기 심한 불연속이 나타나는 현상을 보인다.

③ **추세연장기법에 의한 미래예측**

    ㉠ 현재와 과거의 역사적인 자료를 바탕으로 하여 미래의 사회적 변화를 예측하는 것을 말한다.

    ㉡ **기본적인 가정** : 규칙성, 지속성, 자료의 타당성 및 신뢰성

(2) 질적 방법에 의한 미래예측

① **델파이 기법** `2020 1회`

    ㉠ **개념** : 집단토론 중에 여러 가지 왜곡현상이 나타나는 것을 제거하기 위해 개발한 방법을 말한다.

    ㉡ 자신의 견해에 대한 동료집단의 압력이 있는 경우, 토론과정이 소수 인원에 의해 지배되는 경우, 권위자에게 반론을 제기하는 것이 어려운 경우 등 집단토론에서 나타나는 여러 단점을 보완하기 위해 고안되었다.

    ㉢ **특징** : 익명성, 응답의 통계처리, 통제된 확률, 반복성

② **정책델파이 기법**

    ㉠ 델파이기법의 한계점을 극복하기 위해 설계된 기법이다.

    ㉡ 초기에 익명성을 보장하고 주장이 표면화되면 공개적인 토론을 한다.

    ㉢ **특징** : 선택적 익명성, 양극화된 통계처리, 이해와 식견이 있는 참가자의 선발, 구성된 갈등

③ **브레인스토밍**

    ㉠ 문제해결의 고안과정에서 창의성을 향상시키기 위한 것으로, 브레인스토밍을 위해 구성된 집단에서 아이디어 개발 및 평가를 하여 문제를 해결하거나 미래를 예측하는 방법을 말한다.

기출 2020년 8월 23일 제3회 시행

전문가의 견해를 물어 종합적인 상황을 파악하거나 미래의 불확실한 상황을 예측할 때 주로 이용되는 조사기법은?

① 이차적 연구(secondary research)

② 코호트(cohort) 설계

③ 추세(trend) 설계

④ 델파이(delphi) 기법

기출 2020년 9월 26일 제4회 시행

초점집단(focus group) 조사와 델파이조사에 관한 설명으로 옳은 것은?

① 초점집단조사에서는 익명 집단의 상호작용을 통해 도출된 자료를 분석한다.

② 초점집단조사는 내용타당도를 높이는 목적으로 사용될 수 있다.

③ 델파이조사는 비구조화 방식으로 정보의 흐름을 제어한다.

④ 델파이조사는 대면(face to face) 집단의 상호작용을 통해 도출된 자료를 분석한다.

정답 ④, ②

연구문제의 가치를 판단하는 학문적 기준으로 가장 거리가 먼 것은?

① 독창성을 가지고 있어야 한다.
② 경험적 검증가능성이 있어야 한다.
③ 이론적인 의의를 가지고 있어야 한다.
④ 사회적 쟁점에 대처할 수 있어야 한다.

개념(Concepts)의 정의와 가장 거리가 먼 것은?

① 일정한 관계사실에 대한 추상적인 표현
② 특정한 여러 현상들을 일반화함으로써 나타나는 추상적인 용어
③ 현상을 예측 설명하고자 하는 명제, 이론의 전개에서 그 바탕을 이루는 역할
④ 사실과 사실 간의 관계에 논리의 연관성을 부여하는 것

정답 ④, ④

ⓛ 집단 구성은 상급자 – 하급자의 관계가 아닌 동료로 하는 것이 바람직하다.
ⓒ 과정: 브레인스토밍 집단 구성→아이디어 개발→아이디어의 평가

section 3 연구의 요소

1 개념(concept) 2018 1회

(1) 의의

우리 주위의 일정한 현상들을 일반화함으로써 현상들을 대표할 수 있는 추상화된 표현이나 용어이다.

(2) 구비조건

① **명확성(한정성)**: 개념의 존재 이유를 명확하고 한정적인 특징으로 나타내어야 한다. 개념에 대한 명확한 정의는 연구대상이 되는 현상에 대한 명확한 규정과 의사소통을 정확히 하기 위해 필수적이다.

② **통일성**: 동일한 현상에 각기 서로 다른 개념을 사용하는 경우 혼란을 초래하므로 개념의 통일성이 실현되어야 한다.

③ **범위의 제한성**: 범위가 너무 넓으면 현상의 측정이 곤란하고, 좁으면 이론현상의 개념은 제한을 받는다.

④ **체계성**: 개념이 부분으로 대표로 된 명제·이론에 있어서 어느 정도 구체화되어 있는가를 의미한다.

(3) 기능

① 감각에 의해 직접 감지될 수 있는 것뿐 아니라 감지될 수 없는 추상적 현상에 대해서도 이해방법을 제시한다.

② 지식의 축적·팽창을 가능하게 한다.

③ 연구문제의 범위, 주요 변수를 제시함으로써 기본적 연구대상을 가시적으로 측정 가능하게 한다.

④ 연구의 출발점과 연구방향을 제시한다.

⑤ 미래의 예측을 가능하게 하며 연역적 결과를 가져온다.

(4) 정확한 개념 전달의 저해요인

① 용어가 전문화되어 이해하는 데 어려움이 있다.

② 용어에 중의성이 있는 경우가 있다.

③ 개인별로 수용능력·관점이 다르다.

④ 비표준화된 용어가 많이 있다.

⑤ 추상적인 용어를 실제화하는 오류가 발생한다.

⑥ 용어의 의미가 용어를 사용하는 사람 또는 시간·장소에 따라 변화된다.

> 🌱 **Plus tip** 이상적인 개념의 예
>
> M. Weber의 합리적·합법적 관료제와 R. K. Merton의 패러다임

② 변수

(1) 의의

일정한 현상의 경험적 속성을 대표하는 것으로 속성은 각기 다른 특성을 지니며 그 특징적 속성은 일정한 측량단위에 의한 계량화가 가능하다.

> 🌱 **Plus tip** 변수와 상수
>
> ㉠ 변수 : 연구하는 구성개념이나 속성, 측정값이 변한다.
> ㉡ 상수 : 연구대상이 달라지더라도 측정값은 변하지 않는다.

(2) 변수의 종류

① 변수 간의 기능적 관계에 따른 분류

　㉠ **독립변수** : 다른 변수에 영향을 미치는 변수로 종속변수를 관찰하기 위하여 조작, 측정, 선택되는 변수를 말한다.

　㉡ **종속변수** : 독립변수에 의하여 영향을 받는 변수로 측정되거나 관찰되는 변수이고 결과적 예측변수라고 할 수 있다.

　㉢ **매개변수** : 외생변수로 연구목적 이외의 다른 변수의 영향을 통제시키고자 할 때 사용된다.

> 🌱 **Plus tip** 외생변수 통제 방법 **2018 1회** **2019 1회**
>
> 상쇄, 균형화, 제거, 무작위화

기출PLUS

기출 2020년 6월 14일 제1·2회 통합 시행

변수에 대한 설명으로 틀린 것은?

① 경험적으로 측정 가능한 연구대상의 속성을 나타낸다.

② 독립변수는 결과변수를, 종속변수는 원인의 변수를 말한다.

③ 변수의 속성은 경험적 현실의 전제, 계량화, 속성의 연속성 등이 있다.

④ 변수의 기능에 따른 분류에 따라 독립변수, 종속변수, 매개변수로 나눈다.

기출 2019년 8월 4일 제3회 시행

독립변수와 종속변수에 대한 설명으로 옳지 않은 것은? (단, 일반적인 경우라 가정한다.)

① 독립변수가 변하면 종속변수에 영향을 미친다.

② 독립변수는 종속변수보다 이론적으로 선행한다.

③ 독립변수는 원인변수, 종속변수를 결과변수라고 할 수 있다.

④ 종속변수는 독립변수보다 시간적으로 선행한다.

정답 ②, ④

아래와 같이 가정할 때 X, Y, Z 에 대한 바른 설명은?

┌─ 보기 ─────────────┐
㉠ X가 변화하면 Y가 유의미
  하게 변화한다.
㉡ 그러나 제3의 변수인 Z를 고
  려하면 X와 Y 사이의 유의
  미한 관계가 사라진다.
└───────────────────┘

① X는 종속변수이다.
② Z는 매개변수이다.
③ Z는 왜곡변수이다.
④ $X-Y$의 관계는 허위적(Spurious)
  관계이다.

다음 중 이론에 대한 함축적 의미가
아닌 것은?

① 과학적인 지식을 증진시키는 가
  장 효과적인 수단을 말한다.
② 명확하게 정의된 구성개념이 상
  호 관련된 상태에서 형성된 일
  련의 명제를 말한다.
③ 구성개념을 실제로 나타내는 구
  체적인 변수들 간의 관계에 대
  한 체계적 견해를 제시한다.
④ 개념들 간의 연관성에 대한 현상
  을 설명한다.

정답 ④, ①

② 변수의 속성·종류에 따른 분류

　　㉠ **연속변수** : 단일 연속선상에 배열이 가능한 변수로, 개념을 보는 여러 가지
　　　　차원을 가진다.

　　㉡ **불연속 변수** : 사물의 속성이 종류에 따라서 단순히 범주화만 할 수 있는 변
　　　　수를 말한다.

(3) 제 3 변수

① **개념** : 독립·종속변수에 개입하여 그 관계에 영향을 미칠 수 있는 변수를 말한다.

② **외재변수(허위변수)** : 독립·종속변수 관계가 표면적으로 인과적 관계에 있는 것
　　처럼 보이는 경우에도 실제에는 두 변수가 우연히 어떤 변수와 연결되어 있는
　　것처럼 보이게 하는 제 3 변수이다.

③ **구성변수** : 하나의 포괄적 개념은 다수의 하위개념으로 구성되는데 구성변수는
　　포괄적 개념의 하위개념이다.

④ **매개변수** : 독립변수와 종속변수 사이에 제 3 변수가 개입하여 두 변수 사이를 매
　　개하는 변수이다.

⑤ **선행변수** : 제 3 변수가 독립·종속변수보다 선행하여 작용하는 경우이다.

⑥ **억제변수** : 독립·종속변수 사이에 실제로는 인과관계가 있으나 없는 것처럼 나
　　타나게 하는 제 3 변수이다.

⑦ **왜곡변수** : 독립·종속변수 간의 관계를 정반대의 관계로 나타나게 하는 제 3 변
　　수이다.

③ 이론 2018 2회 2020 1회

(1) 의의

새로운 사실의 구조가 체계적으로 상호연결된 불확실한 명제 또는 일련의 진술로
경험적으로 적용될 수 있어야 한다. 즉, 이론이란 경험적으로 검증가능하고, 어느
정도 법칙적인 일반성을 가져야 하는 것으로 그 구조가 체계적으로 상호 연결된
일련의 진술 또는 명제라고 할 수 있다. 이론의 속성을 도출하는 방법에는 연역적
방법과 귀납적 방법이 있다.

(2) 이론의 도출방법

① **연역적 방법** : 논리적 분석을 통해 가설을 정립한 후 이를 경험의 세계에 투사하여 검증하는 방법이다. 즉, 연역적 방법은 일정한 이론적 전제를 수립해 놓고 그에 따라서 구체적인 사실을 수집하여 검증함으로써 다시 이론적 결론을 유도하는 것을 말한다.

② **귀납적 방법** : 연역적 방법과 달리 구체적인 사실로부터 일반적인 원리를 도출해내는 방법이다. 즉, 귀납적 방법은 구체적인 사실로부터 일반원리를 도출하는 것을 말한다.

③ **경험적 검증** : 공리로부터 시작된 분석의 세계가 경험의 세계와 연관성을 가진다. 공리란 '모든 논리의 대전제로 사용될 수 있는 자명하다고 여겨지는 진리'를 말한다.

(3) Walter Wallace의 모형

이론은 가설을 도출하고 가설은 관찰을 암시하며 관찰은 일반화를 도출하고, 일반화는 다시 그 이론을 수정하는 이러한 과정이 반복적으로 수행된다. 따라서 연구와 이론은 연역과 귀납의 상호작용으로 이루어진다고 할 수 있다.

> 🌱 Plus tip 이론의 구성요소
> 준거틀, 명제, 이론, 가설, 개념, 변수 등

(4) 이론의 평가기준

① 이론은 가능한 한 많은 변동의 예측과 설명이 가능해야 하므로 정확해야 한다.

② 주어진 현상을 설명하는 독립변수의 수가 적어 간명해야 한다.

③ 이론이 적용되는 현상의 범위인 일반성이 커야 한다.

④ 현상을 설명하는 데 있어서 원인변수에 인과성이 있어야 한다.

(5) 이론의 역할

① 조사하는 현상에 대해 설명해주고 새로운 사실을 예측할 수 있도록 해준다.

② 지식 간의 차이를 메워준다.

③ 과학적 조사연구에 대해 기본적인 토대를 제공해준다.

④ 연구대상에 대한 기존의 과학적 지식을 간단명료하게 해준다.

⑤ 가설 또는 명제의 판단기준이 된다.

기출 PLUS

기출 2018년 8월 19일 제3회 시행
연역법과 귀납법에 관한 설명으로 옳은 것은?

① 연역법은 선(先)조사 후(後)이론의 방법을 택한다.
② 연역법과 귀납법은 상호보완적으로 사용할 수 없다.
③ 연역법과 귀납법의 선택은 조사의 용이성에 달려 있다.
④ 기존 이론의 확인을 위해서는 연역법을 주로 사용한다.

기출 2018년 3월 4일 제1회 시행
과학적 연구에서 이론의 역할을 모두 고른 것은?

┌ 보기 ┐
ⓐ 연구의 주요방향을 결정하는 토대가 된다.
ⓑ 현상을 개념화하고 분류하도록 한다.
ⓒ 사실을 예측하고 설명해 준다.
ⓓ 지식을 확장시킨다.
ⓔ 지식의 결함을 지적해 준다.
└─────────┘

① ㄱ, ㄴ, ㄹ
② ㄴ, ㄷ, ㅁ
③ ㄱ, ㄷ, ㄹ, ㅁ
④ ㄱ, ㄴ, ㄷ, ㄹ

정답 ④, ④

좋은 가설이 되기 위한 요건과 가장 거리가 먼 것은?

① 검증 가능해야 한다.
② 입증된 결과는 일반화가 가능해야 한다.
③ 사용된 변수는 계량화가 가능해야 한다.
④ 추상적이며 되도록 긴 문장으로 표현을 해야 한다.

좋은 가설의 평가 기준에 대한 설명으로 가장 거리가 먼 것은?

① 경험적으로 검증할 수 있어야 한다.
② 표현이 간단명료하고, 논리적으로 간결하여야 한다.
③ 계량화할 수 있어야 한다.
④ 동의반복적(tautological)이어야 한다.

가설의 적정성을 평가하기 위한 기준과 가장 거리가 먼 것은?

① 매개변수가 있어야 한다.
② 동의어가 반복적이지 않아야 한다.
③ 경험적으로 검증될 수 있어야 한다.
④ 동일분야의 다른 이론과 연관이 있어야 한다.

정답 ④, ④, ①

4 가설 2018 6회 2019 6회 2020 4회

(1) 의의

현상 간이나 둘 이상의 변수관계를 설명하는 검증되지 않은 명제로서, 특정 현상에 대한 설명을 가능하게 하도록 독립변수와 종속변수와의 관계형태로 표현하는 것이다. 가설은 실증적으로 확인해야 할 현상이고 구체적 현상과 관련이 깊지만 진실여부가 확인되지 않은 사실이다. 즉, 가설이란 변수와 변수 간의 관계를 알아보기 위해서 실증분석 이전에 행하는 잠정적 진술 내지 예상되는 해답이라고 할 수 있다.

(2) 가설의 구조

① 가설의 기본구조는 「만약 ~하면, ~할 것이다.」의 조건문의 형태를 갖는다.

② 조건문 「if A, then B」에서 A는 선행조건이고, B는 결과조건이 된다.

③ 가설의 예시

「경찰인력이 증가하면, 범죄율은 감소할 것이다.」
「강간제를 폐지하면, 성범죄는 증가할 것이다.」
「공무원의 사기가 증가하면, 공무원의 대민 서비스는 높아질 것이다.」

(3) 가설의 조건

가설은 연구활동의 지침이 되기 때문에 좋은 가설이 되기 위해서는 다음과 같은 특징적 조건을 구비해야 한다.

① **경험적 근거**: 서술되어 있는 변수관계를 경험적으로 검증할 수 있는 터전이 다져 있어야 한다는 것으로 경험적 사실에 입각하여 측정도 가능해야 한다.

② **특정성**: 가설의 내용은 한정적·특정적이어서 변수관계와 그 방향이 명백하므로 상린관계의 방향·성립조건에 관하여 명시할 필요가 있다.

③ **개념적 명백성**: 누구에게나 쉽게 전달될 수 있도록 쉬운 용어로 표현되어야 하며 가설을 구성하는 개념이 조작적인 면에서 가능한 한 명백하게 정의되어야 한다.

④ **이론적 근거**: 가설은 이론발전을 위한 강력한 작업도구로 현존 이론에서 구성되며 사실이 뒷받침되어 명제 또는 새로운 이론으로 발전한다.

⑤ **조사기술 및 분석방법과의 관계성** : 검증에 필요한 일체의 조사기술의 장·단점을 파악하고 분석방법의 한계도 알고 있어야 한다. 따라서 연구문제가 새로운 분석기술을 발전시킬 수도 있다.

⑥ **연관성** : 동일 연구분야의 다른 가설이나 이론과 연관이 있어야 한다.

⑦ **계량화** : 가설은 통계적인 분석이 가능하도록 계량화되어야 한다.

⑧ 가설은 서로 다른 두 개념의 관계를 표현해야 하며, 동의반복적이면 안된다.

(4) 가설의 종류

① 추상성의 형태에 따른 분류

ㄱ 식별가설

• 어떤 사실에 대한 원인의 판명이 아닌 그 사실의 성질, 기능, 형태를 묘사하기 위한 가설이다.

• 기능 : 어떤 사실이 어떤 부류에 속하는가를 분류하고 사실의 형태, 성질을 규명하며, 위치나 분포 및 크기, 강도, 정도 등을 제시한다.

• 표현양식 : 사실을 밝히는 것(fact – finding), 즉 그것의 형태와 성질의 제시이므로 '무엇은 ~ 이다'를 사용한다.

ㄴ 설명적 가설

• 사실과 사실 간의 관계를 설명해 주는 가설을 말한다.

• 두 개 이상의 사실 간의 관계양상에 공통점을 설명하는 규칙성의 존재에 대한 가설과 어떤 사실의 원인이나 사실 간의 시간적 순서 그리고 사실 간의 작용·반작용의 양상과 크기를 말하는 인과관계의 가설이 있다.

• 표현양식 : 기본적으로 '~하면 ~하다'나 '~할수록 ~하다'를 사용한다.

② 연구의 진행과정에 따른 분류

ㄱ **통계적 가설** : 통계적 가설은 어떤 특징에 관하여 둘 이상의 집단 간의 차이, 한 집단 내 또는 몇 집단 간의 관계, 표본 또는 모집단 특징의 점추정 등을 묘사하기 위하여 설정하는 것으로 관찰자료로부터 얻은 정보를 기초로 연구가설이나 귀무가설을 숫자적 수단으로 설정한다.

ㄴ **연구가설(작업가설)** : 어떤 사회현상에 관한 연구자의 이론으로부터 도출된 가설이론은 사물의 진실한 성질에 대한 가정으로 그것이 검정될 때까지 현실에 대한 잠정적 진술로 간주된다.

ㄷ **귀무가설** : 귀무가설은 주어진 연구가설을 검증하기 위하여 사용된 가설적 모형으로 현실에 대한 진술임은 연구가설과 같으며 현실에 존재하는 것으로 의도된 것은 아니다.

기출PLUS

기출 2018년 3월 4일 제1회 시행

다음 설명에 해당하는 가설의 종류는?

┌ 보기 ┐

• 수집된 자료에서 나타난 차이나 관계가 진정한 것이 아니라 우연의 법칙으로 생긴 것으로 진술한다.

• 변수들 간에 관계가 없거나 혹은 집단들 간에 차이가 없다는 식으로 서술한다.
└─────┘

① 대안가설
② 귀무가설
③ 통계적 가설
④ 설명적 가설

기출 2018년 8월 19일 제3회 시행

다음에서 설명하는 가설의 종류는?

┌ 보기 ┐

• 대립가설과 논리적으로 반대의 입장을 취하는 가설이다.

• 수집된 자료에서 나타난 차이나 관계가 우연의 법칙으로 생긴 것이라는 진술로 "차이나 관계가 없다"는 형식을 취한다.
└─────┘

① 귀무가설
② 통계적 가설
③ 대안가설
④ 설명적 가설

정답 ②, ①

연구가설(research hypothesis)에
대한 설명으로 틀린 것은?

① 모든 연구에는 명백히 연구가
   설을 설정해야 한다.
② 연구가설은 일반적으로 독립변
   수와 종속변수로 구성된다.
③ 연구가설은 예상된 해답으로 경
   험적으로 검증되지 않은 이론
   이라 할 수 있다.
④ 가치중립적이어야 한다.

다음에서 설명하고 있는 것은?

┌─ 보기 ────────────┐
│ 추상적 구성개념이나 잠재변수의 │
│ 값을 측정하기 위해, 측정할 내 │
│ 용이나 측정방법을 구체적으로 │
│ 정확하게 표현하고 의미를 부여 │
│ 하는 것으로, 추상적 개념을 관 │
│ 찰 가능한 형태로 표현해 놓은 │
│ 것이다. │
└───────────────────┘

① 조작적 정의
   (Operational Definition)
② 구성적 정의
   (Constitutive Definition)
③ 기술적 정의
   (Descriptive Definition)
④ 가설 설정
   (Hypothesis Definition)

정답 ①, ①

② 기본가설, 종속가설 : 기본가설은 전체의 맥락이 되는 가설을 뜻하는 것이고, 종속가설은 기본가설을 여러 각도에서 시험하기 위해 작성되는 세분화된 가설이다. 또한 종속가설은 기본가설에 연역된 것이며 타당여부는 기본가설의 타당여부와 연결된다.

③ 단순가설, 복합가설 : 사용되는 변수의 수에 따라 단순가설과 복합가설로 분류하며 한 개나 두 개의 변수를 갖는 가설을 단순가설이라 하고 두 개 이상의 변수를 갖는 가설을 복합가설이라고 한다.

(5) 가설의 유용성

① 가설은 현상에 규칙적인 질서를 도출할 수 있는 계기를 준다.

② 새로운 연구문제를 찾을 수 있는 자극이 된다.

③ 체계적인 사고를 통해 경험적 검증을 할 수 있다.

④ 가설을 세우기 전에 이론을 체계화해야 하므로 많은 관련지식을 연결해 준다.

5 정의 2018 1회 2019 1회

(1) 의의

개념은 실질적으로 용어·기호로 나타나는데 이때 그 용어에 의미를 부여하는 과정을 의미한다.

(2) 종류

① 실질적 정의 : 한 용어가 갖는 그 어의상의 뜻을 전제로 그 용어가 대표하고 있는 개념 또는 실제 현상이 본질적 성격 속성을 그대로 나타내는 정의이다.

② 명목적 정의 : 어떤 개념을 나타내는 용어에 대하여 그 개념이 전제로 하는 본래의 실질적인 내용·속성의 문제를 고려하지 않고 연구자가 일정한 조건을 약정하고 그에 따라 용어의 뜻을 규정하는 정의이다.

③ 조작적 정의 : 어떤 개념·변수를 가시적으로 측정하기 위하여 그 측정하고자 하는 개념·변수가 갖는 특성을 빠짐없이 대표할 수 있는 경험적 지표로 풀어주는 정의이다.

┌─────────────────────────────────┐
│ 🖝 Plus tip 개념의 순서화 │
│ 개념화 → 명목적 정의 → 조작적 정의 │
└─────────────────────────────────┘

➏ 용어

(1) 의의

'개념'이 어떤 사실에 대한 생각이라면, 그것을 언어로 표현한 것을 '용어'라 한다.

(2) 원어와 정의된 용어

어느 이론에 새로운 개념을 도입할 수 있는 방법에는 '원어(primitive term)로서의 개념'을 도입하는 것과 용어의 정의를 통해서 도입하는 '정의된 용어(defined term)'가 있다.

➐ 연구 문제

(1) 의의

두 개 이상의 변수 간에 어떤 관계가 있는지 조사하기 위한 것으로, 의문형 문장을 취한다.

(2) 연구 문제의 필요성

① 기존 지식체계의 미비

② 사회적 요청

③ 사회적 가치와 구별

④ 개인적 취향과 경험

연구문제가 설정된 후, 연구문제를 정의하는 과정을 바르게 나열한 것은?

┌ 보기 ┐
㉠ 문제를 프로그램 미션과 목적에 관련시킨다.
㉡ 문제의 배경을 검토한다.
㉢ 무엇을 측정할 것인가를 결정한다.
㉣ 문제의 하위영역, 구성요소, 요인들을 확립한다.
㉤ 관련 변수들을 결정한다.
㉥ 연구목적과 관련 하위 목적을 설정한다.
㉦ 한정된 변수, 목적, 하위목적들에 대한 예비조사를 수행한다.
└────────────────────┘

① ㉠→㉡→㉢→㉣→㉤→㉥→㉦
② ㉠→㉡→㉣→㉢→㉤→㉥→㉦
③ ㉠→㉡→㉤→㉣→㉥→㉢→㉦
④ ㉠→㉡→㉥→㉤→㉣→㉢→㉦

(3) 유형

① **경험적 문제**: 경험·관찰에 의해 해답이 주어지는 경우

> 예 서울과 지방 간의 투표성향에 대한 조사문제

② **이론적 문제**: 이론적 설명에 의해 해답이 주어지는 경우

> 예 IMF는 왜 구조조정을 강요하는가의 문제

③ **규범적 문제**: 가치판단을 통해서 해답이 주어지는 경우

> 예 신자유주의는 한국의 자본주의를 가능하게 했는가의 문제

(4) 연구 문제의 형성과정

① 연구과제의 목표를 규정한다.

② 연구문제를 일련의 질문으로 진술한다.

③ 각각의 해답을 토대로 가설을 검정한다.

8 사실

(1) 의의

① 사실은 각종 문자·기호·언어를 통해 객관적으로 이해하고 전달하는 내용 및 현상을 말한다.

② 사실은 현상 자체에서 사실을 끌어내는 입장에 따라 그 내용이 달라진다. 그러므로 사실은 현상 자체와는 다른 것이다.

(2) 역할

① 이론을 형성시켜준다.

② 현존하는 이론을 재정립하거나 거부한다.

③ 기존 이론을 명확하게 해주거나 이론을 재규정한다.

정답 ②

section 4 경험적 연구방법 2018 1회 2020 2회

1 기술적 연구

(1) 의의

연구대상의 여러 특수성과 속성을 그대로 묘사하는 연구로서 새로운 연구대상이나 연구문제에 대한 기본적인 연구이다.

(2) 사실에 대해서 정확하게 기술하는 것이 과학적 연구의 기반이 되고, 보통 사례연구의 형태일 경우가 많다.

> ✍ Plus tip 통계적 수단
> 백분율, 비례, 비율, 도수분포, 분산도 측정, 중심경향측정 등

2 측정연구

(1) 의의

기술적 연구의 한 형태로 연구대상의 규모를 그 대상의 하나 이상의 차원으로 밝히는 연구를 말한다.

(2) 측정의 형태

① 측정(counting) : 단순히 수를 헤아리는 것이다.

② 비율의 파악 : 다른 두 집단을 표준화하여 비교해 볼 수 있도록 하는 것이다.

③ 분포의 파악 : 분포는 자료의 카테고리를 전부 나타내고 그들 카테고리에 있는 모든 개체나 사례의 수, 위치, 형태 등을 나타내어 자료의 완전한 형태를 보여주는 것이다.

④ 중간가치의 파악 : 전체 모집단의 양상파악과 일정한 시기에서의 각 사례 비교파악에 필요하다.

⑤ 차원의 측정 : 자료에서 독립된 기본적인 측면을 나타내는 기본속성을 말한다.

⑥ 분산도의 측정 : 자료가 어떻게 분산되어 있는가를 나타내는 것으로 분포의 특별한 형태를 나타낸 것이다.

기출 2021년 3월 7일 제1회 시행

경험적 연구방법에 관한 설명으로 틀린 것은?

① 참여관찰의 결과는 일반화의 가능성이 높다.
② 내용분석은 질적인 내용을 양적 자료로 전환하는 방법이다.
③ 조사연구는 대규모의 모집단 특성을 기술하는데 유용하다.
④ 실험은 외생변수들의 영향을 배제할 수 있다는 장점을 가지고 있다.

기출 2020년 6월 14일 제1·2회 통합 시행

경험적 연구의 조사설계에서 고려되어야 할 핵심적인 구성요소를 모두 고른 것은?

┌ 보기 ┐
㉠ 조사대상(누구를 대상으로 하는가)
㉡ 조사항목(무엇을 조사할 것인가)
㉢ 조사방법(어떤 방법으로 조사할 것인가)
└

① ㉠, ㉡
② ㉠, ㉡, ㉢
③ ㉠, ㉢
④ ㉡, ㉢

정답 ①, ②

❸ 비교연구

(1) 의의

현상 간의 상대적 측정을 위해 둘 이상의 연구대상·현상을 비교하는 것으로, 표준화된 객관적 측정기준은 없다.

(2) 비교가 원활히 이루어지기 위해서는 연구대상에 대한 측정의 단위가 같으면 좋으나 반드시 같지 않아도 가능한데 그것을 가능하게 하는 것이 비율이다.

(3) 서열을 비교할 경우에는 표준점수를 활용한다.

❹ 분류연구

(1) 의의

연구대상을 속성에 따라 일정 수의 카테고리로 나누는 것을 목적으로 한다.

> **예** 아리스토텔레스의 국가형태 분류

(2) 일반적으로 속성에 따른 구별이 최초의 단계이고 그 다음으로 카테고리로 형성한다.

(3) 통계학의 다변량 분석에서는 판별분석이라는 분석방법을 분류에 이용할 수 있다.

(4) 특성

① 인식의 도구로서 역할을 한다.

② 제 3 자에게 카테고리 간의 상이성에 대한 인식을 쉽게 하게 한다.

③ 분류가 그 대상에 대한 정보를 어느 정도 잃게 한다.

④ 분류 그 자체에서 설명력을 어느 정도 갖는다.

⑤ 기존 자료에 대해 의미있게 구별하는 것에 지나지 않을 경우가 많다.

기출 & 예상문제

2020. 9. 26. 제4회

1 다음 사례의 분석단위로 가장 적합한 것은?

> K교수는 인구센서스의 가구조사 자료를 이용하여 가족 구성원 간 종교의 동질성을 분석해 보기로 하였다.

① 가구원　　　　　② 가구
③ 종교　　　　　　④ 국가

1.

분석단위는 개인, 가구, 집단, 조직, 국가 등이 대표적이다. 가구조사 자료를 이용하여 가구의 특성을 측정하는 것이므로 분석단위로 가구를 적용한 것이다.

2020. 8. 23. 제3회

2 단일집단 사후측정설계에 관한 설명으로 옳은 것은?

① 외적타당도가 높다.
② 실험적 처치를 필요로 하지 않는다.
③ 인과관계를 규명하는데 취약한 설계이다.
④ 외생변수를 쉽게 통제할 수 있다.

2.

사후측정설계는 사전 통제 없이 실험변수를 처리한 실험집단과 통제집단을 비교한 것으로 실험변수의 인과관계를 명확히 규명하기에는 다소 취약한 설계이다.

2020. 8. 23. 제3회

3 다음 중 외생변수의 통제가 가장 용이한 실험설계는?

① 비동질 통제집단 사전사후측정 설계
② 단일집단 사전사후측정 설계
③ 집단 비교설계
④ 통제집단 사전사후측정 설계

3.

통제집단 사전사후측정 설계는 무작위 배정에 의해서 선정된 두 집단에 대하여 실험집단에는 실험변수의 조작을 가하고 통제집단에는 독립변수의 조작을 가하지 않는 방법으로 외생변수의 통제가 용이하다.

Answer 　1.② 2.③ 3.④

4 양적 연구와 질적 연구에 관한 설명으로 옳지 않은 것은?

① 양적 연구는 연구자와 연구대상이 독립적이라는 인식론에 기초한다.
② 질적 연구는 현실 인식의 주관성을 강조한다.
③ 질적 연구는 연역적 과정에 기초한 설명과 예측을 목적으로 한다.
④ 양적 연구는 가치중립성과 편견의 배제를 강조한다.

4.

③ 질적 연구는 주관적인 사회과학연구방법으로 비통계적 관찰연구이며, 귀납적 연구 과정을 따른다. 연역적 과정을 기초한 연구는 양적 연구에 해당된다.

5 사회과학 연구방법을 연구목적에 따라 구분할 때, 탐색적 연구의 목적에 해당하는 것을 모두 고른 것은?

> ㉠ 개념을 보다 분명하게 하기 위해
> ㉡ 다음 연구의 우선순위를 정하기 위해
> ㉢ 많은 아이디어를 생성하고 임시적 가설 개발을 위해
> ㉣ 사건의 범주를 구성하고 유형을 분류하기 위해
> ㉤ 이론의 정확성을 판단하기 위해

① ㉠, ㉡, ㉢
② ㉠, ㉢, ㉣
③ ㉡, ㉣, ㉤
④ ㉡, ㉢, ㉣, ㉤

5.

탐색조사는 문제의 규명을 주된 목적으로 하여 정확히 문제를 파악하지 못하였을 때 주로 사용하는 연구이다. ㉣, ㉤은 기술조사, 인과조사에 해당한다.

6 사례조사연구의 목적으로 가장 적합한 것은?

① 명제나 가설의 검증
② 연구대상에 대한 기술과 탐구
③ 분석단위의 파악
④ 연구결과에 대한 일반화

6.

사례조사는 조사의뢰자가 당면해 있는 상황과 유사한 사례들을 찾아 종합적으로 분석하는 조사 방법으로 이로 인해 명제나 가설을 검증하거나 분석단위를 파악하거나 연구 결과를 일반화하기는 어려우나 연구대상에 대한 기술과 탐구의 목적으로는 적합하다.

Answer 4.③ 5.① 6.②

7 전문가의 견해를 물어 종합적인 상황을 파악하거나 미래의 불확실한 상황을 예측할 때 주로 이용되는 조사기법은?

① 이차적 연구(secondary research)

② 코호트(cohort) 설계

③ 추세(trend) 설계

④ 델파이(delphi) 기법

7.

델파이 기법은 전문가의 견해를 물어 종합적인 상황을 파악하거나 미래의 불확실한 상황을 예측할 때 주로 이용되는 조사기법으로 집단토론 중에 여러 가지 왜곡현상이 나타나는 것을 제거하기 위해 개발한 방법이다.

8 두 변수 X, Y 중 X의 변화가 Y의 변화를 생산해 낼 경우 X와 Y의 관계로 옳은 것은?

① 상관관계   ② 인과관계

③ 선후관계   ④ 회귀관계

8.

X의 변화가 원인이 되어 Y의 변화를 생산한 것이므로 인과관계에 해당된다.

9 비과학적 지식형성 방법 중 직관에 의한 지식형성의 오류에 해당하지 않는 것은?

① 부정확한 관찰

② 지나친 일반화

③ 자기중심적 현상 이해

④ 분명한 명제에서 출발

9.

비과학적 지식형성의 오류는 ① 부정확한 관찰, ② 과도한 일반화, 선별적 관찰, 꾸며낸 지식, 사후 가설설정, ③ 자아개입, 탐구의 조기종결, 신비화 등이 있다. 분명한 명제에서 출발하는 것은 오류에 해당하지 않는다.

10 다음 중 실험설계의 특징이 아닌 것은?

① 실험의 검증력을 극대화 시키고자 하는 시도이다.

② 연구가설의 진위여부를 확인하는 구조화된 절차이다.

③ 실험의 내적 타당도를 확보하기 위한 노력이다.

④ 조작적 상황을 최대한 배제하고 자연적 상황을 유지해야 하는 표준화된 절차이다.

10.

④ 실험설계는 실험변수와 결과변수의 조작(= 조작적 상황)을 통해 실험 결과에 영향을 미치는 외생변수를 통제하여 관련된 사항만을 관찰 분석하기 위한 방법이다.

Answer   7.④   8.②   9.④   10.④

2020. 6. 14. 제1·2회 통합

11 다음 중 분석단위가 다른 것은?

① 65세 이상 노인층에서 외부활동 시간은 남성보다 여성에게 높게 나타난다.

② X정당 후보에 대한 지지율은 A지역이 B지역보다 높다.

③ A기업의 회장은 B기업의 회장에 비하여 성격이 훨씬 더 이기적이다.

④ 선진국의 근로자들과 후진국의 근로자들의 생산성을 국가별로 비교한 결과 선진국의 생산성이 더 높았다.

11.

① (65세 이상의 노인집단), ② (A, B지역 주민 집단), ④ (선진국, 후진국 근로자들 집단)은 분석단위가 집단에 해당되나 ③ (A, B 기업 회장)은 개인이 된다.

2020. 6. 14. 제1·2회 통합

12 개인의 특성에서 집단이나 사회의 성격을 규명하거나 추론하고자 할 때 발생할 수 있는 오류는?

① 원자 오류(atomistic fallacy)

② 개인주의적 오류(individualistic fallacy)

③ 생태학적 오류(ecological fallacy)

④ 종단적 오류(longitudinal fallacy)

12.

개인적인 특성, 즉 개인을 관찰한 결과를 집단이나 사회 및 국가 특성으로 유추하여 해석할 때 발생하는 오류를 개인주의적 오류라고 한다.

2020. 6. 14. 제1·2회 통합

13 변수 간의 인과성 검증에 대한 설명으로 옳은 것은?

① 인과성은 두 변수의 공변성 여부에 따라 확정된다.

② '가난한 사람들은 무계획한 소비를 한다.'라는 설명은 시간적 우선성 원칙에 부합한다.

③ 독립변수와 종속변수 사이의 인과관계는 제3의 변수가 통제되지 않으면 허위적일 수 있다.

④ 실험설계는 인과성 규명을 목적으로 하지 않는다.

13.

① 인과성은 공변성 여부, 시간적 우선성, 외생변수 통제를 통해 성립한다.

② 가난해서 무계획적 소비를 하는 것인지, 무계획적 소비를 해서 가난해지는지에 대한 시간적 우선순위가 모호하다.

③ 외생변수의 효과가 제거되거나 통제되지 않은 상태의 독립변수와 종속변수의 인과성은 외생변수에 의해 허위적으로 나타날 수 있다.

④ 실험설계는 독립변수와 종속변수를 제외한 나머지 요인들을 통제한 후 이루어진 설계로 인과성 규명을 목적으로 한다.

Answer　11.③　12.②　13.③

2020. 6. 14. 제1 · 2회 통합

14 사후실험설계(ex-post facto research design)의 특징에 관한 설명으로 틀린 것은?

① 가설의 실제적 가치 및 현실성을 높일 수 있다.

② 분석 및 해석에 있어 편파적이거나 근시안적 관점에서 벗어날 수 있다.

③ 순수실험설계에 비하여 변수 간의 인과관계를 명확히 밝힐 수 있다.

④ 조사의 과정 및 결과가 객관적이며 조사를 위해 투입되는 시간 및 비용을 줄일 수 있다.

14.

순수실험설계는 무작위성, 조작, 통제가 가능하기 때문에 인과관계를 명확히 밝힐 수 있는 반면에 사후실험설계는 독립변수를 통제하기 어렵고 외생변수의 개입이 크기 때문에 인과관계를 규명하기 어렵다.

2020. 6. 14. 제1 · 2회 통합

15 사전–사후측정에서 나타나는 사전측정의 영향을 제거하기 위해 사전측정을 한 집단과 그렇지 않은 집단을 나누어 동일한 처치를 가하여 모든 외생변수의 통제가 가능한 실험설계 방법은?

① 요인설계

② 솔로몬 4집단설계

③ 통제집단 사후측정설계

④ 통제집단 사전사후측정설계

15.

사전측정의 영향을 제거하기 위해 사전측정을 한 집단과 그렇지 않은 집단을 나누어 동일한 처치를 가하여 모든 외생변수의 통제가 가능한 실험설계 방법을 솔로몬 4집단설계라 한다.

2020. 6. 14. 제1 · 2회 통합

16 다음 사례에서 가장 문제될 수 있는 타당도 저해요인은?

> 2008년 경제위기로 인해 범죄율이 급격히 증가하였고, 이에 경찰은 2009년 순찰활동을 크게 강화하였다. 2010년 범죄율은 급속히 떨어졌고, 경찰은 순찰활동이 범죄율의 하락에 크게 영향을 미쳤다고 발표하였다.

① 성숙효과(maturation effect)

② 통계적 회귀(statistical regression)

③ 검사효과(testing effect)

④ 도구효과(instrumentation)

16.

사전 측정에서 극단적인 값을 나타내는 집단이 처리 이후 사후 측정에서는 처치의 효과와는 상관없이 결과 값이 평균으로 근접하려는 경우를 통계적 회귀라고 한다. 이는 다시 말해 경제위기로 인해 범죄율이 급격하게 증가하였으며, 2009년 순찰활동을 강화한 이후 2010년 범죄율이 급격하게 떨어졌고 이러한 범죄율 급감이 순찰활동 때문이라고 여길 수 있지만 실제로는 순찰활동과는 상관없이 경제위기의 해소 때문에 이루어졌을 수도 있으므로 타당도를 저해할 수 있다.

Answer 14.③ 15.② 16.②

17 실험연구의 내적타당도를 저해하는 원인 가운데 실험기간 중 독립변수의 변화가 아닌 피실험자의 심리적 · 연구통계적 특성의 변화가 종속변수에 영향을 미치는 경우에 해당하는 것은?

① 우발적 사건
② 성숙효과
③ 표본의 편중
④ 통계적 회귀

18 사회조사의 유형에 관한 설명으로 옳은 것을 모두 고른 것은?

> ㉠ 탐색, 기술, 설명적 조사는 조사의 목적에 따른 구분이다.
> ㉡ 패널조사와 동년배집단(cohort)조사는 동일대상인에 대한 반복측정을 원칙으로 한다.
> ㉢ 2차 자료 분석연구는 비관여적 연구방법에 해당한다.
> ㉣ 탐색적 조사의 경우에는 명확한 연구가설과 구체적 조사계획이 사전에 수립되어야 한다.

① ㉠, ㉡, ㉢
② ㉠, ㉢
③ ㉡, ㉣
④ ㉣

19 다음 중 사례조사의 장점이 아닌 것은?

① 사회현상의 가치적 측면의 파악이 가능하다.
② 개별적 상황의 특수성을 명확히 파악하는 것이 가능하다.
③ 반복적 연구가 가능하여 비교하는 것이 가능하다.
④ 탐색적 연구방법으로 사용이 가능하다.

17.

실험기간 도중에 피실험자의 육체적, 심리적 변화가 종속변수에 영향을 미치는 경우를 성숙효과라고 하며 이는 내적타당도를 저해하는 원인 중의 하나이다.

18.

㉠ 탐색적 조사, 기술적 조사, 설명적 조사는 조사목적에 따라 구분된다. 탐색적 조사는 예비조사라고도 하며 본 조사를 위해 필요한 지식이 부족할 때 실시하는 조사이며, 기술적 조사는 기술적 질의에 응답하는 자료를 얻기 위해 실시하는 조사 형태로서 통계 수치 등을 파악하는 조사이다. 또한 설명적 조사는 기술적 조사를 토대로 인과관계를 규명하고자 하기 위한 조사이다.

㉡ 패널조사는 동일한 대상자들을 대상으로 장기간에 걸친 동적 변화를 확인하기 위한 추적관찰 조사인 반면에 코호트 조사는 동기생, 동시경험집단을 연구하는 것으로 일정한 기간 동안에 어떤 한정된 부분 모집단을 연구하는 것으로 두 가지 모두 반복 측정이기는 하나 패널조사는 동일인이지만 코호트는 동일집단이며, 동일인이 아니어도 괜찮다.

㉢ 2차 자료 분석은 다른 조사자나 기관에서 다른 연구 주제를 목적으로 실험 등을 통해 조사된 자료를 분석하는 것으로 조사자가 직접 조사 및 실험을 통해 수집한 1차 자료 분석에 비해 조사자가 자료에 비관여하는 연구방법이다.

㉣ 탐색적 조사는 본 조사를 위해 필요한 지식이 부족할 때 실시하는 조사이며, 아직 명확한 연구계획이나 방법이 설계되기 전에 수행하는 조사이다.

19.

사례조사는 현상을 조사하고 연구하는 것이므로 반복 연구가 어려우며, 다른 사례와 비교하는 것이 불가능하다.

2020. 6. 14. 제1 · 2회 통합

20 다음에서 설명하고 있는 조사방법은?

> 대학 졸업생을 대상으로 체계적 표집을 통해 응답집단을 구성한 후 매년 이들을 대상으로 졸업 후의 진로와 경제활동 및 노동시장 이동 상황을 조사하였다.

① 집단면접조사　　　　② 파일럿조사
③ 델파이조사　　　　　④ 패널조사

2020. 6. 14. 제1 · 2회 통합

21 횡단연구와 종단연구에 관한 설명으로 틀린 것은?

① 횡단연구는 한 시점에서 이루어진 관찰을 통해 얻은 자료를 바탕으로 하는 연구이다.
② 종단연구는 일정 기간에 여러 번의 관찰을 통해 얻은 자료를 이용하는 연구이다.
③ 횡단연구는 동태적이며, 종단연구는 정태적인 성격이다.
④ 종단연구에는 코호트연구, 패널연구, 추세연구 등이 있다.

2020. 6. 14. 제1 · 2회 통합

22 연구유형에 관한 설명으로 틀린 것은?

① 순수연구 : 이론을 구성하거나 경험적 자료를 토대로 이론을 검증한다.
② 평가연구 : 응용연구의 특수형태로 진행중인 프로그램이 의도한 효과를 가져왔는가를 평가한다.
③ 탐색적 연구 : 선행연구가 빈약하여 조사연구를 통해 연구해야 할 속성을 개념화한다.
④ 기술적 연구 : 축적된 자료를 토대로 특정된 사실관계를 파악하여 미래를 예측한다.

20.

패널조사는 동일한 대상자들을 대상으로 장기간에 걸친(= 매년 대학 졸업생을 대상) 동적 변화를 확인(= 진로와 경제활동 및 노동 시장 이동 상황)하기 위한 추적관찰 조사를 의미한다.

21.

일정 시점을 기준으로 모든 변수에 대한 자료를 수집하는 횡단연구는 정태적(static) 성격을 가지고 있으며, 일정 기간 동안 상황의 변화를 반복적으로 측정하는 종단연구는 동태적(dynamic) 성격을 가지고 있다.

22.

설명적 연구와 기술적 연구
㉠ **설명적 연구** : 축적된 자료를 토대로 특정된 사실관계를 파악하여 미래를 예측한다. 이는 왜 (why)에 대한 해답을 얻고자 한다.
㉡ **기술적 연구** : 현장에 대한 정확한 기술을 목적으로 한다. 이는 언제(when), 어디서(where), 무엇을(what), 어떻게(how)에 대한 해답을 얻고자 한다.

Answer　　20.④　21.③　22.④

2020. 6. 14. 제1 · 2회 통합

23 변수에 대한 설명으로 틀린 것은?

① 경험적으로 측정 가능한 연구대상의 속성을 나타낸다.
② 독립변수는 결과변수를, 종속변수는 원인의 변수를 말한다.
③ 변수의 속성은 경험적 현실의 전제, 계량화, 속성의 연속성 등이 있다.
④ 변수의 기능에 따른 분류에 따라 독립변수, 종속변수, 매개변수로 나눈다.

23.

독립변수는 원인변수에 해당되며, 종속변수는 결과변수에 해당된다.

2020. 6. 14. 제1 · 2회 통합

24 좋은 가설의 평가 기준에 대한 설명으로 가장 거리가 먼 것은?

① 경험적으로 검증할 수 있어야 한다.
② 표현이 간단명료하고, 논리적으로 간결하여야 한다.
③ 계량화할 수 있어야 한다.
④ 동의반복적(tautological)이어야 한다.

24.

좋은 가설은 ① 경험적으로 검증할 수 있어야 하며(경험적 근거), ② 표현이 간단명료하고 논리적으로 간결하여야 하며(개념의 명확성), ③ 계량화할 수 있어야 한다(계량화). 또한 가설은 서로 다른 두 개념의 관계를 표현해야 하며, 동의반복적이면 안 된다.

2020. 6. 14. 제1 · 2회 통합

25 경험적으로 검증할 수 있는 가설의 예로 옳은 것은?

① 불평등은 모든 사회에서 나타날 것이다.
② 다양성이 존중되는 사회가 그렇지 않은 사회보다 더 바람직하다.
③ 모든 행위는 비용과 보상에 의해 결정된다.
④ 여성의 노동참여율이 높을수록 출산율은 낮을 것이다.

25.

경험적 검증이 가능한 가설은 변수들을 조작적으로 정의할 수 있어야 하며 이들을 직접 관찰하거나 측정할 수 있어야 한다.
① 불평등, ② 다양성, ③ 행위는 각각의 정량적 조작적 정의가 되어 있지 않기 때문에 이들을 검증하기는 어려운 반면에 ④의 경우 여성의 노동참여율과 출산율은 수치를 수집할 수 있으며 이들의 상관성을 통해 여성의 노동참여율이 높을수록 출산율이 낮아지는지를 통계적 분석을 통해 검증할 수 있다.

Answer 23.② 24.④ 25.④

2020. 6. 14. 제1·2회 통합

26 연구가설(research hypothesis)에 대한 설명으로 틀린 것은?

① 모든 연구에는 명백히 연구가설을 설정해야 한다.
② 연구가설은 일반적으로 독립변수와 종속변수로 구성된다.
③ 연구가설은 예상된 해답으로 경험적으로 검증되지 않은 이론이라 할 수 있다.
④ 가치중립적이어야 한다.

26.

연구가설은 ② 독립변수와 종속변수와의 관계 형태로 표현하는 것으로 ③ 경험적으로 검증되지 않은 이론을 의미한다. 또한 좋은 가설은 ④ 가치중립적이며 개념이 명확하여야 한다. 연구를 위해서는 연구가설이 필요하지만 탐색적 연구처럼 본 연구를 위해 필요한 지식이 부족할 때 실시하는 연구의 경우는 아직 명확한 연구계획이나 방법이 설계되기 전이기 때문에 반드시 모든 연구에서 명백히 연구가설을 설정하고 시작해야 되는 것은 아니다.

2020. 6. 14. 제1·2회 통합

27 경험적 연구의 조사설계에서 고려되어야 할 핵심적인 구성요소를 모두 고른 것은?

> ㉠ 조사대상(누구를 대상으로 하는가)
> ㉡ 조사항목(무엇을 조사할 것인가)
> ㉢ 조사방법(어떤 방법으로 조사할 것인가)

① ㉠, ㉡
② ㉠, ㉡, ㉢
③ ㉠, ㉢
④ ㉡, ㉢

27.

경험적 연구의 조사설계는 조사대상, 조사항목, 조사방법이 고려되어 설계되어야 한다.

2019. 8. 4. 제3회

28 다음 상황에서 제대로 된 인과관계 추리를 위해 특히 고려되어야 할 인과관계 요소는?

> 60대 이상의 노인 가운데 무릎이 쑤신다고 하는 분들의 비율이 상승할수록 비가 올 확률이 높아진다.

① 공변성
② 시간적 우선성
③ 외생변수의 통제
④ 외부 사건의 통제

28.

원인변수(= 무릎이 쑤신다는 노인의 비율) 이외에 결과변수(= 비가 온다)에 영향을 미칠 수 있는 제3의 변수(= 외생변수)의 영향을 모두 제거한 상태에서도 여전히 원인변수가 결과에 영향을 미치는지를 검증하여야 한다.

Answer 26.① 27.② 28.③

29 실험설계를 위하여 충족되어야 하는 조건과 가장 거리가 먼 것은?

① 독립변수의 조작

② 인과관계의 일반화

③ 외생변수의 통제

④ 실험대상의 무작위화

30 다음에서 설명하고 있는 실험설계는?

> 수학과외의 효과를 측정하기 위하여, 유사한 특징을 가진 두 집단을 구성하고 각각 수학시험을 보게 하였다. 이후 한 집단에는 과외를 시키고, 다른 집단은 그대로 둔 다음 다시 각각 수학시험을 보게 하였다.

① 집단비교설계

② 솔로몬 4집단설계

③ 통제집단 사후측정설계

④ 통제집단 사전사후측정설계

31 양적 연구와 비교한 질적 연구의 특징이 아닌 것은?

① 비공식적인 언어를 사용한다.

② 주관적 동기의 이해와 의미해석을 하는 현상학적·해석학적 입장이다.

③ 비통제적 관찰, 심층적·비구조적 면접을 실시한다.

④ 자료분석에 소요되는 시간이 짧아 소규모 분석에 유리하다.

29.

실험설계의 기본 조건은 실험변수(독립변수)와 결과변수(종속변수)의 조작, 실험 결과에 영향을 미치는 외생변수의 통제, 실험 결과의 일반화를 위한 실험대상의 무작위 추출 등에 있다. 인과관계의 일반화와는 관련이 없다.

30.

통제집단 사전사후측정설계는 선정된 두 집단에 대하여 사전측정(=사전수학 시험) 후 실험집단에는 실험변수의 조작(=과외)을 가하고 통제집단에는 독립변수의 조작을 가하지 않고 다시 사후측정(=사후 수학 시험) 후 비교하는 실험설계이다.

31.

④ 양적 연구에 해당한다.

Answer 29.② 30.④ 31.④

32 질적 연구의 조사도구에 관한 설명으로 옳은 것을 모두 고른 것은?

> ㉠ 서비스평가에서 정성적 차원을 분석할 수 있다.
> ㉡ 양적 도구가 아니므로 신뢰도를 따질 수 없다.
> ㉢ 연구자 자신이 도구가 된다.
> ㉣ 구조화와 조작화의 과정을 거친다.

① ㉠, ㉡, ㉢   ② ㉠, ㉢
③ ㉡, ㉣   ④ ㉣

33 다음과 같은 목적에 적합한 조사의 종류는?

> • 연구문제의 도출 및 연구 가치 추정
> • 보다 정교한 문제와 기회의 파악
> • 연구구주제와 관련된 변수를 사이의 관계에 대한 통찰력 제고
> • 여러 가지 문제와 사회 사이의 중요도에 따른 우선순위 파악
> • 조사를 시행하기 위한 절차 또는 행위의 구체화

① 탐색조사
② 기술조사
③ 종단조사
④ 인과조사

32.

㉡ 질적 연구나 양적 연구 모두 과학적 연구를 지향하고 객관성을 갖고 있어야 한다는 점에서는 유사하다.
㉣ 구조화와 조작화의 과정을 거치는 것은 양적 연구에 해당된다.

33.

탐색적 조사는 본 조사를 위해 필요한 지식이 부족할 때 실시하는 조사이며, 아직 명확한 연구계획이나 방법이 설계되기 전에 수행하는 조사이다.

Answer 32.② 33.①

2019. 8. 4. 제3회

34 특정 연구대상이 시간이 지남에 따라 의견이나 태도가 변하는 경우에 사용하는 조사기법으로 연구대상을 구성하는 동일한 단위집단에 대하여 상이한 시점에서 반복하여 조사하는 방법은?

① 패널조사

② 횡단조사

③ 인과조사

④ 집단조사

34.

패널조사는 동일한 대상자(= 특정 연구대상)들을 대상으로 장기간에 걸쳐 반복하여 동적 변화를 확인하기 위한 추적관찰 조사이다.

2019. 8. 4. 제3회

35 다음은 어떤 형태의 조사에 해당하는가?

> A기관에서는 3년마다 범죄의 피해를 측정하기 위하여 규모비례 집단표집을 이용하여 범죄피해 조사를 시행하고 있다.

① 사례(case)조사

② 패널(panel)조사

③ 추세(trend)조사

④ 코호트(cohort)조사

35.

추세조사는 일반적인 대상 집단(= 규모비례 집락표집 집단)에서 시간의 흐름(= 3년마다)에 따라 나타나는 변화를 관찰하는 것이다.

2019. 8. 4. 제3회

36 과학적 연구조사를 목적에 따라 탐색조사, 기술조사, 인과조사로 분류할 때 기술조사에 해당하는 것은?

① 종단조사

② 문헌조사

③ 사례조사

④ 전문가의견조사

36.

종단조사는 기술조사에 해당한다.

Answer 34.① 35.③ 36.①

37 횡단조사(cross-sectional study)에 관한 설명으로 옳은 것은?

① 정해진 연구대상의 특정 변수값을 여러 시점에 걸쳐 연구한다.

② 패널조사에 비하여 인과관계를 더 분명하게 밝힐 수 있다.

③ 여러 연구 대상들을 정해진 한 시점에서 조사, 분석하는 방법이다.

④ 집단으로 구성된 패널에 대하여 여러 시점에 걸쳐 조사한다.

37.

①②④ 종단연구에 관한 설명이다.

38 특정 시점에 다른 특성을 지닌 집단들 사이의 차이를 측정하는 조사방법은?

① 패널(panel)조사

② 추세(trend)조사

③ 코호트(cohort)조사

④ 서베이(survey)조사

38.

서베이조사는 특정 시점에 다른 특성이 있는 집단들 사이의 차이를 측정하는 조사이다.

39 독립변수와 종속변수에 대한 설명으로 옳지 않은 것은? (단, 일반적인 경우라 가정한다)

① 독립변수가 변하면 종속변수에 영향을 미친다.

② 독립변수는 종속변수보다 이론적으로 선행한다.

③ 독립변수는 원인변수, 종속변수를 결과변수라고 할 수 있다.

④ 종속변수는 독립변수보다 시간적으로 선행한다.

39.

종속변수는 독립변수에 의해 값이 결정되는 변수로서 시간상으로 독립변수가 종속변수보다 선행하여야 한다.

Answer 37.③ 38.④ 39.④

40 경험적 연구를 위한 작업가설의 요건으로 옳지 않은 것은?

① 명료해야 한다.
② 특정화되어 있어야 한다.
③ 검정 가능한 것이어야 한다.
④ 연구자의 주관이 분명해야 한다.

40.

논리성과 객관성을 유지하기 위해서는 연구자의 주관이 개입되어서는 안 된다.

41 가설의 평가기준으로 옳지 않은 것은?

① 계량화할 수 있어야 한다.
② 동의반복적(tautological)이어야 한다.
③ 동일 연구분야의 다른 가설이나 이론과 연관이 있어야 한다.
④ 가설검증결과는 가능한 한 광범위하게 적용할 수 있어야 한다.

41.

가설은 동의반복적이면 안 된다.

42 연구문제가 설정된 후, 연구문제를 정의하는 과정을 바르게 나열한 것은?

> ㉠ 문제를 프로그램 미션과 목적에 관련시킨다.
> ㉡ 문제의 배경을 검토한다.
> ㉢ 무엇을 측정할 것인가를 결정한다.
> ㉣ 문제의 하위영역, 구성요소, 요인들을 확립한다.
> ㉤ 관련 변수들을 결정한다.
> ㉥ 연구목적과 관련 하위 목적을 설정한다.
> ㉦ 한정된 변수, 목적, 하위목적들에 대한 예비조사를 수행한다.

① ㉠→㉡→㉢→㉣→㉤→㉥→㉦
② ㉠→㉡→㉣→㉢→㉤→㉥→㉦
③ ㉠→㉡→㉤→㉣→㉥→㉢→㉦
④ ㉠→㉡→㉥→㉤→㉣→㉢→㉦

42.

㉠ 문제와 프로그램 미션, 목적 연결→㉡ 문제 배경 검토→㉣ 문제 확립→㉢ 측정 결정→㉤ 관련 변수 결정→㉥ 하위 목적 설정→㉦ 예비조사

Answer 　40.④ 41.② 42.②

43 실험설계에 대한 설명으로 틀린 것은?

① 실험의 검증력을 극대화 시키고자 하는 시도이다.
② 연구가설의 진위여부를 확인하는 구조화된 절차이다.
③ 실험의 내적 타당도를 확보하기 위한 노력이다.
④ 조작적 상황을 최대한 배제하고 자연적 상황을 유지해야 하는 표준화된 절차이다.

43.

실험설계는 가설검증에 적합하고 이론검증을 위해 외생변수를 최대한 통제하고 독립변수를 조작하여 연구를 의미한다.

44 다음 사례에 내재된 연구설계의 타당성 저해요인이 아닌 것은?

> 한 집단에 대하여 자아존중감 검사를 하였다. 그 결과 정상치보다 지나치게 낮은 점수가 나온 사람들이 발견되었고, 이들을 대상으로 자아존중감 향상 프로그램을 실시하였다. 프로그램 종료 후에 다시 같은 검사를 실시하여 자아존중감을 측정한 결과 사람들의 점수 평균이 이전보다 높아진 것으로 나타났다.

① 시험효과(testing effect)
② 도구효과(instrumentation)
③ 통계적 회귀(statistical regression)
④ 성숙효과(maturation effect)

44.

① **시험효과**: 프로그램 종료 후에 다시 같은 검사를 반복하여 실시하여 프로그램 참여자들의 친숙도가 높아져서 측정값에 영향을 미치는 현상
③ **통계적 회귀**: 사전 측정에서 정상치보다 지나치게 낮은 점수가 나온 사람들을 대상으로 사후 측정을 하였을 때, 처치의 효과와는 상관없이 자아존중감 평균 점수가 이전보다 높아지면서 전체 평균으로 근접하려는 현상
④ **성숙효과**: 프로그램을 시행하는 도중 피실험자의 변화가 점수에 영향을 미치는 현상
※ **도구효과**: 측정기준이 달라지거나 측정 수단이 변화하여 왜곡되는 현상

2019. 4. 27. 제2회

45 다음 사례에서 영향을 미칠 수 있는 대표적인 타당성 저해요인은?

> 노인들이 요양원에서 사회복지서비스를 받은 후에 육체적으로 약해졌다. 이 결과를 통해 사회복지서비스가 노일들의 신체적 능력을 키우는데 전혀 효과가 없었다고 추론하였다.

① 우연적 사건(history)
② 시험효과(testing effect)
③ 성숙효과(maturation effect)
④ 도구효과(instrumentation)

2019. 4. 27. 제2회

46 다음 연구의 진행에 있어 내적 타당성을 위협하는 요인이 아닌 것은?

> 대학생들의 성(性) 윤리의식을 파악하기 위해 실험 연구방법을 적용하여 각각 30명의 대학생을 실험집단과 통제집단으로 선정하여 1개월간의 현지실험조사를 실시하려한다.

① 우연적 사건(history)
② 표본의 편중(selection bias)
③ 측정수단의 변화(instrumentation)
④ 실험변수의 확산 또는 모방(diffusion or imitation of treatments)

45.

성숙효과는 실험 기간 도중(=사회복지서비스를 받는 동안)에 실험 효과가 아닌 시간이 흐르는 것으로 인해 피실험자(=노인)의 신체적 능력 감소가 종속변수(=신체적 능력 정도)에 영향을 미치는 경우를 의미한다.

46.

대학생 성 윤리의식을 파악하기 위해 30명의 대학생(=표본)을 선정하는 것은 타당성을 위협하는 요인에 속하지 않는다.
※ **내적 타당도의 저해 요인**: 우연적 사건, 성장요인, 선정요인, 상실요인, 회귀요인, 검사요인, 역사요인, 도구요인, 확산요인

Answer 45.③ 46.②

2019. 4. 27. 제2회

47 양적 연구와 질적 연구를 통합한 혼합연구방법(mixed method)에 관한 내용으로 틀린 것은?

① 다양한 패러다임을 수용할 수 있어야 한다.
② 질적 연구결과에서 양적 연구가 시작될 수 없다.
③ 질적 연구결과와 양적 연구결과는 상반될 수 있다.
④ 주제에 따라 두 가지 연구방법의 비중은 상이할 수 있다.

47.

질적 연구결과를 바탕으로 이를 양적으로 표현하여 통계분석을 통해 밝히는 양적 연구로 이어질 수 있다.

2019. 4. 27. 제2회

48 질적 연구에 관한 설명과 가장 거리가 먼 것은?

① 질적 연구에서는 어떤 현상에 대해 깊은 이해를 하고 주관적인 의미를 찾고자 한다.
② 질적 연구는 개별 사례 과정과 결과의 의미, 사회적 맥락을 규명하고자 한다.
③ 질적 연구는 양적 연구에 비해 대상자를 정확히 이해할 수 있는 더 나은 연구방법이다.
④ 연구주제에 따라서는 질적 연구와 양적 연구를 동시에 진행할 수 있다.

48.

질적 연구는 인간의 행위를 행위자의 그것에 부여하는 의미를 파악하여 이해하려고 하는 주관적인 사회과학연구 방법이며, 양적 연구는 연구대상의 속성을 양적으로 표현하여 통계분석을 통해 관계를 밝히는 것으로 질적 연구가 대상자를 더 정확히 이해하는 연구 방법이라고는 말할 수 없다.

2019. 4. 27. 제2회

49 패널(panel)조사의 특징과 가장 거리가 먼 것은?

① 패널조사는 측정기간 동안 패널이 이탈될 수 있는 단점이 있다.
② 패널조사는 조사대상자로부터 추가적인 자료를 얻기가 비교적 쉽다.
③ 패널조사는 조사대상자의 태도 및 행동변화에 대한 분석이 가능하다.
④ 패널조사는 최초 패널을 다소 잘못 구성하더라도 장기간에 걸쳐 수정이 가능하다는 장점이 있다.

49.

패널조사는 동일한 대상자들을 대상으로 장기간에 걸친 동적 변화를 확인하기 위한 추적관찰 조사를 의미하므로 조사대상자로부터 다양한 추가적 자료를 얻을 수 있으며, 태도나 행동 변화에 관한 분석이 가능하나, 측정 기간 동안 패널이 이탈될 수 있으며, 만약 최초 패널이 잘못 구성되면 수정이 어렵다.

Answer 47.② 48.③ 49.④

50 다음 ( )에 알맞은 조사방법으로 옳은 것은?

> • (㉠)는 특정 조사대상을 사전에 선정하고 이들을 대상으로 반복조사를 하는 방식이다.
>
> • (㉡)는 다른 시점에서 반복조사를 통해 얻은 시계열 자료를 이용하는 방식이다.

① ㉠ : 패널조사, ㉡ : 횡단조사
② ㉠ : 패널조사, ㉡ : 추세조사
③ ㉠ : 횡단조사, ㉡ : 추세조사
④ ㉠ : 전문가조사, ㉡ : 횡단조사

50.

㉠ **패널조사** : 동일한 대상자(= 특정 조사대상)들을 대상으로 장기간에 걸친 동적 변화를 확인하기 위한 추적관찰 조사
㉡ **추세조사** : 일정기간 동안 시계열 형태로 집단 내의 변화를 연구하는 것

51 기술조사에 적합한 조사주제를 모두 고른 것은?

> ㉠ 신문의 구독률 조사
> ㉡ 신문 구독자의 연령대 조사
> ㉢ 신문 구독률과 구독자의 소득이나 직업 사이의 관련성 조사

① ㉠, ㉡
② ㉡, ㉢
③ ㉠, ㉢
④ ㉠, ㉡, ㉢

51.

㉠ 신문의 구독률 조사 : 특정 상황의 발생 빈도 조사
㉡ 신문 구독자의 연령대 조사 : 특정 상황의 발생 빈도 조사
㉢ 신문 구독률과 구독자의 소득이나 직업 사이의 관련성 조사 : 관련 변수들 사이의 상호관계 정도 파악
※ **기술조사** : 관련 상황에 대한 특성 파악, 특정 상황의 발생 빈도 조사, 관련 변수들 사이의 상호관계 정도 파악, 관련 상황에 대한 예측을 목적으로 하는 조사 방법

Answer 50.② 51.④

52 변수 사이의 관계에 대한 설명으로 옳은 것은?

① X가 Y보다 논리적으로 선행하고 두 변수가 높은 상관을 보이면, 두 변수 X와 Y가 인과관계가 있다고 결론짓는다.

② X와 Y의 상관계수(피어슨의 상관계수)가 0이면, 두 변수 간에는 아무런 관계가 존재하지 않는다고 결론짓는다.

③ X와 Y가 실제로는 정(positive)의 관계를 가지면서도, 상관계수는 부(negative)의 관계로 나타날 수 있다.

④ X와 Y 사이에 매개변수가 있을 경우, X와 Y 사이에는 인과관계가 존재하지 않는다.

53 다음 중 작업가설로 가장 적합한 것은?

① 한국 사회는 양극화되고 있다.

② 대학생들은 독서를 많이 해야 한다.

③ 경제성장은 사회혼란을 심화시킬 수 있다.

④ 소득수준이 높아질수록 생활에 대한 만족도는 높아진다.

52.

① X의 변화가 원인이 되어 Y의 변화를 생산한 것이 인과관계이다. 단순히 X가 Y보다 선행하고, 두 변수가 높은 상관성이 있다고 해서 X가 Y의 원인이 될 수 있다고 볼 수는 없으므로 이 조건만으로는 인과관계에 있다고 볼 수 없다.

② 두 변수의 관계에 있어서 서로 상관성이 없으면 상관계수는 0에 가까우나 상관계수가 0에 가깝다고 해서 반드시 두 변수 간의 관계가 상관성이 없다고는 말할 수 없다.

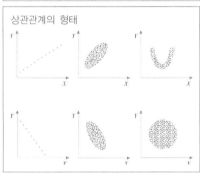

④ 매개변수는 종속변수에 영향을 미치기 위하여 독립변수가 작용하는 시점과 독립변수가 종속변수에 영향을 미치는 시점의 중간에 나타나는 변수(독립변수 → 매개변수 → 종속변수)이므로 매개변수가 있다고 하더라도 X와 Y 사이에 인과관계가 있을 수 있다.

53.

① 양극화에 관한 정의 불명확

② 현상 간이나 둘 이상의 변수 관계가 나타나지 않음

③ 사회 혼란에 관한 정의 불명확

Answer 52.③ 53.④

54 가설에 관한 설명으로 틀린 것은?

① 가설은 다른 가설이나 이론과 독립적이어야 한다.
② 두 변수 이상의 변수 간 관련성이나 영향관계에 관한 진술형 문장이다.
③ 연구문제에 관한 구체적이고 검증 가능한 기대이다.
④ 과학적 방법에 의해 사실 혹은 거짓 중의 하나로 판명될 수 있다.

54.

가설은 동일 연구 분야의 다른 가설이나 이론과 연관이 있어야 한다.

55 다음 사례에 해당하는 오류는?

> 전국의 시, 도를 조사하여 대학 졸업 이상의 인구비율이 높은 지역이 낮은 지역에 비해 소득이 더 높음을 알게 되었고, 이를 통해 학력수준이 높은 사람이 낮은 사람에 비해 소득수준이 높다는 결론에 도달했다.

① 무작위 오류
② 체계적 오류
③ 환원주의 오류
④ 생태학적 오류

55.

생태학적 오류는 집단이나 집합체 단위의 조사(= 전국 시, 도의 대학 졸업 인구 비율과 지역 소득 비교)에 근거해서 그 안에 소속된 개별 단위들에 대한 성격을 규정(= 개인의 학력 수준과 소득수준 비교) 하는 오류를 의미한다.

56 다음 중 실험설계의 전제조건을 모두 고른 것은?

> ㉠ 독립변수의 조작이 가능해야 한다.
> ㉡ 외생변수를 통제하거나 제거해야 한다.
> ㉢ 실험대상을 무작위로 추출해야 한다.

① ㉠, ㉡
② ㉡, ㉢
③ ㉠, ㉢
④ ㉠, ㉡, ㉢

56.

실험설계의 기본 조건으로는 실험변수(독립변수)와 결과변수(종속변수)의 조작, 실험 결과에 영향을 미치는 외생변수의 통제, 실험 결과의 일반화를 위한 실험대상의 무작위 추출 등이 있다.

Answer　54.①　55.④　56.④

57 솔로몬 연구설계에 관한 옳은 설명을 모두 고른 것은?

> ㉠ 4개의 집단으로 구성한다.
> ㉡ 사전측정을 하지 않는 집단은 2개이다.
> ㉢ 사후측정에서의 차이점이 독립변수에 의한 것인지 사전측정에 의한 것인지 알 수 있다.
> ㉣ 통제집단 사전사후검사설계와 비동일 비교집단 설계를 합한 형태이다.

① ㉠, ㉡, ㉢ ② ㉠, ㉢
③ ㉡, ㉣ ④ ㉠, ㉡, ㉢, ㉣

58 실험설계의 내적 타당도 저해요인이 아닌 것은?

① 검사효과
② 사후검사
③ 실험대상의 탈락
④ 성숙 또는 시간의 경과

59 질적 연구에 관한 옳은 설명을 모두 고른 것은?

> ㉠ 자료수집 단계와 자료분석 단계가 분명히 구별되어 있다.
> ㉡ 사회현상에 대해 폭넓고 다양한 정보를 얻어낸다.
> ㉢ 표준화(구조화) 면접, 비참여관찰이 많이 활용된다.
> ㉣ 조사자가 조사과정에 깊숙이 관여한다.

① ㉠, ㉡ ② ㉠, ㉢
③ ㉡, ㉢ ④ ㉡, ㉣

57.

사전측정의 영향을 제거하기 위해 사전측정을 한 집단과 그렇지 않은 집단을 나누어 동일한 처치를 가하여 모든 외생변수의 통제가 가능한 실험설계 방법을 솔로몬 4집단설계라 한다.
㉠ 사전측정이 있는 군(통제집단, 실험집단)과 사전측정이 없는 군(통제집단, 실험집단)으로 총 4개의 집단으로 구성한다.
㉡ 사전측정이 없는 군은 다시 통제집단과 실험집단으로 구분되므로 총 2개이다.
㉢ 사전측정이 있는 군과 없는 군으로 구분하여 동일한 처치를 가하여 실험하였기 때문에 결과 값이 사전측정 때문인지, 독립변수 때문인지를 구분할 수 있다.
㉣ 통제집단 사전사후검사설계와 동일한 비교집단 설계가 합쳐진 형태이다.

58.

내적 타당도를 저해하는 요인으로는 우연한 사건 또는 역사, 성숙 또는 시간의 경과, 통계적 회귀, 검사요인, 선별요인, 도구요인, 실험대상의 탈락, 모방 등이 있다. 사후검사는 내적 타당도를 저해하는 요인이 아니다.

59.

㉠㉢ 양적 연구, ㉡㉣ 질적 연구에 해당한다.

60 다음에 해당하는 연구유형은?

〈연구목적〉

• 현상에 대한 이해
• 중요한 변수를 확인하고 발견
• 미래 연구를 위한 가설 도출

〈연구질문〉

• 여기서 무슨 일이 일어나고 있습니까?
• 뚜렷한 주제, 패턴, 범주는 무엇입니까?

① 탐색적 연구
② 기술적 연구
③ 종단적 연구
④ 설명적 연구

61 다음에서 설명하는 조사방법은?

공공기관의 행정서비스 만족도를 알아보기 위해 동일한 시민들을 표본으로 6개월 단위로 10년간 조사한다.

① 추세조사
② 패널조사
③ 탐색적 조사
④ 횡단적 조사

60.

탐색적 연구는 본 조사를 위해 필요한 지식이 부족할 때 실시하는 조사이며, 아직 명확한 연구계획이나 방법이 설계되기 전에 수행하는 조사이다. 이는 현상을 이해하고 미래 연구를 위한 가설을 도출하고자 하는 것이 목적이다.

61.

패널조사는 동일한 대상자들(= 동일한 시민들)을 대상으로 장기간에 걸친 동적 변화(= 6개월 단위로 10년간 조사)를 확인하기 위한 추적관찰조사를 의미한다.

Answer 60.① 61.②

62 다음 사례의 외생변수 통제방법은?

> 두 가지 정책대안에 대한 사람들의 선호도를 조사하고자 한다. 두 가지 정책대안의 제시순서에 따라 선호도에 차이가 발생하여 제시순서를 바꾸어서 재조사 하였다.

① 제거(elimination)
② 균형화(matching)
③ 상쇄(counter balancing)
④ 무작위화(randomization)

63 다음 중 좋은 가설이 아닌 것은?

① 부모의 학력이 높을수록 자녀의 학력도 높아진다.
② 자녀학업을 위한 가족분리는 바람직하지 않다.
③ 고객만족도가 높을수록 기업의 재무적 성과가 더 높아진다.
④ 리더십 형태에 따라 직원의 직무만족도가 달라진다.

64 연구에 사용할 가설이 좋은 가설인지 여부를 판단하기 위한 평가기준과 가장 거리가 먼 것은?

① 가설의 표현은 간단명료해야 한다.
② 가설은 계량화 할 수 있어야 한다.
③ 가설은 경험적으로 검증할 수 있어야 한다.
④ 동일 연구분야의 다른 가설이나 이론과 연관이 없어야 한다.

62.

상쇄는 외생변수가 작용하는 강도가 다른 상황에 대해서 다른 실험을(= 제시순서를 바꾸어서 재조사) 함으로써 외생변수의 영향을 제거하는 것이다.
① **제거** : 외생변수로 작용할 수 있는 요인이 실험 상황에 개입되지 않도록 하는 방법
② **균형화** : 외생변수로 작용할 수 있는 요인을 알고 있을 경우 실험집단과 통제집단의 동질성을 확보하기 위한 것이다. 즉, 예상되는 외생변수의 영향을 동일하게 받을 수 있도록 실험집단과 통제집단을 선정하는 방법이다.
④ **무작위화** : 어떠한 외생변수가 작용할지 모르는 경우, 실험집단과 통제집단을 무작위로 추출함으로써 연구자가 조작하는 독립변수 이외의 모든 변수에 대한 영향력을 동일하게 하여 동질적 집단을 만들어주는 것

63.

② 바람직한 정도에 대한 정의가 명료하지 않다.

64.

가설은 이론발전을 위한 강력한 작업 도구로 현존 이론에서 구성되며 사실의 뒷받침을 받아 명제 또는 새로운 이론으로 발전하는 것으로 동일 연구분야의 다른 가설이나 이론과 연관이 있어야 한다.

Answer 62.③ 63.② 64.④

65 사회조사에서 생태학적 오류(ecological fallacy)란?

① 주변 환경에 대한 주요 정보를 누락시키는 오류
② 연구에서 사회조직의 활동결과인 사회적 산물들을 누락시키는 오류
③ 집단이나 집합체에 관한 성격을 바탕으로 개인들에 대한 성격을 규정하게 되는 연구분석 단위의 혼란
④ 사회조사설계 과정에서 문제를 중심으로 관련된 여러 체계들 간의 상호작용 가능성에 대한 고려를 누락시키는 오류

65.

생태학적 오류는 집단이나 집합체 단위의 조사에 근거해서 그 안에 소속된 개별 단위들에 대한 성격을 규정하는 오류를 의미한다.

66 인과관계의 성립조건에 관한 설명으로 옳은 것을 모두 고른 것은?

ⓐ 원인변수와 결과변수는 함께 변화해야 한다.
ⓑ 원인변수와 결과변수는 순차적으로 발생되어야 한다.
ⓒ 가설이 검증되어야 한다.
ⓓ 표본조사를 이용할 수 있어야 한다.
ⓔ 외생변수의 영향을 통제하여야 한다.

---

① ㉠, ㉡, ㉤
② ㉠, ㉢, ㉣
③ ㉡, ㉢, ㉣
④ ㉢, ㉣, ㉤

66.

인과관계의 성립조건으로는 ㉠ 원인변수와 결과변수가 함께 변화해야 하며(공변관계), ㉡ 원인변수와 결과변수는 순차적으로 발생되어야 하며(시간적 우선순위), ㉤ 외생변수의 영향을 통제(비허위적 관계)해야 된다.

Answer 65.③ 66.①

67 실험설계에 대한 설명으로 틀린 것은?

① 통제집단사후검사설계는 무작위할당으로 통제집단과 실험집단을 나누고 실험집단에만 개입을 한다.

② 정태적(static) 집단비교설계는 실험집단과 개입이 주어지지 않은 집단을 사후에 구분해서 종속변수의 값을 비교한다.

③ 비동일 통제집단설계는 임의적으로 나눈 실험집단과 통제집단 간의 교류를 통제한다.

④ 복수시계열설계는 실험집단과 통제집단에 대해 개입 전과 개입 후 여러 차례 종속변수를 측정한다.

67.

비동질적 통제집단 설계는 임의로 선정된 실험집단과 통제집단을 사전검사 한 후, 실험집단만 개입하고 통제집단은 개입하지 않고 사후검사를 실시하여 개입 효과 비교하는 것을 의미한다.

68 다음 중 조사연구결과의 일반화와 가장 관련이 깊은 것은?

① 내적 타당성
② 외적 타당성
③ 신뢰성
④ 자료수집방법

68.

조사연구결과의 일반화는 외적 타당성과 관련이 깊다.

69 양적 연구방법과 비교해서 질적 연구방법에 대한 옳은 설명을 모두 고른 것은?

> ㉠ 심층규명(probing)을 한다.
> ㉡ 연구자의 주관성을 활용한다.
> ㉢ 연구도구로 연구자의 자질이 중요하다.
> ㉣ 선(先)이론 후(後)조사의 방법을 활용한다.

① ㉠, ㉡, ㉢
② ㉠, ㉢, ㉣
③ ㉡, ㉣
④ ㉠, ㉡, ㉢, ㉣

69.

선(先)이론, 후(後)조사의 방법은 연역법을 활용하는 것으로 양적 연구방법에 해당된다.

Answer 67.③ 68.② 69.①

2018. 8. 19. 제3회

70 특정한 시기에 태어났거나 동일 시점에 특정 사건을 경험한 사람들을 대상으로 이들이 시간이 지남에 따라 어떻게 변화하는지를 조사하는 방법은?

① 사례조사
② 패널조사
③ 코호트조사
④ 전문가의견조사

70.

코호트조사는 동기생, 동시경험집단을 연구하는 것으로 일정한 기간 동안에 어떤 한정된 부분 모집단을 연구하는 것이며 특정한 경험을 같이 하는 사람들이 갖는 특성에 대해 다른 시기에 걸쳐 두 번 이상 비교하고 연구한다.

2018. 8. 19. 제3회

71 다음에서 설명하는 가설의 종류는?

> • 대립가설과 논리적으로 반대의 입장을 취하는 가설이다.
> • 수집된 자료에서 나타난 차이나 관계가 우연의 법칙으로 생긴 것이라는 진술로 "차이나 관계가 없다"는 형식을 취한다.

① 귀무가설
② 통계적 가설
③ 대안가설
④ 설명적 가설

71.

대립가설에 반대의 입장을 취하는 가설은 귀무가설에 해당된다.

2018. 8. 19. 제3회

72 가설의 특성에 관한 설명으로 틀린 것은?

① 가설은 검증될 수 있어야 한다.
② 가설은 문제를 해결해 줄 수 있어야 한다.
③ 가설이 부인되었다면 반대되는 가설이 검증된 것이다.
④ 가설은 변수로 구성되며, 그들 간의 관계를 나타내고 있어야 한다.

72.

가설이 부인되었다고 해서 그 반대가설이 입증되는 것은 아니다.

Answer　70.③　71.①　72.③

2018. 8. 19. 제3회

73 경험적 연구방법에 대한 설명으로 옳은 것은?

① 실험은 연구자가 독립변수와 종속변수 모두를 통제하는 연구방법이다.

② 심리상태를 파악하는 데는 관찰에 의한 연구방법이 효과적이다.

③ 내용분석은 어린이나 언어가 통하지 않는 조사대상자에 대한 연구방법으로 자주 사용된다.

④ 대규모 모집단을 연구하는 데는 질문지를 이용한 조사연구가 효과적이다.

73.

① 실험은 외생변수를 통제하고 독립변수를 의도적으로 조작해 종속변수의 변화를 관찰하는 방법이다.

② 심리상태를 파악하기 위해서는 조사대상자에게 직접 질문하는 방법이 효과적이다.

③ 언어가 통하지 않는 조사대상자는 관찰이 효과적이다.

2018. 4. 28. 제2회

74 집합단위의 자료를 바탕으로 개인의 특성을 추리할 때 저지를 수 있는 오류는?

① 알파 오류(α-Fallacy)

② 베타 오류(β-Fallacy)

③ 생태학적 오류(Ecological Fallacy)

④ 개인주의적 오류(Individualistic Fallacy)

74.

생태학적 오류는 집단이나 집합체 단위의 조사에 근거해서 그 안에 소속된 개별 단위들에 대한 성격을 규정하는 오류에 해당된다.

2018. 4. 28. 제2회

75 다음 사례에서 영향을 미칠 수 있는 대표적인 타당도 저해요인은 무엇인가?

> 체육활동을 진행한 후에 대상 청소년들의 키가 부쩍 자랐다. 이 결과를 통해 체육활동이 청소년의 키 성장에 크게 효과가 있다고 추론하였다.

① 성숙효과(Maturation Effect)

② 외부사건(History)

③ 검사효과(Testing Effect)

④ 도구효과(Instrumentation)

75.

성숙효과는 실험기간 도중에 피실험자의 육체적, 심리적 변화가 종속변수에 영향을 미치는 경우를 의미하며, 체육활동이 진행되는 동안 청소년들의 키가 자란 것은 체육활동이 아니더라도 시간이 지남에 따라 청소년들의 키는 자라게 되는데 아무런 비교집단 없이 체육활동이 키 성장에 크게 효과가 있다고 추론하는 것은 타당도 저해요인에 해당된다.

Answer 73.④ 74.③ 75.①

76 순수실험설계에 관한 설명으로 옳은 것은?

① 통제집단 사전사후설계의 경우 주시험효과를 제거하기 어렵다.

② 순수실험설계는 학문적 연구보다 상업적 연구에서 주로 활용된다.

③ 통제집단 사후실험설계는 결과변수 값을 두 번 측정한다.

④ 솔로몬 4개 집단설계는 통제집단 사전사후설계와 통제집단 사후실험설계의 결합 형태이다.

76.

① 통제집단 사전사후설계의 경우 실험집단에는 실험변수의 조작을 가하고 통제집단에는 독립변수의 조작을 가하지 않는 방법으로 사전,사후 2번 결과변수를 측정한 것이므로 시험효과의 통제가 가능하다.

② 순수실험설계는 엄격한 외생변수의 통제하에서 독립변수를 조작하여 인과관계를 밝힐 수 있는 설계로서 학문적 연구를 위해 주로 활용한다.

③ 통제집단 사후실험설계는 사전측정 없이 사후검사에 대한 결과변수 값을 한 번만 측정한다.

77 질적 방법으로 수집된 자료에 관한 설명으로 틀린 것은?

① 정보의 심층적 의미를 파악할 수 있다.

② 유용한 정보의 유실을 줄일 수 있다.

③ 현장중심의 사고를 할 수 있다.

④ 자료의 표준화를 도모하기 쉽다.

77.

자료의 표준화를 도모하기 쉬운 것은 질적 연구보다는 양적 연구가 효과적이다.

78 양적 조사와 질적 조사의 사례로 틀린 것은?

① 질적 조사 - 사례연구의 기록을 분석하여 핵심적인 개념을 추출한다.

② 양적 조사 - 단일사례조사로 청소년들이 흡연 횟수를 3개월 동안 주기적으로 기록한다.

③ 질적 조사 - 노숙인과 함께 2주간 생활하면서 참여 관찰한다.

④ 양적 조사 - 초점집단면접을 통해 문제해결방안을 도출한다.

78.

초점집단면접은 전문지식을 보유하고 있는 조사자가 조사주제에 대한 경험과 식견을 가진 소수 응답자들을 대상으로 자유로운 토론을 통하여 필요한 정보를 획득하는 방법으로 질적 조사로 볼 수 있다.

Answer 76.④ 77.④ 78.④

79 다음 중 탐색적 연구를 하기 위한 방법으로 가장 적합한 것은?

① 횡단연구
② 유사실험연구
③ 시계열연구
④ 사례연구

79.

탐색조사는 유관분야의 관련문헌조사, 연구문제에 정통한 경험자를 대상으로 한 전문가의견조사, 통찰력을 얻을 수 있는 소수의 사례조사가 대표적이다.

80 단일사례연구에 관한 설명으로 틀린 것은?

① 외적 타당도가 높다.
② 개입효과에 대한 즉각적인 피드백이 가능하다.
③ 조사연구 과정과 실천과정이 통합될 수 있다.
④ 개인과 집단뿐만 아니라 조직이나 지역사회도 연구대상이 될 수 있다.

80.

단일사례연구는 하나의 집단으로 조사하는 방법으로 개입의 효과를 통한 변화 정도를 측정하는 것을 주목적으로 한다. 단일사례연구의 단점은 외적 타당도가 낮고 해당 연구 결과를 일반화시킬 수 있는 가능성이 낮아진다는 것이다.

81 다음의 조사유형으로 옳은 것은?

> 베이비부머(Baby-boomers)의 정치성향의 변화를 파악하기 위해 아들이 성년이 된 후 10년마다 50명씩 새로운 표집을 대상으로 조사하여 그 결과를 비교하여 보았다.

① 횡단(Cross-sectional)조사
② 추세(Trend)조사
③ 코호트(Cohort)조사
④ 패널(Panel)조사

81.

코호트조사는 동기생, 동시경험집단(= 베이비부머의 아들이 성년이 된 집단 가운데 50명씩)을 연구하는 것으로 일정한 기간(= 10년) 동안에 어떤 한정된 부분 모집단을 연구하는 것이다.

82 개념(Concepts)의 정의와 가장 거리가 먼 것은?

① 일정한 관계사실에 대한 추상적인 표현
② 특정한 여러 현상들을 일반화함으로써 나타나는 추상적인 용어
③ 현상을 예측 설명하고자 하는 명제, 이론의 전개에서 그 바탕을 이루는 역할
④ 사실과 사실 간의 관계에 논리의 연관성을 부여하는 것

82.

사실과 사실 간의 관계에 논리의 연관성을 부여하는 것은 이론에 해당된다.

83 실험설계(Experimental Design)의 타당성을 높이기 위한 외생변수 통제방법이 아닌 것은?

① 제거(Elimination)
② 균형화(Matching)
③ 성숙(Maturation)
④ 무작위화(Randomization)

83.

외생변수 통제방법으로는 상쇄, 균형화, 제거, 무작위화가 있다.

84 다음 중 조사대상의 두 변수들 사이에 인과관계가 성립되기 위한 조건이 아닌 것은?

① 원인의 변수가 결과의 변수에 선행하여야 한다.
② 두 변수간의 상호관계는 제3의 변수에 의해 설명되면 안 된다.
③ 때로는 원인변수를 제거해도 결과변수가 존재할 수 있다.
④ 두 변수는 상호연관성을 가져야 한다.

84.

인과관계를 위해서는 원인변수와 결과변수의 상호 연관성을 통해 확인할 수 있다.

Answer 82.④ 83.③ 84.③

85 가설에 관한 설명으로 틀린 것은?

① 가설은 과학적 검증방법을 통하여 가설의 옳고 그름을 판단할 수 있어야 한다.

② 가설은 동일 연구 분야의 다른 가설이나 이론과 연관이 없어야 한다.

③ 가설은 두 개 이상의 구성개념이나 변수 간의 관계에 대한 진술이다.

④ 가설은 반드시 검증 가능한 형태로 진술되어야 한다.

85.

가설은 둘 이상 변수 간의 관계를 설명하는 경험적으로 증명이 가능한 추측된 진술로 문제에서 기대되는 해답으로 경험적으로 검증되어야 하며 동일 분야의 다른 이론과 연관성이 있어야 되며 서로 다른 두 개념의 관계를 표현해야 하며, 동의 반복적이면 안 된다.

86 다음 중 작업가설(Working Hypothesis)로 적합하지 않은 것은?

① 교육수준이 높을수록 소득이 높을 것이다.

② 21세기 후반에 이르면 서구문명은 몰락하게 될 것이다.

③ 계층 간 소득격차가 클수록 사회갈등이 심화될 것이다.

④ 출산율은 도시보다 농촌이 더 높을 것이다.

86.

작업가설(= 연구가설)은 검증될 수 있어야 하며(= 경험적 근거), 변수들 사이의 관계를 한정하고 특정하여야 되는데, 21세기 후반이라는 부분은 검증이 불가능하고 변수로 특정할 수 없으며, 서구문명 몰락이라는 개념이 명확하지 않다.

87 연구의 단위(Unit)를 혼동하여 집합단위의 자료를 바탕으로 개인의 특성을 추리할 때 저지를 수 있는 오류는?

① 집단주의 오류

② 생태주의 오류

③ 개인주의 오류

④ 환원주의 오류

87.

생태학적 오류는 집단이나 집합체 단위의 조사에 근거해서 그 안에 소속된 개별 단위들에 대한 성격을 규정하는 오류이다.

Answer　85.②　86.②　87.②

88 인과관계의 일반적인 성립조건과 가장 거리가 먼 것은?

① 시간적 선행성(Temporal Precedence)

② 공변관계(Covariation)

③ 비허위적 관계(Lack of Spuriousness)

④ 연속변수(Continuous Variable)

88.

인과관계는 연속변수뿐 아니라 범주형 변수도 가능하다.

89 다음 사례에서 사용한 조사설계는?

> 저소득층의 중학생들을 대상으로 무작위로 실험집단과 통제집단에 각각 50명씩 할당하여 실험집단에는 한 달간 48시간의 학습프로그램 개입을 실시하였고, 통제집단은 아무런 개입 없이 사후조사만 실시하였다.

① 통제집단 사전-사후검사 설계

(Pretest-posttest Control Group Design)

② 통제집단 사후검사 설계

(Posttest-only Control Group Design)

③ 단일집단 사전-사후검사 설계

(One-group Pretest-posttest Design)

④ 정태집단 비교 설계(Static Group Comparison Design)

89.

통제집단 사후검사 설계는 실험설계에서 실험(48시간의 학습프로그램)이 가해진 실험집단과 실험이 가해지지 않은 통제집단 간의 사후검사만을 통해 비교하는 연구방법이다.

90 순수 실험설계와 유사 실험설계를 구분하는 기준으로 가장 적합한 것은?

① 독립변수의 설정

② 비교집단의 설정

③ 종속변수의 설정

④ 실험대상 선정의 무작위화

90.

순수 실험설계(진실험설계)는 실험대상을 무작위로 추출하며, 유사 실험설계(준실험설계)는 무작위 배정을 할 수 없을 때 사용한다.

Answer 88.④ 89.② 90.④

91 질적 연구에 관한 설명으로 틀린 것은?

① 소규모 분석에 유리하고 자료 분석 시간이 많이 소요된다.

② 주관적 동기의 이해와 의미해석을 하는 현상학적 · 해석학적 입장이다.

③ 수집된 자료는 타당성이 있고 실질적이거나 신뢰성이 낮고 일반화는 곤란하다.

④ 연구 참여자와 연구자 간에 상호작용을 통해 연구가 진행되도록 가치지향적이지 않고 편견이 개입되지 않는다.

91.

질적 연구는 인간이 상호주관적 이해의 바탕에서 인간의 행위를 행위자의 그것에 부여하는 의미와 파악으로 이해하려는 해석적, 주관적인 사회과학연구방법이다. 따라서 연구자의 편견이 개입될 수 있다.

92 사회과학연구방법을 연구목적에 따라 구분할 때, 탐색적 연구의 목적에 해당하는 것을 모두 고른 것은?

> ㉠ 개념을 보다 분명하게 하기 위해
> ㉡ 다음 연구의 우선순위를 정하기 위해
> ㉢ 많은 아이디어를 생성하고 임시적 가설개발을 위해
> ㉣ 사건의 카테고리를 만들고 유형을 분류하기 위해
> ㉤ 이론의 정확성을 판단하기 위해

① ㉠, ㉡, ㉢
② ㉠, ㉢, ㉣
③ ㉡, ㉣, ㉤
④ ㉡, ㉢, ㉣

92.

탐색적 연구는 연구문제의 발견, 변수의 규명, 가설의 도출을 위해서 실시하는 조사로서 예비적 조사로 실시한다. 이는 개념을 분명히 하고, 다음 연구 순서를 정하고 임시 가설을 설계하기 위해 진행한다.

Answer 91.④ 92.①

2018. 3. 4. 제1회

93 탐색적 조사(Exploratory Research)에 관한 설명으로 옳은 것은?

① 시간의 흐름에 따라 일반적인 대상 집단의 변화를 관찰하는 조사이다.

② 어떤 현상을 정확하게 기술하는 것을 주목적으로 하는 조사이다.

③ 동일한 표본을 대상으로 일정한 시간간격을 두고 반복적으로 측정하는 조사이다.

④ 연구문제의 발견, 변수의 규명, 가설의 도출을 위해서 실시하는 조사로서 예비적 조사로 실시한다.

93.

탐색적 조사는 조사분야에 대한 연구 정도를 조사하여 가설을 발전시키는 조사로 문헌조사, 경험자 조사, 특례분석, 현지조사 등이 있다.

① 추세조사
② 기술적 조사
③ 종단적 조사

2018. 3. 4. 제1회

94 패널조사에 관한 설명으로 틀린 것은?

① 특정 조사대상자들을 선정해 놓고 반복적으로 실시하는 조사방법을 의미한다.

② 종단적 조사의 성격을 지닌다.

③ 반복적인 조사과정에서 성숙효과, 시험효과가 나타날 수 있다.

④ 패널 운영시 자연 탈락된 패널 구성원은 조사결과에 크게 영향을 미치지 않는다.

94.

패널조사는 패널을 선정하여 이들로부터 반복적이며 지속적으로 연구자가 필요로 하는 정보를 획득하는 방식이므로 자연 탈락된 패널 구성원은 조사결과에 영향을 미친다.

2018. 3. 4. 제1회

95 2017년 특정한 3개 고등학교(A, B, C)의 졸업생들을 모집단으로 하여 향후 10년간 매년 일정시점에 표본을 추출하여 조사를 한다면 어떤 조사에 해당하는가?

① 횡단조사

② 서베이 리서치

③ 코호트조사

④ 사례조사

95.

코호트조사는 동기생, 동시경험집단(= 특정 고등학교 졸업생들 가운데 표본추출집단)을 연구하는 것으로 일정한 기간 동안(= 10년)에 어떤 한정된 부분 모집단을 연구하는 것으로 특정한 경험을 같이 하는 사람들이 갖는 특성에 대해 다른 시기에 걸쳐 두 번 이상 비교하고 연구한다.

Answer 93.④ 94.④ 95.③

114 PART 01. 조사방법론

96 가설의 적정성을 평가하기 위한 기준과 가장 거리가 먼 것은?

① 매개변수가 있어야 한다.
② 동의어가 반복적이지 않아야 한다.
③ 경험적으로 검증될 수 있어야 한다.
④ 동일분야의 다른 이론과 연관이 있어야 한다.

96.

가설은 현상 간이나 둘 이상의 변수 관계를 설명하는 검증되지 않은 명제로 특정 현상에 대한 설명을 가능하게 하도록 독립변수와 종속변수와의 관계 형태로 표현하므로 매개변수가 있어야 하는 것은 아니다.

97 다음 설명에 해당하는 가설의 종류는?

> • 수집된 자료에서 나타난 차이나 관계가 진정한 것이 아니라 우연의 법칙으로 생긴 것으로 진술한다.
> • 변수들 간에 관계가 없거나 혹은 집단들 간에 차이가 없다는 식으로 서술한다.

① 대안가설   ② 귀무가설
③ 통계적 가설   ④ 설명적 가설

97.

귀무가설은 주어진 연구가설을 검증하기 위하여 사용된 가설적 모형으로 현실에 존재하는 것으로 의도된 것은 아니다.

98 다음에서 설명하고 있는 것은?

> 추상적 구성개념이나 잠재변수의 값을 측정하기 위해, 측정할 내용이나 측정방법을 구체적으로 정확하게 표현하고 의미를 부여하는 것으로, 추상적 개념을 관찰 가능한 형태로 표현해 놓은 것이다.

① 조작적 정의(Operational Definition)
② 구성적 정의(Constitutive Definition)
③ 기술적 정의(Descriptive Definition)
④ 가설 설정(Hypothesis Definition)

98.

조작적 정의는 객관적이고 경험적으로 기술하기 위한 정의이다.
② **구성적 정의**: 한 개념을 다른 개념으로 대신하여 정의
③ **기술적 연구**: 어떤 현상을 정확하게 기술하는 것을 주목적으로 하는 조사
④ **가설**: 둘 이상 변수 간의 관계를 설명하는 경험적으로 증명이 가능한 추측된 진술로 문제에서 기대되는 해답

Answer   96.①   97.②   98.①

99 다음은 조사연구의 목적들이다. 변인(변수)과 변인 간의 인과 관계를 밝히는 것은?

① 탐색   ② 기술
③ 설명   ④ 평가

99.

③ 설명을 하기 위해서는 인과관계를 입증해야 한다.

100 다음은 어떤 변수에 대한 설명인가?

> 어떤 변수가 검정요인으로 통제되면 원래 관계가 없는 것으로 나타났던 두 변수가 유관하게 나타난다.

① 예측변수   ② 왜곡변수
③ 억제변수   ④ 종속변수

100.

③ 억제변수란 독립·종속변수 사이에 실제로는 인과관계가 있으나 없도록 나타나게 하는 제3변수이다.

101 실제로는 두 변수 간의 관계가 있으나 그 관계를 약화시키거나 은폐시키고 있는 변수는?

① 억제변수   ② 매개변수
③ 왜곡변수   ④ 선행변수

101.

② 독립변수와 종속변수 사이에 제3의 변수가 개입하여 두 변수 사이를 매개하는 변수이다.
③ 독립·종속변수 간의 관계를 정반대의 관계로 나타나게 하는 제3의 변수이다.
④ 제3의 변수가 독립·종속변수보다 선행하여 작용하는 변수이다.

102 경험적 연구방법에 대한 다음의 설명 중 옳은 것은?

① 실험은 연구자가 독립변수와 종속변수 모두를 통제하는 연구방법이다.
② 심리상태를 파악하는 데는 관찰에 의한 연구방법이 효과적이다.
③ 내용분석은 어린이나 언어가 통하지 않는 조사대상자에 대한 연구에서 자주 사용되는 방법이다.
④ 대규모 모집단을 연구하는 데는 질문지를 이용한 조사연구가 효과적이다.

102.

① 실험은 외생변수를 통제하고 독립변수를 의도적으로 조작해 종속변수의 변화를 관찰하는 방법이다.
② 심리상태를 파악하기 위해서는 조사대상자에게 직접 질문하는 방법이 효과적이다.
③ 언어가 통하지 않는 조사대상자는 관찰이 더욱 효과적이다.
④ 경험적 연구방법은 연구대상을 직접 조사하여 연구문제를 해결하는 방법으로 연구대상을 제대로 이해해야 한다.

Answer   99.③   100.③   101.①   102.④

103 아래와 같이 가정할 때 X, Y, Z에 대한 바른 설명은?

> ㉠ X가 변화하면 Y가 유의미하게 변화한다.
> ㉡ 그러나 제3의 변수인 Z를 고려하면 X와 Y사이의 유의미한 관계가 사라진다.

① X는 종속변수이다.
② Z는 매개변수이다.
③ Z는 왜곡변수이다.
④ X－Y의 관계는 허위적(Spurious) 관계이다.

103.

① X는 독립변수이다.
②③ Z는 억제변수이다.
④ 통제된 상태에서 X와 Y의 관계만을 연구한다는 것은 무의미하다.

104 다음에서 연구가설의 기능이라고 할 수 없는 것은?

① 현상들의 잠재적 의미를 찾아내고 현상에 질서를 부여할 수 있다.
② 경험적 검증의 절차를 시사해 준다.
③ 문제해결에 필요한 관찰 및 시험의 적정성을 판단하게 한다.
④ 다양한 연구문제를 동시에 해결하기 위하여 많은 종류의 변수들을 채택하게 되므로, 복잡한 변수들의 관계를 쉽게 밝힐 수 있다.

104.

연구문제는 재정의 기능을 함으로써 문제의 초점과 문제를 형성하는 변수와의 관계가 더욱 명백하고 한정적으로 된다.

105 다음 중 기술적 조사의 일반적 절차로 옳은 것은?

① 조사대상의 설정→자료수집방법의 채택→표본의 추출→자료수집과 조사→기술적 조사의 절차→결과분석
② 표본의 추출→자료수집방법의 채택→자료수집의 대상설정→자료의 수집과 조사→결과분석
③ 자료수집방법의 채택→표본추출→자료수집과 조사→조사대상의 설정→결과분석
④ 자료수집의 대상설정→자료수집과 조사→표본추출→자료수집의 방법채택→결과분석

105.

기술적 조사의 절차 … 조사대상의 설정→자료수집방법의 채택→표본의 추출→자료수집과 조사→기술적 조사의 절차→결과분석

Answer   103.④   104.④   105.①

106 다음 중 과학적 연구절차에 기초한 올바른 이론 구축 과정은?

① 연구문제 – 개념화 – 가설설정 – 자료수집 – 자료분석
② 개념화 – 연구문제 – 가설설정 – 자료수집 – 자료분석
③ 연구문제 – 가설설정 – 개념화 – 자료수집 – 자료분석
④ 개념화 – 가설설정 – 연구문제 – 자료수집 – 자료분석

106.

연구문제를 설정하고 연구문제에 중요한 영향을 미치는 변수들의 관계를 이론화·개념화 한 이후에 가설을 설정하고 자료를 수집하여 자료를 분석한다.

107 다음 중 사실에 대한 설명으로 가장 옳은 것은?

① 어떤 현상으로부터 인간의 감각에 받아들여진 것이다.
② 기술적 조사의 근원이다.
③ 과학적 조사의 결과이다.
④ 사실과 사실의 연결에 의하여 개념이 이해된다.

107.

① 사실에 대한 정의로 각종 문자·기호·언어를 사용하여 객관적으로 현상을 이해한다는 것이다. 따라서 사실은 이론을 형성시켜주고, 현존하는 이론을 재구성하며 명확히 한다.

108 다음 중 동일한 표본을 대상으로 동일한 내용의 설문을 일정한 시간 간격을 두고 계속해서 조사하는 설계는?

① 요인설계
② 교차분석 설계
③ 계속적 표본설계
④ 패널 조사설계

108.

패널연구
㉠ 개념 : 계속해서 정보를 제공할 사람 또는 단체(패널)를 선정하여 이들로부터 반복적이며 지속적으로 연구자가 필요로 하는 정보를 획득하는 방식을 말한다.
㉡ 종류 : 정기성의 여부에 따라 지속적 패널, 임시적 패널로 나뉘고, 주제의 다수 여부에 따라 고정 패널(순수 패널), 다목적 패널로 나뉜다.
㉢ 패널연구의 장·단점
· 장점
－패널로부터 추가적인 자료를 획득하는 것이 수월하다.
－초기비용은 많이 드나 장기적으로는 경제적이다.
－사건에 대한 변화분석이 가능하다.
· 단점
－모집단의 대표성에 위협성이 있다.
－정보의 유연성이 적으며 부정확한 자료가 제공된다.
－패널을 관리하기가 힘들다.

109 다음 중 가설이 갖추어야 할 요건이 아닌 것은?

① 가설은 경험적으로 검증할 수 있어야 한다.
② 가설은 계량적인 형태를 취하든가 계량화할 수 있어야 한다.
③ 가설의 표현은 간단명료해야 한다.
④ 가설은 동일 분야의 다른 가설과 연관을 가져서는 안 된다.

110 다음 조사방법에 대한 설명 중 옳지 않은 것은?

① 사례조사는 특례분석을 포함한다.
② 통계조사는 통계적 지식을 활용하는 조사방법이다.
③ 전수조사는 정밀도를 요할 때 사용되며 표본조사는 부분 조사라고 한다.
④ 사례조사는 주어진 문제에 대해서 전문적인 견해와 경험을 가지고 있는 전문가들로부터 정보를 얻는 방법이다.

111 다음 중 개념(Concept)의 역할로 옳지 않은 것은?

① 추상적인 현상을 이해하는 방법을 제시한다.
② 개념에 의해 연역적 추론을 할 수 없다.
③ 기본적 연구대상을 가시적으로 측정가능하게 한다.
④ 지식의 축적·확장을 가능하게 한다.

109.
④ 일반적으로 동일 연구 분야의 다른 가설이나 이론과 연관이 있어야 한다.

110.
④ 전문가의견조사(경험조사)의 내용이고 사례조사는 여러 각도에서 종합적으로 파악하는 조사방법이다.

111.
② 개념은 연역적 결과를 가져다 준다.

112 다음 연구요소의 설명 중 옳지 않은 것은?

① 사실은 현상에서 그 현상을 규정시키는 개념 사이의 연결이다.

② 이론은 사실과의 관계에 논리적 연관성이 부여된 것으로서 경험적으로 적용될 수 있어야 한다.

③ 개념은 지식의 축적·확장을 가능하게 해주며 연구의 방향을 제시한다.

④ J. Galtung은 변수를 공적·사적 변수, 독립·종속변수, 연속·불연속적 변수로 분류하였다.

113 다음 중 가능한 모든 외부변수를 통제하고 추정된 오차의 범위에서 처음의 실험대상을 대표하게 하는 방법으로 옳은 것은?

① 난선화

② 외부변수 고정

③ 매칭절차

④ 외부변수의 실험변수화

114 다음 중 가설구성의 요건으로 적절하지 못한 것은?

① 이론적 근거

② 시험의 용이성

③ 특수성

④ 검증의 명백성

112.

④ 독립·종속변수는 변수 간의 기능적 관계에 따른 분류이다.

113.

①③ 둘 다 실험집단과 통제집단에 변수를 동등히 배치하는 것으로 매칭절차가 한정된 변수만을 배치하는 반면 난선화는 모든 변수를 동등히 배치하게 한다.

114.

가설의 조건으로는 경험적 근거, 특정성, 개념적 명백성, 조사기술 및 분석방법과의 관계성 등이 있다.

Answer 112.④ 113.④ 114.③

115 다음 중 외부변수의 통제에 대한 설명으로 옳은 것은?

① 조사결과를 다른 대상에 일반화할 수 있는가의 문제이다.
② 가능한 실험변수의 차를 크게 함으로써 분산을 크게 하는 방법이다.
③ 조사연구에서 측정치의 신뢰성을 증가시킴으로써 변동을 극소화시키는 것이다.
④ 조사목적 이외의 독립변수의 영향을 최소화시키는 것이다.

115.
① 일반화 가능성
② 실험분산의 극대화
③ 오차분산의 극소화

116 다음 중 외부변수의 실험변수화에 대한 설명으로 옳은 것은?

① 모든 실험대상물이 주어진 집단에 배치될 기회를 균등히 주고 연구자의 선입견을 배제하여 확률적으로 실험 및 통제집단을 배치하는 방법이다.
② 영향력 있는 외부변수를 아예 조사설계의 독립변수로 선정하여 투입하는 방법이다.
③ 가능한 외부독립변수를 하나의 변수로 작용하지 못하게 고정하는 것이다.
④ 한정된 변수를 주어진 집단에 동등히 배치시키는 방법으로 통제원리는 분산의 통제와 같다.

116.
① 난선화
③ 외부변수의 고정
④ 매칭절차

117 다음 중 외적 타당성의 저해요인으로서 옳지 않은 것은?

① 성장요인과 선정요인의 상호작용
② 대상선정과 실험적 처리 간의 상호작용의 효과
③ 생태적 · 변수의 대표성
④ 실험적 배치의 반작용효과

117.
외적 타당성의 저해요인으로 ②③④ 이외에 다수적 실험에 의한 간섭, 검증의 상호작용효과, 실험적 처리의 일반성 문제 등이 있다.

Answer 115.④ 116.② 117.①

118 과학적 연구의 분석단위에 관한 설명으로 틀린 것은?

① 어떤 분석단위(집단 등)를 채택하여 연구한 결과 얻은 결론을 다른 수준의 분석단위(개인 등)에 적용시키는 오류를 환원주의적 오류라고 한다.

② '여성은 집밖에서 일하는 시간이 적기 때문에 남성보다 TV 시청 시간이 많다.'는 사례에서의 분석단위는 개인이다.

③ 분석단위는 개인, 집단, 프로그램, 조직, 제도, 사회적 생성물 등으로 분류할 수 있다.

④ 분석단위는 연구자가 그 속성 또는 특징에 관한 자료를 수집하고 기술, 설명하고자 하는 사람이나 사물을 의미한다.

118.

① 환원주의적 오류는 광범위한 사회현상을 이해하고자 변수나 개념을 지나치게 제한하여 설명하는 오류를 말한다.

119 다음 조사설계에 있어서의 내적 타당성이란?

① 일반화 또는 대표성의 문제라고 할 수 있다.

② 내재적 요인에 의해서만 타당성이 저해된다.

③ 성장요인의 영향을 받지 않는다.

④ 실험적 처리가 실제 의미있는 차이를 가져왔는가의 문제를 검토한다.

119.

① 일반성과 관련된 문제는 외적 타당성이다.

② 타당성은 내재적·외재적 요인 모두의 영향을 받는다.

③ 성장, 성숙요인에 의해 타당성이 위협받는다.

④ 조사설계의 내적 타당성이란 실험의 필요조건으로서 실험적 처리가 실제로 의미있는 차이를 가져왔는가 하는 문제를 검토하는 것을 의미한다.

120 두 통제집단 중 하나는 사전측정을 하고 다른 하나는 사전측정 없이 실험한 후 실험집단과 비교하는 방법은?

① 정태적 집단비교

② 단일집단 사전·사후비교

③ 통제집단 후 비교

④ 솔로몬식 2개 통제집단비교

120.

솔로몬식 4개 집단비교는 2개의 통제집단을 이용하여 가능한 한 모든 외생변수를 통제하기 위해 사전측정의 영향과 독립변수 상호 간의 영향을 측정하고자 창안된 방법이다.

Answer 118.① 119.④ 120.④

121 다음 중 귀납적 추론의 설명으로 맞는 것은?

① 경험적 증거에 의존하지 않는다.

② 일반적인 원리로부터 특정한 결론을 도출한다.

③ 가능한 한 과학적 연구에서는 사용해서는 안된다.

④ 확률론적 결론에 기반을 두기도 한다.

121.

이론의 도출방법

㉠ 연역적 방법 : 논리적 분석을 통해 가설을 정립한 후 이를 경험의 세계에 투사하여 검증하는 방법이다.

㉡ 귀납적 방법 : 연역적 방법과 달리 구체적인 사실로부터 일반적인 원리를 도출해내는 방법이다.

㉢ 경험적 검증 : 공리로부터 시작된 분석의 세계가 경험의 세계와 연관성을 가진다.

122 다음 중 가설검증을 위해 현실적 상황에서 독립변수를 조작·실험하는 방법으로 옳은 것은?

① 현지실험

② 실험실 실험

③ 현지조사

④ 관찰

122.

② 실험실 실험은 현지에서 행하는 것이 아니라 모의상황을 만들어 연구하는 방법이다.

③ 현지조사는 단순히 자료를 수집해 검증한다.

④ 연구대상의 형태를 듣거나 지켜보는 것이다.

123 다음 중 이론의 역할에 대한 설명으로 옳지 않은 것은?

① 과학적 조사연구의 기본적 토대가 된다.

② 구체적인 사실을 일반 원리로 체계화한다.

③ 과학적 지식을 표현함에 있어 난해하다.

④ 기존 지식 간의 간격을 메워준다.

123.

이론은 과학적 지식을 간단명료하게 표현한 것으로 불확실한 명제나 가설 등에 대한 판단기준이 된다.

124 다음 중 보통의 경우 명제와 동의어로 사용되며 사회과학 및 수학이나 논리학에서 사용하는 개념은 무엇인가?

① 법칙

② 명제

③ 정리

④ 가설

124.

① 실험·증명을 통해 확증을 얻은 명제의 체계이다.

② 가부(可否)를 판단할 수 있는 진술이다.

④ 명제를 실제조사가 가능하도록 한 진술이다.

Answer　121.④　122.①　123.③　124.③

125 다음 중 이론에 대한 내용으로 옳지 않은 것은?

① 경험적으로 검증이 가능하다.
② 함축성, 연역가능성이 있는 관계에 의해 구조화된 진술이다.
③ 논리적·체계적으로 상호 연결된 일련의 진술 또는 명제이다.
④ 일정한 측량단위에 의해 계량화가 가능하다.

126 다음 내적 타당성의 저해요인 중에서 조사기간 중 조사대상 자체의 변화로 인해 발생하는 요인은?

① 성장요인
② 선정요인
③ 도구요인
④ 역사요인

127 다음 중 개념의 조건으로 옳지 않은 것은?

① 다양성
② 체계성
③ 명확성
④ 통일성

128 다음 중 솔로몬 4집단 설계(Solomon four group design)에 대한 설명으로 틀린 것은?

① 집단간 격리에 어려움이 있어 실제상황에서는 적용이 많이 안 된다.

② 통제집단 전후비교와 통제집단 후비교를 조합한 것이다.

③ 3개의 실험집단과 1개의 통제집단을 둔다.

④ 각종 외생변수의 영향을 완벽히 분리할 수 있다.

129 다음 논리적 연관성을 도출하는 방법 중 연역적 방법과 귀납적 방법을 설명한 것으로 옳지 않은 것은?

① 귀납적 방법은 구체적인 사실로부터 일반적 원리를 도출해내는 방법으로 연역적 방법과 함께 가장 보편적으로 사용된다.

② 연역적 방법은 논리적 분석을 통해 가설을 정립하여 이를 경험의 세계에 투사하여 검증하는 방법이다.

③ 연역적 방법과 귀납적 방법은 모두 완벽하므로 서로 조화시키면 상호 배타적이기 쉽다.

④ 연역적 방법은 일반적 원리를 전제로 그에 따라 구체적인 사실을 수립하여 검증함으로써 이론적 결론을 유도한다.

130 다음 연구요소의 설명 중 옳지 않은 것은?

① 개념은 지식의 축적이나 확장을 가능하게 하며 연구의 방법을 제시한다.

② 이론의 도출방법은 연역법과 귀납법이 있다.

③ 사실은 현상에서 그 현상을 규정시키는 개념 사이의 연결이다.

④ 변수는 일정한 경험적 속성과 일정한 특징을 갖는다.

128.

③ 솔로몬식 4개 집단비교는 2개의 통제집단을 이용하여 가능한 한 모든 외생변수를 통제하기 위해 사전측정의 영향과 독립변수 상호 간의 영향을 측정하고자 창안된 방법이다.

129.

③ 두 방법은 모두 완벽하지 않으므로 이론의 전개에 있어 두 방법을 서로 조화시켜 상호보완하도록 하여야 한다.

130.

④ 변수의 속성은 각기 다른 특징을 지니며 그 속성은 일정한 측정단위에 의한 계량화가 가능해야 한다.

Answer 128.③ 129.③ 130.④

131 다음 중 탐색적 조사의 내용으로 옳은 것은?

① 관련 상황에 대한 예측을 목적으로 한다.
② 탐색조사에는 서베이연구, 현지연구, 사후연구 등이 있다.
③ 문제의 규명을 주된 목적으로 한다.
④ 인과관계의 방법이나 자극의 효과 측정이 있다.

131.

탐색적 조사 … 조사대상의 현재까지의 조사상황을
조사하여 가설을 발전시키고 통찰력을 얻는 것으
로 문헌조사, 경험자조사, 특례분석, 현지조사 등의
유형이 있다.

132 다음 설명 중 과학적 방법의 한 과정으로서 경험적 검증에서
의 유질동상의 의미로 옳은 것은?

① 사실의 세계에 중점을 두는 것이다.
② 경험적 세계와 분석의 세계가 혼동된 상태이다.
③ 공리에서 시작된 분석의 세계가 경험의 세계 내지 사실의
세계와 일치되도록 하는 것이다.
④ 주관과 객관이 일치되어 분석의 세계가 혼동되었다는 의
미이다.

132.

사람이 분석의 세계와 지도를 신뢰하는 것은 가설
의 세계와 사실의 세계 내지 경험의 세계가 일치
하기 때문이다.

133 정신요법에서 유래된 것으로 면접자(의사)가 아무런 암시없이
피면접자(환자)로 하여금 자유로이 자기 감정을 표현하도록 하
는 자료수집 방법은?

① 집단면접(Group interview)
② 집중면접(Focused interview)
③ 심층면접(In-depth interview)
④ 비지시적 면접(Nondirective interview)

133.

비지시적 면접은 피면접자가 면접자의 사전계획에
의한 질문에 답하는 형식이 아닌 스스로 하고 싶
은 말을 자유롭게 할 수 있도록 하는 면접으로, 면
접조사표나 면접지침서를 사용하지 않기 때문에
기타 면접에 비해 구조화가 덜 되어 있는 면접이
다. 비지시적 면접은 중립적인 조사에 전적으로 의
존하고 심리치료 분야에 기원을 두고 있다.

134 다음 중 가설구성이 제대로 되었는가를 평가하기 위한 기준으
로 옳지 않은 것은?

① 수집된 지식의 양　　② 시험의 용이성
③ 가설의 창의성　　　 ④ 입증의 명백성

134.

가설구성의 요건 및 평가기준으로 시험의 용이성,
입증의 명백성, 가설의 개연성, 수집된 지식의 양
을 들 수 있다.

Answer　　131.③　131.③　133.④　134.③

135 다음 식별가설의 설명 중 옳지 않은 것은?

① 식별가설은 연구대상을 분류해준다.

② 식별가설은 '무엇은 ~ 이다'라는 형식으로 표현된다.

③ 식별가설은 사실과 사실과의 관계에 대한 설명을 해준다.

④ 식별가설은 어떤 사실의 성질이나 기능 등을 묘사하기 위한 가설이다.

135.

식별가설은 어떤 사실에 대한 묘사를 위한 가설로 분포·정도의 제시, 분석과 종합, 분류작업·사물의 성질 및 형태 규명의 기능을 갖는다.

136 다음 중 실험실 실험에 대한 설명으로 옳지 않은 것은?

① 일상생활에서 분리된 실험상황에서 행하는 실험이다.

② 가설의 실제적 가치 및 현실성을 높인다.

③ 자연적 환경을 그대로 묘사해 전체 통제하에 실험을 실행한다.

④ 조사과정 및 결과가 객관적이고 외생변수의 통제가 용이하다.

136.

④ 순수실험단계에 비해 변수 간의 관계가 명확하지 않으며 자료수집의 분석 및 해석의 폭이 넓어 외생변수의 통제가 어렵다.

137 다음 중 가설에 대한 정의로서 옳지 않은 것은?

① 가설은 현존 이론에서 구성되며 명제 또는 새로운 이론으로 발전한다.

② 가설은 타당성을 검증하기 위한 하나의 명제이다.

③ 가설은 신념, 근거를 갖지 않는 어떤 논리적 관계가 경험적 사실에 의해 검증될 수 있는 명제이다.

④ 가설은 특정한 여러 현상들을 일반화함으로써 나타나게 된 추상적인 용어이다.

137.

① Kerlinger의 가설에 대한 정의
② Goode & Hatt의 가설에 대한 정의
③ Selltiz의 가설에 대한 정의
④ Kerlinger의 개념에 대한 정의

Answer   135.③ 136.④ 137.④

138 다음 중 과학적 조사의 절차로 바르게 연결된 것은?

① 문제정립→조사계획 작성→자료수집→자료분석→보고서 작성

② 조사계획 작성→자료수집→자료분석→문제정립→보고서 작성

③ 문제정립→자료분석→자료수집→조사계획 작성→보고서 작성

④ 조사계획 작성→문제정립→자료수집→자료분석→보고서 작성

139 다음 중 가설에 대한 설명으로 옳지 않은 것은?

① 연구목적이 단순히 사실만을 얻고자 할 때는 가설이 필요 없다.

② 가설은 검증된 이론이다.

③ 가설은 사실 사이의 관계에 대한 추측적 요소와 이를 경험적으로 검증할 요소를 갖는다.

④ 가설의 타당성이 입증되면 이론으로서 우리의 지식에 자리 잡는다.

140 사례연구에 대한 설명으로 틀린 것은?

① 사례연구는 질적 조사방법으로 양적인 방법을 사용하여 수집한 증거는 이용하지 않는다.

② 사례연구에서는 기존 문서나 관찰 등과 같은 방법으로 자료를 수집한다.

③ 사례는 개인, 프로그램, 의사결정, 조직, 사건 등이 될 수 있다.

④ 사례연구는 한 특정한 사례에 대해 집중적으로 연구하는 것이다.

138.

과학적 조사절차는 문제정립 → 가설구성 → 조사설계 → 자료수집 → 자료분석 → 보고서 작성의 과정을 거쳐 이루어진다.

139.

② 가설은 검증되기 이전에 설정하는 명제이다.

140.

사례연구는 사회적 단위로서의 개인이나 집단 및 지역사회에 관한 현상을 보다 종합적·집중적으로 연구하기 위한 방법이다. 사례연구는 질적 조사방법으로 양적인 방법을 사용하여 수집한 증거도 이용한다.

Answer　138.① 139.② 140.①

141 다음 중 좋은 가설이 구비해야 할 요건이 아닌 것은?

① 가설은 현존 이론에서 구성되며 사실의 뒷받침을 받아 명제나 새로운 이론으로 발전되어야 한다.
② 가설은 일반화되어 있어야 한다.
③ 가설에 사용된 변수는 경험적 사실에 입각하여 측정이 가능해야 한다.
④ 실제 적용할 조사기술 및 분석방법과 관련을 갖고 있어야 한다.

142 다음 중 가설의 구성요건에 해당하지 않는 것은?

① 명제나 이론이 구체화되어 있어야 한다.
② 검증이 명백해야 하므로 과정이 복잡하여야 한다.
③ 개연성이 있어야 한다.
④ 동일한 현상에 대하여 동일한 개념을 갖는다.

143 다음에서 가설의 원칙이라고 볼 수 없는 것은?

① 가설은 연구자들이 이해할 수 있는 전문용어를 사용해야 한다.
② 가설에는 정의가 포함되어서는 안 된다.
③ 가설은 인과관계가 분명한 것이어야 한다.
④ 가설에 이용된 변수는 경험적으로 검증할 수 있다.

141.

좋은 가설이 구비할 요건
㉠ 특정화되어야 한다.
㉡ 조사방향을 결정할 수 있어야 한다.
㉢ 기존의 이론과 현실문제 해결에 도움이 되어야 한다.
㉣ 탐구의욕을 촉진시킬 수 있어야 한다.
㉤ 조사내용에 대한 전반적 지식을 알고 있어야 한다.

142.

①③④ 이외에 '시험이 용이하여야 하며 정보의 양이 많아야 한다.'는 요건이 있다.

143.

① 가설은 누구에게나 쉽게 전달될 수 있도록 쉬운 용어로 표현해야 한다.

Answer　141.② 142.② 143.①

144 다음 중 추상화(抽象化)의 정도가 가장 높은 가설은?

① 사실 간의 관계를 파악하려는 가설

② 어떤 사실의 존재여부를 알고자 하는 가설

③ 복합적 이념형을 취하는 가설

④ 분석적 변수 간의 관계를 취급하는 가설

144.

추상화 정도에 따른 분류

㉠ 경험적 균일성의 존재를 나타내는 가설

㉡ 복합적인 이념형을 취급하는 가설

㉢ 분석적 변수 간의 관계를 취급하는 가설

추상화의 정도는 ㉠이 제일 낮고 다음으로 ㉡, ㉢이 제일 높다.

145 다음 중 식별가설의 표현양식으로 옳은 것은?

① 무엇은 ~ 이다

② ~ 할수록 ~ 하다

③ ~ 하면 ~ 하다

④ ~ 함에 따라 ~ 하다

145.

②③④는 설명적 가설의 표현양식이다.

146 다음 중 가설 설정 시 좋은 가설을 만들기 위해 고려해야 할 사항으로 옳지 않은 것은?

① 기존문제와 현실문제의 해결책을 마련해야 한다.

② 명확한 이론적 준거틀과 그에 관한 지식을 고려한다.

③ 적절한 언어를 사용하고 실증에 필요한 연구기술의 지식이 필요하다.

④ 연구태도의 열성과 연구자 생활주변이 청빈해야 한다.

146.

④ 좋은 가설을 얻기 위해 과학적·학문적으로 고려할 사항은 아니지만 연구자의 윤리성을 고려할 때 필요한 사항이다.

Answer 144.④ 145.① 146.④

147 다음 중 경험적 연구에 대한 설명으로 옳지 않은 것은?

① 비교연구란 하나의 대상이나 현상을 시간차를 두고 비교하는 것으로 표준화된 측정기준은 없다.
② 기술적 연구의 통계적 수단으로 백분율, 분산도, 비례 등이 이용된다.
③ 경험적 연구방법에는 기술적 연구, 측정연구, 비교연구 등이 있다.
④ 측정연구의 측정형태로 비율, 분포, 중앙가치의 측정이 있다.

148 다음 과학적 유형인 질적 연구와 양적 연구의 설명으로 옳지 않은 것은?

① 행위자 자신의 준거틀에 입각한 현상학적 입장을 취하는 연구는 질적 연구이다.
② 양적 연구는 강제된 측정과 통제된 측정을 이용한다.
③ 현지연구는 질적 연구와 양적 연구에 모두 사용되는 연구방법이다.
④ 양적 연구는 사회학을 중심으로 개발된 주관적·해석적인 연구방법이다.

149 다음 어떤 사실의 존재여부, 즉 일정한 변수의 분포상태나 존재양상을 분석하는 가설로 옳은 것은?

① 실험적 가설
② 추상적 가설
③ 기술적 가설
④ 통계적 가설

147.

① 비교연구는 둘 이상의 연구대상이나 현상을 비교하는 것으로서 객관적·표준화된 측정기준은 없다.

148.

④ 질적 연구방법의 설명으로서 자연주의적이고 비통제적인 관찰을 이용한다.

149.

③ 기술적 가설은 사실에 대한 존재여부를 알고자 하는 것으로 '도시선거권자 학력의 차' 등을 예로 들 수 있다.

150 다음 중 연구요소의 하나인 모형을 평가하는 기준으로 옳지 않은 것은?

① 타당성
② 외적 논리성
③ 유의성
④ 일반성

150.
모형의 평가기준: 내적 논리성, 일반성, 신축성, 단순성, 타당성, 유의성

151 다음 중 사례연구에 대한 설명으로 옳은 것은?

① 연구대상의 문제가 되는 모든 측면을 조사하는 방법으로 국세조사 등에 이용된다.
② 사회학, 교육학 등에서 이루어지는 체계적·경험적 연구로 매칭이나 상징적 수단에 의하여 독립변수를 통제하도록 하는 준실험이다.
③ 표본조사가 어떤 조사의 결과만으로 통계적 처리를 하는 반면 실제 일어나는 사회과정의 관찰과 측정을 연구한다.
④ 특정 연구대상을 문제와 관련된 모든 각도에서 체계적·종합적으로 연구하는 방법으로 대표성이 불분명하다는 단점이 있다.

151.
① 전수조사
② 사후연구
③ 현지연구

152 다음 중 실험설계에 대한 설명으로 옳은 것은?

① 변수 간의 인과관계 추정을 검증하는 데 바탕이 된다.
② 실험설계의 원리로 외부변수 통제, 실험변수의 극대화 등을 들 수 있다.
③ 입증논리의 종류로는 차이법, 상반변량법, 귀납법 등이 있다.
④ 사회현상을 정확히 예측하고 이해하기 위해 연구초점의 현상과 관련된 것만을 집중적으로 관찰·분석하는 방법이다.

152.
①②③ 조사설계에 관한 설명이다.

Answer 150.② 151.④ 152.④

153 다음 연구의 유형 중 그 성격을 달리 하는 것으로 옳은 것은?

① 전수조사

② 탐색조사

③ 서베이연구

④ 특례분석

153.

②③④ 조사설계목적에 따른 유형이며 전수조사, 표본조사, 사례조사는 조사대상의 정도에 따른 분류유형이다.

154 다음 중 정확한 개념전달의 저해요인으로 옳지 않은 것은?

① 전문화된 용어

② 개인의 사회적 지위 및 경제력

③ 사람·시간에 따른 변화된 의미

④ 용어의 중의성

154.

올바른 개념전달의 저해요인으로는 ①③④ 이외에 개인의 수용능력·관점, 실제화의 오류, 비표준화 언어 등이 있다.

155 다음 중 모형의 기능으로 옳지 않은 것은?

① 이론형성에 직접적으로 기여한다.

② 자료를 조직화한다.

③ 인식의 도구역할을 한다.

④ 연구방향 등의 의사소통 역할을 한다.

155.

① 간접적으로 기여한다.

156 다음 개념과 사실의 관계를 설명한 것 중 가장 옳은 것은?

① 사실은 개념과 아무런 관계가 없다.

② 개념을 통해 사실을 이해한다.

③ 사실의 연결에 의해 개념이 성립된다.

④ 사실이 이론으로 구성되는 데 있어서 개념을 통할 필요는 없다.

156.

② 어떤 현상의 사실을 이해하기 위해선 개념 간의 연결이 필요하다.

Answer 153.① 154.② 155.① 156.②

157 다음 중 이론의 의의로 옳지 않은 것은?

① 이론이란 그 타당성이 입증된 것에 불과한 것이므로 입증이 안 된 이론까지도 현상을 설명할 수 있다.

② 이론의 속성으로는 논리적 연관성과 경험적 검증이 있다.

③ 이론은 많은 사건이나 사물의 속성에 대해 논리적으로 상호 관련된 진술이다.

④ 어느 정도 법칙적인 일관성을 갖고 체계적으로 상호 연결된 일련의 진술 또는 명제라고 할 수 있다.

158 다음 중 입지전적으로 기업을 성장시켜 성공한 한 명의 기업가의 성공비결을 알아보기 위하여 그 사람에 대해 집중적으로 연구하는 방법은?

① 내용분석법

② 실험법

③ 사례연구법

④ 상관연구법

159 다음 연구에서 채택된 개념을 실제 현상에서 측정할 수 있도록 관찰이 가능한 형태로 표현하는 정의는 무엇인가?

① 개념적 정의

② 조작적 정의

③ 구성요소적 정의

④ 이론적 정의

157.

① 입증된 이론만이 현상을 설명할 수 있으며 이론의 예측도 가능하다.

158.

사례연구법 … 특정한 사례를 가능한 모든 기술과 방법을 사용하여 종합적으로 연구해서 전체를 파악하고 실증적 방법에 의해 전체와의 연관성을 포착하는 조사를 말한다.

159.

조작적 정의

㉠ 어떤 개념·변수를 가시적으로 측정하기 위해 측정하고자 하는 개념·변수의 특징을 빠짐 없이 대표할 수 있는 경험적 지표로 풀어주는 정의를 말한다.

㉡ 조작적 정의의 방법

• 개념에 대한 경험적 해석이 가능해야 한다.

• 경험적 과학 용어의 정의는 경험 내지 관찰의 절차에 적용될 수 있는 기준이 있어야 한다.

Answer　157.① 158.③ 159.②

160 다음 중 종단조사에 관한 설명으로 옳지 않은 것은?

① 추세분석에 이용이 가능하다.

② 변화가 일어난 원인을 분석하는 기법을 변화분석이라 한다.

③ 일반적으로 변화분석에 의해 분석된다.

④ 특정 조사 대상자들을 선정하여 단 한차례만 조사를 실시한다.

160.

④ 종단조사는 특정 조사 대상자들로부터 반복적이며 지속적으로 조사를 실시한다.

section 1 자료와 관찰

1 자료

(1) 의의

자료란 보고서에 직접·간접적으로 이용되는 일체의 정보로 조사자가 직접 조사를 통해 수집·작성하는 경우의 1차적 자료와 기존의 타인의 연구결과를 이용하는 2 차적 자료로 나뉜다.

(2) 1차적 자료

① 개념 : 조사자가 조사목적을 위하여 사전에 조사설계를 실시해 직접 수집한 자료를 말한다.

② 특징

ㄱ 장점 : 의사결정을 할 시기에 조사목적에 적합한 정보를 반영할 수 있다.

ㄴ 단점 : 2차적 자료에 비하여 자료를 수집하는 데 비용, 인력, 시간이 많이 소요되므로 조사목적에 적합한 2차적 자료의 존재 및 사용가능성의 유무를 확인한 후 2차적 자료가 없는 경우에 한해 1차적 자료를 수집하는 것이 경제적이다.

③ 수집방법 : 일반적으로 면접과 관찰방법으로 나뉘는데, 면접은 응답자에게서 필요한 정보를 설문지나 대화를 통하여 얻는 방법이며 관찰방법은 필요한 정보를 가지고 있는 응답자로 하여금 이를 행동으로 표현하게 함으로써 조사자가 이를 관찰하는 방법이다.

④ 수집방법의 선택기준

ㄱ 다양성 : 필요한 자료의 유형이 다양한 정도

ㄴ 신속도와 비용 : 자료를 수집하는 데 걸리는 시간과 자료 한 단위를 수집하는 데 소요되는 경비

ㄷ 객관성 : 조사자, 시간, 상황이 달라도 동일한 자료가 나와야 함.

ㄹ 정확성 : 조사 분석 과정에서 요구되는 자료의 정확도

기출 PLUS

기출 2019년 4월 27일 제2회 시행
조사자가 필요로 하는 자료를 1차 자료와 2차 자료로 구분할 때 1차 자료에 대한 설명으로 옳지 않은 것은?

① 조사목적에 적합한 정보를 필요한 시기에 제공한다.
② 자료 수집에 인력과 시간, 비용이 많이 소요된다.
③ 현재 수행 중인 의사 결정 문제를 해결하기 위해 직접 수집한 자료이다.
④ 1차 자료를 얻은 후 조사목적과 일치하는 2차 자료의 존재 및 사용가능성을 확인하는 것이 경제적이다.

정답 ④

(3) 2차적 자료 [2018 2회] [2019 1회]

① 개념 : 개인 · 집단 · 조직 · 기관 등에 의하여 이미 만들어진 방대한 자료로 연구 목적을 위해 사용될 수 있는 기존의 모든 자료이며 2차적 자료는 현재의 과학적 목적과는 다른 목적을 위해 독창적으로 수집된 정보라고도 정의할 수 있다. 주로 2차적 자료는 1차적 자료를 수집하기 전에 예비조사로 사용된다.

② 특징

　㉠ 장점 : 자료수집에 드는 시간과 비용을 절약할 수 있고, 직접 바로 사용할 수 있다.

　㉡ 단점 : 자료의 수집과정을 파악하기 어렵다. 2차적 자료는 다른 목적에 의해 수집된 자료이므로 당면한 문제에 적절한 정보를 제공하지 못할 수도 있다. 또한 자료를 수집하고 분석하고 해석하는 데 오류가 개입되므로 2차 자료에 오류가 개입되어 있을 가능성이 존재한다.

③ 종류

　㉠ 간행물 : 정부 및 정부기관, 비영리 협회, 학술단체 및 언론에서 발행한 간행물

　㉡ 상업용 자료 : 조사 회사들이 영리를 목적으로 특정한 자료를 수집 · 가공하여 판매하는 자료

❷ 관찰

(1) 의의 [2018 2회]

인간의 감각기관을 매개로 현상을 인식하는 가장 기본적인 방법으로 조사목적에 도움이 되어야 한다. 또한 체계적으로 기획 · 기록되어야 하며 타당성, 신뢰도가 검증이 가능해야 한다.

(2) 관찰조사의 유형 [2018 2회] [2019 2회] [2020 2회]

① 참여 여부에 따른 유형

　㉠ 참여 관찰

　　• 관찰대상의 내부에 들어가 구성원의 일원으로 참여하면서 관찰하는 방법을 말한다.

　　• 대상의 자연성과 유기적 전체성을 보장한다.

　　• 관찰자의 관찰 활동에 제한을 받고 객관성이 결여될 가능성이 있다.

　　• 자료를 표준화하는 것이 힘들고 다른 관찰자가 같은 방법으로 관찰하기 힘들다.

기출PLUS

기출 2018년 8월 19일 제3회 시행

2차 문헌자료를 활용할 때 주의해야 할 사항이 아닌 것은?

① 샘플링의 편향성(bias)
② 반응성(reactivity) 문제
③ 자료 간 일관성 부재
④ 불완전한 정보의 한계

기출 2018년 4월 28일 제2회 시행

2차 자료의 이용에 관한 설명으로 틀린 것은?

① 2차 자료의 이점은 시간과 비용을 절약할 수 있다.
② 2차 자료는 조사목적의 적합성, 자료의 정확성, 일치성 등을 기준으로 평가될 수 있다.
③ 조사목적을 달성하기 위해서는 2차 자료가 반드시 필요하다.
④ 2차 자료는 경우에 따라 당면한 조사문제를 평가할 수도 있다.

기출 2020년 8월 23일 제3회 시행

다음 중 연구대상에 영향을 미칠 가능성이 가장 적은 것은?

① 완전관찰자
② 관찰자로서의 참여자
③ 참여자로서의 관찰자
④ 완전참여자

정답 ②, ③, ①

관찰의 세부 유형에 관한 설명으로 틀린 것은?

① 관찰이 일어나는 상황이 실제 상황인지 연구자가 만들어 놓은 인위적인 상황인지를 기준으로 자연적 관찰과 인위적 관찰로 구분한다.

② 피관찰자가 자신의 행동이 관찰된다는 사실을 알고 있는지 모르고 있는지를 기준으로 공개적 관찰과 비공개적 관찰로 구분한다.

③ 표준관찰기록양식의 사전 결정 등 체계화의 정도에 따라 체계적 관찰과 비체계적 관찰로 구분한다.

④ 관찰에 사용하는 도구에 따라 직접관찰과 간접관찰로 구분한다.

자신의 신분을 밝히지 않은 채 자연스럽게 일어나는 사회적 과정에 참여하는 관찰자의 역할은?

① 완전참여자

② 완전관찰자

③ 참여자적 관찰자

④ 관찰자적 참여자

다음 중 참여관찰에서 윤리적인 문제를 겪을 가능성이 가장 높은 관찰자 유형은?

① 완전참여자 (Complete Participant)

② 완전관찰자(Complete Observer)

③ 참여자로서의 관찰자 (Observer as Participant)

④ 관찰자로서의 참여자 (Participant as Observer)

정답 ④, ①, ①

ⓛ 비참여 관찰
• 조사자가 신분을 밝히고 관찰하는 것으로 주로 조직적 관찰에 사용한다.
• 연구자가 타인들의 행태를 관찰하지만 검토되고 있는 행태에서 실제 참여자가 아닌 방법이다.
• 참여 관찰보다 시간·비용이 적게 든다.
• 신뢰도를 높일 수 있고 과학적 연구방법에 사용될 수 있다.
• 집단의 자연성을 해칠 수 있다.

ⓒ 준참여 관찰: 관찰대상의 생활의 일부만 관찰하는 방법으로 피조사자 스스로가 관찰대상이라 인지한다.

> **🖐 Plus tip 참여관찰자의 종류**
> ㉠ 완전참여자: 관찰자는 신분을 속이고 대상 집단에 완전히 참여하여 관찰하는 것으로 대상 집단의 윤리적인 문제를 겪을 가능성이 가능 높은 유형
> ㉡ 완전관찰자: 관찰자는 제3자의 입장에서 객관적으로 관찰하는 유형
> ㉢ 참여자적 관찰자: 연구대상자들에게 참여자의 신분과 목적을 알리나 조사 집단에는 완전히 참여하지는 않는 유형
> ㉣ 관찰자적 참여자: 연구대상자들에게 참여자의 신분과 목적을 알리고 조사 집단의 일원으로 참여하여 활동하는 유형

② 관찰도구에 따른 유형: 인간에 의한 관찰과 기계에 의한 관찰

(3) 특성 2019 2회

① 체계적으로 기획·기록되어야 한다.

② 관찰결과의 자료를 비교·대조함으로써 사회생활의 규칙성과 재발생을 확인한다.

③ 타당성, 신뢰도 검증이 가능해야 한다.

④ 참여자의 사회적 관계에 영향을 미치는 의미있는 사건을 포착한다.

(4) 관찰의 장·단점 2018 2회 2020 1회

① 장점
㉠ 연구 대상자가 표현능력은 있더라도 조사에 비협조적이거나 면접을 거부할 경우에 효과적이다.
㉡ 조사자가 현장에서 즉시 포착할 수 있다.
㉢ 행위·감정을 언어로 표현하지 못하는 유아나 동물을 조사 대상으로 할 때 유용하다.
㉣ 일상적이어서 관심이 없는 일에 유용하다.

     ⑩ 면접조사의 경우 대상자의 심리상태가 중요하지만 관찰기법에서는 행동으로 나타나므로 응답과정의 오류가 많이 줄어든다.

② 단점

     ㉠ 행위를 현장에서 포착해야 하므로 행위가 발생할 때까지 기다려야 한다.

     ㉡ 관찰자의 선호나 관심 등의 주관에 의해서 선택적 관찰을 하게 됨으로써 객관적으로 중요한 사실을 빠뜨리는 경우가 발생한다.

     ㉢ 성질상 관찰이나 외부 표출이 곤란한 문제가 발생할 수 있다.

     ㉣ 인간의 감각기능의 한계, 시간적·공간적 한계, 지적 능력의 한계 등에 의하여 관찰이 제한된다.

     ㉤ 관찰한 사실을 해석해야 할 경우 관찰자마다 각기 다른 해석을 하게 되어 객관성이 없다.

     ㉥ 관찰 당시의 특수성으로 인하여 관찰대상이 그 때에만 특수한 행위를 하였을 경우 이를 식별하지 못하고 기록하는 오류를 범하는 경우가 발생한다.

     ㉦ 너무나 평범한 행위 혹은 사실은 조사자의 주의에서 벗어나는 경우가 발생할 수 있으며, 주의깊지 않은 관찰자는 그러한 사실의 기록들을 등한시한다.

     ㉧ 태도나 신념에 비해 행동은 쉽게 변할 수 있으므로 조사결과가 일시적인 것이 될 수도 있다.

(5) 관찰에서 발생하는 오류의 최소화 방법

① 인식과정상의 오류 최소화 방법

     ㉠ 주관을 배제하기 위해서 노력한다.

     ㉡ 관찰을 신속하게 기록한다.

     ㉢ 개념 간 관계를 한정한 사고규칙을 적용한다.

     ㉣ 이론적 개념을 명확히 밝히고 연구에 필요한 개념을 경험적으로 정의한다.

     ㉤ 관찰과 더불어 면접법, 질문법 등 다른 자료수집방법을 병행하도록 한다.

② 지각과정상의 오류 최소화 방법

     ㉠ 짧은 시간 동안 관찰을 한다.

     ㉡ 객관적인 관찰도구를 사용한다.

     ㉢ 관찰단위를 되도록 명세화한다.

     ㉣ 관찰에 혼란을 야기할 만한 영향을 통제한다.

     ㉤ 한 사람이 아닌 여러 명의 관찰자를 두고 관찰한다.

     ㉥ 훈련을 하여 관찰기술이 향상되도록 한다.

기출 2018년 4월 28일 제2회 시행

자료수집방법 중 관찰에 관한 설명으로 틀린 것은?

① 복잡한 사회적 맥락이나 상호작용을 연구하는데 적절한 방법이다.

② 피조사자가 느끼지 못하는 행위까지 조사할 수 있다.

③ 양적 연구와 질적 연구에 모두 활용될 수 있다.

④ 의사소통능력이 없는 대상자에게는 활용될 수 없다.

정답 ④

다음 중 특정 연구에 대한 사전 지식이 부족할 때 예비조사(pilot test)에서 사용하기 가장 적합한 질문유형은?

① 개방형 질문
② 폐쇄형 질문
③ 가치중립적 질문
④ 유도성 질문

설문조사에서 사전조사(pilot test)에 관한 설명으로 옳은 것은?

① 기초적인 자료가 확보되지 않은 상태에서 이루어지는 조사이다.
② 응답자들이 조사내용을 분명히 이해할 수 있는지의 여부를 확인하기 위해 실시되는 조사이다.
③ 검증해야 할 가설을 찾아내기 위해 실시하는 조사이다.
④ 사전조사에 참여한 응답자들이 실제 연구에 참여해도 된다.

정답 ①, ②

section 2 예비적 조사

① 예비조사

(1) 의의

본조사에 앞서 조사분야에 대한 예비지식을 얻거나, 사전에 발생할 수 있는 오류를 최소화하기 위한 기초작업이다.

(2) 특징

① 조사를 체계적으로 실행할 수 있게 해준다.

② 충분한 사전조사는 조사기간을 단축하는 데 도움을 준다.

③ 충분한 사전조사는 오차의 통제를 가능하게 한다.

② 예비조사의 유형

(1) 예비조사(pilot study)

① 개념:연구문제의 설정 전이나 설정 후에 연구문제와 관련된 자료를 수집하거나 기초자료를 조사하는 단계로, 비조직적이며 기초적인 성격을 지닌다.

② 특징

　㉠ 기존의 연구된 바가 미비할 경우 실시한다.

　㉡ 연구자가 연구 대상에 대해 사전 지식이 부족할 경우 실시한다.

　㉢ 질문지 작성 및 실태조사의 도구를 초안하기 위하여 실시한다.

　㉣ 탐색적 조사의 일종으로 개방형 질문, 관찰조사, 문헌 조사 등을 이용할 수 있다.

(2) 사전조사(pre-test)

① 개념:질문지의 초안을 작성한 후 질문지를 시험해 보는 것으로 본조사에 앞서서 실시하는 리허설의 성격을 띤다. 모집단의 모든 계층의 사람들을 골고루 포함하여 표본을 추출해야 한다. 동시에 연구주제에 대해 전문적인 지식을 갖고 있는 전문가 집단에게도 사전조사를 실시하여 일반인이 파악하지 못하는 문제점까지 해결하도록 해야 한다.

② 특징

    ㉠ 예비조사보다 형식이 갖추어진 형태로 본조사와 유사한 절차로 진행된다.

    ㉡ 응답자의 반응에 따라서 보다 효율적인 방향으로 질문지를 수정할 수 있다.

③ 사전조사 결과 파악할 사항

    ㉠ 응답내용의 일관성 파악

    ㉡ '모른다'라는 응답이 많은 항목의 재검토

    ㉢ 질문순서 변화에 따른 응답결과의 변화 파악

    ㉣ 응답기피 시 그 원인 파악

    ㉤ 응답자들이 제시한 가외 의견에 대한 검토

---

section 3 면접조사 [2018 2회] [2020 3회]

1 면접

(1) 의의

언어를 매개로 하여 정보를 이끌어내기 위한 커뮤니케이션 행위로, 주로 설문지나 대화를 통해 이루어진다. 이 방법은 응답자가 설문지를 작성하거나 또는 구두로 응답을 함으로써 자신이 가지고 있는 정보를 제공하는 것이다.

(2) 면접의 역할

관찰과 더불어 조사방법의 자료수집의 주된 도구로 이용되며 관찰, 질문지 등의 다른 방법을 보충하는 방법으로도 이용된다.

2 면접의 실시

(1) 면접의 준비

친밀감 · 유대감의 고취, 불안감 · 공포감의 배제, 연구의 중요성 인식, 소개의 과정, 적절한 상황과 도출 등의 작업을 실시한다.

기출PLUS

기출 2018년 3월 4일 제1회 시행

면접조사에 관한 설명과 가장 거리가 먼 것은?

① 면접 시 조사지는 질문뿐 아니라 관찰도 할 수 있다.

② 같은 조건하에서 우편설문에 비하여 높은 응답률을 얻을 수 있다.

③ 여러 명의 면접원을 고용하여 조사할 때는 이들을 조정하고 통제하는 것이 요구된다.

④ 가구소득, 가정폭력, 성적경향 등 민감한 사안의 조사시 유용하다.

정답 ④

2018년 3월 4일 제1회 시행

면접조사에서 질문의 일반적인 원칙과 가장 거리가 먼 것은?

① 조사대상자가 가능한 비공식적인 분위기에서 편안한 자세로 대답할 수 있어야 한다.
② 질문지에 있는 말 그대로 질문해야 한다.
③ 조사대상자가 대답을 잘 하지 못할 경우 필요한 대답을 유도할 수 있다.
④ 문항은 하나도 빠짐없이 물어야 한다.

2021년 3월 7일 제3회 시행

면접조사에서 면접과정의 관리에 대한 설명으로 맞는 것은?

① 면접지침을 작성하여 응답자들에게 배포한다.
② 면접기간 동안에도 면접원에 대한 철저한 통제가 이루어져야 한다.
③ 면접원 교육과정에서 예외적인 상황은 언급하지 않도록 주의한다.
④ 면접원에 대한 사전교육은 면접원에 의한 편향(bias)을 크게 할 수 있다.

정답 ③, ②

(2) 면접실시 · 탐색질문

우호적인 분위기에서 탐색질문은 비표준화된 질문에 대해 'Why'와 비슷한 성격을 갖는다.

(3) 면접의 기록 · 종결

객관적이고 정확한 기록을 하며 면접이 종결된 직후에 보고서를 작성한다.

(4) 면접 시 오류의 근거

① 면접자로부터의 오류 : 면접자의 태도, 면접자의 외모, 면접자의 언어 표현으로 인한 영향에서 생기는 오류 등
② 면접진행상의 오류 : 면접기록상의 오류, 중립적 · 비지시적 질문의 오류, 면접자가 응답에 대해 갖는 편견 등

③ 면접의 과정

(1) 면접자의 선정

① 접근용이도나 조사목적, 질문내용에 맞추어 결정한다.
② 일반적으로 성별 · 나이 · 언어능력 · 생김새와 같은 외형적 요인과 성격 · 사람됨 · 태도 · 지식 정도 등의 내면적 요인들로 지적된다.

(2) 면접자의 훈련

면접자 훈련이란 면접자가 수행하여야 할 면접에서 목표달성을 위한 능력과 자세를 갖추도록 교육하는 것으로 전체집합을 통한 일반적 지식의 훈련, 간단한 테스트, 감독자의 시범면접, 면접자의 시험면접, 편집 · 코딩에 관한 훈련이 있다. 다음은 면접자가 면접에서 성취해야 할 목표이다.

① 응답자를 만나 면접에 응하겠다는 협조 · 동의를 얻어야 한다.
② 응답자가 정직하게 충분한 대답을 하도록 동기를 부여해야 한다.
③ 되도록 조사표에 적힌 질문을 하며, 가능한 한 유도질문을 하지 않고 명확하게 알아들을 수 있도록 질문을 해야 한다.

④ 면접자가 조사표에 의해 물어보는 질문에 따라 응답자의 유관적합한 대답을 확보해야 한다.

⑤ 대답이 불분명하고 쓸데없는 경우 자세히 물어서 적절한 응답을 받아내야 한다.

⑥ 대답을 정확하게 기록하여야 한다.

(3) 면접의 진행 2018 3회 2019 2회 2020 1회

① 지역사회에서 협조를 얻는 기술 : 동리의 장, 공공단체, 유명인사 등의 인정을 받으면 권위가 생기는데, 우리나라의 농촌 등과 같은 보수적인 사회나 폐쇄적인 사회에 적합하다.

② 응답자 대면 시 협조를 얻는 기술 : 신분소개와 면접 목적, 면접대상으로 선정된 경위 등을 설명하여 거부감을 배제하고 신뢰감을 얻도록 한다.

③ 면접진행에 필요한 기술
　㉠ rapport(친근한 관계)를 형성하여 유지하도록 한다.
　㉡ 면접자는 여유있고 성실하며 진지한 태도로 임한다.
　㉢ 응답자의 응답에 주의를 기울이고 지나친 반대나 찬성을 하지 않도록 한다.
　㉣ 응답자가 질문을 이해하지 못하면 설명을 충분히 해주도록 하고, 응답하는 시간을 알맞게 주도록 한다.
　㉤ 응답자의 답변이 다른 방향으로 이탈하거나, 길어질 경우 적절히 조절해 주어야 한다.

④ 프로빙(probing) 기술 : 응답자의 대답이 불충분하거나 정확하고 충분한 답을 얻지 못했을 때 재질문하여 답을 구하는 기술이다.
　㉠ 응답자의 응답에 대해 긍정적인 태도를 보이고, 응답을 반복해서 말한다.
　㉡ 응답을 계속 해줄 것을 원하는 태도나 표정을 취하되 일정한 대답으로 유도하는 식의 태도나 표정은 하지 않도록 한다.
　㉢ 필요 이상의 질문은 피하도록 한다.

(4) 면접결과의 기록

현장에서의 기록법, 면접 후 기억에 의한 기록, 기기를 이용하는 방법 등을 통해 면접결과를 기록한다.

기출PLUS

기출 2019년 4월 27일 제2회 시행

응답자에게 면접조사에 참여하고자 하는 동기를 부여하는 요인과 가장 거리가 먼 것은?
① 면접자를 돕고 싶은 이타적 충동
② 물질적 보상과 같은 혜택에 대한 기대
③ 사생활 침해에 대한 오인과 자기방어 욕구
④ 자신의 의견이나 식견을 표현하고 싶은 욕망

기출 2019년 8월 4일 제3회 시행

면접조사의 원활한 자료수집을 위해 조사자가 응답자와 인간적인 친밀 관계를 형성하는 것은?
① 라포(rapport)
② 사회화(socialization)
③ 조작화(operationalization)
④ 개념화(conceptualization)

정답 ③, ①

(5) 면접의 종결

조사에 응답자의 응답이 크게 기여했다는 것을 밝히고, 유익한 분위기에서 종결하여 차후 면접이 용이하도록 한다.

④ 면접조사의 장·단점 [2018 1회] [2019 3회]

(1) 장점

① 교육수준에 관계없이(문맹 여부에 관계없이) 조사가 가능하다.

② 관찰과 병행하여 실행할 수 있다.

③ 공평한 자료를 얻을 수 있다.

④ 연구자가 필요로 하는 정보를 신속하게 수집할 수 있다.

⑤ 질문 과정에서 융통성이 많이 부여된다.

⑥ 질문과 응답의 맥락에서 많은 통제를 할 수 있다.

⑦ 일반적으로 무응답률이 낮다.

(2) 단점

① 응답자에게 조사자가 필요로 하는 정보를 제공할 능력이 없을 때 자료수집이 힘들다.

② 응답자가 고의로 정보를 왜곡하여 제공할 수 있다.

③ 질문의 내용이 개인의 비밀에 관한 경우, 대답하기 곤란한 질문일 경우 등 응답자가 응답을 기피하는 경우가 많다.

④ 시간적 제약을 받고 조사비용이 많이 든다.

⑤ 정보의 기록에 제약을 받는다.

기출 2020년 9월 26일 제4회 시행

자기기입식 설문조사에 비해 면접 설문조사가 갖는 장점이 아닌 것은?

① 답변의 맥락을 이해할 수 있다.
② 무응답 항목을 최소화한다.
③ 조사대상 1인당 비용이 저렴하다.
④ 개방형 질문에 유리하다.

기출 2019년 4월 27일 제2회 시행

면접법의 장점으로 틀린 것은?

① 관찰을 병행할 수 있다.
② 신축성 있게 자료를 얻을 수 있다.
③ 질문순서, 정보의 흐름을 통제할 수 있다.
④ 익명성이 높아 솔직한 의견을 들을 수 있다.

정답 ③, ④

⑤ 면접의 유형

(1) 표준화 면접 [2018 2회] [2019 2회]

① 사전에 엄격하게 정해진 면접조사표에 의해 질문하는 방법을 말한다. 그러므로 표준화를 도입할 때 면접 상황, 질문 순서와 응답 범위의 한정, 면접원과 피면접원의 특정 규제 및 연구문제의 측면 제한 등을 고려하여야 한다.

② 장점

    ㉠ 조사자의 행동에 일관성이 있다.

    ㉡ 매 면접에서 얻은 자료들을 쉽게 비교할 수 있다.

    ㉢ 자료의 기록과 코딩의 취급이 용이해짐에 따라 정확성이 더 커진다.

    ㉣ 면접맥락이 고도로 구조화될수록 시간을 소비하는 무의미한 대화에 관심을 두는 경향이 적어진다.

    ㉤ 면접결과를 계량화하기 쉽다.

③ 단점

    ㉠ 면접이 구조화될수록 그것들은 자연스런 대화의 자발성을 늦추는 경향이 있다.

    ㉡ 신축성이 낮고 측정을 깊이 있게 하기 힘들다.

    ㉢ 면접자의 편기로 인해 면접을 구조화시킬 위험이 있다.

    ㉣ 비구조화면접을 사용할 때보다 탐색의 가능성이 덜 발생한다.

(2) 비표준화 면접 [2018 1회]

① 면접자의 자유로운 면접을 뜻하며 순서나 내용이 정해지지 않고 상황에 따라 질문하는 방법으로, 면접 맥락이 규제와 의식적인 제약으로부터 자유롭다.

② 장점

    ㉠ 의미의 표준화를 가능하게 한다.

    ㉡ 새로운 아이디어 및 사실을 발견할 가능성이 높다.

    ㉢ 자연스러운 대화의 자발성에 근접한다.

    ㉣ 제약되지 않은 방식으로 질문함에 따라 문제의 여러 측면을 탐색할 기회가 더 많다.

    ㉤ 타당도가 높고 융통성이 있다.

③ 단점

    ㉠ 질문 절차에 대한 체계적 통제가 없으므로 매 시행되는 면접에서 얻은 자료의 신뢰성이 심각한 문제로 대두된다.

기출PLUS

기출 2020년 9월 26일 제4회 시행

광범위한 개인의 감정이나 생활경험을 알아보고자 할 경우 많이 활용하는 조사방법은?

① 집중면접(focused interview)

② 임상면접(clinical interview)

③ 비지시적 면접 (nondirective interview)

④ 구조식 면접 (structured interview)

기출 2018년 4월 28일 제2회 시행

집중면접(Focused Interview)에 관한 설명으로 가장 적합한 것은?

① 특정한 가설에 개발하기 위해 효율적으로 이용할 수 있다.

② 면접자의 통제 하에 제한된 주제에 대해 토론한다.

③ 개인의 의견보다는 주로 집단적 경험을 이야기 한다.

④ 사전에 준비한 구조화된 질문지를 이용하여 면접한다.

기출 2019년 3월 3일 제1회 시행

다음 중 표준화면접의 사용이 가장 적합한 경우는?

① 새로운 사실을 발견하고자 할 때

② 정확하고 체계적인 자료를 얻고자 할 때

③ 피면접자로 하여금 자유연상을 하게 할 때

④ 보다 융통성 있는 면접분위기를 유도하고자 할 때

정답 ②, ①, ②

비표준화 면접에 비해, 표준화 면접의 장점이 아닌 것은?

① 새로운 사실, 아이디어의 발견 가능성이 높다.
② 면접결과의 계량화가 용이하다.
③ 반복적 연구가 가능하다.
④ 신뢰도가 높다.

다음 중 심층면접시 중요하게 고려해야 할 사항으로 틀린 것은?

① 피면접자와 친밀한 관계(rapport)를 형성해야 한다.
② 비밀보장, 안전성 등 피면접자가 편안한 분위기를 느낄 수 있도록 해야 한다
③ 피면접자의 대답을 주의 깊게 경청하여야 하며 이전의 응답과 연결시켜 생각하는 습관을 가져야 한다.
④ 피면접자가 대답을 하는 도중에 응답내용에 대한 평가적인 코멘트를 자주 해 주는 것이 좋다.

심층면접법(in-depth interview)에 대한 설명으로 틀린 것은?

① 대체로 대규모 조사연구에 적합하다.
② 같은 표본규모의 전화조사에 비해 대체로 비용이 많이 든다.
③ 면접자는 응답자와 친숙한 분위기를 형성하도록 해야 한다.
④ 면접자 개인별 차이에서 오는 영향이나 오류를 통제하기 어렵다.

정답 ①, ④, ①

ⓛ 응답자가 이미 수집된 지식에 더 이상 추가적으로 정보를 제공하지 못하면서 면접수행에 상당한 시간을 낭비한다.
ⓒ 연구자가 미리 응답의 분류절차를 결정하는 방법을 모르는 한 완료된 자료를 코딩하는 데 많은 시간을 할애하여야 한다.

(3) 반표준화 면접

① Merton, Kendall이 주장한 것으로 초점면접법이라 하며 일정한 수의 중요한 질문을 구조화하여 질문하는 방법으로 그 외의 질문은 비구조화하는 방법이다.

② 면접의 목적과 질문리스트가 기재된 면접지침을 사용하면서 그 범위 안에서 융통성을 가지고 면접하는 방법이다.

> ☆ Plus tip 집중면접
> ⓐ 반표준화 면접의 일종으로 응답자가 자신들에게 영향을 미치는 자극과 요소를 알고, 그로 인하여 결과가 어떻게 되는지 스스로 알아낼 수 있도록 면접자가 도움을 주는 방법이다.
> ⓑ 응답자가 경험한 일정현상의 영향에 대해서 집중적으로 면접을 한다.

(4) 심층면접 2018 1회 2019 1회 2020 1회 2021 1회

① 개념: 면접자와 응답자가 1대 1의 대면접촉을 통하여 어떤 주제에 대해 자유롭게 대화하면서 응답자의 잠재된 신념·태도·동기 등을 발견하는 개인면접법으로, 질문지를 설계하기 위해 실시하는 탐색조사에 많이 이용된다. 질문의 순서와 내용을 면접자가 조정할 수 있어 좀 더 자유롭고 심도 있는 질문을 하게 된다.

② 장점
  ⓐ 응답자의 폭넓은 의견 수렴 가능
  ⓑ 개별 응답자의 내면적인 생각에 대해서 파악할 수 있다.

③ 단점
  ⓐ 면접자의 편견 같은 오류가 개입될 수 있다.
  ⓑ 시간과 비용이 많이 소요된다.
  ⓒ 면접원의 분석능력과 면접능력에 의해 조사결과의 타당도와 신뢰도가 영향을 받는다.

(5) 표적집단면접법(focus group interview) 2019 2회

심층면접의 변형형태이다. 조사자가 소수의 응답자 집단에게 특정 주제에 대해 토론을 하도록 하고 이를 통해 필요한 정보를 찾는다.

section 4 | 전화조사 2019 2회

1 전화조사의 적용

(1) 주제의 문제

조사내용이 복잡하지 않아야 하며 '예, 아니오'식의 간단한 답변이 가능한 문제이어야 한다.

(2) 모집단의 형태

조사원이 누구에게 전화할 것인지가 문제되는데 그 기준으로 전화번호부에 분류된 직업인, 전화를 잘 받을 수 있는 사람, 접근이 어려운 사람 등이 있을 수 있다.

(3) 전화를 이용하여 조사하는 경우

① 다른 조사방법과 병용하여 미리 결정된 사람을 조사하는 경우

② 면접의 효과를 측정하는 경우

③ 다른 방법으로 조사한 사람을 다시 추적하여 행하는 경우

> ⚙ Plus tip 전화조사와 전화면접의 비교
> 전화조사는 질문지 범위 내에서 질문·응답한다는 점에서 체계적·제한적·비융통적이며, 전화면접은 개략적인 질문의 방향만 설정하고 면접상황과 면접대상에 따라 융통적으로 면접을 진행한다.

2 표본추출

(1) 전화번호부에 의한 표본추출

① 지역적 표본을 추출하고자 하는 경우 등 중복되지 않게 체계적으로 샘플링하는 경우이다.

② 추가적인 것을 제외하고는 같은 절차로 표본을 추출한다.

③ 비교적 쉽고 정확하게 모집단에서 표본을 추출할 수 있다.

기출 2019년 8월 4일 제3회 시행

질문지를 이용한 자료 수집 방법의 결정 시 조사 속도가 빠르고 일반적으로 비용이 적게 드는 장점이 있으나 질문의 내용이 어렵고 시간이 길어질수록 응답률이 떨어지는 단점을 가진 자료 수집 방법은?

① 전화조사
② 면접조사
③ 집합조사
④ 우편조사

기출 2019년 3월 3일 제1회 시행

다음 중 전화조사가 가장 적합한 경우는?

① 어떤 시점에 순간적으로 무엇을 하며, 무슨 생각을 하는 가를 알아내기 위한 조사
② 자세하고 심층적인 정보를 얻기 위한 조사
③ 저렴한 가격으로 면접자 편의(bias)를 줄일 수 있으며 대답하는 요령도 동시에 자세히 알려줄 수 있는 조사
④ 넓은 범위의 지리적인 영역을 조사대상지역으로 하여 비교적 복잡한 정보를 얻으면서, 경비를 절약할 수 있는 조사

정답 ①, ①

(2) 간접표본추출

① 일정간격으로 추출하는 체계적 방법과 난수표에서 임의적으로 추출 대응하는 임의적 방법이 있다.

② 등록된 번호의 추출될 확률이 모두 동일하고 중복을 피할 수 있다.

③ 전화받는 사람의 이름을 모르고, 원하지 않는 사람이나 존재하지 않는 번호에 걸리기도 한다.

3 전화조사의 장·단점 2018 1회

(1) 장점

① 면접조사에 비해 시간과 비용을 절약할 수 있으며 조사대상을 전화만으로 대응하기 때문에 편리하다.

② 응답률이 높고, 컴퓨터를 이용한 자동화가 가능하다.

③ 직업별 조사적용에 유리하다.

④ 신속성·효율성이 높다.

⑤ 획일성·솔직성 : 타인의 참여를 줄여 비밀을 보장할 수 있으며 질문이 표준화되어 있다.

⑥ 현지조사가 필요하지 않다.

⑦ 면접자의 편견이 상대적으로 적다.

(2) 단점

① 모집단이 불안정하다.

② 보조도구를 사용하는 것이 곤란하다.

③ 전화중단의 문제가 발생한다.

④ 특정주제에 대한 응답이 없고 응답자에게 다양하고 심도 있는 질문을 하기가 어렵다.

⑤ 대인 면접에서와 같이 상세한 정보 획득이 어렵다.

⑥ 시간적 제약을 받아 간단한 질문만 가능하다.

기출 2018년 4월 28일 제2회 시행

전화조사의 장점과 가장 거리가 먼 것은?

① 신속한 조사가 가능하다.
② 면접자에 대한 감독이 용이하다.
③ 표본의 대표성을 확보하기 쉽다.
④ 광범위한 지역에 대한 조사가 용이하다.

기출 2020년 9월 26일 제4회 시행

전화조사의 장점과 가장 거리가 먼 것은?

① 비용을 줄일 수 있다.
② 높은 응답률을 보장할 수 있다.
③ 응답자 추출, 질문, 응답 등이 자동 처리될 수 있다.
④ 복잡한 문제들에 대한 의견을 파악하기 용이하다.

정답 ③, ④

⑦ 전화소유자만 피조사자가 되는 한계가 있고 전화번호부가 오래될수록 정확도가 감소한다.

⑧ 전화응답자가 조사설계에서 의도했던 표본인지 확인하기가 힘들다.

❹ 기타 전화조사

(1) 컴퓨터를 이용한 전화조사(CATI ; Computer Assisted Telephone Interviewing)

① 컴퓨터를 이용하여 실시하는 전화조사로 컴퓨터를 이용하여 표본추출을 정교하게 할 수 있고 표본추출방법을 다양하게 사용할 수 있다.

② 특징
  ㉠ 복잡한 구조의 질문은 분기를 자동으로 할 수 있게 하여 조사자의 실수를 막아준다.
  ㉡ 조사자가 응답표기를 실수하는 것을 막을 수 있다.
  ㉢ 응답항목의 순서를 자동으로 순환하게 한다.
  ㉣ 조사가 끝난 후 자동으로 응답결과가 저장되어 자료처리를 쉽게 할 수 있다.
  ㉤ 필요할 경우 질문내용을 쉽게 변경할 수 있다.
  ㉥ 조사자를 통제하고 관리하기가 쉽다.
  ㉦ 조사자들의 조사 상황을 항상 체크할 수 있다.

(2) ARS/VMS를 이용한 조사

컴퓨터를 이용하여 자동으로 전화를 걸어 미리 녹음된 목소리로 질문하고, 응답자가 전화기의 해당 번호를 눌러 응답하게 하는 방식이다.

① 장점
  ㉠ 비용을 절감할 수 있다.
  ㉡ 조사공간에 제약이 없다.

② 단점
  ㉠ 조사거부나 응답거부율이 타조사에 비해서 높다.
  ㉡ 조사대상자를 파악하기 어렵다.
  ㉢ 부재중일 경우 조사대상에서 제외된다.

기출PLUS

기출 2021년 3월 7일 제1회 시행

우편조사에 관한 설명으로 틀린 것은?

① 응답자의 익명성을 보장하기 어렵다.
② 접근하기 편리하고 광범위한 지역에 걸쳐 조사가 가능하다.
③ 응답 대상자 자신이 직접 응답했는지에 대한 통제가 어렵다.
④ 회수율이 낮으므로서 서면 또는 전화로 협조를 구하는 것이 좋다.

기출 2018년 4월 28일 제4회 시행

다음 중 정치지도자나 대기업경영자 등 조사대상자의 명단은 구할 수 있으나 그들을 직접 만나기는 매우 어려운 경우 가장 적합한 자료수집방법은?

① 면접조사
② 집단조사
③ 전화조사
④ 우편조사

기출 2020년 8월 23일 제3회 시행

우편조사에 대한 설명으로 틀린 것은?

① 비용이 적게 든다.
② 자기기입식 조사이다.
③ 면접원에 의한 편향(bias)이 없다.
④ 조사대상 지역이 제한적이다.

정답 ①, ④, ④

section 5 우편조사

① 우편조사의 의의 [2018 2회] [2020 2회]

(1) 질문지 우송대상자를 표본추출방법에 따라 선택하여 조사표를 송달·회수하여 조사하는 방법으로 우송조사라고도 한다.

(2) 우편조사는 응답자에게 질문지 내용을 이해하고 정확하게 작성할 것, 동봉한 질문지를 반환할 것을 요구한다.

② 응답률을 높이는 방법 [2019 2회]

(1) 방법

① 엽서, 신문광고, 전화를 이용하여 사전예고를 한다.
② 질문지 발송 후 기타 방법을 통해 계속적인 노력을 하여야 한다.
③ 인센티브를 지급하도록 한다.

> **Plus tip 적절한 응답률**
> 일부학자들은 적어도 50% 이상이면 연구에 적절한 응답률이라 하나 Bailey와 같은 학자는 독촉장 발송이나 전화독촉을 할 경우 75% 혹은 그 이상의 응답률도 가능하다고 주장하였다.

(2) 응답률에 영향을 미치는 요소

① 응답으로의 유인
 ㉠ 응답자에게 명목적 현금이나 기념품을 제공한다.
 ㉡ 연구의 중요성을 설명하여 의협심에 호소한다(가장 효과적).
 ㉢ 응답자의 선의에 호소한다.

② 우송 방법·유형 : 반송주소가 기재되고 반송우표가 부착된 반송봉투를 첨부시킨다.

③ 질문지의 형식

  ㉠ 질문지의 내용에서 사생활이나 사회적 논쟁거리 같은 상세한 질문은 피한다.

  ㉡ 질문지의 길이가 긴 것보다는 짧은 것이 회수율이 높다.

④ 표지 편지 : 연구기관과 연구의 목적, 응답과 반송의 필요성, 응답내용의 비밀보장 등의 내용을 담고 있어야 한다.

⑤ 추가적 우송

  ㉠ 질문지 발송 후 일주일 후까지 응답을 보내지 않는 피조사자들에게 독촉장을 보내는 작업이다.

  ㉡ 질문지 발송 후 세 번째 주말까지 응답을 보내지 않은 피조사자들에게 독촉장과 같이 새로운 질문지, 반송주소·반송우표가 부착된 반송봉투 등을 보낸다.

  ㉢ 질문지 발송된 지 7주 후까지 응답하지 않으면 앞의 내용물을 등기우편으로 발송한다.

⑥ 표본의 성격에 따라 응답률이 다르다.

③ 우편조사의 장·단점

(1) 장점

① 단시간 내에 광범위한 조사가 가능하다.

② 무기명조사의 경우 무기명의 납득이 쉽다.

③ 면접자에 의한 영향이 적다.

④ 접근이 어려운 사람에도 가능하다.

⑤ 개별면접법보다 비용이 저렴하나 전화면접이 가능한 경우에는 전화조사가 저렴하다.

⑥ 면접조사방법으로는 구하기 힘든 답을 구할 수 있다.

⑦ 지시를 적절하게 하면 복잡한 척도도 가능하다.

(2) 단점

① 회수율이 낮다(20 ~ 40%).

② 비교적 낮은 대표성을 가진다.

③ 응답자가 이해하지 못할 때 보충설명을 할 수 없다.

④ 우편대상 주소록의 작성상의 난점이 발생한다.

⑤ 무자격응답에 대한 통제가 불가능하다.

⑥ 수집기간이 오래 걸려 오차요인이 발생한다.

section 6 인터넷조사

1 인터넷조사의 의의 2018 1회 2020 2회

(1) 전산망을 통해 인터넷 사용자들을 대상으로 질문지 파일을 직접 보내 응답파일을 받아 자료를 수집하는 형태를 말한다.

(2) 조사대상이 특정지역이나 국내에 제한되어 있지 않아 공간의 한계를 벗어날 수 있다.

2 인터넷조사의 종류 2019 1회

(1) 방문조사

특정 사이트를 인터넷에 개설하여 설문지를 게시한 다음 여러 매체의 광고를 통해 방문자들이 들어오게 하여 자발적으로 참여한 방문자들을 대상으로 자료를 수집하는 방법을 말한다.

(2) 회원조사

사전에 확보한 가입자 데이터베이스를 이용하여 표본을 추출하고, 이들에게 전자우편으로 조사에 참여해 줄 것을 공지한 다음 응답하게 하는 방법을 말한다.

(3) 전자설문조사

방문조사와 회원조사의 중간유형의 조사방법이다. 조사대상을 가입자 데이터베이스에 있는 사람으로 하는 것은 회원조사와 동일하나, 질문지를 게시한 다음 응답자를 모집하는 것은 방문조사와 동일하다.

기출 2018년 3월 4일 제1회 시행

인터넷 서베이 조사에 관한 설명으로 틀린 것은?

① 실시간 리포팅이 가능하다.
② 개인화된 질문과 자료제공이 용이하다.
③ 설문응답과 동시에 코딩이 가능하다.
④ 응답자의 지리적 위치에 따라 비용이 발생한다.

기출 2020년 6월 14일 제1·2회 통합 시행

다음에 열거한 속성을 모두 충족하는 자료수집방법은?

┌ 보기 ┐
• 비용이 저렴하다.
• 조사기간이 짧다.
• 그림·음성·동영상 등을 이용할 수 있어 응답자의 이해도를 높일 수 있다.
• 모집단이 편향되어 있다.
└────────┘

① 면접조사
② 우편조사
③ 전화조사
④ 온라인조사

정답 ④, ④

(4) 전자우편조사

텍스트 파일 형식으로 작성한 질문지를 확보된 대상자들의 e-mail 주소에 전자우편으로 보낸 후 응답자가 응답한 내용을 수신하는 형태의 방법을 말한다.

③ 인터넷조사시 유의점

(1) 응답자들이 응답하는 시간에 대해 구애를 받지 않도록 해야 한다.

(2) 질문 하나가 한 화면을 넘어가지 않도록 한다.

(3) 동일인이 응답을 여러 번 하지 않도록 해야 한다.

(4) 표본의 대표성을 보완하기 위하여 일반 조사방법을 혼용하도록 한다.

(5) 응답자들의 사적인 정보가 노출되지 않도록 하고 응답자가 설문응답에 동기를 가질 수 있도록 해야 한다.

④ 인터넷조사의 장·단점 2019 2회

(1) 장점

① 시간과 비용을 절약할 수 있다.
② 진행되는 결과를 실시간으로 알 수 있고 공간과 설비에 제약을 받지 않는다.
③ 사진, 도표 및 그림 등이 포함된 다양한 형태의 조사를 실시할 수 있다.

(2) 단점

① 전통적인 표본조사방법을 적용하기 힘들다.
② 표본의 대표성이 부족하고 인터넷 이외의 조사영역으로는 확장이 힘들다.
③ 질문이 많거나 복잡하면 조사하기가 힘들다.
④ 응답자에게 보상하기가 어렵고 응답률이 낮다.

기출PLUS

기출 2020년 8월 23일 제3회 시행
온라인조사의 특징과 관계가 없는 내용은?

① 응답자에 대한 접근이 용이하다.
② 응답자의 익명성이 보장되기 어렵다.
③ 현장조사에 비해서 경비를 절감할 수 있다.
④ 표본의 대표성 확보가 용이하다.

기출 2019년 8월 4일 제3회 시행
이메일을 활용한 온라인 조사의 장점과 가장 거리가 먼 것은?

① 신속성
② 저렴한 비용
③ 면접원 편향 통제
④ 조사 모집단 규정의 명확성

정답 ④, ④

section 7 집단조사(집합조사)

1 집단조사의 의의 [2018 2회] [2019 2회] [2020 2회]

기출 2018년 3월 4일 제1회 시행

다음 중 집단조사에 대한 설명으로 틀린 것은?

① 비용과 시간을 절약하고 동일성을 확보할 수 있다.
② 주위의 응답자들과 의논할 수 있어 왜곡된 응답을 줄일 수 있다.
③ 학교나 기업체, 군대 등의 조직체 구성원을 조사할 때 유용하다.
④ 조사대상에 따라서는 집단을 대상으로 한 면접방식과 자기 기입방식을 조합하여 실시하기도 한다.

(1) 의의

개인적인 접촉이 어려운 경우 추출된 피조사자들을 한 곳에 모아 질문지를 배부한 뒤 직접 기입하도록 하여 회수하는 방법을 말한다.

(2) 주로 기존의 조직체를 대상으로 하며 그 조직체의 협력을 구하여 이루어진다.

2 집단조사의 장·단점

(1) 장점

① 비용과 시간을 절약할 수 있고, 조사원의 수를 줄일 수 있다.

② 응답자들과 동시에 직접 대화할 기회가 있어 질문서에 대한 오류를 줄인다.

③ 조사가 간편하게 이루어진다.

④ 응답조건이 동등해진다(즉, 조사조건을 표본화).

(2) 단점

① 피조사자를 한 곳에 모으는 것이 용이하지 않다.

② 응답자의 개인별 차이를 무시하여 조사의 타당성이 낮아질 수 있다.

③ 옆 사람으로부터 영향을 받을 가능성이 있다.

④ 조사표에 잘못 기입하는 경우 수정이 어렵다.

⑤ 집단상황이 응답을 왜곡할 수 있다.

section 8 배포조사 2020 1회

① 배포조사의 의의

직장 또는 가정에 질문서를 전달하고 응답자가 직접 기입하게 한 다음 나중에 질문서를 회수하는 방법이다.

② 배포조사의 장·단점

(1) 장점

① 조사표의 회수율이 높아진다.

② 재방문의 횟수가 적어진다.

③ 비용의 절감이 가능하다.

④ 응답자가 생각할 시간적 여유를 준다.

(2) 단점

① 문맹자에게는 불가능하다.

② 피조사자 본인의 의견인지 다른 사람의 영향을 받았는지 알 수 없다.

③ 질문지가 기입이 잘못되어도 시정하기 힘들다.

④ 조사표에 잘못 기입하는 경우 수정이 어렵다.

다음 자료수집방법 중 조사자가 미완성의 문장을 제시하면 응답자가 이 문장을 완성시키는 방법은?

① 투사법
② 면접법
③ 관찰법
④ 내용분석법

인간의 무의식 속에 내재되어 있는 동기, 가치, 태도 등을 알아내기 위하여 모호한 자극을 응답자에게 제시하여 반응을 알아보는 자료수집방법은?

① 관찰법(observational method)
② 면접법(depth interview)
③ 투사법(projective technique)
④ 내용분석법(content analysis)

정답 ①, ③

section 9 투사법 2019 2회

❶ 투사법의 의의

직접 질문하기 힘들거나 직접한 질문에 타당한 응답이 나올 가능성이 적을 때에 어떤 자극상태를 만들어 그에 대한 응답자의 반응으로 의도나 의향을 파악하는 방법을 말한다. 대표적인 유형으로 TAT, RIBT, PET 등이 있다.

> 🏠 Plus tip 로샤 잉크반점 검사(Rorschach Ink Bolt Test)
> 스위스 정신과 의사인 '로샤'에 의해 고안된 투사법의 하나로 잉크방울을 떨어뜨리고 그 형태에 대해 피험자가 부여한 의미를 해석하는 방법이다. 형태가 뚜렷하지 않은 카드의 그림을 보여주면서 무엇처럼 보이는지, 무슨 생각이 나는지 등을 자유롭게 말하도록 하고 이를 통해 피험자의 성격을 테스트한다.

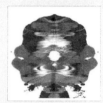

❷ 투사법의 장·단점

(1) 장점

① 피험자의 정직한 반응을 유도한다.

② 성격을 정확하게 진단하는 것이 가능하다.

③ 피험자의 무의식을 파악할 수 있다.

(2) 단점

① 주관적인 판단에 근거하므로 객관도와 신뢰도에 문제가 있다.

② 고도의 기술과 많은 경험이 요구되므로 비전문가가 실시하기 어렵다.

③ 반응에 대한 상황적 요인이 많이 작용한다.

❸ 투사법의 유형

(1) 문장완성법

완성되지 않은 문장을 응답자에게 제시하여 그 문장을 완성시키도록 하는 것이다.

> **예** 1. 나는 _____ 때 가장 행복하다.
> 2. 선생님은 내게 _____ 생각이 들도록 한다.

(2) 단어연상법

응답자가 제시한 단어들을 듣고 가장 먼저 연상되는 단어를 말하거나 적도록 하는 방법을 말한다. 조사자는 응답으로 나타난 특정 단어의 빈도수, 머뭇거린 횟수, 무응답 횟수 등으로 응답자의 편견이나 태도를 파악하고 감정이 개입된 정도를 알 수 있다.

> **예** 제시된 단어들을 듣고 가장 먼저 떠오르는 것은?
> ① 책상 　　② 어두운 　　③ 음악 　　④ 병

(3) 만화완성법

상황묘사를 그린 만화를 보여주어 만화에서 의미 있는 현상을 표현하도록 하거나 인물들의 행동 등을 설명하도록 하는 방법을 말한다.

(4) 역할행동

응답자에게 특정 상황을 제시하여 다른 사람이 그 상황에 처했을 때의 느낌을 표현하도록 하여 응답자의 개인적 느낌을 나타내게 하는 것을 말한다.

(5) 그림묘사법

정상적 및 비정상적인 사건의 그림을 보여준 다음 그것에 대한 응답자의 감정을 알아보는 방법을 말한다.

> **예** 제시된 그림들을 보고 무엇을 의미하는지 묘사해 보시오.
>
>

기출PLUS

기출 2021년 3월 7일 제1회 시행

시간과 비용이 많이 들며, 조사원과 응답자의 상호 이해 부족으로 오류가 개입될 가능성이 높고, 질문과정에서 조사원이 응답자의 응답에 영향을 미칠 수 있는 자료수집 방법은?

① 대인면접법
② 전화면접법
③ 우편조사법
④ 인터넷조사법

기출 2020년 9월 26일 제4회 시행

의사소통을 통한 자료수집방법에서 비체계적 – 비공개적 의사소통방법에 해당하는 것은?

① 우편조사
② 표적집단면접법
③ 대인면접법
④ 역할행동법

정답 ①, ④

section 10 내용분석 [2018 3회] [2019 1회] [2020 1회]

1 내용분석의 의의

연구대상에 필요한 자료를 수집·분석함으로써 객관적·체계적으로 확인하여 진의를 추론하는 기법이다.

2 내용분석의 특징

(1) 객관성, 체계성, 일반성을 요건으로 한다.

(2) 과거에 반해 현재에는 양적 분석방법뿐만 아니라 질적 분석방법도 사용한다.

(3) 문헌연구의 일종으로 역사적 연구방법과 실증적 연구방법의 중간형태로 문헌을 분석대상으로 한다.

(4) 메시지를 분석대상으로 정보·사상 등의 정신적 내용을 언어적 또는 비언어적 기호를 기호화하여 처리·전달한다.

(5) 잠재적 내용(메시지 내의 숨어있는 표면적 의미)을 분석대상으로, 객관성의 결여 문제는 연구자의 학문적 태도나 능력에 따라 좌우된다.

> 🖑 Plus tip 내용분석의 유형
> 속성분석, 원인분석, 효과분석 등

3 내용분석의 장·단점

(1) 장점

① 비용과 시간의 절감: 실제 조사에 의한 원자료를 사용하지 않고 2차 자료를 이용하기 때문이다.

② 안정성의 문제: 표본조사나 실험의 경우 재조사는 현실적으로 불가능하다.

기출 2020년 9월 26일 제4회 시행

다음의 사례에서 활용한 연구방법은?

— 보기 —

웰스(Ida B. Wells)는 1891년 미국 남부지방의 흑인들이 집단폭행을 당한 이유가 백인여성을 겁탈한 때문이라는 당시 사람들의 믿음이 사실인지를 확인할 목적으로 이전 10년간 보도된 728건의 집단폭행 관련 기사들을 검토하였다. 그 결과, 보도 사례들 가운데 단지 1/3의 경우에만 강간으로 정식기소가 이루어졌으며 나머지 대부분의 사례들은 흑인들이 분수를 모르고 건방지게 행동한 것이 죄라면 죄였던 것으로 확인되었다.

① 투사법
② 내용분석법
③ 질적연구법
④ 사회성측정법

기출 2020년 8월 23일 제3회 시행

내용분석에 관한 설명으로 틀린 것은?

① 조사대상에 영향을 미친다.
② 시간과 비용 측면에서 경제성이 있다.
③ 일정기간 진행되는 과정에 대한 분석이 용이하다.
④ 연구 진행 중에 연구계획의 부분적인 수정이 가능하다.

정답 ②, ①

③ 역사연구에 적용 가능한 유용한 방법이다.

④ 어느 문헌연구나 마찬가지로 불개입적이고 반작용을 일으키지 않는다.

⑤ 기존 자료들이 귀중한 정보로 활용되며 다른 연구방법과의 병행이 가능하다.

⑥ 관찰 등의 측정방법으로는 불가능한 가치문제 등 심리적 변수에 대한 연구가 가능하다.

(2) 단점

① 자료의 입수가 제한적이다.

② 분류범주의 타당성 확보가 연구의 성패를 결정하나 매우 어렵다.

③ 신뢰성의 문제점이 발생한다.

section 11 기타 분석법 2018 1회 2020 1회

❶ 오류선택법(Error-Choice Method)

질문에 대해 틀린 답을 여러 개 제시해 놓고 응답자가 그것 중에 하나를 선택하게 함으로써 응답자의 태도를 확인하는 방법

❷ 토의완성법(Argument Completion)

미완성된 문장을 응답자에게 제시하고 그것을 응답자가 완성하도록 하는 방법

❸ 사회성측정법(Sociometry)

집단 내의 구성원들 사이의 관계를 조사하여 구성원들의 상호작용이나 집단의 응집력을 파악하는 방법

기출PLUS

기출 2020년 6월 14일 제1·2회 통합 시행

질문지의 형식 중 간접질문의 종류가 아닌 것은?

① 투사법(Projective Method)

② 오류선택법
(Error-Choice Method)

③ 컨틴전시법
(Contingence Method)

④ 토의완성법
(Argument Completion)

기출 2018년 3월 4일 제1회 시행

다음 중 집단구성원들 간의 인간관계를 분석하고 그 강도나 빈도를 측정하여 집단 자체의 구조를 파악하고자 할 때 적합한 방법은?

① 투사법(Projective Technique)

② 사회성측정법(Sociometry)

③ 내용분석법(Content Analysis)

④ 표적집단면접법
(Focus Group Interview)

정답 ③, ②

2020. 8. 23. 제3회

1 관찰조사방법의 장점으로 옳지 않은 것은?

① 비언어적 자료를 수집하는데 효과적이다.
② 장기적인 연구조사를 할 수 있다.
③ 환경변수를 완벽하게 통제할 수 있다.
④ 자연스러운 연구 환경의 확보가 용이하다.

1.

관찰조사는 조사목적에 필요한 사건을 관찰하고 기록하고 분석하는 것으로 주변 환경변수를 통제할 수 없다는 것이 단점이다.

2020. 8. 23. 제3회

2 다음 중 연구대상에 영향을 미칠 가능성이 가장 적은 것은?

① 완전관찰자
② 관찰자로서의 참여자
③ 참여자로서의 관찰자
④ 완전참여자

2.

완전관찰자로서의 관찰자는 제3자의 입장으로 객관적으로 관찰하는 유형으로 연구대상에 영향을 미칠 가능성이 가장 적다.

2020. 8. 23. 제3회

3 우편조사에 대한 설명으로 틀린 것은?

① 비용이 적게 든다.
② 자기기입식 조사이다.
③ 면접원에 의한 편향(bias)이 없다.
④ 조사대상 지역이 제한적이다.

3.

우편조사는 질문지를 우편으로 보낸 후 반송용 봉투를 이용하여 응답을 받는 방식이기 때문에 ④ 조사대상자의 지역적 제한이 없으며, ① 비용이 적게 들고, ② 응답자가 자기기입식으로 기록하며, ③ 정해진 질문지에 기록하는 방식이기 때문에 면접원에 의한 편향은 없으며, 민감한 질문에도 응답 가능성이 높으나 회수율이 낮고 설문지가 애매할 경우 정확한 응답을 얻기 어렵다.

Answer   1.③   2.①   3.④

4 면접조사 시 유의해야 할 사항으로 틀린 것은?

① 응답의 내용은 조사자가 해석하여 요약·정리해 둔다.
② 응답자와 친숙한 분위기(rapport)를 형성한다.
③ 조사자는 응답자가 이질감을 느끼지 않도록 복장이나 언어사용에 유의한다.
④ 조사자는 조사에 임하기 전에 스스로 질문내용에 대해 숙지한다.

5 다음과 같은 특성을 가진 자료수집방법은?

• 응답률이 비교적 높다.
• 질문의 내용에 대한 면접자와 응답자의 상호작용이 가능하며 보다 신뢰성 있는 대답을 얻을 수 있다.
• 면접자가 응답자와 그 주변 상황을 관찰할 수 있는 이점이 있다.

---

① 면접조사   ② 전화조사
③ 우편조사   ④ 집단조사

6 정확한 응답을 유도하거나 응답이 지엽적으로 흐르는 것을 막기 위해 추가질문을 행하는 것은?

① 캐어묻기(probing)
② 맞장구쳐주기(reinforcement)
③ 라포(rapport)
④ 단계적 이행(transition)

4.

응답 내용을 조사자 나름 해석하고 요약하면 조사자에 따른 편향이 발생할 수 있으므로 응답자의 대답을 그대로 정확하게 기록하여야 한다. 만약 응답자의 대답이 불분명하고 쓸데없는 경우 자세히 물어서 적절한 응답을 받아내야 한다.

5.

면접조사는 조사자가 응답자를 직접 대면하여 조사하는 방식이므로 응답률이 높으며, 신뢰성 있는 답변을 얻을 수 있으며 면접자가 응답자와 함께 주변 상황을 관찰할 수 있다.

6.

응답자의 대답이 불충분하거나 정확하고 충분한 답을 얻지 못했을 때 재질문하여 답을 구하는 기술은 프로빙, 캐어묻기에 해당된다.

Answer   4.① 5.① 6.①

7 정당 공천에 앞서 당선 가능성이 높은 후보를 알아보고자 할 때 가장 적합한 조사 방법은?

① 단일사례 관찰조사
② 델파이 조사
③ 표본집단 설문조사
④ 초점집단 면접조사

7.

설문조사를 통해 당선 가능성이 높은 후보의 선호도를 조사할 수 있다.

8 온라인조사의 특징과 관계가 없는 내용은?

① 응답자에 대한 접근이 용이하다.
② 응답자의 익명성이 보장되기 어렵다.
③ 현장조사에 비해서 경비를 절감할 수 있다.
④ 표본의 대표성 확보가 용이하다.

8.

온라인조사는 인터넷을 활용하여 조사하는 방식으로 조사와 분석이 매우 신속하고, 비용이 저렴하며, 시공간 제약이 거의 없어 단시간에 많은 대상자를 조사할 수 있고 보조자료(그림, 음성, 동영상 등)를 통해 응답자의 이해도를 높일 수 있으나, 표본의 대표성을 확보하기가 어려워 모집단이 편향될 수 있다. 또한 중복 응답 방지를 위해 본인 인증이나 인터넷 실명제로 인해 익명성 보장이 어려울 수 있다.

9 내용분석에 관한 설명으로 틀린 것은?

① 조사대상에 영향을 미친다.
② 시간과 비용 측면에서의 경제성이 있다.
③ 일정기간 동안 진행되는 과정에 대한 분석이 용이하다.
④ 연구 진행 중에 연구계획의 부분적인 수정이 가능하다.

9.

내용분석은 기록물을 통해 간접적으로 연구자료를 수집하는 것으로 조사대상에 반응하지 않고 관여하지 않아 영향을 미치지 않는다.

10 관찰자의 유형에 관한 설명으로 틀린 것은?

① 완전참여자는 연구 과정에서 윤리적 문제를 발생시킬 수 있다.

② 연구자가 완전참여자일 때는 연구대상에 영향을 미치지 않는다.

③ 완전관찰자의 관찰은 피상적이고 일시적이 될 수 있다.

④ 완전관찰자는 완전참여자보다 연구대상을 충분히 이해할 수 있는 가능성이 낮다.

10.

① 완전참여자는 관찰자가 신분을 속이고 대상 집단에 완전히 참여하여 관찰하기 때문에 대상 집단의 윤리적인 문제를 겪을 가능성이 가장 높은 유형이다.

② 완전참여자는 관찰자가 신분을 속이고 대상 집단에 완전히 참여하여 관찰하므로 연구자가 연구대상에 영향을 높게 미칠 수 있다.

③ 완전관찰자는 제3자의 입장으로 객관적으로 관찰하는 것에 그치기 때문에 관찰이 피상적이고 일시적일 수 있다.

④ 완전관찰자는 제3자의 입장으로 객관적으로 관찰하는 것에 그치기 때문에 완전히 대상 집단에 참여하는 경우에 비해 연구대상을 충분히 이해하기 어렵다.

11 우편조사시 취지문이나 질문지 표지에 반드시 포함되지 않아도 되는 사항은?

① 조사기관

② 조사목적

③ 자료분석방법

④ 비밀유지보장

11.

조사기관과 조사목적, 응답과 반송의 필요성, 응답 내용의 비밀보장 등의 내용을 담고 있어야 한다. 자료분석방법은 굳이 포함되지 않아도 된다.

12 조사자의 주관이 개입될 가능성이 가장 높은 자료수집방법은?

① 면접조사

② 온라인조사

③ 우편조사

④ 전화조사

12.

면접조사는 조사자가 응답자를 직접 대면하여 조사하는 방식으로 조사자의 능력에 따라 응답이 달라질 수 있으며, 조사자의 주관이 개입되어 편향이 생기기 쉽다.

Answer 10.② 11.③ 12.①

13 면접원을 활용하는 조사 중 상이한 특성의 면접원에 의해 발생하는 편향(bias)이 가장 클 것으로 추정되는 조사는?

① 전화 인터뷰 조사

② 심층 인터뷰 조사

③ 구조화된 질문지를 사용하는 인터뷰 조사

④ 집단 면접 조사

14 다음 ( ) 안에 알맞은 것은?

> ( )는 집단구성원 간의 활발한 토의와 상호작용을 강조하며 그 과정에서 어떤 논의가 드러나고 진전되는지 파악하는 것이 중요한 자료가 된다. 조사자가 제공한 주제에 근거하여 참가자 간 의사표현 활동이 수반되고 연구자는 대부분의 과정에서 질문자라기보다는 조정자 또는 관찰자에 가깝다.
> ( )는 일반적으로 자료수집시간을 단축시키고 현장에서 수행하기 용이하나, 참여자 수가 제한적인 것으로 인한 일반화의 제한성 또는 집단소집의 어려움 등이 단점으로 지적되기도 한다.

① 델파이조사

② 초점집단조사

③ 사례연구조사

④ 집단실험설계

13.

심층 인터뷰 조사의 경우, 숙련된 면접원이 대상자가 느끼고 있는 감정, 동기, 신념, 태도 등을 자세하게 알아 낼 수 있는 비정형화된 자료 수집 방법이나 면접원의 면접 능력과 분석 능력에 따라 응답 내용이 영향을 받을 수 있기 때문에 특정 면접원에 의해 발생하는 편향이 가장 클 것이라 추정된다.

14.

초점집단조사는 면접자가 주도하여 소수의 응답자 집단과 면담을 이어나가며, 응답자 집단이 관심을 갖는 과제에 대해 서로 이야기를 나누는 것을 관찰하면서 정보를 얻는 조사이다. 이는 자료수집기간이 단축될 수 있으며 면접자가 직접 현장에 있기 때문에 보다 용이하게 정보를 얻을 수 있으나 응답자를 한 곳에 모으는 것이 용이하지 않으며 집단 상황으로 발생하는 효과 때문에 응답이 왜곡될 수 있다.

2020. 6. 14. 제1·2회 통합

15 다음에 열거한 속성을 모두 충족하는 자료수집방법은?

> • 비용이 저렴하다.
> • 조사기간이 짧다.
> • 그림·음성·동영상 등을 이용할 수 있어 응답자의 이해도를 높일 수 있다.
> • 모집단이 편향되어 있다.

① 면접조사
② 우편조사
③ 전화조사
④ 온라인조사

15.

온라인조사는 인터넷을 활용하여 조사하는 방식으로 조사와 분석이 매우 신속하며, 비용이 저렴하며, 시공간 제약이 거의 없어 단시간에 많은 대상자를 조사할 수 있고 보조자료(그림, 음성, 동영상 등)를 통해 응답자의 이해도를 높일 수 있으나, 표본의 대표성을 확보하기가 어려워 모집단이 편향될 수 있다.

2020. 6. 14. 제1·2회 통합

16 설문조사에 관한 설명으로 옳지 않은 것은?

① 일반적으로 자기기입식 설문조사는 면접설문조사보다 비용이 적게 들고 시간이 덜 걸린다.
② 자기기입식 설문조사는 익명성이 보장되기 때문에 면접설문조사보다 민감한 쟁점을 다루는데 유리하다.
③ 자기기입식 설문조사는 면접설문조사보다 복잡한 쟁점을 다루는 데 더 효과적이다.
④ 면접설문조사에서는 면접원이 질문에 대한 대답 외에도 중요한 관찰을 할 수 있다.

16.

면접관이 직접 주도적으로 이끌어가는 면접설문조사가 자기기입식 설문조사보다 복잡한 쟁점을 다루는데 효과적이다.

2020. 6. 14. 제1·2회 통합

17 질문지의 형식 중 간접질문의 종류가 아닌 것은?

① 투사법(Projective Method)
② 오류선택법(Error-Choice Method)
③ 컨틴전시법(Contingence Method)
④ 토의완성법(Argument Completion)

17.

간접질문은 응답을 회피할 가능성이 있는 질문에 적용가능하며, 투사법, 오류선택법, 토의완성법 등이 있다.

Answer   15.④ 16.③ 17.③

18 다음 중 2차 자료를 이용하는 조사방법은?

① 현지조사
② 패널조사
③ 문헌조사
④ 대인면접법

19 다음의 특성을 가진 연구방법은?

> • 자연스러운 상태에서 현상을 파악할 수 있기 때문에 미묘한 어감차이, 시간상의 변화 등 심층의 차원을 이해할 수 있다.
> • 때때로 객관적인 판단을 그르칠 수 있으며 대규모 모집단에 대한 기술이 어렵다.

① 참여관찰(participant observation)
② 유사실험(quasi-experiment)
③ 내용분석(contents analysis)
④ 우편조사(mail survey)

20 관찰기법 분류에 관한 설명으로 옳지 않은 것은?

① 응답자에게 자신이 관찰된다는 사실을 알려주고 관찰하는 것은 공개적 관찰이다.
② 관찰할 내용이 미리 명확히 결정되어, 준비된 표준양식에 관찰 사실을 기록하는 것은 체계적 관찰이다.
③ 청소년의 인터넷 이용실태를 조사하기 위해 PC방을 방문하여 이용 상황을 옆에서 직접 지켜본다면 직접관찰이다.
④ 컴퓨터브랜드 선호도 조사를 위해 판매매장과 비슷한 상황을 만들어 표본으로 선발된 소비자로 하여금 제품을 선택하게 하여 행동을 관찰한다면 자연적 관찰이다.

18.

문헌조사는 문제를 규명하고 가설을 정립하기 위하여 일반 사회과학 및 관련된 자연과학에 이르기까지 다양한 분야에서 출판된 2차적 자료를 포함한 가장 경제적이고 빠른 방법이다. 문헌조사는 문제의 규명과 가설 설정을 위한 가장 경제적이고 신속한 방법은 기존의 문헌을 이용하는 방법이다. 문헌은 학술지, 연구서, 각종 통계자료 등으로 연구의 자료가 되는 서적이나 문서를 말한다. 그러므로 문헌을 통해서 획득한 자료는 2차 자료라고 한다.

19.

참여관찰은 조사자가 직접 참여해서 현상을 측정하고 설명하는 연구 방법으로 질적 연구의 핵심적인 방법이다.

20.

④ 인위적 관찰은 관찰 상황을 인위적으로 설정(= 판매매장과 비슷한 상황을 만든다)한 후 관찰한다.

Answer　　18.③ 19.① 20.④

21 우편조사의 응답률에 영향을 미치는 요인과 가장 거리가 먼 것은?

① 응답집단의 동질성

② 응답자의 지역적 범위

③ 질문지의 양식 및 우송방법

④ 연구주관기관 및 지원단체의 성격

21.

우편조사는 우편을 활용한 조사 방법으로 지역적인 범위가 응답률에 크게 영향을 미치지 않는다.

22 질문지를 이용한 자료 수집 방법의 결정 시 조사 속도가 빠르고 일반적으로 비용이 적게 드는 장점이 있으나 질문의 내용이 어렵고 시간이 길어질수록 응답률이 떨어지는 단점을 가진 자료 수집 방법은?

① 전화조사

② 면접조사

③ 집합조사

④ 우편조사

22.

전화조사는 신속한 정보를 얻을 수 있어 여론조사의 한 방법으로 많이 이용된다. 따라서 걸리는 시간이 짧아 분량이 제한되며 많은 조사 내용을 수집하기 어렵고 응답자가 특정한 주제에 대해 응답을 회피하거나 무성의하게 대답할 수도 있으므로이 경우에는 전화조사 방법은 피해야 한다.

23 면접조사의 원활한 자료수집을 위해 조사자가 응답자와 인간적인 친밀 관계를 형성하는 것은?

① 라포(rapport)

② 사회화(socialization)

③ 조작화(operationalization)

④ 개념화(conceptualization)

23.

라포(rapport)는 조사자와 응답자가 인간적으로 친근한 관계를 형성하여 공감대를 이끌어내는 것이다.
③ **조작화**: 개념을 직접 관찰하여 경험적 차원에서 구체화하는 것
④ **개념화**: 추상적인 상태를 구체화하는 것

Answer   21.② 22.① 23.①

2019. 8. 4. 제3회

24 표적집단면접법(focus group interview)에 대한 설명으로 옳지 않은 것은?

① 표본이 특정 집단이기 때문에 조사 결과의 일반화가 어려운 단점이 있다.

② 조사자의 개입이 미비하므로 조사자의 주관이나 편견이 개입되지 않는다.

③ 응답자는 응답을 강요당하지 않기 때문에 솔직하고 정확히 자신의 의견을 표명할 수 있다.

④ 심층면접법을 응용한 방법으로 조사자가 소수의 응답자를 한 장소에 모이게 한 후 관련된 주제에 대하여 대화와 토론을 통해 정보를 수집하는 방법이다.

2019. 8. 4. 제3회

25 집단면접에 의한 설문조사에 대한 설명과 가장 거리가 먼 것은?

① 조사가 간편하여 시간과 비용을 절약할 수 있다.

② 조사조건을 표본화하여 응답조건이 동등해진다.

③ 응답자의 통제가 용의하여, 타인의 영향을 배제할 수 있다.

④ 응답자들과 동시에 직접 대화할 기회가 있어 질문에 대한 오해를 줄일 수 있다.

2019. 8. 4. 제3회

26 이메일을 활용한 온라인 조사의 장점과 가장 거리가 먼 것은?

① 신속성

② 저렴한 비용

③ 면접원 편향 통제

④ 조사 모집단 규정의 명확성

24.

② 표적집단면접은 조사자의 능력에 따라 응답자의 의견을 끌어내는 정도가 달라질 수 있으므로 조사자의 개입이 많아 조사자의 주관이나 편견이 개입될 수 있다.

25.

③ 집단면접은 집단으로 모여서 설문조사를 하는 것으로 함께 포함된 타인의 응답에 영향을 많이 받을 수 있다.

26.

온라인 조사는 조사 모집단을 명확히 규명하기 어려워 표본의 대표성을 확보할 수 없는 단점이 있다.

Answer 24.② 25.③ 26.④

27 자신의 신분을 밝히지 않은 채 자연스럽게 일어나는 사회적 과정에 참여하는 관찰자의 역할은?

① 완전참여자

② 완전관찰자

③ 참여자적 관찰자

④ 관찰자적 참여자

28 우편조사, 전화조사, 대면면접조사에 관한 비교설명으로 옳은 것은?

① 우편조사의 응답률이 가장 높다.

② 대면면접조사에서는 추가질문하기가 가장 어렵다.

③ 우편조사와 전화조사는 자기기입식 자료수집 방법이다.

④ 어린이나 노인에게는 대면면접조사가 가장 적절하다.

29 면접법의 장점으로 틀린 것은?

① 관찰을 병행할 수 있다.

② 신축성 있게 자료를 얻을 수 있다.

③ 질문순서, 정보의 흐름을 통제할 수 있다.

④ 익명성이 높아 솔직한 의견을 들을 수 있다.

27.

완전참여자는 자신의 신분과 목적을 밝히지 않은 상태에서 원래의 상황을 전혀 방해하지 않고 자연스러운 상태 그대로 관찰하는 방법을 말한다.

28.

① 우편조사는 회수율이 낮아서 응답률이 가장 낮다.

② 대면면접조사는 필요하면 추가 질문이 가능하다.

③ 우편조사는 자기기입식 자료수집 방법이며, 전화조사는 조사자가 응답자의 대답을 기록하는 방법이다.

④ 대면면접조사는 조사자가 응답자를 직접 대면하여 조사하는 방식으로 질문에 대한 이해력이 부족할 수 있는 어린이나 노인에게 가장 적절한 방법이다.

29.

면접조사는 조사자가 응답자를 직접 대면하여 조사하는 방식이기 때문에 익명성이 보장되지 않기 때문에 민감한 주제에 대한 정확한 응답을 얻기 어렵다.

Answer 27.① 28.④ 29.④

2019. 4. 27. 제2회

30 응답자에게 면접조사에 참여하고자 하는 동기를 부여하는 요인과 가장 거리가 먼 것은?

① 면접자를 돕고 싶은 이타적 충동
② 물질적 보상과 같은 혜택에 대한 기대
③ 사생활 침해에 대한 오인과 자기방어 욕구
④ 자신의 의견이나 식견을 표현하고 싶은 욕망

30.

사생활 침해에 대한 오인과 자기방어 욕구는 면접조사에 참여하고자 하는 동기를 저해하는 요인이다.

2019. 4. 27. 제2회

31 표적집단면접법(focus group interview)에 관한 설명으로 가장 적합한 것은?

① 전문적인 지식을 가진 집단으로 하여금 특정한 주제에 대하여 자유롭게 토론하도록 한 다음, 이 과정에서 필요한 정보를 추출하는 방법이다.
② 응답자가 조사의 목적을 모르는 상태에서 다양한 심리적 의사소통법을 이용하여 자료를 수집하는 방법이다.
③ 조사자가 한 단어를 제시하고 응답자가 그 단어로부터 연상되는 단어들을 순서대로 나열하도록 하여 조사하는 방법이다.
④ 응답자에게 이해하기 난해한 그림을 제시한 다음, 그 그림이 무엇을 묘사하는지 물어 응답자의 심리 상태를 파악하는 방법이다.

31.

① **표적집단면접법** : 심층 면접의 변형 형태로 조사자가 소수의 응답자에게 특정한 주제에 관해 토론을 벌이게 해서 필요한 정보를 찾는 방법을 의미한다.
② **투사법** : 응답자가 조사의 목적을 모르는 상태에서 다양한 심리적 의사소통법을 이용하여 자료를 수집하는 방법으로, 직접 질문하기 힘들거나 직접 한 질문에 타당한 응답이 나올 가능성이 작을 때에 어떤 자극상태를 만들어 그에 대한 응답자의 반응으로 의도나 의향을 파악하는 방법을 의미한다.
③ **연상법** : 응답자에게 자극(= 단어, 문장)을 주어 가장 먼저 연상되는 것을 응답하게 하는 방법을 의미한다.
④ **정보검사법** : 어떤 자극(= 단어, 문장)에 대해 응답자가 알고 있는 정보의 양과 종류로 응답자의 태도나 행동을 판단하는 방법을 의미한다.

2019. 4. 27. 제2회

32 조사자가 필요로 하는 자료를 1차 자료와 2차 자료로 구분할 때 1차 자료에 대한 설명으로 옳지 않은 것은?

① 조사목적에 적합한 정보를 필요한 시기에 제공한다.
② 자료 수집에 인력과 시간, 비용이 많이 소요된다.
③ 현재 수행 중인 의사 결정 문제를 해결하기 위해 직접 수집한 자료이다.
④ 1차 자료를 얻은 후 조사목적과 일치하는 2차 자료의 존재 및 사용가능성을 확인하는 것이 경제적이다.

32.

조사목적과 일치하는 2차 자료의 존재 및 사용 가능성을 먼저 확인한 후 1차 자료를 수집하는 것이 경제적이다.

33 온라인 조사의 장점이 아닌 것은?

① 멀티미디어의 장점을 활용할 수 있다.
② 짧은 기간에 많은 응답자들을 조사할 수 있다.
③ 조사대상에 대한 높은 대표성을 확보할 수 있다.
④ 오프라인 조사에 비해 비교적 저렴한 비용으로 실시할 수 있다.

34 온라인 조사방법에 해당하지 않는 것은?

① 전자우편조사(e-mail survey)
② 웹조사(HTML form survey)
③ 데이터베이스조사(database survey)
④ 다운로드조사(downloadable)

35 다음 설명에 해당하는 자료수집 방법은?

> 응답자가 직접 말할 수 없거나 말하고 싶지 않은 대상/행동을 보다 잘 이해하기 위해, 직접적인 질문을 하는 대신 가상의 상황으로 응답자를 자극하여 진실한 응답을 이끌어 내는 방법이다.

① 투사법(projective method)
② 정보검사법(information test)
③ 오진선택법(error-choice method)
④ 표적집단면접법(focus group interview)

33.

온라인 조사는 인터넷을 활용하여 조사하는 방식으로 조사와 분석이 매우 신속하고, 비용이 저렴하며, 시공간 제약이 거의 없어 단시간에 많은 대상자를 조사할 수 있고 보조자료(그림, 음성, 동영상 등)을 통해 응답자의 이해도를 높일 수 있으나, 표본의 대표성을 확보하기가 어려워 모집단이 편향될 수 있다.

34.

이미 저장된 데이터베이스 조사는 2차 자료 조사에 해당한다.

35.

투사법은 직접 질문하기 힘들거나 직접 한 질문에 타당한 응답이 나올 가능성이 적을 때에 어떤 자극상태를 만들어 그에 대한 응답자의 반응으로 의도나 의향을 파악하는 방법을 의미한다.
② **정보검사법** : 어떤 자극(=단어, 문장)에 대해 응답자가 알고 있는 정보의 양과 종류로 응답자의 태도나 행동을 판단하는 방법
③ **오진선택법** : 틀린 답 가운데 여러 개를 선택하게 하는 방법

Answer   33.③ 34.③ 35.①

36 관찰을 통한 자료수집시 지각과정에서 나타나는 오류를 감소하기 위한 방안과 가장 거리가 먼 것은?

① 보다 큰 단위의 관찰을 한다.

② 객관적인 관찰도구를 사용한다.

③ 관찰기간을 될 수 있는 한 길게 잡는다.

④ 가능한 한 관찰단위를 명세화해야 한다.

36.

③ 관찰기간이 길어질수록 오류는 증가한다.

37 직접관찰과 간접관찰을 분류하는 기준으로 옳은 것은?

① 상황배경이 인위적인가 자연적인가

② 관찰대상자가 관찰사실을 아는가

③ 관찰대상의 체계화 정도

④ 관찰시기와 행동발생의 일치여부

37.

직접관찰은 관찰시기와 행동발생시기가 일치하나, 간접관찰은 관찰시기와 행동발생시기가 다르다. 따라서 직접관찰과 간접관찰을 분류하는 기준은 관찰시기와 행동발생일치 여부다.

38 다음 중 전화조사가 가장 적합한 경우는?

① 어떤 시점에 순간적으로 무엇을 하며, 무슨 생각을 하는가를 알아내기 위한 조사

② 자세하고 심층적인 정보를 얻기 위한 조사

③ 저렴한 가격으로 면접자 편의(bias)를 줄일 수 있으며 대답하는 요령도 동시에 자세히 알려줄 수 있는 조사

④ 넓은 범위의 지리적인 영역을 조사대상지역으로 하여 비교적 복잡한 정보를 얻으면서, 경비를 절약할 수 있는 조사

38.

전화조사는 신속한 정보를 얻을 수 있어 여론조사의 한 방법으로 많이 이용된다.

① 어떤 시점에 순간적으로 무엇을 하며, 무슨 생각을 하는가를 알아내기 위한 조사이다. 따라서 소요되는 시간이 짧아 분량이 제한되며 많은 조사 내용을 수집하기 어렵고 응답자가 특정한 주제에 대해 응답을 회피하거나 무성의하게 대답할 수도 있으므로 이 경우에는 전화조사 방법은 피해야 한다.

Answer 36.③ 37.④ 38.①

39 심층면접법(depth interview)에 관한 설명으로 틀린 것은?

① 질문의 순서와 내용은 조사자가 조정할 수 있어 좀 더 자유롭고 심도 깊은 질문을 할 수 있다.

② 조사자의 면접능력과 분석능력에 따라 조사결과의 신뢰도가 달라진다.

③ 초점집단면접과 비교하여 자유롭게 개인적인 의견을 교환할 수 없다.

④ 조사자가 필요하다고 생각되면 반복질문을 통해 타당도가 높은 자료를 수집한다.

39.

③ 초점집단면접은 사회자에 의해 진행되는 8~12명으로 구성된 작은 단위의 그룹 토론을 의미하며, 심층면접은 1:1 개인 면접 형식을 의미하므로 초점집단면접과 비교해 심층면접이 더 자유롭게 개인적인 의견을 교환할 수 있다.

40 다음 중 표준화면접의 사용이 가장 적합한 경우는?

① 새로운 사실을 발견하고자 할 때

② 정확하고 체계적인 자료를 얻고자 할 때

③ 피면접자로 하여금 자유연상을 하게 할 때

④ 보다 융통성 있는 면접분위기를 유도하고자 할 때

40.

표준화면접은 정확하고 체계적인 자료를 얻고자 할 때 사용한다.
①③④ 비표준화면접의 장점에 해당한다.

41 비표준화 면접에 비해, 표준화 면접의 장점이 아닌 것은?

① 새로운 사실, 아이디어의 발견가능성이 높다.

② 면접결과의 계량화가 용이하다.

③ 반복적 연구가 가능하다.

④ 신뢰도가 높다.

41.

새로운 사실, 아이디어의 발견 가능성이 큰 것은 표준화 면접이 아닌 비표준화 면접의 장점에 해당한다.

Answer   39.③ 40.② 41.①

2019. 3. 3. 제1회

42 자기기입식 설문조사와 비교한 면접설문조사의 장점으로 옳은 것은?

① 자료입력이 편리하다.
② 응답의 결측치를 최소화한다.
③ 조사대사 1인당 비용이 저렴하다.
④ 폐쇄형 질문에 유리하다.

2019. 3. 3. 제1회

43 사회조사에서 내용분석을 실시하기에 적합한 경우를 모두 고른 것은?

> ㉠ 자료 원천에 대한 접근이 어렵고, 자료가 문헌인 경우
> ㉡ 실증적 자료에 대한 보완적 연구가 필요할 경우, 무엇을 자료로 삼을 것인가 검토하는 경우
> ㉢ 연구대상자의 언어, 문체 등을 분석할 경우
> ㉣ 분석자료가 방대할 때 실제 분석자료를 일일이 수집하기 어려운 경우
> ㉤ 정책, 매스미디어 내용의 경향이나 변천 등이 필요한 경우

① ㉠, ㉢, ㉣
② ㉠, ㉡, ㉤
③ ㉡, ㉢, ㉣, ㉤
④ ㉠, ㉡, ㉢, ㉣, ㉤

2019. 3. 3. 제1회

44 다음 자료수집방법 중 조사자가 미완성의 문장을 제시하면 응답자가 이 문장을 완성시키는 방법은?

① 투사법 ② 면접법
③ 관찰법 ④ 내용분석법

42.

응답자가 직접 기입하는 설문조사보다 면접관이 주관하는 면접설문조사일 경우, 응답의 결측치를 최소화하는 장점이 있다.
①③④ 설문조사의 장점에 해당한다.

43.

㉠㉡㉢㉣㉤ 모두 내용분석에 관한 내용이다.

44.

투사법은 직접적인 질문이 아닌 간접적인 자극물을 활용해서 응답자의 의견이 투사되도록 하는 조사 방법을 의미한다.

Answer 42.② 43.④ 44.①

45 2차 문헌자료를 활용할 때 주의해야 할 사항이 아닌 것은?

① 샘플링의 편향성(bias)

② 반응성(reactivity) 문제

③ 자료 간 일관성 부재

④ 불완전한 정보의 한계

45.

2차 문헌자료는 이미 만들어진 방대한 자료로 연구목적을 위해 사용될 수 있는 기존의 모든 자료로 조사 대상자가 조사자의 의도나 목적 또는 조사 환경에 따라 영향을 받게 되는 반응성은 나타나지 않는다.

46 관찰자료 수집의 장점에 해당하지 않은 것은?

① 관찰자의 주관성 개입방지

② 즉각적 자료수집 가능

③ 비언어적 자료수집 가능

④ 종단분석 가능

46.

관찰자의 선호나 관심 등의 주관에 의해서 선택적 관찰을 하게 됨으로써 객관적으로 중요한 사실을 빠트리는 경우가 발생할 수 있다.

47 다음 중 관찰의 단점과 가장 거리가 먼 것은?

① 피관찰자가 관찰사실을 아는 경우 조사반응성으로 인한 왜곡이 있을 수 있다.

② 표현능력이 부족한 대상에게 적용이 어렵다.

③ 연구대상의 특성상 관찰할 수 없는 문제가 있다.

④ 자료처리가 어렵다.

47.

관찰은 표현능력이 부족한 동물이나 유아에게 사용하기 적당하다.

48 서베이(survey)에서 우편설문법과 비교한 대인 면접법의 특성으로 틀린 것은?

① 비언어적 행위의 관찰이 가능하다.

② 대리응답의 가능성이 낮다.

③ 설문과정에서의 유연성이 높다.

④ 응답환경을 구조화하기 어렵다.

48.

조사자가 응답자를 직접 대면하여 조사하는 방식으로 조사자에 의해 응답환경을 구조화할 수 있다.

Answer   45.② 46.① 47.② 48.④

49 일반적으로 실행되는 면접조사, 전화조사, 우편조사를 비교한 설명으로 틀린 것은?

① 익명성을 보장하려면 면접조사보다는 우편조사를 실시한다.
② 복잡한 질문을 다루는 데는 면접조사가 가장 적합하다.
③ 조사자의 영향을 가장 적게 받는 것은 전화조사이다.
④ 3가지 방법 모두 개방형 질문을 활용할 수 있다.

49.
조사자의 영향을 가장 적게 받는 것은 우편조사이다.

50 사회과학에서 조사연구를 실시하기에 적합한 주제가 아닌 것은?

① 지능지수와 학업성적은 상관성이 있는가?
② 기업복지의 수준과 노사분규의 빈도와의 관계는?
③ 여성들은 직장에서 차별대우를 받고 있는가?
④ 개기일식은 왜 일어나는가?

50.
개기일식의 원인은 자연과학 분야로서 사회현상을 조사연구하여 얻을 수 있는 내용과는 거리가 있다.

51 다음 중 심층규명(probing)을 하고자 할 때 가장 적합한 조사 방법은?

① 우편설문조사
② 온라인설문조사
③ 간접관찰조사
④ 비구조화 면접조사

51.
심층규명을 할 때에는 면접자와 응답자가 어떤 주제에 대해 자유롭게 대화하면서 면접자가 질문의 순서와 내용을 조절하여 좀 더 자유롭고 심도깊은 질문을 유도할 수 있는 비구조화 면접조사가 적당하다. 비구조화 면접조사는 면접자의 자유로운 면접을 뜻하며 순서나 내용이 정해지지 않고 상황에 따라 질문하는 방법이 달라질 수 있다.

52 면접을 시행하는 면접원의 평가기준과 가장 거리가 먼 것은?

① 응답 성공률
② 면접 소유 시간
③ 래포(rapport) 형성 능력
④ 무응답 문항의 편집 능력

52.
면접자 평가기준으로는 면접에 있어서의 응답 성공률, 면접 시간, 래포 형성 능력, 면접 목적과 질문 내용의 이해도 등이 있다. 무응답 문항의 편집 능력은 면접원에게 필요한 기술에 해당되지는 않는다.

Answer 49.③ 50.④ 51.④ 52.④

53 질적 현장연구 중 초점집단연구의 특성과 가장 거리가 먼 것은?

① 빠른 결과를 보여준다.

② 높은 타당도를 가진다.

③ 개인면접에 비해 연구대상을 통제하기 수월하다.

④ 사회환경에서 일어나는 실제의 생활을 포착하는 사회지향적 연구방법이다.

53.

초점집단연구는 연구자가 토의 주제를 제공하여 집단 토론 내용을 관찰, 기록하여 토론 내용을 분석하는 것으로 집단을 대상으로 하기 때문에 개인면접보다는 연구대상을 통제하기 어렵다.

54 표준화된 면접조사를 시행함에 있어 유의해야 할 사항과 가장 거리가 먼 것은?

① 응답자로 하여금 면접자와의 상호작용이 유쾌하며 만족스러운 것이 될 것이라고 느끼도록 해야 한다.

② 응답자로 하여금 그 조사를 가치 있는 것으로 생각하도록 해야 한다.

③ 응답자에게 연구자의 가치와 생각을 알려준다.

④ 조사표에 담긴 질문내용에서 벗어나는 질문을 해서는 안 된다.

54.

면접조사시 면접자가 응답자에게 연구자의 가치와 생각을 알려주면 응답이 편향될 가능성이 있다.

55 다음 중 면접원의 자율성이 가장 적은 면접 유형은?

① 초점집단면접

② 심층면접

③ 구조화면접

④ 임상면접

55.

구조화면접은 사전에 정해진 면접조사표에 의해 모든 지원자들에게 동일한 방법으로 진행되는 면접으로 면접원의 자율성이 떨어진다.

Answer   53.③   54.③   55.③

56 내용분석에 관한 설명과 가장 거리가 먼 것은?

① 분석대상에 영향을 미치지 않는다.
② 필요한 경우 재분석이 가능하다.
③ 양적 내용을 질적 자료로 전환한다.
④ 다양한 기록자료 유형을 분석할 수 있다.

56.

내용분석은 질적 자료(숫자로 표시될 수 없는 자료)를 양적 내용(자료의 크기나 양을 숫자로 표현)으로 전환하는 작업이다.

57 2차 자료의 이용에 관한 설명으로 틀린 것은?

① 2차 자료의 이점은 시간과 비용을 절약할 수 있다.
② 2차 자료는 조사목적의 적합성, 자료의 정확성, 일치성 등을 기준으로 평가될 수 있다.
③ 조사목적을 달성하기 위해서는 2차 자료가 반드시 필요하다.
④ 2차 자료는 경우에 따라 당면한 조사문제를 평가할 수도 있다.

57.

2차 자료는 1차 자료를 수집하기 전에 예비조사로 사용되므로 조사목적을 달성하기 위해서 반드시 필요하지는 않는다.

58 자료수집방법 중 관찰에 관한 설명으로 틀린 것은?

① 복잡한 사회적 맥락이나 상호작용을 연구하는데 적절한 방법이다.
② 피조사자가 느끼지 못하는 행위까지 조사할 수 있다.
③ 양적 연구와 질적 연구에 모두 활용될 수 있다.
④ 의사소통능력이 없는 대상자에게는 활용될 수 없다.

58.

관찰의 경우 대상자의 행동을 조사하는 것으로 의사소통능력이 없는 대상에게도 활용될 수 있다.

Answer   56.③ 57.③ 58.④

59 자신의 신분을 밝히지 않은 채 집단의 완전한 성원이 되어 자연스럽게 일어나는 사회적 과정에 참여하는 관찰자의 역할은?

① 완전참여자(Complete Participant)

② 완전관찰자(Complete Observer)

③ 참여자로서의 관찰자(Observer as Participant)

④ 관찰자로서의 참여자(Participant as Observer)

59.

관찰자는 자신의 신분을 속이고 대상 집단에 완전히 참여하여 관찰하는 유형을 완전참여자라고 한다.

60 다음 중 정치지도자나 대기업경영자 등 조사대상자의 명단은 구할 수 있으나 그들을 직접 만나기는 매우 어려운 경우 가장 적합한 자료수집방법은?

① 면접조사

② 집단조사

③ 전화조사

④ 우편조사

60.

우편조사는 개인의 사생활 보호 및 직접적인 면접조사가 어려운 상황에 실시할 수 있는 조사방법이다.

61 전화조사의 장점과 가장 거리가 먼 것은?

① 신속한 조사가 가능하다.

② 면접자에 대한 감독이 용이하다.

③ 표본의 대표성을 확보하기 쉽다.

④ 광범위한 지역에 대한 조사가 용이하다.

61.

전화조사의 단점은 표본이 전화번호부에 등록되어 있는 대상자로 한정되는 등 표본의 대표성을 확보하기 어렵다는 점이다.

Answer 59.① 60.④ 61.③

62 대인 면접조사의 특성으로 옳은 것은?

① 연구문제에 대한 사전지식이 부족할수록 구조화된 대인 면접조사방법을 사용하는 것이 좋다.
② 대인 면접조사는 우편 설문조사에 비해 질문과정의 유연성이 상대적으로 높다.
③ 대인 면접조사는 우편 설문조사에 비해 환경 차이에 의한 설문응답의 무작위적 오류를 증가시킨다.
④ 대인 면접조사는 우편 설문조사에 비해 응답률이 낮다.

63 집중면접(Focused Interview)에 관한 설명으로 가장 적합한 것은?

① 특정한 가설에 개발하기 위해 효율적으로 이용할 수 있다.
② 면접자의 통제 하에 제한된 주제에 대해 토론한다.
③ 개인의 의견보다는 주로 집단적 경험을 이야기 한다.
④ 사전에 준비한 구조화된 질문지를 이용하여 면접한다.

64 면접원이 자유 응답식 질문에 대한 응답을 기록할 때 지켜야 할 원칙과 가장 거리가 먼 것은?

① 면접조사를 진행한 이후 최종응답을 기록한다.
② 응답자가 사용한 후 어휘를 원래 그대로 기록한다.
③ 질문과 관련된 모든 것을 기록에 포함시킨다.
④ 같은 응답이 반복되더라도 가감 없이 있는 그대로 기록한다.

62.
① 연구문제에 대한 사전지식이 부족할수록 구조화된 우편 설문조사가 효과적이다.
③ 대인 면접조사는 질문지를 응답자가 이해하기 어려운 부분을 추가로 설명해 주기 용이하므로 무작위적 오류가 감소한다.
④ 우편 설문조사에 비해 대인 면접조사의 응답률이 높다.

63.
집중면접은 응답자들에게 있는 그대로 질문하는 것보다 응답자들의 현재 상황을 충분히 이해하고 그에 따라 가설을 만든 후 응답자들의 과거 경험을 바탕으로 그 가설에 대한 유의성을 검정하도록 한다. 이는 특정한 가설을 개발하기 위해 효율적으로 이용할 수 있다.

64.
자유 응답식 질문에 대한 응답 기록은 최종응답이 아닌 대상자가 응답하는 모든 내용을 기록에 포함하여야 한다.

Answer 62.② 63.① 64.①

65 다음과 같은 특징을 지닌 연구방법은?

> • 질적인 정보를 양적인 정보로 바꾼다.
> • 예를 들어 최근 유행하는 드라마에서 주로 다루는 주제가 무엇인지 알아 낸다.
> • 메시지를 연구대상으로 할 수도 있다.

① 투사법
② 내용분석법
③ 질적 연구법
④ 사회성측정법

65.

내용분석법은 연구대상에 필요한 자료를 수집, 분석(= 드라마를 통해 주제 선택, 메시지 분석)함으로써 객관적, 체계적으로 확인하여 진의를 추론하는 기법을 의미한다.

66 관찰법(Observation Method)의 분류기준에 대한 설명으로 틀린 것은?

① 관찰이 일어나는 상황이 인공적인지 여부에 따라 자연적/인위적 관찰로 나누어진다.
② 관찰시기가 행동발생과 일치하는지 여부에 따라 체계적/비체계적 관찰로 나누어진다.
③ 피관찰자가 관찰사실을 알고 있는지 여부에 따라 공개적/비공개적 관찰로 나누어진다.
④ 관찰주체 또는 도구가 무엇인지에 따라 인간의 직접적/기계를 이용한 관찰로 나누어진다.

66.

관찰조건의 표준화 여부에 따라 체계적 관찰은 사전 계획 절차에 따라 관찰조건을 표준화한 것을 의미하며 비체계적 관찰은 관찰조건이 표준화 되지 않는 것을 의미한다.

67 다음 중 참여관찰에서 윤리적인 문제를 겪을 가능성이 가장 높은 관찰자 유형은?

① 완전참여자(Complete Participant)
② 완전관찰자(Complete Observer)
③ 참여자로서의 관찰자(Observer as Participant)
④ 관찰자로서의 참여자(Participant as Observer)

67.

완전참여자는 관찰자라는 신분을 속이고 대상집단에 완전히 참여하여 관찰하는 것으로 대상집단의 윤리적인 문제를 겪을 가능성이 가능 높은 유형에 해당된다.

Answer 65.② 66.② 67.①

68 면접조사에 관한 설명과 가장 거리가 먼 것은?

① 면접 시 조사지는 질문뿐 아니라 관찰도 할 수 있다.
② 같은 조건하에서 우편설문에 비하여 높은 응답률을 얻을 수 있다.
③ 여러 명의 면접원을 고용하여 조사할 때는 이들을 조정하고 통제하는 것이 요구된다.
④ 가구소득, 가정폭력, 성적경향 등 민감한 사안의 조사시 유용하다.

68.

면접조사 시 질문의 내용이 개인의 비밀에 관한 것이나 대답하기 곤란한 질문일 경우 응답자가 응답을 기피하는 경우가 많다.

69 면접조사에서 질문의 일반적인 원칙과 가장 거리가 먼 것은?

① 조사대상자가 가능한 비공식적인 분위기에서 편안한 자세로 대답할 수 있어야 한다.
② 질문지에 있는 말 그대로 질문해야 한다.
③ 조사대상자가 대답을 잘 하지 못할 경우 필요한 대답을 유도할 수 있다.
④ 문항은 하나도 빠짐없이 물어야 한다.

69.

조사대상자에게 조사자가 대답을 이끌어 낼 수는 있지만, 그렇다고 해서 필요한 대답을 유도하면 안 된다.

70 다음 중 집단조사에 대한 설명으로 틀린 것은?

① 비용과 시간을 절약하고 동일성을 확보할 수 있다.
② 주위의 응답자들과 의논할 수 있어 왜곡된 응답을 줄일 수 있다.
③ 학교나 기업체, 군대 등의 조직체 구성원을 조사할 때 유용하다.
④ 조사대상에 따라서는 집단을 대상으로 한 면접방식과 자기기입방식을 조합하여 실시하기도 한다.

70.

주위의 응답자들과 의논을 하게 되면 오히려 왜곡된 응답이 늘게 된다.

Answer   68.④ 69.③ 70.②

71 인터넷 서베이 조사에 관한 설명으로 틀린 것은?

① 실시간 리포팅이 가능하다.
② 개인화된 질문과 자료제공이 용이하다.
③ 설문응답과 동시에 코딩이 가능하다.
④ 응답자의 지리적 위치에 따라 비용이 발생한다.

71.
인터넷을 통한 조사이므로 응답자의 지리적 위치에 따른 다른 비용은 발생하지 않는다.

72 다음 중 집단구성원들 간의 인간관계를 분석하고 그 강도나 빈도를 측정하여 집단 자체의 구조를 파악하고자 할 때 적합한 방법은?

① 투사법(Projective Technique)
② 사회성측정법(Sociometry)
③ 내용분석법(Content Analysis)
④ 표적집단면접법(Focus Group Interview)

72.
사회성측정법은 집단 내의 구성원들 사이의 관계를 조사하여 구성원들의 상호작용이나 집단의 응집력을 파악하는 방법이다.
① 투사법 : 직접 질문하기 힘들거나 직접 한 질문에 타당한 응답이 나올 가능성이 적을 때에 어떤 자극상태를 만들어 그에 대한 응답자의 반응으로 의도나 의향을 파악하는 방법
③ 내용분석법 : 연구대상에 필요한 자료를 수집, 분석함으로써 객관적, 체계적으로 확인하여 진의를 추론하는 기법
④ 표적집단면접법 : 전문 지식이 있는 조사자가 소수의 대상자 집단과 특정한 주제를 가지고 토론을 통해 정보를 획득하는 탐색조사방법

73 자료수집방법에 대한 비교설명으로 옳은 것은?

① 인터넷조사는 우편조사에 비하여 비용이 많이 소요된다.
② 전화조사는 면접조사에 비해서 시간이 많이 소요된다.
③ 인터넷조사는 다른 조사에 비해 시각보조 자료의 활용이 곤란하다.
④ 면접조사는 다른 조사에 비해 래포(Rapport)의 형성이 용이하다.

73.
① 인터넷조사보다 우편조사의 비용이 많이 소요된다.
② 전화조사보다 면접조사의 시간이 많이 소요된다.
③ 인터넷조사는 다른 조사에 비해 시각보조 자료의 활용이 용이하다.

Answer 71.④ 72.② 73.④

74 다음 중 같은 응답자를 주기적으로 추적하여 조사하는 조사의 명칭은?

① 서베이리서치(Servey research)

② 패널(Panel)조사

③ 여론(Opinion)조사

④ 시계열(Time-series)조사

75 다음 중 관찰방법의 특징으로 옳지 않은 것은?

① 사회적 관계에 영향을 미치는 사건을 이해하도록 해준다.

② 연구대상의 행태에서 발생하는 사회적 맥락까지 포착이 가능하다.

③ 객관적 사실에 치중하여 피관찰자의 철학, 세계관은 배제한다.

④ 다른 연구와의 비교로 규칙성이 확인된다.

76 다음 중 패널(Panel)조사의 특징이 아닌 것은?

① 패널조사는 초기 연구비용이 비교적 많이 드는 연구방법이다.

② 패널조사는 조사대상자로부터 추가적인 자료를 얻기가 비교적 쉽다.

③ 패널조사는 조사대상자의 태도 및 행동변화에 대한 정확한 분석이 가능하다.

④ 패널조사는 최초 패널을 다소 잘못 구성하더라도 장기간에 걸쳐 수정이 가능하다는 장점이 있다.

77 일반적인 우편조사의 특성에 해당되지 않는 것은?

① 회수율이 낮은 경우 표본의 대표성을 확보하기 어렵다.
② 응답자에 대한 익명성과 비밀유지에 대한 확신을 부여하기 쉽다.
③ 표본으로 추출된 대상자가 직접 응답하지 않았을 경우 확인하기 어렵다.
④ 통상 조사에서 필요한 시간이 전화조사보다는 짧다.

77.

④ 우편물이 다시 돌아오기까지 상당한 시간이 걸린다.

78 개인의 프라이버시 보호와 면접조사가 어려울 때 조합하여 실시할 수 있는 방법으로 가장 적합한 것은?

① 배포조사와 우편조사
② 배포조사와 전화조사
③ 우편조사와 전화조사
④ 집합조사와 전화조사

78.

③ 우편조사와 전화조사는 조사대상자와 대면하지 않으므로 면접조사가 어렵거나 개인의 신상을 보호하려 할 때 적합한 조사방법이다.

79 통계청에서 매년 실시하는 인구센서스는 다음 중 어디에 해당되는가?

① 횡단조사   ② 종단조사
③ 코호트조사   ④ 사례조사

79.

① 한 시기의 전체 현상을 연구하는 것이다.

80 집단조사의 장점이 아닌 것은?

① 동일성 확보가 가능하다.
② 비용과 시간을 절감할 수 있다.
③ 조사자와 직접 대화할 수 있다.
④ 조직체와 개인 응답자의 협조를 구하기가 용이하다.

80.

④ 집단조사를 하기 위해서는 많은 인원을 같은 시기, 같은 장소에 모아야 하는데 그렇게 하기 쉽지 않다.

Answer   77.④ 78.③ 79.① 80.④

81 다음 중 면접조사현장에서 조사의 질을 높이기 위한 일이라고 생각할 수 없는 것은?

① 지도원의 면접지도
② 지도원의 완성된 조사표 심사
③ 조사항목별 부호화 작업 및 검토
④ 조사원의 조사표 내 항목의 일관성 점검

81.

조사항목별 부호화 작업 및 검토는 조사의 질을 높이기 위한 것이라기보다는 조사방법의 정확성을 고려하는 것이다.

82 자료수집방법들에 대한 비교로 옳은 것은?

① 인터넷조사는 우편조사에 비해 비용이 많이 든다.
② 전화조사는 면접조사에 비해서 시간이 많이 든다.
③ 인터넷조사에서는 시각보조자료의 활용이 곤란하다.
④ 면접조사는 다른 조사에 비해 라포(Rapport)의 형성이 용이하다.

82.

①② 인터넷조사, 전화조사, 우편조사, 면접조사 순서대로 시간과 비용이 적게 든다.
③ 인터넷 조사는 사진, 그림, 도표 등 다양한 형태의 조사를 할 수 있다.
④ 라포는 협력을 얻는 기술인데 면접조사를 하게 되면 면접원이 조사대상자에게 직접적인 영향을 줄 수 있어 라포형성이 쉽다.

83 전화조사에 대한 설명으로 부적합한 것은?

① 전화조사에서는 시청각 자료를 이용하기 곤란하다.
② 전화조사는 신속성이 장점이다.
③ 전화조사는 우편조사에 비해 응답내용을 확인하기 쉽다.
④ 전화조사는 초기부터 표본의 대표성을 확보하기 쉬워서 많이 이용되었다.

83.

④ 전화조사는 전화받는 사람이 누구인지 확인할 가능성이 없으므로 응답자가 선정한 표본인지 확인할 수 없다.

84 조사자가 소수의 응답자 집단에게 특정 주제에 대하여 토론하게 한 다음 필요한 정보를 알아내는 자료수집방법은?

① 현지조사법(Field survey)
② 비지시적 면접(Nondirective interview)
③ 표적집단면접(Focus group interview)
④ 델파이 서베이(Delphi survey)

84.

표적집단면접은 응답자들 간의 토론을 통해 조사자가 필요한 정보를 얻어내는 것이다.

85 다음 중 집단조사(Group survey)의 특징이 아닌 것은?

① 집단상황이 응답을 왜곡시킬 가능성을 가진다.
② 비용과 시간을 절약하고 동일성을 확보할 수 있다.
③ 응답결과에 대한 응답자의 신뢰도가 높다.
④ 면접자의 차이에 의해 응답이 다를 가능성이 높다.

86 다음 중 비참여관찰의 설명으로 옳지 않은 것은?

① 내재된 미묘한 문제점까지 관찰이 가능하다.
② 관찰자에 감정적 요소가 개입될 여지는 적다.
③ 관찰된 자료의 처리에 있어 표준화가 용이하다.
④ 조사활동이 자유롭다.

87 다음 중 면접과 관찰과의 관계를 설명한 것으로 옳지 않은 것은?

① 면접은 관찰, 질문지 등 다른 방법을 보충하는 방법으로 이용되기도 한다.
② 자료수집의 조사방법 도구로 사용된다.
③ 면접과 관찰은 별개의 개념으로 상호 배타적이다.
④ 면접은 언어를 매체로 하여 가능하다.

88 다음 중 면접에 대한 설명으로 옳은 것은?

① 면접이란 자료의 피상적인 부분만을 알게 해준다.
② 면접이란 회화를 통해서 필요한 사실을 직접 알아내는 방법이다.
③ 면접은 인간의 감각기관을 매개로 현상을 인식한다.
④ 면접이란 언어적 상호작용을 통해서 피면접자의 외적인 바를 인지한다.

85.

집단조사의 장점
㉠ 비용과 시간을 절약할 수 있고, 조사원의 수를 줄일 수 있다.
㉡ 응답자들과 동시에 직접 대화할 기회가 있어 질문지에 대한 오류를 줄인다.
㉢ 조사가 간편하게 이루어진다.
㉣ 응답조건이 동등해진다(조사조건의 표본화).

86.

비참여관찰은 ②③④의 장점 이외에 세밀한 기획을 할 수 있는 곳에서 유용하며 기록자료와 관련된 내용을 구체적으로 도표화할 수 있다.

87.

③ 자연과학에선 주로 관찰이 사용되고 사회과학에선 면접이 사용되는 등 항상 상호보완적인 관계를 갖는다.

88.

①③ 관찰의 특성이다.
④ 면접은 질문과 응답의 언어적 상호작용을 통해 피면접자의 내적인 바를 인지한다.

Answer   85.④   86.①   87.③   88.②

89 다음 중 면접자에 대한 피면접자의 태도로서 옳지 않은 것은?

① 주관적인 태도
② 평범한 태도
③ 우호적 태도
④ 중립적인 태도

90 다음 설명 중 비표준화면접의 장점으로 옳은 것은?

① 질문 어구나 언어구성에서 오는 오류를 최소로 줄일 수 있다.
② 면접지침 내에서 융통성을 갖고 질문할 수 있다.
③ 타당도와 신뢰도가 높다.
④ 면접맥락이 구조화될수록 무의미한 대화에 관심을 두는 경향이 적어진다.

91 다음 중 표준화면접의 장점으로 옳은 것은?

① 면접 시 질문을 일정 수 구조화할 수 있다.
② 융통성과 타당성이 높다.
③ 자연스런 대화의 자발성에 접근한다.
④ 신뢰도가 크다.

92 다음 자료수집방법 중 실험을 강조하는 방법에 해당하는 것은?

① 시뮬레이션
② 질문지법
③ 관찰
④ 면접

89.
면접자는 응답자 면접 시 중립적이면서도 우호적인 태도로 면접목적 및 면접대상으로 선정된 경위 등을 설명하여 신뢰감을 형성해야 한다.

90.
①④ 표준화면접의 장점이다.
② 반표준화면접의 장점이다.

91.
① 반표준화면접의 장점이다.
②③ 비표준화면접의 장점이다.

92.
자료수집방법 중 실험을 강조하는 수집방법에는 실험과 시뮬레이션이 있다.

Answer 89.① 90.③ 91.④ 92.①

93 다음 중 우편조사법에 대한 설명으로 옳지 않은 것은?

① 단기간에 광범위한 조사를 할 수 있다.
② 응답률에 영향을 미치는 요인으로는 우송방법·유형·표지편지 등이 있다.
③ 무자격 응답에 대한 통제가 불가능하다.
④ 조사방법 중 회수율이 가장 높다.

93.

④ 우편조사법은 조사방법 중 20 ~ 40%의 가장 낮은 회수율을 나타낸다.

94 다음 중 범죄집단의 증거포착이나 인류학자들의 생태연구에 많이 사용하는 관찰방법은?

① 참여관찰
② 비참여관찰
③ 준참여관찰
④ 비통제관찰

94.

참여관찰은 관찰대상의 내부의 일원으로 직접 참여하여 관찰하는 방법이다.

95 질문지를 작성한 후 시행되는 사전조사(Pre-test)에 대한 설명으로 틀린 것은?

① 본조사를 위해 표집된 표본 중 일정한 수의 응답자를 조사대상으로 해야 한다.
② 본조사와 면접방식이나 진행절차를 동일시한다.
③ 응답자들이 잘못 이해하는 질문이 있는지에 유의한다.
④ 응답범주에 제시되지 않은 응답을 기록해 둔다.

95.

사전조사(Pre-test)는 질문지의 초안을 작성한 후에 예정 응답자 중 일부를 선정하여 예정된 본조사와 동일한 절차와 방법으로 질문지를 시험하여 질문의 내용·어구 구성·반응형식·질문순서 등의 오류를 찾아 질문지의 타당도를 높이기 위한 절차이다.

96 다음 중 역사적 사실, 접근이 어려운 인물 등에 관해서 알고자 할 때 사용하는 자료수집방법은?

① 실험
② 면접
③ 질문지
④ 내용분석

96.

④ 연구대상에 필요한 자료를 수집·분석하는 방법으로 객관적·체계적이다.

97 다음 중 면접결과를 기록할 때, 기록방법에 대한 설명으로 옳지 않은 것은?

① 현장에서 메모한 것을 후에 정리하면서 중요한 사항에 대해 나름대로 정리·기록하는 것으로 면접시간이 단축된다.

② 면접 후에 당시를 기억하며 기록하는 방법이 있는데 이는 기억력의 한계가 결점이 된다.

③ 자유응답식 질문에서는 녹음기를 사용하면 정확하나 비용이 많이 드는 단점이 있다.

④ 후에 중요한 사항을 나름대로 조사자가 정리하는 것은 주관적 편견이 개입될 여지가 많다.

98 조사 후 검증과정에서 특정 면접원의 면접결과에 일부 의심스러운 점이 발견되었다. 이 면접원의 조사결과에 대해 일반적으로 사용하는 가장 적절한 대응조치는?

① 면접결과 중 의심스러운 것만 제외하고 분석

② 해당 면접원의 모든 면접결과 무효처리

③ 다른 면접결과에도 영향을 줄 수 있으므로 면접을 처음부터 다시 수행

④ 일부이기 때문에 조사에 큰 영향을 주지 않으므로 모두 포함해서 분석

99 다음 중 표준화면접의 설명으로 옳지 않은 것은?

① 표준화면접의 질문은 자유응답식이기 때문에 질문의 타당성이 높다.

② 질문의 구성, 순서 등에 일관성이 있다.

③ 표준화면접은 사전에 질문내용, 순서, 형식이 정해져 있다.

④ 반복면접이 가능하며 면접자의 행동이 통일성을 갖게 된다.

97.

① 현장에서 직접 받아쓰는 방법으로 이는 정확성은 있으나 면접시간이 오래 걸리고 분위기가 위축된다는 단점이 있다.

98.

② 해당 면접원의 면접결과에 일부 의심스러운 점이 발견되면 그 해당 면접원의 모든 면접결과는 무효처리한다.

99.

① 자유응답식 질문방식은 비표준화면접에 많이 사용한다.

100 다음 중 비통제관찰에 지적될 문제점으로 옳지 않은 것은?

① 관찰대상에 접근하기가 어렵다.
② 관찰내용에 대한 통제가 없으므로 방대해질 수 있다.
③ 비통제관찰은 통제관찰보다 편견이 개입되기 쉽다.
④ 비통제관찰은 통제관찰에 비해 신뢰성을 확보하기 힘들다.

101 다음 중 비표준화면접의 장점으로 옳은 것은?

① 일관성이 있기 때문에 비표준화면접을 사용한다.
② 면접맥락의 여러 측면을 탐색할 기회가 많다.
③ 질문 어구나 언어구성에서 오는 오류를 최소화시킬 수 있다.
④ 정확한 답을 꺼내는 타당성이 낮고 융통성이 없다.

102 다음 중 면접자 선정 시 고려해야 할 사항으로 옳지 않은 것은?

① 면접목적의 이해도
② 응답자에 접근하는 데 있어서의 용이함
③ 질문내용의 이해도
④ 면접의 수행경제력

103 다음 중 통제관찰에 대한 설명으로 옳지 않은 것은?

① 통제관찰은 주로 비참여관찰에 이용된다.
② 통제관찰은 비통제관찰보다 융통성이 있다.
③ 통제관찰은 형식화된 절차에 따라 조직적으로 행하므로 비통제관찰에 비해 유통성이 없다.
④ 통제관찰 중 조사목적에 기대되지 않는 요인을 제거한 후, 즉 관찰대상을 인위적으로 조정한 상황에서 하는 관찰을 실험적 관찰이라 한다.

100.

③ 통제관찰에 대한 설명으로 이론적 준거틀을 사용하므로 관찰자가 관찰사항을 이론적 준거틀에 적용할 때 주관과 편견이 개입된다.

101.

① 표준화면접의 조사자 행동에 일관성이 있다.
② 규제와 의식적인 제약으로부터 자유로워 문제를 여러 측면에서 탐색할 수 있다.
③ 질문에 대한 체계적 통제가 없으므로 오류가 발생할 가능성이 높다.
④ 비표준화면접은 타당성이 높고 융통성이 있다.

102.

면접자 선정 시 고려해야 할 사항은 면접에 있어서의 접근의 용이성, 면접의 목적과 질문내용의 이해도 등이 있다.

103.

② 통제관찰은 관찰조건을 사전에 기획절차에 따라 표준화하고 관찰내용을 조사목적에 맞게 기획된 카테고리를 관찰하여 부호로 기록한다.

Answer 100.③ 101.② 102.④ 103.②

104 다음 중 면접자의 훈련에 대한 설명으로 옳지 않은 것은?

① 면접자는 면접의 일반적 기법에 대한 소양훈련만을 갖추어도 된다.

② 면접자는 면접에 대한 지식을 알 수 있도록 면접원 지침을 마련한다.

③ 감독자는 면접자들에게 집단훈련을 시행한다.

④ 면접자들은 현지로 조사가기 전에 미리 면접경험을 실습한다.

105 구조화 면접의 특징으로 옳지 않은 것은?

① 면접자의 자유재량의 여지가 없다.

② 면접상황에 구애됨이 없이 모든 응답자에게 동일한 방법으로 수행한다.

③ 비구조화 면접에 비해서 자료의 신뢰도는 떨어진다.

④ 비구조화 면접에 비해 일관성이 유지된다.

106 다음 중 조사표에 관한 설명으로 옳지 않은 것은?

① 조사표와 질문지는 같은 의미로 사용한다.

② 비개인적 성격을 가지고 있으며 질문의 제일성을 기할 수 있다.

③ 피조사자의 익명성을 보장한다.

④ 조사표란 필요한 사실을 알아내고자 일정한 양식에 따라 기입하도록 한 표이다.

104.

① 면접원은 기본적인 면접기법뿐만 아니라 사회연구에 대한 특수한 정보 및 훈련이 필요하다.

105.

구조화된 면접은 주관적 판단을 최소화하고 사전에 중요하게 생각하는 역량에 대한 정보를 수집하기 때문에 짧은 시간 동안 원하는 정보를 얻기에 적합하다. 비구조화된 면접에 비해 자료의 신뢰도는 떨어지지 않는다.

106.

① 조사표는 면접자가 기입하는 데 반해 질문지는 피면접자가 기입한다.

107 다음 중 응답자의 대답이 불충분하거나 정확하지 못할 때 던지는 추가질문을 나타내는 용어는?

① 면접
② 라포(Rapport)
③ 투사
④ 프로빙(Probing)

108 다음 비통제관찰에서 연구목적에 합당한 자료를 얻기 위해 고려해야 할 사항으로 옳지 않은 것은?

① 배경
② 행위빈도
③ 관찰기록
④ 시간

109 프로빙(Probing)에 대한 설명으로 틀린 것은?

① 답변의 정확도를 판단하는 방법으로 활용되기도 한다.
② 정확한 답을 얻기 위해 방향을 지시하는 기법이다.
③ 평정식 질문에 대한 답을 비교하는 절차로서 활용된다.
④ 일종의 폐쇄식 질문에 답을 하고 이에 관련된 의문을 탐색하는 보조방법이다.

110 다음 관찰의 장점에 대한 설명 중 옳은 것은?

① 교육수준에 상관없이 사용할 수 있는 일반적인 도구이다.
② 공평한 자료를 얻을 수 있다.
③ 질문지법 등으로 얻은 자료를 명백히 하는 데 사용된다.
④ 표현능력이 부족한 동물이나 유아에게 사용가능하다.

107.

④ 면접조사과정 중 협력을 얻는 기술로, 보다 정확한 답을 얻기 위해 재질문하는 기술이다.

108.

비통제관찰에서 고려할 점은 ①②④ 이외에도 행위나 그 행위의 목적과 참여자를 포함한다.

109.

프로빙(Probing)은 설문자가 응답자로부터 충분한 답을 얻지 못했을 경우 보다 충분한 결과를 얻기 위해 사용하는 방법으로 포로빙의 방법으로는 반복 질문, 자세한 해명을 요구하는 방법, 권장하는 방법 등이 있다.

110.

①②③ 면접에 대한 설명이다.

Answer 107.④ 108.③ 109.③ 110.④

111 다음 중 면접조사법의 장점으로 옳지 않은 것은?

① 다른 조사법에 비해 회수율이 낮다.
② 피조사자에게 융통성 있게 설명해 줄 수 있다.
③ 응답에 대한 허위여부를 알 수 있다.
④ 연구자가 필요로 하는 정보를 빨리 얻을 수 있다.

111.

면접조사법의 장점은 ②③④ 이외에 높은 회수율을 들 수 있다.

112 다음 면접진행의 기술 중 옳지 않은 것은?

① 면접자의 태도는 중립적이어야 한다.
② 어떠한 경우에도 응답자의 이야기의 결론을 면접자가 미리 내려서는 안 된다.
③ 응답자에게 응답할 시간의 여유를 주며 질문을 제대로 이해하지 못한 경우에는 다시 설명해 준다.
④ Rapport 유지는 면접의 성패를 좌우한다.

112.

② 응답의 화제이탈이 발생하면 다른 질문으로 전환하거나 미리 응답자의 결론을 말해서 화제를 중단시키는 것이 좋다.

113 다음 중 면접조사법의 단점으로 옳은 것은?

① 시간과 비용이 많이 든다.
② 피조사자의 의견에 타인의 영향이 개입되었는지를 알 수 없다.
③ 글자를 아는 사람에만 적용이 가능하다.
④ 설명의 융통성이 적다.

113.

면접조사법의 단점에는 ① 이외에 '특정인에게 조사하기 어려우며 조사자로부터 오차가 발생된다는 점' 등이 있다.
③ 교육수준, 문맹여부에 관계없이 적용이 가능하다.
④ 질문과정에서 융통성이 많이 부여된다.

114 조사자라는 신분을 밝히고 조직적인 관찰을 행할 때 주로 사용하는 방법으로 대통령의 지방순시나 기자취재, 행정감사, 호손의 인간관계조사 등에 사용하는 종류의 관찰은?

① 참여관찰　　　　　　② 준참여관찰
③ 비참여관찰　　　　　④ 통제관찰

114.

③ 비참여관찰은 조사활동이 자유롭고 표준화가 용이하나 관찰대상이 인식함으로써 평소 행동과 다를 수 있다는 단점이 있다.

Answer　　111.① 112.② 113.① 114.③

115 다음 중 통제관찰의 문제점으로 옳지 않은 것은?

① 관찰자가 피관찰자의 행동을 이론적 준거틀에 적용할 때 문제가 발생한다.

② 카테고리의 기준이나 이론적 근거가 정확하다.

③ 관찰시간에 따른 문제가 나타난다.

④ 관찰내용을 적절한 카테고리로 정확하게 분류하기 어렵다.

115.

② 이론적 준거틀에 적용할 때 편견이 개입되기 때문에 정확한 이론적 근거를 이루지 못한다.

116 다음 중 관찰에 대한 특성으로 옳지 않은 것은?

① 참여자의 사회적 관계에 영향을 미치는 사건을 포착한다.

② 체계적으로 기획·기록되어야 한다.

③ 관찰에서 주관은 오진을 발생하는 요인 중 하나이다.

④ 타당성, 신뢰성 검증이 불가능하다.

116.

④ 타당성, 신뢰성 검증이 가능해야 한다.

117 다음 중 탐색적 질문에서 사용하는 질문의 성격으로 옳지 않은 것은?

① 중립적이어야 한다.

② 지시적이지 않아야 한다.

③ 때로는 질문의 범위를 벗어나 질문하는 경우도 있다.

④ 정확한 질문을 얻기 위하여 면접자가 대답을 유도하여서는 안 된다.

117.

③ 질문은 적당한 범위 내에서 행한다.

118 다음 자료에 대한 설명 중 옳지 않은 것은?

① 2차적 자료는 형태와 내용이 타인에 의해 다듬어진다.

② 1차적 자료는 면접과 관찰로 수집된다.

③ 2차적 자료는 문헌조사나 관찰 또는 면접 등에 의해서 수집된다.

④ 보고서에 이용되는 일체의 정보를 자료라 한다.

118.

③ 2차적 자료는 수집·분류 시에 연구자가 실제적인 통제를 하지 못한, 만들어진 자료이다.

Answer　115.② 116.④ 117.③ 118.③

119 다음 중 비표준화면접의 설명으로 옳은 것은?

① 대량조사나 숙련된 면접자가 없을 때 사용하는 면접방법

② 사전에 일정한 순서에 따라 질문을 작성하여 그대로 질문하며 면접하는 방법

③ 사전계획대로 질문하되 계획의 범위 내에서 상황에 따라 융통성을 갖는 면접방법

④ 면접자가 자유스럽게 순서와 내용에 상관없이 질문을 하는 면접방법

119.
① ② 표준화면접
③ 반표준화면접
④ 비표준화면접으로 대상이 적고 숙련된 면접자가 있을 때 사용

120 다음 조사방법 중 조사원이 조사표에 따라 질문을 하면서 기입하는 방법은?

① 면접조사법

② 집합조사법

③ 배포조사법

④ 전화조사법

120.
① 면접조사법은 조사자가 피조사를 대상으로 미리 작성된 질문지에 대하여 기입하는 방법이다.

121 다음 중 조사목적에 맞는 가표를 만들었을 때 나타나는 결과로 옳지 않은 것은?

① 질문 가능한 항목은 감소한다.

② 편견 및 애매한 점이 시정된다.

③ 조사로 밝혀질 중요한 문제가 규정된다.

④ 각 항목 간의 논리적 연관성도 높아진다.

121.
① 질문할 수 있는 항목 수는 증가한다.

122 다음 중 정보활동과 지적 분석에 유사한 것으로 양적 분석이 힘든 내용분석은?

① 횟수의 계산
② 분할분석
③ 원자분석
④ 질적 분석

122.

④ 질적 분석은 통계적으로 처리가 힘들고 공식적으로 발표되지 않은 부분을 분석하는 것으로 오늘날 도외시되는 경향이 있으며 정책의 변화, 정치지도자의 태도, 군사정책 등에 이용된다.

123 다음 내용분석의 설명 중 옳지 않은 것은?

① 단어나 상징은 일반적으로 최소의 단위이다.
② 기록단위에는 단어나 상징·주제·인물·문장·항목이 있다.
③ 맥락단위의 분석은 기록단위에 비해 비능률적이고 시간이 오래 걸린다.
④ 시간·가치·공간·태도 등을 측정하기에 능률적이다.

123.

④ 시간이나 공간측정에는 능률적이나 가치 및 태도를 측정하기에는 깊이가 부족하다.

124 다음 중 카테고리가 개념적으로 상이한 수준의 분석이 혼합되지 않도록 하는 원칙은?

① 망라적
② 독립적
③ 상호 배타적
④ 단일분류원칙

124.

① 분석될 항이 빠짐없이 카테고리에 들어가야 한다.
② 카테고리로 분류된 자료가 다른 자료의 분류에 영향을 끼치면 안 된다.
③ 분석될 자료가 하나 이상의 카테고리에 해당되어서는 안 된다.

125 다음 참여관찰의 단점으로 옳지 않은 것은?

① 관찰대상의 구성원 간의 접촉으로 인하여 감정적 요소가 개입될 우려가 있다.
② 관찰활동에 있어서 관찰자가 관찰대상의 구성원이 되기 어렵다.
③ 참여관찰이 갖는 사회생활의 자연스러운 맥락을 포착하지 못한다.
④ 관찰활동의 제약을 받지 않는다.

125.

④ 관찰자는 구성원의 일원으로서 대상집단의 업무수행을 따르므로 관찰활동의 제약을 받는다.

Answer 122.④ 123.④ 124.④ 125.④

126 다음 중 관찰의 장점으로 옳지 않은 것은?

① 비협조자에게 사용할 수 있다.

② 조사자가 관찰현상의 현장에 있다.

③ 조사에 비협조적일 때에도 관찰이 가능하다.

④ 관찰자가 좋아하는 것과 관심있는 것만 관찰할 수 있다.

127 다음 중 우편조사법에 대한 설명으로 옳지 않은 것은?

① 응답자의 능력과 용이도에 의해 자료의 타당성이 좌우된다.

② 일반적으로 20 ~ 40%의 낮은 회수율을 나타낸다.

③ 가급적 개인명보다 직책명으로 질문지를 우송한다.

④ 응답률을 높이는 방법으로는 인센티브 지급 및 사전예고, 질문지 발송 후 기타 방법을 통한 지속적 노력 등이 있다.

128 다음 중 면접의 장점으로 옳지 않은 것은?

① 질문서에 비해 자료의 회수율이 높다.

② 문맹자에게도 가능한 조사방법이다.

③ 개별적 상황에 높은 신축성을 가진다.

④ 비협조자에게도 널리 사용한다.

129 다음 중 면접유형에 대한 설명으로 옳지 않은 것은?

① 비표준면접은 타당성이 높다.

② 사전에 엄격히 계획된 면접조사표에 의해 이루어지는 것은 표준화면접법이다.

③ 일정한 수의 중요한 질문만을 구조화하는 것은 반표준화면접법이다.

④ 면접맥락이 규제와 의식적인 제약으로부터 자유로운 면접유형은 표준화면접법이다.

126.

④ 관찰에서 발생하는 오진을 최소화할 때 배제해야 하는 요인이다.

127.

③ 개인명부를 이용한 발송이 직책명으로 보낸 설문지보다 회수율이 높다.

128.

④ 비협조자들을 대상으로 할 경우 면접보다 관찰이 더 유용하다.

129.

④ 비표준화면접법에 대한 설명으로 제약으로부터 자유롭기 때문에 여러 측면을 탐색할 기회가 많다.

Answer 126.④ 127.③ 128.④ 129.④

130 다음 전화조사법의 설명 중 옳지 않은 것은?

① 조사기간과 내용이 짧아야 전화조사가 가능하다.
② 개략적인 질문의 방향만으로 면접상황과 대상에 따라 융통적으로 면접을 진행할 수 있다.
③ 전화번호부를 목록표로 사용할 수 있다.
④ 전화조사법은 조사가 간편하다.

130.

② 면접조사법에 대한 설명이다

131 다음 중 내용분석의 장점으로 옳지 않은 것은?

① 창의성, 태도 등 심리적 변수를 효과적으로 측정한다.
② 노력, 시간, 경비가 절감된다.
③ 현지조사로는 불가능한 자료의 수집을 가능하게 한다.
④ 기존 자료들을 활용할 수 있다.

131.

② 내용분석은 노력, 시간, 경비가 많이 소요되는 단점이 있다.

132 다음 중 내용분석의 특징으로 옳지 않은 것은?

① 내용분석은 반드시 양적 분석만을 사용한다.
② 내용분석은 체계적·객관적·수량적인 것이다.
③ 문헌연구의 일종으로 사진·만화·미술작품 등도 내용분석의 분석대상이 된다.
④ 현재상황뿐만 아니라 잠재적 내용까지도 분석의 대상이 된다.

132.

① 과거에는 분석방법의 요건으로 양적 분석만을 내세웠으나 현재는 양적 분석방법뿐만 아니라 질적 분석방법 모두를 사용한다.

133 다음 중 면접진행의 기술로 옳지 않은 것은?

① 질문을 응답자가 오해할 경우 재질문을 한다.
② 신분소개 및 면접목적, 면접대상 선정 경위 등을 설명하여 신뢰감을 준다.
③ 질문 후에 응답자에게 필요한 시간적 여유를 준다.
④ 면접내용에서 이탈하는 응답이 길어질 경우라도 인내심을 갖고 응답자의 응답을 끝까지 들어준다.

134 다음 중 집합조사법의 장점으로 옳은 것은?

① 타인의 영향을 받을 염려가 없다.
② 설명의 융통성으로 이해가 용이하다.
③ 조사가 간편하다.
④ 오기의 시정이 용이하다.

135 다음 중 집합조사법의 단점으로 옳지 않은 것은?

① 조사표를 잘못 기입하는 경우 시정이 어렵다.
② 한 자리에 모두 집합시키기가 어렵다.
③ 제3자의 영향을 받을 수가 있다.
④ 조사의 회수율이 낮다.

136 다음 중 전화조사법이 갖는 장점이 아닌 것은?

① 피조사자의 접근이 용이하다.
② 조사가 간편하다.
③ 조사기간과 내용이 길어져도 상관없다.
④ 무작위추출이 가능하다.

133.

④ 면접내용에서 이탈된 응답이 길어질 때에는 화제를 돌려 적절한 응답을 얻는다.

134.

집합조사법의 장점: 조사가 간편하고, 비용이 저렴하며, 조사의 설명이나 조건을 표준화할 수 있다.

135.

④ 집합조사법을 한 자리에 모아 놓고 조사표를 배부·회수하는 방법으로 다른 조사법에 비해 회수율이 높다.

136.

③ 조사기간과 내용이 길어질 경우 시간적·경제적으로 비경제적이다.

Answer 133.④ 134.③ 135.④ 136.③

137 다음 설명 중 우편조사법이 갖는 단점으로 옳지 않은 것은?

① 응답자가 피조사자 본인인지 확인하기 어렵다.
② 조사의 회수율이 일반적으로 가장 낮다.
③ 대표성이 낮다.
④ 타인의 영향을 받는다.

137.
④ 집합조사법의 단점에 대한 설명이다.

138 다음 중 투사법에 대한 설명으로 옳은 것은?

① 정확한 응답에 대한 장애요인을 제거하고 피조사자에 자극상황을 제시하여 우회적으로 응답을 얻는 방법이다.
② 개인이 가진 정보의 양과 종류를 파악하여 응답자의 태도를 관찰하는 방법이다.
③ 틀린 답을 여러 개 제시해 놓고 그것을 선택함으로써 응답자의 태도를 관찰하는 것이다.
④ 어떤 문제에 대한 찬성, 반대를 나타내는 문장이나 그림을 나열하고 체크하게 하는 방법이다.

138.
② 정보검사법
③ 오류선택법
④ 단어연상법

139 다음 중 투사법에 대한 설명으로 옳지 않은 것은?

① 신축성이 크다.
② 응답자에게 자극을 줌으로써 우회적으로 응답을 얻어내는 방법이다.
③ 무엇이든 자극으로 사용할 수 있다는 특성을 갖는다.
④ 질문이 조직화되어 있다.

139.
④ 질문이 조직화되지 않아 질문 자체가 모호한 경우 그 응답도 애매모호할 수 있다는 단점이 있다.

140 다음 자료수집방법 중 조사자가 미완성의 문장을 제시했을 때 응답자가 이 문장을 완성시키는 방법은 무엇인가?

① 전화조사
② 관찰조사
③ 내용분석법
④ 투사법

140.

투사법은 응답자에게 어떤 자극을 형성하여 그것에 대한 반응을 살펴 의도나 의향을 파악하는 방법을 말한다. 이 자극으로 사용할 수 있는 도구는 무제한이기 때문에 문장완성, 역할대행, 독서, 그림 그리기, 음악해석, 글쓰기 등 다양한 방법이 있다.

141 다음 아래에서 설명하는 것은 무엇인가?

> 조사대상집단을 온라인 조사에 참여하겠다고 의사를 표시한 사람으로 구성하고, 이 중 일정한 수를 표집하여 실시하는 조사를 말한다.

① 우편조사
② 전자우편조사
③ 회원조사
④ 방문자조사

141.

① 응답자에게 조사자가 질문지를 우송하여 응답하게 한 후 다시 조사자에게 질문지를 우송하여 자료를 수집하는 방법을 말한다.
② 질문지를 텍스트 파일 형식으로 작성하여 응답자에게 e-mail로 송신한 후 응답자의 답변을 수신하여 자료를 수집한다.
④ 인터넷에 개설한 사이트에 질문지를 게시하고 인터넷의 광고를 통해 방문자들을 모집하여 설문에 스스로 참여하는 사람을 대상으로 자료를 수집한다.

142 다음 중 우편조사의 응답률에 영향을 미치는 요인에 대한 설명으로 옳지 않은 것은?

① 질문지의 양식 또는 우송방법에 따라 다를 수 있다.
② 응답률은 어떤 표본집단에서든지 동일하다.
③ 연구주관기관과 지원단체의 성격이 중요하다.
④ 응답에 대한 동기부여가 중요하다.

142.

② 응답률은 학력·성별·나이 등 표본의 성격에 따라 달라진다.

Answer 140.④ 141.③ 142.②

143 다음 중 우편조사 시 취지문이나 질문지 표지에 반드시 포함되지 않아도 되는 사항은?

① 비밀유지보장
② 표본 수
③ 조사기관
④ 조사목적

143.

취지문에서 조사자의 신분을 밝히고 조사의 취지에 대해 설명해야 한다. 또한 응답을 해야 하는 당위성에 대해 설명하고, 응답내용은 비밀로 보장된다는 것을 응답자에게 확실히 알려주어야 한다.

144 다음 중 조사자와 응답자의 분위기가 친숙하게 형성되는 것이 상대적으로 중요하지 않은 것은?

① 집단조사
② 집단면접조사
③ 심층면접조사
④ 면접조사

144.

집단조사는 한 장소에 응답자들을 모아 놓고 질문지를 나누어 준 후 응답자들이 기입하도록 하여 회수하는 방법으로 조사자와 응답자의 분위기가 친숙하게 형성되는 것은 중요하지 않다.

145 다음 중 일반적인 우편조사의 특성으로 옳지 않은 것은?

① 응답자의 익명성과 비밀유지에 대한 확신을 부여하기 쉽다.
② 표본으로 추출된 대상자가 직접 응답하지 않았을 경우 등의 확인이 어렵다.
③ 회수율이 낮으면 표본의 대표성을 확보하기 힘들다.
④ 전화조사보다 조사에 필요한 시간이 통상적으로 길지만 면접조사보다는 짧다.

145.

④ 우편조사는 보통 소요시간을 2~3주 정도로 예상하므로 전화조사나 면접조사보다 길다.

Answer   143.② 144.① 145.④

146 전화조사를 면접조사와 비교했을 때의 장점으로 옳지 않은 것은?

① 조사결과의 타당성이 높다.

② 조사하는 데 걸리는 시간이 짧다.

③ 비용이 적게 든다.

④ 면접자가 영향을 끼치는 것을 통제할 수 있다.

147 다음 중 면접조사의 성패를 좌우하는 것으로 면접자와 응답자 사이의 친밀한 관계를 뜻하는 것은?

① 라포

② 심층면접

③ 신뢰도

④ 프로빙

148 면접조사에 대한 설명으로 옳지 않은 것은?

① 무응답 문항을 줄일 수 있다.

② 면접자에 의한 편의가 발생할 수 있다.

③ 우편조사보다 응답률이 높다.

④ 질문지는 되도록 짧아야 한다.

146.

① 응답자가 답변을 간단하게 하거나 회피할 경우에는 조사결과의 타당성이 낮다.

147.

라포(Rapport) … 친근한 관계라는 의미로 면접을 성공적으로 하기 위하여 면접자가 응답자와 친근한 관계를 유지하는 것을 말한다.

148.

④ 질문지의 길이는 다른 조사보다 약간 길어도 좋다.

149 다음 중 피조사자의 개인별 차이를 무시하여 조사의 타당도가 낮아질 가능성이 있는 조사는 무엇인가?

① 전화조사

② 집단조사

③ 면접조사

④ 우편조사

149.

집단조사의 단점

㉠ 피조사자를 한 장소에 집합시키는 것이 어렵다.

㉡ 피조사자의 개인별 차이를 무시하여 조사의 타당도가 낮아질 가능성이 있다.

㉢ 질문지에 기입을 잘못하면 시정이 힘들다.

㉣ 피조사자 집단이 모집단을 대표할 수 없다.

㉤ 피조사자가 다른 사람으로부터 영향을 받을 수 있다.

Answer 149.②

질문지설계 및 자료처리

section 1 질문지(조사표)설계

1 질문지

(1) 의의

① 조사목적에 맞는 많은 정보를 체계적으로 정리·수집하는 도구로 정보획득과정에서 연구자의 의도를 최대한 반영하는 방향으로 작성되어야 유용한 질문지라 할 수 있다.

② 질문지를 작성할 때에는 조사결과 얻어진 자료를 분석할 수 있는 기법, 필요한 정보의 종류와 측정방법, 분석내용 및 분석방법까지를 모두 고려하여야 한다.

③ 질문지의 완성 시점에서는 이미 조사설계와 분석방법이 결정된 상태로서 조사결과에 대한 개괄적인 방향까지 추정되어 있어야 한다.

> ⓒ Plus tip 질문지의 역사
> 1880년 칼 막스에 의해 프랑스 전역의 노동자를 대상으로 한 노동자실태조사 설문지가 레뷰 소시알리스뗴에 기재되면서 프랑스 전역에 배포되었다.

(2) 질문지의 필요성

① 빠른 시간 안에 핵심적인 정보만을 선별할 수 있다.

② 객관적이고, 솔직하고, 정확한 정보를 입수할 수 있다.

③ 결과의 비교가능성을 높일 수 있다.

(3) 질문지의 구성요소

① 응답자에 대한 협조요청

　㉠ 조사자와 조사기관의 소개, 조사의 취지를 설명함과 동시에 개인적인 응답 항목에 대한 비밀보장을 확신시켜 줌으로써 조사의 응답률을 높인다.

　㉡ 조사자가 직접 면담을 실시할 때는 내용을 구두로 전달하고, 우편으로 조사를 실시할 때는 서신(문장)으로 조사의 취지와 내용에 대하여 협조를 부탁한다.

② **식별자료**: 각 질문지를 구분하기 위한 일련번호, 응답자의 이름, 조사를 실시한 면접자의 이름, 면접일시가 기록되는 부분으로 일반적으로 설문지의 첫 장에 나타난다.

③ **지시사항**: 조사자가 직접 조사를 실시할 경우에 설명을 해줄 수 있는 부분으로, 우편으로 할 경우에는 전체 질문지를 혼자서 충분히 완성시킬 수 있도록 상세하게 작성법을 기록하여야 한다.

 ㉠ **전반적 지시문**: 설문 전반에 걸쳐 준수해야 할 사항
 ㉡ **구체적 지시문**: 문항별로 응답요령을 제시한 지시문
 ㉢ **면접자 지시사항**: 면접방식일 경우 면접자의 구체적 행동 지시사항

④ 필요한 자료의 획득을 위한 문항

⑤ **응답자의 분류를 위한 자료**: 주로 인구통계학적 변수

(4) 질문지의 기능

① **기술**: 질문지는 개인 또는 집단의 특성을 기술해 주는 것으로 사회상황에서 연구대상을 정확하게 기술하면 여러 측면에서 연구자에게 도움이 된다. 예를 들면, 산업현장에서의 종업원 간의 교육수준의 차는 직무내용과 감독의 차별평가를 설명하는 데 도움을 준다.

② **측정**
 ㉠ 개인이나 집단의 변수, 특히 태도를 측정하는 것이다.
 ㉡ 질문서에는 사회적 거리, 인종편견의 정도, 성적 허용성, 불안, 소외감 등의 여러 가지 태도현상을 측정하도록 설계된 문항들이 포함되어 있다.

② 질문지법의 장·단점 [2019 1회]

(1) 장점

① 큰 표본에도 용이하게 적용이 가능하다.

② 비용이 적게 든다.

③ 현장 연구원이 필요없다.

④ 문제에 따라서는 보다 솔직한 응답을 구할 수 있다.

⑤ 응답자가 충분한 시간을 가지고 응답에 신중을 기할 수 있다.

⑥ 질문지를 통해서만 접근이 가능한 사람이 있다.

기출PLUS

기출 2019년 8월 4일 제3회 시행

질문지법에 관한 내용으로 옳지 않은 것은?

① 1차 자료 수집방법에 해당한다.

② 간결하고 명료한 문장을 사용해야 한다.

③ 추상적인 개념에 대해 조작적 정의가 필요하다.

④ 응답자가 조사의 목적을 모르는 상태일 때 사용해야 결과에 신뢰성이 높다.

정답 ④

질문지 작성방법에 관한 설명으로 가장 적합한 것은?

① 질문지는 한번 실시되면 돌이킬 수 없으므로 가능한 많은 양의 정보가 실릴 수 있도록 작성한다.
② 필요한 정보의 종류, 측정방법, 분석할 내용, 분석의 기법까지 모두 미리 고려된 상황에서 질문지를 작성한다.
③ 질문지 작성에는 일정한 원리와 이론이 적용되는 것이므로 이에 대한 내용을 숙지한 후 상당한 시간과 노력을 들여 신중하게 작성한다.
④ 동일한 양의 정보를 담고 있어도 설문지의 분량은 가급적 적어야하기 때문에, 필요한 정보의 획득을 위한 질문문항 외에 다른 요소들은 설문지에 포함시키지 않아야 한다.

설문지 작성의 일반적인 과정으로 가장 적합한 것은?

① 필요한 정보의 결정→개별 항목의 내용결정→질문 형태의 결정→질문 순서의 결정→설문지의 완성
② 필요한 정보의 결정→질문 형태의 결정→개별 항목의 내용결정→질문 순서의 결정→설문지의 완성
③ 개별 항목의 내용결정→필요한 정보의 결정→질문 형태의 결정→질문 순서의 결정→설문지의 완성
④ 개별 항목의 내용결정→질문 형태의 결정→질문 순서의 결정→필요한 정보의 결정→설문지의 완성

정답 ②, ①

(2) 단점

① 무응답률이 높다.

② 질문지에 대한 통제를 제대로 할 수 없다.

③ 생략된 부분의 보충설명이 곤란하다.

④ 응답해야 할 사람이 응답했는지가 의문시된다.

section 2 질문지 작성과정

1 질문지 작성의 의의

(1) 연구목적에 관련된 정보를 수집한다.

(2) 최대의 신뢰성과 타당성을 갖게 하는 데 목적을 둔다.

> 🔖 Plus tip 질문지와 조사표의 차이
> 조사표는 흔히 질문지와 혼용되는데, 질문지는 현지조사에서 조사원이 기입하고 조사표는 피조사자가 기입한다.

2 질문지 작성단계 2018 2회

(1) 질문지 수집방법의 결정

면접자를 사용하여 조사할 것인가 자기기입식 조사를 할 것인가 등을 자료수집방법에서 결정한다. 면접법, 전화조사, 우편조사, 인터넷 조사 중 어떤 방법을 선택할지 결정한다.

(2) 질문내용의 결정

각 분야에 대한 표준화된 질문이나 연구주제를 그대로 사용하거나 직접 자료를 수집하여 충분히 신뢰성·타당성 등을 검토한 후 결정한다.

(3) 질문지 길이의 결정

① 보통 시간으로서 질문지의 길이를 나타낸다.

② 질문지를 작성할 때는 조사범위, 면접조사원의 자질, 면접상황, 조사비용 등을 고려하여 질문지의 전체 길이를 결정한 후 질문지의 작성이 끝나면 임의의 피조사자에게 응답을 시켜보아 너무 길다고 생각되거나 중요하지 않은 질문은 삭제한다.

(4) 질문형태의 결정

① 개방형 질문 `2018 1회` `2019 1회` `2020 1회` : 자유응답형 질문으로 응답자가 할 수 있는 응답의 형태에 제약을 가하지 않고 자유롭게 표현하는 방법이다.

> **예** 현재 구조조정의 가장 심각한 문제는 무엇이라고 생각하십니까?

㉠ 장점

- 연구자들이 응답의 범위를 아는 데 도움이 되어 탐색적 조사연구나 의사결정의 초기단계에서 유용하다.
- 강제성이 없어 다양한 응답이 가능하다.
- 응답자가 상세한 부분까지 언급할 수 있다.
- 대답이 불명확한 경우 면접자가 설명을 요구할 수 있으므로 오해를 제거하고 친밀감을 높일 수 있다.
- 보통 설문지의 첫 번째 질문은 주로 개방형 질문을 이용해 응답자의 관심과 협조를 유도하는 것이 좋다.

㉡ 단점

- 응답의 부호화가 어렵고, 세세한 정보의 부분이 유실될 수 있다.
- 응답의 표현상의 차이로 상이한 해석이 가능하고 편견이 개입된다.
- 무응답률이 높다.
- 통계적 비교 또는 분석이 어렵다.
- 폐쇄형 질문보다 시간이 많이 걸린다.

② 폐쇄형 질문 `2018 1회` `2019 1회` : 사전에 응답할 항목을 연구자가 제시해 놓고 그중에서 택하게 하는 방법이다.

> **예** 당신이 사용하는 통신사는 어디입니까?
> ① SKT   ② KTF   ③ LGT

㉠ 장점

- 채점과 코딩이 간편하다.
- 응답항목이 명확하고 신속한 응답이 가능하다.

기출 PLUS

기출 2018년 3월 4일 제1회 시행

질문지 설계 시 고려할 사항과 가장 거리가 먼 것은?

① 지시문의 내용
② 자료수집방법
③ 질문의 유형
④ 표본추출방법

기출 2018년 3월 4일 제1회 시행

개방형 질문의 특징에 관한 설명으로 틀린 것은?

① 응답자들의 모든 가능한 의견을 얻어낼 수 있다.
② 탐색조사를 하려는 경우 특히 유용하게 이용될 수 있다.
③ 응답내용의 분류가 어려워 자료의 많은 부분이 분석에서 제외되기도 한다.
④ 질문에 대해 중립적인 입장을 가진 사람만을 대상으로 조사하더라도 극단적인 결론이 얻어진다.

기출 2018년 8월 19일 제3회 시행

다음 중 폐쇄형 질문의 단점과 가장 거리가 먼 것은?

① 응답이 끝난 후 코딩이나 편집 등의 번거로운 절차를 거쳐야 한다.
② 응답자들이 말하고자 하는 내용을 보다 구체적으로 도출해 낼 수가 없다.
③ 개별 응답자들의 특색 있는 응답내용을 보다 생생하게 기록해 낼 수가 없다.
④ 각각 다른 내용의 응답이라도 미리 제시된 응답 항목이 한가지로 제한되어 있는 경우 동일한 응답으로 잘못 처리될 위험성이 있다.

정답 ④, ④, ①

질문지를 작성할 때 고려하여야 할 사항과 가장 거리가 먼 것은?

① 관련 있는 질문의 경우 한 문항으로 묶어서 문항수를 줄인다.
② 특정한 대답을 암시하거나 유도해서는 안 된다.
③ 모호한 질문을 피한다.
④ 응답자의 수준에 맞는 언어를 사용한다.

질문지 작성 시 개별질문 내용을 결정할 때 고려해야 할 사항과 가장 거리가 먼 것은?

① 그 질문이 반드시 필요한가?
② 하나의 질문으로 충분한가?
③ 응답자가 응답할 수 있는 질문인가?
④ 조사자가 응답의 결과를 예측할 수 있는가?

정답 ①, ④

• 반송가능성이 높다.
• 구조화되어 있어서 민감한 질문에도 응답을 쉽게 할 수 있다.

ⓒ 단점
• 연구자가 모든 성실한 응답자를 제시하기는 어렵다.
• 태도 측정에 이용될 경우 편향이 발생할 가능성이 높다.
• 몇 개의 한정된 응답지 가운데 선택해야 하므로 응답자의 의견을 충분히 반영하는 것이 곤란하다.
• 응답항목의 배열에 따라 응답내용이 달라지며 주요항목이 빠지는 경우 치명적 오류가 발생한다.

③ **간접질문** : 그 응답이 응답자의 반감을 일으켜 정확한 응답을 회피할 경우 전혀 다른 질문을 하여 그 질문에 대한 반응으로 필요한 정보를 얻는 방법이다.

ⓐ **투사법** : 응답의 장애요인을 피하여 응답자에게 자극을 줌으로써 우회적으로 응답을 얻어내는 방법을 말한다.
ⓑ **오류선택법** : 질문에 대한 틀린 답을 여러 개 나열한 후 그것을 선택하게 함으로써 태도를 관찰하는 방법을 말한다.
ⓒ **정보검사법** : 개인이 가지고 있는 정보의 양과 종류가 응답자의 태도를 결정한다고 보는 방법이다.
ⓓ **토의완성법** : 응답자에게 두 사람의 토의내용을 주고 토의를 완성하도록 하는 방법을 말한다.
ⓔ **단어연상법** : 문제에 대한 찬성 또는 반대를 표시하는 단어·그림·문장을 여러 개 수집하여 체크하는 방법을 말한다.

④ **양자택일형 질문**

ⓐ 두 가지 선택만을 제시하여 하나를 선택하도록 하는 방법을 말한다.

> **예** 당신은 담배를 피우십니까?
> ① 그렇다.　　　　　　　② 그렇지 않다.

ⓑ 장점
• 조사자가 영향을 미치지 않는다.
• 응답자가 대답하기 수월하다.
• 응답처리가 수월하고 면접을 신속히 할 수 있다.
• 집계작업과 편집이 간단하다.

ⓒ 단점
• 응답범위를 제한하여 더 중요한 정보를 잃을 수도 있다.
• 중간의 의견을 가진 사람도 극단적 결론으로 유도될 수 있다. 반드시 극단적이라고 생각되지 않을 경우에는 중간적인 항목이나 '모르겠다'라는 항목을 제시해서 이런 문제를 줄일 수 있다.

⑤ 서열식 질문

　㉠ 어떤 문제에 대한 가능한 응답을 나열해 놓고 중요한 순서, 좋아하는 순서 대로 번호를 기입하는 질문을 말한다.

> 예 승진에 가장 영향을 많이 준다고 생각되는 것에 순위를 1, 2, 3 순서대로 매겨보시오.
>
> (　　) 인간관계　　　　　(　　) 인사고과　　　　　(　　) 학력

　㉡ 응답항목이 너무 많을 경우에 응답자가 판단을 내리기 힘드므로 10개 항목 이내로 하는 것이 좋다.

⑥ 선다형 질문

　㉠ 세 개 이상의 카테고리 중 하나를 응답자가 선택하도록 선택범위를 확대시킨 질문으로 다항선택식 질문이라고도 한다.

> 예 당신은 구직정보를 어떻게 구하십니까?
> ① TV나 신문같은 매스컴　　　② 인터넷 정보사이트
> ③ 구직담당회사　　　　　　　④ 직접 뛰어다닌다.

　㉡ 선택항목은 3 ~ 5개가 적당하고, 가능한 한 논리적이어야 한다.

　㉢ 표현을 구체적으로 하고 중복되지 않도록 해야 한다.

　㉣ 응답의 순서가 중요하다.

　㉤ 하나의 기준을 제시해야 한다.

　㉥ 연구목적에 적합한 응답을 쉽고 정확하게 얻을 수 있도록 한다.

　㉦ 집계 및 분석이 매우 편리하다.

　㉧ 선다형 질문을 만들기 위해서는 대부분 개방형 질문을 통한 탐색조사가 필요하므로 시간과 비용이 많이 든다.

⑦ 체크리스트형 질문 : 일종의 다항선택질문으로 여러 개의 응답내용 중 응답자가 원하는 사항에 체크하게끔 하는 질문형태이다.

> 예 당신이 가장 선망하는 기업을 체크하시오.
> ① 롯데　　　　② 삼성　　　　③ 기아
> ④ 현대　　　　⑤ 두산

기출 PLUS

기출 2021년 3월 7일 제1회 시행

다음과 같은 질문의 형태는?

> 보기
>
> 당신의 학력은 다음 중 어디에 해당 합니까? (　　)
> ㉮ 무학　　　㉯ 초졸
> ㉰ 중졸　　　㉱ 고졸
> ㉲ 대졸　　　㉳ 대학원 이상

① 개방형
② 양자택일형
③ 다지선다형
④ 자유답변형

기출 2018년 8월 19일 제3회 시행

일반적인 질문지 작성원칙과 가장 거리가 먼 것은?

① 질문은 의미가 명확하고 간결해야 한다.
② 한 질문에 한 가지 내용만 포함되도록 한다.
③ 응답지의 각 항목은 상호배타적이어야 한다.
④ 과학적이며 학문적인 용어를 선택해서 사용해야 한다.

정답 ③, ④

⑧ 매트릭스형 질문

㉠ 여러 개의 질문에 대하여 같은 선택항목을 적용할 때 사용할 수 있는 질문이다.

> **예** 010 이동통신 서비스에 대하여 각 항목에 해당하는 번호를 기입하시오.
> ① 매우 불만족 ② 불만족 ③ 보통 ④ 만족 ⑤ 매우 만족
> A/S   (   )
> 통화품질   (   )
> 이용요금   (   )
> 부가 서비스   (   )

㉡ 장점

• 응답을 신속하게 얻을 수 있다.

• 응답자는 다른 질문 문항들에 대한 응답을 비교하기 쉽다.

㉢ 단점 : 질문의 내용을 응답자가 자세히 보지 않고 모든 질문에 유사하게 응답할 수 있다.

⑨ 평정식 질문 : 어떤 질문에 대한 대답의 강도를 요구하는 질문을 말한다.

> **예** 당신의 자기만족도는?
> ① 매우 높다.   ② 높다.   ③ 보통이다.
> ④ 낮다.   ⑤ 매우 낮다.

(5) 개별항목의 완성 `2018 6회` `2019 5회` `2020 1회`

같은 내용의 정보를 얻기 위한 질문에 있어서도 사소한 의미의 변화에 의해서 응답이나 분석결과에 많은 차이를 가져올 수 있기 때문에 연구에 필요한 올바른 자료를 제대로 얻기 위해서라도 적절한 질문을 완성할 필요가 있다.

① 용어의 선택

㉠ 쉽고 정확한 용어를 사용하여야 한다.

㉡ 특히 조사대상이 각계각층에 산재해 있다면 가장 낮은 학력층도 이해할 수 있도록 하여야 한다.

㉢ 전문용어나 여러 가지 의미로 사용될 수 있는 용어는 구체적 의미를 밝히도록 한다.

② 어구 구성상 유의점

㉠ 편향된 질문 : 응답자들에게 어떤 답을 하도록 유도하면 부정확한 정보를 얻게 되므로 편향된 질문을 하지 않도록 주의한다.

㉡ 세트응답 : 일련의 질문들이 내용에 상관없이 일정한 방향으로 응답되어지는 경향에 주의하도록 한다.

기출 2019년 3월 3일 제1회 시행

질문지의 개별 항목을 완성할 때 주의사항으로 옳은 것은?

① 다양한 정보의 획득을 위해 한 질문에 2가지 이상의 요소가 포함되는 것이 바람직하다.

② 질문의 용어는 응답자 모두가 이해할 수 있도록 이해력이 낮은 사람의 수준에 맞춰야 한다.

③ 질문내용에 응답자에 대한 가정을 제시하여 응답편의를 제공하는 것이 바람직하다.

④ 질문지의 용이한 작성을 위해 일정한 방향을 유도하는 문항을 가지는 것이 필요하다.

기출 2019년 4월 27일 제2회 시행

질문지 개별 항목의 내용결정 시 고려해야 할 사항으로 옳지 않은 것은?

① 응답 항목들 간의 내용이 중복되어서는 안 된다.

② 가능한 한 쉽고 의미가 명확하게 구분되는 단어를 사용해야 한다.

③ 연구자가 임의로 응답자에 대한 가정을 해서는 안 된다.

④ 하나의 항목으로 두 가지 이상의 질문을 하여 최대한 문항수를 줄어야 한다.

정답 ②, ④

    ⓒ 유도질문 : 응답자에게 연구자가 어떤 특정한 대답을 원하고 있다는 것을 보여주는 질문을 하지 않도록 한다.

    ⓔ 위협적 질문 : 불법적이거나 비도덕적인 행위에 관한 질문 또는 사회윤리에 크게 벗어나지는 않았으나 죄의식을 가지고 토론되는 질문들을 하지 않도록 한다.

    ⓜ 겹치기 질문 : 하나의 문항 속에 두 개 이상의 질문이 내포되어 있는 질문을 하지 않도록 한다.

③ 가치중립적 용어를 사용하도록 한다.

④ 조사표 전체가 중립적이어야 한다.

⑤ 응답자의 처지를 반영하는 질문은 삼가야 한다.

⑥ 선다형 질문에 있어서는 가능한 한 모든 응답을 제시해 주어야 한다.

⑦ 응답항목들 간의 내용이 중복되어서는 안된다.

⑧ 연구자 임의로 응답자들에 대해 가정해서는 안된다.

⑨ 대답을 유도하는 질문을 해서는 안된다.

(6) 질문지 설계 `2018 1회` `2019 2회` `2020 1회`

질문들을 지면에 배열하는 작업을 질문지의 설계 또는 지면배치라고 한다.

① 배열상의 유의점

    ㉠ 질문들을 서로 밀집해서 배열하지 않도록 한다.

    ㉡ 질문들은 논리적이며 일관성이 있게 배열하도록 한다.

    ㉢ 첫 질문은 가볍고 흥미로운 것으로 한다. 응답자의 사고를 연구주제 쪽으로 유도할 수 있는 문항이 좋다. 보통 개방형 질문이 일반적이다.

    ㉣ 난해한 질문은 중간이나 마지막에 놓도록 한다.

    ㉤ 같은 종류의 질문은 묶고 일반질문은 특별질문 앞에 놓도록 한다.

② 질문의 배열순서

    ㉠ 깔때기형 배열

> **예** • 세계 경제의 전망에 대해서 어떻게 생각하십니까?
> • 귀하께서는 국내 자동차 업계의 구조조정에 대해서 어떻게 생각하십니까?
> • 귀하께서는 자동차를 구매하실 계획이 있습니까?

    • 질문들이 연속적으로 앞의 질문과 관계되어 있으면서 차츰 그 범위를 좁혀 나가는 방식을 말한다.

    • 예상치 않은 응답을 얻기 위한 목적에 적합하다.

기출PLUS

기출 2021년 3월 7일 제1회 시행

설문조사의 질문항목 배치에 대한 설명으로 틀린 것은?

① 민감한 질문이나 주관식 질문은 앞에 배치한다.

② 서로 연결되는 질문은 논리적 순서대로 배치한다.

③ 비슷한 형태로 질문을 계속하면 정형화 된 불성실 응답이 발생할 수 있다.

④ 문항이 담고 있는 내용의 범위가 넓은 것에서부터 점차 좁아지도록 배열하는 것이 좋다.

기출 2020년 8월 23일 제3회 시행

설문지 작성에서 질문의 순서를 결정할 때 고려할 사항이 아닌 것은?

① 시작하는 질문은 쉽고 흥미를 유발할 수 있어야 한다.

② 인적사항이나 사생활에 대한 질문은 가급적 처음에 묻는다.

③ 일반적인 내용을 먼저 묻고, 다음에 구체적인 것을 묻도록 한다.

④ 연상작용을 일으키는 문항들은 간격을 멀리 떨어뜨려 놓는다.

기출 2020년 9월 26일 제4회 시행

다음 중 질문지 문항배열에 대한 고려사항으로 적합하지 않은 것은?

① 시작하는 질문은 쉽게 응답할 수 있고 흥미를 유발할 수 있어야 한다.

② 앞의 질문이 다음 질문에 연상작용을 일으켜 응답에 영향을 미칠 수 있다면 질문들 사이의 간격을 멀리 떨어뜨린다.

③ 응답자의 인적사항에 대한 질문은 가능한 한 나중에 한다.

④ 질문이 담고 있는 내용의 범위가 좁은 것에서부터 점차 넓어지도록 배열한다.

정답 ①, ②, ④

다음 중 질문지법에서 질문항목의 배열순서에 대한 설명으로 틀린 것은?

① 간단한 내용의 질문이라도 응답자들이 응답하기를 주저하는 내용의 질문은 가급적 마지막에 배치해야 한다.

② 부담감 없이 쉽게 응답할 수 있는 단순한 내용의 질문은 복잡한 내용의 질문보다 먼저 제시되어야 한다.

③ 응답자들의 관심을 끌 수 있는 일반적인 내용의 질문은 앞부분에 제시되어야 한다.

④ 비록 응답자들이 응답을 회피하는 항목이라도 개인의 사생활에 관련된 기본항목은 가능한 한 질문지의 시작으로 다루어지는 것이 효과적이다.

ⓛ 역깔때기형 배열

> 예 • 이번 인턴모집의 선발인원은 몇 명입니까?
> • 인턴 채용의 기준은 무엇입니까?
> • 오늘날 같은 불황속에서 구직자에게 요구되는 덕목은 무엇입니까?

• 개별적인 구체적 질문을 먼저하고 광범위한 질문을 나중에 하는 방식을 말한다.
• 특정한 상황에 대한 전반적인 의견을 얻기 위한 목적에 적합하다.

③ **확인사항**: 조사가 끝난 후 응답지를 확인하거나 자료를 분석할 때 참고사항으로 필요하다.

ⓐ 사례번호
• 응답자의 일련번호를 말하는 것으로 응답자를 확인할 때 필요하다.
• 질문지의 맨 첫장 위에 표시한다.

ⓛ 군집번호: 조사하고자 하는 가구들이 군집을 이루고 있을 때 번호를 적어두어야 한다.

ⓒ 면접일자: 현장에서의 조사기간이 일주일을 넘을 때에는 시간에 따라 조사결과가 다소 달라질 수 있기 때문에 면접을 실시한 일자를 적어 놓는 란도 있어야 한다.

ⓔ 응답자의 거주지역은 대체로 농촌, 농사를 짓지 않는 농촌, 소도시, 대도시 등으로 구분한다.

ⓜ 면접원의 번호는 질문지에 기입하도록 한다.

> ☞ Plus tip 질문설계 시 확인사항
> 사례번호, 군집번호, 면접일자, 응답자의 거주지역, 면접원의 번호 등

(7) 질문의 외형결정

실제 조사에 있어서는 똑같은 질문내용에 대해서도 질문지의 외관적인 인상에 따라 응답자의 협조·조사의 진행에 많은 차이가 있다(설문지의 물리적인 외형에도 많은 주의를 기울여야 함). 설문지의 종이질과 인쇄에 있어서도 응답자들이 중요성을 느낄 수 있도록 신경을 써야 한다. 설문지의 크기로 적당한 크기를 선택해야 한다.

(8) 사전조사(pretest) `2018 1회` `2019 1회` `2020 1회`

① 의의 : 질문서의 초안을 작성한 후에 예정 응답자 중 일부를 선정하여 예정된 본 조사와 동일한 절차와 방법으로 질문서를 시험하여 질문이 내용·어구 구성·반응형식·질문순서 등의 오류를 찾아 질문서의 타당도를 높이기 위한 절차이다.

② 목적

  ㉠ 질문 어구의 구성, 문제를 찾아 타당도를 높인다.

  ㉡ 본조사에 필요한 자료수집

  • 응답자의 장소 및 분위기
  • 응답상 필요한 시간
  • 응답자 표본의 크기
  • 현지 관서와의 관계
  • 기타 애로점 및 타개방법 고려

> ☝ Plus tip 예비조사와 사전조사
>
> ㉠ 예비조사(pilot test) : 조사연구 문제의 요소를 정확하게 알지 못한 상태에서 핵심적인 요점과 요소가 무엇인가를 명백히 하기 위하여 실시되는 탐색적 성격의 조사이다.
> ㉡ 예비조사와 사전조사의 차이점
>   • 시간적 측면 : 예비조사는 설문지 작성 전 단계에서, 사전조사는 설문지 작성 후에 실시한다.
>   • 목적 : 예비조사는 조사문제의 규명을 위해, 사전조사는 질문지 작성의 타당성, 신뢰성 검정을 위해서 실시한다.
>   • 형식 : 예비조사는 비조직적 기초조사, 사전조사는 조직적이며 공식적인 조사이다.

(9) 인쇄

사전조사가 끝나 모든 것이 순조로우면 인쇄에 들어가며, 인쇄 시 익명여부의 결정에 유의하여야 한다.

❸ 질문지 적용 및 검증

(1) 질문지의 적용

면접조사법, 집합조사법, 우송(우편)조사법, 전화조사법, 배포조사법 등에 이용된다.

기출 2018년 3월 4일 제1회 시행

다음 중 설문지 사전검사(Pre-test)의 주된 목적은?

① 응답자들의 분포를 확인한다.
② 질문들이 갖고 있는 문제들을 파악한다.
③ 본조사의 결과와 비교할 수 있는 자료를 얻는다.
④ 조사원들을 훈련한다.

기출 2020년 9월 26일 제4회 시행

설문조사에서 사전조사(pilot test)에 관한 설명으로 옳은 것은?

① 기초적인 자료가 확보되지 않은 상태에서 이루어지는 조사이다.
② 응답자들이 조사내용을 분명히 이해할 수 있는지의 여부를 확인하기 위해 실시되는 조사이다.
③ 검증해야 할 가설을 찾아내기 위해 실시하는 조사이다.
④ 사전조사에 참여한 응답자들이 실제 연구에 참여해도 된다.

정답 ②, ②

(2) 질문지의 검증

① **신뢰도의 검증**

　㉠ **신뢰도** : 하나의 질문지에서 얻은 조사결과가 뒤따르는 조사자에 의한 조사에 서도 일관성 있게 반복되는 결과가 나타나는 경우를 말한다.

　㉡ **유의사항**

　　• 표본추출과정과 첫 번째 표본추출 모집단에 대해 정확히 알아야 한다.

　　• 문항에서 질문하는 바가 무엇인지 명확해야 한다.

　　• 같은 방법으로 모든 질문지를 집행한다.

② **타당도의 검증**

　㉠ **타당도** : 측정하고자 하는 사항을 측정했는지에 대한 문제이다.

　㉡ **검증방법**

　　• 교차질문의 방법 : 유사한 두 개의 질문을 동일한 질문지에서 다른 위치에 배 치하여 응답이 동일하게 나오는지 비교하는 것과 신뢰도와 타당도에 대해서 독자적인 자료로 검증할 수 있는 질문문항을 넣고 응답자의 응답비교로 검증 하는 것 두 가지가 있다.

　　• 질문지의 사전검사 방법 : 예정된 응답자 중 대표할 응답자를 일정 수의 부분 표본으로 뽑아 예비질문지에 응답하도록 하여 응답결과를 검토해서 질문지의 타당성을 검토하는 것이다.

section **3** 　**자료의 정리 · 보완**

1 자료정리 · 편집

(1) 의의

① **자료정리** : 자료를 분석에 이용할 수 있는 형태로 정리하는 것으로 편집과 부호화 로 나뉘어지는 것을 말한다.

② **자료편집** : 자료처리의 1단계로서 수집된 자료를 검토하여 오기, 누락, 흘려 쓴 것 등을 시정하는 것으로 자료를 분명하고 일관성 있게 하는 데 그 목적을 둔다.

(2) 자료정리의 순서

① **자료의 내용검토** : 수집된 각각의 질문지들이 분석에 이용될 수 있을 정도로 완 전한 응답을 얻어냈는가를 검토한다.

② **자료의 편집**: 채택된 질문지의 각각의 항목에 대한 응답을 일정기준에 의하여 분류함으로써 보다 정확한 자료를 얻으려는 과정이다.

③ **부호화**: 각 항목별로 응답에 해당하는 숫자나 기호를 부여하여 코딩집을 작성한 후 이에 따라 코딩지에 코딩하는 작업이다.

④ **천공 및 검공**: 기호화된 자료들을 분석에 이용하는 계산기에 맞는 형태로 천공 또는 입력하는 작업이다.

⑤ **제표**: 내용검토, 편집, 부호화 그리고 천공 및 검공절차에 따라 입력매개체가 작성되면 결과를 제표한다.

(3) 자료의 편집

① **자료편집의 조건**

　㉠ **정확성**: 면담자의 편견이 포함되어 있거나 조작된 자료를 찾아내야 한다.

　㉡ **완결성**: 응답되지 않은 항목에 대하여 가능한 한 편집과정에서 완결하도록 하며 이러한 과정을 통해서도 자료가 얻어지지 않은 경우에는 이를 미취득 자료로 처리하여 조사에서 삭제한다.

　㉢ **일관성**: 자료수집 후 바로 현장에서 자료를 살펴봄으로써 잘못 기록된 것을 지적하여 오차를 줄일 수 있도록 하는 것으로 논리적 일관성, 개념적 일관성, 관리적 일관성을 근거로 하여 자료를 편집한다.

② **편집의 과정**: 현지조사원에 의해 이루어지는 자료의 검토와 편집자에 의해 이루어지는 자료의 정리가 있다.

　㉠ **자료의 검토**
　　• 하루의 조사가 끝난 후 그날 회수한 질문지에 대해 이루어진다.
　　• 조사 책임량을 마치고 조사원이 돌아오기 직전에 행한다.

　㉡ **자료의 정리**
　　• 1단계: 전체 편집과정에서 가장 중요한 단계로 현지조사원이 돌아왔을 때 그 면전에서 실시한다.
　　• 2단계: 현지조사원이 할당된 조사를 완료하면서 실시한다.
　　• 3단계: 조사본부로 돌아오기 직전에 현지조사원이 전반적인 재검토를 해보는 것이다.

③ **누락된 정보의 편집**

　㉠ 지나치게 개인적인 질문이나, 수입·지출과 같이 대답하기 어려운 질문, 지식이 부족해 답하기 어려운 질문의 경우 등 응답자가 응답을 거부하는 경우 발생한다.

　㉡ **누락된 정보의 처리방법**: 누락된 정보를 그대로 두거나 누락된 정보에 일정 값을 부여해 삭제하는 방법이 있다.

> **♡ Plus tip 자료의 검토**
> 조사표의 세부적 사항 등을 검토하고 조사가 끝난 후 질문이 있는지를 알아보고 피면접자 수를 확인한다.

❷ 부호화(coding)

(1) 의의

분류범주를 정하여 이에 해당하는 숫자나 기호를 질문응답의 분류 카테고리에 맞게 부호로 대치하는 것으로, 기호화라고도 한다.

(2) 부호화할 경우 유의할 점

① 한 칸에는 한 숫자만을 기록해야 천공이 가능하다.

② 가능한 0에서 9까지 수로 코딩한다.

③ 숫자로 응답된 자료를 처리할 때 단위가 가장 큰 수치를 고려하여 칸을 배정한다.

④ 모든 항목을 분석 가능한 숫자로만 표현해야 분석이 용이하다.

⑤ 순서에 따라 자료에 충실히 코딩하며 일관성 있게 부호화한다.

(3) 부호화의 종류

① **연속코드**(sequence code) : 일정 기준으로 코딩될 항목을 배열해 놓고 이들에게 순차적으로 일련번호를 부여하는 것이다.

② **블록코드**(block code) : 연속되는 부호나 숫자를 몇 개의 블록으로 분류한 다음 다시 공통된 특징을 갖는 일단의 항목으로 각 블록별 또는 항목별에 따라 부호를 부여하는 것을 말한다.

③ **유의수 코드**(significant digit code)
  ㉠ 코딩 대상의 속성에 따라 부호나 숫자를 그대로 부호화하는 것을 말한다.
  ㉡ 면적, 거리, 중량, 광도 등의 물리적 수치를 그대로 부호로 사용할 수도 있다.

④ **집단분류 코드**(group classification code)
  ㉠ 항목을 성격에 따라서 대·중·소 분류로 나누고 각 분류에 따라 부호행수를 증가시켜 각 수치가 소속되는 집단을 명확히 하는 방법을 말한다.
  ㉡ 자료처리에 적합하며 부호의 내용을 알아보기 쉬우나 부호의 수치가 많다.

⑤ 연상 기호 코드(mnemonic code)

  ⊙ 문자나 숫자 또는 양자를 조합하여 부호를 매기는 방법이다.

  ⓛ 부호에 종류명을 삽입하여 그 부호를 쉽게 이해할 수 있고 기억하기 쉽다.

⑥ 식별코드(identification code) : 수집된 자료의 사례와 변수를 각각 식별해 분석상의 편의를 위해 일정한 숫자나 부호를 각각에 부여하는 것을 말한다.

> 💡 Plus tip 미시간 대학의 사회과학연구소의 분류
> 사실적 혹은 목록부호, 묶음부호, 범위부호, 기하학적 부호, 조합 혹은 유형부호, 척도, 연속부호, 준거틀 부호 등이 있다.

(4) 부호화를 위한 지침작성

조사자료에서의 변수의 위치와 속성을 설명할 수 있는 천공을 기술하는 문서로, 천공을 위해 응답을 정리하는 코더를 안내할 뿐만 아니라 연구자에게 변수의 위치를 알려준다.

> 예 설문지와 부호화의 예
> 1. 다음 중 귀하가 현재 살고 있는 집의 주거형태는 어디에 해당합니까?
>   ① 아파트   ② 단독주택
>   ③ 다세대주택
> 2. 귀하는 가전제품을 주로 어디에서 구입하십니까?
> (가장 많이 이용하는 곳을 두 곳만 순서대로 기입해 주십시오.)
>   ① 백화점   ② 대리점
>   ③ 할인매장   ④ 연금매장
>   ⑤ 기타
> 위의 설문지를 코딩하기 위한 코딩집은 다음과 같다.

항목번호	변수번호	카드번호	칸번호	FORMAT	변수명	응답항목	기타
0	1	1	1 − 3	F3.0	일련번호		
1	2	1	5	F1.0	주거형태	① 아파트 ② 단독주택 ③ 다세대주택	
2	3	1	6 − 8	F3.0	구매장소	① 백화점 ② 대리점 ③ 할인매장 ④ 연금매장 ⑤ 기타	

(5) 항목의 의미

① **항목번호** : 질문의 일련번호로서 설문지를 구별하기 위한 식별번호를 우선 코딩
하게 되므로 항목번호 0이 최초에 나타난다.

② **변수번호** : 한 항목에서 두 가지 이상의 자료를 얻어내어 처리하기 위한 것으로
항목번호와는 별개의 일련번호를 부여받는다.

③ **카드번호** : 자료의 코딩 및 입력 시 대개 한 줄에 80칸이 이용되며, 설문지의 자
료가 80칸을 초과하는 경우에는 각 줄을 구분하는 번호를 부여하여 설문지를
두 줄 이상 이용한다.

④ **칸 번호** : 해당 줄에서 각 자료들이 차지하는 칸의 위치를 표시한다.

> **⚘ Plus tip　F형식**
> 정수와 소수형의 자료를 처리하기 위한 형식으로 예를 들어 nFa.b라 했을 때
> a는 읽혀야 할 자료의 칸 수이며, b는 앞의 a칸의 자료 중 소수점 아래의 수치
> 가 몇 개인가를 나타내 준다. 또한 n은 중복되어 처리될경우 중복된 자료의 수
> 를 나타낸다.

⑤ **자료의 형식** : 위의 칸에 나타난 자료를 컴퓨터가 읽어들이는 형식으로 일반적으
로 F형식을 널리 사용하고 있다.

⑥ **변수명** : 변수별로 부여하는 이름으로 SPSS에서 variable label로 처리되는 부
분이다.

⑦ **응답항목** : 각 변수마다 가능한 응답항목으로 SPSS에서는 value label로 처리되
는 부분이다. 자료가 잘못된 경우일 때 이 칸에 9999와 같은 missing value를
표시한다.

❸ 천공 및 검공

(1) 천공

① **의의** : 자료처리 과정에서 코딩이 완료되면 입력매개체에 조사표의 내용을 모두
기록하는 것을 말한다.

② **종류**
　　㉠ **네모꼴천공** : Hollerith가 한 IBM계의 천공이다.
　　㉡ **원형천공** : Powers의 R. R계의 것이다.

③ 천공카드의 설계
  ㉠ 의의: 기계에 의해 자료가 처리되기 전에 사용할 카드의 양식을 정해 필요한
     항목의 행 수와 배열순서를 정한다.
  ㉡ 카드 설계의 과정
    • 통계표 작성에 이용되는 항목을 선정한다.
    • 항목에 소요되는 카드의 행 수를 정한다.
    • 카드상에 항목들을 배열할 순서를 정한다.

(2) 검공

천공기의 착오 유무를 검사하는 것을 말한다.

(3) 자료의 생성

천공·검공 절차에 따라 입력 매개체가 작성되는 과정을 말한다.

2020. 8. 23. 제3회

1 설문지 작성에서 질문의 순서를 결정할 때 고려할 사항이 아닌 것은?

① 시작하는 질문은 쉽고 흥미를 유발할 수 있어야 한다.

② 인적사항이나 사생활에 대한 질문은 가급적 처음에 묻는다.

③ 일반적인 내용을 먼저 묻고, 다음에 구체적인 것을 묻도록 한다.

④ 연상작용을 일으키는 문항들은 간격을 멀리 떨어뜨려 놓는다.

1.

② 인적사항이나 사생활과 같은 인구사회학적 특성 등 민감한 질문 등은 가급적 질문지 뒤로 보내는 것이 좋다.

2020. 8. 23. 제3회

2 다음 중 질문지 작성 시 요구되는 원칙이 아닌 것은?

① 규범성

② 간결성

③ 명확성

④ 가치중립성

2.

질문지 작성 시 ② 간결성(부연설명이나 단어 중복 피하기), ③ 명확성(모호한 질문 피하기), ④ 가치중립성(특정 대답을 암시하거나 유도하지 말기), 적정한 언어 사용, 단순성, 규범적인 응답 억제, 응답자 자존심 보호와 함께 완전한 문장으로 구성되어야 한다.

2020. 8. 23. 제3회

3 다음 중 개방형 질문의 특징이 아닌 것은?

① 자료처리를 위한 코딩이 쉬운 장점을 갖는다.

② 예기치 않은 응답을 발견할 수 있다.

③ 자세하고 풍부한 응답내용을 얻을 수 있다.

④ 탐색조사에서 특히 유용한 질문의 형태이다.

3.

개방형 질문은 주관식 질문 형태로서 자세하고 풍부한 응답 내용을 얻을 수 있으며, 예상하지 못했던 응답을 발견할 수 있기에 예비조사나 탐색조사 목적으로 유용하다. 하지만 다양한 응답 내용으로 인해 폐쇄형 질문(＝객관식 질문)에 비해 자료처리 코딩이 어렵다.

Answer　　1.② 2.① 3.①

4 다음 중 특정 연구에 대한 사전 지식이 부족할 때 예비조사 (pilot test)에서 사용하기 가장 적합한 질문유형은?

① 개방형 질문   ② 폐쇄형 질문
③ 가치중립적 질문 ④ 유도성 질문

4.

개방형 질문은 가능한 응답 범주를 모두 알 수 없을 경우에 주로 사용하며, 연구자가 전혀 예상하지 못했던 응답을 얻을 수 있다. 그렇기에 예비조사 목적으로 사용할 경우 유용하다.

5 질문지법에 관한 내용으로 옳지 않은 것은?

① 1차 자료 수집방법에 해당한다.
② 간결하고 명료한 문장을 사용해야 한다.
③ 추상적인 개념에 대해 조작적 정의가 필요하다.
④ 응답자가 조사의 목적을 모르는 상태일 때 사용해야 결과에 신뢰성이 높다.

5.

응답자에게 조사목적을 알려주면 응답자가 답변을 회피하거나 왜곡할 가능성이 있을 때, 응답자에게 조사목적을 알려주지 않게 되지만, 이 경우, 해석이 어렵고 주관적 해석이 될 가능성이 커지므로 신뢰성이 낮아진다.

6 다음의 질문 문항의 문제점은?

지난 3년 동안 귀댁의 가계지출 중 식생활비와 문화생활비는 각각 얼마였습니까?
〈식생활비〉 주식비 (   )원, 부식비 (   )원,
        외식비 (   )원
〈문화생활비〉 신문·잡지 구독비 (   )원,
        전문 서적비 (   )원, 영화·연극비 (   )원

---

① 대답을 유도하는 질문을 하였다.
② 연구자가 임의로 응답자에 대한 가정을 하였다.
③ 응답자에게 지나치게 자세한 응답을 요구했다.
④ 응답자가 정확한 대답을 모르는 경우에는 중간값을 선택하는 경향을 간과했다.

6.

가계지출 가운데 식생활비와 문화생활비의 금액만 필요한데 필요 없는 사적인 세분한 부분까지 답변을 요구하게 한다. 이는 응답자에게 지나치게 자세한 응답을 요구하는 것으로 적절한 질문 문항이 아니다.

Answer   4.① 5.④ 6.③

7 질문 문항의 배열에 관한 설명으로 옳은 것은?

① 특수한 것을 먼저 묻고 일반적인 것은 나중에 배열한다.
② 개인의 사생활에 대한 것이나 민감한 내용은 먼저 배열한다.
③ 시작하는 질문은 흥미를 유발하는 것으로 쉽게 응답할 수 있는 것으로 배열한다.
④ 문항이 담고 있는 내용의 범위가 좁은 것에서부터 점차 넓어지도록 배열한다.

7.
① 응답자가 단순하고 흥미를 느낄 수 있는 질문으로 시작해야 한다.
② 응답자들에 대한 사회경제적 및 인구 통계적 정보 등은 사적이면서 민감한 부분들이므로 가장 뒷부분에 위치시키는 것이 좋다.
④ 문항이 담고 있는 내용의 범위는 넓은 범위부터 점점 세분적으로 배열한다.

8 질문지 개별 항목의 내용결정 시 고려해야 할 사항으로 옳지 않은 것은?

① 응답 항목들 간의 내용이 중복되어서는 안 된다.
② 가능한 한 쉽고 의미가 명확하게 구분되는 단어를 사용해야 한다.
③ 연구자가 임의로 응답자에 대한 가정을 해서는 안 된다.
④ 하나의 항목으로 두 가지 이상의 질문을 하여 최대한 문항수를 줄여야 한다.

8.
질문지는 하나의 항목으로 두 가지 이상의 질문을 담지 말아야 한다.

9 다음 중 질문지의 구성요소로 볼 수 없는 것은?

① 식별자료
② 지시사항
③ 필요정보 수집을 위한 문항
④ 응답에 대한 강제적 참여 조항

9.
응답에 대한 강제적 참여 조항은 질문지 구성 요소에 해당하지 않는다.

Answer　7.③ 8.④ 9.④

10 다음 질문항목의 문제점으로 가장 적합한 것은?

귀하의 고향은 어디입니까?			
서울특별시	( )	부산광역시	( )
대구광역시	( )	인천광역시	( )
광주광역시	( )	대전광역시	( )
울산광역시	( )	세종특별자치시	( )
경기도	( )	강원도	( )
충청북도	( )	충청남도	( )
전라북도	( )	전라남도	( )
경상북도	( )	경상남도	( )
제주특별자치도	( )	외국	( )

① 간결성 결여
② 명확성 결여
③ 포괄성 결여
④ 상호배제성 결여

11 다음 중 질문지법에서 질문항목의 배열순서에 대한 설명으로 틀린 것은?

① 간단한 내용의 질문이라도 응답자들이 응답하기를 주저하는 내용의 질문은 가급적 마지막에 배치해야 한다.
② 부담감 없이 쉽게 응답할 수 있는 단순한 내용의 질문은 복잡한 내용의 질문보다 먼저 제시되어야 한다.
③ 응답자들의 관심을 끌 수 있는 일반적인 내용의 질문은 앞부분에 제시되어야 한다.
④ 비록 응답자들이 응답을 회피하는 항목이라도 개인의 사생활에 관련된 기본항목은 가능한 한 질문지의 시작으로 다루어지는 것이 효과적이다.

10.

고향이라는 단어의 정의가 명확하지 않다.(= 명확성 결여)

11.

④ 응답자들에 대한 사회경제적 및 인구 통계적 정보 등은 사적이면서 민감한 부분들이므로 가장 뒷부분에 위치시키는 것이 좋다.

Answer 　10.② 11.④

12 폐쇄형 질문의 응답범주 작성원칙으로 옳은 것은?

① 범주의 수는 많을수록 좋다.

② 제시된 범주가 가능한 모든 응답범주를 다 포함해야 한다.

③ 관련된 현상 중 가장 중요한 것만 범주로 제시한다.

④ 제시된 범주들 사이에 약간의 중복은 있어도 무방하다.

12.

① 너무 많은 범주의 수는 적당하지 않다.

③ 제시된 범주는 가능한 모든 응답범주를 다 포함하여야 한다.

④ 응답 항목 간의 내용이 중복되어서는 안 된다.

13 질문지의 개별 항목을 완성할 때 주의사항으로 옳은 것은?

① 다양한 정보의 획득을 위해 한 질문에 2가지 이상의 요소가 포함되는 것이 바람직하다.

② 질문의 용어는 응답자 모두가 이해할 수 있도록 이해력이 낮은 사람의 수준에 맞춰야 한다.

③ 질문내용에 응답자에 대한 가정을 제시하여 응답편의를 제공하는 것이 바람직하다.

④ 질문지의 용이한 작성을 위해 일정한 방향을 유도하는 문항을 가지는 것이 필요하다.

13.

응답자의 수준에 맞는 적절한 수준의 용어와 평이한 언어를 사용하여 즉각적으로 응답이 나올 수 있도록 유도한다.

14 설문지 작성과정 중 사전검사(pre-test)를 실시하는 이유와 가장 거리가 먼 것은?

① 연구하려는 문제의 핵심적인 요소가 무엇인지 확인한다.

② 응답이 한쪽으로 치우치지 않는지 확인한다.

③ 질문 순서가 바뀌었을 때 응답에 실질적 변화가 일어나는지 확인한다.

④ 무응답, 기타응답이 많은 경우를 확인한다.

14.

연구하려는 문제의 핵심적인 요소가 무엇인지를 확인하기 위해서 실시하는 것은 본 설문검사에 해당한다.

사전검사는 본 검사에 앞서, 설문지 문항이나 질문 순서, 응답의 문제(무응답, 치우친 응답 등)가 있는지를 확인하는 것이 목적이다.

Answer   12.② 13.② 14.①

15 질문지 작성 시 개별질문 내용을 결정할 때 고려해야 할 사항과 가장 거리가 먼 것은?

① 그 질문이 반드시 필요한가?

② 하나의 질문으로 충분한가?

③ 응답자가 응답할 수 있는 질문인가?

④ 조사자가 응답의 결과를 예측할 수 있는가?

15.

질문지의 질문 문항이 굳이 조사자가 결과를 예측할 수 있어야 될 필요는 없다.

16 일반적인 질문지 작성원칙과 가장 거리가 먼 것은?

① 질문은 의미가 명확하고 간결해야 한다.

② 한 질문에 한 가지 내용만 포함되도록 한다.

③ 응답지의 각 항목은 상호배타적이어야 한다.

④ 과학적이며 학문적인 용어를 선택해서 사용해야 한다.

16.

질문지의 용어는 누구나 이해할 수 있도록 쉽고 정확한 용어를 사용하여야 하며, 전문용어나 여러 가지 의미로 사용될 수 있는 용어는 구체적 의미를 밝히도록 한다.

17 다음 중 폐쇄형 질문의 단점과 가장 거리가 먼 것은?

① 응답이 끝난 후 코딩이나 편집 등의 번거로운 절차를 거쳐야 한다.

② 응답자들이 말하고자 하는 내용을 보다 구체적으로 도출해 낼 수가 없다.

③ 개별 응답자들의 특색 있는 응답내용을 보다 생생하게 기록해 낼 수가 없다.

④ 각각 다른 내용의 응답이라도 미리 제시된 응답 항목이 한가지로 제한되어 있는 경우 동일한 응답으로 잘못 처리될 위험성이 있다.

17.

폐쇄형 질문은 사전에 응답할 항목을 연구자가 제시해 놓고 그 중에 택하게 하는 방법으로 응답 후 코딩이나 편집이 개방형 질문에 비해 간편하다.

Answer   15.④ 16.④ 17.①

18 질문지 문항 작성 원칙에 부합하는 질문을 모두 고른 것은?

> ㉠ 정장과 캐쥬얼 의상을 파는 상점들은 경쟁이 치열합니까?
>
> ㉡ 무상의료제도를 시행한다면, 그 비용은 시민들이 추가적으로 부담하여야 한다고 생각하십니까, 아니면 다른 분야의 예산을 줄여 충당해야 한다고 생각하십니까?
>
> ㉣ 귀하는 작년 여름에 해운대해수욕장에 가 보신 적이 있으십니까?
>
> ㉤ 귀하는 귀하의 직장에서 받는 임금수준에 대해 만족하십니까?

① ㉠, ㉡
② ㉡, ㉢
③ ㉢, ㉣
④ ㉠, ㉣

19 다음 중 질문문항의 배열에 관한 설명으로 틀린 것은?

① 시작하는 질문은 응답자의 흥미를 유발하는 곳으로 쉽게 대답할 수 있는 것으로 한다.
② 개인의 사생활과 같이 민감한 질문은 가급적 뒤로 돌린다.
③ 특수한 것을 먼저 묻고, 일반적인 것을 그 다음에 질문한다.
④ 논리적인 순서에 따라 배열함으로써 응답자 자신도 조사의 의미를 찾을 수 있도록 한다.

18.

㉠ '경쟁이 치열하다'는 의미에 대해 명확히 제시하여 된다.
㉡ '무상의료제도를 시행한다면'과 같이 가정적인 질문은 피해야 한다.

19.

일반적이고 포괄적인 질문은 앞에 배치하고, 구체적이고 민감한 질문은 뒤에 배치한다.

Answer 18.③ 19.③

20 다음에 제시된 설문지 질문유형의 특징이 아닌 것은?

> 귀하는 이번 대통령 선거에서 특정 후보를 선택하는 이유를 자유롭게 작성해 주시기 바랍니다.
> (   )

① 탐색적인 연구에 적합하다.
② 질문내용에 대한 연구자의 사전지식을 많이 필요로 하지 않는다.
③ 응답자에게 창의적인 자기표현의 기회를 줄 수 있다.
④ 응답자의 어문능력에 관계없이 이용이 가능하다.

21 질문지 작성의 일반적인 과정을 바르게 나열한 것은?

> ㉠ 필요한 정보의 결정
> ㉡ 자료수집방법 결정
> ㉢ 개별항목 결정
> ㉣ 질문형태 결정
> ㉤ 질문의 순서 결정
> ㉥ 초안완성
> ㉦ 사전조사(Pretest)
> ㉧ 질문지 완성

① ㉠→㉡→㉢→㉣→㉤→㉥→㉦→㉧
② ㉠→㉤→㉡→㉣→㉢→㉥→㉦→㉧
③ ㉠→㉣→㉢→㉡→㉤→㉥→㉦→㉧
④ ㉠→㉡→㉣→㉢→㉤→㉥→㉦→㉧

20.

개방형 질문은 주관식 문항으로 응답자가 어문능력이 부족하면 상이한 해석이 가능할 수 있으므로 적당하지 않다.

21.

질문지 작성 과정: 필요한 정보의 결정→자료수집방법 결정→질문형태 결정→개별항목 결정→질문의 순서 결정→초안완성→사전조사→질문지 완성

Answer 20.④ 21.④

22 질문지를 작성할 때 고려하여야 할 사항과 가장 거리가 먼 것은?

① 관련 있는 질문의 경우 한 문항으로 묶어서 문항수를 줄인다.

② 특정한 대답을 암시하거나 유도해서는 안 된다.

③ 모호한 질문을 피한다.

④ 응답자의 수준에 맞는 언어를 사용한다.

22.

질문지를 작성할 때 문항수가 적다고 해서 좋은 질문지 작성방법은 아니다. 따라서 무조건 한 문항으로 묶어서 질문지를 작성할 필요는 없다.

23 다음 질문문항의 주된 문제점에 해당하는 것은?

> 여러 백화점 중에서 귀하가 특정 백화점만을 고집하여 간다고 한다면 그 주된 이유는 무엇입니까?

① 단어들의 뜻이 명확하지 않다.

② 하나의 항목에 두 가지 질문 내용이 포함되어 있다.

③ 지나치게 자세한 응답을 요구하고 있다.

④ 임의로 응답자들에 대한 가정을 두고 있다.

23.

특정 백화점을 고집하여 가는 응답자로 전제하고 하는 질문이다.

24 개별적인 질문이 결정된 이후 응답자에게 제시하는 질문순서에 관한 설명으로 틀린 것은?

① 특수한 것을 먼저 묻고 그 다음에 일반적인 것을 질문하도록 하는 것이 좋다.

② 연상 작용이 가능한 질문들의 간격은 멀리 떨어뜨리는 것이 좋다.

③ 개인 사생활에 관한 질문과 같이 민감한 질문은 가급적 뒤로 배치하는 것이 좋다.

④ 질문은 논리적인 순서에 따라 자연스럽게 배치하는 것이 좋다.

24.

일반적이고 포괄적인 질문은 앞에 배치하고, 구체적이고 민감한 질문은 뒤에 배치한다.

Answer 22.① 23.④ 24.①

25 질문지 설계 시 고려할 사항과 가장 거리가 먼 것은?

① 지시문의 내용
② 자료수집방법
③ 질문의 유형
④ 표본추출방법

25.

질문지 설계 시 표본추출방법은 고려되지 않는다.

26 다음 중 설문지 사전검사(Pre-test)의 주된 목적은?

① 응답자들의 분포를 확인한다.
② 질문들이 갖고 있는 문제들을 파악한다.
③ 본조사의 결과와 비교할 수 있는 자료를 얻는다.
④ 조사원들을 훈련한다.

26.

설문지의 사전검사를 통해 설문을 시작하기 전에 설문지 문제들을 파악할 수 있다.

※ **설문지 사전조사**: 질문서의 초안을 작성한 후에 예정 응답자 중 일부를 선정하여 예정된 본 조사와 동일한 절차와 방법으로 질문서를 시험하여 질문의 내용, 어구구성, 반응형식, 질문순서 등에 있어 오류가 있는지를 찾아 질문서의 타당도를 높이기 위한 절차이다.

27 개방형 질문의 특징에 관한 설명으로 틀린 것은?

① 응답자들의 모든 가능한 의견을 얻어낼 수 있다.
② 탐색조사를 하려는 경우 특히 유용하게 이용될 수 있다.
③ 응답내용의 분류가 어려워 자료의 많은 부분이 분석에서 제외되기도 한다.
④ 질문에 대해 중립적인 입장을 가진 사람만을 대상으로 조사하더라도 극단적인 결론이 얻어진다.

27.

개방형 질문은 자유응답형 질문으로 응답자가 할 수 있는 응답의 형태에 제약을 가하지 않고 자유롭게 표현하는 방법으로 다양한 응답이 가능하기 때문에 극단적인 결론을 얻기 어렵다.

28 특정연구에 대한 사전지식이 부족할 때 예비조사 또는 사전조사(Pretest)에서 사용하기에 적절한 질문의 유형은?

① 개방형 질문
② 폐쇄형 질문
③ 가치중립적 질문
④ 유동성 질문

29 질문하기 어려운 사항을 응답자가 인식하지 못하는 사이에 순차적으로 질문하여 대답을 얻어내는 질문방식은 무엇인가?

① 선택식 질문
② 계통식 질문
③ 개방식 질문
④ 평정식 질문

30 다음의 질문방식은 어디에 속하는가?

> 금년 생활수준은 작년에 비하여 개선되었다고 생각하십니까?

① 서열식 질문 　　　② 평정식 질문
③ 다항선택식 질문 　④ 체크리스트

31 다음 중 질문지 작성 시 요구되는 원칙이 아닌 것은?

① 규범성
② 간결성
③ 명확성
④ 가치중립성

28.
개방형 질문은 질문에 대한 선택 가능한 응답을 제시하지 않고 응답자로 하여금 자유로이 답변하도록 하는 것으로 사전조사에 적절하다.

29.
② 조사자의 치밀한 준비가 필요한 질문방식이다.

30.
평정식 질문은 제시된 답이 연속성을 띠며 정도를 알아내려는 방식이다.

31.
① 질문지 작성에 규범적 성질은 없다.

Answer　28.① 29.② 30.② 31.①

32 사전검사(Pretest)의 목적이라고 할 수 없는 것은?

① 설문지의 확정
② 실시조사관리의 점검
③ 사후조사결과와 비교
④ 조사업무량의 조정

32.

③ 사전검사는 본조사를 위한 예비조사일 뿐이다.

33 다음의 설문사항은 질문지 작성원칙 중 어느 것에 가장 충실했는가?

> 현재 우리나라가 당면하고 있는 경제위기의 원인 중 노사분규가 경제위기에 얼마나 영향을 미쳤다고 생각하는가?

① 단순성
② 가치중립성
③ 적절한 언어구사
④ 명확성

33.

경제위기의 원인 중 하나인 노사분규라는 구체적인 개념을 사용했으므로 문제의 질문을 정확히 표현했다.

34 폐쇄형 질문의 사용이 적합한 경우는?

① 예비조사서
② 응답범주가 너무 많을 경우
③ 모든 가능한 응답범주를 모를 경우
④ 질문의 의미를 명확하게 전하고자 할 경우

34.

폐쇄형 질문은 응답자로부터 나올 수 있는 답을 미리 설정, 제시하여 응답자로 하여금 제시된 답 중에서 선택하게 하는 것이다.

Answer 32.③ 33.④ 34.④

35 다음 중 서열식 질문에 대한 설명으로 옳은 것은?

① 문제에 대한 대답의 강도를 유도할 때 사용되는 질문방식이다.

② 집중면접방식에 의해 개방형 질문을 대화식으로 전개시키는 질문방식이다.

③ 응답가능한 모든 답을 중요한 순서, 좋아하는 순서, 옳은 순서 등으로 나열해 놓은 것이다.

④ 가능한 답을 여러 개 나열하여 그 중 선택하도록 하는 질문방식이다.

35.
① 평정식 질문
② 개방식 질문
④ 다항선택식 질문

36 다음 중 서열식 질문에 대한 설명으로 옳지 않은 것은?

① 단어나 문장을 항목으로 할 수 있다.

② 어떤 문제에 대한 가능한 대답을 모두 나열한 후 옳거나 좋다고 생각되는 순서대로 표시하게 하는 질문방식이다.

③ 사진이나 그림을 이용할 수도 있다.

④ 항목 수는 가능한 많을수록 좋다.

36.
④ 너무 많은 항목은 응답자로 하여금 판단의 혼란을 초래할 수 있으므로 10개 이내가 좋다.

37 다음 중 조사항목의 선정 시 유의할 점으로 옳지 않은 것은?

① 통계조사의 경우 결과처리를 위해 항목 수는 적을수록 좋다.

② 조사표 이외의 방법으로 조사할 수 있는 경우에는 조사항목에서 제외한다.

③ 가능한 한 대답을 유도하는 질문은 피한다.

④ 흥미가 있을 것 같은 항목은 한두 개 정도 포함시켜야 한다.

37.
④ 항목이 증가할수록 판단의 혼란을 초래하므로 단순히 흥미가 있을 것이라는 이유로 항목을 증가시켜서는 안 된다.

Answer　35.③　36.④　37.④

38 다음 중 적용방법에 따른 조사표의 분류가 아닌 것은?

① 배포조사표
② 전화조사표
③ 우편조사표
④ 직접질문조사표

39 다음 중 조사표를 구조적 질문지와 비구조적 질문지로 나누는 근거로 옳은 것은?

① 피조사자의 이름을 밝히는 여부에 따라
② 질문지 적용방법에 따라
③ 질문지의 질문구성 형식에 따라
④ 질문지에 사용하는 질문방법에 따라

40 다음의 질문은 어느 형태에 속하는가?

당신은 손으로 만드는 작업을 좋아하십니까?
㉠ 그렇다.
㉡ 보통이다.
㉢ 그렇지 않다.

① 개방형 질문
② 다항선택식 질문
③ 폐쇄형 질문
④ 평정식 질문

38.

④ 질문지에 사용되는 질문방법에 따라 직접질문조사표, 간접질문조사표로 분류할 수 있다.

39.

① 기명식, 무기명식
② 면접조사, 집합조사, 우송조사, 배포조사, 전화조사
④ 직접질문방법, 간접질문방법

40.

질문의 형태가 의견·지식의 유무를 묻거나 태도·의견 등의 사실여부를 묻는 것이 아니라 답의 강도를 요구하는 질문의 형태이다.

41 다음 중 조사표의 기술로 옳지 않은 것은?

① 연구자의 의도를 최대한 반영한다.
② 질문의 제일성을 기할 수 있다.
③ 조사결과에 대한 개괄적 추정이 가능하다.
④ 익명으로 할 수 없으므로 비밀이 보장될 수 없다.

42 다음 중 평정식 질문에 대한 설명으로 옳지 않은 것은?

① 대답항목 자체가 상이하지 않다.
② 응답자들의 자유로운 응답을 구할 수 있다.
③ 항목수가 1개일 때를 1단계 평정식, 3개일 때를 3단계 평정식이라고 지칭한다.
④ 평정식 질문은 Likert식 질문이다.

43 다음 중 조사표에 의한 자료수집방법이 갖는 성격에 대한 설명으로 옳지 않은 것은?

① 조사표는 면접법보다 시간적·경제적으로 효율적인 자료수집 방법이다.
② 조사표는 표준화된 언어구성 및 질문순서 등에 의해 비개인적 성격을 지니고 있으므로 질문의 일관성을 기할 수 없다.
③ 조사표는 익명의 응답이 가능하므로 면접보다 쉽게 자료를 얻을 수 있다.
④ 조사표는 응답자의 신분 등이 비밀로 보장된다.

44 다음 중 사람에게 "SPSS프로그램에 대해 아시지요?"라고 하면서 SPSS에 대하여 이야기하게 하는 방법은?

① 투사법
② 오류선택법
③ 정보검사법
④ 단어연상법

45 다음 중 단어연상법에 대한 설명으로 옳지 않은 것은?

① 어떤 문제에 대해 찬성, 반대를 나타내는 문장 · 그림에 체크하는 방법이다.
② 찬성 − 1, 반대 + 1을 배당하여 응답자의 점수총합으로 태도를 파악하는 방법이 Point scale이다.
③ 원래 Freud가 정신병 환자를 치료할 때 사용한 방법이다.
④ 응답자에게 자극을 줌으로써 우회적으로 응답을 얻어내는 방법이다.

46 다음 중 조사의 목표에 따른 내용분류의 설명으로 옳지 않은 것은?

① 어떤 행위의 기준 또는 규범을 찾는 것을 목적으로 하는 조사는 어떤 행동에 대한 개인의 태도기준을 명확하게 해야 한다.
② 피조사자의 감정을 파악하는 목적의 조사는 가능한 한 질문이 간단명료해야 한다.
③ 사실만을 찾는 것을 목적으로 하는 조사는 현재 여건을 과장하거나 미화하는 질문을 피한다.
④ 현재나 과거의 행위를 알려는 목적을 가진 조사는 미래의 행위에 대한 예측에 사용된다.

44.
정보검사법: 개인이 가진 정보의 양과 종류를 파악함으로써 응답자의 태도를 파악하는 방법이다.

45.
④ 투사법에 대한 설명이다.

46.
② 피조사자의 감정을 파악하려는 조사는 감정 자체가 복잡 미묘하므로 질문 자체를 간단히 표시할 경우 응답 또한 모호할 수 있다.

47 다음 중 일반적인 질문보다 특수한 질문이 효과적이고, 질문범위를 넓혀 질문하고 다시 좁혀 질문하는 조사내용은 어느 것인가?

① 피조사자의 감정을 찾는 목적의 조사

② 사실만을 찾는 목적의 조사

③ 현재나 과거의 행동을 알려는 목적의 조사

④ 어떤 행위의 기준이나 규범을 찾는 조사

47.

③의 경우를 예를 들면 "당신은 어느 상표의 녹차를 즐겨 마십니까?"보다는 "당신은 녹차를 즐겨 마시나요? 마신다면 어느 상표를 선택하나요?"로 묻는 것이다.

48 다음 중 질문지 설계 시 확인사항으로 옳지 않은 것은?

① 사례번호는 응답자를 확인할 때 필요로 하며 일련번호를 뜻한다.

② 면접일자는 중요하지 않으므로 일부러 기입란을 만들 필요는 없다.

③ 면접원의 번호는 질문서에 기입하여야 한다.

④ 조사하고자 하는 대상이 군집을 이룬 경우에는 번호를 기록한다.

48.

② 시간에 따라 조사결과가 다소 차이가 있을 수 있으므로 조사기간이 일주일을 경과할 때는 반드시 기입란을 만들어 면접일자를 기록한다.

49 다음 중 질문 어구의 구성에 있어서 주의할 사항으로 옳지 않은 것은?

① 이중적 의미의 질문은 피할 것

② 질문은 자세하고 길게 할 것

③ 표준화된 용어를 사용할 것

④ 애매한 질문과 유도질문은 피할 것

49.

①③④ 이외에도 용어 · 표현 및 조사표 전체가 중립적이어야 하는 점, 응답자의 위치를 반영하는 질문은 가급적 피해야 하는 점 등의 유의점이 있다.

Answer   47.③ 48.② 49.②

50 다음 중 질문의 순서결정에서 유의할 점으로 옳지 않은 것은?

① 질문의 배열순서가 논리적이며 일관성이 있어야 한다.

② 대답하기 어려운 질문은 중간이나 뒤에 넣는다.

③ 첫 질문은 쉽고 흥미나 관심을 불러 일으키는 것이 좋다.

④ 일반적 질문과 특별한 질문이 있으면 보통의 경우 특별한 질문을 일반적 질문의 앞에 둔다.

50.

④ 특별한 질문은 일반적 질문 뒤에 놓으며 다른 질문에 도움을 주는 질문은 앞에 둔다.

51 다음 중 Pretest에 관한 설명으로 옳지 않은 것은?

① Pretest는 조사표 작성 전에 한다.

② 질문 어구가 잘 되어 있는가의 여부를 확인하기 위한 것이다.

③ 조사표가 잘 되어 있는가를 시험한다.

④ 본조사 집행에 필요한 자료수집을 위한 것이다.

51.

Pretest는 본조사에 들어가기 전에 본조사와 동일한 절차와 방법으로 시험하는 시험조사로 Pilot test와는 다르다.

52 다음 중 조사자가 사전에 응답내용을 제시한 후 선택하게 하는 질문형식은?

① 단어연상법

② 오류선택법

③ 자유응답형

④ 다지선다형

52.

다지선다형은 질문에 대한 응답내용을 몇 가지로 제약하여 상호 배타적이고 포괄적인 응답항목으로 작성한다.

53 다음 중 Pilot test의 설명으로 옳지 않은 것은?

① 조사연구 주제에 대한 충분한 사전지식을 얻기 위해 행해진다.

② Pretest와 성격을 달리 한다.

③ 대체적으로 대규모의 조직적 성격을 갖는다.

④ 현지조사로 탐색적 성격을 갖는다.

53.

③ Pilot test는 소규모의 비조직적·탐색적 성격을 갖는 현지조사이다.

Answer　　50.④　51.①　52.④　53.③

54 다음 중 Pretest에서 검토할 사항으로 옳지 않은 것은?

① All or nothing의 응답이 있으면 간접질문으로 바꾼다.
② 본조사와 동일한 표본설계에 따라 실시한다.
③ 응답의 거부율이 5% 이상이면 괜찮은 질문에 속한다.
④ 질문순서가 바뀔 때 응답에 실질적 변화가 일어난다면 재검토해야 한다.

55 다음 중 pretest방식으로 얻어낼 수 없는 자료는?

① 조사상 애로사항
② 면접시간
③ 인쇄활자 · 지형
④ 응답자의 이동률

56 질문지 작성 시 어휘선택에 관한 원칙이 아닌 것은?

① 간단명료해야 한다.
② 두 가지 내용을 동시에 하나의 질문으로 묶어서 만들어도 좋다.
③ 모호하고 중복되는 뜻을 갖는 표현은 피한다.
④ 보통 사람이 이해할 수 있는 문장과 어휘를 사용한다.

57 다음 중 질문지 방법과 비교하여 볼 때 면접이 가지고 있는 특징으로 옳은 것은?

① 면접은 교양과 학식을 갖춘 자에게 적합하다.
② 핵심적인 정보만을 선별하기에 부적합하다.
③ 질문지의 회수율이 비교적 낮다.
④ 조사상황에 있어 신축성, 적응성이 높다.

54.
③ 응답의 거부율이 5% 이상이면 그 질문은 수정하거나 간접질문으로 바꾸어야 한다.

55.
①②④ 이외에 현지 관서와의 관계, 각 질문항목의 소요시간 등을 얻을 수 있다.
③ Pretest 이후에 행하는 것이다.

56.
② 한 문항은 한 가지 내용만을 묻도록 하며, 복합적인 질문은 피하도록 한다.

57.
④ 면접은 피조사자의 대답을 직접 들음으로써 응답의 허위 여부를 판별할 수 있고, 융통성 있는 설명이 가능하여 질문에 대한 이해를 높일 수 있다.

Answer   54.③ 55.③ 56.② 57.④

58 다음 중 질문지 작성 시 질문의 어구 구성에 있어서 주의해야 할 점으로 옳지 않은 것은?

① 질문은 긍정적이거나 부정적인 것 중 어느 한 방향으로 흘러서는 안 된다.

② 질문은 전문적인 용어를 사용하는 것이 바람직하다.

③ 필요한 사실을 구체적으로 파악할 수 있어야 한다.

④ 질문은 명확해야 하며 가치중립적 용어를 사용한다.

58.

② 응답자가 쉽게 이해하여 응답할 수 있도록 간단명료하고 표준화된 용어를 사용하여야 한다.

59 다음 질문에 대한 설명 중 옳지 않은 것은?

① 간접질문은 그 질문이 응답자의 반감을 일으킬 경우 전혀 다른 질문을 하여 그 질문에 대한 반응으로 필요한 정보를 얻는 방법이다.

② 직접질문은 사실에 대한 응답자의 태도나 의견 등을 직접적으로 질문하는 방법이다.

③ "당신은 춘천에 가본 적이 있습니까?"는 직접질문형식이다.

④ "「제인에어」를 읽어보실 계획이 있으십니까?"는 직접질문이고, "「제인에어」를 읽어보셨습니까?"는 간접질문이다.

59.

④ 전자는 간접질문이며, 후자는 직접질문이다.

60 피조사자를 한 자리에 모아놓고 조사표를 일제히 배부하고 기입시켜 회수하는 방법은?

① 질문지법

② 전화조사법

③ 집합조사법

④ 우편조사법

60.

③ 조건이 동일하며 비용이 저렴하다는 장점을 갖는다.

Answer　58.②　59.④　60.③

61 다음 중 간접질문방식에 속하지 않는 것은?

① 오류선택법
② 투사법
③ 사전검사법
④ 토의완성법

61.

간접질문방식의 종류 : 투사법, 오류선택법, 정보검사법, 단어연상법, 토의완성법 등이 있다.

62 다음 질문형태 선정에 있어서 고려할 수 있는 기준으로 적절하지 않은 것은?

① 주제의 성격
② 연구자의 교육수준
③ 연구의 진행절차
④ 의도하는 분석과 해석의 종류

62.

①③④ 이외에 연구자가 아닌 응답자의 교육수준을 고려하여야 한다.

63 다음 자료정리의 순서 중 하나인 내용검토에서 가장 중요한 일은 어느 것인가?

① 회답의 기입법을 통일한다.
② 계산착오나 오기를 찾아낸다.
③ 조사원의 부정기입을 찾아낸다.
④ 누락된 항목의 유무를 찾아낸다.

63.

부정기입이란 조사원이 조사자 자신의 주관에 의하여 그 자신이 작성하는 것으로 조사자는 각 질문지들의 분석에 이용될 완전한 응답을 얻어냈는지 검토한다.

64 다음 중 부호지침서의 설명으로 옳지 않은 것은?

① 변수의 위치를 연구자로 하여금 알게 한다.
② 변수의 위치와 속성을 설명해 준다.
③ 코딩의 근거가 된다.
④ 검공의 중요한 지침서이다.

64.

부호지침서는 천공을 기술해주는 문서로 코더의 안내역할을 한다.

Answer 61.③ 62.② 63.③ 64.④

65 다음 중 조사표의 부호화에 대한 설명으로 옳은 것은?

① 각 항목별에 대한 응답을 숫자와 기호로 부여하는 과정이다.
② 부호화지침서는 검증을 위해 응답을 정리하는 코더의 안 내역할을 한다.
③ 가능한 한 특수문자, 숫자, 기호 등을 고루 섞어 사용한다.
④ 항목은 항목번호, 변수번호, 변수명, 칸 번호, 카드번호의 5가지 요소로 구성되어 있다.

66 다음 중 자료수집오차에 대한 설명 중 옳지 않은 것은?

① 서술에 있어서 불완전성과 불완결성의 표현이다.
② 자료의 결집, 분류와 정의, 측정오차 등 7가지 주요 소스 에서 일어난다.
③ 오차의 소스는 출판된 자료의 소스에서만 일어난다.
④ 수집오차의 처리방법으로는 무작위 오차처리방법과 체계 적 오차처리방법이 있다.

67 다음 중 조사해 온 자료의 오기여부를 알아보는 단계는 어느 것인가?

① 검토와 편집
② 천공 및 검공
③ 제표
④ 부호화

68 다음 중 내용검토의 단계에서 행하는 작업으로 옳지 않은 것은?

① 조사원의 부정기입을 찾아내어 시정한다.
② 회답의 기입법을 통일한다.
③ 카테고리를 분류한다.
④ 자료 중 오기나 누락부분을 사정한다.

68.

③ 코딩집 작성과 함께 Coding단계에서 행해지는 작업이다.

69 다음 중 자료수집에서 일어날 수 있는 수집오차의 주요 소스가 아닌 것은?

① 자료의 결집   ② 기본추출방법
③ 분류와 정의   ④ 정확한 조사표

69.

①②③ 이외에 숨겨진 정보, 시간요소, 잘못된 설계 조사표 등 7가지 주요소스로부터 오차가 발생한다.

70 다음 중 현지조사원이 행하는 내용검토의 사항으로 옳지 않은 것은?

① 하루조사가 끝난 후 회수된 조사표를 점검하여 문자와 계산치를 정리한다.
② 면접이 끝난 직후에는 오기와 누락부분을 점검한다.
③ 하루책임량을 마친 후 할당조사량을 점검해 본다.
④ 조사원의 부정기입부분을 고친다.

70.

④ 내용검토 2단계 중 내용검토자, 즉 Editor가 해야 할 사항이다.

71 다음 중 누락된 정보의 편집에 대한 설명으로 옳지 않은 것은?

① 정보의 누락은 면접원이 질문을 잘못했을 경우와 글자를 알아보지 못하도록 기재했을 경우에 많이 나타난다.
② 누락된 정보는 발견 즉시 수정한다.
③ 대부분 특정 조사질문에 대해 응답자가 거절할 경우 정보가 누락된다.
④ 지나치게 개인적인 질문 등은 정보의 누락을 초래한다.

71.

② 누락된 정보를 처리하는 방법으로는 누락된 채로 두는 방법과 누락정보에 일정값을 부여하여 삭제하는 방법이 있다.

Answer   68.③ 69.④ 70.④ 71.②

72 다음 설명 중 옳지 않은 것은?

① 부호는 한 번 작성하면 수정·삭제·추가할 수 없다.
② 부호란 조사항목에 붙이는 계통적 숫자나 문자이다.
③ 부호화의 첫 단계는 분류범주를 정하는 일이다.
④ 분류 카테고리를 정하는 것은 내용검토 과정의 일부이다.

73 다음 중 자료의 처리순서가 옳은 것은?

> ㉠ 자료의 내용검토
> ㉡ 천공 및 검공
> ㉢ 제표
> ㉣ 부호화

① ㉣ - ㉡ - ㉢ - ㉠
② ㉠ - ㉣ - ㉡ - ㉢
③ ㉣ - ㉡ - ㉠ - ㉢
④ ㉠ - ㉡ - ㉣ - ㉢

74 다음 중 분석 카테고리의 요건에 대한 설명으로 옳지 않은 것은?

① 연구문제나 목적을 적절히 반영할 수 있어야 한다.
② 분석 카테고리는 단일분류원칙을 따른다.
③ 상호 배타적으로 설정되어야 한다.
④ 항상 동일한 변수와 적합한 기준을 요건으로 한다.

72.

① 부호화는 융통성이 있기 때문에 새로운 사실에 대하여 부호를 추가·보강할 수 있다.

73.

자료의 처리순서: 자료의 내용검토→자료편집→부호화→천공 및 검공→제표의 순서를 거친다.

74.

④ 표준 카테고리로 추론의 질을 향상시키는 데 공헌하였다.

조사방법론 II

01 표본추출방법

chapter 01

기출PLUS

기출 2019년 3월 3일 제1회 시행

다음 중 표본추출에 대한 설명으로 틀린 것은?

① 표본조사가 전수조사에 비해 시간과 비용이 적게 든다.
② 관찰단위와 분석단위가 반드시 일치하는 것은 아니다.
③ 모수는 표본조사를 통해 얻는 통계량을 바탕으로 추정한다.
④ 단순무작위추출방법은 일련번호와 함께 표본간격이 중요하다.

기출 2019년 4월 27일 제2회 시행

표본추출(sampling)에 대한 설명으로 틀린 것은?

① 표본을 추출할 때는 모집단을 분명하게 정의하는 것이 중요하다.
② 표본추출이란 모집단(population)에서 표본을 선택하는 행위를 말한다.
③ 확률표본추출을 할 경우 표본오차는 없으나 비표본오차는 발생할 수 있다.
④ 일반적으로 표본이 모집단을 잘 대표하기 위해서는 가능한 확률표본추출을 하는 것이 바람직하다.

기출 2019년 3월 3일 제1회 시행

다음 중 비표본오차의 원인과 가장 거리가 먼 것은?

① 표본선정의 오류
② 조사설계상 오류
③ 조사표 작성 오류
④ 조사자의 오류

정답 ④, ③, ①

section 1 표본추출

❶ 표본추출의 의의 [2018 1회] [2019 3회]

(1) 표본추출

① 연구하고자 하는 대상을 대표하는 일부를 어떤 신뢰도와 오차한계 범위 내에서 추출하는 것으로 확률이론을 적용한다.

② 목적
　㉠ 비용과 시간을 절약하기 위하여 실시한다.
　㉡ 통계로 모집단의 특성을 추론하기 위하여 실시한다.
　㉢ 조사결과의 대표성과 적절성을 조화시키기 위해서 고려된다.

(2) 표본의 일반적 특성

① 어느 표본이든지 오차를 내포하고 있다.

② 어느 연구의 표본이 다른 연구의 표본이 될 수도 있다.

③ 표본오차는 표본 크기와는 반비례 관계에 있고 변량과는 비례 관계에 있다.

(3) 오차의 종류 [2018 3회] [2019 4회] [2020 1회]

① 표본오차
　㉠ 표출분포가 정상임을 전제로 생기는 오차를 말한다.
　㉡ 모집단의 표본추정치가 실모집단의 값을 반영하지 못해 발생한다.
　㉢ 표본의 크기와는 반비례하고, 표본의 분산이나 신뢰계수와는 비례한다.
　㉣ 표본조사의 경우 표본오차는 필연적이다.

② 비표본오차
　㉠ 표본오차를 제외한 모든 오차를 의미한다.
　㉡ 현지 조사상의 면접의 실수, 기록의 잘못 등 자료 수집과정에서 발생하는 오차를 말한다.

ⓒ 전수조사를 할 경우 조사대상자와 자료의 양이 많기 때문에 조사과정과 집계과정에서 발생하는 비표본오차가 크다.

(4) 신뢰구간과 신뢰수준

① 신뢰구간(confidence interval) : 모수가 있을 것으로 추측되는 특정구간을 말한다.

② 신뢰수준(confidence level) : 신뢰구간이 모수를 포함하는 비율의 극한값이다.

② 표본추출의 대표성 2019 1회 2020 2회

(1) 개념

표본과 모집단의 특성이 비슷하며 우연성이 적고 모집단을 대표한 일반화가 가능하도록 추출된 표본은 대표성이 있다고 본다.

(2) 표본추출 프레임(sampling frame)

모집단의 구성요소나 표본추출 단계별로 표본추출 단위가 수록된 목록을 말한다.

(3) 표본추출 프레임 오차(sampling frame error)

실제로는 모집단과 표본추출 프레임이 일치하지 않기 때문에 발생한다.

① 모집단이 표본프레임 내에 포함되는 경우
  ⓓ • S 대학교 재학생의 야당 성향을 조사하기 위해 표본프레임에 졸업생들의 명단이 있는 경우
    • 10만 마일 이상 사용자를 조사하기 위해 자사 마일리지 카드 소지자 명단을 표본프레임으로 사용할 경우

② 표본프레임이 모집단 내에 포함되는 경우
  ⓓ 대한민국에 거주하는 모든 국민을 조사하기 위해 표본프레임으로 대한민국 모든 전화국의 전화번호부를 사용할 경우

기출PLUS

기출 2018년 4월 28일 제2회 시행

표본오차(Sampling Error)에 관한 설명으로 옳은 것은?

① 표본의 크기가 커지면 늘어난다.
② 모집단의 표본의 차이에 의해 발생하는 오류를 말한다.
③ 조사연구의 모든 과정에서 확산되어 발생한다.
④ 조사원의 훈련부족으로 인해 각기 다른 성격의 자료가 수집되는 경우에 발생한다.

기출 2018년 4월 28일 제2회 시행

모든 요소의 총체로서 조사자가 표본을 통해 발견한 사실을 토대로 하여 일반화하고자 하는 궁극적인 대상을 지칭하는 것은?

① 표본추출단위(Sampling Unit)
② 표본추출분포 (Sampling Distribution)
③ 표본추출 프레임 (Sampling Frame)
④ 모집단(Population)

기출 2020년 6월 14일 제1·2회 통합 시행

A항공사에서 자사의 마일리지 사용자 중 최근 1년 동안 10만 마일 이상 사용자들을 모집단으로 하면서 자사 마일리지 카드 소지자 명단을 표본프레임으로 사용하여 전체에서 표본추출을 할 때의 표본프레임 오류는?

① 모집단이 표본프레임 내에 포함되는 경우
② 표본프레임이 모집단 내에 포함되는 경우
③ 모집단과 표본프레임의 일부분만이 일치하는 경우
④ 모집단과 표본프레임이 전혀 일치하지 않는 경우

정답 ②, ④, ①

표집과 관련된 용어에 대한 설명으로 틀린 것은?

① 관찰단위란 직접적인 조사대상을 의미한다.
② 모집단이란 우리가 규명하고자 하는 집단의 총체이다.
③ 표집단위란 표집과정의 각 단계에서의 표집대상을 지칭한다.
④ 표집간격이란 표본을 추출할 때 추출되는 표집단위와 단위 간의 간격을 의미한다.

표집과 관련된 용어에 대한 설명으로 틀린 것은?

① 모수(parameter)는 표본에서 어떤 변수가 가지고 있는 특성을 요약한 통계치이다.
② 표집률(sampling ratio)은 모집단에서 개별요소가 선택될 비율이다.
③ 표집간격(sampling interval)은 모집단으로부터 표본을 추출할 때 추출되는 요소와 요소간의 간격을 의미한다.
④ 관찰단위(observation unit)는 직접적인 조사대상을 의미한다.

정답 ④, ①

❸ 표본추출 용어정리 2018 5회 2019 3회 2020 1회

(1) 요소

① 분석과 정보수집의 기본이 되는 단위를 말한다.

② 측정하려는 집단을 이루고 있는 가장 작은 단위이다.

(2) 모집단

전체집단을 조사대상으로 하느냐 또는 일부집단을 조사대상으로 하느냐에 따라서 모집단과 표본으로 구분하여 사용한다. 모집단(population)이란 조사대상이 되는 모든 개체들의 집합 내지 조사대상이 되는 전체집단을 말한다. '모집단'이라고 불리는 이유는 "표본이 추출되는 모체가 되는 집단"이기 때문이다.

① 표본추출을 조사하려는 전체 대상을 의미한다.

② 표본추출요소의 총집합이다.

(3) 표본

모집단의 일부로 연구대상이 되는 것을 의미한다. 즉, 표본(sample)은 모집단에서 조사대상으로 채택되는 일부를 말한다.

(4) 표본추출단위

① 모집단의 구성분자를 의미하며 조사단위라고도 한다.

② 표본추출 요소와 동일할 수도 있으나 여러 단계를 거쳐 진행될 경우 다를 수도 있다.

(5) 관찰단위

정보를 수집하는 요소 또는 요소의 총합체이다.

(6) 표집간격

표본을 모집단으로부터 추출할 때 추출되는 간격을 말한다.

표집간격은 $\dfrac{\text{모집단 전체 항목의 수}}{\text{표본크기}}$ 로 구한다.

(7) 적정성

적정한 표본크기의 문제로 적은 비용으로 표본의 정확성을 어느 정도 확보할 수 있는가를 표시한다.

(8) 변수

상호배타적인 속성들의 집합을 의미한다.

(9) 편의(bias)

모집단의 추정치를 모수치의 진가와 계통적으로 차이가 나도록 만드는 오차를 말한다.

(10) 모수와 모수치

① 모집단의 특성과 표본의 특성을 나타내는 것으로 각각 평균, 분산, 표준편차 등이 있는데 모집단을 대상으로 하는 경우와 표본을 대상으로 하는 경우에 차이를 두기 위하여 기호를 달리하여 표시한다. 모수(parameter)는 모집단의 특성을 수치로 나타낸 것을 말한다. 모집단에서는 평균(μ), 분산(σ^2), 표준편차(σ)로 표시한다.

② 모수치(모수값)는 모집단에 존재하는 수량적인 값을 말한다.

(11) 통계량과 통계치

① 통계량(statistic)은 표본의 특성을 수치로 표현한 것을 말한다. 표본에서는 평균 $\overline{X}$, 분산 S^2, 표준편차 S로 표시한다.

② 통계치(통계값)는 표본에서 나온 수량적인 값을 말한다.

(12) 표집오차

모수치와 표집에 대한 모수치의 측정값이 다른 정도를 의미한다.

기출PLUS

기출 2018년 8월 19일 제3회 시행

표본추출과 관련된 용어 설명으로 틀린 것은?

① 관찰단위 : 직접적인 조사대상
② 모집단 : 연구하고자 하는 이론상의 전체집단
③ 표집률 : 모집단에서 개별 요소가 선택될 비율
④ 통계량(statistic) : 모집단에서 어떤 변수가 가지고 있는 특성을 요약한 통계치

기출 2021년 3월 7일 제1회 시행

표집오차(sampling error)에 대한 설명으로 틀린 것은?

① 표본의 크기가 클수록 표집오차는 작아진다.
② 표본의 분산이 작을수록 표집오차는 작아진다.
③ 표집오차란 통계량들이 모수 주위에 분산되어 있는 정도를 의미한다.
④ 표본의 크기가 같을 때 단순무작위 표집에서보다 집락표집에서 표집오차가 작다.

기출 2020년 9월 26일 제4회 시행

표집오차에 대한 설명으로 옳지 않은 것은?

① 표집오차는 통계량과 모집단의 모수 간 오차이다.
② 표집오차는 표본추출과정에서 발생하는 오차이다.
③ 표본의 크기가 크면 표집오차는 감소한다.
④ 비확률표집오차를 줄이면 표집오차도 줄어든다.

정답 ④, ④, ④

④ 표본추출의 장 · 단점 2018 1회

(1) 장점

① 정보가 신속하게 필요한 경우에 자료수집 · 집계 및 분석을 신속히 처리할 수 있다.

② 의사결정이 신속하게 이루어지므로 비용이 감소한다.

③ 정확한 자료로 인해 전수조사보다 세밀한 조사가 가능하다.

> ✏ Plus tip 전수조사
> 모집단 내의 모든 대상을 대상으로 조사하는 방법을 말한다.

④ 모집단이 많은 경우 전수조사가 불가능하므로 표본조사가 유리하다.

⑤ 표본조사가 전수조사보다 비표본오차가 적기 때문에 피조사자가 적으며 조사과정을 통제할 수 있다.

⑥ 파괴적인 조사를 해야 할 경우에 이용할 수 있다.

⑦ 조사대상의 오염을 방지할 수 있다.

(2) 단점

① 정확한 전문지식이 필요하다.

② 정확한 표본추출이 어렵다.

③ 특정 성질의 조사대상을 찾는 경우에는 적절하지 않다.

⑤ 표본추출의 과정 2018 3회 2019 1회 2020 1회

(1) 모집단 규정

① 개념 : 연구의 대상이 되는 집단으로 연구자가 직접적인 방법이나 통계적 추정에 의해 정보를 얻으려는 대상집단을 말한다. 가장 일반적인 연구대상은 개인 및 개인들이 모인 집단이나 조직이다.

② 의사결정에 유용한 정보를 얻기 위해서는 가능한 한 모집단을 완전하고 정밀하게 규정하는 것이 필요하다.

③ 요소 : 명확한 연구대상, 표본단위, 범위, 시간과 공간 등이 있다.

(2) 표본프레임 결정

① 표본프레임이 모집단 구성요소를 모두 포함해 정확한 정보를 가지고 있어야 좋은 프레임이 된다. 표본 프레임은 자료수집방법과 관련이 있다.

② 표본프레임의 구성 평가요소

　㉠ **효율성**: 표본프레임 속에 조사자가 원하는 대상만 포함시키도록 한다.

　㉡ **포괄성**: 연구할 전체 모집단 중에서 표본프레임이 얼마나 많은 부분을 차지하고 있는가를 나타낸다.

　㉢ **추출 확률**: 개별요소가 모집단에서 추출될 수 있는 확률이 동일한지를 알아봐야 한다.

(3) 표본추출방법 결정

확률표본추출과 비확률표본추출이 있다.

① 확률표본추출방법

　㉠ 연구대상이 표본으로 추출될 확률이 알려져 있을 때 사용하는 방법이다.

　㉡ 모수추정에 편견이 없다.

　㉢ 무작위적 표본추출이다.

　㉣ 표본분석 결과를 일반화할 수 있다.

　㉤ 시간과 비용이 많이 든다.

　㉥ 표본오차의 추정이 가능하다.

② 비확률표본추출방법

　㉠ 연구대상이 표본으로 추출될 확률이 알려져 있지 않을 때 사용하는 방법이다.

　㉡ 모수추정에 편견이 있다.

　㉢ 인위적 표본추출이다.

　㉣ 표본분석 결과를 일반화하는 것에 제약이 있다.

　㉤ 시간과 비용이 적게 든다.

　㉥ 표본오차의 추정이 불가능하다.

(4) 표본크기 결정 `2018 2회` `2019 1회` `2020 4회`

① 의의: 모집단으로부터 뽑는 표출단위의 수를 적절한 개수로 정하는 문제로서, 표본은 표본의 크기와 관계없이 그 모집단을 올바르게 대표할 수 있어야 한다.

② 표본크기의 특징

　㉠ 표본추출방법을 결정할 때 같이 결정한다.

기출PLUS

기출 2018년 8월 19일 제3회 시행

표본추출과정을 바르게 나열한 것은?

┌─ 보기 ─
㉠ 표본추출
㉡ 표본틀의 결정
㉢ 표본추출방법의 결정
㉣ 표본의 크기 결정
㉤ 모집단의 확정
└

① ㉤→㉢→㉣→㉡→㉠
② ㉤→㉡→㉢→㉣→㉠
③ ㉣→㉤→㉡→㉢→㉠
④ ㉢→㉤→㉡→㉣→㉠

기출 2019년 4월 27일 제2회 시행

다음 중 표집방법에 관한 설명으로 틀린 것은?

① 편의표집(convenience sampling)은 표본의 대표성을 확보하기 어렵다.
② 할당표집(quota sampling)에서는 조사결과의 오차 범위를 계산할 수 있다.
③ 확률표집과 비확률표집의 차이는 무작위 표집 절차 사용여부에 의해 결정된다.
④ 층화표집(stratified sampling)에서는 모집단이 의미 있는 특징에 의하여 소집단으로 분할된다.

기출 2020년 8월 23일 제3회 시행

표본크기를 결정할 때 고려하는 사항과 가장 거리가 먼 것은?

① 모집단의 동질성
② 모집단의 크기
③ 척도의 유형
④ 신뢰도

정답 ②, ②, ③

다음에 해당하는 연구 형태는?

- 보기 -
특수목적 고등학교에 입학한 학생들을 대상으로 2016년에서 2020년까지의 자존감 변화를 연구하기 위해 모집단으로부터 매년 다른 표본을 추출하였다.

① 패널 연구
② 횡단적 연구
③ 동질성집단 연구
④ 경향성 연구

다음 중 표본추출 과정에 해당되지 않는 것은?

① 표본프레임 결정
② 조사연구 자금 확보
③ 표집방법 결정
④ 모집단의 결정

다음 중 표본의 크기를 결정하는 요인과 가장 거리가 먼 것은?

① 조사목적
② 조사비용
③ 분석기법
④ 집단별 통계치의 필요성

표본의 크기를 결정할 때 고려하여야 할 사항과 가장 거리가 먼 것은?

① 모집단의 규모
② 표본추출방법
③ 통계분석의 기법
④ 연구자의 수

정답 ③, ②, ③, ④

ⓛ 시간, 비용, 조사의 정확도와 밀접한 관련이 있다.
ⓒ 표본크기의 결정방법이 복잡하다.
ⓔ 연구목적 및 조사의 유형, 조사예산, 시간의 제약과 관련이 있다.
ⓜ 실제 그 표본을 추출할 수 있는지 가능성을 확인해야 한다.
ⓗ 통계량의 수준, 표본추출방법, 모집단의 동질성과 연관성을 가진다.
ⓢ 모집단이 이질적일수록 표본의 크기는 더욱 커진다.

③ **표본크기 결정방법**: 신뢰구간접근법으로 결정한다.

ⓖ 단순무작위추출법에 사용한다.
ⓛ 허용오차의 양을 결정(표본평균과 모집단의 평균차)한다.
ⓒ 신뢰수준을 결정한다.(예 90%, 95%, 99%)
ⓔ 신뢰수준에 따른 Z값을 결정(standard error)한다.
ⓜ 모집단의 표준오차 추정(σ) : 일반적으로 표본의 최댓값과 최솟값의 차이를 σ로 나누어 추정한다.

ⓗ 표본의 크기 결정 : $n = \dfrac{Z^2 \cdot \ \sigma^2}{E^2}$

- n : 표본의 크기
- E : 허용가능한 표본 평균과 모집단 평균의 차이
- Z : 정규분포의 Z값
- σ : 모집단의 표준편차

④ **표본의 크기 결정요인** 2018 1회 2019 1회

ⓖ **카테고리의 다양성** : 카테고리와 변수가 증가할수록 신뢰성을 높이기 위하여 표본의 수는 증가한다.
ⓛ **이론과 연구설계** : 표본 선정 시 표본과 잘 구성된 이론을 연관시키면 작은 크기의 표본으로도 가치를 나타낼 수 있다.
ⓒ **시간 · 예산** : 표본의 크기가 클수록 시간과 예산이 많이 소요되기 때문에 되도록 적은 표본으로 한다.
ⓔ **모집단의 동질성** : 모집단이 동질적일수록 작은 표본으로도 모집단의 가치에 가까운 추정을 비교적 정확하게 얻을 수 있다.
ⓜ **조사방법의 형태**
- 기술적 연구에서는 실험적 연구보다 큰 규모의 표본을 사용한다.
- 실태조사는 일반적으로 큰 규모의 표본을 사용한다.
- 사례조사에서는 사례가 표본의 크기가 된다.
ⓗ **위험성** : 표본을 근거로 하여 추정한 추정치의 정확성에 대한 조사의 불확실의 정도로 위험성이 적어야 될 경우에는 표본의 크기가 커야 한다.

> **Plus tip** 표본의 크기를 결정하는 외적 요인과 내적 요인
> ⊙ 외적 요인 : 모집단의 동질성, 시간, 예산, 조사자의 능력, 조사방법의 형태
> ⓒ 내적 요인 : 신뢰성과 정밀도, 이론과 연구설계

⑤ 신뢰도 : 모집단의 통계값이 표본의 특성에 따라 어느 일정구간(신뢰구간)에 들어감으로써 모집단의 특성을 추론할 수 있게 되는데 이 추정의 정도를 신뢰도라고 하며 이때의 오차는 정밀도를 나타낸다.

> **Plus tip** 정밀도 ϵ와 신뢰도 λ와의 관계
> $$\epsilon = \lambda \sqrt{\frac{N-n}{N-1} \cdot \frac{s^2}{n}}$$
> (N : 모집단의 총 수, n : 표본의 수, s^2 : 변량)

(5) 표본추출 시행

추출방식에 따라서 표본을 추출한다.

⑥ 표본추출의 유형

(1) 확률표본추출

① 정의 : 일정한 확률에 의해 표본을 추출하는 방법

② 종류 : 무작위표본추출, 계층적 표본추출, 층화표본추출, 집락표본추출 등

(2) 비확률표본추출

① 정의 : 모집단의 요소들이 추출될 확률을 모르는 경우의 방법

② 종류 : 할당표본추출, 유의표본추출, 임의표본추출, 누적표본추출(눈덩이 표본추출) 등

기출PLUS

기출 2021년 3월 7일 제1회 시행

비확률표집방법이 아닌 것은?

① 편의표집
② 유의표집
③ 집락표집
④ 눈덩이표집

기출 2020년 6월 14일 제1·2회 통합 시행

표본의 크기를 결정하는 데 고려해야 하는 요인과 가장 거리가 먼 것은?

① 신뢰도
② 조사대상 지역의 지리적 여건
③ 모집단위 동질성
④ 수집된 자료가 분석되는 범주의 수

기출 2018년 3월 4일 제1회 시행

비확률표본추출법과 비교한 확률표본추출법의 특징을 모두 고른 것은?

┌ 보기 ┐
ⓒ 연구대상이 표본으로 추출될 확률이 알려져 있음
ⓒ 표본오차 추정 불가능
ⓒ 모수 추정에 조사자의 주관성 배제
ⓔ 인위적 표본추출

① ⑤
② ⑤, ⓒ
③ ⓒ, ⓔ
④ ⓒ, ⓒ, ⓔ

정답 ③, ②, ①

단순무작위표본추출에 따른 표본평균의 분포가 갖는 특성이 아닌 것은?

① 표본평균의 분포는 모집단 평균을 중심으로 대칭형이다.
❷ 표본평균 분포의 평균은 모집단의 평균과 같은 것은 아니다.
③ 큰 표본을 사용할수록 표본평균의 분포는 모집단 평균 근처에 집중적으로 나타난다.
④ 표본평균의 분포는 모집단 평균 근처가 가장 밀집되어 있고 평균에서 떨어질수록 적어진다.

단순무작위 표본추출에 대한 설명으로 옳지 않은 것은?

① 난수표를 이용하는 표본추출방법이다.
② 모집단을 가장 잘 대표하는 표본추출방법이다.
③ 모집단의 모든 조사단위에 표본으로 뽑힐 기회를 동등하게 부여한다.
④ 모집단의 구성요소를 정확히 파악하여 명부를 작성하여야 한다.

일반적으로 표집방법들 간의 표집효과를 계산할 때 준거가 되는 표집방법은?

① 군집표집
② 체계적표집
③ 층화표집
④ 단순무작위표집

정답 ②, ②, ④

section 2 확률표본추출 2018 3회 2019 3회 2020 3회

1 단순무작위추출(simple random sampling) 2019 2회 2020 3회

(1) 의의

모집단 내에 포함되어 있는 모든 조사단위에 표본으로 뽑힐 확률을 동일하게 부여하여 표본을 추출하는 방법으로 그 추출방법에는 제비뽑기, 난수표 이용방법 등의 방법이 있다. 크기가 N인 모집단으로부터 모집단의 모든 표본단위가 선택될 확률이 모두 같도록 n개의 표본단위를 선택하는 방법이다.

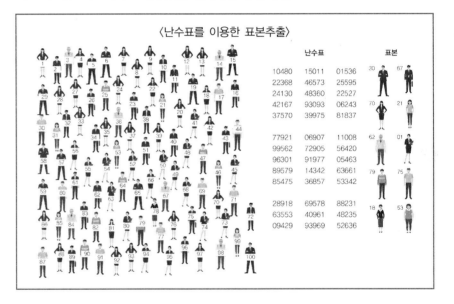

〈난수표를 이용한 표본추출〉

(2) 장점

① 표본의 결과가 대표성을 가진다.

② 모든 확률추출유형의 토대로서의 기능을 가진다.

③ 이해하기가 용이하여 모든 확률추출에 가장 쉽게 적용할 수 있다.

④ 이론상 모집단의 모든 중요한 부분을 어느 정도 반영한다.

⑤ 표본오차의 크기가 쉽게 계산될 수 있다.

⑥ 층화표본추출과 같은 다른 확률표본추출방법에서 발생할 수 있는 잠재적 분류오차를 피할 수 있다.

> ☆ **Plus tip** 표본오차
>
> $$s_x = \sqrt{\frac{s}{n-1}}$$
>
> ㉠ s는 표본표준편차이고 n은 표본의 크기이다.
> ㉡ 등간척도 이상의 자료에 적합하며 서열척도에 의한 자료가 사용된다.
> ㉢ 표본의 크기가 n일 때의 중위수 표준오차는 $\frac{1.253s}{\sqrt{n-1}}$ 가 된다.

(3) 단점

① 연구자가 모집단에 대하여 갖고 있는 관심에 충분한 답을 주지 못하므로 표본 결과가 더 대표성 있게 뽑히도록 하기 위하여 모집단에 대한 정보에 접근해야 한다.

② 모집단에 존재하는 작은 요소들이 주어진 표본에 포함될 것이라는 보장이 없다.

③ 표본의 크기가 같을 때 층화표본추출과 비교하여 단순무작위추출에서는 추출오차가 더 크다.

> ☆ **Plus tip** 대표성
>
> 남녀노소 등의 비율에 따른 모집단의 구체적인 특성과의 관계를 의미한다.

② 층화표본추출(stratified sampling) 2018 1회 2019 1회

(1) 의의

모집단을 그 집단이 지니고 있는 특성을 감안하여 몇 개의 부분집단으로 나누어 그 부분집단으로부터 표본을 추출하는 방법으로 각 층에 대한 표출비율에 따라 비례적 층화추출, 비비례적 층화추출로 분류할 수 있다. 추정값의 표본오차를 감소시켜 표본의 대표성을 높이기 위한 방법이다.

> ☆ **Plus tip** 표본을 층화하는 이유
>
> ㉠ 서로 상이한 표출방법이나 목록을 각 층에서 사용할 수 있다.
> ㉡ 일정수준의 정확성을 얻기 위하여 필요한 사례 수를 감소시킬 수 있다.

(2) 비례적 층화추출(proportional stratified sampling)

① 연구대상이 되는 모집단에 대하여 연구자가 어느 정도 알고 있을 때 사용한다.

② 모집단에 분포되는 방식과 정확하게 같은 비율로 규정된 특징을 갖는 표본을 얻을 수 있다.

③ 표본의 크기를 각 부분집단의 크기에 따라 비례적으로 정한다.

> 예 남성이 20명, 여성이 30명이면 남성부분집단과 여성부분집단의 표본 수의 비율은 2 : 3이다.

④ 장점

　㉠ 표본이 커질수록 전체 모집단에 대한 대표성은 커지며 대표성은 소수로 존재하는 요소들도 포함되는 것이 확실할 때 강화된다.

　㉡ 단순무작위표본의 결과와 비교하여 진정한 모집단의 특성을 잘 추정해 준다.

　㉢ 모집단 추정자로서 표본과 관련된 표본오차가 같은 크기의 단순무작위표본에서 발생한 것에 비해 감소된다.

　㉣ 표본은 몇 가지 확인된 특징에 따라 비율적으로 층화된 것으로 이미 표본에는 비중이 부여되었다고 할 수 있으므로 모집단에 있어서 원래의 분포에 따라 조사단위에 비중을 줄 필요성을 제거시킨다.

⑤ 단점

　㉠ 연구자가 조사단위를 추출하기 전에 모집단의 구성과 모집단의 특징 분포에 대하여 알고 있어야 한다.

　㉡ 몇 개 층(strata)의 각각에서 조사단위를 얻는 데 시간이 많이 소요된다.

　㉢ 분류오차가 생길 가능성이 있다.

⑥ 응용

　㉠ 표출에 따르는 추가적인 시간이 필요하며 조사단위의 분류 시 모집단의 특징이 필수적으로 포함되어야 할 때만 적용한다.

　㉡ 학교, 계급, 특수임무 등 이론적으로 다른 연구에 영향을 미치는 연구문제에 사용된다.

(3) 비비례적 층화추출(disproportional stratified sampling)

① 두 집단의 크기와 관계없이 동일한 크기의 표본을 추출하여 비교하는 방법이다.

② 비례적 층화추출과의 기본적 차이로는 결과적으로 뽑힌 표본의 하위층이 과다 대표되거나 과소대표될 수 있다는 것이다.

다음 중 비비례층화표집(dispropor-tionate stratified sampling)이 가장 적합한 경우는?

① 미국시민권자의 민족적(ethnic) 특성을 비교하고 싶을 때
② 유권자 지지율 조사 시 모집단의 주거형태별 구성비율을 정확히 반영하고 싶을 때
③ 연구자의 편의에 따라 표본을 추출하고 싶을 때
④ 대규모 조사에서 최종표집단위와는 다른 군집별로 1차 표집하고 싶을 때

정답 ①

③ 장점

    ㉠ 비례적 층화추출방법에 비해 표출시간이 적게 든다.

    ㉡ 연구자는 모집단에서 다른 조사단위와 비교하여 덜 대표되고 있는 특정한 조사단위에 더 큰 비중을 부여할 수 있다.

④ 단점

    ㉠ 원래 모집단에 대한 분포에 비하여 각각의 하위층에 적절한 대표성을 부여하지 않는다.

    ㉡ 어떤 종류의 층화는 분류오차의 가능성을 암시하여 연구자가 조사단위를 잘못 분류할 수 있다.

⑤ 응용 : 특정 하위층에 속하는 조사단위가 거의 없을 때나 연구되는 모집단을 연구자가 어떤 친숙성을 가진 특성에 따라 층화할 수 있을 때 비비례적 층화추출을 따른다.

> 🖐 Plus tip 비례적 층화추출과 비비례적 층화추출의 공통점
> 연구자는 원래의 모집단의 조성을 알고 있어야 하는 어려움을 갖는다.

❸ 계통적 표본추출(systematic sampling) `2018 2회` `2019 2회` `2020 2회`

(1) 의의

모집단의 구성을 일정한 순서에 관계없이 배열한 후 일정간격으로 추출해내는 방법으로 단순무작위표본추출의 한 방법이다.

(2) 장점

① 사용하기가 용이하다.

② 조사단위를 잘못 뽑아도 그 표본에 심각한 영향을 받지 않는다.

③ 매 n번째 사람의 포함여부 확인이 쉽고 계산의 잘못을 알아내기도 쉽다.

④ 신속성을 가진다.

⑤ 난수표에 의한 방법보다 시간이 절약된다.

(3) 단점

① 매 n번째 조사단위 사이의 모든 조사단위가 체계적으로 제외되며, 선정된 매 n번째 조사단위 사이에 있는 모든 조사단위를 무시한다.

기출PLUS

기출 2021년 3월 7일 제1회 시행

계통표집(systematic sampling)에 관한 설명으로 가장 거리가 먼 것은?

① 각 층위별 정보를 얻을 수 있다.

② 단순무작위표집의 대용으로 사용될 수 있다.

③ 표집틀에 주기성이 없는 경우 모집단을 잘 반영할 수 있다.

④ 최초의 표본집단을 무작위로 선정한 다음에 k번째마다 표본을 추출하는 것을 의미한다.

기출 2020년 8월 23일 제3회 시행

다음 (　　) 안에 들어갈 알맞은 것은?

• 보기 •

체계적 표집(계통표집)을 이용하여 5,000명으로 구성된 모집단으로부터 100명의 표본을 구하기 위해서는 먼저 1과 (A) 사이에서 무작위로 한 명의 표본을 선정한 후 첫 번째 선정된 표본으로부터 모든 (B)번째 표본을 선정한다.

① A : 50, B : 50

② A : 10, B : 50

③ A : 100, B : 50

④ A : 100, B : 100

기출 2019년 3월 3일 제1회 시행

서울지역의 전화번호부를 이용하여 최초의 101번째 사례를 임의로 결정한 후 계속 201, 301, 401 번째의 순서로 뽑는 표집방법은?

① 층화표집 (stratified random sampling)

② 단순무작위표집 (simple random sampling)

③ 계통표집 (systematic sampling)

④ 편의표집 (convenience sampling)

정답 ④, ①, ③

다음 중 표본의 대표성이 가장 큰 표본추출방법은?

① 편의표집
② 판단표집
③ 군집표집
④ 할당표집

개념(concept)에 관한 설명으로 틀린 것은?

① 개념은 이론의 핵심적 구성요소이다.
② 개념은 특정대상의 속성을 나타낸다.
③ 개념 자체를 직접 경험적으로 측정할 수 있다.
④ 념의 역할은 실제연구에서 연구방향을 제시해준다.

군집표본추출법(cluster sampling)에 관한 설명으로 옳지 않은 것은?

① 소집단을 이용하여 표본을 추출하는 방식이다.
② 전체 모집단의 목록이 없는 경우에 매우 유용하다.
③ 단순무작위표본추출법에 비해서 시간과 비용 면에서 효율적이다.
④ 군집 단계의 수가 많을수록 표본오차(sampling error)가 작아지게 된다.

정답 ③, ③, ④

② 조사단위의 목록이 어떤 특정한 순서(예를 들어 연령, 학력 등)에 따라 증가·감소 배열되었을 경우 편기의 개입이 있을 수 있다.

③ Blalock은 만일 선정된 조사단위의 목록이 알파벳의 순으로 되어 있다면 어떤 인종집단의 과다·과소대표로 인하여 어떤 편기가 일어날 것이라고 하였다.

④ 각 조사단위가 표본에 포함될 동일한 기회를 갖고 있지 않다.

⑤ 주관성이 끼어들 위험성이 있다.

④ 집락표본추출(cluster sampling) 2018 4회 2019 1회 2020 1회

(1) 의의

모집단을 구성하는 요소로 개개인을 추출하는 것이 아니고 집단을 단위로 하여 추출하는 방법으로, 면접될 조사단위를 확인할 수 없을 때 필수적으로 사용되는 추출방법이다.

(2) 장점

① 단순무작위추출로 대규모의 모집단을 연구하거나 대규모(지리적) 지역을 세밀히 조사해야 할 경우에 다른 어떤 변형보다 적용하기가 용이하다.

② 다른 추출방법에 비하여 시간과 돈을 절약할 수 있다.

③ 조사단위로 집락이 추출되는 것이지 특정 개인이 추출되는 것은 아니기 때문에 동일한 무작위적 구역 내에서 응답자를 다른 응답자로 바로 대체하는 것이 가능하다.

④ 현지조사원이 전국의 다른 곳에 배치되어 있다면 집락표본추출은 지정된 집락 내에서 여러 조사단위를 접촉하는 것이 용이하다.

⑤ 강한 융통성을 가지므로 몇 개의 계속적인 단계에서 여러가지 다른 추출형태를 사용하는 것이 가능하다.

⑥ 인구가 희박하고 광범위한 지리적 구역을 포괄하는 지역의 조사에 사용함으로써 더 쉽게 수행될 수 있다.

⑦ 추출된 조사단위의 집락의 특징을 추정하는 것이 가능하다.

(3) 단점

① 집락표본에 포함되는 각 추출단위의 크기가 동일하다는 것을 확인할 방법이 없다.

② 비교될 다른 확률표본의 표본크기가 일정하다는 가정 때문에 부분적으로 집락 표본은 다른 확률추출보다 덜 능률적이며 비교적 표준오차가 크다.

③ 한 집락에 포함되어 있는 개인들이 다른 무작위적으로 추출된 집락과 독립적이 라는 것을 확인할 길이 무척 어렵다.

(4) 단순무작위추출과의 비교

집락표본은 같은 크기의 단순무작위표본보다 추출오차가 크며 단순무작위추출은 집락표본을 얻는 비용보다 많이 소요된다.

(5) 층화표본추출과의 비교

층화표본추출은 모든 층들이 몇 개의 사례로 대표되며 추출오차가 층 내에서의 변동성을 반영하는 반면 집락표본추출은 모든 사례를 표본으로 사용하며 오차는 집락 간의 변동성을 반영한다.

> ☆ Plus tip 층화표본추출 비교
> ㉠ 집락표본추출 : 부분집단은 동질적이고, 집단 내는 이질적이다.
> ㉡ 층화표본추출 : 부분집단은 이질적이고, 집단 내는 동질적이다.

---

section **3** 비확률표본추출 [2018 1회]

❶ 개념

(1) 의의 [2018 4회] [2019 2회] [2020 1회]

조사자가 주관적으로 표본을 선정하는 표본추출방법으로, 표본추출비용과 시간을 줄이기 위해 널리 이용되나 추정치의 편차를 구할 수는 없다. 추출 방법에는 할당 표본추출, 유의표본추출, 임의표본추출, 누적표본추출(눈덩이 표본추출) 등이 있다.

기출PLUS

기출 2018년 3월 4일 제1회 시행

비확률표본추출방법에 해당하는 것은?

① 할당표집(Quota Sampling)
② 층화표집
   (Stratified Random Sampling)
③ 군집표집(Cluster Sampling)
④ 단순무작위표집
   (Simple Random Sampling)

정답 ①

2021년 3월 7일 제1회 시행

무작위표집과 비교할 때 할당표집 (quota sampling)의 장점이 아닌 것은?

① 비용이 적게 든다.
② 표본오차가 적을 가능성이 높다.
③ 신속한 결과를 원할 때 사용 가능하다.
④ 각 집단을 적절히 대표하게 하는 층화의 효과가 있다.

2020년 6월 14일 제1·2회 통합 시행

특정 변수를 중심으로 모집단을 일정한 범주로 나눈 다음 집단별로 필요한 대상을 사전에 정해진 비율로 추출하는 표집방법은?

① 할당표집
② 군집표집
③ 판단표집
④ 편의표집

2020년 6월 14일 제1·2회 통합 시행

4년제 대학교 대학생 집단을 학년과 성, 단과대학(인문사회, 자연, 예체능, 기타)으로 구분하여 할당표집할 경우 할당표는 총 몇 개의 범주로 구분되는가?

① 4
② 24
③ 32
④ 48

정답 ②, ①, ③

(2) 비확률표본추출의 이용

① 확률표본추출이 불가능한 경우에 이용된다.

② 표본을 의도적으로 구성하는 것이 의미있다고 생각되는 경우에 이용한다.

③ 보다 큰 모집단에 대한 일반화 가능성에 관심을 기울이지 않는 경우에 이용한다.

④ 시간적·금전적으로 제약이 큰 경우에 이용된다.

> 🖋 Plus tip 비확률표본추출과 비교하여 확률표본추출이 가지는 특징
> ㉠ 모든 요소가 표본으로 추출될 수 있는 동일한 확률을 가진다.
> ㉡ 표본의 구성요소를 추출하기 위하여 무작위 표본추출방법을 사용한다.

② 할당표본추출(Quota sampling) 2018 2회 2019 4회 2020 2회

(1) 의의

비확률표본추출방법 중 가장 정교한 기법으로 인터뷰에 의하여 자료수집 시 사용하는 방법이다. 이는 미리 정해진 기준에 의해 전체 집단을 소집단으로 구분하고 집단별 필요한 대상자를 추출하는 방법이다.

(2) 장점

① 동일한 크기의 무작위표본추출보다 비용이 적게 든다.

② 각 계층을 적절하게 대표하게 한다.

③ 할당방법을 사용하게 되면 어떤 특정 유형의 사람들을 표본에 포함시킬 수가 있다.

(3) 단점

① 면접자가 연구대상으로 가장 접근하기 쉬운 연구단위만을 선정한다.

② 제1차적 통제로써 무작위성을 설정할 진정한 수단이 없으므로 최종표본은 정확한 확률표본이 아니기 때문에 결과를 어느 수준까지 일반화할 수가 없다.

③ 연구자가 할당표본추출방법을 통하여 선정된 연구단위를 분류 시 연구자가 갖고 있는 고유한 편견으로 분류오차의 정도를 증가시킬 수 있다.

④ 연구자는 모집단에 대하여 전반적으로 알지 못하므로 하나의 변수는 어느 정도까지 통제할 수 있으나 이론적 의의가 있는 다른 여러가지 변수들은 통제할 수 없다.

❸ 유의(=판단)표본추출 [2019 2회] [2020 2회]

(1) 의의

연구자가 찾고 있는 정보에 대하여 주어진 모집단에 의도적으로 표본을 선택하는 방법으로 판단표본추출이라고도 한다. 이는 연구자가 찾고 있는 정보에 대하여 주어진 모집단에 의도적으로 표본을 선택하는 방법이다.

> 💭 Plus tip **유의표본추출의 사용**
> 유의표본추출은 주로 표본오차가 크지 않거나 확률표본추출이 실제 불가능할 때 사용된다.

(2) 장점

① 어떤 무작위성 과정을 내포하지 않는다.

② 비용이 적게 들고 연구자의 모집단 접근이 용이하다.

③ 연구설계에 적절한 연구단위가 포함되는 것을 보장한다.

(3) 단점

① 다른 무작위적 · 작위적 표본추출유형에 비하여 연구대상이 되는 모집단에 대해 광범한 정보를 필요로 한다.

② 유의표본추출방법은 다른 비확률표본추출방법과 마찬가지로 무작위성을 주장할 수 없고 추측통계학을 정당하게 사용할 수 없다.

③ 확률적 의미에서 본다면 표본이 진실로 무작위적인지 대표적인지를 확신할 방법이 없기 때문에 연구자가 결과를 일반화하고자 할 때 심각한 문제점으로 대두된다.

④ 유의표본은 무작위표본에 비하여 일반화를 하는 데 비능률적이며, 어느 연구단위가 대표적인지를 판단하는 데 연구자의 능력을 지나치게 강조한다. 이러한 것은 난수표나 컴퓨터 결정에 의한 우연선정방법에 의하여 어느 정도 해소될 수 있다.

기출PLUS

기출 2020년 6월 14일 제1 · 2회 통합 시행
다음은 어떤 표집방법에 관한 설명인가?

┌ 보기 ┐
• 조사문제를 잘 알고 있으나 모집단의 의견을 효과적으로 반영할 수 있을 것으로 판단되는 특정집단을 표본으로 선정하여 조사하는 방법
• 예를 들어 휴대폰 로밍 서비스에 대한 전문지식을 가진 표본을 임의로 산정하는 경우
└────────┘

① 편의표집
② 판단표집
③ 할당표집
④ 층화표집

기출 2019년 8월 4일 제3회 시행
판단표본추출법(judgement sampling)에 대한 설명으로 옳지 않은 것은?

① 선정된 표본이 모집단을 적절히 대표하지 못할 경우에 효과적이다.
② 모집단에 대한 조사자의 사전지식을 바탕으로 표본을 추출하는 방법이다.
③ 모집단이 커질수록 조사자가 표본에 대한 정확한 정보를 얻기 힘들어진다.
④ 조사자의 개입의 한계가 있어 주관이 배제되며 결과의 일반화가 용이하다.

정답 ②, ④

④ 임의(=편의)표본추출(Accidental Sampling) 2020 1회

(1) 의의

연구자 임의로 표본을 선정하는 방법으로 시간에 쫓겨 체계적인 표출을 할 수 없을 경우에 사용하는 조잡한 표출방법이다.

(2) 장점

편의성과 경제성, 신속성이 있다.

(3) 단점

① 일반화하는 데에 제한이 있다.

② 추출된 표본이 모집단을 대표하지 못한다.

③ 확률표본이 아니라 오차의 개입을 방지하거나 평가할 방법이 없다.

⑤ 누적(=눈덩이)표본추출(Snowball Sampling) 2018 2회 2019 2회

(1) 의의

첫 단계에서 연구자가 임의로 선정한 제한된 표본에 해당하는 사람들로부터 추천을 받아 다른 표본을 선정하는 과정을 되풀이하며 마치 눈덩이를 굴리듯이 표본을 누적해가는 과정을 말한다.

(2) 장점

① 전문가들의 의견조사에 유용하다.

② 소규모 사회조직의 연구에 이용된다.

③ 조사 대상자의 사생활을 보호한다.

(3) 단점

① 일반화 가능성이 적고, 계량화가 어렵다.

② 처음 표본추출이 힘들다.

기출 & 예상문제

1 단순무작위표집에 대한 설명으로 틀린 것은?

① 표본이 모집단으로부터 추출된다.
② 모든 요소가 동등한 확률을 가지고 추출된다.
③ 구성요소가 바로 표집단위가 되는 것은 아니다.
④ 표집 시 보편적인 방법은 난수표를 사용하는 것이다.

1.

③ 모집단의 구성요소들이 표집단위이고, 표본으로 선택될 확률이 알려져 있고 동일하다.

2 표본크기를 결정할 때 고려하는 사항과 가장 거리가 먼 것은?

① 모집단의 동질성
② 모집단의 크기
③ 척도의 유형
④ 신뢰도

2.

표본크기를 결정할 때 척도의 유형은 고려사항에 해당되지 않는다.

3 일반적으로 표집방법들 간의 표집효과를 계산할 때 준거가 되는 표집방법은?

① 군집표집
② 체계적 표집
③ 층화표집
④ 단순무작위표집

3.

표집방법들의 기준이 되는 것은 단순무작위표본추출 방법이다.

4 다음에서 사용한 표집방법은?

> 580개 초등학교 모집단에서 5개 학교를 임의표집 하였다. 선택된 학교마다 2개씩의 학급을 임의선택하고, 또 선택된 학급마다 5명씩의 학생들을 임의선택하여 학생들이 학원에 아니는지 조사하였다.

① 단순무작위표집   ② 층화표집
③ 군집표집   ④ 할당표집

4.

집락이 상호배타적인 성격을 가질 수 있도록 집락 수준의 수(580개 초등학교 모집단에서 5개 학교를 임의표집)를 정하고 무작위적으로 선택하는 방법은 군집표집에 해당된다.

5 표집과 관련된 용어에 대한 설명으로 틀린 것은?

① 모수(parameter)는 표본에서 어떤 변수가 가지고 있는 특성을 요약한 통계치이다.
② 표집률(sampling ratio)은 모집단에서 개별요소가 선택될 비율이다.
③ 표집간격(sampling interval)은 모집단으로부터 표본을 추출할 때 추출되는 요소와 요소간의 간격을 의미한다.
④ 관찰단위(observation unit)는 직접적인 조사대상을 의미한다.

5.

① 모수는 모집단의 특성을 수치로 나타낸 것이며 표본의 특성을 수치로 표현한 것은 통계량이다.

6 확률표집방법에 해당하지 않는 것은?

① 체계적 표집(systematic sampling)
② 군집표집(cluster sampling)
③ 할당표집(quota sampling)
④ 층화표집(stratified random sampling)

6.

할당표집은 비확률표본추출 방법에 해당한다.

Answer   4.③ 5.① 6.③

7 다음 (　　) 안에 들어갈 알맞은 것은?

> 체계적 표집(계통표집)을 이용하여 5,000명으로 구성된 모집단으로부터 100명의 표본을 구하기 위해서는 먼저 1과 (A) 사이에서 무작위로 한 명의 표본을 선정한 후 첫 번째 선정된 표본으로부터 모든 (B)번째 표본을 선정한다.

① A : 50, B : 50　　　　② A : 10, B : 50

③ A : 100, B : 50　　　　④ A : 100, B : 100

7.

계통표집은 전 모집단의 대상이 표본에 추출될 수 있도록 $k(=N/n)$를 설정한 후에 k번째마다 대상을 추출하는 것으로 5,000명 중 100명의 표본을 구하기 위해서는 $k=5,000/100=50$이다.

8 표본의 크기에 관한 설명으로 틀린 것은?

① 표본의 크기는 전체적인 조사목적, 비용 등을 감안하여 결정한다.

② 부분집단별 분석이 필요한 경우에는, 표본의 수를 작게 하는 대신 무응답을 줄이려고 노력한다.

③ 일반적으로 표본의 크기가 증가할수록 표본오차의 크기는 감소한다.

④ 비확률 표본추출법의 경우 표본의 크기와 표본오차와는 무관하다.

8.

② 표본크기가 클수록 표본오차는 작아지고 표본크기가 작으면 표본의 분산이 커져 표본오차가 높아지기 때문에 표본의 수를 작게 하는 것은 적절하지 않다.

9 다음 사례에서 사용한 표집방법은?

> 앞으로 10년간 우리나라의 경제상황을 예측하기 위하여, 경제학 전공교수 100명에게 설문조사를 실시하였다.

① 할당표집　　　　② 판단표집

③ 편의표집　　　　④ 눈덩이표집

9.

판단표집은 조사 내용을 잘 알고 있거나 모집단의 의견을 잘 반영할 수 있을 것이라 판단되는 대상자 또는 집단(= 경제학 전공교수 100명)을 표본으로 선택하는 방법이다.

Answer　　7.① 8.② 9.②

2020. 8. 23. 제3회

10 다음 표본추출방법 중 표집오차의 추정이 확률적으로 가능한 것은?

① 할당표집

② 판단표집

③ 편의표집

④ 단순무작위표집

10.

확률표본추출방법의 경우 표집오차를 확률적으로 추정 가능하다. 단순무작위표집은 확률표본추출방법이며, 나머지(할당표집, 판단표집, 편의표집)는 비확률표본추출방법에 해당된다.

2020. 8. 23. 제3회

11 표집에서 가장 중요한 요인은?

① 대표성과 경제성

② 대표성과 신속성

③ 대표성과 적절성

④ 정확성과 경제성

11.

표집(= 표본)은 모집단을 잘 대표하고 있어야 하며 (= 대표성), 일정하고 정확(= 적절성)하게 선정하는 것이 중요하다.

2020. 6. 14. 제1 · 2회 통합

12 특정 변수를 중심으로 모집단을 일정한 범주로 나눈 다음 집단별로 필요한 대상을 사전에 정해진 비율로 추출하는 표집방법은?

① 할당표집 ② 군집표집

③ 판단표집 ④ 편의표집

12.

미리 정해진 기준(= 특정 변수 중심)에 의해 전체 집단을 소집단으로 구분(= 모집단을 일정한 범주로 나눈 다음) 각 집단별 필요한 대상자를 추출하는 표집방법을 할당표집이라고 한다.

2020. 6. 14. 제1 · 2회 통합

13 모집단을 구성하고 있는 구성요소들이 자연적인 순서 또는 일정한 질서에 따라 배열된 목록에서 매 k번째의 구성요소를 추출하여 표본을 형성하는 표집방법은?

① 체계적 표집 ② 무작위표집

③ 층화표집 ④ 판단표집

13.

모집단으로부터 임의로 첫 번째 추출 단위를 추출하고 두 번째부터는 일정한 간격을 기준으로 표본을 추출하는 방법은 체계적 표집(=계통표집)이라고 한다.

Answer 10.④ 11.③ 12.① 13.①

2020. 6. 14. 제1·2회 통합

14 표본크기에 관한 설명으로 옳은 것은?

① 변수의 수가 증가할수록 표본 크기는 커야 한다.

② 모집단위 이질성이 클수록 표본 크기는 작아야 한다.

③ 소요되는 비용과 시간은 표본 크기에 영향을 미치지 않는다.

④ 분석변수의 범주의 수는 표본 크기를 결정하는 요인이 아니다.

14.

① 변수의 수가 증가할수록 표본 크기는 커진다.

② 모집단위의 이질성이 클수록 표본 크기는 커진다.

③ 소요되는 비용과 시간이 적어야 된다면 표본 크기는 작아져야 되므로 소요되는 비용과 시간은 표본 크기에 영향을 미친다.

④ 분석변수의 범주 수가 많을수록 표본 크기는 커져야 되므로 범주 수는 표본 크기에 영향을 미친다.

2020. 6. 14. 제1·2회 통합

15 4년제 대학교 대학생 집단을 학년과 성, 단과대학(인문사회, 자연, 예체능, 기타)으로 구분하여 할당표집할 경우 할당표는 총 몇 개의 범주로 구분되는가?

① 4   ② 24

③ 32   ④ 48

15.

학년(1~4학년) 4가지×성(남자, 여자) 2가지×단과대학(인문사회, 자연, 예체능, 기타) 4가지 = 32가지 범주

※ **할당표본추출**: 미리 정해진 기준에 의해 전체 집단을 소집단으로 구분하고 각 집단별 필요한 대상자를 추출하는 방법

2020. 6. 14. 제1·2회 통합

16 확률표집에 대한 설명으로 틀린 것은?

① 확률표집의 기본이 되는 것은 단순 무작위표집이다.

② 확률표집에서는 모집단위 모든 요소가 뽑힐 확률이 '0'이 아닌 확률을 가진다는 것을 전제한다.

③ 확률표집은 여러 가지 통계적인 기법을 적용해 모집단에 대한 일반화를 할 수 있다.

④ 확률표집의 종류로 할당표집이 있다.

16.

할당표집은 비확률표집에 해당된다.

Answer   14.①   15.③   16.④

17 어느 커피매장에서 그 커피매장에 오는 고객들을 대상으로 제품 선호도 설문조사를 실시하여 신상품을 개발한 경우, 설문조사 표본을 구성하는 과정에 해당하는 표집방법은?

① 군집표집 ② 판단표집
③ 편의표집 ④ 할당표집

18 일반적인 표본추출과정을 바르게 나열한 것은?

> A. 모집단의 확정
> B. 표본프레임의 결정
> C. 표본추출의 실행
> D. 표본크기의 결정
> E. 표본추출방법의 결정

① A→B→E→D→C
② A→D→E→B→C
③ D→A→B→E→C
④ A→B→D→E→C

19 A항공사에서 자사의 마일리지 사용자 중 최근 1년 동안 10만 마일 이상 사용자들을 모집단으로 하면서 자사 마일리지 카드 소지자 명단을 표본프레임으로 사용하여 전체에서 표본추출을 할 때의 표본프레임 오류는?

① 모집단이 표본프레임 내에 포함되는 경우
② 표본프레임이 모집단 내에 포함되는 경우
③ 모집단과 표본프레임의 일부분만이 일치하는 경우
④ 모집단과 표본프레임이 전혀 일치하지 않는 경우

17.

임의로 선정한 지역(커피매장)과 시간대(커피매장을 방문하는 시간)에 조사자가 원하는 대상자를 표본으로 선택하여 설문조사를 하는 방법은 편의표집에 해당된다.

※ **편의표본추출** : 임의로 선정한 지역과 시간대에 조사자가 원하는 대상자를 표본으로 선택하는 방법

18.

표본추출과정은 모집단을 확정하고, 표본프레임을 결정하고, 표본추출방법을 결정하여, 표본크기를 결정하고 마지막으로 표본추출을 실행한다.

19.

모집단과 표본프레임
㉠ 모집단 : 최근 1년 동안 10만 마일 이상 사용자
㉡ 표본프레임 : 자사 마일리지 카드 소지자 명단
㉢ 모집단 < 표본프레임
㉣ 표본프레임 내에 속해 있는 구성원 가운데 모집단에 표함되지 않는 구성원이 있어 10만 마일 이상 사용하지 않는 사용자도 표본으로 선정될 가능성이 있다. 이러한 표본프레임의 오류를 모집단이 표본프레임 내에 포함되는 경우라 한다.

Answer 17.③ 18.① 19.①

20 다음은 어떤 표집방법에 관한 설명인가?

> • 조사문제를 잘 알고 있어나 모집단의 의견을 효과적으로 반영할 수 있을 것으로 판단되는 특정집단을 표본으로 선정하여 조사하는 방법
> • 예를 들어 휴대폰 로밍 서비스에 대한 전문지식을 가진 표본을 임의로 산정하는 경우

① 편의표집   ② 판단표집
③ 할당표집   ④ 층화표집

20.

조사 내용을 잘 알고 있거나 모집단의 의견을 잘 반영할 수 있을 것이라 판단되는 대상자 또는 집단을 표본으로 선택하는 방법으로 비확률표본추출 방법 가운데 판단표집에 해당된다.

21 표본의 크기를 결정하는 데 고려해야 하는 요인과 가장 거리가 먼 것은?

① 신뢰도
② 조사대상 지역의 지리적 여건
③ 모집단위 동질성
④ 수집된 자료가 분석되는 범주의 수

21.

대표성이 높은 표집을 선택하기 위해서는 표본의 크기가 커야 하며, 이러한 표본의 크기를 결정하는 데 영향을 주는 요인으로는 신뢰도가 높을수록, 모집단위 동질성이 높을수록, 자료의 범주 수가 적을수록 표본 크기가 작아진다.

22 표본크기와 표집오차에 관한 설명으로 옳은 것을 모두 고른 것은?

> ㉠ 자료수집 방법은 표본크기와 관련 있다.
> ㉡ 표본크기가 커질수록 모수와 통계치의 유사성이 커진다.
> ㉢ 표집오차가 커질수록 표본이 모집단을 대표하는 정확성이 낮아진다.
> ㉣ 동일한 표집오차를 가정한다면, 분석변수가 적어질수록 표본크기는 커져야 한다.

① ㉠, ㉡, ㉢   ② ㉠, ㉡
③ ㉡, ㉣   ④ ㉠, ㉡, ㉢, ㉣

22.

표본크기가 커지면 표집오차는 줄어들고, 표집오차가 줄어들면 모수 통계치와 유사성이 커진다. 동일한 표집오차일 경우, 분석변수가 많아질수록 표본크기가 커져야 한다.

Answer   20.②   21.②   22.①

23 다음 중 확률표집방법이 아닌 것은?

① 층화표집   ② 판단표집

③ 군집표집   ④ 체계적 표집

24 연구자가 확률표본을 사용할 것인지, 비확률표본을 사용할 것인지를 결정할 때 고려요인이 아닌 것은?

① 연구목적

② 비용 대 가치

③ 모집단위 수

④ 허용되는 오차의 크기

25 다음 중 표본오류의 크기에 영향을 미치는 요인과 가장 거리가 먼 것은?

① 표본의 크기

② 표본추출방법

③ 문항의 무응답

④ 모집단의 분산 정도

26 인구통계학적, 경제적, 사회 · 문화 · 자연 요인 등의 분류기준에 따라 전체 표본을 여러 집단으로 구분하여 집단별로 필요한 대상을 사전에 정해진 크기만큼 추출하는 표본추출방법은?

① 할당표본추출법(quota sampling)

② 편의표본추출법(convenience sampling)

③ 층화표본추출법(stratified random sampling)

④ 단순무작위표본추출법(simple random sampling)

23.

판단표집은 비확률표집방법에 해당된다.

24.

확률표본과 비확률표본을 선택하는 기준으로는 연구목적, 비용, 허용오차 크기에 따라 정할 수 있으나 모집단위 수는 관련이 없다.

25.

표본오차에 영향을 주는 요인은 표본의 크기, 표본추출방법, 모집단의 특성(= 모집단의 분산 정도)이다.

26.

할당표본추출은 미리 정해진 기준(= 인구통계학적, 경제적, 사회, 문화, 자연 요인 등의 분류기준)에 의해 전체 집단을 소집단으로 구분하고 집단별 필요한 대상자를 추출하는 방법이다.

Answer   23.②   24.③   25.③   26.①

27 판단표본추출법(judgement sampling)에 대한 설명으로 옳지 않은 것은?

① 선정된 표본이 모집단을 적절히 대표하지 못할 경우에 효과적이다.

② 모집단에 대한 조사자의 사전지식을 바탕으로 표본을 추출하는 방법이다.

③ 모집단이 커질수록 조사자가 표본에 대한 정확한 정보를 얻기 힘들어진다.

④ 조사자의 개입의 한계가 있어 주관이 배제되며 결과의 일반화가 용이하다.

27.

판단표본추출은 조사 내용을 잘 알고 있거나 모집단의 의견을 잘 반영할 수 있을 것으로 판단되는 대상자 또는 집단을 표본으로 선택하는 방법으로 조사자의 판단으로 결정되므로 결과 일반화가 어렵다는 것이 단점이다.

28 다음 중 비확률표본추출법(non-probability sampling)에 해당하는 것은?

① 할당표본추출법(quota sampling)

② 군집표본추출법(cluster sampling)

③ 층화표본추출법(stratified random sapling)

④ 단순무작위표본추출법(simple random sampling)

28.

할당표본추출은 비확률표본추출이며, 군집표본추출, 층화표본추출, 단순무작위표본추출은 확률표본추출법에 해당한다.

29 다음 중 표본추출과정에서 가장 먼저 해야 할 것은?

① 모집단의 확정

② 표본크기의 결정

③ 표집프레임의 선정

④ 표본추출방법의 결정

29.

표본추출과정에서 가장 먼저 해야 할 일은 모집단의 확정이다.

Answer 27.④ 28.① 29.①

30 다음 사례에 해당하는 표본프레임 오류는?

> A보험사에 가입한 고객을 대상으로 만족도 조사를 실시하였다. 조사대상 표본은 A보험사에 최근 1년 동안 가입한 고객 명단으로부터 추출하였다.

① 모집단과 표본프레임이 동일한 경우
② 모집단 표본프레임에 포함되는 경우
③ 표본프레임이 모집단 내에 포함되는 경우
④ 모집단과 표본틀이 전혀 일치하지 않는 경우

30.

A 보험사 가입 고객의 만족도 조사를 위해 최근 1년 가입 고객 명단을 표본프레임으로 사용할 경우, 1년 이전 가입 고객은 제외되기 때문에 표본프레임이 모집단과 일치하지 않고 그 안에 포함되는 상황에 해당한다.

31 군집표본추출법(cluster sampling)에 관한 설명으로 옳지 않은 것은?

① 소집단을 이용하여 표본을 추출하는 방식이다.
② 전체 모집단의 목록이 없는 경우에 매우 유용하다.
③ 단순무작위표본추출법에 비해서 시간과 비용 면에서 효율적이다.
④ 군집 단계의 수가 많을수록 표본오차(sampling error)가 작아지게 된다.

31.

④ 군집의 수가 많을수록 표본오차는 커진다.

32 표본의 크기를 결정하는 요소와 가장 거리가 먼 것은?

① 연구자의 수
② 모집단의 동일성
③ 조사비용의 한도
④ 조사가설의 내용

32.

일반적으로 표본의 크기를 결정할 시에는 모집단 규모 및 특성(= 모집단의 동질성 등), 표본추출방식, 통계분석기법, 조사가설, 조사비용 등을 고려해야 한다.

Answer　　30.③　31.④　32.①

33 표본추출에 관한 설명으로 옳지 않은 것은?

① 전수조사에 비해 표본조사는 비용과 시간이 절약된다.
② 표본은 모집단을 대표하기에는 일정한 오차를 가지고 있다.
③ 표본조사에 비해 전수조사는 비표본오차가 발생할 가능성
　 이 낮다.
④ 표본추출은 모집단으로부터 조사대상을 선정하는 과정이다.

33.

전수조사는 조사대상자와 자료의 양이 많아 조사
과정과 집계과정에서 발생하는 비표본오차가 표본
조사보다 크다. 따라서 전수조사는 비표본오차에
유의해야 하고 표본조사는 표본오차에 유의해야
한다.

34 단순무작위 표본추출에 대한 설명으로 옳지 않은 것은?

① 난수표를 이용하는 표본추출방법이다.
② 모집단을 가장 잘 대표하는 표본추출방법이다.
③ 모집단의 모든 조사단위에 표본으로 뽑힐 기회를 동등하
　 게 부여한다.
④ 모집단의 구성요소를 정확히 파악하여 명부를 작성하여야
　 한다.

34.

단순무작위 표본추출은 확률표본추출의 가장 기본
모형이며, 모집단의 특성에 따라 층화, 집락 표본
추출이 단순무작위 추출보다 모집단을 가장 잘 대
표할 수 있다.

35 비체계적 오류를 줄이는 방법과 가장 거리가 먼 것은?

① 측정항목의 모호성을 제거한다.
② 측정항목 수를 가능한 한 늘린다.
③ 조사대상자가 관심 없는 항목도 측정한다.
④ 중요한 질문을 2회 이상 동일한 질문이나 유사한 질문을
　 한다.

35.

③ 조사대상자가 관심 없는 항목은 측정하지 않는
것이 오류를 줄이는 방법이다.

36 전국 단위 여론조사를 하기 위해 16개 시도와 20대부터 60대 이상까지의 5개 연령층, 그리고 연령층에 따른 성별로 할당표집을 할 때 표본추출을 위한 할당범주는 몇 개인가?

① 10개

② 32개

③ 80개

④ 160개

36.

시도(16개 시도) 16가지 × 연령(5개 연령층) 5가지 × 성별(남자, 여자) 2가지 = 160가지 범주

37 표본추출에 관한 설명으로 옳은 것은?

① 분석단위와 관찰단위는 항상 일치한다.

② 표본추출요소는 자료가 수집되는 대상의 단위이다.

③ 통계치는 모집단의 특정변수가 갖고 있는 특성을 요약한 값이다.

④ 표본추출단위는 표본이 실제 추출되는 연구대상 목록이다.

37.

①④ 표본추출단위는 분석 단위나 실제 추출되는 연구목록과 동일할 수도 있지만 여러 단계를 거쳐 진행될 경우 다를 수도 있다.

③ 통계량은 표본의 특성을 수치로 표현하는 것이다.

38 다음 중 표집틀(sampling frame)이 모집단(population)보다 큰 경우는?

① 한국대학교 학생을 한국대학교 학생등록부를 이용해서 표집하는 경우

② 한국대학교 학생을 교문 앞에서 임의로 표집하는 경우

③ 한국대학교 학생을 서울지역 휴대폰 가입자 명부를 이용해서 표집하는 경우

④ 한국대학교의 체육과 학생을 한국대학교 학생등록부를 이용해서 표집하는 경우

38.

한국대학교 학생등록부에는 체육과 학생 이외의 학생들도 포함되어 있으므로 표집틀(＝한국대학교 학생등록부)이 모집단(＝한국대학교 체육과 학생)보다 큰 경우에 해당된다.

Answer   36.④ 37.② 38.④

2019. 4. 27. 제2회

39 우리나라 고등학생 집단을 학년과 성별, 계열별(인문계, 자연계, 예체능계)로 구분하여 할당 표본추출을 할 경우 총 몇 개의 범주로 구분되는가?

① 6개   ② 12개

③ 18개   ④ 24개

39.

고등학교 학년(1 ~ 3학년) 3가지, 성별(남자, 여자) 2가지, 계열별(인문계, 자연계, 예체능계) 3가지 = 18가지 범주

2019. 4. 27. 제2회

40 다음 중 표집방법에 관한 설명으로 틀린 것은?

① 편의표집(convenience sampling)은 표본의 대표성을 확보하기 어렵다.

② 할당표집(quota sampling)에서는 조사결과의 오차 범위를 계산할 수 있다.

③ 확률표집과 비확률표집의 차이는 무작위 표집 절차 사용 여부에 의해 결정된다.

④ 층화표집(stratified sampling)에서는 모집단이 의미 있는 특징에 의하여 소집단으로 분할된다.

40.

할당표집은 비확률표본추출법이며, 비확률표본추출은 조사 결과의 오차 범위를 계산할 수 없다.

2019. 4. 27. 제2회

41 다음 사례추출방법은?

외국인 불법체류 근로자의 취업실태를 조사하려는 경우, 모집단을 찾을 수 없어 일상적인 표집절차로는 조사수행이 어려웠다. 그래서 첫 단계에서는 종교단체를 통해 소수의 응답자를 찾아 면접하고, 다음 단계에서는 첫 번째 응답자의 소개로 면접 조사하였으며, 계속 다음 단계의 면접자를 소개받는 방식으로 표본수를 충족시켰다.

① 할당표집(quota sampling)

② 군집표집(cluster sampling)

③ 편의표집(convenience sampling)

④ 눈덩이표집(snowball sampling)

41.

눈덩이표집은 이미 참가한 대상자들(= 종교단체를 통해 소수의 응답자를 선별)에게 그들이 알고 있는 사람들(= 첫 번째 응답자의 소개로 다음 단계 면접자 선택)을 가운데 추천을 받아 선정하는 방법을 의미한다.

Answer   39.③   40.②   41.④

42 표본추출(sampling)에 대한 설명으로 틀린 것은?

① 표본을 추출할 때는 모집단을 분명하게 정의하는 것이 중요하다.

② 표본추출이란 모집단(population)에서 표본을 선택하는 행위를 말한다.

③ 확률표본추출을 할 경우 표본오차는 없으나 비표본오차는 발생할 수 있다.

④ 일반적으로 표본이 모집단을 잘 대표하기 위해서는 가능한 확률표본추출을 하는 것이 바람직하다.

42.

확률표본추출은 표본오차, 비확률표본추출은 비표본오차가 발생한다.

43 표집구간 내에서 첫 번째 번호만 무작위로 뽑고 다음부터는 매 k번째 요소를 표본으로 선정하는 표집방법은?

① 계통표집

② 층화표집

③ 집락표집

④ 단순무작위표집

43.

계통표집은 모집단으로부터 임의로 첫 번째 추출단위를 추출하고 두 번째부터는 일정한 간격을 기준으로 표본을 추출하는 방법이다.

44 다음 중 단순무작위표집을 통하여 자료를 수집하기 어려운 조사는?

① 신용카드 이용자의 불편사항

② 조세제도 개혁에 대한 중산층의 찬반 태도

③ 새 입시제도에 대한 고등학생의 찬반 태도

④ 국가기술자격 시험문제에 대한 시험응시자의 만족도

44.

모집단의 명부(＝명단)가 있을 경우, 단순무작위표집을 통해 자료를 수집하기 용이하다.
① 신용카드 이용자, ③ 고등학생, ④ 시험응시자의 경우 모집단의 명부를 얻기 용이하나, 중산층의 경우, 중산층이라는 기준이 모호하며 또한 해당 중산층의 모집단 명부를 얻기 어려우므로 단순무작위표집으로는 자료수집이 어렵다.

Answer 42.③ 43.① 44.②

45 다음 중 확률표집에 해당하는 것은?

① 할당표집(quota sampling)

② 판단표집(judgement sampling)

③ 편의표집(convenience sampling)

④ 단순무작위표집(simple random sampling)

45.

단순무작위표집은 확률표집에 해당하며, 할당표집, 판단표집, 편의표집은 비확률표집에 해당한다.

46 판단표집(judgment sampling)에 대한 설명으로 가장 거리가 먼 것은?

① 비확률표본추출법에 해당한다.

② 연구자의 주관적인 판단에 의한 표집이다.

③ 모집단이 크면 클수록 연구자가 표본에 대한 정확한 정보를 얻기 쉽다.

④ 연구자가 모집단과 그 구성요소에 대한 풍부한 사전지식을 갖고 있어야 한다.

46.

판단표집은 ① 비확률표본추출법이며, 조사 내용을 잘 알고 있거나 모집단의 의견을 잘 반영할 수 있을 것으로 판단되는 대상자 또는 집단을 표본으로 선택하는 방법이므로 ② 연구자의 주관으로 판단하여 표집 집단을 선정하기 때문에 ④ 연구자가 모집단에 대한 풍부한 사전지식을 가지고 있어야 가능하다. 그러므로 ③ 모집단이 크면 연구자가 표본에 대해 정확한 판단을 하기가 어렵다.

47 모집단 전체의 특성치를 요약한 수치를 뜻하는 용어는?

① 평균(mean)

② 모수(parameter)

③ 통계치(statistics)

④ 표집틀(sampling frame)

47.

모수는 모집단의 특성을 수치로 나타낸 것을, 통계량은 표본의 특성을 수치로 표현한 것을 의미한다.

48 2년제 대학의 대학생 집단을 학년과 성별, 계열별(인문계, 자연계, 예체능계)로 구분하여 할당표본추출을 할 경우 할당표는 총 몇 개의 범주로 구분되는가?

① 3개   ② 5개

③ 12개   ④ 24개

48.

2년제 학년(1~2학년) 2가지 × 성별(남자, 여자) 2가지 × 계열별(인문계, 자연계, 예체능계) 3가지 = 12가지 범주

Answer　　45.④　46.③　47.②　48.③

49 층화표집(stratified random sampling)에 대한 설명으로 틀린 것은?

① 중요한 집단을 빼지 않고 표본에 포함시킬 수 있다.
② 동질적 대상은 표본의 수를 줄이더라도 정확도를 제고할 수 있다.
③ 단순무작위표본추출보다 시간, 노력, 경비를 절약할 수 있다.
④ 층화 시 모집단에 대한 지식이 없어도 된다.

49.

층화표집은 비례층화표집과 비비례층화표집으로 구성된다. 집단의 특성을 감안하여 몇 개의 부분집단으로부터 표본을 추출하는 방법으로서 모집단의 특성을 알고 있을 때 사용할 수 있다.

50 서울지역의 전화번호부를 이용하여 최초의 101번째 사례를 임의로 결정한 후 계속 201, 301, 401 번째의 순서로 뽑는 표집방법은?

① 층화표집(stratified random sampling)
② 단순무작위표집(simple random sampling)
③ 계통표집(systematic sampling)
④ 편의표집(convenience sampling)

50.

계통표집은 모집단으로부터 임의로 첫 번째 추출단위를 추출하고(= 최초의 101번째 사례를 임의로 결정) 두 번째부터는 일정한 간격을 기준(= 201, 301, 401 번째의 순서)으로 표본을 추출하는 방법이다.

51 확률표집(probability sampling)에 관한 설명으로 옳은 것은?

① 표본이 모집단에 대해 갖는 대표성을 추정하기 어렵다.
② 모집단이 무한하게 클 경우에 적용할 수 있는 표집방법이다.
③ 표본의 추출 확률을 알 수 있다.
④ 모집단 전체에 대한 구체적 자료가 없는 경우 사용된다.

51.

확률표집은 모집단에 대해 대표성을 가질 수 있으며, 모집단이 한정되고 구체적 자료를 알고 있을 경우 사용할 수 있다.

Answer 49.④ 50.③ 51.③

52 다음 중 표본추출에 대한 설명으로 틀린 것은?

① 표본조사가 전수조사에 비해 시간과 비용이 적게 든다.
② 관찰단위와 분석단위가 반드시 일치하는 것은 아니다.
③ 모수는 표본조사를 통해 얻는 통계량을 바탕으로 추정한다.
④ 단순무작위추출방법은 일련번호와 함께 표본간격이 중요하다.

52.

단순무작위추출은 모집단 내에 포함된 모든 조사단위에 표본으로 뽑힐 확률을 동일하게 부여하여 표본을 추출하는 방법이며, 일련번호와 함께 일정 간격으로 추출하는 방법은 계통적 표본추출에 해당된다.

53 표본의 크기를 결정할 때 고려하여야 할 사항과 가장 거리가 먼 것은?

① 모집단의 규모
② 표본추출방법
③ 통계분석의 기법
④ 연구자의 수

53.

일반적으로 표본의 크기를 결정할 때에는 모집단 규모 및 특성(= 모집단의 동질성 등), 표본추출방식, 통계분석 기법, 조사가설, 조사비용 등을 고려해야 한다.

54 확률표본추출방법에 해당하는 것은?

① 판단표집(judgement sampling)
② 편의표집(convenience sampling)
③ 단순무작위표집(simple random sampling)
④ 할당표집(quota sampling)

54.

단순무작위표집은 확률표본추출방법이며, 판단표집, 편의표집, 할당표집은 비확률표본추출방법이다.

55 표집틀(sampling frame)과 모집단과의 관계로 가장 이상적인 경우는?

① 표집틀과 모집단이 일치할 때
② 표집틀이 모집단 내에 포함될 때
③ 모집단이 표집틀 내에 포함될 때
④ 모집단과 표집틀의 일부분만이 일치할 때

55.

모집단과 표집틀이 일치할 때 가장 이상적인 연구이다. 표집틀은 모집단과 일치해야 대표성을 확보하게 된다. 그러나 모집단의 크기가 커질수록 시간과 비용의 경제성 때문에 표본틀에 의존하게 된다.

Answer   52.④   53.④   54.③   55.①

56 다음 중 불포함 오류에 관한 설명으로 옳은 것은?

① 표본조사를 할 때 표본체계가 완전하게 되지 않아서 발생하는 오류이다.

② 표본추출과정에서 선정된 표본 중 일부가 연결이 되지 않거나 응답을 거부했을 때 생기는 오류이다.

③ 면접이나 관찰과정에서 응답자나 조사자 자체의 특성에서 생기는 오류와 양자 간의 상호관계에서 생기는 오류이다.

④ 정확한 응답이나 행동을 한 결과를 조사자가 잘못 기록하거나 기록된 설문지나 면접지가 분석을 위하여 처리되는 과정에서 틀려지는 오류이다.

56.

② 비표본오류

③ 조사 현장 오류

④ 입력상 오류

57 다음 중 비표본오차의 원인과 가장 거리가 먼 것은?

① 표본선정의 오류

② 조사설계상 오류

③ 조사표 작성 오류

④ 조사자의 오류

57.

① 표본선정의 오류는 표본오차에 해당된다.

58 도박중독자의 심리적 상태를 파악하기 위해 처음 알게 된 도박중독자로부터 다른 대상을 소개받고, 다시 소개받은 대상으로부터 제3의 대상자를 소개받는 절차로 이루어지는 표본추출방법은?

① 판단표집(judgement sampling)

② 군집표집(cluster sampling)

③ 눈덩이표집(snowball sampling)

④ 비비례적층화표집(disproportionate stratified sampling)

58.

눈덩이(=스노우볼) 표집은 이미 참가한 대상자들에게 그들이 알고 있는 사람들 가운데 추천을 받아 선정하는 방법이다.

Answer 56.① 57.① 58.③

59 표본추출과 관련된 용어 설명으로 틀린 것은?

① 관찰단위 : 직접적인 조사대상

② 모집단 : 연구하고자 하는 이론상의 전체집단

③ 표집률 : 모집단에서 개별 요소가 선택될 비율

④ 통계량(statistic) : 모집단에서 어떤 변수가 가지고 있는 특성을 요약한 통계치

59.

통계량은 관측대상이 되는 표본집합으로부터 얻어지는 여러 가지 측정값이다.

60 다음 사례와 같이 조사대상자들로부터 정보를 얻어 다른 조사대상자를 구하는 표집방법은?

> 한 연구자가 마약사용과 같은 사회적 일탈행위를 연구하기 위해 알고 있는 마약사용자 한 사람을 조사하고, 이 사람을 통해 다른 마약사용자들을 알게 된 또 다른 마약사용자들에 대한 조사를 실시하였다.

① 눈덩이표집(snowball sampling)

② 판단표집(judgment sampling)

③ 할당표집(quota sampling)

④ 편의표집(convenience sampling)

60.

눈덩이표집이란 이미 참가한 대상자들(마약사용자)에게 그들이 알고 있는 (다른 마약사용자) 사람들을 가운데 추천을 받아 선정하는 방법이다.

61 표본 크기의 결정에 관한 설명으로 틀린 것은?

① 표본의 크기는 작을수록 좋다.

② 조사결과의 분석방법에 따라 달라진다.

③ 조사연구에서 수집될 자료의 양은 표본의 크기에 의해 결정된다.

④ 조사연구에 포함된 변수가 많으면 표본의 크기는 늘어나야 한다.

61.

표본 크기는 클수록 표본오차는 작아지고 표본 크기가 작으면 표본의 분산이 커져 표본오차가 높아지기 때문에 표본의 수를 작게 하는 것은 적절하지 않다.

Answer   59.④ 60.① 61.①

62 표집(sampling)의 대표성에 대한 의미와 가장 거리가 먼 것은?

① 표본을 이용한 분석결과가 일반화될 수 있는가의 문제
② 표본자료가 계량 통계분석기법을 적용하기에 적합한가의 문제
③ 표본의 통계적 특성이 모집단의 통계적 특성에 어느 정도 근접하느냐의 문제
④ 표본이 모집단이 지닌 다양한 성격을 고루 반영하느냐의 문제

62.
표집의 대표성이란 표본 분석 결과를 일반화시킬 수 있어야 하며, 모집단의 특성과 성격과 유사하여야 한다.

63 표본추출을 위한 모집단의 구성요소나 표본추출 단위가 수록된 목록은?

① 요소(element)
② 표집틀(sampling frame)
③ 분석단위(unit of analysis)
④ 표본추출분포(sampling distribution)

63.
표집틀은 확률표본이 추출되는 요소들의 목록 또는 유사목록을 말한다. 즉, 모집단 내에 포함된 조사대상자들의 명단이다.

64 다음 중 비확률표본추출방법에 해당하는 것은?

① 단순무작위표집(simple random sampling)
② 층화표집(stratified random sampling)
③ 유의표집(purposive sampling)
④ 군집표집(cluster sampling)

64.
비확률표본추출은 비체계적이고 임의적인 방법으로, 편의표본추출, 판단표본추출, 할당표본추출, 유의표집, 임의표집, 눈덩이표본추출이 여기에 해당된다.

Answer 62.② 63.② 64.③

65 표집틀(Sampling Frame)을 평가하는 주요 요소와 가장 거리가 먼 것은?

① 포괄성
② 안정성
③ 추출확률
④ 효율성

66 확률표본추출법과 비확률표본추출법에 대한 설명으로 틀린 것은?

① 확률표본추출법은 연구대상이 표본으로 추출될 확률이 알려져 있으며, 비확률표본추출법은 표본으로 추출될 확률이 알려져 있지 않은 경우의 추출법이다.
② 확률표본추출법은 표본분석 결과의 일반화가 가능하고 비확률표본추출법은 일반화가 제약된다.
③ 확률표본추출법은 표본오차의 추정이 불가능하고, 비확률표본추출법은 표본오차의 추정이 가능하다.
④ 일반적으로 확률표본추출법은 시간과 비용이 많이 들고, 비확률표본추출법은 시간과 비용이 적게 든다.

67 다음 중 군집표집(Cluster Sampling)은 어떤 경우에 추정 효율이 가장 높은가?

① 각 군집이 모집단의 축소판일 경우
② 각 군집마다 군집들의 특성이 서로 다른 경우
③ 각 군집 내 관측값들이 비슷할 경우
④ 군집 평균들이 서로 다른 경우

65.

표집틀 선정은 포괄성, 추출확률, 효율성으로 평가한다.

66.

확률표본추출법은 체계적이고 객관적인 방법인 반면에, 비확률표본추출법은 비체계적이고 임의적인 방법이다. 따라서 확률표본추출법은 표본오차의 추정이 가능하며, 비확률표본추출법은 불가능하다.

67.

① 군집표본추출은 모집단을 군집(= 집락)으로 구분한 후 그 집락들 가운데 표집의 대상이 될 집락을 추출하는 방식으로 각 군집이 모집단의 축소판일 경우, 모집단 추정 효율이 높아진다.
② 표본추출된 군집들은 가능한 군집 간에는 동질적이여야 한다.
③ 표본추출된 군집 속에 포함된 표본요소 간에는 이질적이여야 한다.
④ 표본추출된 군집들은 가능한 군집 간에는 동질적이여야 한다.

Answer   65.② 66.③ 67.①

2018. 8. 19. 제3회

68 선거예측조사에서 출구조사를 할 경우, 주로 사용되는 표집방법은?

① 할당표집(quota sampling)

② 체계적 표집(systematic sampling)

③ 군집표집(cluster sampling)

④ 층화표집(stratified random sampling)

68.

출구조사는 투표를 마치고 나오는 유권자를 대상으로 선거예측조사를 하는 것으로 매번 k번째로 나오는 유권자를 조사하는 체계적 표집방법이 적당하다.

2018. 8. 19. 제3회

69 표본추출과정을 바르게 나열한 것은?

> ㉠ 표본추출   ㉡ 표본틀의 결정
> ㉢ 표본추출방법의 결정   ㉣ 표본의 크기 결정
> ㉤ 모집단의 확정

① ㉤→㉢→㉣→㉡→㉠

② ㉤→㉡→㉢→㉣→㉠

③ ㉣→㉤→㉡→㉢→㉠

④ ㉢→㉤→㉡→㉣→㉠

69.

표본추출의 과정: 모집단의 확정→표본프레임(표본틀)의 결정→표본추출방법의 결정→표본크기 결정→표본추출의 실행

2018. 4. 28. 제2회

70 체계적 표집에서 집단의 크기가 100만 명이고 표본의 크기가 1,000명일 때, 다음 중 가장 적합한 표집방법은?

① 먼저 단순무작위로 1,000명을 뽑아 그 중에서 편중된 표본은 제거하고, 그것을 대체하는 표본을 다시 뽑는다.

② 최초의 사람을 무작위로 선정한 후 매 k번째 사람을 고른다.

③ 모집단이 너무 크기 때문에 100만 명을 1,000개의 집단으로 나누어야 한다.

④ 모집단을 1,000개의 하위집단으로 나누고, 그 하위집단에서 1명씩 고르면 된다.

70.

체계적 표집은 무작위로 선정한 후 목록의 매번 k번째 요소를 표본으로 선정하는 표집방법이다. 모집단의 크기를 원하는 표본의 크기로 나누어 k를 계산한다. 여기서 k를 표집간격이라고 한다.

Answer   68.② 69.② 70.②

71 일반적인 표본추출과정을 바르게 나열한 것은?

① 표본크기 결정→모집단 확정→표본틀 결정→표본추출
방법 결정→표본추출

② 모집단 확정→표본크기 결정→표본틀 결정→표본추출
방법 결정→표본추출

③ 모집단 확정→표본틀 결정→표본추출방법 결정→표본
크기 결정→표본추출

④ 표본틀 결정→모집단 확정→표본크기 결정→표본추출
방법 결정→표본추출

71.

표본추출과정 : 모집단 확정→표본틀 결정→표본추
출방법 결정→표본크기 결정→표본추출

72 전수조사와 비교한 표본조사의 특징에 관한 설명으로 옳은 것은?

① 시간과 노력이 많이 든다.
② 비표본오차를 줄일 수 있다.
③ 항상 정확한 자료를 수집할 수 있다.
④ 조사기간 동안에 발생하는 변화를 반영하지 못한다.

72.

표본조사의 장점 : 시간·비용 감소, 비표본오차 감소

73 모든 요소의 총체로서 조사자가 표본을 통해 발견한 사실을 토
대로 하여 일반화하고자 하는 궁극적인 대상을 지칭하는 것은?

① 표본추출단위(Sampling Unit)
② 표본추출분포(Sampling Distribution)
③ 표본추출 프레임(Sampling Frame)
④ 모집단(Population)

73.

모집단 : 연구의 대상이 되는 집단으로 연구자가 직
접적인 방법이나 통계적 추정에 의해 정보를 얻으
려는 대상 집단

Answer 71.③ 72.② 73.④

74 확률표본추출방법만으로 짝지어진 것은?

> ㉠ 군집표집(Cluster Sampling)
> ㉡ 체계적 표집(Systematic Sampling)
> ㉢ 편의표집(Convenience Sampling)
> ㉣ 할당표집(Quota Sampling)
> ㉤ 층화표집(Stratifed Random Sampling)
> ㉥ 눈덩이표집(Snowball Sampling)
> ㉦ 단순무작위표집(Simple Random Sampling)

① ㉠, ㉡, ㉢, ㉣
② ㉠, ㉣, ㉤, ㉥
③ ㉡, ㉣, ㉥, ㉦
④ ㉠, ㉡, ㉤, ㉦

74.

확률표본추출방법에는 집락(=군집)표본추출, 계통적(=체계적) 표본추출, 층화표본추출, 단순무작위추출이 해당된다.

2018. 4. 28. 제2회

75 층화표집과 집락표집에 관한 설명으로 옳은 것은?

① 층화표집은 모든 부분집단에서 표본을 선정한다.
② 집락표집은 모집단을 하나의 집단으로만 분류한다.
③ 집락표집은 부분집단 내에 동질적인 요소로 이루어진다고 전제한다.
④ 층화표집은 부분집단 간에 동질적인 요소로 이루어진다고 전제한다.

75.

② 집락추출은 모집단을 구성하는 요소를 집단을 단위로 하여 추출하는 방법
③ **집락표본추출**: 부분집단 간에 동질적이고, 집단 내는 이질적이다.
④ **층화표본추출**: 부분집단 간에 이질적이고, 집단 내는 동질적이다.

2018. 4. 28. 제2회

76 다음 중 사회조사에서 비확률표본추출이 많이 사용되는 이유로 가장 적합한 것은?

① 표본추출오차가 적게 나타난다.
② 모집단에 대한 추정이 용이하다.
③ 표본설계가 용이하고 시간과 비용을 절약할 수 있다.
④ 모집단 본래의 특성과 차이가 나지 않는 결과를 얻을 수 있다.

76.

비확률표본추출은 조사자가 주관적으로 표본을 선정하는 표본추출방법으로 시간적, 금전적으로 제약이 큰 경우에 이용된다.

Answer 74.④ 75.① 76.③

77 표본오차(Sampling Error)에 관한 설명으로 옳은 것은?

① 표본의 크기가 커지면 늘어난다.
② 모집단의 표본의 차이에 의해 발생하는 오류를 말한다.
③ 조사연구의 모든 과정에서 확산되어 발생한다.
④ 조사원의 훈련부족으로 인해 각기 다른 성격의 자료가 수집되는 경우에 발생한다.

77.

① 표본의 크기가 커지면 표본오차는 줄어든다.
③ 표본오차는 모집단 가운데 일부 표본을 선정함에 따라 생기는 오차를 의미한다.
④ 조사원의 훈련부족으로 발생되는 오차는 비표본오차에 해당된다.

78 다음 중 불법 체류자처럼 일반적으로 쉽게 접근하기 힘든 집단을 대상으로 설문조사를 할 때 가장 적합한 표본추출방법은?

① 눈덩이표본추출(Snowball Sampling)
② 편의표본추출(Convenience Sampling)
③ 판단표본추출(Judgment Sampling)
④ 할당표본추출(Quota Sampling)

78.

눈덩이표본추출는 이미 참가한 대상자들(= 불법체류자)에게 그들이 알고 있는 사람들을 가운데 추천을 받아 선정하는 방법이다.

79 표본의 크기에 관한 설명으로 틀린 것은?

① 허용오차가 클수록 표본의 크기가 커야 한다.
② 조사하고자 하는 변수의 분산값이 클수록 표본의 크기는 커야 한다.
③ 추정치에 대한 높은 신뢰수준이 요구될수록 표본의 크기는 커야 한다.
④ 비확률 표본추출의 경우 표본의 크기는 예산과 시간을 고려하여 조사자가 결정할 수 있다.

79.

표본크기(n)과 허용오차(E)는 반비례 관계이므로 허용오차(E)가 클수록 표본의 크기(n)은 작아진다.

Answer 77.② 78.① 79.①

2018. 4. 28. 제2회

80 특정 지역 전체인구의 1/4은 A구역에, 3/4은 B구역에 분포되어 있고, A, B 두 구역의 인구 중 60%가 고졸자이고 40%가 대졸자라고 가정한다. 이들 A, B 두 구역의 할당표본표집의 크기를 1,000명으로 제한한다면, A지역의 고졸자와 대졸자는 각각 몇 명씩 조사해야 하는가?

① 고졸자 100명, 대졸자 150명

② 고졸자 150명, 대졸자 100명

③ 고졸자 450명, 대졸자 300명

④ 고졸자 300명, 대졸자 450명

80.

A구역 인구 : $1,000 \times 1/4 = 250$명

A구역의 고졸자 인구 : $250 \times \dfrac{60}{100} = 150$명

A구역의 대졸자 인구 : $250 \times \dfrac{40}{100} = 100$명

2018. 3. 4. 제1회

81 군집표집(Cluster Sampling)에 대한 설명으로 틀린 것은?

① 군집이 동질적이면 오차의 가능성이 낮다.

② 전체 모집단의 목록표를 작성하지 않아도 된다.

③ 단수무작위표집에 비해 시간과 비용을 절약할 수 있다.

④ 특정 집단의 특성을 과대 혹은 과소하게 나타낼 위험이 있다.

81.

군집표집은 집단 간에 동질적이고, 집단 내는 이질적이어야 한다.

2018. 3. 4. 제1회

82 다음 중 일정한 특성을 지니는 모집단의 구성비율에 일치하도록 표본을 추출함으로써 모집단을 대표할 수 있는 표집방법은?

① 할당표집(Quota Sampling)

② 눈덩이표집(Snowball Sampling)

③ 유의표집(Purposive Sampling)

④ 편의표집(Convenience Sampling)

82.

할당표집은 자료를 수집할 연구대상의 카테고리와 할당량을 정하여 표본이 모집단과 같은 특성을 갖도록 표본을 추출한다.

Answer 80.② 81.① 82.①

83 총 학생수가 2,000명인 학교에서 800명을 표집할 때의 표집율은?

① 25% ② 40%

③ 80% ④ 100%

83.

$$표집율 = \frac{표본수}{전체수} \times 100 = \frac{800}{2,000} \times 100 = 40(\%)$$

84 표집오차(Sampling Error)에 대한 일반적인 설명으로 틀린 것은?

① 일반적으로 표본의 크기가 클수록 표집오차는 작아진다.

② 일반적으로 표본의 분산이 작을수록 표집오차는 작아진다.

③ 표본의 크기가 같을 경우 할당표집에서보다 층화표집의 경우 표집오차가 더 크다.

④ 표본의 크기가 같을 경우 단순무작위표집에서보다 집락표집의 경우 표집오차가 더 크다.

84.

①② 일반적으로 표본의 크기가 클수록, 표본의 분산이 작을수록 표집오차는 작아진다.

③ 할당표집은 비확률표본추출방법이다.

④ 표본크기가 같다고 가정할 때 표집오차를 비교하면 층화표본추출 < 단순무작위표본추출 < 집락표본추출 순으로 높다.

85 다음 중 1,500명의 표본을 대상으로 국민들의 소비성향 조사를 하려할 때 최소의 비용으로 표집오차를 가장 효과적으로 감소시킬 수 있는 방법은?

① 표본수를 10배로 증가시킨다.

② 모집단의 동질성 확보를 위한 연구를 한다.

③ 조사요원을 증원하고 이들에 대한 훈련을 철저히 한다.

④ 전 국민을 대상으로 철저한 단수무작위표집을 실행한다.

85.

모집단의 동질성 확보로 표본의 대표성을 높이면 가장 효과적으로 표집오차를 줄일 수 있다.

86 다음 중 표본의 대표성이 가장 큰 표본추출방법은?

① 편의표집(Convenience Sampling)

② 판단표집(Judgement Sampling)

③ 군집표집(Cluster Sampling)

④ 할당표집(Quota Sampling)

86.

확률표본추출방법이 비확률표본추출방법보다 대표성이 높다.
군집표집은 확률표본추출방법에 해당되며, 편의표집, 판단표집, 할당표집은 비확률표본추출방법에 해당된다.

Answer 83.② 84.③ 85.② 86.③

87 다음 중 표본추출 과정에 해당되지 않는 것은?

① 표본프레임 결정　　② 조사연구 자금 확보
③ 표집방법 결정　　④ 모집단의 결정

87.

표본추출과정: 모집단 확정 → 표본틀 결정 → 표본추출방법 결정 → 표본크기 결정 → 표본추출

88 비확률표본추출법과 비교한 확률표본추출법의 특징을 모두 고른 것은?

> ㉠ 연구대상이 표본으로 추출될 확률이 알려져 있음
> ㉡ 표본오차 추정 불가능
> ㉢ 모수 추정에 조사자의 주관성 배제
> ㉣ 인위적 표본추출

① ㉠
② ㉠, ㉢
③ ㉡, ㉣
④ ㉡, ㉢, ㉣

88.

확률표본추출은 인위적이 아닌 일정한 확률에 의해 표본을 추출하는 방법으로 연구대상이 표본으로 추출될 확률이 알려져 있으며, 표본오차를 추정 가능하며, 모수 추정이 아니라 표본 선정에 있어서 조사자의 주관성이 배재된다.

89 4년제 대학에 다니는 대학생의 정치의식을 조사하기 위해 학년(Grade)과 성(Sex)에 따라 할당표집을 할 때 표본추출을 위한 할당범주는 몇 개인가?

① 2개
② 4개
③ 8개
④ 16개

89.

학년(1, 2, 3, 4) × 성(남자, 여자) = 4 × 2 = 8범주

90 다음 중 군집표집의 추정 효율이 가장 높은 경우는?

① 집락 간 평균이 서로 다른 경우
② 각 집락이 모집단의 축소판일 경우
③ 각 집락 내 관측값들이 비슷할 경우
④ 각 집락마다 집락들의 특성이 서로 다른 경우

90.

각 집락이 모집단의 축소판일 경우 추정 효율이 높다. 또한 군집표집은 집단 간에 동질적이고, 집단 내는 이질적이어야 한다.

Answer　87.② 88.① 89.③ 90.②

91 비확률표본추출방법에 해당하는 것은?

① 할당표집(Quota Sampling)
② 층화표집(Stratified Random Sampling)
③ 군집표집(Cluster Sampling)
④ 단순무작위표집(Simple Random Sampling)

91.
비확률표본추출은 비체계적이고 임의적인 방법으로, 편의표본추출, 판단표본추출, 할당표본추출, 유의표집, 임의표집, 눈덩이표본추출이 여기에 해당된다.

92 단순무작위추출을 통하여 자료를 수집하기 어려운 조사는?

① 신용카드 이용자의 불편사항
② 조세제도 개혁에 대한 중산층의 찬반 태도
③ 새 입시제도에 대한 고등학생의 찬반 태도
④ 동사무소 행정서비스에 대한 거주민의 만족도

92.
중산층이란 개념이 모호하므로 의도적으로 표본을 선택하는 유의표본추출을 이용한다.

93 다음 중 모집단을 정확하게 규정하기 위해 고려해야 하는 요소가 아닌 것은?

① 표본단위   ② 경제성
③ 조사지역   ④ 조사기간

93.
② 표본을 구할 때 고려한다.

94 서울지역의 전화번호부를 이용하여 최초의 101번째 사례를 임의로 결정한 후 계속 201, 301, 401번째의 순서로 뽑는 추출방법은?

① 층화표본추출
② 집락표본추출
③ 계통표본추출
④ 편의표본추출

94.
계통표본추출은 모집단을 구성하는 구성요소들이 자연적 순서 또는 일정한 질서에 따라 배열된 목록에서 k번째 요소를 추출하는 것이다.

Answer　　91.①　92.②　93.②　94.③

95 2년제 전문대학의 대학생 집단을 학년과 성별, 계열별(인문계, 자연계, 예체능계)로 구분하여 할당표본추출을 할 경우 할당표는 총 몇 개의 범주로 구분되는가?

① 3개   ② 5개

③ 12개   ④ 24개

95.

2(전문대학) × 2(성별) × 3(계열별) = 12
전문대학이 2년제이므로 2와 성별은 남·녀로 2, 계열별은 인문계, 자연계, 예체능계로 3이므로 전부 곱하면 12가 나온다.

96 다음 중 층화표본추출에 대한 설명으로 옳지 않은 것은?

① 층화함으로써 모집단을 정밀하게 측정할 수 있다.

② 조사목적상 포함시키고자 하는 층은 표본에 포함시킬 수 있다.

③ 모집단의 각 층에 대한 표출비율은 항상 동일하다.

④ 층화표본추출은 전체의 모집단의 분류를 동질적으로 한다.

96.

③ 층화표본추출은 표출비율의 동일 여하에 따라 비례적 층화표본추출과 비비례적 층화표본추출로 나누어진다.

97 다음 중 비확률표본추출의 종류에 속하지 않는 것은?

① 단순무작위표본추출

② 배합표본추출

③ 임의표본추출

④ 할당표본추출

97.

비확률표본추출은 모집단의 요소들이 추출되는 확률을 모르는 경우 행해지는 것으로 비확률표본추출에는 ②③④와 유의표본추출이 있다.

98 모집단이 서로 상이한 특성으로 이루어져 있을 경우 모집단을 유사한 특성으로 묶은 여러 부분집단에서 단순무작위추출법에 의하여 표본을 추출하는 방법은?

① 할당표본추출법

② 편의표본추출

③ 층화무작위표본추출법

④ 군집표본추출법

98.

층화무작위표본추출법은 모집단을 먼저 서로 겹치지 않도록 여러 개의 층으로 분할한 후, 각 층별로 임의추출법을 적용시켜 표본을 얻는 방법이다.

Answer   95.③   96.③   97.①   98.③

99 다음 중 비확률표본추출을 사용하여 표본추출을 하는 이유로 옳지 않은 것은?

① 자료의 양이 방대하여 비용과 시간을 감당할 수 없는 경우
② 무작위 추출할 수 있는 모집단의 준거가 없는 경우
③ 모집단의 특성을 감안해서 의도적으로 표출을 할 필요가 있을 경우
④ 확률을 객관적으로 정확히 파악할 수 있는 경우

100 다음 중 조사자가 목적을 가지고 의도적으로 표본을 선택하는 추출방법은?

① 층화표본추출   ② 유의표본추출
③ 할당표본추출   ④ 배합표본추출

101 다음 중 유의표본추출에 대한 설명으로 옳지 않은 것은?

① 판단표본추출이라고도 한다.
② 연구결과를 일반화하는 데 능률적이다.
③ 모집단에 관한 사전지식이 필요하다.
④ 다른 비확률표본추출방법과 마찬가지로 무작위성을 주장할 수 없다.

102 다음 설명 중 무작위표본추출의 단점으로 옳지 않은 것은?

① 완전한 목록표의 작성이 어렵다.
② 등현간격에 의할 경우 잘못하면 표본이 편향되기 쉽다.
③ 실제조사의 경우 시간, 비용, 노력이 많이 들게 된다.
④ 작은 크기의 표본으로도 높은 신뢰도를 얻을 수 있다.

99.
비확률표본추출은 모집단의 요소들이 추출되는 확률을 모르는 경우 주관적으로 행하는 방법으로 ④는 확률표본추출에 대한 설명이다.

100.
② 유의표본추출은 판단표본추출이라고도 하며 의도적으로 표출된 것이 건전한 판단과 적절한 전략에 따라 선택되는 것으로서 다른 사례를 대표한다고 믿는다.

101.
② 추출된 표본이 대표적인지 무작위로 선정된 것인지 연구자가 확신할 방법이 없으므로 일반화하는 데 심각한 문제로 대두되며 무작위표본에 비해 비능률적이다.

102.
④ 다른 표본추출법과 같은 정도의 신뢰도를 얻으려면 표본 크기가 커야만 한다.

103 다음 중 제비뽑기 같이 표본으로 뽑힐 가능성을 똑같이 부여해 놓고 표본추출하는 방법은 무엇인가?

① 무작위표본추출　　　② 층화표본추출

③ 다단계표본추출　　　④ 할당표본추출

103.

① 표본의 범위와 크기를 결정한 후 추출하는 방법으로 제비뽑기, 난수표를 이용하는 방법 등이 이에 속한다.

104 다음 설명 중 층화표본추출의 장점으로 옳지 않은 것은?

① 층화된 부분 집단의 특성을 알아 이들을 비교할 수 있다.
② 동질적인 대상의 표본의 수를 줄이더라도 정확성을 기할 수 있다.
③ 층화된 각 층에 Source list가 없어도 추출이 가능하다.
④ 무작위표본추출보다 시간과 경비를 절약할 수 있다.

104.

③ 할당표본추출의 장점으로 층화표본추출은 층화된 각 층에 대한 자료가 반드시 있어야 한다.

105 다음 중 표본추출의 단점으로 옳지 않은 것은?

① 소수의 특수한 성질을 가진 조사대상을 찾는 경우에는 좋지 않다.
② 정확한 표본의 추출이 어렵다.
③ 시간과 경비가 많이 든다.
④ 표본추출의 종류마다 한계가 있어 전문지식을 필요로 한다.

105.

③ 표본추출은 신속한 의사결정이 가능하여 조사비용을 절감할 수 있다.

106 다음 설명 중 층화표본추출의 단점으로 옳지 않은 것은?

① 분류오차가 생길 가능성이 있다.
② 층화 시 모집단에 대한 지식이 필요하다.
③ 표본을 비율적으로 적게 층화할수록 모집단과 관련하여 대표성은 떨어진다.
④ 모집단을 층화하여 가중하였을 경우 원형으로 복귀하기가 힘들다.

106.

③ 층화표본추출은 표본 크기를 크게 하거나 소수로 존재하는 요소들이 포함되는 것이 확실할 때 강화되어 표본의 대표성을 높이는 장점을 갖는다.

107 집락표본추출은 어떤 경우에 추정효율이 높은가?

① 각 집락이 모집단의 축소판일 경우
② 각 집락마다 집락들의 특성이 서로 다른 경우
③ 각 집락 내 관측값들이 비슷할 경우
④ 집락 평균들이 서로 다른 경우

108 다음 중 무작위표본추출의 조건으로 옳지 않은 것은?

① 모집단과 조사단위가 명백히 규정된다.
② Source list를 작성할 수 있어야 한다.
③ 조사단위의 크기가 같아야 한다.
④ 표본의 크기를 정하기 전에 표본의 번호를 확정해야 한다.

109 다음 중 표본추출의 장점에 해당되는 것은?

① 조사대상의 부분을 조사하므로 조사가 어렵다.
② 조사대상의 부분을 조사하므로 조사가 용이하다.
③ 표본추출에서는 전문적 지식이 필요없다.
④ 소수의 특수한 성질을 가진 조사대상을 찾는 경우에 유용하다.

110 다음 중 무작위표본추출방법의 종류에 해당하지 않는 것은?

① 등현간격에 의한 방법
② 추첨에 의한 방법
③ 층화에 의한 방법
④ 난수표에 의한 방법

107.

집락표본추출은 모집단을 집락으로 불리는 많은 수의 집단으로 분류하여, 그 집락들 가운데 표집의 대상이 될 집락을 무작위로 뽑아낸 다음, 뽑힌 집락 내에서만 무작위로 표본을 추출하는 방법이다. 각 집락 내 관측값들이 비슷할 경우 추정효율이 높다.

108.

④ 표본의 번호는 표본 크기를 확정한 후 크기에 따라 난수표와 컴퓨터를 이용하여 확정한다.

109.

표본추출은 ② 이외에도 근사치로 조사목적을 달성할 수 있을 때 용이하고 시간과 경비가 절약되며, 자료를 정밀히 조사할 수 있다는 장점을 갖는다.

110.

③ 층화표본추출방법의 설명으로 비례적 층화표본추출, 비비례적 층화표본추출로 나뉜다.

111 다음 중 층화표본추출에 있어 층화할 때 고려할 사항으로 옳지 않은 것은?

① 층화에 사용되는 기준에 대한 자료가 정확하고 이용이 가능해야 한다.

② 층화기준이 많을수록 분류가 용이하다.

③ 층화기준이나 변수는 조사목적과 관련되어야 한다.

④ 층화한 후 각 층에서의 추출은 무작위표본추출해야 한다.

111.

② 층화기준이 너무 많으면 층의 분류 자체가 어렵게 되며 Goode & Hatt는 층의 수가 2 ~ 3개 정도면 적당하다고 하였다.

112 다음 설명 중 무작위표본추출방법의 장점으로 옳은 것은?

① 표본 수가 많아질수록 정확성이 있다.

② 완전한 명부나 Source list를 얻기 쉽다.

③ 표본 크기에 상관없이 신뢰도를 얻기 쉽다.

④ 지방조사 등을 해도 경비가 많이 들지 않는다.

112.

무작위표본추출은 ① 이외에도 모집단에 편견이 들어갈 우려가 없고 모집단의 특성을 몰라도 사용이 가능하다는 장점을 갖는다.

113 다음 중 표집오차에 관한 설명으로 틀린 것은?

① 전체 표본의 크기가 같다고 했을 때, 단순무작위표본추출법에서보다 층화표본추출법에서 표집오차가 작게 나타난다.

② 전체 표본의 크기가 같다고 했을 때, 단순무작위표본추출법에서보다 집락표본추출법에서 표집오차가 크게 나타난다.

③ 단순무작위표본추출법에서 표집오차는 표본의 크기가 클수록 커진다.

④ 단순무작위표본추출법에서 표집오차는 분산의 크기가 클수록 커진다.

113.

일반적으로 표본의 크기가 클수록, 표본의 분산이 작을수록 표집오차는 작아진다. 그러므로 단순무작위표본추출법에서 표본의 크기가 클수록 표집오차는 작아진다.

114 다음 중 할당표본추출에 대한 설명으로 옳지 않은 것은?

① 모집단의 여러 특성을 대표하는 일정 수의 카테고리를 먼저 정한다.

② 일명 Quota 표출이라고 하며 가장 세련된 비확률표본추출이다.

③ 모집단의 확률을 모를 경우 사용한다.

④ 작위적인 표본추출구분은 오차가 작다.

115 눈덩이 표본추출에 대한 설명으로 틀린 것은?

① 사회적 연결망을 이용한 추출방법이다.

② 모집단의 구성비율을 이용해서 표본추출하는 방법이다.

③ 희귀한 사건마다 현상에 대해 조사할 때 주로 사용한다.

④ 확률적 표본추출방법이 아니므로 통계적 추론을 할 수 없다.

116 다음 중 계통적 표본추출에 대한 설명으로 옳지 않은 것은?

① 난수표를 사용하는 방법보다 시간이 절약될 수 있다.

② 사용하기가 용이하며 신속성을 갖는다.

③ 비확률표본추출방법으로 가장 정교한 기법이다.

④ 모집단의 목록작성 시 일정한 순서로 배열하면 주관성이 개입되어 객관적 자료를 얻을 수 없게 된다.

114.

④ 작위적인 표본추출은 조사과정에서 보이지 않는 주관성과 편견이 개입될 가능성이 있기 때문에 오차가 커진다.

115.

눈덩이 표본추출(Snowball sampling)은 어떤 특성을 지닌 집단의 표본을 확보하여 조사하는 방법으로 모집단을 모르거나 조사대상자가 눈에 잘 띄지 않아 일상적인 표본추출방법으로는 조사를 수행하기 어려운 경우에 사용하는 방법이다.

116.

③ 할당표본추출에 대한 설명으로 인터뷰에 의한 자료를 수집할 때에 이용된다.

Answer 114.④ 115.② 116.③

117 다음 설명 중 표본추출의 이론적 전제로 옳지 않은 것은?

① 연구비용은 재정지원 범위를 벗어나 사용할 수 있다.
② 표본으로 모집단을 일반화하는 것은 표본의 오차에 의해 영향을 받는다.
③ 표본에서의 오차는 변량에 정비례하고 표본의 크기에 반비례한다.
④ 어떤 표본이든 오차는 발생할 수 있다.

118 표본추출 설계의 일반적인 단계로 가장 올바른 것은?

① 표본크기 결정 – 모집단 확정 – 표본틀 결정 – 표본추출
② 모집단 확정 – 표본크기 결정 – 표본틀 결정 – 표본추출방법 결정 – 표본추출
③ 모집단 확정 – 표본틀 결정 – 표본추출방법 결정 – 표본크기 결정 – 표본추출
④ 표본틀 결정 – 모집단 확정 – 표본크기 결정 – 표본추출방법 결정 – 표본추출

119 다음 설명 중 할당표본추출의 장점으로 옳지 않은 것은?

① Source list가 없거나 사용이 불가능할 때 이용할 수 있다.
② 비용이 저렴하다.
③ 다소 조잡한 할당표본이 연구자의 한정된 연구목적을 달성할 수 있다.
④ 특정구역에서 응답자를 찾을 수 있다.

117.

① 정해진 범위 내에서 연구비용을 사용하여 표본추출한다.

118.

표본추출 설계의 단계… 모집단을 확정하고 모집단에서 표본틀을 결정한 후. 표본추출방법을 결정하여 표본을 추출하는 순으로 이루어지며, 표본의 크기는 표본추출 전에 정하여야 한다.

119.

①②③은 할당표본추출의 장점이지만 ④는 할당표본추출 시 유의할 점이다.

120 다음 중 표본추출의 과정에서 표본의 추출방법 결정 전에 다루어야 할 문제는 어느 것인가?

① 표본추출
② 추출단위의 결정
③ 표본의 크기 결정
④ 모집단의 규정

120.

④ 표본추출의 첫번째 과정으로는 정의된 모집단을 시간적·공간적 요소를 포함하여 구체적으로 정의하는 것이다.

121 다음 표출방법 중 비중이 다른 여러가지 물질들이 섞여 있을 때 각 물질들이 가지고 있는 성격을 연구하기에 적합한 방법은?

① 단순무작위표본추출
② 계통적 표본추출
③ 집락표본추출
④ 층화표본표출

121.

④ 모집단이 가지고 있는 특성을 감안해 몇 개의 부분으로 나누어 표본을 추출하는 방법이다.

122 다음 중 표본의 크기를 결정하는 외적 요인으로 옳지 않은 것은?

① 수집된 자료의 카테고리 수
② 시간
③ 신뢰도
④ 모집단의 동질성

122.

외적 요인으로 ①②④와 예산, 조사자의 능력을 들 수 있으며 내적 요인으로는 신뢰도와 정밀도를 들 수 있다.

123 다음 표본의 크기에 대한 설명 중 옳지 않은 것은?

① 조사연구목적에 비추어 허용한도 내의 오차가 있을 때 표본의 크기는 만족한 것으로 받아들여진다.
② 표본은 그 크기와 상관없이 모집단을 대표하며 표본크기를 결정하는 방법이 복잡하다.
③ 통계량의 수집, 표출방법과 연관성이 있다.
④ 표본의 크기가 클수록 모집단은 동질적이다.

123.

④ 모집단이 이질적일수록 표본의 크기는 커지며 표본의 크기와 오차가 반드시 비례관계에 있는 것은 아니다.

124 다음 중 연구자 임의대로 표본을 선정하는 방법으로, 작위적일 뿐만 아니라 표본의 크기조차도 임의로 정하는 방법으로 사용하는 추출방법은?

① 유의표본추출
② 할당표본추출
③ 임의표본추출
④ 배합표본추출

124.

③ 비확률표본추출의 방법으로 편의성과 경제성이 있다는 장점이 있는 반면 제한된 일반화 가능성 등의 단점이 있다.

125 다음 중 선거에서 어떤 특정한 지역의 표차가 전체의 표차를 판가름해 왔을 때 동일한 그 지역을 조사하면 이번에도 동일한 결과를 얻을 거라고 예상할 수 있을 경우에 사용하는 방법은?

① 유의표본추출
② 할당표본추출
③ 배합표본추출
④ 임의표본추출

125.

유의표본추출은 정치적 변동이 없는 경우 그 지역구에 대한 조사의 결과가 동일하리라 가정하는 추출방법으로, 면접을 실시하지 않을 위험 및 상황이 변화하였을 때 그 변동이 타 지역에 영향을 끼친 정도를 파악할 수 없다는 단점이 있다.

126 다음 중 표본추출의 대표성에 대한 설명으로 옳지 않은 것은?

① 어떤 것이 중요한 가설이냐에 따라 대표성이 달라진다.
② 우연성이 많아야 표본추출에 대표성이 확보된다.
③ 대표성의 문제란 표본이 모집단을 대표하여 일반화가 가능한가의 문제이다.
④ 표본과 모집단은 변수나 특성이 유사한 분포를 갖도록 추출해야 한다.

126.

표본추출은 우연성이 적고 표본과 모집단의 특성이 비슷하며 모집단을 대표하여 일반화가 가능하도록 표본을 골라내는 것을 말한다.

Answer   124.③ 125.① 126.②

127 다음 설명 중 표본의 크기 결정과 가장 밀접한 연관이 있는 것은?

① 모집단의 크기
② 조사능력
③ 대표성
④ 표본추출의 방법

128 다음 중 표본추출방법의 결정에 대한 설명으로 옳지 않은 것은?

① 연구대상이 표본으로 추출될 확률이 알려져 있는 경우 확률표본추출방법을 이용한다.
② 확률표본추출의 종류에는 층화표본추출, 집락표본추출, 다단계표본추출 등이 있다.
③ 비확률표본추출은 표본오차 추정이 불가능하다.
④ 표본오차와 비표본오차는 표출분포가 정상임을 전제로 발생한다.

129 다음 중 표본의 크기를 결정할 때에 대한 설명으로 옳지 않은 것은?

① 표본은 표본의 크기와 상관없이 모집단을 대표할 수 있어야 한다.
② 카테고리와 변수가 증가할수록 표본의 수는 증가한다.
③ 표본추출의 기준은 대표성과 표본의 크기에 있다.
④ 표본의 크기를 결정하는 내적 요인은 모집단의 동질성이다.

127.

③ 표본추출의 목적을 달성하기 위해서는 대표성이 보장되는 최소한의 표본을 추출하여야 하므로 대표성과 표본의 크기는 표본추출의 기준이 된다.

128.

표본오차는 표출분포가 정상임을 전제로 생기는 오차이며 비표본오차는 현지조사상 면접, 기록의 잘못으로 생기는 오차이다.

129.

④ 내적 요인으로는 신뢰도와 정도를 들 수 있으며 외적 요인으로는 모집단의 동질성, 조사자 능력, 예산 등을 들 수 있다.

130 다음 설명 중 할당표본추출에 대한 것으로 옳지 않은 것은?

① 편의성과 정보수집의 저렴성 때문에 할당표본추출이 이용된다.
② 비확률표본추출방법에서 가장 정교한 기법으로 이용된다.
③ 신속하지만 다소 많은 비용이 소요된다.
④ 하나의 변수를 어느 정도까지는 통제할 수 있다.

131 다음 중 표본추출방법을 분류했을 때 성격을 달리하는 방법은?

① 임의표본추출
② 단순무작위표본추출
③ 계통적 표본추출
④ 연속표본추출

132 다음 계통적 표본추출에 대한 설명으로 옳지 않은 것은?

① 모집단의 구성을 순서 없이 배열시켜 일정간격을 두고 추출하는 방법이다.
② 각 조사단위가 표본에 포함될 동일한 기회를 갖고 있지 않다.
③ 다른 표본추출방법에 비하여 시간과 돈을 절약할 수 있다.
④ 주관성이 개입될 우려가 있다.

130.

③ 비확률표본추출방법 등을 포함한 모든 표출방법 중 가장 비용이 적게 든다.

131.

① 비확률분포표본추출로 배합표본추출, 유의표본추출, 할당표본추출이 있다.
②③④ 확률분포표본추출이다.

132.

③ 집락표본추출의 장점에 대한 설명이다.

133 다음 중 표본의 크기를 결정할 때 관련된 사항으로 옳지 않은 것은?

① 추출단위
② 모집단의 표준오차
③ 모집단의 동질성
④ 표본추출 방법

134 다음 설명 중 할당표본추출 시 유의점으로 옳지 않은 것은?

① 표본이 가지고 있는 특성의 분포가 모집단의 분포와 일치한다.
② 의식적인 선택을 피하도록 한다.
③ 응답자의 비율은 정확한 것이어야 하며 모집단의 구성비율도 최근에 얻어진 것이어야 한다.
④ 특정인만을 택하도록 한다.

135 다음 중 집락표본추출의 장점으로 옳지 않은 것은?

① 시간과 비용을 절약할 수 있다.
② 대규모의 모집단이나 대규모 지역을 세밀히 조사할 때 적용이 용이하다.
③ 조사단위를 잘못 뽑아도 표본에 심각한 영향을 받지 않는다.
④ 여러가지의 표출형태를 사용할 수 있는 융통성이 있다.

133.

②③④ 이외에 허용오차의 양, 시간, 비용, 조사의 정확도 등과 관련이 있다.

134.

④ 표본구성요소 선정 시 조사원의 편견이 개입되어서는 안 된다.

135.

③ 계통적 표본추출의 장점이다.

136 다음 중 단순무작위표본추출에 대한 설명으로 옳지 않은 것은?

① 구성요소가 바로 표집단위가 되는 것은 아니다.
② 모집단으로부터 표본이 추출된다.
③ 표본확보에서 가장 보편적으로 사용하는 방법은 난수표를 이용한 방법이다.
④ 모든 요소가 대등한 확률을 가지고 추출된다.

136.
① 구성요소가 표집단위가 된다.

137 어떤 연구자가 2020년도 사회과학대학 입학생들을 학번 순서대로 표본을 표집하여 남학생과 여학생 각각 100명씩을 선정하였을 때 사용한 방법으로 옳은 것은?

① 눈덩이표본추출법
② 계통표본추출법
③ 할당표본추출법
④ 단순무작위표본추출법

137.
할당표본추출: 전체 표본을 미리 정해진 기준에 따라서 여러 집단으로 나누고 각 집단에서 표본을 추출하는 방법을 말한다. 사회과학에서 많이 사용되며 이 방법을 적절히 사용하면 상당히 정확한 결과를 얻을 수 있다.

138 다음 중 표본설계과정에 해당되지 않는 것은?

① 표집방법 및 표본크기 결정
② 표본틀의 결정
③ 조사연구 자금 확보
④ 모집단의 결정

138.
표본추출과정: 모집단의 결정 → 표본틀의 결정 → 표본추출방법의 결정 → 표본크기의 결정 → 실사 실시

Answer 136.① 137.③ 138.③

139 다음과 같이 조사대상자들로부터 정보를 얻어 다른 조사대상자를 구하는 방법으로 옳은 것은?

> 한 연구자가 사회적 일탈행위를 연구하기 위해, 마약사용자 한 사람을 알게 되어 조사를 실시하였고, 이 사람을 통해 다른 마약사용자들을 알게 되어 조사하였으며, 또 이들을 통해 알게 된 또 다른 마약사용자들에 대한 조사를 실시하였다.

① 눈덩이표본추출　　　② 의도적 표본추출
③ 임의표본추출　　　　④ 할당표본추출

140 다음 중 집락표본추출에 대한 설명으로 옳지 않은 것은?

① 크기가 너무 큰 모집단이나 층의 표본단위가 많아 목록을 작성하기 어려운 상황에 유용하다.
② 집락의 선정을 모집단으로부터 무작위로 한 후 이 집락으로부터 일정 수의 요소를 표본으로 추출하는 방법이다.
③ 모집단을 세분화한다는 점에서 층화표본추출과 비슷하다.
④ 모집단을 집락 간에는 이질적으로, 집락 내에는 동질적이 되도록 집락을 구분할 수 있을 때 유용하다.

141 비확률표본추출에 대한 설명으로 옳은 것은?

① 표본분석결과를 일반화시킬 수 있다.
② 연구대상이 표본으로 추출될 확률이 알려져 있다.
③ 모수 추정에 편의가 있다.
④ 시간과 비용이 많이 든다.

139.

눈덩이표본추출 : 표본으로 소수 인원을 추출하여 조사한 후, 그 소수 인원을 조사원으로 하여 그 조사원의 주위 사람들을 조사하는 방식이다. 이 방법은 비밀 확인을 위하여 제한적으로 사용한다.

140.

④ 모집단을 집락 간에는 동질적으로, 집락 내에는 이질적이 되도록 집락을 구분할 수 있을 때 유용하다.

141.

① 표본분석결과를 일반화하는 것에 제약이 있다.
② 연구대상이 표본으로 추출될 확률이 알려져 있지 않다.
④ 시간과 비용이 적게 든다.

Answer　139.① 140.④ 141.③

142 다음 중 확률표본추출법이 아닌 것은?

① 층화무작위표본추출법

② 할당표본추출법

③ 군집표본추출법

④ 단순무작위표본추출법

143 다음 중 비확률표본추출방법으로 모수추정 또는 가설검정 등 추리통계의 기법 적용에 사용될 수 없는 추출방법은 무엇인가?

① 층화표본추출

② 단순무작위표본추출

③ 집락표본추출

④ 유의표본추출

144 선거예측조사에서 출구조사를 할 경우에 주로 사용되는 표집 방법으로 옳은 것은?

① 체계적 표본추출

② 군집표본추출

③ 할당표본추출

④ 다단계 유층표본추출

145 다음 중 비례층화표본추출의 특징에 대한 설명으로 옳은 것은?

① 진정한 모집단의 특성을 추정하기 어렵다.

② 분류오차가 생기지 않는다.

③ 각층의 인구를 하나의 소규모 모집단으로 보고 각층의 모집단 인구규모에 비례하여 표집한다.

④ 표본이 커질수록 전체 모집단에 대한 대표성이 작아진다.

142.

② 비확률표본추출법에 해당한다.

※ **비확률표본추출법의 종류** : 할당표본추출법, 임의표본추출법, 유의표본추출법, 배합표본추출법

143.

유의표본추출은 조사자가 모집단의 특성에 대해서 정확하게 알고 있는 경우에만 사용할 수 있는 방법이므로 추리통계의 기법을 적용하기에는 적절하지 않다.

144.

계통적 표본추출(체계적 표본추출) … 단순무작위표본추출의 한 방법으로 모집단의 구성을 일정한 순서에 관계없이 배열한 후 일정간격으로 추출해 내는 방법이다. 신속하고 조사단위를 잘못 뽑아도 그 표본에 심각한 영향을 받지 않는다.

145.

① 단순무작위표본의 결과와 비교하여 진정한 모집단의 특성을 잘 추정해 준다.

② 분류오차가 생길 가능성이 있다.

④ 표본이 커질수록 전체 모집단에 대한 대표성이 커진다.

Answer 142.② 143.④ 144.① 145.③

146 다음에서 실시한 추출방법은 무엇인가?

> 600개 초등학교 모집단에서 5개 학교를 임의표본추출하였
> 다. 선택된 학교마다 2개씩의 학급을 임의선택하고, 또 선
> 택된 학급마다 5명씩의 학생들을 임의선택하여 학원에 다
> 니는지 조사하였다.

① 층화표본추출
② 집락표본추출
③ 단순임의표본추출
④ 계통표본추출

146.

집락표본추출: 모집단을 구성하는 요소로 개개인을 추출하는 것이 아니라 집단을 단위로 하여 추출하는 방법을 말한다.

측정에 대한 설명으로 틀린 것은?

① 질적 속성을 양적 속성으로 전환하는 작업이다.
② 경험의 세계와 개념적·추상적 세계를 연결하는 수단이다.
③ 조사대상의 속성을 추상적 개념으로 전환시키는 과정이다.
④ 이론을 구성하는 개념들을 현실 세계에서 관찰이 가능한 자료와 연결해주는 과정이다.

측정의 개념에 대한 옳은 설명을 모두 고른 것은?

┌ 보기 ┐
㉠ 추상적·이론적 세계와 경험적 세계를 연결시키는 수단이라고 할 수 있다.
㉡ 개념 또는 변수를 현실세계에서 관찰가능한 자료와 연결시키는 과정이다.
㉢ 질적 속성을 양적 속성으로 전환하는 작업이다.
㉣ 측정대상이 지니고 있는 속성에 수치를 부여하는 것이다.
└─────────┘

① ㉠, ㉡, ㉢
② ㉠, ㉡, ㉣
③ ㉢, ㉣
④ ㉠, ㉡, ㉢, ㉣

정답 ③, ④

section 1 총설

1 측정의 의의 `2018 2회` `2019 2회` `2020 1회`

(1) 정의

경험의 세계와 관념의 세계를 연결시켜주는 수단으로 일정규칙에 따라 수치를 사건이나 대상에 부여하는 것이며 개념적 정의와 조작적 정의로 설명할 수 있다. 경험의 세계란 숫자를 통하여 객관적으로 표현된 것을 의미하며, 관념의 세계는 개념의 정의 및 개념을 측정 가능하게 만드는 조작적 정의라고 할 수 있다.

① 측정(measurement)이란 일정한 규칙(rules)에 따라서 사물 또는 현상에 숫자(수치)를 부여하는 행위를 말한다.

② 사물 또는 현상에 숫자를 부여하는 행위(numerical assignments to phenomena)는 반드시 일정한 규칙에 따라서 행해져야 되는데 그래야만 측정값들(measures)이 신뢰도와 타당도를 가진다고 생각할 수 있다.

③ 신뢰도와 타당도를 확보하는 것은 측정의 중요한 요건이 된다.

(2) 측정의 대상

① 숫자를 부여하는 행위 즉, 측정대상의 속성을 정확하게 파악하여 측정하는 것은 어려운 작업이다. 왜냐하면 측정대상이 물질적인 것은 측정이 비교적 용이하지만, 정신적인 것은 물질적인 것에 비해서 측정이 용이하지 않다. 그 이유는 측정대상에 추상성과 가치성이 내재하고 있기 때문이다.

② 예를 들면 경제성장률, GNP, 1인당 GNP, GDP 등은 측정이 비교적 용이하지만, 행정문화, 행정인의 사기와 만족도, 조직분위기 등은 측정이 쉽지 않다.

② 측정의 기능 [2018 1회] [2020 1회]

(1) 가장 간편하게 묘사를 할 수 있는 방법이다.

(2) 가장 표준화된 기호인 숫자를 사용함으로써 가장 표준화된 묘사 방법이다.

(3) 사상에 대하여 통계적 처리가 가능하다.

(4) 측정 수준(명목측정, 서열측정, 등간측정, 비율측정)에 따라 통계기법은 달리 적용한다.

③ 측정의 과정

(1) 조사자가 조사문제와 가설을 수립함과 동시에 측정과정이 시작된다.

(2) 측정의 이동과정

① 개념화
　　㉠ 개념을 개발시키고 명확하게 하는 것을 개념화라고 한다.
　　㉡ 개념의 의미가 명확해야 개념에 대한 관찰이 가능해지기 때문에 개념을 명확하게 해야 한다.

② 개념을 변수로 전환시키고 변수를 다시 구체화시켜서 지표로 나아가야 한다.

> ✿ Plus tip　지수(index)
> 지표를 두 개 이상으로 하여 개념을 측정하는 것을 말한다.

③ **조작화** : 분석단위를 카테고리별로 분류한다.

기출PLUS

기출 2021년 3월 7일 제1회 시행

이론적 개념을 측정가능한 수준의 변수로 전환시키는 작업 과정은?

① 서열화
② 수량화
③ 척도화
④ 조작화

기출 2018년 8월 19일 제3회 시행

다음 중 측정에 관한 설명으로 틀린 것은?

① 측정이란 사물이나 사건의 속성에 수치를 부여하는 작업이다.
② 측정에서는 연구자의 주관적인 판단이 중요한 기능을 한다.
③ 경험의 세계와 추상적인 관념의 세계를 연결하는 기능을 가진다.
④ 측정은 과학적 연구에서 필수적이다.

정답 ④, ②

기출PLUS

기출 2020년 9월 26일 제4회 시행

조작화와 관련하여 다음은 무엇에 대한 예에 해당하는가?

┌─ 보기 ────────────┐
신앙심을 측정하기 위해 사용된 일주일간 성경책 읽은 횟수
└──────────────────┘

① 개념적 정의
② 지표
③ 개념
④ 지수

기출 2020년 6월 14일 제1·2회 통합 시행

조작적 정의(operational definitions)에 관한 설명으로 옳은 것은?

① 현실세계에서 검증할 수 없다.
② 개념적 정의에 앞서 사전에 이루어진다.
③ 경험적 지표를 추상적으로 개념화하는 것이다.
④ 개념적 정의를 측정이 가능한 형태로 변환하는 것이다.

기출 2018년 8월 19일 제3회 시행

조작적 정의에 관한 설명으로 틀린 것은?

① 주어진 단어가 이미 정립된 의미를 가진 다른 표현과 동의적일 때에 사용된다.
② 용어의 지시물을 식별하는 데 사용되는 관찰 가능한 개념의 구체화이다.
③ 변수는 그것을 관찰과 측정의 단계가 분명히 밝혀져 있을 때 조작적으로 정의될 수 있다.
④ 추상적 개념을 측정 가능한 수치로 변환하는 과정을 의미한다.

정답 ②, ④, ①

④ 측정의 특성 [2018 1회] [2019 2회] [2020 1회]

(1) 개념

개념이란 "사실에 대한 추상적 표현"이라고 할 수 있다. 따라서 개념화가 필요한데, 개념화는 "사물과 현상의 특성을 조사·관찰하고 분류하며 또한 설명과 예측이 가능하도록 구체화하는 일"을 말한다. 개념화 과정에서 가장 필요한 것은 개념의 명확성(clarity)과 정밀성(precision)을 확보하는 일이다. 이것은 개념적 정의와 조작적 정의에 의해서 얻어진다. 이는 ① 경험적 준거를 바탕으로 ② 일반적 합의를 이룰 수 있는 ③ 정확한 정의를 의미한다.

개념의 재정의는 일상생활에서 통상적으로 사용되는 상투어나 변하는 사회에 따라 한 가지 개념이라도 두 가지 또는 그 이상의 다양한 의미를 가질 수 있으므로 이들에 대한 정확한 기준을 제공하기 위한 목적이다.

개념을 경험적 수준으로 구체화하는 과정은 개념적 정의→조작적 정의→변수의 측정이다.

(2) 개념적 정의 [2018 1회] [2019 2회] [2020 1회]

학업성적과 같은 성취도를 관찰이 가능하도록 하여 측정 가능한 다른 개념들과의 관계로 표현하는 것으로 측정대상의 속성을 명확히 한다. 즉, 개념적 정의는 "어떤 개념을 다른 개념을 사용하여 묘사하는 것"을 의미한다. 예를 들면 정치적 폭력에 대한 개념적 정의는 "정치적 역할을 담당하고 있는 주체들의 공격적 행동"이라고 할 수도 있고, 또는 "정치적 목적을 달성하기 위한 무력의 사용"이라고 정의할 수도 있다.

(3) 조작적 정의 [2018 3회] [2019 2회] [2020 3회]

① 의의 : 구성을 실제 현상에서 측정 가능할 수 있도록 관찰 가능한 형태로 정의해 놓은 것이다. 즉, 조작적 정의란 개념을 관찰 내지 실험의 절차에 적용될 수 있는 기준이 되도록 정의하는 것을 말한다. 따라서 조작적 정의는 개념적 정의를 보다 구체적으로 표현한 것이다.

② 특징
   ㉠ 연구자는 변수를 측정·조작할 수 있는 방법을 규정할 수 있다.
   ㉡ 현실세계와 개념적 정의를 연결하는 다리의 역할을 한다.
   ㉢ 동일한 개념을 측정하기 위한 조작적 정의 사이에는 측정의 일관성을 유지하여야 한다.

ⓔ 측정을 위한 조작적 정의 : 변수의 측정방법을 제시하여야 한다.

ⓜ 실험적·조작적 정의 : 실험변수의 조작방법을 규정하여야 한다.

---

section 2 측정의 수준

① 측정공리(Postulate)

(1) 의의

명제(정리)의 전 단계로 가설도출의 기초가 되며, 측정되고 있는 대상 간의 관계에 대한 가정을 뜻한다.

(2) 측정기초가 되는 3가지 공리

① 공리 1 : "a는 b이거나 a가 b가 아니면 양자 모두는 아니다."라는 것으로 어떤 대상의 한 특징이 다른 대상과 같거나 같지 않다는 것에 대해 주장할 수 있어야 함을 의미한다.

② 공리 2 : "a가 b이고 b가 c이면 a는 c이다."라는 것으로 연구자들이 대상 비교에서 어떤 특징에 대한 세트의 구성요소들의 동등성을 설정하도록 해 준다.

③ 공리 3 : "a가 b보다 크고 b가 c보다 크면 a는 c보다 크다."라는 것으로 이행성 공리로서 실제적·즉각적인 중요성이 있다.

> ☆ Plus tip 공리
> 공리1은 분류를 위해 필요하고 공리 2는 대상을 비교함으로써 구성요소들의 동등성을 설정할 수 있게 해주며, 공리 3은 서열적 언명의 주장을 가능하게 하여 준다.

측정의 수준에 따라 사용할 수 있는 통계기법이 달라지는데 다음 중 측정의 수준과 사용 가능한 기술통계 (descriptive statistics)를 잘못 짝지은 것은?

① 명목 수준 - 중간값(median)
② 서열 수준 - 범위(range)
③ 등간 수준 - 최빈값(mode)
④ 비율 수준 - 표준편차
   (standard deviation)

야구선수의 등번호를 표현하는 측정의 수준은?

① 비율수준의 측정
② 등간수준의 측정
③ 서열수준의 측정
④ 명목수준의 측정

다음 ( )에 알맞은 것은?

┌ 보기 ┐
( ) 순으로 얻어진 자료가 담고 있는 정보의 양이 많으며, 보다 정밀한 분석방법이 적용될 수 있다.
└────────┘

① 서열측정 > 명목측정 > 비율측정 > 등간측정
② 명목측정 > 서열측정 > 등간측정 > 비율측정
③ 등간측정 > 비율측정 > 서열측정 > 명목측정
④ 비율측정 > 등간측정 > 서열측정 > 명목측정

정답 ①, ④, ④

2 명목수준측정(Nominal Measurement) 2019 3회

(1) 의의

낮은 수준의 측정으로 대상의 특성을 분류·확인하기 위하여 대상에 숫자를 부여하는 것으로 이때 숫자는 본래의 의미를 상실한다.

> 예 남자는 1, 여자는 2라는 수치를 부여하는 것을 말한다.

(2) 명목측정의 요건

① 같은 속성을 가진 집단은 같은 숫자를 할당받는다.

② 어떤 두 속성에는 같은 숫자가 부여되지 않는다.

③ 측정대상을 상호배타적인 집단으로 구분하는 데 이용된다.

(3) 특징

① 하나의 대상이 두 개의 척도값을 가질 수 없다(상호배타적).

② 가장 적은 양의 정보를 제공받는다.

③ 이항분포검증, 교차분석, 최빈값 등의 제한된 분석방법에 이용된다.

> ☆ Plus tip 측정 비교 2018 1회 2019 1회
> 일반적으로 명목·서열·등간·비율수준 측정은 4종류의 척도를 가지며 정교한 분석방법으로 명목→서열→등간→비율수준 측정의 정도이다.

> 예 당신은 어느 정당을 지지하십니까?
> ① 더불어민주당   ② 자유한국당   ③ 바른미래당
> ④ 정의당   ⑤ 없음

❸ 서열수준측정(Ordinal Measurement) 2018 1회 2020 1회

(1) 의의

측정 대상 간의 순서관계를 밝히는 척도로 대상 간의 대소·고저 등의 순위를 부여한다.

> 예 학급의 반 등수, 마라톤에서 들어온 순서, 후보자 선호 순위

(2) 서열측정의 요건

a, b, c의 3개의 대상에서 "a는 b보다 작고 b는 c보다 작으면, a가 c보다 작다."는 것이(서열이행성 공리) 정당화되면 서열측정이 가능하다.

(3) 특징

① 선호도, 응답자의 태도, 사회계층 등 정확하게 정량화하기 어려운 측정에 이용된다.

② 서열상관관계, 중앙값, 서열 간 차이분석 등의 자료로 이용된다.

③ 산술평균이나 표준편차 등의 산술계산이 포함되는 분석은 행할 수 없다.

> 예 당신은 남북통일에 대해 어떻게 생각하십니까?
> ① 매우 찬성　　　② 찬성　　　③ 보통
> ④ 반대　　　⑤ 매우 반대

❹ 등간수준측정(Interval Measurement) 2018 1회 2020 1회

(1) 의의

동일한 간격으로 속성에 대하여 숫자를 부여하여 측정하는 방법을 말한다. 숫자 사이에 간격을 동일하게 측정해야 한다.

> 예 IQ, 주가지수, 온도

기출PLUS

기출 2018년 4월 28일 제2회 시행

서열(序列)측정의 특징을 모두 고른 것은?

┌ 보기 ┐
ⓐ 응답자들을 순서대로 구분할 수 있다.
ⓑ 절대 영점(Absolute Zero Score)를 지니고 있다.
ⓒ 어떤 응답자의 특성이 다른 응답자의 특성보다 몇 배가 높은지 알 수 있다.

① ⓐ
② ⓐ, ⓑ
③ ⓑ, ⓒ
④ ⓐ, ⓑ, ⓒ

기출 2018년 8월 19일 제3회 시행

지수(index)와 척도(scale)에 관한 설명으로 틀린 것은?

① 지수와 척도 모두 변수에 대한 서열측정이다.
② 척도점수는 지수점수보다 더 많은 정보를 전달한다.
③ 지수와 척도 모두 둘 이상의 자료문항에 기초한 변수의 합성 측정이다.
④ 지수는 동일한 변수의 속성들 가운데서 그 강도의 차이를 이용하여 구별되는 응답 유형을 밝혀낸다.

기출 2018년 8월 19일 제3회 시행

온도계의 눈금을 나타내는 수치의 측정수준은?

① 명목측정
② 서열측정
③ 비율측정
④ 등간측정

정답 ①, ④, ④

(2) 특징

① 속성의 양적인 정도를 나타낸다.

② 절대적 원점은 존재하지 않으나 임의적 원점은 존재한다.
   예 섭씨 0도는 절대영점이 아니다.

③ 범위의 계산, 상관계수, 표준편차, 평균값을 구할 수 있다.

④ 주로 생산성지수나 물가지수 등의 지수측정에 이용된다.

> **예** 당신이 받은 경영학 학점은?
> ① 1.5   ② 2.0   ③ 2.5
> ④ 3.0   ⑤ 3.5   ⑥ 4.0

응답자의 월평균 소득금액을 '원' 단위로 조사하고자 하는 경우에 적합한 척도는?

① 비율척도
② 등간척도
③ 서열척도
④ 명목척도

5 비율수준측정(Ratio Measurement) 2019 1회

(1) 의의

측정값 사이의 비율계산이 가능한 척도로 가장 높은 수준의 측정이며 모든 형태의 통계적 분석과 적용이 가능하다. 등간측정이 갖는 특성과 비율계산이 가능하다는 추가적인 특성을 가진다.

> **예** 수학점수, 수능점수, 몸무게, 키, 나이

(2) 특징

① 명목, 서열, 등간측정의 특징을 모두 가진다.

② 경험적 의미를 갖는 절대영점을 가진다.

③ 척도상의 숫자는 측정되고 있는 속성의 실제량을 가리킨다.

> **⌂ Plus tip 비율측정**
> 비율측정은 절대영점을 갖고 있기 때문에 가감승제를 포함한 수학적 조작이 가능하다.

정답 ①

6 측정의 종류 2018 1회 2019 1회

(1) 추론측정

① 개념: 어떤 사물이나 사건의 속성이 다른 사물, 사건의 속성과 관련되어 나타나는 것을 측정하는 방법이다.

② 특징

  ㉠ 특정 속성들의 관계가 결정된 후에 측정할 수 있다.

  ㉡ 사회과학보다 자연과학에서 자주 사용된다[예 밀도(density)는 부피와 질량의 비율].

  ㉢ 확고하게 정립된 이론적 배경을 기본으로 한다.

  ㉣ 어떤 사물이나 다른 사물들의 속성 간에 일정한 관계가 성립된다.

(2) 본질측정

① 개념: 어떤 사물의 속성을 표현하는 본질적인 법칙에 따라 숫자를 부여하는 것으로 가장 기본적인 측정 방법이다.

② 특징

  ㉠ 측정 후에 다른 변수들과 관련지어 분석할 수도 있으며 관련된 다른 변수를 측정할 수도 있다.

  ㉡ 확고한 이론적 배경과 조작적 개념을 기본으로 한다.

  ㉢ 다른 사물이나 속성을 개입시키지 않고 해당 속성만을 고려한 측정이다.

(3) 임의측정

① 개념: 임시적으로 어떤 사물의 속성과 측정값 사이에 관계가 있다는 가정하에 측정하는 방법이다. 연구자가 생각하는 특정개념이 조작적 정의에 의한 척도로 측정된다고 가정하고 측정한다.

② 특징

  ㉠ 조작적 정의에 따라 여러가지 측정값이 발생할 수 있으며 오류의 개입여지도 크다.

  ㉡ 사실보다 논리적 근거나 가정에 의존한다.

  ㉢ 사회적 과학분야에서 주로 사용되며 지적능력조사, 선호도 조사 등에 이용된다.

기출PLUS

기출 2019년 8월 4일 제3회 시행

측정방법에 따라 측정을 구분할 때, 밀도(density)와 같이 어떤 사물이나 사건의 속성을 측정하기 위해 관련된 다른 사물이나 사건의 속성을 측정하는 것은?

① 추론측정   ② 임의측정
③ 본질측정   ④ A급 측정

기출 2018년 3월 4일 제1회 시행

측정방법에 따라 측정을 구분할 때, 다음 내용에 적합한 측정방법은?

→ 보기 →

어떤 사물이나 사건의 속성을 측정하기 위해 관련된 다른 사물이나 사건의 속성을 측정하는 것이다. 대표적인 예로 밀도(Density)는 어떤 사물의 부피와 질량의 비율로 정의하며, 이 경우 밀도는 부피와 질량 사이의 비율을 통해 간접적으로 측정하게 된다.

① A급 측정
   (Measurement of A Magnitude)
② 추론측정
   (Derived Measurement)
③ 임의측정
   (Measurement by Fiat)
④ 본질측정
   (Fundamental Measurement)

정답 ①, ②

section 3 신뢰도와 타당도 2018 1회

1 신뢰도 2018 1회 2019 2회

(1) 신뢰도의 의의

신뢰도(reliability)는 "동일한 측정도구를 시간을 달리하여 반복해서 측정했을 경우에 동일한 측정결과를 얻게 되는 정도"를 말한다. 즉, 측정의 안정성, 일관성과 관련된 개념이다. 또는 동일한 개념을 측정하기 위해서 구성된 설문문항들이 일관성(consistency) 내지 동질성을 가지고 있는 정도를 말한다. 즉, 동일한 개념에 대해서 반복해서 측정했을 때 동일한 측정값을 얻게 되는 정도를 말한다.

① 안정성, 일관성, 믿음성, 의존가능성, 정확성 등으로 대체될 수 있는 개념이다.

② 비교가 가능한 독립된 측정방법에 의하여 대상을 측정할 경우 유사한 결과가 나오는 것을 의미한다.

③ 측정의 오차와 신뢰도의 관계를 고려해야 한다.

④ 유사한 측정도구 혹은 동일한 측정도구를 사용하여 동일한 개념을 반복하여 측정했을 때 일관성 있는 결과를 얻는 것이다.

⑤ 신뢰도는 타당도를 위한 기본적인 전제조건이다.

(2) 신뢰도의 특징

① 신뢰도는 측정항목 간의 상관관계에 근거한다.

② 신뢰도를 측정하기 위해서는 자료가 등간척도와 비율척도를 가진 연속형 변수이어야 한다. 명목척도와 순위척도를 가진 범주형 변수(이산형 변수)는 적합하지 않다.

③ 신뢰도를 측정하는 방법으로 재검사법, 복수양식법, 반분법, 내적 일관성 등이 있다.

(3) 신뢰도의 측정방법 `2019 1회` `2020 1회`

① 재검사법 `2018 1회` `2019 1회`

⊙ 개념 : 가장 기초적인 신뢰성 검토 방법으로 어떤 시점을 측정한 후 일정기 간 경과 후 동일한 측정도구로 동일한 응답자에게 재측정하여 그 결과의 상 관관계를 계산하는 방법이다. 재검사법(test-retest method, 재시험법)이란 동일한 측정대상에 대하여 동일한 측정도구를 시간간격을 두어 측정하여 얻 은 결과를 비교하는 방법이다. 즉, 동일한 응시자에게 동일한 설문지를 일 정시간이 경과한 후 측정하여 얻은 결과의 상관관계를 계산한 것이다. 여기 서 계산된 상관계수를 통하여 신뢰도의 정도를 추정할 수 있는 데 상관계수 가 높다는 것은 신뢰도가 높다는 것을 의미하고, 상관계수가 낮다는 것은 신뢰도가 낮다는 것을 의미한다. 따라서 상관계수와 신뢰도는 비례관계에 있다.

⊙ 장점 : 적용이 간편하며 측정도구를 직접 비교할 수 있다.

⊙ 단점
- 앞의 측정이 뒤의 측정에 영향을 미칠 수 있다.
- 외생변수의 영향을 파악하기 어렵다.
- 측정도구의 올바른 신뢰도를 과대·과소 평가할 수 있다.

② 반분법 `2018 1회`

⊙ 개념 : 측정도구를 두 부분으로 나누어 각각 독립된 두 개의 척도로 사용· 채점하여 그 사이의 상관계수를 산출하여 신뢰도를 측정하는 방법이다. 스 피어만 브라운 신뢰도 계수(Spearman-Brown Reliability Coefficient)를 사용한다. 반분법(split-half method)이란 동일한 측정도구를 반분하여 동 일한 측정대상에 적용한 적용한 결과를 비교하는 방법이다. 예를 들면, 학 교분위기를 형성하는 요인 20개를 10개씩 반분하여 측정한 후 비교하는 방 법이 이에 해당한다(수능시험지의 홀·짝수 문항 등). 반분법의 유형은 항목 들을 짝수와 홀수로 반분하거나, 무작위로 항목들을 반분하여 측정한 결과 를 비교하여 상관관계를 계산함으로써 신뢰도를 측정하는 것이다. 반분법은 복수양식법을 논리적으로 발전시킨 것으로 반분이 가능한 척도에만 적용할 수 있다. 따라서 반분법은 아래의 두 가지 전제조건이 필요하다. 첫째, 측정 도구가 경험적으로 단일적이라는 것이 명백해야 한다. 즉, 측정도구가 같은 개념을 측정한다는 것이 명백하여야 한다. 둘째, 반분된 두 측정도구의 항 목 수가 각각 완전한 척도를 이룰 수 있도록 많아야 하는데 반분된 항목 수 는 적어도 8개에서 10개가 있어야 한다.

⊙ 반분법의 전제조건
- 측정도구가 경험적으로 단일적이어야 한다.
- 두 그룹으로 나눈 각 측정도구의 항목 수 자체가 완전한 척도를 이룰 수 있 도록 충분히 많아야 한다.

기출PLUS

기출 2020년 9월 26일 제4회 시행

신뢰도에 관한 기술 중 옳은 것은?

① 오차분산이 작으면 작을수록 그 측정의 신뢰도는 낮아진다.
② 신뢰도 계수는 −1과 1 사이를 움 직인다.
③ 신뢰도에 관한 오차는 체계적 오차를 말한다.
④ 신뢰도 계수는 실제 값의 분산 에 대한 참값의 분산의 비율로 나타낸다.

기출 2019년 3월 3일 제1회 시행

신뢰성 측정방법 중 재검사법(test-retest method)에 관한 설명으로 틀린 것은?

① 동일한 측정대상에 대하여 동일 한 측정도구를 통해 일정 시간 간격을 두고 반복적으로 측정하 여 그 결과값을 비교, 분석하는 방법이다.
② 측정도구 자체를 직접 비교할 수 있고 실제 현상에 적용시키 는데 매우 용이하다.
③ 측정시간의 간격이 크면 클수 록 신뢰성은 높아진다.
④ 외생변수의 영향을 파악하기 어 렵다.

기출 2018년 8월 19일 제3회 시행

스피어만-브라운(Spearman-Brown) 공식은 주로 어떤 경우에 사용되는가?

① 동형검사 신뢰도 추정
② Kuder-Richardson 신뢰도 추정
③ 반분신뢰도로 전체 신뢰도 추정
④ 범위의 축소로 인한 예언타당 도에 대한 교정

정답 ④, ③, ③

측정구의 신뢰도 검사방법에 관한 설명으로 옳지 않은 것은?

① 검사-재검사법(test-retest method)은 측정대상이 동일하다.
② 복수양식법(parallel-forms method)은 측정도구가 동일하다.
③ 반분법(split-half method)은 측정도구의 문항을 양분한다.
④ 크론바흐 알파(Cronbach's alpha)계수는 0에서 1 사이의 값을 가지며, 값이 높을수록 신뢰도가 높다.

측정항목이 가질 수 있는 모든 조합의 상관관계의 평균값을 산출해 신뢰도를 측정하는 방법은?

① 재검사법(test-retest method)
② 복수양식법
   (parallel form method)
③ 반분법(split-half method)
④ 내적 일관성법
   (internal consistency method)

정답 ②, ④

© 장점
• 간단하게 신뢰성을 검토할 수 있다.
• 동형검사 제작이나 시험간격 등에 문제가 되지 않는다.
② 단점 : 어떤 특정 항목의 신뢰도를 정확하게 파악할 수 없다.

③ 복수양식법 2019 1회
   ⊙ 개념 : 가장 유사한 측정도구를 이용하여 동일표본을 차례로 적용하여 신뢰도를 측정하는 방법을 말한다. 복수양식법(multiple forms technique)이란 평행양식법(parallel forms technique) 내지 복수구성법이라도 하며, 최대한 유사한 두 가지 형태의 측정도구를 동일한 측정대상에 적용하여 얻은 결과를 비교하는 방법이다. 예를 들면, 집단응집력(group cohesion)을 측정할 때 먼저 집단자체가 구성원에게 주는 요인이 있을 것이고, 다른 하나는 구성원들이 집단에 미치는 요인이 있을 것이다. 이것을 동일한 측정대상에게 적용하여 두 측정값 간의 상관관계가 크면 신뢰도는 높은 것이고, 상관관계가 작으면 신뢰도는 낮은 것이다. 복수양식법은 측정도구에 포함된 항목 내지 문항들이 측정대상의 모집단에 하나의 표본에 불과하다는 논리에 근거를 둔 것이다.
   ⓒ 장점
   • 신뢰도 계수를 추정하기 수월하다.
   • 시험간격이 문제가 되지 않는다.
   ⓒ 단점
   • 어떤 특정 항목의 신뢰도를 정확히 파악할 수 없다.
   • 동형검사 제작이 힘들다.
   • 피험자의 검사태도 · 검사동기 및 같은 검사환경을 동일하게 만들기 힘들다.

④ 내적 일관성 2018 1회 2020 2회
   ⊙ 개념 : 여러 개의 항목을 이용하여 동일한 개념을 측정하고자 할 때 신뢰도를 저해하는 요인을 제거한 후 신뢰도를 향상시키는 방법이다. 내적 일관성 (internal consistency)이란 동일한 개념을 측정하기 위하여 항목들 간의 평균적인 관계에 근거를 두고 있는 측정방법이다. 즉, 항목들 간의 일관성 (consistency) 내지 동질성(homogenity)을 의미한다. 동일한 개념을 측정하기 위하여 항목들을 비교하여 신뢰도를 약화시키는 항목을 찾아내어 측정도구에서 제외시킴으로써 측정도구의 신뢰도를 높여주는 방법으로 Cronbach α 계수를 이용한다.
   ⓒ 신뢰도를 측정할 때 크론바하 알파계수(Cronbach's alpha)를 이용한다. 이를 통해 신뢰도를 저해하는 항목을 측정도구에서 제외시켜 각 항목들의 내적 일관성을 높인다.

$$\text{크론바하 } \alpha = \frac{k}{k-1}\left(1 - \frac{\sum \sigma_i^2}{\sigma_t^2}\right)$$

- k : 측정항목의 수
- σ_i^2 : 개별 항목의 분산
- σ_t^2 : 전체 항목의 총 분산

- α 의 값은 이론적으로 $0 \sim 1$ 내의 값을 가진다.
- 탐색적 조사에서의 α 값이 $0.5 \sim 0.6$ 이상일 경우와 기초 조사에서의 α 값이 0.8 이상일 때 신뢰도가 높다고 할 수 있다.
- ⓒ 문항 간의 일관성으로 단일한 신뢰도 추정결과를 얻는다.
- ⓔ 크론바하 α 로 신뢰도를 측정할 경우에는 검사를 양분하지 않아도 된다.

(4) 신뢰도를 높이는 방법 2018 3회 2019 2회 2020 2회

① **측정항목 수의 증가** : 동일한 개념이나 속성을 측정하기 위한 항목 수의 증가는 신뢰성을 높인다.

② 유사하거나 동일한 질문을 2회 이상 실행한다.

③ 면접자들의 일관된 면접방식과 태도로 보다 일관성 있는 답변을 유도할 수 있다.

④ 애매모호한 문구사용은 상이한 해석의 가능성을 내포하므로 측정도구의 모호성을 제거하여야 한다.

⑤ 신뢰성이 인정된 기존의 측정도구를 사용한다.

⑥ 조사대상이 어렵거나 관심 없는 내용일 경우 무성의한 답변으로 예측이 어려운 결과가 돌출하게 되므로 제외한다.

> ☝Plus tip 각 학자에 따른 신뢰도의 정의
> ⑦ Campbell & Fiske : 최대한 유사한 방법으로 같은 속성을 측정한 두 방법 간의 일치정도이다.
> ⓛ Sellitz : 측정도구가 측정하고자 하는 현상을 일관성있게 측정하는 능력이다.

기출PLUS

기출 2018년 8월 19일 제3회 시행

측정의 신뢰도를 높이는 방법으로 적절하지 않은 것은?

① 측정도구의 모호성을 없앤다.

② 동일한 개념이나 속성을 측정하기 위해 여러 개의 항목보다는 단일항목을 이용한다.

③ 측정자들의 면접방식과 태도의 일관성을 취한다.

④ 조사 대상자가 잘 모르거나 전혀 관심이 없는 내용에 대해서는 측정을 삼간다.

기출 2020년 8월 23일 제3회 시행

측정의 신뢰성을 향상시킬 수 있는 방법으로 가장 거리가 먼 것은?

① 측정도구에 포함된 내용이 측정하고자 하는 내용을 대표할 수 있도록 한다.

② 응답자가 모르는 내용은 측정하지 않는다.

③ 측정항목의 모호성을 제거한다.

④ 측정항목의 수를 늘린다.

정답 ②, ①

측정의 타당성(validity)에 대한 설명으로 옳지 않은 것은?

① 동일한 대상의 속성을 반복적으로 측정할 때 동일한 측정결과를 가져올 수 있는 정도를 말한다.

② 측정의 타당성을 평가하는 방법으로는 표면타당성(face validity), 내용타당성(content validity), 개념타당성(construct validity) 등이 있다.

③ 일반적으로 측정의 타당성을 경험적으로 검증하는 일은 측정의 신뢰성(reliability)을 검증하는 것보다 어렵다.

④ 측정의 타당성을 높이기 위해서는 측정하고자 하는 개념에 대하여 적절한 조작적 정의(operational definition)를 갖는 것이 중요하다.

측정도구 자체가 측정하고자 하는 속성이나 개념을 얼마나 대표할 수 있는지를 평가하는 것은?

① 실용적 타당도 (pragmatic validity)

② 내용타당도(content validity)

③ 기준 관련 타당도 (criterion-related validity)

④ 구성체타당도(construct validity)

측정을 위해 개발한 도구가 측정하고자 하는 대상의 정확한 속성값을 얼마나 포괄적으로 포함하고 있는가를 나타내는 타당도는?

① 내용타당도(content validity)

② 기준관련타당도 (criterion-related validity)

③ 집중타당도 (convergent validity)

④ 예측타당도 (predictive validity)

정답 ①, ②, ①

---

② 타당도 [2019 4회] [2020 1회]

(1) 의의

측정도구 자체가 측정하고자 하는 개념이나 속성을 어느 정도 정확히 반영할 수 있는가의 문제이다.

① 타당도(validity)는 "측정하고자 하는 개념을 얼마나 정확하게 측정하였느냐"하는 문제이다. 즉, 동일성 확인에 관한 문제이다.

② 그러기 위해서는 먼저 측정도구가 타당도를 가지고 있는지가 검토되어야 한다. 따라서 측정도구의 타당도를 검토하는 방법에 관해서 살펴보기로 한다.

(2) 내용타당도 [2018 2회] [2019 3회] [2020 1회]

① **개념**: 측정도구의 대표적 정도를 평가하는 것으로 측정대상이 갖고 있는 속성 중의 일부를 포함하고 있으면 내용타당도가 높다고 한다.

② 내용타당도의 확보방법
   ㉠ 측정도구의 모든 방법들로부터 무작위로 표본을 추출한다.
   ㉡ 측정도구의 순서에 따라 순서를 일정하게 한다.
   ㉢ 측정도구에 대한 정확한 내용을 숙지한다.

③ 내용타당도 여부의 측정방법
   ㉠ 같은 대상에 대해 비슷한 목적을 갖는 다른 측정 간의 상관관계가 높아야 한다.
   ㉡ 어떤 대상에 대한 측정 후 그 교육을 실행하여 새로운 측정대상의 특성이 이전보다 우수하다는 것이 측정되어야 한다.

④ 장점
   ㉠ 적용이 용이하며 시간이 절약된다.
   ㉡ 통계적 결과를 이용하지 않고 직접 적용한다.

⑤ 단점
   ㉠ 조사자의 주관적 의견과 편견의 개입으로 인한 착오가 발생한다.
   ㉡ 통계적 검증이 이루어지지 않는다.
   ㉢ 속성과 항목 간의 상응관계 정도를 파악할 수 없다.

(3) 기준관련 타당도 [2018 2회] [2020 1회]

① 예측타당도

  ㉠ 개념 : 특정기준과 측정도구의 측정결과를 비교함으로써 타당도를 파악하는 방법이다.

  ㉡ 문제점
  • 기준의 모호성 및 좋은 기준을 얻는 문제
  • 기술적 사용의 곤란함
  • 비용의 과다한 지출

  ㉢ 측정도구에 의한 예측치와 기준을 혼동하여서는 안 되며 기준과 측정도구 간의 상관관계는 일반화 가능성의 정도를 결정하는 중요한 요소이다.

② 동시적 타당도

  ㉠ 개념 : 준거로 기존 타당성을 입증받고 있는 검사에서 얻은 점수와 검사점수 와의 관계에 의하여 측정하는 타당도를 말한다.

  ㉡ 장점
  • 계량화되어 타당도에 대한 객관적인 정보를 제공할 수 있다.
  • 타당도의 정도를 나타낼 수 있다.

  ㉢ 단점
  • 기존 타당성을 입증받은 검사에 의존한다.
  • 기존 타당성을 입증받은 검사가 없으면 타당도의 추정이 불가능하다.

(4) 개념타당도 [2018 2회] [2019 2회]

① 개념 : 측정값보다 측정대상의 속성에 초점을 둔 타당성으로 감정, 지능과 같은 추상적 개념들을 효과적으로 측정할 수 있는 방법으로 구성타당도 또는 구조적 타당도라고도 한다.

② 구성 : 이해타당도, 판별타당도, 집중타당도

  ㉠ 이해타당도 : 특정 개념을 어떻게 이해하고 있는가에 관한 것

  ㉡ 판별타당도 : 서로 다른 개념을 측정했을 때 측정값들 간에 상관관계가 낮아 야만 한다는 것

  ㉢ 집중타당도 : 동일한 개념을 측정하기 위해 최대한 다른 두 가지 측정방식을 개발하고 이에 의해 얻은 측정값 사이에는 높은 상관관계가 존재해야 한다 는 것

기출PLUS

기출 2021년 3월 7일 제1회 시행

대학수학능력시험의 타당도를 평가 하기 위해 대학수학능력시험 점수와 대학 진학 후 학업성적과의 상관관 계를 조사하는 방법은?

① 내용타당도
② 논리적타당도
③ 내적타당도
④ 기준관련타당도

기출 2021년 3월 7일 제1회 시행

기준관련타당도(criterion-related validity)와 가장 거리가 먼 것은?

① 경험적 타당도
② 이론적 타당도
③ 예측적 타당도
④ 동시적 타당도

기출 2020년 6월 14일 제1·2회 통합 시행

통계적인 유의성을 평가하는 것으로, 속성을 측정해줄 것으로 알려진 기 준과 측정도구의 측정 결과인 점수 간의 관계를 비교하는 타당도는?

① 표면타당도(face validity)
② 기준 관련 타당도
   (criterion-related validity)
③ 구성체타당도(construct validity)
④ 내용타당도(content validity)

정답 ④, ②, ②

측정구의 타당도와 신뢰도에 대한 설명으로 맞는 것은?

① 측정값은 참값, 확률오차, 체계오차의 합과 같다.
② 측정오차는 체계오차의 부분도 포함하는데 이는 신뢰도와 관계가 있다.
③ 확률오차=0, 체계오차≠0인 경우, 측정도구는 타당하지만 신뢰할 수 없다.
④ 체계오차=0, 확률오차≠0인 경우, 측정도구는 신뢰할 수 있지만 타당하지 않다.

타당도에 대한 설명으로 옳지 않은 것은?

① 조사자가 측정하고자 하는 것을 어느 정도 하였는가의 문제이다.
② 같은 대상의 속성을 반복적으로 측정할 때 같은 측정 결과를 가져올 수 있는 정도를 말한다.
③ 여러 가지 조작적 정의를 이용해 측정을 하고, 각 측정값 사이의 상관관계를 조사하여 타당도를 가한다.
④ 외적타당도란 연구결과를 일반화시킬 수 있는 정도를 의미한다.

측정의 신뢰도와 타당도에 관한 설명으로 옳지 않은 것은?

① 반분법은 신뢰도 측정방법이다.
② 내적 타당도는 측정의 정확성이다.
③ 신뢰도가 높지만 타당도는 낮을 수 있다.
④ 측정오류는 신뢰도 및 타당도와 관련이 있다.

정답 ①, ②, ②

③ **측정방법**

㉠ 구성 또는 변수 간의 관계를 논리적인 근거에 의해 예측한다.

㉡ 요인분석을 실시하여 개념타당도를 검토한다.

㉢ 각 구성은 정반대의 성격을 가진 구성과의 상호관계를 파악하여 특수성을 명확히 한다.

㉣ 각 구성 또는 변수는 그들 입장의 일련의 명제하에서 논리적인 관계를 측정한다.

(5) 측정도구의 타당화 방법

① **논리적 타당화법**: 측정도구의 문항을 논리적·이론적으로 분석하는 것으로 가장 널리 사용하는 방법이며 외관적 타당화라고도 한다.

② **전문가의견법**: 논리적 타당화와 별 차이는 없으며 전문가의 논리적 판단을 근거로 타당도를 확보·분석하는 방법이다.

③ **기지집단법**: 논리적 타당화와 함께 비교적 널리 사용하는 방법으로 사기를 측정하는 측정도구로 이용된다.

④ **독립기준법**: 측정도구의 기초가 되는 독립적인 기준에 입각하여 측정도구의 타당성을 측정하는 방법으로 이론상으로는 이상적이나 실제 적용에는 많은 어려움이 따른다.

③ 신뢰도와 타당도의 비교 2018 3회 2019 3회 2020 2회

(1) 신뢰도와 타당도에 영향을 미치는 요인

① **검사도구와 내용**

㉠ **측정의 길이**: 측정의 길이가 길 경우 조사대상자의 편협된 응답의 결과를 얻을 우려가 있다.

㉡ **기계적 요인**: 질문의 오자, 탈자 등의 오해로 인해 타당도와 신뢰도가 저하된다.

㉢ **문화적 요인**: 일반화되어 있지 않은 관례상의 어구나 단어의 사용으로 인하여 신뢰도가 저하된다.

㉣ **개방형 질문과 폐쇄형 질문**: 응답자의 교육수준, 능력 등이 타당도와 신뢰도의 문제에 영향을 끼친다.

② 환경적 요인

　　㉠ 대인면접과 자기기입식 질문서

　　㉡ 측정의 완성에 필요한 제시의 명백성

③ 개인적 요인

　　㉠ **기억력** : 재검사를 실시하는 경우 처음 검사에 대한 응답이 다음 검사의 응답에 영향을 끼친다.

　　㉡ **사회적 요청** : 개인의 진실된 답보다 사회가 바람직하다고 인정하는 항목에 응답한다.

　　㉢ **연령, 성별 및 성숙도** : 연령, 성별은 성숙정도와 관계가 있는데 이는 연구에 대한 이해도에 영향을 끼치기 때문이다.

　　㉣ **응답자의 사회적·경제적 지위** : 학력, 교육수준, 윤리적 배경, 직업 등에 영향을 받는다.

④ **연구자의 해석** : 연구자 자신이 직접 수집한 자료가 객관성을 갖도록 부호화한다.

(2) 신뢰도와 타당도의 관계

① 측정이 정확하게 이루어지지 않으면 모든 과학적 연구는 타당도를 잃게 되며, 신뢰도와 타당도는 상호보완적이지만 별개의 문제로서 인식하여야 한다.

② 신뢰도와 타당도의 구체적 관계

　　㉠ 측정에 타당도가 있으면 항상 신뢰도가 있다.

　　㉡ 신뢰도가 높은 도구가 타당도도 높은 것은 아니다.

　　㉢ 측정에 타당도가 없으면 신뢰도가 있을 수도 있고 없을 수도 있다.

　　㉣ 측정에 신뢰도가 있으면 타당도가 있을 수도 있고 없을 수도 있다.

　　㉤ 측정에 신뢰도가 없으면 타당도가 없다.

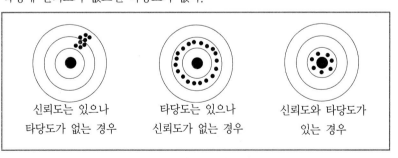

신뢰도는 있으나 타당도가 없는 경우　　타당도는 있으나 신뢰도가 없는 경우　　신뢰도와 타당도가 있는 경우

기출PLUS

기출 2021년 3월 7일 제1회 시행

과녁의 가운데를 조준하고 쏜 화살 5개 모두 제일 가장자리의 동일한 위치에 집중되었을 때 신뢰도와 타당도의 개념에 관한 설명으로 맞는 것은?

① 신뢰도와 타당도가 모두 높다.
② 신뢰도와 타당도가 모두 낮다.
③ 신뢰도는 높지만 타당도는 낮다.
④ 타당도는 높지만 신뢰도는 낮다.

기출 2020년 8월 23일 제3회 시행

신뢰도와 타당도에 대한 설명 중 올바르게 서술한 것은?

① 타당도가 없으면 신뢰도는 없다.
② 신뢰도는 타당도를 보장하지 않는다.
③ 신뢰도가 높으면 타당도도 높다.
④ 신뢰도와 타당도는 상호배타적이므로 항상 동일하게 인식하여야 한다.

기출 2020년 6월 14일 제1·2회 통합 시행

신뢰도와 타당도에 관한 설명 중 옳지 않은 것은?

① 신뢰도가 높다고 해서 반드시 타당도가 높다는 것을 의미하지는 않는다.
② 타당도가 신뢰도에 비해 확보하기가 용이하다.
③ 신뢰도가 낮으면 타당도를 말할 수가 없다.
④ 신뢰도가 있는 측정은 타당도가 있을 수도 있고 없을 수도 있다.

정답 ③, ②, ②

측정오차의 발생원인과 가장 거리가 먼 것은?

① 통계분석기법
② 측정시점의 환경요인
③ 측정방법 자체의 문제
④ 측정시점에 따른 측정대상자의 변화

측정의 오류에 관한 설명으로 옳은 것은?

① 편향에 의해 체계적 오류가 발생한다.
② 무작위 오류는 측정의 타당도를 저해한다.
③ 표준화된 측정도구를 사용하더라도 체계적 오류를 줄일 수 없다.
④ 측정자, 측정 대상자 등에 일관성이 없어 생기는 오류를 체계적 오류라 한다.

측정초차 중 체계적 오차(systematic error)와 관련된 것은?

① 통계적 회귀
② 생태학적 오류
③ 환원주의적 오류
④ 사회적 바람직성 편향

정답 ①, ①, ④

4 측정상의 오차

(1) 의의

일정한 측정대상이나 목적물을 계량적으로 측정 시 본래의 결과치와 측정자가 측정한 측정치 사이의 불일치 ⊏정도 및 그 차이의 정도를 가리킨다.

(2) 오차의 유형 `2018 4회` `2019 4회` `2020 3회`

① 체계적 오차
  ㉠ 측정대상이나 측정과정에 대하여 체계적으로 영향을 미침으로써 오차를 초래하는 것을 말한다.
  ㉡ 자연적·인위적으로 지식, 신분, 인간성 등의 요인들이 작용하여 측정에 있어 오차를 초래한다.
  ㉢ 타당성과 관련된 개념이다.

② 비체계적 오차(무작위적 오차)
  ㉠ 측정대상·상황·과정·측정자 등에 있어 우연적·가변적인 일시적 형편에 의하여 측정결과에 영향을 미치는 측정상의 우연한 오차이다.
  ㉡ 사전에 알 수도 없고, 통제할 수도 없다.
  ㉢ 신뢰성과 관련된 개념이다.

(3) 오차의 원인

① 측정자에 의한 오차
  ㉠ 측정자의 가변성에 의한 오차
  ㉡ 면접자에 의한 보고에 의한 오차
  ㉢ 2인 이상 면접자 간의 의견차이에 의한 오차
  ㉣ 측정자의 편의(bias)와 편입에 의한 오차
  ㉤ 측정자와 측정대상 간의 상호작용에 의한 오차(측정하는 사람의 신분, 태도 등)

② 시간·공간적 제약에 의한 오차
  ㉠ 표본의 지역적 제약성에 의한 오차
  ㉡ 전체 측정 모집단의 시간적 불안정성에 의한 오차
  ㉢ 표본의 시간적 부적합성에 의한 오차

③ 인간의 지적 특수성에 의한 오차

　　㉠ 기억의 한정성에 의한 오차

　　㉡ 인간의 본능성에 의한 오차

　　㉢ 피측정자의 측정분야에 대한 지식의 결여에 의한 오차

④ 측정대상과 관련된 오차

　　㉠ 자료의 부족과 무응답으로 인한 모집단의 특성을 정확히 알 수 없는 경우에 의한 오차

　　㉡ 실험이 불가능한 경우에 의한 오차

　　㉢ 연구자료에 대한 부적합한 표본에 의한 오차

　　㉣ 자료자체의 중요한 결점에 의한 오차

　　㉤ 자료의 크기로 인한 관찰의 불가능에 의한 오차

　　㉥ 자료의 입수가 원만하지 않은 경우에 의한 오차

　　㉦ 산만성이 심한 경우 생기는 오차

　　㉧ 측정대상과 측정도구의 상호작용에 의한 오차(측정도구에 대한 익숙정도, 반응형태 등)

기출PLUS

기출 2020년 8월 23일 제3회 시행

측정 오차에 관한 설명으로 틀린 것은?

① 체계적 오차는 사회적 바람직성 편견, 문화적 편견과 관련이 있다.

② 비체계적 오차는 일관적 영향 패턴을 가지지 않고 측정을 일관성 없게 만든다.

③ 측정의 신뢰도는 체계적 오차와 관련성이 크고, 측정의 타당도는 비체계적 오차와 관련성이 크다.

④ 측정의 오차를 피하기 위해 간과했을 수도 있는 편견이나 모호함을 찾아내기 위해 동료들의 피드백을 얻는다.

기출 2020년 9월 26일 제4회 시행

측정의 무작위 오류(random error)에 관한 설명으로 옳은 것은?

① 응답자가 자신에 대한 이미지를 좋게 만들기 위해 응답할 때 발생한다.

② 타당도를 낮추는 주요 원인이다.

③ 설문문항이 지나치게 많을 경우 발생하기 쉽다.

④ 연구자가 응답자에게 유도성 질문을 할 때 발생한다.

정답 ③, ③

2020. 8. 23. 제3회

1 개념적 정의에 대한 설명으로 틀린 것은?

① 순환적인 정의를 해야 한다.
② 적극적 혹은 긍정적인 표현을 써야 한다.
③ 정의하려는 대상이 무엇이든 그것만의 특유한 요소나 성질을 직시해야 한다.
④ 뜻이 분명해서 누구나 알아들을 수 있는 의미를 공유하는 용어를 써야 한다.

1.

순환적 정의는 A를 정의할 때, B를 사용하고, B를 정의할 때, A를 사용하는 것처럼 자기 자신을 이용하여 정의하는 것을 의미한다. 따라서 정의할 때에는 순환적 정의는 피해야 한다.

2020. 8. 23. 제3회

2 특정한 구성개념이나 잠재변수의 값을 측정하기 위해 측정할 내용이나 측정방법을 구체적으로 정확하게 표현하고 의미를 부여하는 것은?

① 구성적 정의(constitutive definition)
② 조작적 정의(operational definition)
③ 개념화(conceptualization)
④ 패러다임(paradigm)

2.

조작적 정의는 특정한 구성개념이나 잠재변수의 값을 측정하기 위해 측정할 내용이나 측정방법을 구체적으로 정확하게 표현하고 의미를 부여하는 정의이다.

2020. 8. 23. 제3회

3 자료에 대한 통계분석 방법 결정시 가장 중요하게 고려해야 할 측정의 요소는?

① 신뢰도
② 타당도
③ 측정방법
④ 측정수준

3.

측정수준은 명목척도, 서열척도, 등간척도, 비율척도에 따라 통계분석 방법이 결정된다.

Answer 1.① 2.② 3.④

4 측정도구의 신뢰도 검사방법에 관한 설명으로 옳지 않은 것은?

① 검사-재검사법(test-retest method)은 측정대상이 동일하다.

② 복수양식법(parallel-forms method)은 측정도구가 동일하다.

③ 반분법(split-half method)은 측정도구의 문항을 양분한다.

④ 크론바흐 알파(Cronbach's alpha) 계수는 0에서 1 사이의 값을 가지며, 값이 높을수록 신뢰도가 높다.

4.

② 복수양식법은 유사한 형태의 두 개 이상의 측정도구로 동일한 측정대상에게 적용한 측정값을 비교하는 검사방법이다.

5 측정의 신뢰성을 향상시킬 수 있는 방법으로 가장 거리가 먼 것은?

① 측정도구에 포함된 내용이 측정하고자 하는 내용을 대표할 수 있도록 한다.

② 응답자가 모르는 내용은 측정하지 않는다.

③ 측정항목의 모호성을 제거한다.

④ 측정항목의 수를 늘린다.

5.

① 측정도구 자체가 측정하고자 하는 개념이나 속성을 어느 정도 정확히 반영할 수 있는가에 대한 부분은 타당도에 해당된다.

6 타당도에 대한 설명으로 옳지 않은 것은?

① 조사자가 측정하고자 하는 것을 어느 정도 하였는가의 문제이다.

② 같은 대상의 속성을 반복적으로 측정할 때 같은 측정 결과를 가져올 수 있는 정도를 말한다.

③ 여러 가지 조작적 정의를 이용해 측정을 하고, 각 측정값 사이의 상관관계를 조사하여 타당도를 가한다.

④ 외적타당도란 연구결과를 일반화시킬 수 있는 정도를 의미한다.

6.

② 반복 측정하여 같은 측정 결과를 나타내는 것은 신뢰도에 해당되는 부분이다.

Answer 4.② 5.① 6.②

7 외적타당도를 저해하는 요소에 관한 설명이 아닌 것은?

① 측정도구나 관찰자에 따라 측정이 달라질 수 있다.
② 측정 자체가 실험대상자들의 행동을 변화시킬 수 있다.
③ 실험대상자 선정에서 오는 편향과 독립변수 간에 상호작용이 있을 수 있다.
④ 연구의 결과가 일반화될 수 있는가의 여부는 표집뿐만 아니라 생태학적 상황에 의해서도 결정될 수 있다.

7.

외적타당도 저해 요인으로는 ② 조사대상자의 민감성 또는 반응성, ③ 표본의 대표성, ④ 환경과 상황에 따라 나타날 수 있다.

8 타당도에 관한 설명으로 옳은 것을 모두 고른 것은?

> ㉠ 타당도는 측정하고자 하는 바를 얼마나 정확하게 측정하였는가에 대한 개념이다.
> ㉡ 내적타당도는 측정된 결과가 실험 변수의 변화 때문에 일어난 것인가에 관한 문제이다.
> ㉢ 외적타당도는 연구결과의 일반화 가능성에 대한 것이다.
> ㉣ 일반적으로 내적타당도를 높이고자 하면 외적타당도가 낮아지고, 외적타당도를 높이고자 하면 내적타당도가 낮아진다.

① ㉠
② ㉠, ㉡
③ ㉠, ㉡, ㉢
④ ㉠, ㉡, ㉢, ㉣

8.

타당도는 ㉠ 측정도구 자체가 측정하고자 하는 개념이나 속성을 어느 정도 정확히 반영할 수 있는가를 나타내는 정도를 나타내며, 내적타당도와 외적타당도로 구분할 수 있다. 내적타당도는 ㉡ 논리적 인과관계의 타당성이 있는지를 판별하는 기준에 해당되며 외적타당도는 ㉢ 하나의 실험을 통해 얻은 연구 결과가 결과를 일반화 할 수 있는 정도이다. 일반적으로 내적타당도와 외적타당도는 반비례 관계에 있다.

9 사회조사에서 발생하는 측정오차의 원인과 가장 거리가 먼 것은?

① 조사의 목적
② 측정대상자의 상태 변화
③ 환경적 요인의 변화
④ 측정도구와 측정대상자의 상호작용

9.

① 조사목적이 측정오차의 원인이라고 보기는 어렵다.

10 측정 오차에 관한 설명으로 틀린 것은?

① 체계적 오차는 사회적 바람직성 편견, 문화적 편견과 관련이 있다.
② 비체계적 오차는 일관적 영향 패턴을 가지지 않고 측정을 일관성 없게 만든다.
③ 측정의 신뢰도는 체계적 오차와 관련성이 크고, 측정의 타당도는 비체계적 오차와 관련성이 크다.
④ 측정의 오차를 피하기 위해 간과했을 수도 있는 편견이나 모호함을 찾아내기 위해 동료들의 피드백을 얻는다.

11 측정(measurement)에 대한 설명과 가장 거리가 먼 것은?

① 변수에 대한 조작적 정의에 입각해 이뤄진다.
② 하나의 변수에 대한 관찰값은 동시에 두 가지 속성을 지닐 수 없다.
③ 이론과 현실을 연결시켜주는 매개체이다.
④ 경험적으로 관찰 가능한 것을 추상적 개념으로 바꾸어 놓는 과정이다.

12 개념의 구성요소가 아닌 것은?

① 일반적 합의
② 정확한 정의
③ 가치중립성
④ 경험적 준거틀

10.

③ 측정의 신뢰도는 비체계적 오류와 관련성이 크고, 측정의 타당도는 체계적 오류와 관련성이 크다.

11.

측정은 사물의 속성을 추상적 개념이 아닌 구체화시키는 과정을 의미한다.

12.

개념은 ④ 경험적 준거를 바탕으로 ① 일반적 합의를 이룰 수 있는 ② 정확한 정의를 의미한다.

Answer 10.③ 11.④ 12.③

2020. 6. 14. 제1·2회 통합

13 조작적 정의와 예시로 적절하지 않은 것은?

① 빈곤 – 물질적인 결핍 상태
② 소득 – 월 ( )만 원
③ 서비스만족도 – 재이용 의사 유무
④ 신앙심 – 종교행사 참여 횟수

13.

조작적 정의는 무엇보다 명확하여야 한다. 즉, 빈곤을 기준이 모호하게 물질적 결핍 상태로만 보는 것이 아니라 연소득 ( ) 이하 등 객관적이고 정량화가 가능한 기준이 있어야 한다.

2020. 6. 14. 제1·2회 통합

14 조작적 정의(operational definitions)에 관한 설명으로 옳은 것은?

① 현실세계에서 검증할 수 없다.
② 개념적 정의에 앞서 사전에 이루어진다.
③ 경험적 지표를 추상적으로 개념화하는 것이다.
④ 개념적 정의를 측정이 가능한 형태로 변환하는 것이다.

14.

① 조작적 정의는 객관적이고 경험적으로 기술하기 위한 정의이므로 현실 세계에서 검증할 수 있어야 한다.
② 개념적 정의가 먼저 사전에 이루어진다.
③ 개념적 정의를 측정 가능한 형태로 변환하는 것이 조작적 정의이다.

2020. 6. 14. 제1·2회 통합

15 중앙값, 순위상관관계, 비모수통계검증 등의 통계방법에 주로 활용되는 척도유형은?

① 명목측정
② 서열측정
③ 등간측정
④ 비율측정

15.

중앙값, 순위상관, 비모수는 모두 순위, 서열을 가지고 비교하는 통계분석 방법이므로 서열측정에 해당된다.

2020. 6. 14. 제1·2회 통합

16 다음의 사항을 측정할 때 측정수준이 다른 것은?

① 교통사고 횟수
② 몸무게
③ 온도
④ 저축금액

16.

온도는 등간척도에 해당되며, 교통사고 횟수, 몸무게, 저축금액은 비율척도에 해당된다.

Answer   13.① 14.④ 15.② 16.③

2020. 6. 14. 제1 · 2회 통합

17 측정항목이 가질 수 있는 모든 조합의 상관관계의 평균값을 산출해 신뢰도를 측정하는 방법은?

① 재검사법(test-retest method)

② 복수양식법(parallel form method)

③ 반분법(split-half method)

④ 내적 일관성법(internal consistency method)

17.

크론바흐 알파계수를 이용하여 전체 문항을 반문하여 그룹의 측정 결과 사이의 상관관계를 바탕으로 신뢰도를 검증하는 방법을 내적 일관성법이라고 한다.

2020. 6. 14. 제1 · 2회 통합

18 크론바흐 알파(Cronbach alpha)에 관한 설명으로 틀린 것은?

① 표준화된 알파라고도 한다.

② 값의 범위는 -1에서 +1까지이다.

③ 문항 간 평균상관관계가 증가할수록 값이 커진다.

④ 문항의 수가 증가할수록 값이 커진다.

18.

크로바흐 알파는 0~1 사이의 값이다.

※ 크론바흐 알파
  ㉠ 신뢰계수
  ㉡ 0~1 사이의 값을 범위로 함
  ㉢ 내적일관성(Internal Consistency) 측정
  ㉣ 변수들끼리의 상관성이 크거나 항목별 분산이 작을수록, 표본 개수가 많을수록 알파값은 커진다.

2020. 6. 14. 제1 · 2회 통합

19 신뢰도를 향상시키는 방법에 관한 설명으로 옳지 않은 것은?

① 중요한 질문의 경우 동일하거나 유사한 질문을 2회 이상한다.

② 측정항목의 모호성을 제거하기 위해 내용을 명확히 한다.

③ 이전의 조사에서 이미 신뢰성이 있다고 인정된 측정도구를 이용한다.

④ 조사대상자가 잘 모르거나 전혀 관심이 없는 내용일수록 더 많이 질문한다.

19.

조사대상자가 잘 모르거나 관심없는 내용을 더 많이 질문하게 되면 조사대상자가 대충 답변하거나 잘못 답변할 가능성이 높기 때문에 조사의 신뢰도가 낮아진다.

Answer   17.④   18.②   19.④

2020. 6. 14. 제1 · 2회 통합

20 측정도구 자체가 측정하고자 하는 속성이나 개념을 얼마나 대표할 수 있는지를 평가하는 것은?

① 실용적 타당도(pragmatic validity)

② 내용타당도(content validity)

③ 기준 관련 타당도(criterion-related validity)

④ 구성체타당도(construct validity)

20.

내용타당도는 측정하고자 하는 내용을 정의함으로써 측정도구의 내용이 전문가의 판단이나 주어진 기준에 어느 정도 일치하는지를 나타내는 것이다. 즉, 측정도구가 측정하고자 하는 속성이나 개념을 대표할 수 있는지를 평가할 수 있는 부분이다.

2020. 6. 14. 제1 · 2회 통합

21 통계적인 유의성을 평가하는 것으로, 속성을 측정해줄 것으로 알려진 기준과 측정도구의 측정 결과인 점수 간의 관계를 비교하는 타당도는?

① 표면타당도(face validity)

② 기준 관련 타당도(criterion-related validity)

③ 구성타당도(construct validity)

④ 내용타당도(content validity)

21.

기준 관련 타당도는 다른 변수와의 관계에 기초하는 것으로 통계적인 유의성을 평가하는 것이다. 이는 어떤 측정도구와 측정결과인 점수간의 관계를 비교하여 타당도를 파악하는 방법이다.

2020. 6. 14. 제1 · 2회 통합

22 신뢰도와 타당도에 관한 설명 중 옳지 않은 것은?

① 신뢰도가 높다고 해서 반드시 타당도가 높다는 것을 의미하지는 않는다.

② 타당도가 신뢰도에 비해 확보하기가 용이하다.

③ 신뢰도가 낮으면 타당도를 말할 수가 없다.

④ 신뢰도가 있는 측정은 타당도가 있을 수도 있고 없을 수도 있다.

22.

타당도와 신뢰도는 별개의 문제로 인식하여야 하며, 둘 중 어느 하나가 더 확보하기 용이한 문제는 아니다.

Answer　　20.② 21.② 22.②

23 측정 시 발생하는 오차에 대한 설명으로 틀린 것은?

① 신뢰도는 체계적 오차(systematic error)와 관련된 개념이다.

② 비체계적 오차(random error)는 오차의 값이 다양하게 분산되며, 상호 상쇄되는 경향도 있다.

③ 체계적 오차는 오차가 일정하거나 또는 치우쳐 있다.

④ 비체계적 오차는 측정대상, 측정과정, 측정수단, 측정자 등에 일시적으로 영향을 미쳐 발생하는 오차이다.

23.

체계적 오차는 타당성과 관련이 있으며, 비체계적 오차가 신뢰성과 관련이 있다.

24 개념을 경험적 수준으로 구체화하는 과정을 바르게 나열한 것은?

```
A. 조작적 정의
B. 개념적 정의
C. 변수의 특징
```

① A→B→C

② B→A→C

③ C→A→B

④ C→B→A

24.

개념을 경험적 수준으로 구체화하는 과정은 개념적 정의→조작적 정의→변수의 측정이다.

25 연구에서 선택된 개념을 실제 현상에서 측정이 가능하도록 관찰 가능한 형태로 표현하는 것은?

① 개념적 정의(conceptual definition)

② 이론적 정의(theoretical definition)

③ 조작적 정의(operational definition)

④ 구성요소적 정의(constitutive definition)

25.

조작적 정의는 개념을 실제 현상에 측정할 수 있도록 구체화하는 것을 의미한다.

Answer 23.① 24.② 25.③

26 개념적 정의의 예로 적합하지 않은 것은?

① 무게 → 물체의 중량

② 불안 → 주관화된 공포

③ 지능 → 추상적 사고능력 또는 문제해결 능력

④ 결혼만족 → 배우자에게 아침을 차려준 횟수

26.

조작적 정의는 개념적 정의를 측정할 수 있도록 정의하는 것을 의미한다. 따라서 ④는 조작적 정의의 예에 해당한다.

27 야구선수의 등번호를 표현하는 측정의 수준은?

① 비율수준의 측정

② 등간수준의 측정

③ 서열수준의 측정

④ 명목수준의 측정

27.

운동선수 등번호는 명칭 대신에 숫자를 부여한 것으로 숫자에 특별한 정보를 담고 있지 않은 명목척도에 해당한다.

28 측정의 수준에 따라 사용할 수 있는 통계기법이 달라지는데 다음 중 측정의 수준과 사용 가능한 기술통계(descriptive statistics)를 잘못 짝지은 것은?

① 명목 수준 - 중간값(median)

② 서열 수준 - 범위(range)

③ 등간 수준 - 최빈값(mode)

④ 비율 수준 - 표준편차(standard deviation)

28.

명목척도는 측정대상의 특성을 분류하거나 확인할 목적으로 숫자를 부여하는 척도로 즉, 측정대상의 특성만을 나타내며 양적인 크기를 나타내는 것이 아니기 때문에 산술적인 계산을 할 수 없다.

예 상표, 성별, 직업, 운동 종목, 학력, 주민등록번호 등

기술통계로는 빈도, 최빈값을 구할 수 있다.

29 측정방법에 따라 측정을 구분할 때, 밀도(density)와 같이 어떤 사물이나 사건의 속성을 측정하기 위해 관련된 다른 사물이나 사건의 속성을 측정하는 것은?

① 추론측정   ② 임의측정

③ 본질측정   ④ A급 측정

29.

추론측정이란 어떤 사물이나 사건의 속성을 측정하기 위해서 관련된 다른 사물이나 사건의 속성을 측정하는 방법이다

Answer 26.④ 27.④ 28.① 29.①

30 어떤 측정수단을 같은 연구자가 두 번 이상 사용하거나, 둘 이상의 서로 다른 연구자들이 사용한다고 할 때, 그 측정수단을 가지고 측정한 결과가 안정되고 일관성이 있는가를 확인하려고 한다면 어떤 것을 고려해야 하는가?

① 신뢰성   ② 타당성

③ 독립성   ④ 적합성

30.

신뢰성은 동일한 대상을 반복하여 측정하였을 때, 일관성이 있게 동일한 결과를 얻게 되는 것을 의미한다.

31 다음에 나타나는 측정상의 문제점은?

> 아동 100명의 몸무게를 실제 몸무게보다 항상 3kg이 더 나오는 불량 체중계를 사용하여 측정한다.

① 타당성이 없다.

② 대표성이 없다.

③ 안정성이 없다.

④ 일관성이 없다.

31.

항상 3kg씩 더 나오는 불량 체중계는 일관성은 있으나 정확한 몸무게에서 벗어나게 측정되므로 타당성은 떨어진다.

32 다음에서 설명하는 신뢰성 측정방법은?

> 대등한 두 가지 형태의 측정도구를 이용하여 동일한 측정대상을 동시에 측정한 뒤, 두 측정값의 상관관계를 분석하여 신뢰도를 측정하는 방법이다.

① 반분법(split-half method)

② 재검사법(test-retest method)

③ 맥니마 기법(McNemar test)

④ 복수양식법(parallel-forms technique)

32.

복수양식법은 두 가지 이상의 서로 다른 측정 수단이나 관찰 방법으로 동일한 측정대상을 동시에 측정한 후 신뢰도를 측정하는 방법이다.

Answer   30.① 31.① 32.④

2019. 8. 4. 제3회

33 사회조사에서 신뢰도가 높은 자료를 얻기 위한 방안과 가장 거리가 먼 것은?

① 면접자들의 면접방식과 태도에 일관성을 유지한다.
② 동일한 개념이나 속성을 측정하기 위한 항목이 없어야 한다.
③ 연구자가 임의로 응답자에 대한 가정을 해서는 안 된다.
④ 누구나 동일하게 이해하도록 측정항목을 구성한다.

33.

신뢰성은 시험 결과의 일관성으로 어떤 시험을 동일한 환경하에서 동일인이 다시 보았을 경우 그 결과가 일치하는 정도를 뜻하며 동일하거나 유사한 질문을 통해 신뢰성을 확보했는지 확인하는 것이 중요하다.

2019. 8. 4. 제3회

34 측정의 타당성(validity)에 대한 설명으로 옳지 않은 것은?

① 동일한 대상의 속성을 반복적으로 측정할 때 동일한 측정 결과를 가져올 수 있는 정도를 말한다.
② 측정의 타당성을 평가하는 방법으로는 표면타당성(face validity), 내용타당성(content validity), 개념타당성(construct validity) 등이 있다.
③ 일반적으로 측정의 타당성을 경험적으로 검증하는 일은 측정의 신뢰성(reliability)을 검증하는 것보다 어렵다.
④ 측정의 타당성을 높이기 위해서는 측정하고자 하는 개념에 대하여 적절한 조작적 정의(operational definition)를 갖는 것이 중요하다.

34.

동일한 대상의 속성을 반복적으로 측정할 때 동일한 측정 결과를 가져올 수 있는 정도는 타당성이 아니라 신뢰성에 해당한다.

2019. 8. 4. 제3회

35 대학수능시험 출제를 위해 대학교수들이 출제를 하고 현직 고등학교 교사들이 검토하여 부적절한 문제를 제외하는 절차를 거친다면 이러한 과정은 무엇을 높이기 위한 것인가?

① 집중타당성
② 내용타당성
③ 동등형 신뢰도
④ 검사-재검사 신뢰도

35.

내용타당성은 연구자가 설계한 측정도구 자체가 측정하려는 개념이나 속성을 제대로 대표하고 있는지를 판단하는 것으로 수능시험 문제 내용 가운데 부적절한 문제를 제외하는 절차는 내용타당성을 높이기 위함에 해당한다.

Answer 33.② 34.① 35.②

36 척도의 신뢰도와 타당도의 관계를 표적과 탄착에 비유한 다음 그림에 해당하는 척도의 특성은?

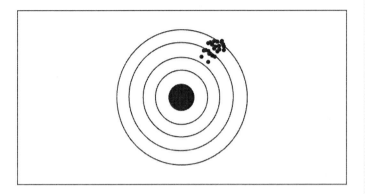

① 타당하나 신뢰할 수 없다.
② 타당하고 신뢰할 수 있다.
③ 신뢰할 수 있으나 타당하지 않다.
④ 신뢰할 수 없고 타당하지도 않다.

37 개념이 사회과학 및 기타 조사방법에 기여하는 역할과 가장 거리가 먼 것은?

① 개념은 연역적 결과를 가져다준다.
② 조사연구에 있어 주요 개념은 연구의 출발점을 가르쳐 준다.
③ 개념은 언어나 기호로 나타내어 지식의 축적과 확장을 가능하게 해준다.
④ 인간의 감각에 의해 감지될 수 있는 현상에 대해서만 이해할 수 있는 방법을 제시해 준다.

36.

중앙에서 멀어졌으므로 타당성은 낮으나, 모든 탄착이 동일한 위치에 있으므로 신뢰성은 높다.

구분			
신뢰도	높다	낮다	높다
타당도	낮다	낮다	높다

37.

개념은 감각으로 직접 감지될 수 있는 것뿐 아니라 감지될 수 없는 추상적 현상에 대해서도 이해 방법을 제시할 수 있다.

38 측정의 개념에 대한 옳은 설명을 모두 고른 것은?

> ㉠ 추상적·이론적 세계와 경험적 세계를 연결시키는 수단이라고 할 수 있다.
> ㉡ 개념 또는 변수를 현실세계에서 관찰가능한 자료와 연결시키는 과정이다.
> ㉢ 질적 속성을 양적 속성으로 전환하는 작업이다.
> ㉣ 측정대상이 지니고 있는 속성에 수치를 부여하는 것이다.

① ㉠, ㉡, ㉢
② ㉠, ㉡, ㉣
③ ㉢, ㉣
④ ㉠, ㉡, ㉢, ㉣

38.

측정

㉠ 경험의 세계와 관념의 세계를 연결하게 해주는 수단으로 일정 규칙에 따라 수치를 사건이나 대상에 부여하는 것(㉠)

㉡ 개념 또는 변수를 관찰 가능한 자료로 전환하는 작업(㉡)

㉢ 질적 속성(= 개념, 의미 등)을 양적 속성(= 숫자)으로 전환하는 작업(㉢)

㉣ 일정한 규칙에 따라 사물 또는 현상에 숫자를 부여하는 행위(㉣)

㉤ 신뢰도와 타당도를 확보하는 것이 측정의 중요한 요건임

39 측정의 수준이 바르게 짝지어진 것은?

> ㉠ 교육수준 – 중졸 이하, 고졸, 대졸 이상
> ㉡ 교육연수 – 정규교육을 받은 기간(년)
> ㉢ 출신 고등학교 지역

① ㉠ : 명목측정, ㉡ : 서열측정, ㉢ : 등간측정
② ㉠ : 등간측정, ㉡ : 서열측정, ㉢ : 비율측정
③ ㉠ : 서열측정, ㉡ : 등간측정, ㉢ : 명목측정
④ ㉠ : 서열측정, ㉡ : 비율측정, ㉢ : 명목측정

39.

㉠ 중졸 이하, 고졸, 대졸 이하를 각각 1, 2, 3으로 명칭할 수 있으며 대상의 순위나 서열을 나타냄(서열측정)

㉡ 교육연수는 연속형 값을 나타내며, 정규교육을 받지 않았을 경우 0의 값을 가질 수 있으며, 사칙연산이 가능함(비율측정)

㉢ 출신 고등학교 지역을 숫자로 바꿀 수 있으나 이 숫자에는 특별한 정보를 담고 있지는 않으며 단순 구분의 목적임(명목측정)

Answer 38.④ 39.④

40 신뢰성에 대한 설명으로 옳지 않은 것은?

① 측정하고자 하는 개념을 정확히 측정했는지를 의미한다.

② 측정된 결과치의 일관성, 정확성, 예측가능성과 관련된 개념이다.

③ 신뢰성 측정법에는 재검사법, 복수양식법, 반분법 등이 있다.

④ 측정값들 간에 비체계적 오차가 적으면 신뢰성이 높은 측정 결과이다.

40.

① 신뢰성이 아니라 타당도에 관한 내용이다. 타당도는 측정 도구 자체가 측정하고자 하는 속성이나 개념을 어느 정도 정확하게 반영할 수 있는가의 문제이다.

41 토익점수와 실제 영어회화와의 관련성을 분석한 결과, 토익점수가 높다고 해서 영어회화를 잘한다는 가설에 대한 통계적 유의성은 없었다고 가정하면 토익점수라는 측정도구에는 어떤 문제가 있는가?

① 신뢰도   ② 타당도

③ 유의도   ④ 내적일관성

41.

영어회화를 예측하기 위해 토익점수(= 측정도구)로 사용하였으나, 그 연관성이 없다면(= 통계적 유의성이 없었다) 이는 (예측)타당도를 저해하는 측정도구에 해당된다.

42 다음 (   )에 공통적으로 알맞은 것은?

> (   )은 측정도구 자체가 측정하고자 하는 속성이나 개념을 얼마나 대표할 수 있는지를 평가하는 것으로 측정도구가 측정 대상이 가진 많은 속성 중 일부를 대표성 있게 포함한다면 그 측정도구는 (   )이 높다고 할 수 있다.

① 내용타당성(content validity)

② 개념타당성(construct validity)

③ 집중타당성(convergent validity)

④ 이해타당성(nomological validity)

42.

내용타당도는 전문가의 주관적인 판단(전문지식)에 의해 추정하는 것으로, 측정 도구 자체가 측정하고자 하는 속성이나 개념을 얼마나 대표할 수 있는지를 평가하는 것이다. 예를 들어 음주단속을 시행할 때 차량 청결 상태를 측정하는 것은 내용타당도에 어긋난다.

Answer　　40.①　41.②　42.①

43 개념타당성(construct validity)에 관한 옳은 설명을 모두 고른 것은?

> ㉠ 측정에 의해 얻는 측정값 자체보다는 측정하고자 하는 속성에 초점을 맞춘 타당성이다.
> ㉡ 이론과 관련하여 측정도구의 타당성을 검증한다.
> ㉢ 개념타당성 측정방법으로 요민분석 등이 있다.
> ㉣ 통계적 검증을 할 수 있다.

① ㉠, ㉣
② ㉡, ㉢, ㉣
③ ㉠, ㉡, ㉢
④ ㉠, ㉡, ㉢, ㉣

43.

개념타당도는 측정으로 얻는 측정값 자체보다는 측정하고자 하는 속성에 초점을 맞춘 타당성(㉠)을 의미하며, 요인분석(㉢) 등 통계적 검증(㉣)을 통해 이론과 관련하여 측정 도구의 타당성을 검증(㉡)할 수 있다.

44 사회조사에서 어떤 태도를 측정하기 위해 단일지표보다 여러 개의 지표를 사용하는 경우가 많은 이유로 볼 수 없는 것은?

① 신뢰도를 높이기 위해
② 타당도를 높이기 위해
③ 내적일관성을 높이기 위해
④ 측정도구의 안정성을 높이기 위해

44.

단일지표보다 여러 개의 지표를 사용하는 것은 신뢰도와 관련된 부분(= 내적일관성, 안정성 등)을 높이는 방법으로 타당도는 측정 도구 자체가 측정하고자 하는 속성이나 개념을 어느 정도 정확하게 반영할 수 있는가의 문제로 여러 개의 지표를 사용하는 것과는 관련이 없다.

45 측정의 신뢰도와 타당도에 관한 설명으로 옳은 것은?

① 동일인이 한 체중계로 여러 번 몸무게를 측정하는 것은 체중계의 타당도와 관련되어 있다.
② 측정도구의 높은 신뢰성이 측정의 타당성을 보증하지 않는다.
③ 측정도구의 타당도를 검사하기 위해 반분법을 활용한다.
④ 기준관련 타당도는 측정도구의 대표성에 관한 것이다.

45.

① 동일인이 한 체중계로 여러 번 몸무게를 측정하는 것은 체중계의 신뢰도와 관련이 있다.
② 신뢰성이 높다고 해서 반드시 타당도가 높은 것은 아니다.
③ 반문법은 측정도구를 구성하고 있는 전체 문항을 두 개의 그룹으로 나누어 측정한 다음 각 그룹의 측정 결과를 바탕으로 신뢰도를 검증하는 방법으로 신뢰도 검증 방법 중의 하나이다.
④ 기준관련 타당도는 다른 변수와의 관계에 기초하는 것으로 통계적인 유의성을 평가하는 것이다. 이는 어떤 측정도구와 측정 결과인 점수 간의 관계를 비교하여 타당도를 파악하는 방법이다.

Answer 43.④ 44.② 45.②

46 다음 중 성인에 대한 우울증 검사도구를 청소년들에게 그대로 작용할 때 가장 우려되는 측정오차는?

① 고정반응
② 문화적 차이
③ 무작위 오류
④ 사회적 바람직성

46.

성인과 청소년은 그들이 접하는 문화적 차이가 존재하기 때문에 성인은 자연스럽게 이해되는 사실들이 청소년들에게는 부자연스럽거나 알 수 없는 경우가 있을 수 있으므로 성인을 대상으로 하는 우울증 검사도구를 청소년들에게 사용하였을 경우, 오류가 발생할 수 있다.

47 측정오차(measurement error)의 종류 중 측정상황, 측정과정, 측정대상 등에서 우연적이며 가변적인 일시적 형편에 의해 측정결과에 대한 영향을 미치는 오차는?

① 계량적 오차
② 작위적 오차
③ 체계적 오차
④ 무작위적 오차

47.

비체계적 오차(= 무작위적 오차)는 측정대상, 상황, 과정, 측정자 등에 있어서 우연적, 가변적인 일시적 형편에 의하여 측정 결과에 영향을 미치는 측정상의 우연한 오차를 의미한다.

48 관찰된 현상의 경험적인 속성에 대해 일정한 규칙에 따라 수치를 부여하는 것은?

① 척도(scale)
② 지표(indicator)
③ 변수(variable)
④ 측정(measurement)

48.

측정은 일정한 기준을 가지고 조사대상의 속성에 대해 숫자를 부여하여 수치화하는 일종의 체계적인 과정을 의미한다.
① 척도 : 관측 대상의 속성을 측정하여 그 값이 숫자로 나타나도록 일정한 규칙을 정하여 바꾸는 도구.
　　　例 명목척도, 서열척도, 등간척도, 비율척도
② 지표 : 어떤 현상이나 상태를 계량화해서 보여주는 값
③ 변수 : 집단에 속하는 개체들의 공통적이고 수량화될 수 있는 특성

Answer　　46.② 47.④ 48.④

2019. 3. 3. 제1회

49 조작적 정의(operational definition)에 관한 설명과 가장 거리가 먼 것은?

① 측정의 타당성(validity)과 관련이 있다.
② 적절한 조작적 정의는 정확한 측정의 전제조건이다.
③ 조작적 정의는 무작위로 기계적으로 이루어지기 때문에 논란의 여지가 없다.
④ 측정을 위해 추상적인 개념을 보다 구체화하는 과정이라고 할 수 있다.

2019. 3. 3. 제1회

50 개념적 정의의 특성으로 틀린 것은?

① 순환적인 정의가 이루어져야 한다.
② 적극적 혹은 긍정적인 표현을 써야 한다.
③ 정의하려는 대상이 무엇이든 그것만의 특유한 요소나 성질을 적시해야 한다.
④ 뜻이 분명해서 누구나 알아들을 수 있는 의미를 공유하는 용어를 써야 한다.

2019. 3. 3. 제1회

51 축구선수의 등번호를 표현하는 측정 수준은?

① 비율수준의 측정
② 명목수준의 측정
③ 등간수준의 측정
④ 서열수준의 측정

49.

조작적 정의는 무작위로 기계적으로 이루어지는 것이 아니라 어떠한 개념을 과학적으로 정의하는 방식이다. 다시 말해, 어떤 개념에 대해서 해당 개념이 적용되는지 안 되는지를 결정하는 특정한 기준이나 절차 등을 구체화해서 개념을 정의하는 방식을 의미한다.

50.

정의는 순환적이거나 부정적이지 않아야 하며, 누구나 알아들을 수 있는 용어를 통해 고유의 특성이나 성질을 내포하고 있어야 한다.
※ **순환적인 정의**: 어떤 개념을 다른 동일한 내용의 단어로 바꿔서 표현한 것으로 정의에 해당하지 않는다.

51.

축구선수의 등번호는 비록 숫자이나 이 숫자에는 특별한 정보를 담고 있지는 않으며 단순 구분의 목적이다(명목측정).

Answer   49.③ 50.① 51.②

2019. 3. 3. 제1회

52 다음 중 가장 다양한 통계기법을 적용할 수 있는 측정수준은?

① 명목측정　　　　　　② 서열측정

③ 비율측정　　　　　　④ 등간측정

52.

비율측정은 가장 높은 수준의 정보를 제공하는 것으로 가장 다양한 통계기법 적용이 가능하다.

2019. 3. 3. 제1회

53 신뢰성 측정방법 중 재검사법(test-retest method)에 관한 설명으로 틀린 것은?

① 동일한 측정대상에 대하여 동일한 측정도구를 통해 일정시간 간격을 두고 반복적으로 측정하여 그 결과값을 비교, 분석하는 방법이다.

② 측정도구 자체를 직접 비교할 수 있고 실제 현상에 적용시키는데 매우 용이하다.

③ 측정시간의 간격이 크면 클수록 신뢰성은 높아진다.

④ 외생변수의 영향을 파악하기 어렵다.

53.

재검사법은 가장 기초적인 신뢰성 검토방법으로 어떤 시점을 측정한 후 일정 기간 경과 후 동일한 측정도구로 동일한 응답자에게 재측정하여 그 결과의 상관관계를 계산하는 방법으로 측정시간의 간격이 크면 클수록 신뢰성은 낮아진다.

2019. 3. 3. 제1회

54 신뢰성을 측정하는 방법과 가장 거리가 먼 것은?

① 반분법　　　　　　　② 공통분산검사

③ 내적일관성법　　　　④ 복수양식검사

54.

신뢰성의 측정 방법으로는 재검사법, 반분법, 복수양식법, 내적일관성이 있다.

2019. 3. 3. 제1회

55 측정의 신뢰성을 높이는 방법과 가장 거리가 먼 것은?

① 측정항목의 수를 줄인다.

② 측정항목의 모호성을 제거한다.

③ 조사자의 면접방식과 태도에 일관성을 확보한다.

④ 이전의 조사에서 신뢰성이 있다고 인정된 측정도구를 이용한다.

55.

측정의 신뢰성을 높이기 위해서는 측정항목의 수를 늘려야 한다.

Answer　52.③　53.③　54.②　55.①

56 측정을 위해 개발한 도구가 측정하고자 하는 대상의 정확한 속성값을 얼마나 포괄적으로 포함하고 있는가를 나타내는 타당도는?

① 내용타당도(content validity)

② 기준관련타당도(criterion-related validity)

③ 집중타당도(convergent validity)

④ 예측타당도(predictive validity)

56.

내용타당도는 전문가의 주관적인 판단(전문지식)에 의해 추정하는 것으로, 측정 도구 자체가 측정하고 자 하는 속성이나 개념을 얼마나 대표할 수 있는 지를 평가하는 것이다. 예를 들어 음주 단속을 시행할 때 차량 청결 상태를 측정하는 것은 내용타 당도에 어긋나는 것이다.

57 서로 다른 개념을 측정했을 때 얻어진 측정치들 간의 상관관계가 낮게 형성되어야 하는 타당성의 유형은?

① 집중타당성(convergent validity)

② 판별타당성(discriminant validity)

③ 표면타당성(face validity)

④ 이해타당성(nomological validity)

57.

판별타당성은 서로 다른 개념을 측정하였을 때 얻어진 측정값 간에는 상관관계가 낮아야만 한다는 것이다.

58 다음 그림에 대한 설명으로 옳은 것은?

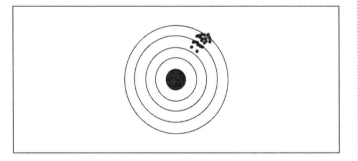

① 신뢰성은 높으나 타당성이 낮은 경우

② 신뢰성은 낮으나 타당성이 높은 경우

③ 신뢰성과 타당성이 모두 낮은 경우

④ 신뢰성과 타당성이 모두 높은 경우

58.

중앙에서 멀어졌으므로 타당성은 낮으나, 모든 탄착이 동일한 위치에 있으므로 신뢰성은 높다.

구분			
신뢰도	높다	낮다	높다
타당도	낮다	낮다	높다

59 측정오차(error of measurement)에 관한 설명으로 옳은 것은?

① 체계적 오차(systematic error)의 값은 상호상쇄 되는 경향이 있다.

② 신뢰성은 체계적 오차(systematic error)와 관련된 개념이다.

③ 타당성은 비체계적 오차(random error)와 관련된 개념이다.

④ 비체계적 오차(random error)는 인위적이지 않아 오차의 값이 다양하게 분산되어 있다.

60 측정오차 중 체계적 오차(systematic error)와 관련된 것은?

① 통계적 회귀

② 생태학적 오류

③ 환원주의적 오류

④ 사회적 바람직성 편향

61 다음 중 측정에 관한 설명으로 틀린 것은?

① 측정이란 사물이나 사건의 속성에 수치를 부여하는 작업이다.

② 측정에서는 연구자의 주관적인 판단이 중요한 기능을 한다.

③ 경험의 세계와 추상적인 관념의 세계를 연결하는 기능을 가진다.

④ 측정은 과학적 연구에서 필수적이다.

59.
①② 비체계적 오차
③ 체계적 오차

60.
① **통계적 회귀**: 사전측정에서 매우 높은 점수를 얻거나 매우 낮은 점수를 얻었다는 사실을 근거로 하여 피험자들을 선발하였을 경우, 사후측정에서는 그들의 점수가 평균을 향해 근접하려는 경향이다.

② **생태학적 오류**: 집단이나 집합체 단위의 조사에 근거해서 그 안에 소속된 개별 단위들에 대한 성격을 규정하는 오류이다.

③ **환원주의적 오류**: 특정한 현상의 원인이라고 생각되는 개념이나 변수를 지나치게 제한하거나 한 가지로 환원시키려는 경우 발생하는 오류이다.

④ 체계적 오차는 측정하고자 하는 속성에 체계적으로 영향을 미치는 요인에 의하여 발생하는 오차로 항상 일정한 방향(예를 들어, 사회적 바람직성 편향 등)으로 나타나는 경향이 있다. 체계적 오차는 치우침이라고도 하며, 치우침이 적을 때 타당도가 높다.

61.
측정은 경험의 세계와 추상적인 관념의 세계를 연결시켜주는 수단으로 일정한 법칙에 따라 사물이나 사건의 속성에 숫자를 부여하는 것으로 비교적 연구자의 주관적인 판단이 적다.

62 개념적 정의에 대한 설명으로 옳은 것은?

① 측정 가능성과 직결된 정의이다.
② 조작적 정의를 현실세계의 현상과 연결시켜주는 역할을 수행한다.
③ 거짓과 진실을 밝히기 위해 정의하는 것이다.
④ 어떤 개념을 보다 명확하고 정확하게 표현하기 위하여 다른 개념을 사용하여 정의하는 것이다.

62.

조작적 정의와 개념적 정의가 반드시 일치하는 것은 아니다. 주어진 단어가 이미 정립된 의미를 가진 다른 표현과 동의적일 때에 사용되는 것은 개념적 정의를 말하며, 이는 하나의 개념을 정의하기 위해 다른 개념을 사용하여 묘사하는 것이다.

63 조작적 정의에 관한 설명으로 틀린 것은?

① 주어진 단어가 이미 정립된 의미를 가진 다른 표현과 동의적일 때에 사용된다.
② 용어의 지시물을 식별하는 데 사용되는 관찰 가능한 개념의 구체화이다.
③ 변수는 그것을 관찰과 측정의 단계가 분명히 밝혀져 있을 때 조작적으로 정의될 수 있다.
④ 추상적 개념을 측정 가능한 수치로 변환하는 과정을 의미한다.

63.

조작적 정의란 개념적 정의를 측정 가능하도록 정의하는 것으로 주어진 단어가 이중적으로 표시되지 말아야 한다.

64 다음 ( )에 알맞은 것은?

> ( ) 순으로 얻어진 자료가 담고 있는 정보의 양이 많으며, 보다 정밀한 분석방법이 적용될 수 있다.

① 서열측정 > 명목측정 > 비율측정 > 등간측정
② 명목측정 > 서열측정 > 등간측정 > 비율측정
③ 등간측정 > 비율측정 > 서열측정 > 명목측정
④ 비율측정 > 등간측정 > 서열측정 > 명목측정

64.

일반적으로 명목, 서열, 등간, 비율측정 가운데 정교한 분석방법으로는 명목 < 서열 < 등간 < 비율수준측정의 정도이다.

Answer 62.④ 63.① 64.④

65 온도계의 눈금을 나타내는 수치의 측정수준은?

① 명목측정   ② 서열측정
③ 비율측정   ④ 등간측정

65.

등간측정은 측정대상이 갖고 있는 속성의 양적인 차이를 나타내며, 해당 속성이 전혀 없는 절대적 0점이 존재하지 않으므로 비율의 의미를 가지지 못한다. 섭씨온도, 화씨온도, 물가지수, 생산지수 등이 여기에 해당된다.

66 일주일의 시간 간격을 두고 동일한 문제지를 가지고 같은 반 학생들을 대상으로 EQ 검사를 두 차례 실시하였더니 그 결과 매우 상이하게 나타났다. 이 문제지가 가지는 문제점은?

① 타당성   ② 예측성
③ 대표성   ④ 신뢰성

66.

신뢰성은 유사한 측정도구 혹은 동일한 측정도구를 사용하여 동일한 개념을 반복하여 측정했을 때 일관성 있는 결과를 얻는 것을 의미한다. 그런데 동일한 문제지를 가지고 두 차례 EQ 검사를 실시하였는데 결과가 상이하다는 것은 신뢰성이 떨어진다고 볼 수 있다

67 측정의 신뢰도를 높이는 방법으로 적절하지 않은 것은?

① 측정도구의 모호성을 없앤다.
② 동일한 개념이나 속성을 측정하기 위해 여러 개의 항목보다는 단일항목을 이용한다.
③ 측정자들의 면접방식과 태도의 일관성을 취한다.
④ 조사 대상자가 잘 모르거나 전혀 관심이 없는 내용에 대해서는 측정을 삼간다.

67.

신뢰도를 높이기 위해서는 동일한 개념이나 속성을 측정하기 위한 항목수를 증가시켜야 한다.

68 스피어만-브라운(Spearman-Brown) 공식은 주로 어떤 경우에 사용되는가?

① 동형검사 신뢰도 추정
② Kuder-Richardson 신뢰도 추정
③ 반분신뢰도로 전체 신뢰도 추정
④ 범위의 축소로 인한 예언타당도에 대한 교정

68.

반분법과 스피어만-브라운(Spearman-Brown) 공식 : 반분신뢰도로 전체 신뢰도를 추정하는 경우 스피어만-브라운 공식은 두 개의 반분검사가 원검사만큼 문항수가 많아질 경우에 신뢰도계수가 어떻게 변화하는가를 추정해 주는 방법이다.

Answer   65.④   66.④   67.②   68.③

2018. 8. 19. 제3회

69 측정도구의 내용 타당도를 평가하는 방법과 가장 거리가 먼 것은?

① 관련 분야 전문가들의 자문을 구한다.

② 측정대상과 관련된 이론들을 판단기준으로 사용한다.

③ 패널토의나 워크숍 등을 통하여 타당도에 관한 의견을 수렴한다.

④ 측정도구를 반복하여 측정하고 그 관계를 알아본다.

69.

측정도구를 반복하여 측정하고 그 관계를 알아보는 것은 신뢰도를 평가하는 방법이다.

2018. 8. 19. 제3회

70 A기업에서 공개채용시험의 타당성을 평가하려는 계획을 세웠다. 우선 입사시험성적과 그 직원의 채용된 후 근무성적을 비교하여 타당성을 평가한다면 이는 무슨 타당성인가?

① 기준관련타당성(criterion-related validity)

② 내용타당성(content validity)

③ 구성타당성(construct validity)

④ 논리적타당성(logical validity)

70.

기준관련타당성은 측정도구를 이용해 나타난 결과가 다른 기준과 얼마나 상관관계(입사시험성적과 근무성적)가 있는가를 말한다. 일반적으로 상관계수로 측정하며, 기존의 척도와 새로운 척도 간의 비교에 사용된다. 미래에 발생할 사건의 예측을 잘하면 타당도가 높다고 평가한다.

2018. 8. 19. 제3회

71 신뢰도와 타당도에 영향을 미치는 요인과 가장 거리가 먼 것은?

① 조사도구

② 조사환경

③ 조사목적

④ 조사대상자

71.

조사목적은 신뢰도와 타당도에 영향을 미치지는 않는다.

Answer   69.④ 70.① 71.③

2018. 8. 19. 제3회

72 어떤 선생님이 학생들의 지능지수(IQ)를 측정하기 위해 정확하기로 소문난 전자저울(체중계)을 사용했을 때, 측정의 신뢰도와 타당도에 관한 설명으로 옳은 것은?

① 신뢰도와 타당도 모두 낮다.
② 신뢰도와 타당도 모두 높다.
③ 신뢰도는 낮지만 타당도는 높다.
④ 신뢰도는 높지만 타당도는 낮다.

72.

정확하기로 소문난 전자저울이므로 신뢰도는 높지만 지능지수를 측정하기 위해 전자저울을 사용하는 건 잘못된 도구를 선택한 것이므로 타당도는 낮다.

2018. 4. 28. 제2회

73 사회조사에서 개념의 재정의(Reconceptualization)가 필요한 이유와 가장 거리가 먼 것은?

① 사회조사에서 사용되는 개념은 일상생활에서 통상적으로 사용되는 상투어와는 그 의미가 다를 수 있기 때문이다.
② 동일한 개념이라도 사회가 변함에 따라 원래의 뜻이 변할 수 있기 때문이다.
③ 한 가지 개념이라도 두 가지 또는 그 이상의 다양한 의미를 가지고 있을 가능성이 많으므로 이들 각기 다른 의미 중에서 어떤 특정의 의미를 조사연구 대상으로 삼을 것인가를 밝혀야 하기 때문이다.
④ 개념과 개념 간의 상관관계가 아닌 인과관계를 밝혀야 하기 때문이다.

73.

개념의 재정의는 일상생활에서 통상적으로 사용되는 상투어나 변하는 사회에 따라 한 가지 개념이라도 두 가지 또는 그 이상의 다양한 의미를 가질 수 있으므로 이들에 대한 정확한 기준을 제공하기 위한 목적이다. 인과관계를 밝혀야 한다는 것은 재정의가 필요한 이유가 아니다.

2018. 4. 28. 제2회

74 개념적 정의와 조작적 정의에 관한 설명으로 틀린 것은?

① 개념적 정의는 추상적 수준의 정의이다.
② 조작적 정의는 인위적이기 때문에 가급적 피해야 한다.
③ 개념적 정의와 조작적 정의가 반드시 일치하는 것은 아니다.
④ 조작적 정의는 측정을 위하여 불가피하다.

74.

조작적 정의는 객관적이고 경험적으로 기술하기 위한 정의이므로 인위적인 부분이 아니다.

Answer   72.④ 73.④ 74.②

75 측정의 신뢰성(Reliability)과 가장 거리가 먼 개념은?

① 유연성(Flexibility)

② 안정성(Stability)

③ 일관성(Consistency)

④ 예측가능성(Predictability)

75.

신뢰성은 안정성, 일관성, 믿음성, 의존가능성, 정확성 등으로 대체될 수 있는 개념이다. 이때, 유연성은 일관성과 상대되는 의미이다.

76 서열(序列)측정의 특징을 모두 고른 것은?

> ㉠ 응답자들을 순서대로 구분할 수 있다.
> ㉡ 절대 영점(Absolute Zero Score)를 지니고 있다.
> ㉢ 어떤 응답자의 특성이 다른 응답자의 특성보다 몇 배가 높은지 알 수 있다.

① ㉠

② ㉠, ㉡

③ ㉡, ㉢

④ ㉠, ㉡, ㉢

76.

㉠ **서열측정**: 측정 대상간의 순서관계를 밝히는 척도이다.

㉡㉢ **비율측정**: 측정값 사이의 비율계산이 가능한 척도. 절대 영점을 가지고 있으므로 가감승제를 포함한 수학적 조작이 가능하다.

77 크론바흐 알파계수(Cronbach's alpha)에 관한 설명으로 틀린 것은?

① 척도를 구성하는 항목들 간에 나타난 상관관계 값을 평균 처리한 것이다.

② 크론바흐 알파계수는 -1에서 +1의 값을 취한다.

③ 척도를 구성하는 항목 중 신뢰도를 저해하는 항목을 발견해 낼 수 있다.

④ 척도를 구성하는 항목간의 내적 일관성을 측정한다.

77.

크론바흐 알파계수는 0 ~ 1까지의 값을 취한다.

Answer   75.① 76.① 77.②

78 측정과정에서 신뢰성을 높이기 위한 방법에 관한 설명으로 틀린 것은?

① 응답자에 따라 다양한 면접방식을 적용한다.

② 측정항목의 모호성을 제거한다.

③ 측정항목의 수를 늘린다.

④ 응답자가 모르는 내용은 측정하지 않는다.

78.

신뢰성을 높이기 위해서는 유사한 측정도구 혹은 동일한 측정도구를 사용하여 동일한 개념을 반복하여 측정했을 때 일관성 있는 결과를 얻는 것을 의미한다.

79 다음 사례에 해당하는 타당성은?

> 새로 개발된 주관적인 피로감 측정도구를 사용하여 측정한 결과와 이미 검증되고 통용 중인 주관적인 피로감 측정도구의 결과를 비교하여 타당도를 확인하였다.

① 내용타당성(Content Validity)

② 동시타당성(Concurrent Validity)

③ 예측타당성(Predictive Validity)

④ 판별타당성(Discriminant Validity)

79.

동시타당성(concurrent validity)는 준거로 기존 타당성을 입증 받고 있는 검사(= 이미 검증되고 통용 중인 주관적인 피로감 측정도구)에서 얻은 점수와 검사점수(= 새로 개발된 주관적 피로감 측정도구)와의 관계에 의하여 측정하는 타당도이다.

80 개념타당성(Construct Validity)의 종류가 아닌 것은?

① 이해타당성(Nomological Validity)

② 집중타당성(Convergent Validity)

③ 판별타당성(Discriminant Validity)

④ 기준 관련 타당성(Criterion-related Validity)

80.

개념타당성의 종류로는 이해타당성, 집중타당성, 판별타당성이 있다.

Answer   78.① 79.② 80.④

81 다음 사례의 측정에 대한 설명으로 옳은 것은?

> 초등학교 어린이들의 발달 상태를 조사하기 위해 체중계를 이용하여 몸무게를 측정했는데, 항상 2.5kg이 더 무겁게 측정되었다.

① 타당도는 높지만 신뢰도는 낮다.
② 신뢰도는 높지만 타당도는 낮다.
③ 신뢰도도 높고 타당도도 높다.
④ 신뢰도도 낮고 타당도도 낮다.

82 다음 설명에 포함되어 있는 타당도 저해 요인은?

> 학생 50명에 대한 학습능력검사(사전검사) 결과를 근거로 학습능력이 최하위권인 학생 10명을 선정하여 학습 능력 향상 프로그램을 시행한 후 사후검사를 했더니 10점 만점에 평균 3점이 향상되었다.

① 역사적 요인   ② 실험대상의 변동
③ 통계적 회귀   ④ 선정요인

83 측정의 오류에 관한 설명으로 옳은 것은?

① 편향에 의해 체계적 오류가 발생한다.
② 무작위 오류는 측정의 타당도를 저해한다.
③ 표준화된 측정도구를 사용하더라도 체계적 오류를 줄일 수 없다.
④ 측정자, 측정 대상자 등에 일관성이 없어 생기는 오류를 체계적 오류라 한다.

81.

항상 동일하게 무게로 측정되므로 신뢰도는 높다고 볼 수 있지만, 그 결과가 2.5kg 더 무겁게 측정되므로 타당도는 낮다.

82.

통계적 회귀는 피험자들이 특정 검사에서 매우 높거나 낮은 점수를 얻은 사실을 바탕으로 두 번째 검사에서는 그들의 점수가 평균으로 회귀한다는 것이다.

83.

② 측정의 타당도는 체계적 오차와 관련된 개념이다.
③ 체계적 오류는 측정대상이나 측정과정에 대하여 체계적으로 영향을 미침으로써 오차를 초래하는 것으로 표준화된 측정도구를 사용하면 줄일 수 있다.
④ **비체계적 오류**(무작위적 오차) : 측정자, 측정 대상자 등에 일관성이 없어 생기는 오류

Answer   81.② 82.③ 83.①

84 연구대상의 속성을 일정한 규칙에 따라서 수량화하는 것을 무엇이라 하는가?

① 척도
② 측정
③ 요인
④ 속성

84.

측정은 일정한 규칙에 따라 사물 또는 현상에 숫자를 부여하는 행위를 의미한다.
① 척도 : 대상을 측정하기 위한 일종의 측정도구로서 일정규칙에 따라 측정대상에 적용할 수 있는 수치나 기호를 부여하는 것
③ 요인 : 사물이나 사건의 조건이 될 수 있는 요소
④ 속성 : 사물의 특징이나 성질

85 측정에 관한 설명으로 틀린 것은?

① 관념적 세계와 추상적 세계 간의 교량역할을 한다.
② 통계분석에 활용할 수 있는 정보를 제공해준다.
③ 측정수준에 관계없이 통계기법의 적용은 동일하다.
④ 측정대상이 지니고 있는 속성에 수치나 기호를 부여하는 것이다.

85.

측정수준(명목측정, 서열측정, 등간측정, 비율측정)에 따라 통계기법은 달리 적용한다.
• 개념적 정의 : 추상적 수준의 정의
• 이론적 정의 : 이론적이고 과학적으로 공식화하기 위한 정의
• 구성적 정의 : 한 개념을 다른 개념으로 대신하여 정의

86 연구에서 설정한 개념을 실제 현상에서 측정이 가능하도록 관찰 가능한 형태로 표현하는 것은?

① 개념적 정의
② 조작적 정의
③ 이론적 정의
④ 구성적 정의

86.

조작적 정의는 객관적이고 경험적으로 기술하기 위한 정의이다.
① 개념적 정의 : 추상적 수준의 정의
③ 이론적 정의 : 이론적이고 과학적으로 공식화하기 위한 정의
④ 구성적 정의 : 한 개념을 다른 개념으로 대신하여 정의

Answer 84.② 85.③ 86.②

87 측정방법에 따라 측정을 구분할 때, 다음 내용에 적합한 측정 방법은?

> 어떤 사물이나 사건의 속성을 측정하기 위해 관련된 다른 사물이나 사건의 속성을 측정하는 것이다. 대표적인 예로 밀도(Density)는 어떤 사물의 부피와 질량의 비율로 정의하며, 이 경우 밀도는 부피와 질량 사이의 비율을 통해 간접적으로 측정하게 된다.

① A급 측정(Measurement of A Magnitude)
② 추론측정(Derived Measurement)
③ 임의측정(Measurement by Fiat)
④ 본질측정(Fundamental Measurement)

88 다음 ( ) 안에 들어갈 알맞은 것은?

> 사회조사에서 측정할 때 두 가지의 문제를 고려해야 한다. 첫째, 측정하고자 하는 내용을 제대로 측정하고 있는가에 관한 (㉠)의 문제이고. 둘째, 반복적으로 측정했을 때 같은 결과를 얻을 수 있는가에 관한 (㉡)의 문제이다.

① ㉠: 타당성, ㉡: 신뢰성
② ㉠: 신뢰성, ㉡: 타당성
③ ㉠: 신뢰성, ㉡: 동일성
④ ㉠: 동일성, ㉡: 타당성

87.

추론측정은 밀도(density)와 같이 어떤 사물이나 사건의 속성을 측정하기 위해 관련된 다른 사물이나 사건의 속성을 측정하는 것이다.
③ **임의측정** : 연구자가 임의로 정한 정의를 기준으로 측정
④ **본질측정** : 가장 기본적인 측정으로 사물의 속성을 표현하는 본질적인 숫자로 측정, A급 측정

88.

신뢰도와 타당도
㉠ **신뢰도**(reliability) : 동일한 측정도구를 시간을 달리하여 반복해서 측정했을 경우에 동일한 측정 결과를 얻게 되는 정도
㉡ **타당도**(validity) : 측정하고자 하는 개념을 얼마나 정확하게 측정하였는지에 대한 정도

Answer 87.② 88.①

89 다음 중 신뢰성의 개념과 가장 거리가 먼 것은?

① 안정성   ② 일관성

③ 동시성   ④ 예측가능성

89.

신뢰성은 안정성, 일관성, 믿음성, 의존가능성, 정확성 등으로 대체될 수 있는 개념이다.

90 신뢰도 추정방법 중 동일측정도구를 동일상황에서 동일대상에게 서로 다른 시간에 측정한 측정 결과를 비교하는 것은?

① 재검사법

② 복수양식법

③ 반분법

④ 내적일관성 분석

90.

재검사법은 어떤 시점에 측정한 후 일정기간 경과 후 동일한 측정도구로 동일한 응답자에게 재측정하여 그 결과의 상관관계를 계산하는 방법이다.
② **복수양식법**: 가장 유사한 측정도구를 이용하여 동일표본을 차례로 적용하여 신뢰도를 측정하는 방법
③ **반분법**: 측정도구를 두 부분으로 나누어 각각 독립된 두 개의 척도로 사용, 채점하여 그 사이의 상관계수를 산출하여 신뢰도를 측정하는 방법
④ **내적일관성 분석**: 여러 개의 항목을 이용하여 동일한 개념을 측정하고자 할 때 신뢰도를 저해하는 요인을 제거한 후 신뢰도를 향상시키는 방법

91 다음 중 신뢰성을 높일 수 있는 방법과 가장 거리가 먼 것은?

① 측정항목의 수를 줄인다.

② 측정항목의 모호성을 제거한다.

③ 중요한 질문의 경우 동일하거나 유사한 질문을 2회 이상한다.

④ 조사대상자가 잘 모르거나 관심이 없는 내용은 측정하지 않는다.

91.

신뢰성을 높이기 위해서는 측정항목 수를 늘려야 한다.

92 내용타당도(Content Validity)에 관한 설명으로 옳은 것은?

① 통계적 검증이 가능하다.

② 특정대상의 모든 속성들을 파악할 수 있다.

③ 조사자의 주관적 해석과 판단에 의해 결정되기 쉽다.

④ 다른 측정결과와 비교하여 관련성 정도를 파악한다.

92.

내용타당도는 통계적 검증이 이루어지지 않고, 모든 속성을 파악하기 어려워 속성과 항목 간의 상응관계 정도를 파악할 수 없다.

Answer   89.③   90.①   91.①   92.③

93 다음 (   )에 알맞은 것은?

> 서로 다른 개념을 측정했을 때 얻은 측정값들 간에는 상
> 관관계가 낮아야만 한다는 것이다. 즉, 서로 다른 두 개의
> 개념을 측정한 측정값의 상관계수가 낮게 나왔다고 그 측
> 정방법은 (   ) 타당성이 높다고 할 수 있다.

① 예측(Predictive)
② 동시(Concurrent)
③ 판별(Discriminant)
④ 수렴(Convergent)

93.
판별 타당성은 서로 다른 개념을 측정했을 때 측
정값들 간에 상관관계가 낮아야만 한다는 것이다.
① **예측 타당성**: 특정기준과 측정도구의 측정결과
　를 비교함으로써 타당도를 파악하는 방법
② **동시 타당성**: 준거로 기존 타당성을 입증 받고
　있는 검사에서 얻은 점수와 검사점수와의 관계
　에 의하여 측정하는 타당도
④ **수렴 타당성**: 서로 관련이 있는 개념을 측정하
　였을 때는 그 결과가 유사한지 확인하는 방법

94 측정오차의 발생원인과 가장 거리가 먼 것은?

① 통계분석기법
② 측정방법 자체의 문제
③ 측정시점에 따른 측정대상자의 변화
④ 측정시점의 환경요인

94.
발생할 수 있는 측정오차는 통계분석기법으로 보
정할 수 있다.

95 다음 중 사회조사에서 외적 타당도가 의미하는 바는?

① 조사결과의 일반화가 가능한가
② 척도의 변별력이 충분한가
③ 조사결과를 공식 발표할 수 있는가
④ 척도의 타당성을 전문가에게 검증 받았는가

95.
외적 타당도란 연구결과를 일반화시킬 수 있는 정
도를 의미한다.

Answer 　93.③　94.①　95.①

96 측정을 위해서는 대상의 속성을 적절히 대표할 수 있는 지표를 발견하여야 한다. 예를 들어 교육수준을 측정하기 위한 지표는 중졸, 고졸, 대졸 등의 최종학교 졸업수준 등을 들 수 있다. 이와 같은 지표의 구비조건이 아닌 것은?

① 절대성

② 타당성

③ 신뢰성

④ 확인의 용이성

97 다음 중 측정 수준이 다른 것은?

① 교통사고 횟수　　　　　② 몸무게

③ 온도　　　　　　　　　④ GNP

98 다음 중 논리적 타당도(Logical validity) 또는 표면타당도(Face validity)라고도 불리는 것은?

① 내용타당도

② 경험적 타당도

③ 구성체 타당도

④ 기준관련 타당도

99 신뢰도(Reliability)와 관련된 진술 중 올바른 것은?

① 체계적 오차(Systematic error)가 작을수록 신뢰도가 높다.

② 표본의 수가 클수록 신뢰도는 높아진다.

③ 측정값의 분산과 진실값(참값)의 분산 합이다.

④ 신뢰도 계수는 특수한 경우에 음(Negative)의 값을 가질 수 있다.

96.

측정을 위한 지표는 개별문항을 일정한 기준에 따라 묶어서 하나의 값으로 측정할 수 있게 해주면 된다.

97.

교통사고 횟수, 몸무게, GNP는 0의 값이 의미를 가지므로 비율척도에 해당한다. 하지만 온도는 0이 기준일 뿐, 온도가 없는 게 아니므로 온도는 등간척도에 해당한다.

98.

내용타당도는 측정도구의 내용이 대표성을 띠고 있으며 내용을 구성하고 있는 요인의 표본이 적합한지에 관한 문제이다.

99.

① 체계적 오차는 타당도와 관련이 높다.

② 신뢰도란 측정을 반복했을 때 동일한 결과를 얻는 정도를 말한다. 따라서 표본 수가 많을수록 반복 측정 시 동일한 결과를 얻기 쉽다.

③ 신뢰성은 측정값의 분산에서 참값의 분산 비율이다.

④ 신뢰도 계수는 음의 값을 가질 수 없으며 일반적으로 0~1 사이의 값을 가진다.

100 지방자치단체별로 측정된 실업률은 측정수준의 특성상 어떤 수학적 연산이 가능한가?

① 수학적 연산이 불가능
② 덧셈과 뺄셈만 가능
③ 곱셈과 나눗셈만 가능
④ 덧셈, 뺄셈, 곱셈, 나눗셈 모두 가능

101 주부들의 환경의식을 조사한 척도의 응답에 대한 예는 다음과 같다. 각 문항 점수를 합산하여 환경의식수준을 측정한다면 측정의 수준은?

문항	응답	
	안 한다	한다
쓰레기 분리수거		○
재활용 봉투 사용		○
자녀 환경교육		○
환경운동 참여	○	

① 명목측정(범주측정)
② 서열측정(순위측정)
③ 등간측정(구간측정)
④ 비율측정(비례측정)

102 신뢰도와 타당도에 대한 설명 중 올바르게 서술한 것은?

① 타당도가 없으면 신뢰도는 없다.
② 신뢰도는 타당도를 보장하지 않는다.
③ 신뢰도가 높으면 타당도도 높다.
④ 타당도의 문제는 주로 자료수집과정에서 발생하며, 신뢰도의 문제는 주로 측정도구 작성과정에서 발생한다.

100.

실업률은 비율측정이다.

101.

'한다와 안 한다'의 빈도를 측정하므로 명목측정이다.

102.

신뢰도와 타당도의 관계

신뢰도는 있으나 타당도가 없는 경우 / 타당도는 있으나 신뢰도가 없는 경우 / 신뢰도와 타당도가 있는 경우

 Answer   100.④ 101.① 102.②

103 예시된 설문문항의 측정수준은?

> 대북 햇볕정책에 대해 어느 정도 알고 계십니까? (해당 응답란에 ×표 하시오)
> ⓐ 거의 모른다 ( )
> ⓑ 대체로 모른다 ( )
> ⓒ 보통이다 ( )
> ⓓ 대체로 알고 있다 ( )
> ⓔ 매우 잘 알고 있다 ( )

① 명목측정(범주측정)
② 서열측정(순위측정)
③ 등간측정(구간측정)
④ 비율측정(비례측정)

104 다음 중 측정에 대한 설명으로 옳은 것은?

① 측정을 '특정 법칙에 따라 사건·사물에 숫자를 부여하는 것'이라고 정의한 사람은 Campbell이다.
② 측정이란 명제의 전 단계로 가설의 기초가 된다.
③ 경험의 세계와 관념의 세계를 연결시켜 주는 수단이다.
④ 가장 정교한 분석방법은 명목측정이다.

105 다음 중 측정 시 오차가 발생하는 원인으로 옳지 않은 것은?

① 측정분야에 대한 지식 결여
② 측정항목 수의 증가
③ 기억의 한정성과 인간의 본능성
④ 시간·공간적 제약에 의한 오차

103.
서열측정는 측정대상을 어떤 특정한 속성의 정도에 따라 범주화하여 그 정도의 순서대로 배열한 것이다.

104.
① Campbell은 측정을 사물의 속성에 따라 숫자를 배분하는 것으로 정의했다.
② 측정공리에 대한 설명이다.
④ 명목측정은 가장 낮은 수준의 측정이며, 비율측정이 가장 정교한 분석 방법이다.

105.
측정상의 오차소스에는 측정자에 의한 오차, 면접자의 보고, 측정대상과 관련된 오차가 있으며 ②는 신뢰도를 높이는 방법 중의 하나이다.

Answer 103.② 104.③ 105.②

106 다음 중 측정의 신뢰도를 측정하는 방법으로 옳지 않은 것은?

① 독립기준법　　　　② 복수양식법
③ 내적 일관성　　　　④ 재검사법

107 다음 중 명목수준측정의 설명으로 옳은 것은?

① 선호도, 사회계층 등 정확하게 정량화하기 어려운 측정에 용이하다.
② 해당속성이 전혀 없는 상태의 절대적 원점은 존재하지 않으나 임의적 원점은 존재한다.
③ 측정대상 간의 대소·고저 등의 순위를 부여한다.
④ 측정대상의 특성을 분류·확인하기 위해 숫자를 부여하여 사용하는 것으로 최빈값, 이항분포검증의 제한된 분석방법에 이용한다.

108 다음 중 측정도구와 타당화 방법으로 가장 널리 사용하며 측정도구의 항목을 논리적·이론적으로 분석하는 방법은?

① 기지집단법
② 전문가의견법
③ 논리적 타당화법
④ 독립기준법

109 다음 중 신뢰도를 측정하는 방법으로 옳은 것은?

① 반분법
② 독립기준법
③ 전문가의견법
④ 기지집단법

106.

① 측정도구의 타당성을 측정하는 방법으로 실제 적용 시 많은 어려움이 따른다.

107.

①③ 서열수준 측정
② 등간수준측정

108.

③ 외관적 타당화법이라고도 한다.

109.

① 신뢰도의 측정방법으로 독립된 두 개의 척도를 상관계수를 이용하여 간단하게 신뢰성을 검토할 수 있다.

Answer　106.① 107.④ 108.③ 109.①

110 일본에서 동경대학교 학생들의 지능검사를 하는데 중국어로 된 검사지를 사용하였을 경우 제기될 수 있는 측정상의 가장 큰 문제점은?

① 신뢰성 훼손
② 일관성 훼손
③ 대표성 훼손
④ 타당성 훼손

111 다음 측정상 오차의 소스 중 측정대상과 관련된 오차가 아닌 것은?

① 연구자료에 대한 부적합한 표본의 추출
② 자료의 크기로 인한 관찰의 불가능
③ 자료부족과 대상자의 무응답으로 인한 모집단의 특성을 정확히 파악할 수 없는 경우
④ 전체측정 모집단의 시간적 불안전성과 표본의 시간적 부적합성

112 다음 중 등간수준측정의 특징으로 옳지 않은 것은?

① 범위의 계산, 표준편차, 평균값을 구하는 데 이용된다.
② 측정대상의 양적 정도를 나타낸다.
③ 동일집단 내 하나의 대상이 두 개의 척도값을 가질 수 없다.
④ 수학적 조작이 가능하다.

110.

타당도는 측정이나 절차가 정확하게 이루어진 정도를 말하는 것으로 일본 대학생에게 중국어로 된 검사지를 사용한 것은 타당성 훼손에 해당한다.

111.

④와 표본의 지역적 제약성은 시간적·공간적 제약에 의한 오차이다.

112.

③ 명목수준측정의 설명으로 동일집단 내의 대상은 같은 척도값을 가진다는 의미이다.

113 사회조사에서 신뢰도가 높은 자료를 얻기 위한 방안으로 틀린 것은?

① 면접자들의 면접방식과 태도에 일관성을 유지한다.
② 동일한 개념이나 속성을 측정하기 위한 항목이 없어야 한다.
③ 조사대상자가 잘 모르거나 관심이 없는 내용에 대한 측정은 하지 않는 것이 좋다.
④ 누구나 동일하게 이해하도록 측정도구가 되는 항목을 구성한다.

114 다음 내용타당도에 대한 설명으로 옳지 않은 것은?

① 조사자의 주관적 편견과 편기의 개입으로 인한 오차가 발생할 수 있다.
② 적용이 용이하나 시간이 많이 소요되는 문제점이 있다.
③ 측정대상의 속성과 이를 반영하는 항목 간의 상응관계 정도를 파악할 수 없다.
④ 측정도구의 순서에 따라 순서를 일정하게 하여야 한다.

115 다음 중 비율수준측정의 특징에 대한 설명으로 옳지 않은 것은?

① 척도상의 수치는 측정대상의 속성의 실제값을 가리킨다.
② 명목·서열·등간측정의 모든 특징을 갖는다.
③ 경험적 의미와 일치하는 절대영점을 갖지 않는다.
④ 비율수준측정은 백분율이라는 강력한 도구를 이용하고 있다.

113.

신뢰도를 높이는 방안
㉠ 측정도구의 모호성을 제거한다.
㉡ 측정항목 수를 늘린다(같은 개념을 다루는 문항을 많이 추가).
㉢ 면접자의 면접방식과 태도가 일관되어야 한다.
㉣ 동질적 대상자보다 이질적 대상자를 많이 포함한다.

114.

내용타당도의 장점으로는 통계적 절차를 거치지 않아 시간이 절약되고 직접 적용할 수 있으며 적용이 용이하다는 것이다.

115.

③ 실증적 현실과 일치하는 절대영점을 가지므로 수학적 조작이 가능하다.

Answer 113.② 114.② 115.③

116 다음 중 측정의 타당도와 신뢰도에 영향을 미치는 검사도구 및 그 내용으로 옳지 않은 것은?

① 개방형 질문과 폐쇄형 질문
② 부호화의 객관화
③ 문화적 요인
④ 질문의 오자, 탈자 등의 기계적 요인

117 다음 중 각 문항의 내적 일관성을 알아보는 방법으로 옳지 않은 것은?

① 항목을 선정하고 응답 카테고리를 정해 척도치를 구성한 다음에 한다.
② 상관관계를 통해 일관성을 검토할 때는 다수의 응답자에 질문하여 평균치를 비교하여 파악한다.
③ 내적 일관성을 알아보는 방법으로 항목 간의 상관관계를 파악하는 것과 문항분석이 있다.
④ 상관계수가 높은 문항은 제거한다.

118 다음 중 측정의 타당도에 대한 설명으로 옳은 것은?

① 조사대상이 시간의 흐름에 따라 생리적 또는 심리적으로 변화하는 것이다.
② 측정도구가 측정하고자 하는 현상을 일관성 있게 측정하는 능력이다.
③ 측정의 타당도란 조사자가 측정하고자 하는 것을 어느 정도 측정하였는가의 문제이다.
④ 사전검사와 사후검사 사이의 측정도구가 상이함으로써 나타나는 결과이다.

119 다음 중 측정상의 오차에 대한 설명으로 옳지 않은 것은?

① 오차의 유형으로는 체계적 오차와 무작위적 오차가 있다.
② 본래의 결과치와 측정자가 측정한 결과와의 불일치 정도를 측정상의 오차라 한다.
③ 체계적 오차의 주요 요인으로는 지식, 신분 등이 있으며 자연적·인위적으로 작용하여 오차를 초래한다.
④ 오차의 소스에는 인간의 지적 특수성에 의한 오차, 측정의 길이, 환경적 요인 등이 있다.

119.
④ 오차의 소스에는 측정자의 편기와 편입 등에 의한 오차, 측정대상과 관련된 오차, 시간·공간적 제약의 오차 등이 있다.

120 야구선수의 등번호를 표현하는 측정의 수준은?

① 비율수준의 측정
② 등간수준의 측정
③ 서열수준의 측정
④ 명목수준의 측정

120.
명목수준의 측정은 측정대상의 특성을 종류별로 구분만 하는 것으로 양적인 의미는 없다. 명목수준의 측정에서 각 답변 문항은 상호배타성의 원칙이 지켜져야 한다.

121 다음 설명 중 서열수준측정으로 옳지 않은 것은?

① 서열화된 측정대상의 숫자는 양적 도구로서 절대량이나 일정한 간격 등을 표시한다.
② 서열척도는 절대영점을 갖지 않는다.
③ 서열측정은 중앙값, 서열상관관계 등의 자료로 이용된다.
④ 서열이행성 공리가 정당화될 때 서열측정이 가능하다.

121.
① 서열수준측정에서의 숫자는 본래의 의미를 상실하고 다만 서열을 나타내므로 선호도, 사회계층, 응답자의 태도 등 정확히 정량화하기 어려울 때 이용한다.

122 다음 중 측정의 타당도와 신뢰도에 영향을 미치는 요인으로 옳지 않은 것은?

① 문제의 제목
② 측정이 적용되는 환경적 요인
③ 응답자의 능력·사회적 지위
④ 검사도구 및 그 내용

122.
②③④ 이외에 조사자의 해석 등의 개인적 요인이 있다.

Answer 119.④ 120.④ 121.① 122.①

123 다음 측정의 설명 중 옳지 않은 것은?

① 측정은 사상적 통계처리를 가능하게 한다.

② 측정이란 특정 법칙에 따라 사건·사물에 숫자를 부여하는 것이다.

③ 측정에는 일반적으로 명목·서열·등간·비율측정으로 분류된다.

④ 성취도에 대해서 관찰을 할 수 있도록 하고 측정 가능한 다른 개념들과의 관계를 표현하는 것은 측정의 조작적 정의이다.

123.

④ 개념적 정의를 표현한 것이며 조작적 정의는 변수를 측정·조작할 수 있는 방법을 규정한 것이다.

124 어떤 사건이나 대상의 특성에 일정한 규칙에 따라 숫자를 부여하는 과정은?

① 척도 ② 조작적 정의

③ 측정 ④ 개념적 정의

124.

척도와 측정을 구분하면 측정은 숫자를 부여하는 과정이고 척도는 측정도구를 말한다.

125 다음 중 구성체 타당도를 위한 기법으로 옳지 않은 것은?

① 요인분석

② 예측적 타당도

③ 이론적 타당도

④ 다중속성 – 다중측정 방법

125.

② 예측적 타당도는 기준관련 타당도를 평가하는 방법이다.

126 다음 중 측정오차의 근원에 대한 설명으로 옳지 않은 것은?

① 표본의 시간적 부적합성

② 측정자의 가변성

③ 인간의 본능성

④ 산만성이 적은 경우

126.

④ 산만성이 심한 경우에 측정오차가 발생하기 쉽다.

Answer　123.④　124.③　125.②　126.④

127 다음 중 관찰된 현상의 경험적인 속성에 대해 일정한 규칙에 따라 수치를 부여하는 것은 무엇인가?

① 측정
② 변수
③ 척도
④ 지표

127.

측정 : 경험의 세계와 관념의 세계를 연결시켜주는 수단으로서 일정한 규칙에 따라서 숫자를 사건이나 대상에 부여하는 것을 말한다.

128 다음 중 반분법에 대한 설명으로 옳지 않은 것은?

① 상관계수를 이용한다.
② 한 번 조사하여 신뢰도를 계산할 수 있다.
③ 반분검사 신뢰도 계수는 검사를 양분하는 방법이 달라도 일정하게 추정된다.
④ 설문지를 두 부분으로 나누어 측정한다.

128.

③ 반분검사 신뢰도 계수는 검사를 양분하는 방법에 따라서 다르게 추정된다.

129 다음 중 측정도구의 신뢰도 평가기준이 아닌 것은?

① 신빙성
② 정확성
③ 유의미성
④ 안정성

129.

신뢰도 평가기준 : 안정성, 예측성, 신빙성, 정확성, 정밀성

130 다음 중 측정도구의 신뢰도를 측정하는 방법이 아닌 것은?

① 재조사법
② 내적 일관성 분석
③ 집단비교법
④ 복수양식법

130.

측정도구의 신뢰도 측정법 : 복수양식법, 재조사법, 반분법, 내적 일관성 분석

Answer 127.① 128.③ 129.③ 130.③

131 처음 측정하고자 한 영역 또는 범위를 잘 측정했는가를 설명하는 개념은 무엇인가?

① 내용타당도

② 동시타당도

③ 구성체 타당도

④ 예언타당도

131.

내용타당도: 측정도구의 대표적 정도를 평가하는 것으로 측정대상이 갖고 있는 속성 중의 일부를 포함하면 내용타당도가 높다.

132 다음 중 기준타당도에 대한 설명으로 옳지 않은 것은?

① 요인분석을 통해 평가하기도 한다.

② 일반적으로 상관계수로 측정한다.

③ 기존의 척도와 새로운 척도 간의 비교에 사용한다.

④ 미래에 발생할 사건의 예측을 잘하면 타당도가 높다고 평가한다.

132.

① 기준타당도를 평가하는 방법에는 예측타당도, 동시타당도가 있다. 요인분석을 통해 개념타당도를 측정할 수 있다.

133 다음 중 측정의 타당도에 대한 설명으로 옳지 않은 것은?

① 측정할 개념에 대하여 적절한 조작적 정의가 있어야 측정의 타당성을 높일 수 있다.

② 경험적으로 측정의 타당성을 검증하는 것이 측정의 신뢰성을 검증하는 것보다 어렵다.

③ 같은 대상의 속성을 반복적으로 측정할 때 같은 측정결과를 가져올 수 있는 정도를 말한다.

④ 측정의 타당성 평가방법에는 기준타당성, 내용타당성, 구성타당성 등이 있다.

133.

③ 타당도는 측정도구 자체가 측정하고자 하는 속성이나 개념을 어느 정도 정확하게 반영할 수 있는가의 문제이다.

chapter 03 척도

기출 2018년 3월 4일 제1회 시행

척도제작 시 요인분석(Factor Analysis)의 활용과 가장 거리가 먼 것은?

① 문항들 간의 관련성 분석
② 척도의 구성요인 확인
③ 척도의 신뢰성 계수 산출
④ 척도의 단일 차원성에 대한 검증

기출 2021년 3월 7일 제1회 시행

사회조사에서 척도에 대한설명으로 틀린 것은?

① 불연속성은 척도의 중요한 속성이다.
② 척도는 변수에 대한 양적인 측정치를 제공한다.
③ 척도는 여러 개의 지표를 하나의 점수로 나타낸다.
④ 척도를 통하여 하나의 지표로서 제대로 측정하기 어려운 복합적인 개념을 측정할 수 있다.

---

section 1 총설

1 척도의 의의 [2018 2회] [2019 1회] [2020 1회]

대상을 측정하기 위한 일종의 측정도구로서 일정규칙에 따라 측정대상에 적용할 수 있는 수치나 기호를 부여하는 것을 의미한다.

(2) 척도의 필요성

① 자료의 복잡성을 감소시켜 줄 수 있다.

② 복수지표로 구성된 척도는 단일지표를 사용할 때보다 측정오류가 적고, 타당도·신뢰도가 높다.

③ 하나의 지표로 측정하기 힘든 복합적인 개념들을 측정할 수 있다.

④ 단일차원성을 전제로 척도를 구성하는데 복수의 측정지표로 단일차원성 여부를 분석한다.

(3) 척도의 조건

① 신뢰성 : 어떤 상황적 변수에도 항상 똑같은 결과를 도출할 때 신뢰성을 확보한다.

② 타당성 : 측정하고자 하는 바를 척도가 올바르게 측정하였는가의 문제이다.

③ 유용성 : 척도가 이해하기 쉬워야 한다.

④ 단순성 : 척도의 계산과 이해가 용이해야 한다.

② 변수

(1) 의의

변인이라고도 불리며 일정 범위의 값 중 어떤 값이라도 취할 수 있는 개념이다.

(2) 변수의 종류 2018 6회 2019 6회 2020 3회

① 독립변수 : 연구자가 종속변수를 관찰하기 위해서 조작·측정되거나 선택된 변수이며, 다른 변수에 영향을 줄 수 있다.

② 종속변수 : 독립변수에 의해 항상 영향을 받으며 독립변수에 대한 반응으로 측정되거나 관찰된 변수를 말한다.

③ 통제변수 : 외생변수라고도 하며, 실험이나 서베이를 실시하는 동안 변수의 여러 가지 수준들 중 한 표본에 대해서 일정한 수준의 값이 유지되는 변수이다.

④ 잠재변수 : 직접적으로 관찰되거나 측정되지 않은 변수이다.

⑤ 억제변수 : 독립변수와 종속변수 사이에 실제로는 인과관계가 있으나 이를 없도록 나타나게 하는 제3변수이다.

⑥ 매개변수 : 독립변수와 종속변수의 사이에서 독립변수의 결과인 동시에 종속변수의 원인이 되는 변수이다.

⑦ 구성변수 : 포괄적 개념을 구성하는 하위변수이다.

⑧ 선행변수 : 인과관계에서 독립변수에 앞서면서 독립변수에 대해 유효한 영향력을 행사하는 변수이다.

③ 변수와 척도 관계

① 척도의 유형은 크게 명목척도, 순위척도, 등간척도, 비율척도로 나눌 수 있다.
  • 이산형 변수 : 명목척도는 최빈치(mode), 순위척도는 중위수(median)를 활용한다.
  • 연속형 변수 : 등간척도와 비율척도는 평균(mean)을 활용한다.

② 자료활용도 : 명목척도(저차원) → 비율척도(고차원)

명목척도(nominal scale)에 관한 설명으로 옳지 않은 것은?

① 측정의 각 응답 범주들이 상호 배타적이어야 한다.
② 측정 대상의 특성을 분류하거나 확인할 목적으로 숫자를 부여하는 것이다.
③ 하나의 측정 대상이 두 개의 값을 가질 수는 없다.
④ 절대영점이 존재한다.

다음은 어떤 척도에 관한 설명인가?

- 보기 -
• 관찰대상의 속성에 따라 관찰대상을 상호배타적이고 포괄적인 범주로 구분하여 수치를 부여하는 도구
• 변수간의 사칙연산은 의미가 없음
• 운동선수의 등번호, 학번 등이 있음

① 명목척도 ② 서열척도
③ 등간척도 ④ 비율척도

서열척도를 이용한 측정방법은?

① 등급법
② 고정총합척도법
③ 순위법
④ 어의차이척도법

정답 ④, ①, ③

---

section 2 척도의 종류

❶ 명목척도(Nominal Scale) `2018 2회` `2019 1회` `2020 2회`

(1) 명목척도의 정의

① 명목척도는 측정대상의 속성에 따라 여러 범주(category)로 나누어서 그 명칭을 임의로 부여한 것이다. 명목척도는 단순한 분류(classification)한 것에 불과하므로 수학적 의미는 없다(임의성).

② 예를 들면, 사물함 번호(탈의실, 찜질방 등), 주소, 우편번호, 주민등록번호, 자동차 번호, TV채널번호, 도서분류번호, 운동선수 번호, 행정부의 국·과·계 등이다.

(2) 명목척도의 특징

① 명목척도는 단순히 명칭을 부여하여 부호화(coding)한 것으로 가장 낮은 수준의 척도이다. 따라서 명목척도의 경우 변수들의 크기를 비교하는 것은 의미가 없다.

② 하나의 카테고리 내의 모든 대상은 서로 동등(equal)하다. 즉, 같은 카테고리에서는 $a=b$이면 $b=a$이고 또한 $a=b$이고 $b=c$이면 $a=c$가 성립하지만, 다른 카테고리에서는 각 카테고리 간에는 위의 관계가 성립되지 않는다.

(3) 명목척도의 예시

① 성별 : 1 = 남자, 2 = 여자 (1은 남자, 2는 여자를 나타내는 기호에 불과)

② 지역 : 1 = 서울, 2 = 부산, 3 = 대구, 4 = 광주, 5 = 대전, 6 = 인천

❷ 순위(=서열)척도(Ordinal Scale) `2018 2회` `2020 2회`

(1) 순위척도의 정의

① 순위척도는 측정대상의 속성에 따라서 여러 범주(category)로 나누고, 이들 범주를 순위관계로 표현한 것이다(순위성). 다소, 고저, 원근 등으로 표현한 것이다. 즉, 'A는 B보다 더 크다', 'A를 B보다 더 좋아한다' 등이다.

② 순위척도는 상대적으로 더 높다 또는 더 낮다의 크기에 따른 순위 내지 위치를 표현할 뿐이다.

(2) 순위척도의 특징

① 순위척도는 크기에 따른 순위를 부여한 것으로 부등식(>)의 조작만 가능할 뿐이지 가감승제의 수학적 의미는 없다. A>B이고 B>C이면 A>C이다. 숫자는 단지 순서를 부여할 뿐이지 변수값의 합과 차는 의미가 없다.

② 리커트 척도(likert scale)는 순위척도의 일종이다. (예 좋다, 그저 그렇다, 싫다)

③ 순위척도의 변수값이 4-5가지 이상으로 구성되면 등간척도로 간주할 수 있다.

④ 순위척도는 명목척도로 변환하여 사용할 수 있다. 그러나 그 역순은 불가능하다.

(3) 순위척도의 예시

① 학력 : 1 = 고졸 이하, 2 = 전문대졸, 3 = 대졸, 4 = 대학원졸 이상

② 직급 : 1 = 4급 이상, 2 = 5급, 3 = 6급, 4 = 7급, 5 = 8급, 6 = 9급

③ 근무기간 : 1 = 5년 이하, 2 = 5년~10년, 3 = 11년~15년, 4 = 16년 이상

❸ 등간척도(Interval Scale)

(1) 등간척도의 정의

① 등간척도는 측정대상의 특성에 따라서 일정한 간격으로 표현한 것이다(상대성). 등간척도의 예로서 서울의 오늘 온도가 8℃이고, 어제는 6℃라면 등간척도에서는 서울의 오늘 온도가 어제 온도보다 2℃ 더 높다고 말할 수 있다. 등간척도는 0의 개념이 아무것도 없다는 것을 뜻하는 0(=zero)은 아니다. 등간척도의 예로서 온도가 0℃라고 해서 온도가 없다는 것을 의미하는 것은 아니다. 또한 서울의 오늘 온도가 8℃이고, 어제는 4℃라면 등간척도에서는 서울의 오늘 온도가 어제 온도보다 4℃가 더 높다고 말할 수 있다. 하지만 그렇다고 하더라도 8℃가 4℃보다 2배 온도가 높다고 반드시 말할 수는 없다.

② 등간척도는 순위척도의 부등식 외에도 교환(commutation), 대용(substitution), 조합(association)에 대한 조작이 가능하다.(a, b, c, d는 실수)
- 교환 : $a+b=b+a$이고 $ab=ba$이다.
- 대용 : $a=b$이고 $a+c=d$이라면 $b+c=d$이다. 또한 $a=b$이고 $ac=d$이라면 $bc=d$이다.
- 조합 : $(a+b)+c=a+(b+c)$이고 또한 $(ab)c=a(bc)$이다.

기출PLUS

기출 2021년 3월 7일 제1회 시행

다음 설명에 해당되는 척도는?

┌ 보기 ┐

현직 대통령의 인기도를 측정하기 위해 0부터 100까지의 값 가운데 하나를 제시하도록 하였다. 가장 싫은 경우는 0, 가장 만족한 경우는 100으로 정하였다.

① 명목척도
② 등간척도
③ 서열척도
④ 비율척도

기출 2020년 9월 26일 제4회 시행

등간척도를 이용한 측정방법을 모두 고른 것은?

┌ 보기 ┐

㉠ 등급법(rating method)
㉡ 순위법(ranking method)
㉢ 어의차이척도법
   (semantic differential scale)
㉣ 스타펠 척도(Stapel scale)

① ㉠, ㉡
② ㉡, ㉣
③ ㉠, ㉢, ㉣
④ ㉡, ㉢, ㉣

기출 2018년 3월 4일 제1회 시행

서스톤(Thurslone)척도는 척도의 수준으로 볼 때 어느 척도에 해당하는가?

① 등간척도
② 서열척도
③ 명목척도
④ 비율척도

정답 ②, ③, ①

다음의 사항을 측정할 때 측정수준이 다른 것은?

① 교통사고 횟수
② 몸무게
③ 온도
④ 저축금액

척도의 종류 중 비율척도에 관한 설명으로 틀린 것은?

① 절대적인 기준을 가지고 속성의 상대적 크기비교 및 절대적 크기까지 측정할 수 있도록 비율의 개념이 추가된 척도이다.
② 수치상 가감승제와 같은 모든 산술적인 사칙연산이 가능하다.
③ 비율척도로 측정된 값들이 가장 많은 정보를 포함하고 있다고 볼 수 있다.
④ 월드컵 축구 순위 등이 대표적인 예이다.

다음 중 비율척도로 측정하기 어려운 것은?

① 각 나라의 국방 예산
② 각 나라의 평균 기온
③ 각 나라의 일인당 평균 소득
④ 각 나라의 일인당 교육 년 수

정답 ③, ④, ②

(2) 등간척도의 특징

① 순위와 등간격(equal interval) 성격을 갖는다.
$$(A-B)+(B-C)=A-C, (A-B)+(B-C)+(C-D)+(D-E)=A-E$$
변수값의 합과 차는 일정한 의미를 가지나, 비율은 의미가 없다.

② 리커트 척도(likert scale)는 원칙적으로는 순위척도의 일종이나 사회과학에서는 등간척도로 간주하여 사용하고 있다.

③ 등간척도는 순위척도, 명목척도로 변환하여 사용할 수 있다. 그러나 그 역순은 불가능하다.

(3) 등간척도의 예시

'① 매우 만족한다. ② 만족한다. ③ 보통이다. ④ 불만이다. ⑤ 매우 불만이다.' 또는 '① 매우 그렇다. ② 그렇다. ③ 그저 그렇다. ④ 그렇지 않다. ⑤ 매우 그렇지 않다.'

④ 비율척도(Ratio Scale) 2018 2회 2019 1회 2020 1회

(1) 비율척도의 정의

① 비율척도는 등간척도의 속성을 가지면서 절대원점과 비율의 의미를 표현한 것이다. 비율척도는 측정대상이 자연적인 0의 상태가 있는 속성을 가진다(보편성).

② 비율척도는 시간과 공간을 초월하여 모든 사람이 알고 있는 보편성을 지닌다. 예를 들어, 길이의 단위 'cm'는 불변이고 공인된 측정단위이다. 그리고 0cm라는 것은 자연적인 0(natural zeropoint)의 위치 내지 상태로 길이의 속성이 없다는 것을 의미한다.

(2) 비율척도의 특징

① 등간격(equal interval)과 절대영점(absolute zero)의 성격을 갖는다.
길이가 0m라는 것은 '길이'의 존재가 없는 상태인 절대영점(absolute zero)을 의미하며, 1m와 2m를 비교했을 때, 2m 길이가 1m 보다 2배 더 길다고 말할 수 있다.

② 비율척도는 가감승제를 포함한 모든 수학적 조작이 가능하다.
 • $A=KB$, $B=MC$이면 $A=KMC$가 성립 (단 $K\neq0$, $M\neq0$)
 • 변수값의 합과 차, 비율이 의미가 있다.

③ 비율척도는 등간척도, 순위척도, 명목척도로 변환하여 사용할 수 있다. 그러나 역으로 등간척도, 순위척도, 명목척도를 비율척도로 변환하는 것은 불가능하다. (상류층·중류층·하류층, 상류층·하류층)

(3) 비율척도의 예시

체중(0kg), 연령(0세), 키(0cm), 길이(0m), 소득(0원), 가족 수(0명), 점수(0점) 등

> ☝ **Plus tip** 각 학자에 따른 척도유형의 분류
> ⑦ Good & Hatt : 사회적 거리척도, 평위척도, 평급척도, 내적 일관성 척도, 잠재적 구조척도
> ⑥ Schmid : 임의척도, 평가자척도, 투사식 검사, 문항분석척도, 척도분석척도
> ⑥ Stevens : 명목척도, 서열척도, 등간척도, 비율척도 등

section 3 척도의 분류

1 평정척도(Rating Scale)

(1) 의의

평가자가 측정대상 또는 피조사자의 어떤 속성을 단일연속선상에 배열하기 위하여 일정기준에 입각하여 그 대상의 속성에 일정수치를 그 속성의 강도에 따라 부여하든지 또는 몇 개의 카테고리로 구별하여 만든 척도이다.

> 예 초등학생의 성적을 수·우·미·양·가로 평가하는 것

(2) 특성

① 평가자가 연구대상으로서의 문제의 적합성을 검토하고 문항 간의 상대적 가치를 정하도록 하는 평가자의 척도(문항 사이에 존재하는 상관관계에 따라 척도를 구성하는 리커트척도 등 구조적 척도와 구별)이다.

② 평가자 척도라는 점에서 평위척도와 같으나 평위척도는 자극 상호간을 비교함으로써 이미 주어진 기준에 비추어 평가하는 데 반하여 평정척도는 단지 주어진 기준에 비추어 평가한다는 점에서 구별된다.

기출PLUS

기출 2018년 3월 4일 제1회 시행
측정 수준에 대한 설명으로 틀린 것은?

① 서열척도는 각 범주 간에 크고 작음의 관계를 판단할 수 있다.

② 비율척도에서 0의 값은 자의적으로 부여되었으므로 절대적 의미를 가질 수 없다.

③ 명목척도에서는 각 범주에 부여되는 수치가 계량적 의미를 가지지 못한다.

④ 등간척도에서는 각 대상 간의 거리나 크기를 표준화된 척도로 표시할 수 있다.

정답 ②

③ 평정척도는 기타의 다른 척도와 같이 측정대상의 속성, 그 연속성을 고려하는 이외에 평가자 척도라는 점에서 평가자의 문제를 고려한다.

(3) 종류

① **도표식 평정척도** : 일정도표에 기술이 부가된 척도로서 가장 많이 사용된다.

> 예 나는 의사결정 시 합리적 경향이 …
>
> 대단히 있다   있다   보통이다   없다   전혀 없다

② **수적 평정척도** : 평가자들이 측정대상의 속성강도에 따라 일정 척도점을 부여하거나 어떤 카테고리를 선택한 경우, 이에 일정 수치를 부여하여 그 결과의 통계적 처리를 용이하게 한다.

> 예 나는 의사결정 시 합리적 경향이…
>
> ⑤ 대단히 있다 ( )   ④ 있다 ( )   ③ 보통이다 ( )
> ② 없다 ( )   ① 전혀 없다 ( )

③ **기술식 평정척도** : 도표를 사용하지 않고 점수를 부여하거나 카테고리 등의 기술만을 사용한다.

> 예 나는 의사결정 시 합리적 경향이…
>
> 대단히 있다 ( )   있다 ( )   보통이다 ( )
> 없다 ( )   전혀 없다 ( )

(4) 평정척도의 장·단점

① 장점
  ㉠ 관찰자가 작성하기 쉽고 사용하기도 쉽다.
  ㉡ 다른 자료수집의 보충적 방법으로 사용이 가능하다.
  ㉢ 적용범위가 넓으며 많은 대상에 사용할 수 있다.
  ㉣ 시간과 비용이 절약된다.
  ㉤ 다른 객관적 도구와 병행하여 사용할 수 있다.

② 단점
  ㉠ 타당성을 위협하며 무분별하게 사용된다.
  ㉡ 측정자의 심리성향에 따라 좌우된다.
  ㉢ 연쇄화, 관대화, 집중화 경향이 많다.

② 등간(=서스톤)척도 [2018 2회] [2019 3회]

(1) 의의

평가자를 사용하여 척도상에 위치한 항목들을 어디에 배치할 것인가를 판단한 후 다음 조사자가 이를 바탕으로 척도에 포함된 적절한 항목들을 선정하여 척도를 구성하는 방법으로 서스톤(Thurstone)척도라고도 한다.

(2) 구성절차

① 의견수집 : 사실보다 그에 대한 태도를 나타내는 의견을 수집한다.

② 평가자 선정 : 수집한 의견의 객관성을 높이기 위해 다수의 평가자를 선정하여 호의성의 정도를 측정한다.

③ 평가자 등에 의한 의견의 평가분류 : 평가자들에게 각 문구를 그 호의성에 따라 일정하게 지시된 범주로 동일하게 분류한다.

④ 문항의 선정 : 연구자는 척도상의 각 점수를 대표할 수 있는 문장을 몇 개씩 선정하여 척도를 구성한다.

⑤ 척도치 부여 : 선정된 항목에 대해 각각 중위수를 구하여 그 문항의 척도치로 삼는다.

(3) 적용

① 척도치의 순서대로 배열된 항목들을 무작위로 뒤섞는다.

② 피조사자로 하여금 자기의 의견·태도와 일치하는 항목을 지적하게 한다.

③ 지적된 항목들의 척도치를 합하고 평균을 내어 그 사람의 태도를 평점한다.

(4) 종류

1대1 비교법, 유사등간기법, 순차적 등간기법이 있다.

(5) 문제점

① 평가자의 문제 : 처음 항목을 분류하는 평가자의 성격에 따라 분포가 상이하게 나타난다.

② 분산의 성격 : 중위수 또는 평균값은 같으나 분산도가 다른 경우를 말한다.

기출PLUS

기출 2021년 3월 7일 제1회 시행

리커트(Likert) 척도의 장점이 아닌 것은?

① 적은 문항으로도 높은 타당도를 얻을 수 있어서 매우 경제적이다.
② 한 항목에 대한 응답의 범위에 따라 측정의 정밀성을 확보할 수 있다.
③ 응답 카테고리가 명백하게 서열화되어 응답자에게 혼란을 주지 않는다.
④ 항목의 우호성 또는 비우호성을 평가하기 위해 평가자를 활용하므로 객관적이다.

기출 2020년 8월 23일 제3회 시행

리커트(Likert) 척도를 작성하는 기본절차와 가장 거리가 먼 것은?

① 척도문항의 선정과 척도의 서열화
② 응답자의 진술문항 선정과 각 문항에 대한 응답자들의 서열화
③ 응답범주에 대한 배점과 응답자들의 총점순위에 따른 배열
④ 상위응답자들과 하위응답자들의 각 문항에 대한 판별력의 계산

기출 2020년 8월 23일 제3회 시행

서열측정을 위한 방법으로 단순합산법을 사용하는 대표적인 척도는?

① 거트만(Guttman) 척도
② 서스톤(Thurstone) 척도
③ 리커트(Likert) 척도
④ 보가더스(Bogardus) 척도

정답 ④, ②, ③

③ 절차가 복잡하고 항목이나 평가자의 수가 많아야 하는 번거로움이 발생한다.

> 🔑 **Plus tip 등현등간척도와 총화평정척도 비교**
> 등현등간척도는 총화평정척도와 유사하나 각 항목에 부여되는 가중치가 일정하지 않다는 점과 척도치를 미리 결정하여 피조사자에게 적용한다는 점이 상이하다.

❸ 총화평정(=리커트)척도 2020 2회

(1) 의의

평정척도의 변형으로 여러 문항을 하나의 척도로 구성하여 전체 항목의 평균값을 측정치로 하며 리커트(Likert)형 척도라고도 한다.

(2) 구성절차

① 의견을 수집한다.

② **반응카테고리의 작성**: 각 문항에 대하여 그 쟁점이나 평가대상의 성격에 따라서 찬반태도 등의 정도를 나타내는 카테고리를 둔다.

> **예** 구조조정은 지금보다 더 심하게 해야 한다.
> ① 적극 찬성 ( ) ② 찬성 ( ) ③ 보통 ( )
> ④ 반대 ( ) ⑤ 적극 반대 ( )

③ **응답자의 적용**: 많은 응답자에게 각 문항에 대하여 자기의 의견에 부합하는 카테고리 하나에 체크하게 한다.

④ **점수환산**: 각 문항에 대한 응답자의 반응을 점수로 환산한다.

⑤ **문항분석**: 문항 간의 내적 일관성·상관성을 알아보기 위해 식별능력을 산출한다.

⑥ **각인의 총점산출**: 응답자의 총점이 그 사람의 태도측정치이다.

(3) 내적 일관성의 측정

① 같은 개념을 여러 문항으로 질문하여 그 문항들의 값이 유사한지를 측정하는 것을 말한다.

② 내적 일관성 검증방법

　㉠ **문항분석의 이용방법**: 태도연속체상에서 낮은 수치의 응답자와 높은 수치의 응답자를 일관성 있게 판별할 수 있는 문항을 찾아내는 방법이다.

ⓒ **상관계수의 이용방법** : 각 응답자에게 질문을 하여 응답하게 한 뒤 응답자별
로 평균점수를 이용하여 각 문항 간의 상관계수를 구하고 낮은 상관계수의
항목은 일관성이 낮은 것으로 보고 제거한다.

(4) 총화평정척도의 장·단점

① 장점
　ⓐ 척도구성이 간단하고 번거로운 평가절차가 생략된다.
　ⓑ 일반적으로 신뢰성이 높다.
　ⓒ 항목들이 액면 그대로 쟁점에 대한 태도를 분명히 하지 않아도 내적 일관성을
　　얻을 경우 사용이 가능하다.
　ⓓ 한 항목의 응답 범위에 따라 측정의 정밀성을 확보할 수 있다.

② 단점
　ⓐ 엄격한 등간척도가 되기 어렵다.
　ⓑ 최종 선정된 항목들의 타당성 문제가 있다.
　ⓒ 총점이 의미하는 것이 개념적으로 불분명하다는 제약이 있다.

❹ 조합비교법(쌍대비교법)

(1) 의의

측정대상의 서열을 두 개씩 짝을 지어 우열을 결정하는 방법을 말한다.

(2) 특징

① 질문의 횟수가 많아진다.
② 차별척도의 일종으로 측정대상이 두 개 이상일 경우 이들을 조합하여 비교해야
　하는 문제점이 발생한다.

⑤ 보가더스(Bogardus) 척도 2018 1회 2019 1회

(1) 의의

E. S. Bogardus가 여러 형태의 사회집단 및 추상적 사회가치의 사회적 거리를 측정하기 위해 개발한 방법으로 사회집단 등의 대상에 대한 친밀감 및 무관심의 정도를 측정한다.

(2) 적용방법

① 사회적 거리를 표시하는 많은 의견을 조사한다.

② 평가자가 사회적 거리가 가장 먼 곳으로부터 가까운 순서대로 배열한다.

③ 등현간격에 있는 항목을 선정하여 척도한다.

> **예** 다음 문항에서 얻은 점수로 인종 간 거리계수를 계산한다. 예를 들어, 미국인에 대해서 100명의 한국인 중 80명이 보기1 〈개인적 친구로 받아들임〉에 답했고, 나머지 20명은 보기2 〈방문객으로 받아들임〉에 답했다면, 보기1과 보기2에 각각 척도값 1과 2를 주어 다음과 같은 계수의 값을 얻을 수 있다.
>
> $RDQ = \{(1 \times 80) + (2 \times 20)\}/100 = 1.2$
>
> | | 미국 | 영국 | 일본 | 스위스 |
> |---|---|---|---|---|
> | 개인적 친구로 받아들임 | | | | |
> | 방문객으로 받아들임 | | | | |
> | 추방시켜야 함 | | | | |

(3) 특성

① 척도상에 절대영점이 없다.

② 사회적 거리의 서열을 나타내는 차별척도이다.

③ 신뢰성의 효과적인 측정수단으로 재검사법만을 사용한다.

④ 집단비교법을 이용하여 타당성을 측정할 수 있다.

⑤ 적용범위가 광범위하고 예비조사에 적합한 면이 있다.

(4) 소시오메트리척도와 Bogardus척도의 차이점

소시오메트리 척도는 집단 내 구성원 간의 거리를 측정하고 Bogardus 척도는 집단 간의 거리를 측정한다.

6 누적(=거트만)척도 `2018 1회` `2019 2회`

(1) 의의

일련의 동일한 항목을 갖는 하나의 변수만을 측정하는 척도로 거트만(Guttman)척도라고도 한다.

(2) 누적척도의 유용성 결정요소

① 재사용 가능성

ⓐ 개인 척도점수를 파악하여 개인의 각 문항에 대한 응답을 알아낼 수 있는 것으로, 누적척도 구성의 관건이 되는 결정요소이다.

ⓑ 재사용 가능성 계수$(CR)=1.0-\left(\dfrac{응답유형의\ 오차}{응답자\ 전체\ 수 \times 전체\ 항목}\right)$

ⓒ 허용오차수준 : 0.9

ⓓ 각 항목에 대한 긍정적 반응비율이 50% 전후일 때가 이상적이다.

② 척도성 계수

ⓐ 범위 : 0 ~ 1까지이다.

ⓑ 척도성 계수$(CS)=1.0-\left(\dfrac{오차의\ 수}{최대\ 오차\ 수}\right)$

ⓒ 척도성 계수가 0.6보다 커야 척도를 사용할 수 있다.

(3) 구성절차

① 척도의 구성항목을 선정한다.

② 응답자의 응답을 scalogram용지에 기입한다.

③ 재생계수(CR ; coefficient of reproducibility)를 구한다.

④ 구성항목을 조정하여 척도를 구한다.

예 누적척도의 설문조사			
문항 응답자	개인적 친구로 여김	이웃으로 여김	결혼대상으로 여김	총점
A	○	○	○	3
B	○	○	×	2
C	○	×	×	1
D	×	×	×	0

기출PLUS

기출 2018년 4월 28일 제2회 시행

다음 설명에 해당하는 척도는?

┌ 보기 ┐
- 합성측정(Compo site Measurements)의 유형 중 하나이다.
- 누적 스케일링(Cumulative Scaling)의 대표적인 형태이다.
- 측정에 동원된 특정 문항이 다른 지표보다 더 극단적인 지표가 될 수 있다는 점에 근거한다.
- 측정에 동원된 개별 항목 자체에 서열상을 미리 부여한다.

① 크루스칼(Kruskal)척도
② 서스톤(Thurstone)척도
③ 보가더스(Borgadus)척도
④ 거트만(Guttman)척도

기출 2018년 8월 19일 제3회 시행

거트만척도(Guttman Scale)에 대한 설명으로 틀린 것은?

① 누적척도(Cumulative Scale)라고도 한다.
② 단일차원의 서로 이질적인 문항으로 구성되며 여러 개의 변수를 측정한다.
③ 재생가능성을 통해 척도의 질을 판단한다.
④ 일단 자료가 수집된 이후에 구성될 수 있다.

기출 2020년 9월 26일 제4회 시행

척도를 구성하는 과정에서 질문문항들이 단일차원을 이루는지를 검증할 수 있는 척도는?

① 의미분화척도
　(semantic differential scale)
② 서스톤척도(Thurstone scale)
③ 리커트척도(Likert scale)
④ 거트만척도(Guttman scale)

정답 ④, ④, ④

(4) 특징

① 항목과 측정대상을 모두 척도구성의 주 대상으로 삼는다.

② 질문 또는 투표에 의한 태도적 개념 측정에 유용하다.

③ 여러 요소들을 결합하여 만들고 지표들의 각 배합에 대한 독특한 점수를 얻을 수 있다.

④ 복잡한 수학이 필요하지 않다.

⑤ 단일변수의 측정을 본질로 하여 10여 개 정도의 문항으로 한정된다.

⑥ 여러 개 지표들의 결합이 한 개념을 구성할 수는 있지만 어떤 개념의 존재여부에 대해 결정적 증거를 제공하지는 않는다.

❼ 소시오메트리(Sociometry)

(1) 의의

모집단 구성원 간의 거리를 측정하는 방법으로 J. L. Moreno가 중심이 되어 인간관계의 측정방법 등에 사용하여 발전시켰다.

(2) 분석방법

① 소시오메트릭 행렬(sociometric matrix) : 응답결과를 행렬의 수가 같은 메트릭으로 정리·분석하는 방법이다.

② 소시오그램 : 집단에서 얻은 선택의 다이어그램이나 차트로서 연구목적보다는 실제적 목적으로 자주 사용한다.

③ 소시오메트릭 지수(sociometric index) : 개인 또는 집단의 소시오메트리 특징을 가리키며 선택지위지수, 집단확장지수, 집단응집성 등으로 구분된다.

(3) 소시오메트리의 장·단점

① 장점
- 비교적 경제적이고 자연적이다.
- 단순성 및 신축성을 가진다.
- 집단의 진단, 개인의 지위 등 폭넓게 적용된다.
- 계량화 가능성이 높다.

척도에 관한 설명으로 옳은 것은?

① 리커트척도는 등간-비율수준의 척도이다.

② 서스톤척도는 모든 문항에 대해 동일한 척도 값을 부여한다.

③ 소시오메트리(sociometry)는 집단 간의 심리적 거리를 측정한다.

④ 거트만척도에서는 일반적으로 재생계수가 0.9 이상이면 적절한 척도로 판단한다.

정답 ④

② **단점**
- 시간적 · 공간적 제약이 있다.
- 통계처리상 많은 사람에게 적용할수록 선택의 수를 줄여야 한다.
- 사용자가 측정의 신뢰도 · 타당도 문제를 고려하지 않고 그대로 받아들이기 쉽다.
- 조사대상에 대한 체계적인 이론 검증을 소홀히 하기 쉽다.
- 소시오메트리의 적용상 기준과 그 자료의 처리에 소홀히 하기 쉽다.

(4) 소시오메트리의 용도

사회적 적응도와 지위 측정, 사기 측정, 리더십 측정, 집단구조 측정

❽ 어의구별(=의미분화)척도(SD척도) `2018 2회` `2019 3회` `2020 2회`

(1) 의의

개념이 갖는 본질적 의미를 몇 차원에서 측정함으로써 태도의 변화를 명확히 파악하기 위해 Osgood이 고안하였다.

(2) 분석방법

① **평균치분석** : 각 개념에 따른 척도점의 평균치를 계산하여 분석한다.

② **요인평점분석** : 개념, 응답자 또는 차원의 평가를 요인평점을 이용하여 하는 방법이다.

③ **거리집락분석** : 어의공간에서 차지하는 각 개념들의 위치 사이의 거리를 측정하여 관계를 분석한다.

(3) 척도선정의 주요 기준

① **요인 대표성** : 각각 양극 형용사 척도가 몇 개의 요인을 대표할 것인지를 고려하도록 한다.

② **적실성** : 선정된 척도는 평가개념을 충분히 측정할 수 있는 타당성이 있어야 한다.

다음 설명에 해당하는 척도는?

┌─ 보기 ─────────────────┐
- 대립적인 형용사의 쌍을 이용
- 의미적 공간에 어떤 대상을 위치시킬 수 있다는 이론적 가정에 기초
- 조사대상에 대한 프로파일분석에 유용하게 사용
└────────────────────────┘

① 의미분화척도
   (Semantic Differential Scale)
② 서스톤척도(Thruston Scale)
③ 스타펠척도(Staple Scale)
④ 거트만척도(Guttman Scale)

다음과 같이 양극단의 상반된 수식어 대신 하나의 수식어(unipolar adjective)만을 평가기준으로 제시하는 척도는?

┌─ 보기 ─────────────────┐
※ AA백화점은

5	5	5
•	•	•
•	•	•
•	•	•
2	2	2
1	1	1
고급이다.	서비스가 부족하다.	상품이 다양하다.
-1	-1	-1
•	•	•
•	•	•
•	•	•
-4	-4	-4
-5	-5	-5
└────────────────────────┘

① 스타펠척도(stapel scale)
② 리커트척도(likert scale)
③ 거트만척도(guttman scale)
④ 서스톤척도(thurstone scale)

정답 ①, ①

(4) 일반적 형태

5~7점 척도로 척도의 양극점에 서로 상반되는 표현을 붙인다(가볍다 – 무겁다, 좋다 – 싫다 등).

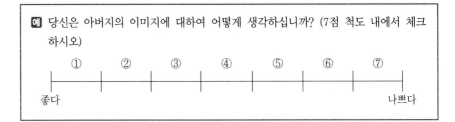

예 당신은 아버지의 이미지에 대하여 어떻게 생각하십니까? (7점 척도 내에서 체크하시오)

(5) 어의구별척도의 장·단점

① 장점
　㉠ 다양한 연구문제에 적용할 수 있다.
　㉡ 연구목적에 부합하는 타당성 있는 분석을 할 수 있다.
　㉢ 신속성과 경제성이 있다.
　㉣ 가치와 태도의 측정에 적합하다.

② 단점
　㉠ 어의차가 애매한 경우가 많아 평가자 집단 선별에 어려움이 있다.
　㉡ 적절한 개념 또는 판단의 기준을 선정하기 어렵다.
　㉢ 수치부여의 등간격성이 의문스럽다.
　㉣ 똑같은 척도라도 시간·장소에 따라 다른 측정치가 나올 수 있다.

(6) 스타펠척도

어의차이척도법의 한 변형으로 상반되는 수식어 대신 하나의 수식어를 평가 기준으로 제시하며 예를 들어 -5점에서 5점 사이에서 적절히 선택할 수 있다.

⑨ 척도분석법에 의한 척도구성

(1) 의의

척도의 적합성을 검증하는 방법으로 제2차 세계대전 후 Guttman이 개발한 이론이다.

(2) 문항분석

척도에 사용되는 항목 간의 내적 일관성을 검증한다.

(3) scalogram 분석

① 한 척도가 Guttman척도에 어느 정도 부합되는가를 검증하는 방법이다.

② 척도의 정확성을 측정하는 것으로 재사용 가능 계수를 사용한다.

③ 재사용 가능 계수$(CR) = 1 - \left(\dfrac{e}{r}\right)$ $(e : 오차수, \ r : 문항수×응답자 전체수)$

④ 재사용 가능 계수가 0.90 이상일 경우 타당성을 갖는다고 한다.

(4) 요인분석

① 복합적으로 상호 관련된 자료 속에 내재하고 있는 규칙성과 질서를 밝혀내는 분석방법

② 문항들 간의 관련성 분석

③ 척도의 구성요인 확인

④ 척도의 단일 차원성에 대한 검증

기출PLUS

기출 2020년 8월 23일 제3회 시행

의미분화척도(semantic differential scale)의 특성으로 옳지 않은 것은?

① 언어의 의미를 측정하기 위한 것으로, 응답자의 태도를 측정하는 데 적당하지 않다.

② 양적 판단법으로 다변량 분석에 적용이 용이하도록 자료를 얻을 수 있게 해주는 방법이다.

③ 척도의 양극단에 서로 상반되는 형용사나 표현을 이용해서 측정한다.

④ 의미적 공간에 어떤 대상을 위치시킬 수 있다는 이론적 가정을 사용한다.

정답 ①

척도구성방법을 비교척도구성 (comparative scaling)과 비비교척도구성(non-comparatie scaling)으로 구분할 때 비비교척도구성에 해당하는 것은?

① 쌍대비교법
　(paired comparison)
② 순위법(rank-order)
③ 연속평정법
　(continuous rating)
④ 고정총합법(constant sum

척도구성방법을 비교척도구성 (comparative scaling)과 비비교척도구성(non-comparative scaling)으로 구분할 때 비교척도구성에 해당하는 것은?

· 보기 ·
　㉠ 쌍대비교법
　　(paired comparison)
　㉡ 순위법(rank-order)
　㉢ 고정총합법(constant sum)
　㉣ 연속평정법(continuous rating)
　㉤ 항목평정법(itemized rating)

① ㉠, ㉡, ㉢
② ㉠, ㉢, ㉤
③ ㉣, ㉤
④ ㉠, ㉡, ㉢, ㉣, ㉤

정답 ③, ①

⑩ 척도 구성 방법 [2018 1회] [2019 1회]

(1) 비교척도구성

쌍대비교법, 순위법, 고정총합법, 비율분할법

(2) 비비교척도구성

단일평정법, 연속평정법, 항목평정법

⑪ 총화평정척도, 차별척도, 누적척도의 비교

(1) 목적

총화평정척도와 차별척도가 새로운 사실의 발견에 이용되는 반면 누적척도는 가설의 확인 등을 위해 이용된다.

(2) 평가자집단

총화평정척도와 누적척도는 항목선정 등에 있어 평가자집단을 필요로 하지 않으나 차별척도는 평가자집단을 필요로 한다.

(3) 대상과 구성

① 누적척도가 단일가설이나 개념 등을 대상으로 하는 데 반해 총화평정척도와 차별척도는 그렇지 않다.

② 누적척도가 10개 미만의 항목 수를, 차별척도가 20개 미만의 항목 수를 갖는데 반해 총화평정척도는 그보다 많은 항목 수를 갖는다.

(4) 분석의 초점

총화평정척도는 대상자와 척도상 대상자의 지위에, 차별척도는 항목과 척도상 항목의 지위에, 누적척도는 항목의 척도구성 가능성과 척도상 대상자의 지위의 분석에 초점을 둔다.

⑫ 지수와 사회지표

(1) 지수

① **개념** : 다수의 지표를 양적으로 측정 가능한 수치로 표현한 것이다.

② **특징**

  ㉠ 직접적으로 측정하기 힘든 조사대상 개념들을 간접적으로 측정할 수 있게 해준다.

  ㉡ 복잡한 개념을 나타낼 수 있어서 자료를 복잡성을 감소시킨다.

  ㉢ 수량적인 측정치를 제공해준다.

(2) 사회지표

① **개념** : 사회 구성원들의 상태를 집약적으로 나타내어 사회변화를 전반적이고 종합적으로 파악할 수 있도록 하는 척도이다.

② **사회지표의 종류** : '인구 / 가구 · 가족 / 소득 · 소비 / 노동 · 교육 / 보건 / 주거 · 교통 / 정보 · 통신 / 에너지 · 환경 / 복지 / 문화 · 여가 / 안전 / 정부 / 사회참여'의 13개 부분으로 구성되어 있다.

기출PLUS

기출 2020년 8월 23일 제3회 시행

척도와 지수에 관한 설명으로 옳지 않은 것은?

① 지수는 개별적인 속성들에 할당된 점수들을 합산하여 구한다.

② 척도는 속성들 간에 존재하고 있는 강도(intensity) 구조를 이용한다.

③ 지수는 척도보다 더 많은 정보를 제공해준다.

④ 척도와 지수 모두 변수에 대한 서열측정이다.

정답 ③

2020. 8. 23. 제3회

1 척도와 지수에 관한 설명으로 옳지 않은 것은?

① 지수는 개별적인 속성들에 할당된 점수들을 합산하여 구한다.
② 척도는 속성들 간에 존재하고 있는 강도(intensity) 구조를 이용한다.
③ 지수는 척도보다 더 많은 정보를 제공해준다.
④ 척도와 지수 모두 변수에 대한 서열측정이다.

2020. 8. 23. 제3회

2 변수에 관한 설명으로 가장 거리가 먼 것은?

① 변수는 연구대상의 경험적 속성을 나타내는 개념이다.
② 인과적 조사연구에서 독립변수란 종속변수의 원인으로 추정되는 변수이다.
③ 외재적 변수는 독립변수와 종속변수와의 관계에 개입하면서 그 관계에 영향을 미칠 수 있는 제3의 변수이다.
④ 잠재변수와 측정변수는 변수를 측정하는 척도의 유형에 따른 것이다.

1.

지수란 다수의 지표를 양적으로 측정 가능한 수치로 표현한 것이며, 척도는 기호나 숫자로 자료를 양화시키는 것으로 지수보다는 척도가 더 많은 정보를 제공한다.

2.

④ 잠재변수는 직접적으로 관찰되거나 측정되지 않은 변수로 척도 유형을 따르지 않는다.

Answer 1.③ 2.④

3 질적 변수(qualitative variable)와 양적 변수(quantitative variable)에 관한 설명으로 틀린 것은?

① 성별, 종교, 직업, 학력 등을 나타내는 변수는 질적 변수이다.

② 질적 변수에서 양적 변수로의 변환은 거의 불가능하다.

③ 계량적 변수 혹은 메트릭(metric) 변수라고 불리는 것은 양적 변수이다.

④ 양적 변수는 몸무게나 키와 같은 이산변수(discrete variable)와 자동차의 판매대수와 같은 연속변수(continuous variable)로 나누어진다.

3.

양적 변수는 몸무게나 키와 같이 실숫값을 취할 수 있는 변수인 연속변수(continuous variable)와 자동차의 판매대수와 같이 셀 수 있는 숫자로 표현되는 변수인 이산변수(discrete variable)로 나누어진다.

4 다음은 어떤 척도에 관한 설명인가?

> • 관찰대상의 속성에 따라 관찰대상을 상호배타적이고 포괄적인 범주로 구분하여 수치를 부여하는 도구
> • 변수간의 사칙연산은 의미가 없음
> • 운동선수의 등번호, 학번 등이 있음

① 명목척도　　　　　　② 서열척도

③ 등간척도　　　　　　④ 비율척도

4.

명목척도는 성별(남자 = 1, 여자 = 2), 운동선수 등번호, 학번처럼 이름이나 명칭 대신에 숫자를 부여한 것으로 숫자에 특별한 정보를 담고 있지는 않은 것을 의미한다.

5 리커트(Likert) 척도를 작성하는 기본절차와 가장 거리가 먼 것은?

① 척도문항의 선정과 척도의 서열화

② 응답자의 진술문항 선정과 각 문항에 대한 응답자들의 서열화

③ 응답범주에 대한 배점과 응답자들의 총점순위에 따른 배열

④ 상위응답자들과 하위응답자들의 각 문항에 대한 판별력의 계산

5.

② 각 문항에 대한 응답자들의 서열이 아니라 각 문항에 대한 응답지들을 3~10개 정도의 척도 항목으로 서열을 구분하고, 전체 문항에 대한 총점 순위에 의해 응답자들을 배열한다.

Answer　　3.④ 4.① 5.②

6 서열측정을 위한 방법으로 단순합산법을 사용하는 대표적인 척도는?

① 거트만(Guttman) 척도
② 서스톤(Thurstone) 척도
③ 리커트(Likert) 척도
④ 보가더스(Bogardus) 척도

6.

리커트 척도는 평정척도의 변형으로 여러 문항을 하나의 척도로 구성하여 전체 항목의 평균값을 측정치로 한다. 이는 모든 항목들에 대해 동일한 가치를 부여하고 개별 항목들의 답을 합산하여 측정치가 만들어지고 서열을 나누는 것으로 단순 합계에 의한 합산법 척도의 대표적인 방법이다.

7 의미분화척도(semantic differential scale)의 특성으로 옳지 않은 것은?

① 언어의 의미를 측정하기 위한 것으로, 응답자의 태도를 측정하는 데 적당하지 않다.
② 양적 판단법으로 다변량 분석에 적용이 용이하도록 자료를 얻을 수 있게 해주는 방법이다.
③ 척도의 양극단에 서로 상반되는 형용사나 표현을 이용해서 측정한다.
④ 의미적 공간에 어떤 대상을 위치시킬 수 있다는 이론적 가정을 사용한다.

7.

① 의미분화척도는 언어의 의미를 측정하여 응답자의 태도를 측정하는 방법이다.

8 실험설계를 통해 인과관계를 추론하기 위해서 서로 다른 값을 갖도록 처치를 하는 변수는?

① 외적변수
② 종속변수
③ 이산변수
④ 독립변수

8.

독립변수는 종속변수에 영향을 미치는 변수이며, 인과관계를 추론하기 위해 연구자의 조작이 가능한 변수이다.

Answer 6.③ 7.① 8.④

9 교육수준은 소득수준에 영향을 미치지 않지만, 연령을 통제하면 두 변수 사이의 상관관계가 매우 유의미하게 나타난다. 이때 연령과 같은 검정요인을 무엇이라 부르는가?

① 억제변수(suppressor validity)

② 왜곡변수(distorter validity)

③ 구성변수(component validity)

④ 외재적 변수(extraneous validity)

9.

억제변수는 독립, 종속변수 사이에 실제로는 인과관계가 있으나 이를 없도록 나타나게 하는 제3변수이며, 해당 문항으로는 연령이 교육수준과 소득수준의 상관성을 없애는 억제변수에 해당되며, 연령을 통제하면 교육수준과 소득수준의 상관관계가 유의하게 나타나게 된다.

---

10 명목척도(nominal scale)에 관한 설명으로 옳지 않은 것은?

① 측정의 각 응답 범주들이 상호 배타적이어야 한다.

② 측정 대상의 특성을 분류하거나 확인할 목적으로 숫자를 부여하는 것이다.

③ 하나의 측정 대상이 두 개의 값을 가질 수는 없다.

④ 절대영점이 존재한다.

10.

절대영점이 존재하는 것은 비율척도에 해당된다.

---

11 척도의 종류 중 비율척도에 관한 설명으로 틀린 것은?

① 절대적인 기준을 가지고 속성의 상대적 크기비교 및 절대적 크기까지 측정할 수 있도록 비율의 개념이 추가된 척도이다.

② 수치상 가감승제와 같은 모든 산술적인 사칙연산이 가능하다.

③ 비율척도로 측정된 값들이 가장 많은 정보를 포함하고 있다고 볼 수 있다.

④ 월드컵 축구 순위 등이 대표적인 예이다.

11.

월드컵 축구 순위는 서열척도에 해당된다.

Answer 9.① 10.④ 11.④

2020. 6. 14. 제1 · 2회 통합

12 의미분화척도(semantic differential scale)에 관한 설명과 가장 거리가 먼 것은?

① 어떠한 개념에 함축되어 있는 의미를 평가하기 위한 방법으로 고안되었다.

② 하나의 개념을 주고 응답자들로 하여금 여러 가지 의미의 차원에서 그 개념을 평가하도록 한다.

③ 일반적인 형태는 척도의 양극단에 서로 상반되는 형용사를 배치하여 그 문항들을 응답자에게 제시한다.

④ 자료의 분석과정에서 다변량분석과 같은 통계적 처리 과정에 적용하는 것이 용이하지 않다.

12.

의미분화척도는 다차원적인 개념을 측정하는데 사용되는 척도로서 다변량분석과 같은 통계적 처리과정에 적용하기 용이하다.

2019. 8. 4. 제3회

13 두 변수 간의 관계를 보다 정확하고 명료하게 이해할 수 있도록 밝혀주는 역할을 하는 검정변수가 아닌 것은?

① 매개변수(intervening variable)

② 구성변수(component variable)

③ 예측변수(predictor variable)

④ 선행변수(antecedent variable)

13.

① 매개변수(intervening variable) : 독립변수와 종속변수의 사이에서 독립변수의 결과인 동시에 종속변수의 원인이 되는 변수

② 구성변수(component variable) : 포괄적 개념을 구성하는 하위변수

④ 선행변수(antecedent variable) : 인과관계에서 독립변수에 앞서면서 독립변수에 대해 유효한 영향력을 행사하는 변수

2019. 8. 4. 제3회

14 다음 중 비율척도로 측정하기 어려운 것은?

① 각 나라의 국방 예산

② 각 나라의 평균 기온

③ 각 나라의 일인당 평균 소득

④ 각 나라의 일인당 교육 년 수

14.

평균 기온은 등간척도에 해당한다.

Answer 12.④ 13.③ 14.②

15 다음 (   )에 알맞은 것은?

> 서스톤(thurstone)척도는 어떤 사실에 대하여 가장 우호적인 태도와 가장 비우호적인 태도를 나타내는 양극단을 구분하여 수치를 부여하는 척도이며, 측정의 수준으로 볼 때 (   )에 해당한다.

① 명목척도　　　　　　② 서열척도
③ 등간척도　　　　　　④ 비율척도

16 척도에 관한 설명으로 옳은 것은?

① 리커트척도는 등간-비율수준의 척도이다.
② 서스톤척도는 모든 문항에 대해 동일한 척도 값을 부여한다.
③ 소시오메트리(sociometry)는 집단 간의 심리적 거리를 측정한다.
④ 거트만척도에서는 일반적으로 재생계수가 0.9 이상이면 적절한 척도로 판단한다.

17 다음은 어떤 척도에 관한 설명인가?

> 우리나라의 특정 정치지도자에 대한 국민의 생각을 측정하기 위한 방법으로 '정직 – 부정직, 긍정적 – 부정적, 약하다 – 강하다, 능동적 – 수동적' 등과 같은 대칭적 형용사를 제시한 후 응답자들로 하여금 이를 각각의 문항에 대해 1부터 7까지의 연속선상에서 평가하도록 하였다.

① 서스톤척도　　　　　　② 거트만척도
③ 리커트척도　　　　　　④ 의미분화척도

15.

서스톤척도는 측정 항목 간의 거리가 일정하다고 가정하기 때문에 태도의 차이 및 변화 정도의 비교가 가능하므로 등간척도에 해당한다.

16.

① 리커트척도는 응답 카테고리가 서열화가 되어 있지만 엄격한 등간척도가 되기 어렵다.
② 서스톤척도는 문항 내 척도는 동일한 간격을 지니고 있지만 그렇다고 해서 모든 문항에 동일한 척도 값을 부여하는 것은 아니다.
③ 사회적 거리척도로서 집단 간 거리측정이 아니라 집단 내 구성원 간의 거리를 측정하는 방법이다.
④ 재생계수의 값이 1이면 완벽한 척도이나 일반적으로는 0.9 이상이면 적합한 거트만척도라고 판단할 수 있다.

17.

의미분화척도(= 어의차별법)는 언어의 의미를 측정(정직-부정직, 긍정적-부정적, 약하다-강하다, 능동적-수동적)하여 응답자의 태도를 측정하는 방법으로 하나의 개념에 대하여 응답자들이 여러 가지 의미의 차원에서 평가(= 1부터 7까지 연속선상에서 평가)하는 것을 의미한다.

18 다음 (   )에 공통으로 들어갈 변수는?

> • (   )는 인과관계에서 독립변수에 앞서면서 독립변수에 대해 유효한 영향력을 행사하는 변수를 의미한다.
> • (   )는 매개변수와는 달리 독립변수와 종속변수 간의 관계를 설명하는 것이 아니라 그 관계에 미치는 영향을 명확히 하고자 할 때 도입한다.

① 선행변수   ② 구성변수
③ 조절변수   ④ 외생변수

18.

선행변수는 독립변수와 종속변수에 앞서 독립변수에 유효한 영향력을 행사하는 변수를 의미한다.

19 다음은 어떤 변수에 대한 설명인가?

> 어떤 변수가 검정요인으로 통제되면 원래 관계가 없는 것으로 나타났던 두 변수가 유관하게 나타난다.

① 예측변수
② 왜곡변수
③ 억제변수
④ 종속변수

19.

억제변수는 독립, 종속변수 사이에 실제로는 인과관계가 있으나 없도록 나타나게 하는 제3변수를 의미한다.

20 연속변수(continuous variable)로 구성하기 어려운 것은?

① 인종
② 소득
③ 범죄율
④ 거주기간

20.

인종은 한국인, 중국인, 일본인, 미국인, 아프리카인 등의 범주로 구분할 수 있으며, 이는 순위나 서열의 개념이 없으며, 절대 0의 개념도 없으며, 사칙연산이 불가능하므로 연속변수가 아니라 명목척도에 해당된다.

Answer   18.①   19.④   20.①

21 설문에 응한 응답자들을 가구당 소득에 따라 100만 원 이하, 100만~200만 원, 200만~300만 원, 300만 원 이상 등 네 개의 집단으로 구분하였다면 어떤 문제가 발생하는가?

① 순환성

② 포괄성

③ 신뢰성

④ 상호배타성

21.

상호배타성은 서로 중복되지 않고 나열되는 것으로, '100만 원 이하', '100만~200만 원', '200만~300만 원', '300만 원 이상' 그룹에서 각각 100만 원, 200만 원, 300만 원은 각각 그룹에 중복되어 할당될 수 있는 문제가 생기므로 상호배타성에 문제가 발생한다.

22 각 문항이 척도상의 어디에 위치할 것인가를 평가자들로 하여금 판단케 한 다음 조사자가 이를 바탕으로 하여 대표적인 문항들을 선정하여 척도를 구성하는 방법은?

① 서스톤척도

② 리커트척도

③ 거트만척도

④ 의미분화척도

22.

서스톤척도(등간척도) : 평가자를 사용하여 척도상에 있는 항목들을 어디에 배치할 것인가를 판단한 후 다음 조사자가 이를 바탕으로 척도에 포함된 적절한 항목들을 선정하는 척도를 구성하는 방법

23 보가더스(Bogardus)의 사회적 거리척도의 특징으로 옳지 않은 것은?

① 적용 범위가 넓고 예비조사에 적합한 면이 있다.

② 집단 상호간의 거리를 측정하는 데 유용하다.

③ 신뢰성 측정에는 양분법이나 복수양식법이 매우 효과적이다.

④ 집단뿐 아니라 개인 또는 추상적인 가치에 관해서도 적용할 수 있다.

23.

③ 보가더스 척도의 신뢰성 측정은 재검사법만 사용한다.

24 다음과 같이 양극단의 상반된 수식어 대신 하나의 수식어 (unipolar adjective)만을 평가기준으로 제시하는 척도는?

※ AA백화점은		
5	5	5
•	•	•
•	•	•
•	•	•
2	2	2
1	1	1
고급이다.	서비스가 부족하다.	상품이 다양하다.
−1	−1	−1
•	•	•
•	•	•
•	•	•
−4	−4	−4
−5	−5	−5

① 스타펠척도(stapel scale)

② 리커트척도(likert scale)

③ 거트만척도(guttman scale)

④ 서스톤척도(thurstone scale)

24.

스타펠척도는 어의차이척도법의 한 변형으로 상반 되는 수식어 대신 하나의 수식어를 평가 기준으로 제시하며 예를 들어 −5점에서 5점 사이에서 적절 히 선택할 수 있다.

25 어의차이척도(semantic differential scale)에 관한 설명으로 옳지 않은 것은?

① 측정된 자료는 요인분석 등과 같은 다변량분석의 적용이 가능하다.

② 측정대상들을 직접 비교하는 형태인 비교척도(comparative scale)에 해당한다.

③ 마케팅조사에서 기업이나 브랜드, 광고에 대한 이미지, 태도 등의 방향과 정도를 알기 위해 널리 이용된다.

④ 일련의 대립되는 양극의 형용사로 구성된 척도를 이용하여 응답자의 감정 혹은 태도를 측정하는데 이용된다.

25.

어의차이척도는 개념의 본질적 의미를 몇 개의 차원으로 나누어 그것에 따라 측정하여 응답자의 태도 변화를 파악하는 것으로 측정대상들을 직접 비교하는 형태가 아니라 대립적인 형용사 쌍을 통해 응답자의 감정 혹은 태도를 측정하는 것을 의미한다.

26 어떤 개념을 측정하기 위해 여러 개의 문항으로 이루어진 척도(scale)를 사용하는 이유를 모두 고른 것은?

> ㉠ 하나의 지표로서는 제대로 측정하기 어려운 복합적인 개념들을 측정하는데 유용하다.
> ㉡ 측정의 신뢰도를 높여 주기도 한다.
> ㉢ 여러 개의 지표를 하나의 점수로 나타내주어 자료의 복잡성을 덜어주기도 한다.
> ㉣ 척도에 의한 양적인 측정치는 통계적인 활용을 쉽게 한다.

① ㉠, ㉡

② ㉠, ㉢, ㉣

③ ㉡, ㉢, ㉣

④ ㉠, ㉡, ㉢, ㉣

26.

척도는 하나의 지표로는 제대로 측정하기 어려운 복합적인 개념들을 측정하는 데 유용(㉠)하며, 여러 개의 지표를 하나의 점수로 나타내어 자료의 복잡성을 덜어준다(㉢). 이는 측정의 신뢰도를 높여주며(㉡), 통계적 활용이 가능(㉣)하다.

Answer 25.② 26.④

27 3가지의 변수가 다음과 같은 순서로 영향을 미칠 때 사회적 통합을 무슨 변수라고 하는가?

종교 → 사회적 통합 → 자살율

---

① 외적변수
② 매개변수
③ 구성변수
④ 선행변수

27.

매개변수는 독립변수(= 종교)와 종속변수(= 자살률) 사이에서 독립변수의 결과인 동시에 종속변수의 원인이 되는 변수이다. 즉, 종속변수에 일정한 영향을 주는 변수로 독립변수에 의하여 설명되지 못하는 부분을 설명해 주는 변수를 말한다.

28 다음 사례에서 성적은 어떤 변수에 해당되는가?

대학교 3학년 학생인 A, B, C군은 학기말 시험에서 모두 A⁺를 받았다. 3명의 학생은 수업시간에 맨 앞자리에 앉는 공통점이 있다. 따라서 학생들의 성적은 수업시간 중 좌석 위치와 중요한 관련성을 가지고 있다고 생각하게 되었다. 이것이 사실인가 확인하기 위해 더 많은 학생들을 관찰하기로 하였다.

---

① 독립변수
② 통제변수
③ 매개변수
④ 종속변수

28.

좌석 위치에 따라 시험성적이 달라진다는 가설에 따르면 좌석 위치는 독립변수(= 원인변수, 설명변수), 성적은 종속변수(= 결과변수, 반응변수)에 해당한다.

Answer 27.② 28.④

29 다음 설명에 해당하는 척도구성기법은?

> 특정 개념을 측정하기 위해 연구자가 수집한 여러 가지의 관련 진술에 대하여 평가자들이 판단을 내리도록 한 후 이를 토대로 각 진술에 점수를 부여한다. 이렇게 얻어진 진술을 실제 측정하고자 하는 척도의 구성항목으로 포함시킨다.

① 서스톤척도(thurston scale)
② 리커트척도(likert scale)
③ 거트만척도(guttman scale)
④ 의미분화척도(semantic differential scale)

29.

서스톤척도는 평가자들이 각 문항이 척도상 어디에 위치할 것인지 판단하도록 한 다음, 연구자가 이를 바탕으로 문항 중에서 대표적인 것들을 선정하여 척도를 구성하는 방법이다.

30 다음 설문문항에서 사용한 척도는?

> **2018년 평창동계올림픽 로고에 대한 느낌은?**
> (해당 칸에 V 표하시오)
>
> 　　　　　 1　 2　 3　 4　 5　 6　 7
> 창의적이다 ├─┼─┼─┼─┼─┼─┤ 비창의적이다
> 세련되다　 ├─┼─┼─┼─┼─┼─┤ 촌스럽다
> 현대적이다 ├─┼─┼─┼─┼─┼─┤ 고전적이다

① 리커트척도(likert scale)
② 거트만척도(guttman scale)
③ 서스톤척도(thurston scale)
④ 의미분화척도(semantic differential scale)

30.

의미분화척도는 개념이 갖는 본질적 의미를 몇 차원에서 측정함으로써 태도의 변화를 명확히 파악할 수 있다. 이를 위해 양극단에 상반되는 형용사를 배치한다. 5~7점 척도로 척도의 양극점에서 상반되는 표현을 붙인다.

Answer 29.① 30.④

31 척도구성방법을 비교척도구성(comparative scaling)과 비비교 척도구성(non-comparative scaling)으로 구분할 때 비교척도 구성에 해당하는 것은?

> ㉠ 쌍대비교법(paired comparison)
> ㉡ 순위법(rank-order)
> ㉢ 고정총합법(constant sum)
> ㉣ 연속평정법(continuous rating)
> ㉤ 항목평정법(itemized rating)

① ㉠, ㉡, ㉢   ② ㉠, ㉢, ㉤

③ ㉣, ㉤   ④ ㉠, ㉡, ㉢, ㉣, ㉤

31.

비교척도는 자극 대상을 직접 비교해서 응답을 구하는 척도로써 쌍대비교법, 순위법, 고정총합법이고, 비비교척도는 자극 대상 간의 직접 비교가 필요 없는 응답을 구하는 척도로써 연속평정법, 항목평정법을 말한다.

32 거트만척도(Guttman Scale)에 대한 설명으로 틀린 것은?

① 누적척도(Cumulative Scale)라고도 한다.
② 단일차원의 서로 이질적인 문항으로 구성되며 여러 개의 변수를 측정한다.
③ 재생가능성을 통해 척도의 질을 판단한다.
④ 일단 자료가 수집된 이후에 구성될 수 있다.

32.

거트만척도(누적척도)는 일련의 동일한 항목을 갖는 하나의 변수만을 측정하는 척도를 의미하며, 강한 태도에 긍정적인 견해를 표명한 사람들은 약한 태도를 나타내는 문항에 대해서도 긍정적일 것이라는 논리를 구성하는 척도로 자료가 수집되기 전에 구성된다.

33 지수(index)와 척도(scale)에 관한 설명으로 틀린 것은?

① 지수와 척도 모두 변수에 대한 서열측정이다.
② 척도점수는 지수점수보다 더 많은 정보를 전달한다.
③ 지수와 척도 모두 둘 이상의 자료문항에 기초한 변수의 합성 측정이다.
④ 지수는 동일한 변수의 속성들 가운데서 그 강도의 차이를 이용하여 구별되는 응답 유형을 밝혀낸다.

33.

지수는 다수의 지표를 양적으로 측정 가능한 수치로 표현한 것이다. 이는 직접적으로 측정하기 힘든 조사대상 개념들을 간접적으로 측정할 수 있게 해주며, 복잡한 개념을 나타낼 수 있어서 자료의 복잡성을 감소시킨다.

Answer   31.① 32.④ 33.④

34 변수의 종류에 관한 설명으로 바르게 짝지어진 것은?

> ㉠ 매개변수는 독립변수와 종속변수 사이에서 독립변수의
>   결과인 동시에 종속변수의 원인이 되는 변수이다.
> ㉡ 억제변수는 두 변수 X, Y의 사실상의 관계를 정반대
>   의 관계로 나타나게 하는 제3의 변수이다.
> ㉢ 왜곡변수는 두 변수 X, Y가 서로 관계가 있는데도 관
>   계가 없는 것으로 나타나게 하는 제3의 변수이다.
> ㉣ 통제변수는 외재적 변수의 일종으로 그 영향을 검토하
>   지 않기로 한 변수이다.

① ㉠, ㉡   ② ㉡, ㉢
③ ㉢, ㉣   ④ ㉠, ㉣

35 명목척도 구성을 위한 측정범주들에 대한 기본 원칙과 가장 거리가 먼 것은?

① 배타성
② 포괄성
③ 논리적 연관성
④ 선택성

34.
㉡ 억제변수는 독립, 종속변수 사이에 실제로는 인과관계가 있으나 없도록 나타나게 하는 제3변수이다.
㉢ 왜곡변수는 독립, 종속변수 간의 관계를 정반대의 관계로 나타나게 하는 제3변수이다.

35.
명목척도의 측정범주 구성 원칙은 배타성(상호배제성), 포괄성, 논리적 연관성이 있어야 한다.

36 다음은 어떤 척도의 특징인가?

> • 대체적으로 11점 척도로 구성되어 있다.
> • 개발하기 위하여 시간과 노력이 많이 든다.
> • 최종적으로 구성된 척도는 동일한 간격을 지닐 수 있다.

① 리커트척도(likert scale)
② 서스톤척도(thurston scale)
③ 보가더스척도(bogardus scale)
④ 오스굿(osgood)척도

36.

서스톤척도(등간척도)는 평가자를 사용하여 척도상에 위치한 항목들을 어디에 배치할 것인가를 판단한 후 다음 조사자가 이를 바탕으로 척도에 포함된 적절한 항목들을 선정하는 척도를 구성하는 방법이다.

37 다음 설명에 해당하는 척도는?

> • 대립적인 형용사의 쌍을 이용
> • 의미적 공간에 어떤 대상을 위치시킬 수 있다는 이론적 가정에 기초
> • 조사대상에 대한 프로파일분석에 유용하게 사용

① 의미분화척도(Semantic Differential Scale)
② 서스톤척도(Thruston Scale)
③ 스타펠척도(Staple Scale)
④ 거트만척도(Guttman Scale)

37.

의미분화척도(semantic differential scale)는 각각 대립적인(＝상반되는) 형용사 척도를 몇 개의 요인으로 제시하는 반면 이와 유사한 스타펠 척도는 상반된 수식어 대신 하나의 수식어를 평가 기준으로 제시한다.

Answer 36.② 37.①

38 사회과학에서 척도를 구성하는 이유와 가장 거리가 먼 것은?

① 측정의 신뢰성을 높여준다.
② 변수에 대한 질적인 측정치를 제공한다.
③ 하나의 지표로 측정하기 어려운 복합적인 개념들을 측정한다.
④ 여러 개의 지표를 하나의 점수로 나타내어 자료의 복잡성을 덜어준다.

38.
척도란 자료를 양적화시키기 위하여 사용되는 일종의 측정도구로써 일정한 규칙에 입각하여 측정대상에 적용되도록 만들어진 연속선상에 표시된 기호나 숫자의 배열을 말한다.

39 질적 변수와 양적 변수에 관한 설명으로 틀린 것은?

① 질적 변수는 속성의 값을 나타내는 수치의 크기가 의미 없는 변수이다.
② 양적 변수는 측정한 속성값을 연산이 가능한 의미 있는 수치로 나타낼 수 있다.
③ 양적 변수는 이산변수와 연속변수로 구분된다.
④ 몸무게가 80kg 이상인 사람을 1로, 이하인 사람을 0으로 표시하는 것은 질적 변수를 양적 변수로 변화시킨 것이다.

39.
양적 변수는 연속변수를 의미하며, 80kg 이상 또는 이하로 구분하는 것은 질적 변수이다.

40 전문직에 종사하는 남성근로자를 대상으로 하는 사회조사에서 변수가 될 수 없는 것은?

① 연령
② 성별
③ 직업종류
④ 근무시간

40.
대상자가 남성으로 한정되어 있기 때문에 성별에 대한 비교는 어렵다.

Answer 38.② 39.④ 40.②

41 "상경계열에 다니는 대학생이 이공계열에 다니는 대학생보다 물가변동에 대한 관심이 더 높을 것이다."라는 가설에서 '상경계열 학생 유무'라는 변수를 척도로 나타낼 때 이 척도의 성격은?

① 순위척도

② 명목척도

③ 서열척도

④ 비율척도

41.

명목척도는 측정대상의 속성에 따라 여러 범주(= 상경계열학생 유무)로 나눠 숫자를 부여하는 척도를 의미한다.

42 응답자의 월평균 소득금액을 '원' 단위로 조사하고자 하는 경우에 적합한 척도는?

① 비율척도

② 등간척도

③ 서열척도

④ 명목척도

42.

금액(월평균 소득금액)을 원단위로 조사하고자 하므로 비율척도가 적당하다.

43 다음 설명에 해당하는 척도는?

- 합성측정(Compo site Measurements)의 유형 중 하나이다.
- 누적 스케일링(Cumulative Scaling)의 대표적인 형태이다.
- 측정에 동원된 특정 문항이 다른 지표보다 더 극단적인 지표가 될 수 있다는 점에 근거한다.
- 측정에 동원된 개별 항목 자체에 서열상을 미리 부여한다.
---

① 크루스칼(Kruskal)척도

② 서스톤(Thurstone)척도

③ 보가더스(Borgadus)척도

④ 거트만(Guttman)척도

43.

거트만(guttman)척도는 누적척도로 일련의 동일한 항목을 갖는 하나의 변수만을 측정하는 척도를 의미한다.

Answer 41.② 42.① 43.④

44 척도구성방법을 비교척도구성(Comparative Scaling)과 비비교 척도구성(Noncomparative Scaling)으로 구분할 때 비비교척 도구성에 해당하는 것은?

① 쌍대비교법(Paired Comparison)

② 순위법(Rank-order)

③ 연속평정법(Continuous Rating)

④ 고정총합법(Constant Sum)

44.

연속평정법은 현상의 속성에 대한 정밀한 평가를 구하는 것이 필요할 경우 사용하는 척도구성법으로 자극 대상 간의 직접 비교가 필요 없는 응답을 구하는 비비교척도에 적합하다.

45 종업원이 친절할수록 패밀리 레스토랑의 매출액이 증가한다는 가설을 검증하고자 할 경우, 레스토랑의 음식 맛 역시 매출에 영향을 미친다면 음식의 맛은 어떤 변수인가?

① 종속변수

② 매개변수

③ 외생변수

④ 조절변수

45.

외생변수는 독립변수(종업원의 친절성) 이외에 종속변수(레스토랑 매출액)에 영향을 변수(레스토랑의 음식 맛)로 통제해야 되는 변수이다.

① **종속변수**: 독립변수의 영향을 받아 변하는 결과변수

② **매개변수**: 독립변수와 종속변수 사이에 제3변수가 개입하여 두 변수 사이를 매개하는 변수

④ **조절변수**: 독립변수와 종속변수 사이에 두 변수의 관계의 강도를 조절해 주는 변수

46 매개변수(Intervening Variable)에 관한 설명으로 옳은 것은?

① 원인변수 혹은 가설변수라고 하는 것으로서 사전에 조작되지 않은 변수를 의미한다.

② 결과변수라고 하며, 독립변수의 원인을 받아 일정하게 변화된 결과를 나타내는 기능을 하는 변수를 의미한다.

③ 결과변수에 영향을 미치면서도 그 이유를 제대로 설명하지 못하는 변수를 의미한다.

④ 개입변수라고도 불리며, 종속변수에 일정한 영향을 주는 변수로 독립변수에 의하여 설명되지 못하는 부분을 설명해주는 변수를 말한다.

46.

① 독립변수

② 종속변수

③ 외생변수

④ 매개변수

2018. 3. 4. 제1회

47 척도제작 시 요인분석(Factor Analysis)의 활용과 가장 거리가 먼 것은?

① 문항들 간의 관련성 분석
② 척도의 구성요인 확인
③ 척도의 신뢰성 계수 산출
④ 척도의 단일 차원성에 대한 검증

47.
척도의 신뢰도 계수는 신뢰도 검정을 통해 산출할 수 있다.

2018. 3. 4. 제1회

48 어떤 제품의 선호도를 조사하기 위하여 "아주 좋아한다. 좋아한다. 싫어한다. 아주 싫어한다"와 같은 선택지를 사용하였다. 이는 어떤 척도 측정된 것인가?

① 서열척도
② 명목척도
③ 등간척도
④ 비율척도

48.
서열척도는 측정대상의 속성에 따라 여러 범주로 나누고 이들 범주를 순위관계(아주 좋아한다, 좋아한다, 싫어한다, 아주 싫어한다)로 표현한다.

2018. 3. 4. 제1회

49 측정 수준에 대한 설명으로 틀린 것은?

① 서열척도는 각 범주 간에 크고 작음의 관계를 판단할 수 있다.
② 비율척도에서 0의 값은 자의적으로 부여되었으므로 절대적 의미를 가질 수 없다.
③ 명목척도에서는 각 범주에 부여되는 수치가 계량적 의미를 가지지 못한다.
④ 등간척도에서는 각 대상 간의 거리나 크기를 표준화된 척도로 표시할 수 있다.

49.
비율척도는 절대 영점을 가지고 있으며 가감승제 $(+, -, \times, \div)$를 포함한 수학적 조작이 가능하다.

Answer 47.③ 48.① 49.②

50 서스톤(Thurslone)척도는 척도의 수준으로 볼 때 어느 척도에 해당하는가?

① 등간척도

② 서열척도

③ 명목척도

④ 비율척도

50.

서스톤척도는 등간척도, 등현등간척도에 해당된다.

51 척도구성 방법 중 인종, 사회계급과 같은 여러 가지 형태의 사회집단에 대한 사회적 거리를 측정하기 위한 척도는?

① 서스톤척도(Thurston Scale)

② 보가더스척도(Bogardus Scale)

③ 거트만척도(Guttman Scale)

④ 리커트척도(Likert Scale)

51.

보가더스 척도는 여러 형태의 사회집단 및 추상적 사회가치의 사회적 거리를 측정하기 위해 개발한 방법으로 사회집단 등의 대상에 대한 친밀감 및 무관심의 정도를 측정할 수 있다.

52 다음은 어떤 척도를 활용한 것인가?

> 학원에 다니는 수강생의 만족도를 측정하기 위한 방법으로 '긍적적 – 부정적, 능동적 – 수동적' 등과 같은 대칭적 형용사를 제시하고 응답자들이 각 문항에 대해 1부터 7까지의 연속선상에서 평가하도록 하였다.

① 거트만척도(Guttman Scale)

② 리커트척도(Likert Scale)

③ 서스톤척도(Thurston Scale)

④ 의미분화척도(Semantic Differential Scale)

52.

의미분화척도(semantic differential scale)는 양극 형용사 척도(긍정적-부정적, 능동적-수동적 등)를 통해 응답자의 태도를 측정하는 방법이다.

Answer　　50.①　51.②　52.④

53 다음 중 척도를 구성하는 과정에서 평가자의 평가에 근거하여 문항을 선정하고 척도의 값을 정한 다음 조사자가 이를 바탕으로 척도에 포함된 적절한 문항을 선정하여 구성하는 척도는?

① 평정척도(Rating scale)
② 유사등간척도(Equal appearing interval scale)
③ 총화평정척도(Summated rating scale)
④ 누적척도(Cumulative scale)

54 비율척도에 대한 설명으로 틀린 것은?

① 등간척도의 성격에 절대 0의 값을 추가한 척도이다.
② 사칙연산이 가능하다.
③ 등간척도처럼 기하평균과 변동계수 등을 비롯한 모든 고등 통계량을 구할 수 있다.
④ 빈도수와 중위수를 구할 수 있다.

55 사회조사에서 척도에 대한 설명으로 옳지 않은 것은?

① 척도는 여러 개의 지표를 하나의 점수로 나타낸다.
② 척도를 통하여 하나의 지표로서 제대로 측정하기 어려운 복합적인 개념을 측정할 수 있다.
③ 불연속성은 척도의 중요한 속성이다.
④ 척도는 변수에 대한 양적인 측정치를 제공한다.

56 이론적 개념을 경험적 수준의 변수로 전환시키는 것은?

① 서열화   ② 수량화
③ 척도화   ④ 조작화

53.

이 척도의 특징은 척도를 구성하는 과정에서 문항을 선정할 때 그 적합성 여부에 대한 평가를 선정된 평가자들에게 의뢰한다는 점이다.

54.

비율척도는 절대적 크기를 비교하는 것으로 평균 측정은 기하평균이나 조화평균으로 측정될 수 있으며 현실과 일치하는 절대적인 "0"을 측정할 수 있다.
④ 명목척도의 경우 빈도수, 서열척도의 경우 중위수를 구할 수 있다.

55.

척도란 자료를 양화시키기 위하여 사용되는 일종의 측정도구로서, 일정한 규칙에 입각하여 측정대상에 적용되도록 만들어진 연속선상에 표시된 기호나 숫자의 배열을 말한다.

56.

조작화: 개념과 변수들을 확인하여 명확히 정의하고 개념들을 경험적으로 측정할 수 있도록 하는 작업을 말한다.

Answer   53.② 54.④ 55.③ 56.④

57 다음 중 이론적 개념을 측정가능한 수준의 변수로 전환시키는 작업과정은?

① 서열화
② 수향화
③ 척도화
④ 조작화

57.

이론적, 개념적 수준과 경험적·구체적인 수준 간의 간격을 좁혀 주는 것이 바로 조작화이다. 추상적 개념이나 변수를 실증인 관찰에 의해 측정할 수 있도록 구체화한 정의를 지칭한다.

58 리커트척도의 장점이 아닌 것은?

① 항목의 우호성 또는 비우호성을 평가하기 위해 평가자를 활용하므로 객관적이다.
② 적은 문항으로도 높은 타당도를 얻을 수 있어서 매우 경제적이다.
③ 다섯 개의 응답 카테고리가 명백하게 서열화되어 응답자에게 혼란을 주지 않는다.
④ 응답자료에서 지표를 추출하여 구성하는 체계적이고 세련된 기법이다.

58.

총화평정척도라고도 하며 척도를 구성할 문항들을 만든 후 이에 대하여 응답자들에게 대답하게 한 다음 각 응답자의 전체점수를 계산하고 이에 기반하여 각 문항의 변별력을 파악한 후에 최종적으로 척도를 구성할 문항들을 선택한다.

59 총화평정척도에 대한 설명으로 옳지 않은 것은?

① 예비적 문항의 선정단계를 거쳐서 최종의 척도를 구성하는 이중단계를 거친다.
② 평가자의 주관이 개입될 가능성이 크다.
③ 리커트(Likert)척도라고 부른다.
④ 전체 문항에 대한 응답의 총 평점이 태도의 측정치가 된다.

59.

척도를 구성할 최종문항들을 선정하는 이중의 단계를 거쳐 구성하며, 응답자가 아닌 별도의 평가자를 사용하지 않기 때문에 평가자의 주관이 개입할 가능성이 배제된다.

Answer 57.④ 58.① 59.②

60 태도척도에서 부정적인 극단에는 1점을, 긍정적인 극단에는 5점을 부여한 후, 전체문항의 총점 또는 평균을 가지고 태도를 측정한 것은?

① 서스톤척도

② 리커트척도

③ 거트만척도

④ 의미분화척도(어의차이척도)

61 다음 중 척도상의 통계적 기법으로 적당하지 않은 것은?

① 개별문항과 척도 간의 상관관계

② 개별문항들에 대한 요인분석

③ 개별문항에 대한 평균값과 표준편차의 산출

④ 문항별 기준변수와의 상관관계 분석

62 척도는 응답자, 자극(직업 간 위세차이) 또는 응답자와 자극을 동시에 측정하려고 하는가에 따라서 여러 방식이 있다. 이 중 응답자와 자극을 동시에 측정하는 척도는?

① 서스톤척도   ② 리커트척도

③ 거트만척도   ④ 의미분석척도

63 다음 중 평정척도의 변형으로 각 문항이 하나의 척도로서 전체문항의 총점을 태도의 측정치로 보는 척도로 옳은 것은?

① 등현등간척도   ② Likert척도

③ 소시오메트리   ④ Bogardus척도

60.

리커트척도를 구성함에 있어서는 문항의 선정, 척도의 평점화 문항 간의 내적 일관성, 척도의 신뢰도와 타당도 문제 등을 고려해야 한다.

61.

③ 개별문항 자체에 대한 평균값과 표준편차를 산출하는 것은 의미가 없다.

62.

거트만척도와 재생계수

㉠ 거트만척도는 척도를 구성하는 과정에서 질문 문항들이 단일차원을 이루는지를 검증할 수 있는 척도이다.

㉡ 거트만척도는 재생계수를 통해 응답자의 답변이 이상적인 패턴에 얼마나 가까운가를 측정할 수 있으며, 응답자와 자극을 동시에 측정하는 척도이다.

㉢ 재생계수가 최소한 0.90 이상이 되어야 바람직한 거트만척도라고 할 수 있다.

63.

② Likert타입척도는 총화평정척도라고도 하며 개별문항 점수의 합의 평균치가 태도의 측정치가 된다.

64 다음 중 집단 간의 사회적 거리(친밀감, 무관심 등)를 측정하기에 적합한 척도의 구성으로 옳은 것은?

① 어의분별척도
② 보가더스척도
③ 소시오메트리
④ 총화평정척도

64.

② 보가더스척도는 주로 집단사이의 친근관계를 측정한다.

65 다음 평가척도의 기본요건으로 옳지 않은 것은?

① 측정대상
② 연속체
③ 측정자
④ 자극

65.

측정대상, 측정자, 연속체는 서로 논리적 연관성을 갖고 합리적으로 규정되어야 한다.

66 다음 중 각 항목에 카테고리 없이 측정대상을 한꺼번에 측정한 것으로 각 항목에 각기 다른 기준치를 부여한 방법은?

① 평정척도
② 조합비교법
③ 등현등간척도
④ 누적척도

66.

등현등간척도 : 평가자가 항목의 배치를 판단한 후 이를 바탕으로 척도에 포함된 항목들을 선정하여 척도하는 방법으로 유사동간법이라고도 부른다.

67 개념들이 어의공간에서 차지하는 위치 사이의 거리를 측정해 분석하는 척도방법은?

① 거리집락분석
② 문항분석
③ 평균치분석
④ 요인평점분석

67.

② 척도에 사용된 항목 간의 내적 일관성을 검증하는 방법이다.
③ 기본개념이 갖는 척도치를 평균해 분석하는 방법이다.
④ 요인평점을 통해 응답자, 개념, 차원을 평가하는 방법이다.

Answer 64.② 65.④ 66.③ 67.①

68 다음 중 소시오메트리의 분석방법으로 옳지 않은 것은?

① 소시오그램
② 소시오메트릭 행렬
③ 스캘로그램
④ 소시오메트릭 지수

68.

소시오메트리 분석은 질문에 대한 응답자의 응답을 보고 분석·해석하기 위해 소시오메트릭 행렬, 소시오그램, 소시오메트릭 지수 등을 사용한다.

69 다음 중 비율척도에 대한 설명으로 옳지 않은 것은?

① 비율척도는 절대 0의 값과 등간척도의 성격을 갖는다.
② 비율척도의 통계기법으로 적률상관계수, 표준편차, 평균값 등이 있다.
③ 가격, TV시청률, 신문구독률 등 어떠한 형태의 통계적 분석이 가능하다.
④ 행정학의 투입산출의 model은 비율척도를 이용한 model이다.

69.

② 등현등간척도의 통계기법이며 비율척도의 통계기법으로는 상승평균과 변이계수를 이용하는 방법이 있다.

70 다음 중 등간척도의 자료를 처리할 수 있는 통계기법에 속하는 것은?

① 순위상관계수   ② 적률상관계수
③ 최빈값   ④ 변이계수

70.

① 서열척도
③ 명목척도
④ 비율척도

71 명목척도로 나타내기 위해 대상을 분류할 경우 지켜야 할 원칙으로 틀린 것은?

① 범주 간 간격은 동일해야 한다.
② 분류범주는 상호배타적이어야 한다.
③ 분류범주는 모든 대상을 총망라해야 한다.
④ 분류체계의 일관성을 가져야 한다.

71.

명목척도의 경우 명목수준을 부여받은 척도로 측정하고자 하는 대상을 단지 분류만 한 것으로 범주 간 간격이 동일할 필요는 없다.

Answer   68.③   69.②   70.②   71.①

72 다음 측정구성의 비교 설명 중 옳지 않은 것은?

① 누적척도는 단일가설이나 개념 등을 측정의 대상으로 삼으며 총화평정척도는 누적척도나 차별척도보다 많은 항목 수를 갖는다.

② 총화평정척도는 대상자와 척도상 대상자의 지위에 초점을 두는 반면 차별척도는 항목과 척도상 항목의 지위에 분석의 초점을 둔다.

③ 총화평정척도, 누적척도, 차별척도 모두는 새로운 지식의 발견에 이용된다.

④ 누적척도와 총화평정척도는 항목선정 등에 있어 평가자 집단을 필요로 하지 않으나 차별척도는 필요조건으로 한다.

73 다음 중 척도에 대한 설명으로 옳지 않은 것은?

① 연속성은 척도의 중요한 속성이다.

② 척도는 계량화를 위한 도구이다.

③ 척도는 모두 사물을 다 측정할 수 있다.

④ 척도의 종류에는 명목·서열·등간 및 비율척도가 있다.

74 다음 중 유형 설명 시 동원체제를 Ⅰ, 관찰체제를 Ⅱ, 신정체제를 Ⅲ, 조화체제를 Ⅳ라고 표시했다면 이는 어느 척도에 속하는가?

① 명목척도

② 서열척도

③ 등간척도

④ 비율척도

72.

③ 총화평정척도와 차별척도는 새로운 사실발견에 이용되나 누적척도는 가설의 확인 등에 이용된다.

73.

③ 측정대상이 주관적일 경우 측정할 수 없는 경우가 많으며 측정하더라도 일부 측면에 불과하다.

74.

유형의 표시인 Ⅰ, Ⅱ, Ⅲ, Ⅳ는 양적 표현이 아닌 범주의 표시이다.

75 다음 중 통계기법으로 최빈값, 도수, 분할계수가 이용되는 척도로 옳은 것은?

① 등간척도
② 서열척도
③ 명목척도
④ 비율척도

75.

① 평균수, 표준편차, 적률상관계수
② 중위수, 순위상관계수
④ 상승평균, 변동계수

76 다음 척도의 종류 중 가장 세련된 고도의 통계분석이 가능한 척도는?

① 등간척도
② 서열척도
③ 명목척도
④ 비율척도

76.

④ 사회과학에서는 적용하기 어려우나 상승평균, 변이계수 등을 이용하여 경제학, 심리학, 행정학의 투입산출 모델에 사용한다.

77 다음 중 일종의 측정도구로서 일정한 규정에 따라 측정대상에 적용할 수 있도록 만들어진 일련의 기호나 숫자는?

① 조사설계
② 자료
③ 가설
④ 척도

77.

④ 척도는 측정도구로서 측정도구를 일정한 규칙에 입각하여 연속상체에 숫자나 기호를 배열한다.

78 다음 척도 중 Guttman척도로 옳은 것은?

① 비율척도
② 총화평정척도
③ 등현등간척도
④ 누적척도

78.

④ 누적척도를 일명 Guttman척도라 하며 변수 하나만을 측정하는 일차원 척도이다.

Answer　75.③　76.④　77.④　78.④

79 다음 중 등현등간척도에 대한 설명으로 옳지 않은 것은?

① 등현등간척도는 +, −로 표시된다.

② 등현등간척도는 유사등간법 및 Bogardus척도라 한다.

③ 등현등간척도에서 선정된 문항은 그 거리가 일정해야 한다.

④ 등현등간척도의 문항에 부여된 가중치는 적합성을 판정하기 위해 선출된 측정자에 의하여 매겨진다.

79.

② 등현등간척도는 Thurstone척도이다.

80 다음 설명 중 Guttman척도에 대한 설명으로 옳은 것은?

① 항목 수는 제약을 받지 않는다.

② 재사용 가능 계수가 0.9 이상이면 좋지 않다.

③ 효과적인 측정수단으로 양분법과 복수양식법이 있다.

④ 문항과 개인 총평점 간의 누적관계가 성립한다.

80.

① 10여 개의 문항수에 제한을 받는다.

② 재사용 가능 계수가 0.9이하면 좋지 않다.

③ 측정수단으로 재검사법이 이용된다.

81 다음 중 소시오메트리에 대한 설명으로 옳지 않은 것은?

① 집단 내의 구성원 간의 심리적 거리를 측정하는 방법이다.

② 집단 간의 거리를 측정하는 척도이다.

③ J. L. Moreno가 발전시킨 인간관계의 측정방법이다.

④ 사회적 선택, 커뮤니케이션의 영향력, 상호작용 등과 같은 아이디어를 갖고 있다.

81.

② 소시오메트리는 개인을 중심으로 집단 내 구성원 간의 거리를 측정하는 방법이다.

82 초등학생의 과외수업이 학생들의 성적에 미치는 영향을 알아보기 위하여 학원의 재학여부를 구별하고자 1과 2의 숫자를 대신 부여하였을 경우 이 숫자는 다음 중 어느 척도에 해당하는가?

① 평정척도
② 등간척도
③ 명목척도
④ 서열척도

82.

위 설문의 숫자 1과 2는 양적 의미를 상실한 범주에 대한 표시로 사용된 명목척도의 예이다.

83 다음 온도계의 눈금을 나타내는 척도로 옳은 것은?

① 비율척도
② 명목척도
③ 서열척도
④ 등간척도

83.

④ 등간척도는 주로 온도계의 눈금이나 달력의 날짜 등에 이용된다.

84 다음 중 총화평정척도의 특성으로 옳지 않은 것은?

① 평가자의 성격·태도 및 심리적 편향의 영향이 크다.
② 전체의 문항에 대한 총평점을 태도의 측정치로 본다.
③ 이론적 타당성을 다루지는 않는다.
④ 예비적인 항목을 선정한 후 다시 최종적 척도를 구성할 항목을 선정하는 이중단계를 거친다.

84.

① 총화평정척도는 평가자가 없어 주관과 편견을 배제할 수 있다.

85 다음 중 척도의 기본유형으로 옳지 않은 것은?

① 명목척도
② 비례척도
③ 등현등간척도
④ 비조직척도

85.

척도유형에 따라 ①②③ 이외에 서열척도가 있다.

86 다음 중 측정의 정밀성을 확보한 척도로 신뢰성이 높은 Likert형 척도는?

① 총화평정척도
② 등현등간척도
③ 누적척도
④ 소시오메트리

86.

① 평정척도의 변형으로 일반적으로 신뢰성이 높다.

Answer　83.④　84.①　85.④　86.①

87 다음 중 명목척도에 따른 자료의 분석방법으로 옳지 않은 것은?

① 최빈값
② 평균값
③ 도수
④ 분할계수

88 다음 중 어의구별척도에서 '좋다 – 나쁘다', '아름답다 – 추하다'는 어느 차원인가?

① 평가차원
② 활동차원
③ 능력차원
④ 수용성차원

89 다음 중 Guttman척도 분석 시 고려해야 할 사항으로 옳지 않은 것은?

① 연속체 카테고리의 가중치
② 척도의 일관성
③ 지나친 편측반응의 기피
④ 일정한 수의 척도문항

90 다음 어의구별척도에 대한 설명으로 옳지 않은 것은?

① 어의구별척도는 주로 심리학적 의미의 파악에 사용되어 왔다.
② Osgood, Kerlinger, Phillips 등이 개념 측정 시 사용한 척도이다.
③ 개념이 갖는 본질적인 뜻을 몇 개의 차원에 따라 측정한다.
④ 평균치분석, 거리집락분석, 요인평점분석 등의 방법이 있다.

87.

② 표준편차, 적률상관관계와 함께 등간척도에 이용된다.

88.

② 빠르다 – 느리다, 수동적이다 – 능동적이다
③ 강하다 – 약하다, 크다 – 작다
④ 맛있다 – 맛없다, 흥미롭다 – 귀찮다

89.

Guttman척도 분석 시 ②③④ 이외에 오차분포의 집중성 배제 등을 고려해야 한다.

90.

어의구별척도는 어의적 공간 전체의 개념을 선정한 후 적절한 순서에 따른 양극척도의 선정이 이루어져야 한다.

Answer　　87.②　88.①　89.①　90.③

91 다음 중 항목을 난이도에 따라 배열하여 항목과 개인의 총평점 간의 누적적 관계를 나타낸 척도는?

① 비율척도
② 평정척도
③ 누적척도
④ 등현등간척도

91.

③ 단일차원의 동일적 항목으로 구성되며 단일차원의 척도는 한 개의 변수만을 측정한다.

92 다음 중 Bogardus척도에 대한 설명으로 옳은 것은?

① 척도상에 절대영점을 갖는다.
② 일정한 대상에 대하여 느끼는 친밀감, 무관심 등을 측정하는 척도이다.
③ 태도변수를 검증하기 위해 연속체에 의한 태도의 점수를 배분하는 항목측정이다.
④ 모든 항목은 척도에 포함된 태도변수를 바르게 표시하고 개별항목은 전체항목과 높은 상관관계를 갖는다.

92.

② Bogardus척도는 강도를 측정하는 방법으로 사회적 거리의 서열을 나타내는 차별척도이다.

93 다음 척도유형 중 상승평균이나 변동계수 등을 얻을 수 있는 척도는?

① 비율척도   ② 등간척도
③ 평정척도   ④ 명목척도

93.

비율척도는 고도의 통계분석이 가능한 것으로 상승평균과 변이계수 등은 다른 척도에서는 구할 수 없는 통계치이다.

94 다음 중 척도에 대한 설명으로 옳지 않은 것은?

① 모든 사물을 척도로 다 측정할 수 있는 것은 아니다.
② 측정도구로 사용된다.
③ 불연속성은 척도의 중요한 속성이다.
④ 모집단에서 추출된 일정 표본에 입각해 이루어진다.

94.

③ 척도의 측정대상은 연속체이다.

Answer   91.③   92.②   93.①   94.③

95 다음 척도 중 성격을 전혀 달리하는 범주에 대한 표시일 뿐 엄격히 말해서 양적 의미는 없는 척도는?

① 명목척도
② 비율척도
③ 등현등간척도
④ 서열척도

95.
명목척도에서 숫자는 양적 의미가 배제된 범주에 부여된 수치에 불과하다.

96 다음 중 중위수는 어떤 척도유형의 통계기법인가?

① 명목척도
② 비율척도
③ 서열척도
④ 등간척도

96.
서열척도에 주로 사용되는 통계기법으로는 중위수, 순위상관관계 등이 있다.

97 조사대상의 응답결과를 행렬로 정리하여 분석하는 방법은?

① 소시오메트릭 매트릭스
② 소시오메트릭 지수
③ 소시오그램
④ 재사용 가능지수

97.
② 일정공식에 따라 지수를 구하는 방법
③ 스캘로그램분석에 사용되는 지수
④ 도표로서 분석하는 방법

98 다음 중 누적척도의 설명으로 옳지 않은 것은?

① 단일차원의 동질적인 항목으로 구성된다.
② Guttman척도는 항목의 난이도에 따라 일관성 있게 배열한다.
③ 항목과 개인의 총 평점 간의 누적적인 관계가 성립한다.
④ 거트만척도의 항목 수는 적어도 3개가 되어야 한다.

98.
④ 거트만척도는 문항의 수를 10여 개 정도로 한정하고 있다.

Answer　95.①　96.③　97.①　98.④

99 다음 중 척도의 적합성을 검증하는 것은?

① Guttman척도
② Bogardus척도
③ 요인평점척도
④ 스캘로그램

100 다음 중 행정조사론 시험성적을 A, B, C, D로 평가했을 때 이는 어느 척도에 해당되는가?

① 총화평정척도
② Bogardus척도
③ 평정척도
④ 평위척도

101 다음 중 평정척도의 변형으로 Likert형 척도로 옳은 것은?

① 총화평정척도
② 누적척도
③ 등현등간척도
④ 보가더스척도

102 다음 중 서열척도에 대한 설명으로 옳은 것은?

① 측정대상의 속성에 따라 구분하되 그 구별단위의 차이를 일정하게 하는 방법이다.
② 측정대상을 크기와 관계없이 단순하게 구분하는 방법이다.
③ 순위적인 이행성공리가 가능한 경우 성립하는 방법이다.
④ 절대영점을 지니며 비례조작이 가능한 방법이다.

99.

척도의 적합성을 검증하는 방법에는 스캘로그램분석, 문항분석, 요인분석이 있다.

100.

학생성적은 평정척도의 기본적인 예로 측정대상의 연속성을 전제로 일정기준에 따라 평가하는 것이다.

101.

총화평정척도는 평정척도의 변형으로 누적척도, 등현등간척도와 같이 인간의 태도를 측정하는 데 이용되는 척도이다.

102.

① 등간척도
② 명목척도
④ 비례척도

Answer   99.④   100.③   101.①   102.③

103 다음 중 조합비교법에 대한 설명으로 옳지 않은 것은?

① 두 개씩 조합하여 평가하므로 평가자의 입장이 수월하다.

② 측정대상을 두 개씩 짝을 지어 우열을 결정하는 방법이다.

③ 조합비교법은 정치학의 경우 국가 간의 우열을 비교할 때 사용한다.

④ 평정척도의 일종으로 두 개씩 짝을 지어 서열을 결정하므로 질문횟수가 적다.

104 다음 중 평정척도에 대한 설명으로 옳지 않은 것은?

① 평가자의 수와 카테고리의 수는 신뢰성과 함수관계를 갖는다.

② 신뢰성 및 타당성 검사에는 어떠한 검증방법이라도 사용이 가능하다.

③ 평가자의 수가 많으면 신뢰성이 높아진다.

④ 행태관찰의 보조도구로 사용되며 다른 객관적 도구와 함께 사용된다.

105 다음 중 등간척도를 이용한 측정방법으로 옳지 않은 것은?

① 쌍대비교법

② 어의차이척도법

③ 리커트형 척도

④ 스타펠척도

103.

④ 차별척도의 일종으로 일일이 자극을 조합해 물어야 하므로 질문횟수가 많아진다.

104.

② 신뢰성 측정은 재검사법 및 복수양식법이 이용되며 타당성 측정에는 모든 검증방법을 이용할 수 있다.

105.

① 서열척도를 이용한 측정방법에 해당한다.

106 다음 중 집단구성원 상호 간에 존재하는 사회적 거리의 강도 측정을 위해 개발된 것은?

① 서스톤척도
② 보가더스척도
③ 리커트척도
④ 소시오메트리

107 다음 중 측정결과 얻어진 자료에 내포되어 있는 정보가 가장 많은 것은 무엇인가?

① 비율척도
② 명목척도
③ 등간척도
④ 서열척도

108 측정수준에 따른 척도에 대한 설명으로 옳지 않은 것은?

① 명목척도는 분류적인 개념만을 포함한다.
② 비율척도는 0이라는 절대적 의미를 갖는 값이 존재한다.
③ 서열척도는 특정 성격을 갖는 정도에 따라서 범주를 서열화한다.
④ 등간척도는 대상 자체 속성의 실제값을 나타낸다.

109 다음 중 의미분화척도의 특성으로 옳지 않은 것은?

① 대립적인 형용사 쌍을 이용해서 측정한다.
② 언어의 의미를 측정하기 위한 것으로, 응답자의 태도 측정에 적당하지 않다.
③ 의미적 공간에 어떤 대상을 위치시킬 수 있다면 이론적 가정을 사용한다.
④ 평가적 차원, 활동적 차원, 역동적 차원 등 다차원적 척도이다.

106.

소시오메트리 : 모집단 구성원 간의 거리의 강도를 측정하는 방법으로 인간관계의 측정방법 등에 사용하여 발전시켰다.

107.

비율척도
㉠ 등간척도의 속성에 절댓값을 가짐으로 비례적으로 척도하는 방법을 말한다.
㉡ 다른 척도에 비하여 세련되고 고도의 통계분석을 할 수 있다.

108.

④ 등간척도는 측정대상의 속성의 실제값뿐만 아니라 측정대상의 대소순위와 각 등급 간 차이가 같다는 동일성의 척도를 말한다.

109.

② 의미분화척도(어의구별척도)는 개념의 본질적 의미를 차원을 몇 개로 나누어 그것에 따라 측정하여 응답자의 태도변화를 정확하게 파악할 수 있다.

110 다음에서 설명하는 척도는 무엇인가?

> 평가자들이 각 문항이 척도상 어디에 위치할 것인지 판단하도록 한 다음, 연구자가 이를 바탕으로 문항 중에서 대표적인 것들을 선정하여 척도를 구성하는 방법을 말한다.

① 서스톤척도
② 의미분화척도
③ 리커트척도
④ 거트만척도

111 다음 중 응답자와 자극을 동시에 측정하는 척도로 옳은 것은?

① 거트만척도
② 서스톤척도
③ 리커트척도
④ 의미분화척도

112 다음 중 평정척도의 장점으로 옳지 않은 것은?

① 적용되는 범주가 넓다.
② 시간과 비용이 적게 든다.
③ 객관성을 유지할 수 있다.
④ 간편하게 만들 수 있다.

110.

서스톤척도

㉠ 평가자를 사용하여 척도상에 위치한 항목들을 어디에 배치할 것인가를 판단하도록 한 후 다음 조사자가 이것을 바탕으로 척도에 포함된 적절한 항목들을 선정하여 척도를 구성하는 방법을 말한다.
㉡ 구성절차 : 의견수집 → 평가자의 선정 → 평가자 등에 의한 의견의 평가분류 → 문항의 선정 → 척도치 부여

111.

거트만척도(누적척도)

㉠ 일련의 동일한 항목을 갖는 하나의 변수만을 측정하는 척도이다.
㉡ 항목과 측정 대상 모두를 척도구성의 주 대상으로 삼는다.
㉢ 단일변수의 측정을 본질로 한다.

112.

평정척도의 단점

㉠ 대상을 관대하게 평가하는 경향이 있다.
㉡ 연쇄화 경향이 있을 가능성이 있다.
㉢ 대상 평가에 있어서 원만한 평정으로 집중하려는 경향이 있다.
㉣ 측정자의 심리성향에 따라 좌우된다.

Answer   110.① 111.① 112.③

PART

03

사회통계

section **1** 통계학의 개념과 용어

❶ 통계학(statistics)의 정의

관심대상의 자료를 수집, 정리, 요약하여 불확실한 상황하에서 올바른 의사결정을
하기 위한 이론과 방법의 체계이며, 자료 수집, 분류, 분석, 해석의 체계를 갖는다.

자료(data) ──────────────────▶ 통계(statistic)
- 자료의 수집과 조사 · 수량화
- 수집 · 조사된 자료의 올바른 해석
- 합리적인 결론 도출

※ **통계(statistic)** : 분석의 대상이 되는 집단에 대하여 실시한 조사나 실험의 결과
로 얻어진 결과치(수치) 또는 그 결과들의 요약된 형태를 말한다.

❷ 통계학의 기본 용어

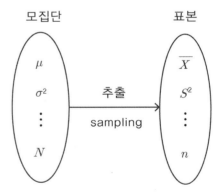

① **모집단(population)** : 연구자의 관심이 되는 모든 개체의 집합

② **표본(sample)** : 모집단에서 조사대상으로 채택된 일부

③ **모수(parameter)** : 모집단의 특성을 수치로 나타낸 것

④ **통계량(statistic)** : 표본의 특성을 수치로 나타낸 것

❸ 통계학의 분류

(1) 기술통계학(자료요약)

① 개념: 자료를 수집하고 표(도수분포표)나 그림(막대그래프, 히스토그램, 파이그래프, 상자그림 등) 또는 대푯값(평균, 중앙값, 최빈값), 변동의 크기(분산, 표준편차 등), 비대칭성(왜도, 첨도) 등을 통하여 수집된 자료의 특성을 쉽게 파악할 수 있도록 자료를 정리·요약하는 방법을 다루는 통계적 방법에 관한 지식체계를 말한다.

② 기술통계학은 추론통계를 위한 사전단계로 수집된 자료에 대한 분석에 초점을 두지만 미수집된 자료의 잠재적 관측치 추론이나 일반화는 분석하지 않으며, 데이터 오류 수정 등에 쓰인다.

(2) 추론통계학

① 개념: 모집단에서 추출한 표본(확률표본)을 이용하여 표본이 지니고 있는 정보를 분석하고 이를 기초로 모집단의 여러 가지 특성(평균, 분산, 표준편차, 비율: 모수)을 확률의 개념을 이용하여 과학적으로 추론하는 방법을 다루는 지식체계를 말한다.

② 모수의 추정과 가설검증, 이론추정, 확률론, 통계량의 확률분포 등을 그 대상으로 하며 추출된 표본은 모집단의 특성 등을 예측한다.

section 2 자료의 요약

❶ 자료의 정리

(1) 개념

자료의 종류에 따라서 표나 그래프, 대푯값, 산포도, 비대칭도 등으로 정리할 수 있다.

(2) 변수(Variable)

집단에 속하는 개체들의 공통적이면서 수량화될 수 있는 특성을 말하며, 하나의 추출단위의 임의 변수는 오직 하나의 값만을 갖는다.

❷ 자료의 종류

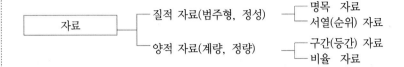

(1) 질적 자료(qualitative data)

① 개념 : 숫자로 표시될 수 없는 자료를 말하며, 범주형, 정성적 자료라고도 한다. 막대도표, 원도표로 나타낼 수 있다.

② 종류

㉠ **명목척도(nominal data)** : 측정대상의 특성을 분류하거나 확인할 목적으로 숫자를 부여하는 척도. 즉, 측정대상의 특성만을 나타내며 양적인 크기를 나타내는 것이 아니기 때문에 산술적인 계산을 할 수 없다

> **예** 상표, 성별, 직업, 운동종목, 학력, 주민등록번호 등

㉡ **서열척도(ordinal data)** : 측정대상 간의 순서를 나타내는 척도로서 범주 간의 크기를 나타낼 수 있는 자료의 범주 간이 크다, 작다 등의 부등식 표현은 가능하나 연산은 적용할 수 없다.

> **예** 교육수준, 건강상태(양호, 보통, 나쁨), 성적(상, 중, 하), 선호도(만족, 보통, 불만족) 등

(2) 양적 자료(quantitative data)

① 개념 : 숫자로 표현되어 있는 자료를 말하며, 자료의 속성이 그대로 반영된다. 계량적, 정량적 자료라고도 하며, 도수분포표 등으로 나타낼 수 있다.

② 종류

㉠ **등간자료(interval data)** : 해당 속성이 전혀 없는 절대 0점이 존재하지 않으므로 비율의 의미를 가지지 못한다. 이들 자료로부터 평균값, 표준편차, 상관계수 등을 구할 수 있다.

등간척도의 예로서 온도가 0℃라고 해서 온도가 없다는 것을 의미하는 것은 아니다. 또한 서울의 오늘 온도가 8℃이고, 어제는 4℃라면 등간척도에서는 서울의 오늘 온도가 어제 온도보다 4℃가 더 높다고 말할 수 있다. 하지만 그렇다고 하더라도 8℃가 4℃보다 2배 온도가 높다고 반드시 말할 수는 없다.

> **예** 섭씨 온도, 화씨 온도, 물가지수, 생산지수 등

ⓛ **비율자료(ratio data)** : 절대 0점이 존재하기 때문에 비율 계산이 가능한 척도이다. 예를 들어 몸무게가 0kg이라는 것은 실제 아무것도 없다는 것을 의미하며, 또한 20kg이 10kg보다 2배 몸무게가 크다고 볼 수 있다는 것을 뜻한다.

> **예** 키, 몸무게, 전구의 수명, 임금, 시험점수, 압력, 나이 등

> 🖋 **Plus tip 질적자료, 양적자료**
> ① 질적자료(qualitative data) : 명목자료, 순서자료
> ② 양적자료(quantitative data)
> ⊙ 이산형 자료 : 각 가구의 자녀 수, 1년 동안 발생하는 교통사고의 건수, 각 가정의 자동차 보유 수와 같이 정수만 갖는 변수이다. 다시 말하면 셀 수 있는 숫자로 표현되는 변수이다.
> ⓛ 연속형 자료 : 학생의 신장, 체중, 건전지의 사용시간 등과 같이 실수값을 취할 수 있는 변수이다.

❸ 도수분포표(frequency distribution table)

(1) 정의

수집된 자료를 일정한 기준에 의하여 적절한 계급구간으로 분류하고, 분할된 계급구간에 따라 자료를 분류하여 해당하는 도수(frequency) 등을 정리한 표로 자료의 특성을 요약·정리하는 기술통계학의 가장 기본적인 역할을 한다.

(2) 작성

① **계급(class)** : 변수를 측정하여 얻은 자료의 범위를 몇 개의 구간으로 나누는데 이때 나누어진 구간

> 🖋 **Plus tip 계급의 수와 구간의 결정(주관적 견해)**
> • 계급 수 : 자료의 성질, 통계 이용의 목적 등을 고려하여 정한다.(5~20개 정도가 적당)
> $$k = 1 + \frac{\log n}{\log 2} \text{ (sturge's 공식)}$$
> • 계급의 구간 $= \dfrac{\text{자료의 최댓값} - \text{자료의 최솟값}}{\text{계급의 수}}$

② **도수**(frequency) : 각 계급에서 일어난 사건(event)의 수

③ **상대도수**(relative frequency)

$$: \frac{\text{각 계급의 도수}}{\text{전체 도수}} = \frac{f_c}{n}, \ n = \text{모든 도수의 합} = \sum_{i=1}^{k} f_i$$

예	직업 (계급)	도수	상대도수
	전문직	6	6/20
	상업	8	8/20
	사무직	4	4/20
	기타	2	2/20
	전체	20	

④ **누적도수**(cumulative frequency) : 어떤 계급에 해당하는 도수를 포함해서 그 이하 또는 그 이상에 있는 모든 빈도(도수)를 합한 것이다. (양적자료)

⑤ **상대누적도수**(relative cumulative frequency) (양적자료) $= \dfrac{\text{누적도수}}{\text{전체 도수}}$

기출 2020년 8월 23일 제3회 시행

어느 회사에 출퇴근하는 직원들 500명을 대상으로 이용하는 교통수단을 지하철, 자가용, 버스, 택시, 지하철과 택시, 지하철과 버스, 기타의 분야로 나누어 조사하였다. 이 자료의 정리방법으로 적합하지 않은 것은?

① 도수분포표
② 막대그래프
③ 원형그래프
④ 히스토그램

④ 도수분포 그래프 2020 1회

(1) 히스토그램(histogram)

① **의의** : 도수분포를 자료의 범위 내에서 막대그림으로 작성한 것으로 계급폭을 '밑변'으로, 그 계급에 상응하는 자료의 도수를 '높이'로 하며, 연속형 자료일 때 사용한다.

② **작성 시 유의점**
㉠ 기둥 사이의 간격이 없도록 해야 한다.
㉡ 계급의 구간과 일치하도록 해야 한다.
㉢ 축(높이)은 '도수' 혹은 '총도수에 대한 백분율'로 표시해야 한다.

정답 ④

┃ 키와 관련된 히스토그램 ┃

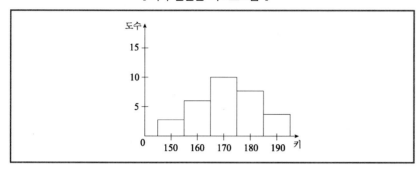

(2) 줄기-잎 그림(Stem and leaf plots) `2019 1회`

① 의의 : 히스토그램은 그룹 간 관측값의 분포를 보여주는 반면 그 정확한 관측값을 나타내지 않는다. 하지만 줄기-잎 그림은 정량적인 자료를 나타내는 데 사용되며 시각적으로 자료의 분포를 쉽게 알아볼 수 있게 해주며, 그 정확한 관측값을 보여준다.

② 특징

  ㉠ 자료의 값이 보존되므로 정보가 유실되지 않는다.

  ㉡ 자료의 값은 크기순으로 나열된다.

  ㉢ 특정위치의 자료값을 산출하기 쉽다.

  ㉣ 공간의 제한으로 인해 자료집단이 큰 경우에는 사용이 부적절하다.

┃ 키와 관련된 줄기-잎 그림 ┃

stems	Leaves
180	0 1 3
170	2 3 4 7 8 8 9
160	1 2 2 3 3 4 5 7 8 8
150	2 2 5 5 9
140	7 9
130	5 6
120	9

> ☆ Plus tip 키와 줄기 – 잎 그림
> 위 줄기-잎 그림은 학생 30명의 키 분포를 나타내고 있다. 대부분의 학생은 160~170에 집중 분포되어 있으며 키의 범위는 129~183이 되는 것을 쉽게 알 수 있다.

기출 PLUS

기출 2019년 4월 27일 제2회 시행

다음의 자료로 줄기-잎 그림을 그리고 중앙값을 찾아보려 한다. 빈 칸에 들어갈 잎과 중앙값을 순서대로 바르게 나열한 것은?

┌ 보기 ┐

25	45	54	44	42	34
81	73	66	78	61	46
86	50	43	53	38	

2	5
3	4 8
4	2 3 4 5 6
5	☐
6	1 6
7	3 8
8	1 6

① 0 3, 중앙값 = 46
② 0 3 4, 중앙값 = 50
③ 0 0 3, 중앙값 = 50
④ 3 4 4, 중앙값 = 53

`정답` ②

기출 2019년 3월 3일 제1회 시행

상자그림에 대한 설명으로 틀린 것은?

① 상자그림을 보면 자료의 분포를 개략적으로 파악할 수 있다.
② 두 집단의 분포 모양에 대한 비교가 가능하다.
③ 이상값에 대한 정보를 알 수 있다.
④ 상자그림의 상자 길이와 분산과는 아무런 관련이 없다.

(3) 상자그림(box plot, box-and-whisker plot) 2019 1회

① 개념 : 자료요약의 대표적인 방법으로 상자수염도라고도 한다. 상자그림은 정량적 자료의 형태를 나타내는데 사용되는 그래프로서 자료의 중심위치, 산포의 정도, 이상관측점 등을 파악할 수 있다.

② 상자그림의 절차

　㉠ 자료를 사분위수에 따라 구분하여 나눈다.

　㉡ 제1사분위수와 제3사분위수의 사이를 사각형 상자로 묶는다.

　㉢ 중앙값을 나타내는 제2사분위수는 사각형의 상자 사이에 세로줄을 그어 표시한다.

　㉣ 제1사분위수에서 왼쪽으로 최솟값까지 직선으로 연결한다.

　㉤ 제3사분위수에서 오른쪽으로 최댓값까지 직선으로 연결한다.

　㉥ 이상치(outlier)는 각각의 점으로 표시한다.

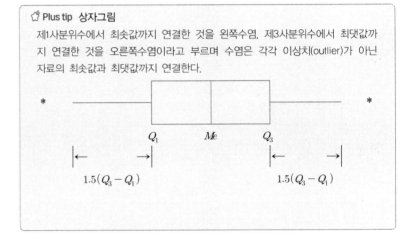

> ☞ **Plus tip 상자그림**
>
> 제1사분위수에서 최솟값까지 연결한 것을 왼쪽수염, 제3사분위수에서 최댓값까지 연결한 것을 오른쪽수염이라고 부르며 수염은 각각 이상치(outlier)가 아닌 자료의 최솟값과 최댓값까지 연결한다.

③ 특징

　㉠ 상자그림은 여러 집단 간의 중심과 분포의 모양을 비교하는 데 용이하다.

　㉡ (Q_1 −최솟값)=(최댓값−Q_3)은 좌우가 대칭인 분포를 이룬다.

　㉢ (최댓값−Q_3)<(Q_1 −최솟값)은 왼쪽에 꼬리를 가진 분포를 이룬다.

　㉣ (최댓값−Q_3)>(Q_1 −최솟값)은 오른쪽에 꼬리를 가진 분포를 이룬다.

기출 & 예상문제

2020. 8. 23. 제3회

1 어느 회사에 출퇴근하는 직원들 500명을 대상으로 이용하는 교통수단을 지하철, 자가용, 버스, 택시, 지하철과 택시, 지하철과 버스, 기타의 분야로 나누어 조사하였다. 이 자료의 정리 방법으로 적합하지 않은 것은?

① 도수분포표　　　② 막대그래프

③ 원형그래프　　　④ 히스토그램

1.

히스토그램은 도수분포를 자료의 범위 내에서 막대그림으로 작성한 것으로 계급폭을 밑변으로 그 계급에 상응하는 자료의 도수를 높이로 하며, 연속형 자료일 때 사용한다. 따라서 교통수단은 연속형 자료가 아닌 범주형 자료이기 때문에 히스토그램이 적절하지 않다.

2019. 4. 27. 제2회

2 다음의 자료로 줄기-잎 그림을 그리고 중앙값을 찾아보려 한다. 빈 칸에 들어갈 잎과 중앙값을 순서대로 바르게 나열한 것은?

25	45	54	44	42	34	81	73	66	78	61	46
			86	50	43	53	38				

2	5
3	4 8
4	2 3 4 5 6
5	☐
6	1 6
7	3 8
8	1 6

① 0 3, 중앙값 = 46

② 0 3 4, 중앙값 = 50

③ 0 0 3, 중앙값 = 50

④ 3 4 4, 중앙값 = 53

2.

자료를 크기 순서대로 나열하면,

1	2	3	4	5	6	7	8	9	10	11	12	13	14	15	16	17
25	34	38	42	43	44	45	46	50	53	54	61	66	73	78	81	86

자료 수($=17$)는 홀수이므로 중앙값은 9번째 $\left(=\dfrac{17+1}{2}\right)$ 의 값인 50에 해당한다. 이에 대한 줄기-잎 그림은 다음과 같다.

2	5
3	4 8
4	2 3 4 5 6
5	**0 3 4**
6	1 6
7	3 8
8	1 6

3 상자그림에 대한 설명으로 틀린 것은?

① 상자그림을 보면 자료의 분포를 개략적으로 파악할 수 있다.
② 두 집단의 분포 모양에 대한 비교가 가능하다.
③ 이상값에 대한 정보를 알 수 있다.
④ 상자그림의 상자 길이와 분산과는 아무런 관련이 없다.

4 다음 통계학의 설명 중 옳지 않은 것은?

① 통계의 목적은 기술, 설명, 예측 및 통제에 있다.
② 통계학의 자료 종류는 질적 자료와 기술자료로 나뉜다.
③ 통계학은 크게 기술통계와 추론통계로 나뉜다.
④ 통계학은 일상생활의 의사결정에 필요한 방법과 이론을 분석하는 학문이다.

5 다음 중 자료의 존재범위 내에서 자료를 계급으로 나누어 계급폭을 밑변으로 하고 해당자료 도수를 높이로 하여 그린 그래프로 옳은 것은?

① 로렌츠곡선
② 도수분포다각형
③ 그림그래프
④ 히스토그램

3.

상자그림의 상자 길이는 사분위 수 범위와 관련이 있으며 이는 자료의 퍼짐 정도를 나타내기 때문에 분산과도 연관성이 있다.

4.

통계학의 자료종류는 질적 자료와 양적 자료로 나뉜다.

5.

히스토그램 : 도수분포를 자료의 범위 내에서 막대그림으로 작성한 것으로 계급폭을 밑변으로 한다.

Answer 3.④ 4.② 5.④

6 다음 설명 중 옳은 것은?

① 표본이란 통계적 처리를 위하여 모집단에서 실제로 추출한 관측치나 측정치의 집합을 의미한다.
② 표본추출이란 모집단을 구성하고 있는 단위체나 단위량 등이 모두 동일한 확률로 표본 중에 들어가도록 추출하는 것이다.
③ 기술통계학은 자료에 내포되어 있는 정보를 분석하여 불확실한 사실에 대한 추론을 하는 분야이다.
④ 조사연구의 대상이 되는 특성을 가진 측정값의 집합을 표본이라 한다.

7 다음 중 통계적 처리를 위하여 특정한 절차에 의해 얻어진 개별 관측치들의 집합으로 옳은 것은?

① 표본　　　　　　② 변량
③ 범위　　　　　　④ 모집단

8 다음 중 도수분포표 작성순서로 옳은 것은?

> ㉠ 계급의 상대도수 계산
> ㉡ 최대·최솟값의 조사
> ㉢ 계급도수 계산
> ㉣ 계급의 수 결정

① ㉡→㉢→㉠→㉣
② ㉣→㉠→㉡→㉢
③ ㉡→㉣→㉢→㉠
④ ㉣→㉢→㉡→㉠

9 다음 중 도수분포표 작성에 있어서 유의해야 할 점 3가지로 옳은 것은?

① 범위, 변수, 도수
② 계급의 폭, 변량, 도수의 수
③ 변수, 계급의 한계, 계급의 폭
④ 계급의 수, 계급의 폭, 계급의 한계

9.
도수분포표 작성 시 계급 수, 폭, 한계에 유의해야 한다.

10 다음 중 관측된 자료(표본)를 토대로 모집단의 특성을 추론하는 이론적인 근거를 제시해 주는 통계학은?

① 이론통계학
② 기술통계학
③ 추론통계학
④ 실험통계학

10.
③ 추론통계학이란 모집단에서 추출한 표본을 관측, 분석하여 모집단의 특성을 추론하는 분야이다.

11 다음 중 명목자료의 설명으로 맞는 것은?

① 측정대상 간의 대소나 높고 낮음을 구별하는 자료를 말한다.
② 양적인 정도의 차이를 나타내는 자료를 말한다.
③ 측정대상의 특성만을 나타내는 자료를 말한다.
④ 산술적 계산을 할 수 있으며 사칙연산이 가능하다

11.
명목자료는 양 및 산술적 계산을 할 수 없으며 특성만을 나타내는 자료이다.

12 다음 중 비계량 자료에 속하는 것은 무엇인가?

① 성별
② 소득
③ 물가지수
④ 연령

12.
비계량 자료는 소득, 물가지수, 연령은 계량, 수치 자료 등이다.

13 어떤 통계조사에서 소비자의 상품에 대한 선호도 조사를 했다고 한다. 그 조사에서 얻어진 자료는 무슨 자료인가?

① 구간자료

② 순서자료

③ 비율자료

④ 명목자료

13.

선호도는 선호정도(例 만족 보통 불만족 등) 즉, 부등식으로 표현이 가능한 순서를 말한다.

14 연령, 상품가격, 소득 등과 같이 구간자료가 갖는 특성에 추가적으로 비율계산이 가능한 자료는 무슨 자료인가?

① 명목자료

② 순서자료

③ 비계량자료

④ 비율자료

14.

수치자료는 구간자료와 비율계산이 가능한 비율자료로 나눈 것이다.

15 도수분포표를 작성하는 이유로 가장 타당한 것은?

① 조사된 자료의 효율적인 관리를 위해 작성한다.

② 간편한 계산을 위해 작성한다.

③ 모집단의 특성값을 계산하기 위해 작성한다.

④ 조사된 집단의 수량적 구조를 파악하기 위해 작성한다.

15.

자료의 효율적인 관리를 위해 도수분포표를 작성하며, 상자그림, 줄기 잎 그림은 구조 파악을 위해 작성한다.

16 상자그림(Box Plot)을 통해 파악할 수 없는 것은?

① 분포의 대칭성

② 분포의 꼬리부분에서 집중정도

③ 자료의 중심위치 및 산포의 정도

④ 분포의 형태, 범위, 자료의 집중정도

16.

상자그림은 사분위수를 통해 20%~75% 부분을 상자로 표현하기 때문에 꼬리부분의 집중정도는 파악하기 어렵다.

Answer   13.②   14.④   15.①   16.②

17 다음 도표들 중에서 최솟값, 최댓값, 중앙값, 상사분위수, 하사분위수 등의 정보를 이용하여 자료를 도표로 나타내는 방법은?

① 도수다각형   ② 히스토그램

③ 리그레쏘그램   ④ 상자그림

17.

사분위수는 상자그림을 통해 그릴 수 있다.

18 모집단의 특성을 수량적으로 표현한 것은?

① 통계표   ② 모수

③ 통계량   ④ 중심경향

18.

모집단의 특성을 수치화 한 것을 모수(μ, σ, p 등)라고 한다.

19 연구자가 궁극적으로 관심을 갖고 있는 대상 전체를 무엇이라 하는가?

① 표본   ② 모수

③ 모집단   ④ 통계량

19.

관심대상의 전체를 모집단이라고 하고, 그 일부를 뽑은 것은 표본이라고 한다.

20 주어진 자료를 정리·요약·기술하는 방법으로는 표를 이용한 방법, 그래프를 이용한 방법, 숫자 값 자체를 이용한 방법 등이 있다. 이들 중에서 Tukey에 의해 제안된 방법으로, 자료의 집단화에 의한 정보의 손실을 줄이고, 표와 그림을 동시에 볼 수 있으며, 개개의 자료값이 그대로 보존되어 제시되는 장점을 가진 자료정리방법은?

① 히스토그램

② 줄기-잎-그림

③ 표준편차

④ 4분위 간 범위

20.

표와 그림을 동시에 볼 수 있는 것은 줄기-잎-그림이다.

21 1,000명의 국민에게 연간 수입이 얼마냐는 설문조사를 실시하여 응답을 받은 자료를 다시 연간 1,000만 원 미만, 1,000만 원~3,000만 원, 3,000만 원~5,000만 원, 5,000만 원 이상으로 재분류하였다. 재분류 후 이 변수의 측정수준은?

① 명목측정
② 서열측정
③ 등간측정
④ 비율측정

21.

원 자료는 수입으로 수치자료이나, 위 범주처럼 재분류하면 범주형 자료가 되며, 부등식이 가능하므로 서열자료가 된다.

기출 2021년 3월 7일 제1회 시행
평균이 40, 중앙값이 38, 표준편차가 4일 때 변이계수(coefficient of variation)는?

① 4%   ② 10%
③ 10.5%   ④ 40%

기출 2018년 3월 4일 제1회 시행
표본자료가 다음과 같을 때 대푯값으로 가장 적합한 것은?

· 보기 ·
```
10, 20, 30, 40, 100
```

① 최빈수
② 중위수
③ 산술평균
④ 가중평균

기출 2018년 4월 28일 제2회 시행
다음 중 대푯값에 해당하지 않는 것은?

① 최빈값
② 기하평균
③ 조화평균
④ 분산

정답 ②, ②, ④

---

section 1 기술통계량

(1) 개념

수치자료의 분포를 나타내는 특성을 기술통계량으로 알 수 있다.

(2) 종류

① 대푯값(집중화 경향) : 어느 위치에 집중되었나?
   평균, 중위수(중앙치), 최빈값

② 산포도(분산도) : 어느 정도 흩어져 있나?
   범위, 분산, 표준편차, 사분위편차, 평균편차, 변이계수 등

③ 비대칭도 : 분포가 대칭에서 어느 정도 벗어났나?
   피어슨의 비대칭도, 왜도, 첨도

section 2 대푯값 2018 3회

(1) 의의

자료 전체를 대표하는 값으로 관찰된 자료가 어디에 집중되어 있는가를 나타낸다.

(2) 분류

(3) 평균(mean) 2019 6회

① 산술평균

⊙ 대푯값 중 가장 많이 사용되며, 수치자료를 더한 후 총 자료수로 나눈 값이다.

$$\overline{x} = \frac{1}{n}(x_1 + x_2 + \cdots + x_n) = \frac{1}{n}\sum_{i=1}^{n} x_i \ \ (i = 1, 2, \cdots, n)$$

ⓒ 극단치의 값에 크게 영향을 받는다.

ⓒ 일반적으로 표본의 평균(통계량)은 $\overline{X}$, 모집단의 평균은 μ(뮤)를 사용한다.

> 🗝 Plus tip 산술평균의 성질
> ⊙ '평균에 대한 편차^2'의 합은 '임의 수치에 대한 편차^2'의 합보다 작거나 같다.
> ⓒ 산술평균의 크기는 각 측정값의 크기와 도수에 의존한다.
> ⓒ 편차의 합은 0이다.
> ② 변량의 총합과 총 도수로도 산술평균을 구할 수 있다.
> ⓜ 극단치의 값에 크게 영향을 받는다.
> ⓱ 일반적으로 표본의 평균은 $\overline{X}$(x바), 모집단의 평균은 μ(뮤)를 사용한다.

② 편차의 제곱합을 최소로 만든다.

$$\sum_{i=1}^{n}(x_i - \overline{x})^2 \leqq \sum_{i=1}^{n}(x_i - a)^2 \quad (a \text{ 는 임의의 상수})$$

ⓜ 편차의 합은 0(편차 : $x_i - \overline{x}$)

$$\sum_{i=1}^{n}(x_i - \overline{x}) = 0$$

② 기하평균 : 변수의 변동비율을 계산할 때 사용하는 것으로 평균 물가상승률이나 평균 인구증가율 등에 이용되며, 0보다 큰 n개의 관측치($x_1, x_2, \cdots, x_n$)가 주어졌을 때 기하평균은 다음과 같이 정의한다.

$$\overline{x}_G = \sqrt[n]{x_1 x_2 \cdots x_n}$$

기출PLUS

기출 2020년 6월 14일. 제1·2회 통합

자료의 산술평균에 대한 설명으로 틀린 것은?

① 이상점의 영향을 받지 않는다.
② 편차들의 합은 0이다.
③ 분포가 좌우대칭이면 산술평균과 중앙값은 같다.
④ 자료의 중심위치에 대한 측도이다.

정답 ①

도수분포가 비대칭이고 극단치들이 있을 때 보다 적절한 중심성향 척도는?

① 산술평균   ② 중위수
③ 조화평균   ④ 최빈수

20개로 이루어진 자료를 순서대로 나열하면 다음과 같을 때, 중위수와 사분위 범위(interquartile range)의 값을 순서대로 나열한 것은?

┌─ 보기 ───────────────┐
29 32 33 34 37 39 39 39 40 40
42 43 44 44 45 45 46 47 49 55
└──────────────────────┘

① 40, 7   ② 40, 8
③ 41, 7   ④ 41, 8

통계학 과목의 기말고사 성적은 평균(mean)이 40점, 중위값(median)이 38점이었다. 점수가 너무 낮아서 담당교수는 12점의 기본점수를 더해 주었다. 새로 산정한 점수의 중위값은?

① 40점   ② 42점
③ 50점   ④ 52점

어느 집단의 개인별 신장을 기록한 것이다. 중위수는 얼마인가?

┌─ 보기 ───────────────┐
164, 166, 167, 167, 168
170, 170, 172, 173, 175
└──────────────────────┘

① 167   ② 168
③ 169   ④ 170

정답 ②, ③, ③, ③

③ 조화평균 : 시간의 변화에 따른 각 변량들의 역수를 산술평균한 역수값으로 평균속도의 계산에 이용되며, n개의 관측치(x_1, x_2, $\cdots$, x_n)가 주어졌을 때 조화평균은 다음과 같이 정의한다.

$$\overline{x}_H = \frac{n}{\sum_{i=1}^{n} \frac{1}{x_i}}$$

Plus tip

산술평균, 기하평균, 조화평균은 다음과 같은 대소관계를 갖는다.

$$\overline{x} \geq \overline{x}_G \geq \overline{x}_H$$

④ 가중평균 : 만약 k의 집단이 있을 때, 각 집단의 자료 수 n_1, n_2, $\cdots$, n_k와 각 집단의 평균 $\overline{x_1}$, $\overline{x_2}$, $\cdots$, $\overline{x_k}$가 주어진 경우, 모든 집단의 자료에 대한 평균을 구할 때 사용된다.

$$\overline{x} = \frac{n_1\overline{x_1} + n_2\overline{x_2} + \cdots + n_k\overline{x_k}}{n_1 + n_2 + \cdots + n_k} = \frac{\sum_{i=1}^{k} n_i \overline{x_i}}{\sum_{i=1}^{k} n_i}$$

Plus tip

첫 번째 집단의 계산 시 $\dfrac{n_1}{n_1 + n_2 + \cdots + n_k} \overline{x_1}$ 로 평균 앞의 수식이 가중치를 부여하는 형식이기 때문에 가중평균이라 한다.

(4) 중위수(median) 2018 4회 2019 1회

전체 관측값을 크기순으로 나열했을 때 중앙(50%)에 위치하는 값을 말한다.

$$\text{자료수 } n \text{이 홀수일 때} : \frac{n+1}{2} \text{의 값}$$

$$\text{자료수 } n \text{이 짝수일 때} : \frac{n}{2}, \frac{n}{2}+1\text{의 평균값}$$

예 데이터 : 1, 2, 3 $Me = 2$
           1, 2, 3, 4 $Me = 2.5$

(5) 최빈값(mode) `2018 3회`

① 가장 많은 빈도를 가진 값으로 도수분포표의 경우 도수가 가장 큰 값을 말한다.

② 범주형·수치자료 모두 사용할 수 있다.

③ 반드시 하나만 존재하는 것이 아니다. 즉 쌍봉분포일 때 두 개를 갖는다.

(6) 평균값($\overline{x}$), 중위수(Me), 최빈값(Mo)의 관계

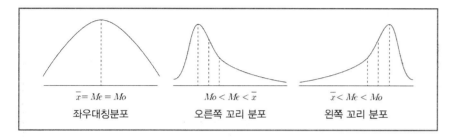

$\overline{x} = Me = Mo$	$Mo < Me < \overline{x}$	$\overline{x} < Me < Mo$
좌우대칭분포	오른쪽 꼬리 분포	왼쪽 꼬리 분포

(7) 특징

평균	중위수	최빈값
• 수치자료에 이용되며, 수학적 연산이 가능 • 극단값에 영향을 많이 받음.	• 수학적 연산 불가능 • 비대칭 자료분포 시 평균과 함께 고려 • 개방구간인 경우(~미만 ~초과)에도 산출가능 • 극단값의 영향을 받지 않음	• 수학적 연산 불가능 • 범주형, 수치 자료 둘 다 이용 • 주로 명목, 서열자료의 대표치로 사용 • 개방구간인 경우에도 산출가능

기출 PLUS

기출 2018년 4월 28일 제2회 시행

어떤 철물점에서 10가지 길이의 못을 팔고 있으며, 못의 길이는 각각 2.5, 3.0, 3.5, 4.0, 4.5, 5.0, 5.5, 6.0, 6.5, 7.0cm이다. 만약 현재 남아 있는 못 가운데 10%는 4.0cm인 못이고, 15%는 5.0cm인 못이며, 53%는 5.5cm인 못이라면 현재 이 철물점에 있는 못 길이의 최빈수는?

① 4.5cm　② 5.0cm

③ 5.5cm　④ 6.0cm

기출 2018년 3월 4일 제1회 시행

표본으로 추출된 15명의 성인을 대상으로 지난해 감기로 앓았던 일수를 조사하여 다음의 데이터를 얻었다. 평균, 중앙값, 최빈값, 범위를 계산한 값 중 틀린 것은?

> **보기**
> 5, 7, 0, 3, 15, 6, 5, 9, 3, 8, 10, 5, 2, 0, 12

① 평균 = 6

② 중앙값 = 5

③ 최빈값 = 5

④ 범위 = 14

기출 2018년 8월 19일 제3회 시행

어느 대학교에서 학생들을 대상으로 4개의 변수(키, 몸무게, 혈액형, 월평균 용돈)에 대한 관측값을 얻었다. 4개의 변수 중에서 최빈값을 대푯값으로 사용할 때 가장 적절한 변수는?

① 키

② 혈액형

③ 몸무게

④ 월평균 용돈

정답 ③, ④, ②

산포도에 관한 설명으로 틀린 것은?

① 관측값들이 평균으로부터 멀리 떨어져 나타날수록 분산은 커진다.
② 범위는 변수값으로 측정된 관측값들 중에서 가장 큰 값과 가장 작은 값의 절대적인 차이를 말한다.
③ 분산은 평균편차의 절댓값들의 평균이다.
④ 표준편차는 분산의 제곱근이다.

다음 중 산포의 측도는?

① 평균
② 범위
③ 중앙값
④ 제75백분위수

정답 ③, ②

---

section 3 산포도 [2018 1회] [2019 1회]

(1) 의의

대푯값이 자료의 중심을 나타내주는 반면 자료의 흩어진 정도를 나타내지는 못한다. 따라서 자료의 특성을 이해하기 위해서는 자료의 흩어진 정도, 즉 중심에서 얼마나 떨어져 있는지를 비교하는 것이 필요하다.

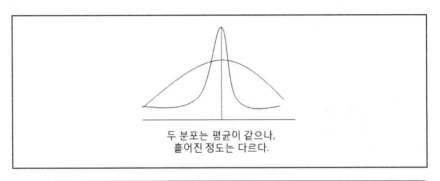

두 분포는 평균이 같으나,
흩어진 정도는 다르다.

> 🖐 Plus tip 산포도
> 산포도는 자료의 흩어짐을 나타내므로 산포도가 클수록 대푯값이 전체 자료를 대표하는 신뢰도는 낮아지게 된다.

(2) 개념

자료의 평균값이 중심위치에서 얼마나 떨어져 있는가를 측정하는 척도로 범위, 분산, 표준편차, 사분위편차, 평균편차, 변동계수 등이 있다.

(3) 범위(range) [2018 1회] [2019 1회]

① 측정값 중 최댓값과 최솟값의 차
② 장점 : 계산이 편리하고 이해하기 쉬움
③ 단점 : 극단적 수의 차만 나타낼 뿐 그 사이의 분포 양상은 전혀 설명을 못함. 극단값에 영향을 받음

범위 = 최댓값 − 최솟값

(4) 사분위수 범위(interquartile range, IQR)

① 제3사분위수(Q_3)-제1사분위수(Q_1)

    ㉠ 제1사분위수 : 전체 자료를 크기순으로 나열한 후 25% 위치에 있는 수

    ㉡ 제2사분위수(=중위수) : 전체 자료를 크기순으로 나열한 후 50% 위치에 있는 수

    ㉢ 제3사분위수 : 전체 자료를 크기순으로 나열한 후 75% 위치에 있는 수

② 장점 : 극단값의 영향을 덜 받음

③ 단점 : 모든 측정값을 반영하지 않음

(5) 분산(Variance) `2018 2회` `2019 2회` `2020 1회`

① 가장 널리 사용되는 자료의 흩어진 정도에 대한 척도로 편차의 제곱을 자료의 수로 나눈 것

② 자료의 평균주위 집중정도를 측정하는 것으로 자료들이 변동이 미미하고 평균에 가깝게 분포되어 있다면 분산값도 작다고 판단함

③ 장점 : 수치 자료에 대해 계산에 이용되며, 수학적 계산이 용이함

④ 단점 : 극단값에 영향을 많이 받음

⑤ 모집단의 분산을 모분산(population variance), 표본의 분산을 표본분산(sample variance)라 할 때 그 정의는 다음과 같다.

$$\text{모분산} \quad \sigma^2 = \frac{1}{N}\sum_{i=1}^{N}(x_i - \mu)^2 = \frac{1}{N}\sum_{i=1}^{N}x_i^2 - \mu^2$$

$$\text{표본분산} \quad s^2 = \frac{1}{n-1}\sum_{i=1}^{N}(x_i - \overline{x})^2 = \frac{1}{n-1}\left(\sum_{i=1}^{N}x_i^2 - n\overline{x^2}\right)$$

(6) 표준편차(Standard Deviation) `2018 3회`

① 분산과 같이 각 측정값이 평균으로부터 벗어난 정도를 의미하며, 분산의 양의 제곱근임

② 분산의 성질과 동일함

③ 모집단의 표준편차를 모표준편차(population standard deviation), 표본의 표준편차를 표본표준편차(sample standard deviation)라 하며 그 계산도 구분된다. 표본표준편차의 정의는 다음과 같다.

2020년 8월 23일 제3회 시행

다음 중 단위가 다른 두 집단의 자료 간 산포를 비교하는 측도로 가장 적절한 것은?

① 분산   ② 표준편차
③ 변동계수   ④ 표준오차

기출 2018년 8월 19일 제3회 시행

남자 직원과 여자 직원의 임금을 조사하여 다음과 같은 결과를 얻었다. 변동(변이)계수에 근거한 남녀 직원 임금의 산포에 관한 설명으로 옳은 것은?

성별	임금평균 (단위 : 천 원)	표준편차 (단위 : 천 원)
남자	2,000	40
여자	1,500	30

① 남자 직원임금의 산포가 더 크다.
② 여자 직원임금의 산포가 더 크다.
③ 남자 직원과 여자 직원의 임금의 산포가 같다.
④ 이 정보로는 산포를 설명할 수 없다.

기출 2020년 9월 26일 제3회 시행

표본으로 추출된 6명의 학생이 지원했던 여름방학 아르바이트의 수가 다음과 같이 정리되었다. 피어슨의 비대칭계수 (p)에 근거한 자료의 분포에 관한 설명으로 옳은 것은?

┌─ 보기 ─────────
│   10 3 3 6 4 7
└─────────────────

① 비대칭계수의 값이 0에 근사하여 좌우대칭형 분포를 나타낸다.
② 비대칭계수의 값이 양의 값을 나타내어 왼쪽으로 꼬리를 늘어뜨린 비대칭 분포를 나타낸다.
③ 비대칭계수의 값이 음의 값을 나타내어 왼쪽으로 꼬리를 늘어뜨린 비대칭 분포를 나타낸다.
④ 비대칭계수의 값이 양의 값을 나타내어 오른쪽으로 꼬리를 늘어뜨린 비대칭 분포를 나타낸다.

정답 ③, ③, ④

$$\text{모표준편차} \quad \sigma = \sqrt{\frac{1}{N}\sum_{i=1}^{N}(x_i - \mu)^2}$$

$$\text{표본표준편차} \quad s = \sqrt{\frac{1}{n-1}\sum_{i=1}^{N}(x_i - \overline{x})^2}$$

🐾 Plus tip 표준화
각 측정값에서 산술평균을 뺀 후 표준편차로 나눈 값이며, 표준화 값의 평균은 0이고, 표준편차는 1임

$$z_i = \frac{x_i - \overline{x}}{s}$$

(7) 변동(변이)계수(coefficient of variation) 2019 4회

① 표준편차를 산술평균으로 나눈 값으로 산술평균에 대한 표준편차의 상대적 크기

② 다른 종류의 통계집단이나 동종의 집단일지라도 평균값이 클 때 산포도 비교하기 위한 측도로 쓰이며, 백분율로도 나타냄

③ 자료가 극심한 비대칭이거나, 측정단위가 다를 때 산포도 비교 시 이용

$$CV = \frac{S}{\overline{x}} \times (100\%)$$

section 4 비대칭도

(1) 개념

측정값들의 좌우 대칭정도, 분포의 기울어진 정도와 방향을 나타내는 양

(2) 피어슨의 비대칭도 2019 2회

① 산술평균과 중위수의 크기로 판단하는 척도로 대푯값에서 참고

$$P \risingdotseq \frac{3(\overline{x} - Me)}{S}$$

② 좌우 대칭 분포 : 0

③ 오른쪽 꼬리분포 : (+)값

④ 왼쪽 꼬리분포 : (−)값

(3) 왜도(skewness) 2019 4회

① 비대칭도에서 가장 많이 사용하며, 분포가 평균값을 중심으로 좌우 대칭을 이루지 않고 어느 한쪽으로 치우쳐 있는 정도를 말함

② 해석은 피어슨의 비대칭도와 동일

$$S_k = \frac{1}{n-1}\sum_{i=1}^{n}[\frac{(x_i - \overline{x})}{s}]^3$$

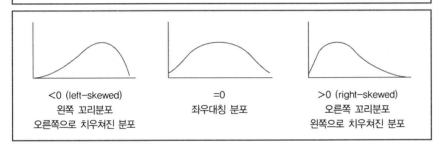

<0 (left-skewed)	=0	>0 (right-skewed)
왼쪽 꼬리분포	좌우대칭 분포	오른쪽 꼬리분포
오른쪽으로 치우쳐진 분포		왼쪽으로 치우쳐진 분포

(4) 첨도(kurtosis) 2019 2회

① 분포의 중심이 얼마나 뾰족한가를 측정하는 양으로 비대칭도가 아닌 산포도에 가까움

② 뾰족한 정도의 기준은 표준정규분포의 첨도값 3임

③ 표준정규분포보다 뾰족함 : 3보다 크다.

④ 표준정규분포보다 편편함 : 3보다 작다.

$$K_u = \frac{1}{n-1}\sum_{i=1}^{n}\left[\frac{(x_i - \overline{x})}{s}\right]^4$$

2020. 8. 23. 제3회

1 어떤 기업체의 인문사회계열 출신 종업원 평균급여는 140만 원, 표준편차는 42만 원이고, 공학계열 출신 종업원 평균급여는 160만 원, 표준편차는 44만 원일 때의 설명으로 틀린 것은?

① 공학계열 종업원의 평균급여 수준이 인문사회계열 종업원의 평균급여 수준보다 높다.

② 인문사회계열 종업원 중 공학계열 종업원보다 급여가 더 높은 사람도 있을 수 있다.

③ 공학계열 종업원들 급여에 대한 중앙값이 인문사회 계열 종업원들 급여에 대한 중앙값보다 크다고 할 수는 없다.

④ 인문사회계열 종업원들의 급여가 공학계열 종업원들의 급여에 비해 상대적으로 산포도를 나타내는 변동계수가 더 작다.

2020. 8. 23. 제3회

2 왜도가 '0'이고 첨도가 '3'인 분포의 형태는?

① 좌우 대칭인 분포
② 왼쪽으로 치우친 분포
③ 오른쪽으로 치우친 분포
④ 오른쪽으로 치우치고 뾰족한 모양의 분포

1.

① 공학계열 종업원 평균급여(160만 원) > 인문사회계열 종업원 평균급여(140만 원)

② 각 계열의 평균급여가 공학계열이 높은 것이지 인문사회계열 종업원 중에서 공학계열 종업원보다 급여가 높은 사람이 있을 수 있다.

③ 급여 분포가 정규분포를 따르면 평균과 중앙값이 같지만, 그렇지 않을 경우에는 평균보다 중앙값이 클 수도 있고, 작을 수도 있기 때문에 공학계열 종업원 급여 중앙값이 인문사회 계열 종업원 급여 중앙값보다 크다고 볼 수 없다. (중앙값은 현 자료로는 알 수 없다.)

④ 인문사회계열 종업원의 급여 변동계수(30%) > 공학계열 종업원 급여 변동계수(27.5%)
 • 공학계열 종업원 급여 변동계수
  $= \dfrac{44만\ 원}{160만\ 원} \times 100 = 27.5(\%)$
 • 인문사회계열 종업원 급여 변동계수
  $= \dfrac{42만\ 원}{140만\ 원} \times 100 = 30(\%)$

2.

정규분포의 왜도는 0, 첨도는 3이며, 정규분포는 좌우 대칭인 분포이다.

2020. 8. 23. 제3회

3 다음은 A병원과 B병원에서 각각 6명의 환자를 상대로 환자가 병원에 도착하여 진료서비스를 받기까지의 대기시간(단위 : 분)을 조사한 것이다. 두 병원의 진료서비스 대기시간에 대한 비교로 옳은 것은?

A병원	17	32	5	19	20	9
B병원	10	15	17	17	23	20

① A병원의 평균 = B병원의 평균
  A병원의 분산 < B병원의 분산
② A병원의 평균 = B병원의 평균
  A병원의 분산 > B병원의 분산
③ A병원의 평균 > B병원의 평균
  A병원의 분산 < B병원의 분산
④ A병원의 평균 < B병원의 평균
  A병원의 분산 > B병원의 분산

2020. 6. 14. 제1 · 2회 통합

4 분산과 표준편차에 관한 설명으로 틀린 것은?

① 분산이 크다는 것은 각 측정치가 평균으로부터 멀리 떨어져 있다는 것을 의미한다.
② 분산도를 구하기 위해 분산과 표준편차는 각각의 편차를 제곱하는 방법을 사용한다.
③ 분산은 관찰값에서 관찰값들의 평균값을 뺀 값의 제곱의 합계를 관찰 계수로 나눈 값이다.
④ 표준편차는 분산의 값을 제곱한 것과 같다.

3.

• A병원 평균(=17) = B병원 평균(=17)
• A병원 분산(=89.2) > B병원 분산(=19.6)
• A병원

$$-평균 = \frac{17+32+5+19+20+9}{6} = 17$$

$$-분산 = \frac{\begin{array}{c}(17-17)^2+(32-17)^2+(5-17)^2\\+(19-17)^2+(20-17)^2+(9-17)^2\end{array}}{6-1}$$

$$= 89.2$$

• B병원

$$-평균 = \frac{10+15+17+17+23+20}{6} = 17$$

$$-분산 = \frac{\begin{array}{c}(10-17)^2+(15-17)^2+(17-17)^2\\+(17-17)^2+(23-17)^2+(20-17)^2\end{array}}{6-1}$$

$$= 19.6$$

4.

분산은 표준편차의 제곱과 같다.

5 5개의 자료값 10, 20, 30, 40, 50의 특성으로 옳은 것은?

① 평균 30, 중앙값 30

② 평균 35, 중앙값 40

③ 평균 30, 최빈값 50

④ 평균 25, 최빈값 10

6 어느 중학교 1학년의 신장을 조사한 결과, 평균이 136.5cm, 중앙값은 130.0cm, 표준편차가 2.0cm이었다. 학생들의 신장의 분포에 대한 설명으로 옳은 것은?

① 오른쪽으로 긴 꼬리를 갖는 비대칭분포이다.

② 왼쪽으로 긴 꼬리를 갖는 비대칭분포이다.

③ 좌우 대칭분포이다.

④ 대칭분포인지 비대칭분포인지 알 수 없다.

7 초등학생과 대학생의 용돈의 평균과 표준편차가 다음과 같을 때 변동계수를 비교한 결과로 옳은 것은?

	용돈평균	표준편차
초등학생	130000	2000
대학생	200000	3000

① 초등학생 용돈이 대학생 용돈보다 상대적으로 더 평균에 밀집되어 있다.

② 대학생 용돈이 초등학생 용돈보다 상대적으로 더 평균에 밀집되어 있다.

③ 초등학생 용돈과 대학생 용돈의 변동계수는 같다.

④ 평균이 다르므로 비교할 수 없다.

5.

$$평균 = \frac{(10+20+30+40+50)}{5} = \frac{150}{5} = 30$$

$$중앙값 = 3 = \left(\frac{(5+1)}{2}\right) 번째 \ 순위에 \ 있는 \ 수 = 30$$

6.

평균(136.5cm) > 중앙값(130.0cm)이므로 오른쪽으로 꼬리가 긴 분포이다.

7.

대학생 용돈의 변동계수(CV)는 1.50, 초등학생 용돈의 변동계수(CV)는 1.54로, 대학생 용돈의 변동계수가 초등학생 용돈의 변동계수보다 적기 때문에, 상대적으로 더 평균에 밀집되어 있다고 볼 수 있다.

• 초등학생 변동계수 $= \frac{2,000}{13,000} \times 100 = 1.54(\%)$

• 대학생 변동계수 $= \frac{3,000}{200,000} \times 100 = 1.50(\%)$

Answer 5.① 6.① 7.②

2019. 8. 4. 제3회

8 A반 학생은 50명이고 B반 학생은 100명이다. A반과 B반의 평균성적이 각각 80점과 85점이었다. A반과 B반의 전체 평균 성적은?

① 80.0

② 82.5

③ 83.3

④ 83.5

8.

A반 학생 성적 평균

$= \dfrac{a_1 + \ldots + a_{50}}{50} = 80$, $a_1 + \ldots + a_{50} = 4,000$

B반 학생 성적 평균

$= \dfrac{b_1 + \ldots + b_{100}}{100} = 85$, $b_1 + \ldots + b_{100}$

$= 8,500$

A+B반 학생 성적 평균

$= \dfrac{a_1 + \ldots + a_{50} + b_1 + \ldots + b_{100}}{50 + 100}$

$= \dfrac{4,000 + 8,500}{150}$

$= 83.3$

2019. 8. 4. 제3회

9 다음 중 산포의 측도는?

① 평균

② 범위

③ 중앙값

④ 제75백분위수

9.

산포의 측도는 분산, 표준편차, 범위(= 최댓값−최솟값), 사분위수범위(= 3사분위수−1사분위수) 등이 있다. 평균, 중앙값, 최빈값 등은 자료의 대푯값에 해당한다.

2019. 8. 4. 제3회

10 분산에 관한 설명으로 틀린 것은?

① 편차제곱의 평균이다.

② 분산은 양수 또는 음수를 취한다.

③ 자료가 모두 동일한 값이면 분산은 0이다.

④ 자료가 평균에 밀집할수록 분산의 값은 작아진다.

10.

② 분산은 표준편차의 제곱이므로 양수로만 존재한다.

2019. 8. 4. 제3회

11 다음은 가전제품 서비스센터에서 어느 특정한 날 하루 동안 신청 받은 애프터서비스 건수이다. 자료에 대한 설명으로 틀린 것은?

> 9 10 4 16 6 13 12

① 왜도는 0이다.

② 범위는 12이다.

③ 편차들의 총합은 0이다.

④ 평균과 중앙값은 10으로 동일하다.

11.

① 왜도는 $\dfrac{1}{n-1}\sum_{i=1}^{n}\left[\dfrac{(x_i-\overline{x})}{s}\right]^3$ 로 $\sum_{i=1}^{n}(x_i-\overline{x})^3$의 부호에 따라 왜도의 부호를 결정할 수 있다.
즉 다시 말해,

$$\sum_{i=1}^{n}(x_i-\overline{x})^3 = \sum_{i=1}^{7}(x_i-10)^3$$
$$= (9-10)^3+(10-10)^3+(4-10)^3+(16-10)^3$$
$$\quad+(6-10)^3+(13-10)^3+(12-10)^3$$
$$= (-1)^3+0^3+(-6)^3+6^3+(-4)^3+3^3+2^3$$
$$= (-1)+0+(-216)+216+(-64)+27+8$$
$$= -30$$

왜도는 0이 아닌 음수이다.

② 범위는 최댓값−최솟값으로 16(= 최댓값)−4(= 최솟값) = 12이다.

③ 편차의 총합은

$$\sum_{i=1}^{n}(x_i-\overline{x}) = \sum_{i=1}^{7}(x_i-10)$$
$$= (9-10)+(10-10)+(4-10)+(16-10)$$
$$\quad+(6-10)+(13-10)+(12-10)$$
$$= (-1)+0+(-6)+6+(-4)+3+2$$
$$= 0$$

④ 평균 $= \dfrac{9+10+4+16+6+13+12}{7} = \dfrac{70}{7} = 10$

중앙값은 n이 홀수이면 $\dfrac{n+1}{2}$, n이 짝수이면 $\dfrac{n}{2}$ 과 $\dfrac{n}{2}+1$의 평균값이 된다. 따라서 자료의 $n=7$ 이므로 중앙값은 $\dfrac{7+1}{2} = 4$번째 수인 10이다.

2019. 8. 4. 제3회

12 피어슨의 대칭도를 대표치들 간의 관계식으로 바르게 나타낸 것은? (단, $\overline{X}$: 산술평균, Me : 중위수, Mo : 최빈수)

① $\overline{X} - Mo = 3(Me - \overline{X})$

② $Mo - \overline{X} = 3(Mo - Me)$

③ $\overline{X} - Mo = 3(\overline{X} - Me)$

④ $Mo - \overline{X} = 3(Me - Mo)$

12.

피어슨 대칭도는
$$\dfrac{\text{평균} - \text{최빈값}}{\text{표준편차}} = \dfrac{3(\text{평균} - \text{중앙값})}{\text{표준편차}} \text{으로}$$
$\overline{X}(= \text{평균}) - Mo(= \text{최빈값}) = 3(\overline{X}(= \text{평균}) - Me(= \text{중위수}))$이다.

13 다음 중 평균에 관한 설명으로 틀린 것은?

① 중심경향을 측정하기 위한 척도이다.
② 이상치에 크게 영향을 받는 단점이 있다.
③ 이상치가 존재할 경우를 고려하여 절사평균(trimmed mean)을 사용하기도 한다.
④ 표본의 몇몇 특성값이 모평균으로부터 한쪽 방향으로 멀리 떨어지는 현상이 발생하는 자료에서도 좋은 추정량이다.

13.

평균은 이상치에 크게 영향을 받기 때문에 만약 표본의 몇몇 값이 모평균으로부터 한쪽 방향으로 멀리 떨어지는 현상(＝이상치)이 발생하는 자료에서는 좋은 추정량에 해당하지 않는다.

14 다음 중 중앙값과 동일한 측도는?

① 평균
② 최빈값
③ 제2사분위수
④ 제3사분위수

14.

중앙값은 전체 관측값을 크기순으로 나열했을 때 중앙(50%)에 위치하는 값을 말하며 이는 제2사분위수와 동일한 측도에 해당된다.
㉠ 제1사분위수(Q1) : 25백분위수
㉡ 제2사분위수(Q2) : 50백분위수
㉢ 제3사분위수(Q3) : 75백분위수

15 다음 통계량 중 그 성질이 다른 것은?

① 분산
② 상관계수
③ 사분위간 범위
④ 변이(변동)계수

15.

분산, 사분위간 범위, 변동계수는 자료의 산포도와 관련이 있는 통계량이며, 상관계수는 두 변수 사이의 선형성을 나타내는 수치이다.

Answer 13.④ 14.③ 15.②

16 다음 자료는 A병원과 B병원에서 각각 6명의 환자를 상대로 하여 환자가 병원에 도착하여 진료서비스를 받기까지의 대기 시간(단위 : 분)을 조사한 것이다. 두 병원의 진료서비스 대기시간에 대한 비교로 옳은 것은?

A병원	5	9	17	19	20	32
B병원	10	15	17	17	23	20

① A병원 평균 = B병원 평균, A병원 분산 > B병원 분산

② A병원 평균 = B병원 평균, A병원 분산 < B병원 분산

③ A병원 평균 > B병원 평균, A병원 분산 < B병원 분산

④ A병원 평균 < B병원 평균, A병원 분산 > B병원 분산

17 다음 중 첨도가 가장 큰 분포는?

① 표준정규분포

② 자유도가 1인 t분포

③ 평균 = 0, 표준편차 = 0.1인 정규분포

④ 평균 = 0, 표준편차 = 5인 정규분포

16.

A병원	5	9	17	19	20	32
B병원	10	15	17	17	23	20

• A 병원 평균(= 17) = B 병원 평균(= 17)

• A 병원 분산(= 89.2) > B 병원 분산(= 19.6)

㉠ A 병원

• 평균 $= \dfrac{5 + 9 + 17 + 19 + 20 + 32}{6} = 17$

• 분산 $= \dfrac{\begin{array}{c}(5-17)^2 + (9-17)^2 + (17-17)^2 \\ + (19-17)^2 + (20-17)^2 + (32-17)^2\end{array}}{6-1}$

$= 89.2$

㉡ B 병원

• 평균 $= \dfrac{10 + 15 + 17 + 17 + 23 + 20}{6} = 17$

• 분산 $= \dfrac{\begin{array}{c}(10-17)^2 + (15-17)^2 + (17-17)^2 \\ + (17-17)^2 + (23-17)^2 + (20-17)^2\end{array}}{6-1}$

$= 19.6$

17.

첨도$\left(K_u = \dfrac{1}{n-1} \sum\limits_{i=1}^{n} \left[\dfrac{(x_i - \overline{x})}{s} \right]^4 \right)$는 (편차/표준편차)^{4}의 평균이다. 따라서 평균이 일정하면, 표준편차에 따라 첨도가 결정되며, 표준편차가 작아지면 첨도는 커진다. 표준정규분포의 첨도는 0(or 3)이다.

따라서 정규분포끼리만 먼저 첨도를 비교하면 ③ 정규분포(평균 = 0, 표준편차 = 0.1) > ① 표준정규분포(평균 = 0, 표준편차 = 1) > ④ 정규분포(평균 = 0, 표준편차 = 5)이다.

또한 t분포의 경우, 자유도가 커질수록 정규분포에 가까워지므로 자유도가 작을수록 첨도는 점점 커지게 된다.

따라서 ② 자유도가 1인 t분포는 정규분포보다 첨도가 크다.

Answer   16.①   17.②

2019. 4. 27. 제2회

18 비대칭도(skewness)에 관한 설명으로 틀린 것은?

① 비대칭도의 값이 1이면 좌우대칭형인 분포를 나타낸다.

② 비대칭도의 부호는 관측값 분포의 긴 쪽 꼬리방향을 나타낸다.

③ 비대칭도는 대칭성 혹은 비대칭성을 나타내는 측도이다.

④ 비대칭도의 값이 음수이면 자료의 분포형태가 왼쪽으로 꼬리를 길게 늘어뜨린 모양을 나타낸다.

18.

① 비대칭도의 값이 0이면 좌우대칭형인 분포를 나타낸다.

2019. 3. 3. 제1회

19 5점 척도의 만족도 설문조사를 한 결과가 다음과 같을 때 만족도 평균은? (단, 1점은 매우 불만족, 5점은 매우 만족)

5점 척도	1	2	3	4	5
백분율(%)	10.1	15.0	20.0	30.0	25.0

① 2.45

② 2.85

③ 3.45

④ 3.85

19.

$1 \times 10.0 + 2 \times 15.0 + 3 \times 20.0 + 4 \times 30.0 + 5 \times 25.0$
$= 10.0 + 30.0 + 60.0 + 120.0 + 125.0$
$= 345.0(\%)$
따라서 만족도 평균은 3.450이다.

2019. 3. 3. 제1회

20 다음 자료에 대한 설명으로 틀린 것은?

> 58 54 54 81 56 81 75 55 41 40 20

① 중앙값은 55이다.

② 표본평균은 중앙값보다 작다.

③ 최빈값은 54와 81이다.

④ 자료의 범위는 61이다.

20.

① 중앙값은 n이 홀수이면 $\frac{n+1}{2}$, n이 짝수이면 $\frac{n}{2}$과 $\frac{n}{2}+1$의 평균값이 된다. 따라서 자료의 $n=11$이므로 중앙값은 $\frac{11+1}{2}=6$번째 수에 해당한다. 해당 자료를 크기순으로 나열(= 20 40 41 54 54 55 56 58 75 81 81)하였을 때 6번째 수는 55이다.

② 표본평균은 56, 중앙값은 55로 표본평균이 중앙값보다 크다

$$\frac{58+54+54+81+56+81+75+55+41+40+20}{11} = \frac{616}{11} = 56$$

③ 최빈값은 가장 많은 빈도를 가지고 있는 값으로 54, 81이다.

④ 범위는 최댓값 − 최솟값으로 $81 - 20 = 61$이다.

Answer 18.① 19.③ 20.②

21 다음 6개 자료의 통계량에 대한 설명으로 틀린 것은?

> 2 2 2 3 4 5

① 최빈값은 2이다.

② 중앙값은 2.5이다.

③ 평균은 3이다.

④ 왜도는 0보다 작다.

22 A 지역, B 지역, C 지역의 가구당 소득을 조사하여 분석한 결과가 다음과 같을 때, 3개 지역의 변이계수를 비교한 결과로 옳은 것은?

지역	평균	표준편차
A	2,100,000	70,000
B	1,800,000	50,000
C	1,200,000	60,000

① A지역의 소득이 다른 두 지역에 비해 평균이 밀집되어 있다.

② B지역의 소득이 다른 두 지역에 비해 평균에 가장 밀집되어 있다.

③ C지역의 소득이 다른 두 지역에 비해 평균에 가장 밀집되어 있다.

④ 평균이 다르므로 비교할 수 없다.

21

① 최빈값: 가장 많은 빈도를 차지하는 값. 즉 2이다.

② 중앙값은 n이 홀수이면 $\frac{n+1}{2}$, n이 짝수이면 $\frac{n}{2}$과 $\frac{n}{2}+1$의 평균값이 된다. 따라서 자료의 $n=6$이므로 중앙값은 $\frac{6}{2}=3$번째 수 2와 $\frac{6}{2}+1=4$번째 수 3의 평균인 2.5에 해당된다.

③ 평균 $=\frac{2+2+2+3+4+5}{6}=\frac{18}{6}=3$이다.

④ 오른쪽으로 꼬리가 길게 늘어진 형태의 경우, 왜도는 양수이다. 또 다른 방법으로는 왜도는 $\frac{1}{n-1}\sum_{i=1}^{n}\left[\frac{(x_i-\overline{x})}{s}\right]^3$로 $\sum_{i=1}^{n}(x_i-\overline{x})^3$의 부호에 따라 왜도의 부호를 결정할 수 있다. 즉 다시 말해,
$(2-3)^3+(2-3)^3+(2-3)^3+(3-3)^3$
$+(4-3)^3+(5-3)^3$
$=(-1)+(-1)+(-1)+0+1+8=6$
으로 왜도는 양수이다.

22.

㉠ A 지역 변동계수
$=\frac{70,000}{2,100,000}\times100=\frac{1}{30}\times100$

㉡ B 지역 변동계수
$=\frac{50,000}{1,800,000}\times100=\frac{1}{36}\times100$

㉢ C 지역 변동계수
$=\frac{60,000}{1,200,000}\times100=\frac{1}{20}\times100$

변동계수가 작을수록 평균에 밀집되어 있다고 해석할 수 있으며, 지역별 변동계수의 크기는 C > A > B이므로, B 지역의 변동계수가 가장 작아 평균에 가장 밀집되어 있다고 볼 수 있다.

Answer 21.④ 22.②

23 남, 여 두 집단의 연간 상여금과 평균과 표준편차가 각각 (200만 원, 30만 원), (130만 원, 20만 원)이었다. 변동(변이)계수를 이용해 두 집단의 산포를 비교한 것으로 옳은 것은?

① 남자의 상여금 산포가 더 크다.

② 여자의 상여금 산포가 더 크다.

③ 남녀의 상여금 산포가 같다.

④ 비교할 수 없다.

23.

남자의 상여금 변동계수(CV)는 15.00(%), 여자의 상여금 변동계수(CV)는 15.38(%)로, 여자의 상여금 변동계수가 더 크므로 산포가 더 크다고 볼 수 있다.

㉠ 남자 변동계수 $= \dfrac{30}{200} \times 100 = 15.00\,(\%)$

㉡ 여자 변동계수 $= \dfrac{20}{130} \times 100 = 15.38\,(\%)$

24 오른쪽으로 꼬리가 길게 늘어진 형태의 분포에 대해 옳은 설명으로만 짝지어진 것은?

> ㉠ 왜도는 양의 값을 가진다.
> ㉡ 왜도는 음의 값을 가진다.
> ㉢ 자료의 평균은 중앙값보다 큰 값을 가진다.
> ㉣ 자료의 평균은 중앙값보다 작은 값을 가진다.

① ㉠, ㉢

② ㉠, ㉣

③ ㉡, ㉢

④ ㉡, ㉣

24.

오른쪽 꼬리분포의 경우, 왜도는 양수이며, 최빈값 < 중위수 < 평균 순이다.

25 다음 중 중심위치를 나타내는 척도로 가장 적절하지 않은 것은?

① 중앙값

② 표준편차

③ 평균

④ 최빈수

25.

대푯값으로는 평균, 중앙값, 최빈값이 있다. 표준편차는 산포도를 나타내는 척도이다.

Answer 23.② 24.① 25.②

2018. 8. 19. 제3회

26 남자 직원과 여자 직원의 임금을 조사하여 다음과 같은 결과를 얻었다. 변동(변이)계수에 근거한 남녀 직원 임금의 산포에 관한 설명으로 옳은 것은?

성별	임금평균(단위 : 천 원)	표준편차(단위 : 천 원)
남자	2000	40
여자	1500	30

① 남자 직원임금의 산포가 더 크다.

② 여자 직원임금의 산포가 더 크다.

③ 남자 직원과 여자 직원의 임금의 산포가 같다.

④ 이 정보로는 산포를 설명할 수 없다.

26.

변동(변이)계수(coefficient of variation)

$$CV = \frac{S}{\bar{x}} \times (100\%)$$

남자 $CV = \frac{40}{2000} \times 100 = 2,$

여자 $CV = \frac{30}{1500} \times 100 = 2$

2018. 8. 19. 제3회

27 어느 대학교에서 학생들을 대상으로 4개의 변수(키, 몸무게, 혈액형, 월평균 용돈)에 대한 관측값을 얻었다. 4개의 변수 중에서 최빈값을 대푯값으로 사용할 때 가장 적절한 변수는?

① 키

② 혈액형

③ 몸무게

④ 월평균 용돈

27.

최빈값은 가장 많은 빈도를 나타내는 값으로 범주형 자료일 경우 대푯값으로 사용하기 적합하다. 혈액형은 A, B, O, AB형으로 4가지 범주를 가진 변수이다.

2018. 8. 19. 제3회

28 통계학 과목의 기말고사 성적은 평균(mean)이 40점, 중위값(median)이 38점이었다. 점수가 너무 낮아서 담당 교수는 12점의 기본점수를 더해 주었다. 새로 산정한 점수의 중위값은?

① 40점

② 42점

③ 50점

④ 52점

28.

중위수는 전체 관측값을 크기순으로 나열했을 때 중앙(50%)에 위치하는 값으로 전체적으로 일정한 수를 더하거나 빼더라도 순위에는 변동이 없다. 따라서 기말고사 점수에 일괄적으로 12점을 더해 주더라도 순위에는 변동이 없으며, 다만 중위수만 기존 38점에서 12점인 높아진 50점이 된다.

Answer   26.③ 27.② 28.③

2018. 8. 19. 제3회

29 자료 $x_1 + x_2, \cdots, x_n$의 표준편차가 3일 때, $-3x_1, -3x_2, \cdots,$ $-3x_n$의 표준편차는?

① -3　　　　　　　② 9

③ 3　　　　　　　④ -9

29.

$Var(aX) = a^2 Var(X)$

$Var(X) = 3^2 = 9$

$Var(-3X) = 9\,Var(X) = 9^2$

$\sigma = 9$

2018. 4. 28. 제2회

30 자료들의 분포형태와 대푯값에 관한 설명으로 옳은 것은?

① 오른쪽 꼬리가 긴 분포에서는 중앙값이 평균보다 크다.

② 왼쪽 꼬리가 긴 분포에서는 최빈값, 평균값, 중앙값 순으로 큰 값을 가진다.

③ 중앙값은 분포와 무관하게 최빈값보다 작다.

④ 비대칭의 정도가 강한 경우에는 대푯값으로 평균보다 중앙값을 사용하는 것이 더 바람직하다고 할 수 있다.

30.

① 오른쪽 꼬리가 긴 분포: 최빈값<중앙값<평균

② 왼쪽 꼬리가 긴 분포: 평균<중앙값<최빈값

③ 오른쪽 꼬리가 긴 분포의 경우 최빈값보다 중앙값이 크다.

2018. 4. 28. 제2회

31 어떤 철물점에서 10가지 길이의 못을 팔고 있으며, 못의 길이는 각각 '2.5', '3.0', '3.5', '4.0', '4.5', '5.0', '5.5', '6.0', '6.5', '7.0'cm이다. 만약, 현재 남아 있는 못 가운데 10%는 '4.0'cm인 못이고, 15%는 '5.0'cm인 못이며, 53%는 '5.5'cm인 못이라면 현재 이 철물점에 있는 못 길이의 최빈수는?

① 4.5cm

② 5.0cm

③ 5.5cm

④ 6.0cm

31.

최빈값 : 가장 많은 빈도를 가진 값

자료	4.0cm	5.0cm	5.5cm	other
빈도	10%	15%	53%	22%

32 다음 중 표준편차가 가장 큰 자료는?

① '3' '4' '5' '6' '7'

② '3' '3' '5' '7' '7'

③ '3' '5' '5' '5' '7'

④ '5' '6' '7' '8' '9'

32.

$$\overline{x} = \frac{1}{n}\sum_{i=1}^{n} x_i \ , \ S_x = \sqrt{\frac{1}{n-1}\sum_{i=1}^{n}(x_i - \overline{x})^2}$$

1	평균 $(\overline{x})$	$\frac{1}{5}(3+4+5+6+7) = \frac{25}{5} = 5$
	표준편차 (S_x)	$\sqrt{\frac{1}{4}(4+1+0+1+4)} = \sqrt{\frac{10}{4}} = \sqrt{2.5}$
2	평균 $(\overline{x})$	$\frac{1}{5}(3+3+5+7+7) = \frac{25}{5} = 5$
	표준편차 (S_x)	$\sqrt{\frac{1}{4}(4+4+0+4+4)} = \sqrt{\frac{16}{4}} = \sqrt{4}$
3	평균 $(\overline{x})$	$\frac{1}{5}(3+5+5+5+7) = \frac{25}{5} = 5$
	표준편차 (S_x)	$\sqrt{\frac{1}{4}(4+0+0+0+4)} = \sqrt{\frac{8}{4}} = \sqrt{2}$
4	평균 $(\overline{x})$	$\frac{1}{5}(5+6+7+8+9) = \frac{35}{5} = 7$
	표준편차 (S_x)	$\sqrt{\frac{1}{4}(4+1+0+1+4)} = \sqrt{\frac{10}{4}} = \sqrt{2.5}$

33 다음 중 대푯값에 해당하지 않는 것은?

① 최빈값

② 기하평균

③ 조화평균

④ 분산

33.

대푯값으로는 평균, 중앙값, 최빈값이 있다. 분산은 산포도를 나타내는 척도이다.

34 자료의 위치를 나타내는 척도로 알맞지 않은 것은?

① 중앙값

② 백분위수

③ 표준편차

④ 사분위수

34.

자료의 위치를 나타내는 척도로는 중앙값, 백분위수, 사분위수, 평균 등이 있다. 표준편차, 분산은 산포도와 관련이 있다.

Answer   32.②   33.④   34.③

35 집단 A에서 크기 n_A의 임의표본(평균 m_A, 표준편차 s_A)을 추출하고, 집단 B에서는 크기 n_B의 임의표본(평균 m_B, 표준편차 s_B)을 추출하였다. 두 집단의 산포를 비교하는 데 적합한 통계치는?

① $m_A - m_B$

② m_A/m_B

③ $s_A - s_B$

④ s_A/s_B

35.

산포도는 자료의 평균값이 중심위치에서 얼마나 떨어져 있는가를 측정하는 척도로 그 정도는 분산, 표준편차 등으로 비교할 수 있다. 두 집단의 산포비교는 표준편차의 비로 비교할 수 있다.

36 표본으로 추출된 15명의 성인을 대상으로 지난해 감기로 앓았던 일수를 조사하여 다음의 데이터를 얻었다. 평균, 중앙값, 최빈값, 범위를 계산한 값 중 틀린 것은?

> 5, 7, 0, 3, 15, 6, 5, 9, 3, 8, 10, 5, 2, 0, 12

① 평균 = 6

② 중앙값 = 5

③ 최빈값 = 5

④ 범위 = 14

36.

① 평균 : 자료를 모두 더한 후 총 자료수로 나눈 값

$$\bar{x} = \frac{1}{15}\sum_{i=1}^{15} x_i = \frac{1}{15}(5+7+...+12) = \frac{90}{15} = 6$$

② 중앙값 : 전체 관측값을 크기순으로 나열했을 때 중앙(50%)에 위치하는 값
자료의 수 n이 홀수 일 때 ———

$$\frac{n+1}{2} = \frac{15+1}{2} = 8번째 수이므로 중앙값(Me)=5$$

③ 최빈값 : 가장 많은 빈도를 가진 값

자료	0	2	3	5	6	7	8	9	10	12	15
빈도	2	1	2	3	1	1	1	1	1	1	1

④ 범위 : 측정값 중 최댓값과 최솟값의 차 15(최댓값)-0(최솟값)=15

37 어느 집단의 개인별 신장을 기록한 것이다. 중위수는 얼마인가?

> 164, 166, 167, 167, 168, 170, 170, 172, 173, 175

① 167

② 168

③ 169

④ 170

37.

중위수는 전체 관측값을 크기순으로 나열하였을 때 중앙(50%)에 위치하는 값이다.

자료의 수 n이 홀수 일 때 ——— $\frac{n+1}{2}$의 값

자료의 수 n이 짝수 일 때 ——— $\frac{n}{2}$, $\frac{n+1}{2}$의 평균 값

즉, n=10이므로 5, 6번째 순위의 자료인 168, 170의 평균 값 $\frac{168+170}{2} = 169$가 중위수이다.

Answer 35.④ 36.④ 37.③

38 표본자료가 다음과 같을 때, 대푯값으로 가장 적합한 것은?

> 10, 20, 30, 40, 100

① 최빈수 ② 중위수
③ 산술평균 ④ 가중평균

38.

극단값이 있는 자료의 경우, 극단값에 영향을 많이 받는 평균보다는 중위수가 대푯값으로 적당하다. 해당 자료는 100이라는 극단값이 있기 때문에 평균보다는 중위수가 대푯값으로 적당하다.

39 다음 설명 중 틀린 것은?

① 변이계수(Coefficient of Variation)는 여러 집단의 분산을 상대적으로 비교할 때 사용하며 $\dfrac{S}{\overline{X}}$로 정의된다.

② $Y = -2X + 3$일 때 $S_Y = 4S_X$이다. 단, S_X, S_Y는 각각 X와 Y의 표준편차이다.

③ 상자그림(Box plot)은 여러 집단의 분포를 비교하는 데 많이 사용한다.

④ 상관계수가 0이라 하더라도 두 변수의 관련성이 있는 경우도 있다.

39.

분산 $V(aX \pm b) = a^2 V(X)$이므로
표준편차는 $|a|S(X)$이다. 따라서 $S_Y = 2S_X$이다.

40 서원 철물점에서 8가지 길이의 못을 팔고 있다. 못 길이는 각각 3.0, 3.5, 4.0, 4.5, 5.0, 5.5, 6.0, 6.5이다. 만약, 현재 남아 있는 못 가운데 20%는 4.0cm인 못이고, 15%는 5.0cm인 못이며, 43%는 5.5cm인 못이라면 못 길이의 최빈수는? (단, 단위 : cm)

① 4.0 ② 4.5
③ 5.0 ④ 5.5

40.

최빈값은 가장 많이 빈출한 것으로 43%를 보인 5.5가 된다.

Answer   38.② 39.② 40.④

41 아래와 같이 집단별로 구분된 자료에서 중앙값이 포함된 구간은?

집단	빈도
15~19	12
20~24	15
25~29	29
30~34	17
35~39	6
40~44	18
45~49	16
50~54	5
55~59	3
60~64	8

① 35~39　　　　　　② 40~44

③ 30~34　　　　　　④ 25~29

41.

30~34를 기준으로 위·아래 합은 각각 56이므로 중앙구간은 30~34가 된다.

42 다음 관찰치에 대한 설명으로 옳지 않은 것은?

20, 30, 40, 50, 80, 80, 100

① 최빈치는 80이다.　　　② 산술평균은 57.14이다.
③ 범위는 80이다.　　　　④ 중앙치는 40이다.

42.

중앙치는 n이 홀수이면 $\frac{n+1}{2}$의 값이, n이 짝수이면 $\frac{n}{2}$과 $\frac{n}{2}+1$의 평균값이 된다. 중앙치는 4번째 수인 50이다.

43 7개의 자료값 0, 10, 20, 30, 40, 50, 60의 특성에 대하여 바르게 설명한 것은?

	평균	중앙값		평균	중앙값
①	30	40	②	30	30
③	25	30	④	35	30

43.

산술평균과 중앙값을 구하면 된다.

44 표본평균에 대한 설명으로 옳지 않은 것은?

① 표본의 중심위치를 나타내는 대푯값이다.
② 이상치에 크게 영향을 받지 않는다.
③ 표본의 자료값이 모평균으로부터 고르게 분포하면 비교적 좋은 추정량이다.
④ 이상치에 민감한 단점을 보완하기 위하여 절사평균을 쓴다.

44.
② 이상치에 크게 영향을 받는다.

45 산술평균에 대한 설명으로 틀린 것은?

① 계산에 의하여 얻어지는 값이므로 이상점의 영향을 받지 않는다.
② 산술평균으로부터 관찰값 편차의 합은 0이다.
③ 자료의 분포가 좌우대칭이면 산술평균과 중위수(중앙값)는 같다.
④ 대표치 중에서 가장 많이 사용된다.

45.
① 산술평균의 경우 이상점에 대한 예민성을 가지고 있어 이러한 예민성을 줄이기 위해 절사평균을 사용하기도 한다.

46 아홉수치 요약이 다음과 같을 때, 범위와 1사분위 수는 얼마인가?

20, 27, 29, 33, 50, 40, 45, 41, 30

① (30, 27)
② (30, 29)
③ (50, 33)
④ (20, 29)

46.
범위는 최댓값 − 최솟값으로 30이다.
1사분위수는 $\frac{n}{4} < X$이면 X번째 수이다.
$\frac{9}{4} = 2.25 < 3$으로 3번째 수인 29가 된다.

47 보기의 내용은 모두 산포도 측정지표이다. 서로 상이한 것은 무엇인가?

① 범위
② 분산
③ 표준편차
④ 사분위편차

47.
①②③ 절대적 산포도 측정지표
④ 상대적 산포도 측정지표

Answer 44.② 45.① 46.② 47.④

48 다음 중 10개 자료의 대푯값과 산포도가 바르게 짝지어진 것은?

> 20, 24, 24, 30, 22, 18, 28, 32, 24, 34

① 평균 = 26, 분산 = 20
② 중위수 = 28, 표준편차 = 4.0
③ 최빈값 = 24, 범위 = 16
④ 평균 = 25.6, 범위 = 14

48.

최빈값은 24이고 범위는 '최댓값 − 최솟값'으로 16 이다.

49 표본의 크기가 $n = 10$에서 $n = 160$으로 증가한다면, $n = 10$에서 얻은 평균의 표준오차는 몇 배로 증가하는가?

① 8
② 4
③ $\frac{1}{4}$
④ $\frac{1}{2}$

49.

표준오차 $= \dfrac{\text{표준편차}}{\text{표본수의 제곱근}} = \dfrac{S}{\sqrt{n}}$

$\dfrac{S}{\sqrt{10}}$에서 $\dfrac{S}{\sqrt{160}} = \dfrac{S}{4\sqrt{10}}$로 증가한다면 $\dfrac{1}{4}$배로 증가한다.

50 자료의 산포를 측정하는 통계량이 아닌 것은?

① 첨도
② 범위
③ 사분위범위
④ 분산

50.

왜도와 첨도는 비대칭도를 나타내는 것이다.

51 도수분포가 비대칭(Skewed)이고 편차의 절댓값을 최소로 하는 중심경향 척도는?

① 조화평균
② 편차
③ 중위수
④ 기하평균

51.

중위수(중앙치)의 성질
㉠ 극단적인 값에 영향받지 않는다.
㉡ 편차의 절댓값을 최소로 한다.

Answer　48.③　49.③　50.①　51.③

52 다음 그림과 같은 분포를 보이는 자료에서 평균, 중간값, 최빈치의 값을 비교한 것은?

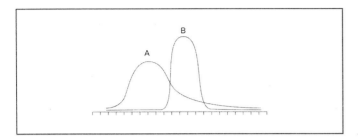

① 평균 < 최빈치 < 중앙값
② 평균 < 중앙값 < 최빈치
③ 최빈치 < 중앙값 < 평균
④ 최빈치 < 평균 < 중앙값

53 어느 고등학교에서 임의로 50명의 학생을 추출하여 몸무게(kg)와 키(cm)를 측정하였다. 50명의 고등학교 학생들의 몸무게와 키의 산포도를 비교하기에 가장 적합한 통계는?

① 평균
② 상관계수
③ 변이(변동)계수
④ 분산

54 다음 통계자료에서 최빈값(Mode)은 무엇인가?

31	35	36	36
36	37	37	38
39	40	40	43

① 35
② 36
③ 37
④ 40

55 다음 설명 중 산술평균의 성질로 옳지 않은 것은?

① 편차의 총합은 0이다.
② 편차를 제곱하여 얻은 값으로 대수학적인 취급이 용이하다.
③ 극단치의 값에 크게 영향을 받아 대표성이 적어진다.
④ 산술평균의 크기는 각 측정값의 크기와 도수에 의존한다.

56 다음 중 첨도에 대한 설명으로 옳지 않은 것은?

① 첨도란 분포도의 기울어진 정도나 방향을 나타내는 양이다.
② 정규분포보다 낮은 봉우리를 가지면 첨도는 3보다 작다.
③ 첨도는 정규분포를 기준으로 해서 3의 값을 갖는다.
④ 왜도와 같이 비대칭도의 범주에 속한다.

57 다음 중 산포도에 대한 설명으로 옳지 않은 것은?

① 산포도의 값이 작을수록 대푯값의 주위에 밀집되어 있다.
② 통계분석, 추리이론에 가장 많이 쓰이는 산포도 값으로는 표준편차와 분산이 있다.
③ 균일성이나 정일성을 판단하는 지표로 변이계수를 사용한다.
④ 산포도에는 최빈값, 범위, 변이계수, 표준편차 등이 있다.

58 다음 중 도수분포곡선의 모양이 오른쪽으로 기울어졌을 때 대푯값의 크기 순서로 옳은 것은?

① $M < M_e < M_0$
② $M_0 < M_e < M$
③ $M_0 < M < M_e$
④ $M < M_0 < M_e$

55.

② 표준편차에 대한 설명이다.

56.

① 왜도에 대한 설명이다.
※ **첨도** : 분포도가 얼마나 중심에 집중되었는가를 측정하는 비대칭도이다.

57.

④ 최빈값은 산포도 값이 아니라 도수분포표의 도수빈도를 나타내는 대푯값이다.

58.

M_0는 최빈값, M_e는 중위수, M은 평균값을 나타낸다.

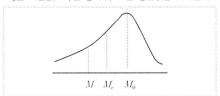

Answer   55.②   56.①   57.④   58.①

59 다음 중 변동(변이)계수(Coefficient of variation)에 관한 설명이 아닌 것은?

① 비대칭도에서 가장 많이 사용하며, 분포가 평균값을 중심으로 좌우 대칭을 이루지 않고 어느 한쪽으로 치우쳐 있는 정도를 말한다.

② 표준편차를 산술평균으로 나눈 값으로 산술평균에 대한 표준편차의 상대적 크기를 말한다.

③ 자료가 극심한 비대칭이거나, 측정단위가 다를 때 산포도 비교 시 이용한다.

④ 다른 종류의 통계집단이나 동종의 집단일지라도 평균값이 클 때 산포도 비교하기 위한 측도로 쓰이며, 백분율로도 나타낸다.

60 다음 중 백화점 매장을 방문하는 고객의 수를 산출하는 데 가장 적당한 측정방법으로 옳은 것은?

① 기하평균
② 산술평균
③ 조화평균
④ 평방평균

61 다음 기술통계량 중 대푯값의 종류로 옳은 것은?

① 조화평균
② 평균편차
③ 변이계수
④ 왜도

59.

①은 왜도(Skewness)에 관한 설명이다.

60.

③ 시간적 흐름에 의하여 계속 변화하는 변량이나 속도 등의 산출에 적당한 평균값이다.

61.

대푯값의 종류 : 산술평균, 기하평균, 조화평균, 중위수, 최빈값 등이 있다.

62 다음 자료의 $\overline{x}$, S^2, S의 값으로 옳은 것은?

계급값	도수
10	7
15	2
5	8
7	4
20	5

① 11.40, 30.13, 5.48

② 5.2, 292.36, 17.09

③ 10.31, 31.34, 5.59

④ 10.31, 30.13, 5.49

63 다음 중 대푯값에 해당하는 것들끼리 묶여진 것은?

① 산술평균, 기하평균, 조화평균, 평균편차

② 산술평균, 기하평균, 중위수, 범위

③ 산술평균, 기하평균, 조화평균, 최빈수

④ 산술평균, 기하평균, 편차, 최빈수

64 측정값 $x_1, \cdots, x_n$ 의 산술평균을 $\overline{x}$ 라 하면, 각각의 측정값에 상수 a 를 곱한 값의 산술평균은 얼마인가?

① $na\overline{x}$

② $\dfrac{1}{n}a\overline{x}$

③ $a\overline{x}$

④ $\dfrac{1}{n}\overline{x}$

62.

$$\overline{x} = \frac{\sum_{i=1}^{k} mf_i}{n} = \frac{268}{26} \approx 10.31$$

$$S^2 = \frac{\sum_{i=1}^{k} (m_i - \overline{X})^2 f_i}{n-1} \approx \frac{783.54}{26-1} \approx 31.34$$

$$S = \sqrt{S^2} = \sqrt{31.34} \approx 5.59$$

63.

평균, 중위수, 최빈수가 대푯값이다.

64.

$$\overline{x} = \frac{1}{n}(x_1 + x_2 + \cdots + x_n),$$

$$\frac{1}{n}(ax_1 + ax_2 + \cdots + ax_n)$$

$$= a \cdot \frac{1}{n}(x_1 + x_2 + \cdots + x_n)$$

$$= a\overline{x}$$

65 어느 시의 물가상승률을 구하려고 한다. 사용할 수 있는 적당한 대푯값은?

① 산술평균
② 기하평균
③ 조화평균
④ 지수평균

65.

물가상승률의 기하평균을 구함으로써 한해의 평균적인 물가상승률을 구할 수 있다.

66 다음 대푯값 Me, Mo 와 $\bar{x}$ 사이의 관계의 설명으로 틀린 것은?

① 도수분포도가 완전히 대칭일 때 $\bar{x} = Mo = Me$ 성립
② 도수분포도가 왼쪽으로 비대칭일 때 $\bar{x} < Me < Mo$ 성립
③ 도수분포도가 오른쪽으로 비대칭일 때 $\bar{x} > Me > Mo$ 성립
④ 도수분포도가 부분 대칭일 때 $\bar{x} = Me \neq Mo$ 성립

66.

평균값($\bar{x}$), 중위수(Me), 최빈값(Mo)의 관계

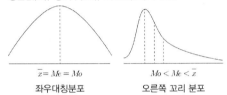

$\bar{x} = Me = Mo$	$Mo < Me < \bar{x}$
좌우대칭분포	오른쪽 꼬리 분포

67 제1사분위수를 Q_1, 중위수를 Me, 제3사분위수를 Q_3 라 할 때 $Q_3 - Me > Me - Q_1$ 인 그래프는 어떤 모양인가?

① 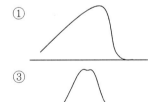 ②

③ ④

67.

Q_1 Me Q_3

Answer   65.② 66.④ 67.②

68 산술평균 70, 중위수 72, 최빈수 75를 갖는 분포곡선을 다음 중 어느 것인가?

①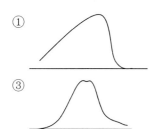

②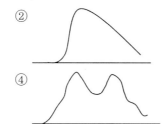

③

④

69 표준정규분포곡선의 왜도와 첨도는 각각 얼마인가?

① 0, 1   ② 0, 2

③ 0, 3   ④ 0, 4

70 여러 다른 종류의 통계집단이나 동종의 집단일지라도 평균이 크게 다를 때 산포를 비교하기 위한 측도는 무엇인가?

① 분산

② 표준편차

③ 평균편차계수

④ 변동계수

71 크기가 n_1, n_2인 두 자료의 평균이 각각 $\overline{x}_1$, $\overline{x}_2$일 때 이 자료를 합친 전체의 평균 $\overline{x}$는?

① $\dfrac{n_1\overline{x}_1 + n_2\overline{x}_2}{n_1 + n_2}$

② $\dfrac{n_1\overline{x}_2 - n_1\overline{x}_2}{n_1 + n_2}$

③ $\dfrac{\overline{x}_1 + \overline{x}_2}{n_1 + n_2}$

④ $\dfrac{n_1 n_2 (\overline{x}_1 + \overline{x}_2)}{n_1 + n_2}$

72 다음 도수분포곡선으로부터 대푯값의 관계를 바르게 나타낸 것은?

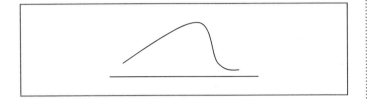

① $\overline{x} = Mo = Me$

② $\overline{x} < Mo < Me$

③ $\overline{x} > Me > Mo$

④ $\overline{x} < Me < Mo$

73 다음 중 중위수의 설명으로 틀린 것은?

① 도수곡선 면적의 1/2값이다.

② 극단값에 영향을 받지 않는다.

③ n이 홀수일 때와 짝수일 때 계산방법이 다르다.

④ 측정값 중에서 출현도수가 가장 많은 값이다.

74 비대칭도(Skewness)에 관한 설명으로 틀린 것은?

① 비대칭도 값이 1이면 좌우 대칭형 분포를 나타낸다.

② 비대칭도의 부호는 관측값 분포의 꼬리방향을 나타낸다.

③ 비대칭도는 대칭성 혹은 비대칭성을 측정하는 통계수치이다.

④ 비대칭도 값이 음수이면 왼쪽으로 꼬리를 길게 늘어뜨린 모양을 나타낸다.

72.

평균값($\overline{x}$), 중위수(Me), 최빈값(Mo)의 관계

73.

출현도수가 가장 많은 값은 최빈수라 한다.

74.

비대칭도 값 ≒ $\dfrac{3(\overline{x} - Me)}{S}$ 가 0일 때 좌우 대칭형 분포임. 즉 평균과 중위수가 같을 때이다.

Answer   72.④ 73.④ 74.①

75 다음은 "A", "B" 두 은행을 대상으로 고객이 도착하여 서비스를 받기 전에 기다리는 시간(단위 : 분)을 표본으로 각각 6명씩을 상대로 조사한 것이다. 두 은행 고객의 대기시간과 관련한 설명 중 틀린 것은?

A은행	8	13	15	15	21	18
B은행	15	30	3	17	18	7

① 두 은행의 평균대기시간은 15분으로 동일하다.
② "B"은행이 "A"은행보다 분산 또는 표준편차가 작다.
③ "A"은행의 경우 대기시간의 변동폭이 "B"은행보다 심하지 않다.
④ "A"은행에 가면 "B"은행보다 대기시간을 비교적 정확하게 예측할 수 있다.

76 6명의 학생들에 대하여 체중을 조사한 결과 중위수가 65kg이 나왔다. 한달 후, 6명의 학생들에 대해 체중을 다시 측정한 결과, 다른 학생들은 이전과 동일하고 가장 높은 체중을 가진 학생만 3kg이 증가되었다. 재측정 결과의 중위수는 얼마인가?

① 62kg
② 65kg
③ 68kg
④ 알 수 없다.

77 자료의 대푯값으로 평균 대신 중앙값(Median)을 사용하는 가장 적절한 이유는?

① 평균은 음수가 나올 수 있다.
② 대규모 자료의 경우 평균은 계산이 어렵다.
③ 평균은 극단적인 관측값에 영향을 많이 받는다.
④ 평균과 각 관측값의 차이의 총합은 항상 0이다.

75.

A, B병원 대기시간 평균은 각각 15로 같으며, 흩어진 정도를 나타내는 분산은 B병원이 더 크다.
A은행 평균=15, A은행 표준편차=4.43
B은행 평균=15, B은행 표준편차=9.44

76.

중위수는 순서대로 배열한 후 가운데(50%)에 위치한 수로 가장 높은 체중의 학생만 체중변화하였으므로 중위수는 변하지 않는다.

77.

중앙값은 평균보다 극단값의 영향을 덜 받는다.

78 두 집단 자료의 단위가 다르거나 단위는 같지만 평균의 차이가 클 때 두집단 자료의 산포를 비교하는데 변동계수(Coefficient of Variation)를 사용한다. 얻은 자료의 산술평균이 20이고 분산이 16일 때 변동계수는 얼마인가?

① 4/20　　　　　　　② 16/20

③ 20/4　　　　　　　④ 20/16

79 어느 학생이 10km가 되는 산길을 올라갈 때는 시속 4km로 걷고, 내려올 때는 시속 6km로 걸었다. 평균 시속을 구하면?

① 4.7(km/h)　　　　② 4.8(km/h)

③ 4.9(km/h)　　　　④ 5.0(km/h)

80 어느 공장의 제품 중 오늘 생산된 제품의 표준편차가 아주 작았다. 이것은 무엇을 의미하는가?

① 제품이 우수하다.

② 제품이 나쁘다.

③ 제품이 고르다.

④ 제품이 고르지 않다.

81 분산(Variance)과 표준편차(Standard deviation)에 대한 기술 중 잘못된 것은?

① 분산도를 측정하는 대표적인 통계치이다.

② 표준편차를 제곱하는 것이 분산이다.

③ 관측치들이 평균치로부터 멀리 떨어져 있는 정도를 나타낸다.

④ 표준편차가 클수록 분산은 작아진다.

78.

변동계수 $CV = \dfrac{s}{\overline{x}}$

79.

평균시속은 조화평균으로 계산한다.

$$\overline{x_H} = \dfrac{n}{\sum \dfrac{1}{x_i}} = \dfrac{2}{\left(\dfrac{1}{4} + \dfrac{1}{6}\right)} = 4.8$$

80.

제품의 표준편차가 작다는 것은 제품이 고르다는 의미이다.

81.

분산은 표준편차의 제곱으로 표준편차가 크면 분산도 크게 된다.

Answer　　78.①　79.②　80.③　81.④

82 A학과의 학생들에게 수학문제 한 개를 과제물로 낸 후 정답과 소요시간을 제출하게 한 결과가 다음과 같을 때 소요시간에 대한 대푯값으로서 의미를 갖는 것은?

> 2분, 2분, 2분, 5분, 15분, 20분, 30분, 40분, 50분, 1시간, 1시간30분, 2시간, 3시간, ∞ (많은 시간을 주어야 풀 수 있을 것 같음)

① 최빈수
② 중위수
③ 산술평균
④ 표준편차

83 다음 자료의 산술평균(Mean)과 중위수(Median), 최빈수(Mode)를 바르게 구한 것은?

> 10, 3, 3, 6, 4, 7

① 산술평균=5.5 중위수=4 최빈수=3
② 산술평균=5 중위수=4 최빈수=10
③ 산술평균=5 중위수=5 최빈수=10
④ 산술평균=5.5 중위수=5 최빈수=3

82.

소요시간 중 극단값인 ∞이 있어 중위수가 적당하다.

83.

평균 5.5, 최빈수 3, 중위수는 3, 3, 4, 6, 7, 10 중 가운데 있는 4와 6의 평균이므로 (4+6)/2 = 50이다.

Answer   82.② 83.④

section **1** 확률

1 확률의 의의

(1) 확률(probability)

동일한 조건 하에서 실험을 반복하였을 경우 어떤 결과 또는 사건이 나올 상대빈도수율을 의미하며 생물학, 천문학, 전기, 전자공학 등 여러 분야에 널리 응용되고 있다.

> 예 • 선영이가 사회조사분석사에 합격할 확률은 얼마인가?
> • 크리스마스에 눈이 올 확률은 얼마인가?
> • 선수 A가 올림픽에서 금메달을 딸 확률은 얼마인가?
> • 경품행사에서 1등에 당첨될 확률은 얼마인가?

(2) 확률의 용어

집합이론	확률이론
전체집합	표본공간(S)
부분집합	사건(사상)
원소	단일사건, 표본점

(3) 확률의 기본원칙

① 확률은 0에서 1사이의 값을 갖게 되며 확률값이 1에 가까울수록 발생 가능성이 높고, 0에 가까울수록 발생가능성이 작아진다. 즉, 확률 0은 발생할 가능성이 없음을, 확률 1은 사건이 반드시 발생함을 의미한다.

> ☆ Plus tip 확률
> $$0 \leq P(A_i) \leq 1, \sum_{i=1}^{n} P(A_i) = 1$$

② 이론적 방법의 확률(동등발생정의)

$$P(A) = \frac{\text{사건 A에 속하는 경우의 수}}{\text{발생할 가능성이 동일한 전체 경우의 수}}$$

기출 PLUS

❷ 확률의 성질

(1) 어떤 사건이 나타날 확률을 P라 할 때 반드시 일어날 사건의 확률은 1이고 절대로 일어날 수 없는 사건의 확률은 0이다.

(2) 사건 A가 사건 B에 속할 때 $P(A) \leq P(B)$이다.

(3) 사건 A가 일어날 확률은 p, 일어나지 않은 확률은 q라 할 때 $q = 1 - p$ 이다.

(4) 사건 A와 사건 B가 서로 배반적일 때, A나 B가 일어날 확률은
$P(A \cup B) = p + q$가 된다.

(5) 일어날 수 있는 모든 가능한 사건들의 확률의 합은 언제나 1이다.

(6) 연속확률변수가 정확히 하나의 값만을 취할 확률은 0이 된다.

(7) 확률의 공리

① $0 \leq P(A) \leq 1$

② $P(S) = 1$

③ $P(\overline{A}) = 1 - P(A)$

비가 오는 날은 임의의 한 여객기가 연착할 확률이 1/100이고, 비가 안 오는 날은 여객기가 연착할 확률이 1/500이다. 내일 비가 올 확률이 2/5일 때, 비행기가 연착할 확률은?

① 0.06
② 0.056
③ 0.052
④ 0.048

다음은 어느 한 야구선수가 임의의 한 시합에서 치는 안타수의 확률분포이다. 이 야구선수가 내일 시합에서 2개 이상의 안타를 칠 확률은?

안타수 (x)	0	1	2	3	4	5
$P(X=x)$	0.30	0.15	0.25	0.20	0.08	0.02

① 0.2
② 0.25
③ 0.45
④ 0.55

정답 ③, ④

③ 확률의 계산법칙 2018 5회 2019 3회

(1) 덧셈법칙

확률의 덧셈법칙은 주어진 몇 가지 사건이 발생할 확률을 이용하여 또 다른 건의 발생확률을 구하는 데 사용한다.

① 임의의 두 사건 A와 B가 주어졌을 때(두 사건이 상호배타적이지 않다)

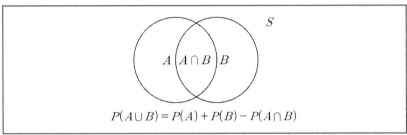

$$P(A \cup B) = P(A) + P(B) - P(A \cap B)$$

> ☞ Plus tip 그림 해석
> 두 사건 A와 B는 동시에 발생할 수 있다.

② 두 사건 A와 B가 상호배타적일 때

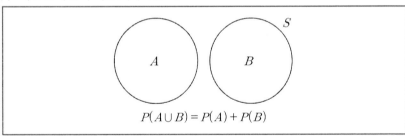

$$P(A \cup B) = P(A) + P(B)$$

> ☞ Plus tip 그림 해석
> 두 사건 A와 B는 동시에 발생할 수 있다.

(2) 조건부 확률

하나의 사건 A가 발생한 상태에서 또 다른 어떤 사건 B가 발생할 확률을 조건부 확률(conditional probability)이라 하며 $P(B|A)$로 표기한다. 아래 수식은 사건 A가 일어나는 조건하에 사건 B가 일어날 확률을 의미한다.

① 두 사건이 서로 종속적일 경우

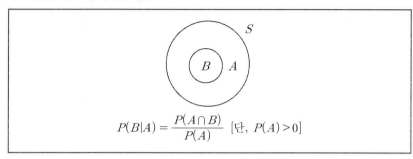

$$P(B|A) = \frac{P(A \cap B)}{P(A)} \quad [\text{단}, \ P(A) > 0]$$

② 두 사건이 서로 독립적일 경우

$$P(A|B) = P(A)$$
$$P(B|A) = P(B)$$

(3) 곱셈법칙

① 한 실험에서 두 사건 A와 B가 동시에 일어날 수 있을 때(독립사건이 아닐 때)

$$P(A \cap B) = P(A) \cdot P(B|A)$$

② 두 사건 A와 B가 통계적으로 독립사건인 경우

$$P(A \cap B) = P(A) \cdot P(B)$$

기출PLUS

기출 2019년 3월 3일 제3회 시행

우리나라 사람들 중 왼손잡이 비율은 남자가 2%, 여자가 1%라 한다. 남학생 비율이 60%인 어느 학교에서 왼손잡이 학생을 선택했을 때 이 학생이 남자일 확률은?

① 0.75
② 0.012
③ 0.25
④ 0.05

기출 2019년 3월 3일 제1회 시행

어떤 공장에 같은 길이의 스프링을 만드는 3대의 기계 A, B, C가 있다. 기계 A, B, C에서 각각 전체 생산량의 50%, 30%, 20%를 생산하고, 기계의 불량률이 각각 5%, 3%, 2%라고 한다. 이 공장에서 생산된 스프링 하나가 불량품일 때, 기계 A에서 생산되었을 확률은?

① 0.5
② 0.66
③ 0.87
④ 0.33

정답 ①, ②

$P(A) = 0.4$, $P(B) = 0.2$,
$P(B|A) = 0.4$일 때 $P(A|B)$는?

① 0.4
② 0.5
③ 0.6
④ 0.8

$P(A) = P(B) = \dfrac{1}{2}$, $P(A \cap B) = \dfrac{2}{3}$

일 때, $P(A \cup B)$를 구하면?

① 1/3
② 1/2
③ 2/3
④ 1

(4) 베이즈(Bayes) 정리(조건부확률의 확장형)

어떠한 사건 A가 발생할 확률이 주어졌을 때 새로운 사건에 관한 정보가 주어지게 되면, A가 발생한 확률은 조건부 확률이 된다. 만약 A와 B가 통계적 독립사건이 아니라면 새로운 조건부 확률은 기존의 무조건 확률과는 다른 값들을 취하게 된다. 새로운 조건부 확률은 보다 많은 정보를 반영하게 되므로 기존의 무조건부 확률보다는 정확할 것이다. 이러한 새로운 조건부 확률은 베이즈 정리에 기초를 둔다. 그리고 서로 배반인 사건 A_1, A_2, $\cdots$, A_n 중 하나가 반드시 일어날 때 $P(B) > 0$이면 다음과 같이 정의된다.

$$P(A_i | B) = \frac{P(A_i \cap B)}{P(B)}$$

$$= \frac{P(A_i \cap B)}{P(A_1 \cap B) + P(A_2 \cap B) + \cdots + P(A_n \cap B)}$$

$$= \frac{P(A_i) \cdot P(B | A_i)}{P(A_1) \cdot P(B | A_1) + \cdots + P(A_n) \cdot P(B | A_n)}$$

예 3명의 국회의원 후보가 선거에 나섰다. 각 후보가 당선될 확률은 갑이 0.3, 후보 을이 0.5, 후보 병이 0.2이다. 후보 갑이 당선되면 세금을 인상할 확률이 0.8, 후보 을이 당선되면 0.1, 후보 병이 당선되면 0.4인 것으로 추정되었다. 선거후 세금이 인상되었음을 알았을 때 후보 갑이 국회의원으로 당선되었을 확률은 얼마인가? (단, A : 세금 인상, B_1 : 갑 당선, B_2 : 을 당선, B_3 : 병 당선)

$$P(B_1 | A) = \frac{P(B_1)P(A | B_1)}{P(B_1)P(A | B_1) + P(B_2)P(A | B_2) + P(B_3)P(A | B_3)}$$

$$= \frac{(0.3)(0.8)}{(0.3)(0.8) + (0.5)(0.1) + (0.2)(0.4)} = 0.649$$

section 2 순열 및 조합

❶ 순열

① 서로 다른 n개의 원소 중 r개를 중복하지 않고 선택하여 나열하였을 때의 경우의 수

② $_nP_r = n \times (n-1) \times \cdots \times (n-r+1)$

③ $_nP_r = \dfrac{n!}{(n-r)!}$

> 예 A, B, C, D인 4개의 문자 가운데 서로 다른 3개의 문자를 이용하여 만들 수 있는 단어의 개수는?
> $_4P_3 = 4 \times 3 \times 2 = 24$

❷ 중복 순열

① 서로 다른 n개의 원소 중 r개를 중복 허용하여 선택하여 나열하였을 때의 경우의 수

② $_n\Pi_r = n^r$

> 예 A, B, C, D인 4개의 문자를 이용하여 만들 수 있는 3자리 단어의 개수는?
> $_4\Pi_3 = 4^3 = 4 \times 4 \times 4 = 64$

❸ 중복 집합의 순열

① n개의 원소 중에 p개, q개, r개 서로 다른 n개의 원소 중 r개를 중복 허용하여 선택하여 나열하였을 때의 경우의 수

② $_n\Pi_r = n^r$

> 예 A, A, B, B, B, C를 일렬로 배열할 수 있는 경우의 수?
> $\dfrac{6!}{2! \times 3! \times 1!} = \dfrac{6 \times 5 \times 4 \times 3 \times 2 \times 1}{2 \times 1 \times 3 \times 2 \times 1 \times 1} = 60$

n개 중에서 r개를 선택하는 조합의
수이다.)

① $\binom{14}{5}$

② $\binom{15}{5}$

③ $\binom{14}{10}$

④ $\binom{15}{10}$

똑같은 크기의 사과 10개를 다섯
명의 어린이에게 나누어주는 방법의
수는? (단, $\binom{n}{r}$은 n개 중에서 r개
를 선택하는 조합의 수이다)

① $\binom{14}{5}$

② $\binom{15}{5}$

③ $\binom{14}{10}$

④ $\binom{15}{10}$

❹ 조합

① 서로 다른 n개의 원소 중 중복없이 선택한 후 순서 상관없이 나열하는 경우의 수

② $_nC_r = \binom{n}{r} = \dfrac{_nP_r}{r!} = \dfrac{n!}{r! \times (n-r)!}$

> 예 A, B, C, D인 4개의 문자 가운데 서로 다른 3개의 문자를 한 번에 뽑는 방법은?
> $_4C_3 = \dfrac{4 \times 3 \times 2}{1 \times 2 \times 3} = 4$

❺ 중복 집합의 조합 2018 1회

① 서로 다른 n개의 원소 중 r개를 중복 허용하여 선택한 후 이를 순서에 상관없
이 나열하는 경우의 수

② $_nH_r = \binom{n+r-1}{r}$

> 예 A, B, C를 중복을 허락하여 4개의 문자를 뽑는 경우의 수?
> $_3H_4 = \binom{3+4-1}{4} = \binom{6}{4} = \dfrac{6 \times 5 \times 4 \times 3}{1 \times 2 \times 3 \times 4} = 15$

section 3 확률변수와 확률분포

1 확률변수

(1) 개념

어떠한 실험은 실험의 다수의 결과가 일정한 확률로 발생할 것이라는 것을 예상할 수 있지만 실험의 정확한 결과는 알 수 없는 것이다. 즉, 확률변수란 확률실험에서 발생하는 결과에 따라 상이한 수치를 가질 수 있는 변수를 말하며 그 수치는 결과가 나오기 전에는 알 수 없다. 이때 일반적으로 확률변수는 X로 표기하며 취할 수 있는 수치는 x로 표기한다.

> ☆ Plus tip 확률변수의 정의
> 표본공간의 각 사상을 실수값으로 대응시켜주는 함수

> **예** 동전 2개를 던졌을 때, 확률변수 X를 앞면의 수라고 하면, 다음과 같이 표본공간의 각 사상을 {0, 1, 2}로 대응시켜 준다.
>
>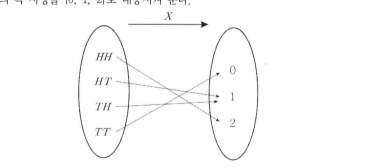

(2) 확률변수의 기대치

X를 다음과 같은 확률분포를 가지는 확률변수라고 할 때, 다음과 같이 정의된다.

X	$X_1, X_2, \cdots, X_n$
$P(X=x)$	$f(x_1), f(x_2), \cdots, f(x_n)$

$$X\text{의 기대치는 } M = E(X) = \sum_{i=1}^{n} x_i f(x_i)$$

기출 2018년 8월 19일 제3회 시행
퀴즈 게임에서 우승한 철수는 주사위를 던져서 그 나온 숫자에 100,000원을 곱한 상금을 받게 되었다. 그런데 그 주사위에는 홀수가 없이 짝수만이 있다. 즉 2가 2면, 4가 2면, 6이 2면인 것이다. 그 주사위를 던졌을 때 받게 될 상금의 기댓값은 얼마인가?

① 300,000원
② 400,000원
③ 350,000원
④ 450,000원

기출 2020년 8월 23일 제3회 시행
이산형 확률변수 X의 확률분포가 다음과 같을 때, 확률변수 X의 기댓값은?

X	0	1	2	3	4
$P(X=x)$	0.15	0.30	0.25	0.20	( )

① 1.25
② 1.40
③ 1.65
④ 1.80

정답 ②, ④

확률변수 X의 분포의 자유도가 각각 a와 b인 $F(a,\ b)$를 따른다면 확률변수 $Y=1/X$의 분포는?

① $F(a,\ b)$

② $F(b,\ a)$

③ $F(1/a,\ 1/b)$

④ $F(1/b,\ 1/a)$

다음 표와 같은 분포를 갖는 확률변수 X에 대한 기댓값은?

X	1	2	4	6
$P(X=x)$	0.1	0.2	0.3	0.4

① 3.0

② 3.3

③ 4.1

④ 4.5

확률변수 X가 이항분포 $B(36,\ 1/6)$을 따를 때, 확률변수 $Y=\sqrt{5}\,X+2$ 표준편차는?

① $\sqrt{5}$

② $5\sqrt{5}$

③ 5

④ 6

정답▶ ②, ③, ③

(3) 확률변수의 분산

확률변수 X의 기대치를 μ라 할 때 다음과 같이 정의된다.

$$Var(X) = \sum_{i=1}^{n} [X_i - E(X)]^2 \times P(X)$$
$$\therefore\ Var(X) = E(X^2) - \mu^2$$

(4) 기대치와 분산의 특성 1 2018 2회 2019 2회

a와 b가 상수일 때 확률변수 $ax+b$의 기대치와 분산은 다음과 같다.

① $E(ax+b) = aE(x) + b$

② $Var(ax+b) = a^2\, Var(x)$

(5) 기대치와 분산의 특성 2

① $E(X+Y) = E(X) + E(Y)$

② $E(X-Y) = E(X) - E(Y)$

③ $Var(X+Y) = Var(X) + Var(Y) + 2cov(X,\ Y)$

④ $Var(X+Y) = Var(X) + Var(Y)$ (단, X와 Y가 독립적일 때)

(6) 확률변수의 독립

X와 Y가 서로 독립적인 확률변수라면 $Z=XY$의 기대치는 X의 기대치와 Y의 기대치의 곱이다.

$$E(Z) = E(XY) = E(X) \cdot E(Y)$$

❷ 확률분포 `2018 1회` `2019 1회`

(1) 개념

임의의 실험에서 발생하는 사건에 확률을 부여한 것으로 확률변수의 취하는 값과 이에 대응하는 확률을 동시에 나열한 함수, 그래프 또는 표를 말한다.

(2) 구분

① **이산형 확률분포**(discrete probability distribution) : 셀 수 있는 정수값을 취하는 분포를 말하며 발생 가능한 모든 이산확률변수의 값과 발생확률을 나열한 것이다.

  ㉠ $f(x) = P(X = x_i)$ 일 때, 모든 x_i 에 대해 $0 \leq f(x_i) \leq 1$

  ㉡ $P(a \leq X \leq b) = \sum_{a}^{b} f(x)$

  ㉢ $\sum^{S} f(x_i) = 1$

  ㉣ 이항분포, 포아송분포, 초기하분포가 대표적이다.

② **연속형 확률분포**(continuous probability distribution) : 일정한 실수구간에 연속적인 값을 취하는 분포를 말하며 일정한 범위 안에서는 모든 실수값을 취할 수 있으므로 곡선의 형태로 나타나게 된다.

  ㉠ 모든 X 에 대해 $f(x_i) \geq 0$

  ㉡ $P(a \leq X \leq b) = \int_{a}^{b} f(x)\,dx$

  ㉢ $P(-\infty \leq X \leq \infty) = \int_{-\infty}^{\infty} f(x)\,dx = 1$

  ㉣ $P(X = a) = 0$ 이면 $\int_{a}^{a} f(x)\,dx = 0$

  ㉤ 정규분포, 지수분포, t-분포가 대표적이다.

기출PLUS

기출 2020년 8월 23일 제3회 시행

확률분포에 대한 설명으로 틀린 것은?

① X가 연속형 균일분포를 따르는 확률변수일 때, $P(X = x)$는 모든 x에서 영(0)이다.
② 포아송 분포의 평균과 분산은 동일하다.
③ 연속확률분포의 확률밀도함수 $f(x)$와 x축으로 둘러싸인 부분의 면적은 항상 1이다.
④ 정규분포의 표준편차 σ는 음의 값을 가질 수 있다.

기출 2020년 8월 23일 제3회 시행

다음 중 이산확률변수에 해당하는 것은?

① 어느 중학교 학생들의 몸무게
② 습도 80%의 대기 중에서 빛의 속도
③ 장마기간 동안 A도시의 강우량
④ 어느 프로야구 선수가 한 시즌 동안 친 홈런의 수

기출 2019년 4월 27일 제2회 시행

다음 중 X의 확률분포가 대칭이 아닌 것은?

① 공정한 주사위 2개를 차례로 굴릴 때, 두 주사위에 나타난 눈의 합 X의 분포
② 공정한 동전 1개를 10회 던질 때, 앞면이 나타난 횟수 X의 분포
③ 불량품이 5개 포함된 20개의 제품 중 임의로 3개의 제품을 구매하였을 때, 구매한 제품 중에 포함되어 있는 불량품의 개수 X의 분포
④ 완치율이 50%인 약품으로 20명의 환자를 치료하였을 때 완치된 환자 수 X의 분포

정답 ④, ④, ③

❸ 결합확률분포

(1) 정의

2개 이상의 확률변수가 서로 상호작용하는 확률분포

① $P(X = x_i,\ Y = y_i) = f(x_i,\ y_i),\ i = 1,\ 2,\ \cdots,\ m \quad j = 1,\ 2,\ \cdots,\ n$

② 모든 x, y에 대해 $f(x_i,\ y_i) \geqq 0$

③ 이산형인 경우 : $\displaystyle\sum_i \sum_j f(x_i,\ y_j) = 1$

　연속형인 경우 : $\displaystyle\int_x \int_y f(x,\ y)\,dx\,dy = 1$

(2) 결합확률분포의 기댓값

$$E(XY) = \begin{cases} \displaystyle\sum_x \sum_y xy P(X = x,\ Y = y)xy & : \text{이산형} \\ \displaystyle\int_x \int_y xy f(X = x,\ Y = y)dy\,dx & : \text{연속형} \end{cases}$$

(3) 공분산 [2018 1회]

① 정의 : 두 개의 확률변수 X, Y가 서로 어떠한 관계를 가지며 변하는지를 나타내는 척도

$$Cov(X,\ Y) = E\{(X - E(X))(Y - E(Y))\}$$
$$= E(XY) - E(X)E(Y)$$

② 특징

㉠ $Cov(aX,\ bY) = ab\,Cov(X,\ Y)$

㉡ $Cov(X + c,\ Y + d) = Cov(X,\ Y)$

㉢ $Cov(aX + c,\ bY + d) = ab\,Cov(X,\ Y)$

기출 2018년 4월 28일 제2회 시행

$Y = a + bX,\ (b > 0)$인 관계가 성립할 때 두 확률변수 X와 Y 간의 상관계수 $\rho_{X,\ Y}$는?

① $\rho_{X,\ Y} = 1.0$

② $\rho_{X,\ Y} = 0.8$

③ $\rho_{X,\ Y} = 0.6$

④ $\rho_{X,\ Y} = 0.4$

정답 ①

(4) 상관계수(correlation coefficient)

① 정의 : 두 변수의 선형적인 정도를 나타내는 척도

$$Corr(X, Y) = \frac{Cov(X, Y)}{\sqrt{Var(X)}\sqrt{Var(Y)}}$$

② 공분산의 문제점 : X 와 Y 의 단위크기에 따라 달라진다. ⇒ 단위와 무관한 척도가 필요하다.

③ 성질

   ㉠ $Corr(X, Y) = Corr(Y, X)$

   ㉡ $-1 \leq Corr(X, Y) \leq 1$

   ㉢ $Corr(X, X) = 1$, $Corr(X, -X) = -1$

   ㉣ $Corr(aX+c, bY+d) = (ab의 \ 부호)Corr(X, Y)$

(5) 두 확률변수의 독립성

① 정의 : 두 개의 확률변수 X, Y 가 독립이 되기 위해서는 X 와 Y 가 취하는 모든 쌍의 값 (x_i, y_j) 에 대해

$P(X = x_i, Y = y_j) = P(X = x_i)P(Y = y_j)$ 를 만족시켜야 한다.

② 성질 : 두 확률변수 X, Y 가 독립이면

   ㉠ $E(X \pm Y) = E(X) \pm E(Y)$

   ㉡ $Cov(X, Y) = 0$

   ㉢ $Corr(X, Y) = 0$

   ㉣ $Var(X + Y) = Var(X) + Var(Y)$

기출PLUS

기출 2020년 9월 26일 제4회 시행

다음 중 상관계수(r_{xy})에 대한 설명으로 틀린 것은?

① 상관계수 r_{xy} 는 두 변수 X와 Y의 선형관계의 정도를 나타낸다.

② 상관계수의 범위는 (-1, 1)이다.

③ $r_{xy} = \pm 1$이면 두 변수는 완전한 상관관계에 있다.

④ 상관계수 r_{xy} 는 두 변수의 이차곡선관계를 나타내기도 한다.

정답 ④

기출 & 예상문제

2020. 8. 23. 제3회

1 비가 오는 날은 임의의 한 여객기가 연착할 확률이 1/10이고, 비가 안 오는 날은 여객기가 연착할 확률이 1/500이다. 내일 비가 올 확률이 2/5일 때, 비행기가 연착할 확률은?

① 0.06

② 0.056

③ 0.052

④ 0.048

1.

- 내일 비가 와서 여객기가 연착할 확률
  = 내일 비가 올 확률 × 비오는 날 여객기가 연착할 확률
  $= 2/5 \times 1/10 = 0.04$
- 내일 비가 오지 않아도 여객기가 연착할 확률
  = 내일 비가 오지 않을 확률 × 비가 안 오는 날 여객기가 연착할 확률
  $= 3/5 \times 1/50 = 0.012$
- 최종 비행기가 연착할 확률
  = 내일 비가 와서 여객기가 연착할 확률 + 내일 비가 오지 않아도 여객기가 연착할 확률
  $= 0.04 + 0.012 = 0.052$

2020. 8. 23. 제3회

2 시험을 친 학생 중 국어합격자는 50%, 영어합격자는 60%이며, 두 과목 모두 합격한 학생은 15%라고 한다. 이때 임의로 한 학생을 뽑았을 때, 이 학생이 국어에 합격한 학생이라면 영어에도 합격했을 확률은?

① 10%   ② 20%

③ 30%   ④ 40%

2.

$P(영어합격 | 국어합격)$
$= \dfrac{P(영어합격 \cap 국어합격)}{P(국어합격)} = \dfrac{0.15}{0.5} = 0.3$

2020. 8. 23. 제3회

3 이산형 확률변수 X의 확률분포가 다음과 같을 때, 확률변수 X의 기댓값은?

X	0	1	2	3	4
$P(X=x)$	0.15	0.30	0.25	0.20	( )

① 1.25   ② 1.40

③ 1.65   ④ 1.80

3.

X	0	1	2	3	4	전체
$P(X=x)$	0.15	0.30	0.25	0.20	(0.10)	1.00

기댓값 $= 0 \times 0.15 + 1 \times 0.30 + 2 \times 0.25 + 3 \times 0.20 + 4 \times 0.10 = 1.80$

Answer   1.③   2.③   3.④

4 다음은 어느 한 야구선수가 임의의 한 시합에서 치는 안타수의 확률분포이다. 이 야구선수가 내일 시합에서 2개 이상의 안타를 칠 확률은?

안타수(x)	0	1	2	3	4	5
$P(X=x)$	0.30	0.15	0.25	0.20	0.08	0.02

① 0.2 ② 0.25
③ 0.45 ④ 0.55

4.

$P(X \geq 2) = 0.25 + 0.20 + 0.08 + 0.02 = 0.55$

5 다음 표와 같은 분포를 갖는 확률변수 X에 대한 기댓값은?

X	1	2	4	6
$P(X=x)$	0.1	0.2	0.3	0.4

① 3.0 ② 3.3
③ 4.1 ④ 4.5

5.

③ 확률변수 X의 기댓값
$= 1 \times 0.1 + 2 \times 0.2 + 4 \times 0.3 + 6 \times 0.4$
$= 0.1 + 0.4 + 1.2 + 2.4$
$= 4.1$

6 어느 경제신문사의 조사에 따르면 모든 성인의 30%가 주식투자를 하고 있고, 그 중 대학졸업자는 70%라고 한다. 우리나라 성인의 40%가 대학졸업자라고 가정하고 무작위로 성인 한 사람을 뽑았을 때, 그 사람이 대학은 졸업하였으나 주식투자를 하지 않을 확률은?

① 12% ② 19%
③ 21% ④ 49%

6.

$P(성인 \cap 주식) = 0.3$
$P(대학|[성인 \cap 주식]) = \dfrac{P(대학 \cap 성인 \cap 주식)}{P(성인 \cap 주식)}$
$\qquad\qquad\qquad\qquad = 0.7$
$P(대학 \cap 성인 \cap 주식) = 0.7 \times 0.3 = 0.21$
따라서,
$P(성인 \cap 대학)$
$= P(성인 \cap 대학 \cap 주식) + P(성인 \cap 대학 \cap 주식X)$
$0.4 = 0.21 + P(성인 \cap 대학 \cap 주식X)$
$P(성인 \cap 대학 \cap 주식X) = 0.4 - 0.21 = 0.19$

2019. 4. 27. 제2회

7 어떤 학생이 통계학 시험에 합격할 확률은 2/3이고, 경제학 시험에 합격할 확률은 2/5이다. 또한 두 과목 모두에 합격할 확률이 3/4이라면 적어도 한 과목에 합격할 확률은?

① 17/60
② 18/60
③ 19/60
④ 20/60

7.

적어도 한 과목 합격할 확률
$= P(통계학 \; 합격 \cup 경제학 \; 합격)$

$P(통계학 \; 합격 \cup 경제학 \; 합격)$
$= P(통계학 \; 합격) + P(경제학 \; 합격)$
$\quad - P(통계학 \; 합격 \cap 경제학 \; 합격)$
$= \dfrac{2}{3} + \dfrac{2}{5} - \dfrac{3}{4} = \dfrac{40}{60} + \dfrac{24}{60} - \dfrac{45}{60} = \dfrac{19}{60}$

2019. 4. 27. 제2회

8 다음 설명 중 틀린 것은?

① 사건 A와 B가 배반사건이면 $P(A \cup B) = P(A) + P(B)$ 이다.

② 사건 A와 B가 독립사건이면 $P(A \cap B) = P(A) \cdot P(B)$ 이다.

③ 5개의 서로 다른 종류 물건에서 3개를 복원추출하는 경우의 가지 수는 60가지이다.

④ 붉은색 구슬이 2개, 흰색 구슬이 3개, 모두 5개의 구슬이 들어 있는 항아리에서 임의로 2개의 구슬을 동시에 꺼낼 때, 꺼낸 구슬이 모두 붉은색일 확률은 1/10이다.

8.

① 배반사건 : $P(A \cup B) = P(A) + P(B)$
② 독립사건 : $P(A \cap B) = P(A) \cdot P(B)$
③ 복원추출이므로 경우의 수는 125가지이다.

- n개 중에 복원추출로 r개 선택
  : $_n\Pi_r = n^r = 5^3 = 5 \times 5 \times 5 = 125$

- n개 중에 비복원추출로 r개 선택
  : $_nP_r = \dfrac{n!}{(n-r)!} = \dfrac{5!}{(5-3)!}$
  $\qquad = \dfrac{5 \times 4 \times 3 \times 2 \times 1}{2 \times 1} = 60$

④ 첫번째 붉은색 구슬일 확률 × 두번째 붉은색 구슬일 확률 $= \dfrac{2}{5} \times \dfrac{1}{4} = \dfrac{1}{10}$

2019. 4. 27. 제2회

9 다음과 같은 확률분포를 갖는 이산확률변수가 있다고 할 때 수학적 기댓값 $E[(X-1)(X+1)]$의 값은?

X	0	1	2	3
P	1/3	1/2	0	1/6

① 0.5
② 1
③ 1.5
④ 2

9.

$E(X^2) = 0^2 \times \dfrac{1}{3} + 1^2 \times \dfrac{1}{2} + 2^2 \times 0 + 3^2 \times \dfrac{1}{6}$

$\qquad = \dfrac{1}{2} + \dfrac{9}{6} = \dfrac{12}{6} = 2$

$E[(X-1)(X+1)] = E(X^2 - 1)$
$\qquad\qquad\qquad\quad = E(X^2) - 1 = 2 - 1 = 1$

Answer 7.③ 8.③ 9.②

10 구간 [0, 1]에서 연속인 확률변수 X의 확률누적분포함수가 $F(x) = x$일 때, X의 평균은?

① 1/3

② 1/2

③ 1

④ 2

10.

$$\int_0^1 F(x)\,dx = \int_0^1 x\,dx = \left[\frac{1}{2}x^2\right]_0^1 = \frac{1}{2} - 0 = \frac{1}{2}$$

11 우리나라 사람들 중 왼손잡이 비율은 남자가 2%, 여자가 1%라 한다. 남학생 비율이 60%인 어느 학교에서 왼손잡이 학생을 선택했을 때 이 학생이 남자일 확률은?

① 0.75

② 0.012

③ 0.25

④ 0.05

11.

$P(\text{남자 왼손잡이}) = 0.02,\ P(\text{여자 왼손잡이}) = 0.01$
$P(\text{남학생}) = 0.6,\ P(\text{여학생}) = 0.4$

$P(\text{남학생}|\text{왼손잡이})$
$= \dfrac{P(\text{남학생} \cap \text{왼손잡이})}{P(\text{왼손잡이})}$
$= \dfrac{P(\text{남학생} \cap \text{왼손잡이})}{P(\text{남학생} \cap \text{왼손잡이}) + P(\text{여학생} \cap \text{왼손잡이})}$
$= \dfrac{0.6 \times 0.02}{0.6 \times 0.02 + 0.4 \times 0.01} = \dfrac{0.012}{0.012 + 0.004}$
$= \dfrac{0.012}{0.016} = 0.75$

12 어떤 공장에 같은 길이의 스프링을 만드는 3대의 기계 A, B, C가 있다. 기계 A, B, C에서 각각 전체 생산량의 50%, 30%, 20%를 생산하고, 기계의 불량률이 각각 5%, 3%, 2%라고 한다. 이 공장에서 생산된 스프링 하나가 불량품일 때, 기계 A에서 생산되었을 확률은?

① 0.5

② 0.66

③ 0.87

④ 0.33

12.

$P(\text{A 불량률}) = 0.05,\ P(\text{B 불량률}) = 0.03,\ P(\text{C 불량률}) = 0.02$
$P(A) = 0.5,\ P(B) = 0.3,\ P(C) = 0.2$

$P(A|\text{불량품})$
$= \dfrac{P(A \cap \text{불량품})}{P(\text{불량품})}$
$= \dfrac{P(A \cap \text{불량품})}{P(A \cap \text{불량품}) + P(B \cap \text{불량품}) + P(C \cap \text{불량품})}$
$= \dfrac{0.5 \times 0.05}{0.5 \times 0.05 + 0.3 \times 0.03 + 0.2 \times 0.02}$
$= \dfrac{0.025}{0.025 + 0.009 + 0.004}$
$= \dfrac{0.025}{0.038} \fallingdotseq 0.66$

Answer　10.② 11.① 12.②

13 확률변수 X의 확률분포가 다음과 같을 때, 분산 $Var(X)$의 값은?

X	$P(X=x)$
0	3/10
1	6/10
2	1/10

① 0.36　　　　　　② 0.6

③ 1　　　　　　　④ 0.49

13.

$$E(X^2) = 0^2 \times \frac{3}{10} + 1^2 \times \frac{6}{10} + 2^2 \times \frac{1}{10}$$

$$= \frac{6}{10} + \frac{4}{10} = 1$$

$$E(X)^2 = \left(0 \times \frac{3}{10} + 1 \times \frac{6}{10} + 2 \times \frac{1}{10}\right)^2$$

$$= \left(\frac{6}{10} + \frac{2}{10}\right)^2 = \frac{64}{100}$$

$$Var(X) = E(X^2) - E(X)^2 = 1 - \frac{64}{100} = 0.36$$

14 X와 Y의 평균과 분산은 각각 $E(X)=4$, $V(X)=8$, $E(Y)=10$, $V(Y)=32$이고, $E(XY)=28$이다. '$2X+1$'과 '$-3Y+5$'의 상관계수는?

① 0.75　　　　　　② -0.75

③ 0.67　　　　　　④ -0.67

14.

$$cor(X,\ Y) = E(XY) - E(X)E(Y) = 28 - 40 = -12$$

$$Corr(X,\ Y) = \frac{cor(X,\ Y)}{\sqrt{V(X)}\ \sqrt{V(Y)}}$$

$$= \frac{E(XY) - E(X)E(Y)}{\sqrt{V(X)}\ \sqrt{V(Y)}}$$

$$= \frac{-12}{\sqrt{8}\ \sqrt{32}} = \frac{-12}{16} = -0.75$$

$$Corr(2X+1,\ -3Y+5) = -Corr(X,\ Y) = 0.75$$

15 주머니 안에 6개의 공이 들어 있다. 그 중 1개에는 1, 2개에는 2, 3개에는 3이라고 쓰여 있다. 주머니에서 공 하나를 무작위로 꺼내 나타난 숫자를 확률변수 X라 하고, 다른 확률변수 $Y=3X+5$라 할 때, 다음 중 틀린 것은?

① $E(X)=7/3$

② $Var(X)=5/9$

③ $E(Y)=12$

④ $Var(Y)=15/9$

15.

① $$E(X) = \left(1 \times \frac{1}{6}\right) + \left(2 \times \frac{2}{6}\right) + \left(3 \times \frac{3}{6}\right)$$

$$= \frac{1+4+9}{6} = \frac{14}{6} = \frac{7}{3}$$

② $$E(X^2) = \left(1^2 \times \frac{1}{6}\right) + \left(2^2 \times \frac{2}{6}\right) + \left(3^2 \times \frac{3}{6}\right)$$

$$= \frac{1+8+27}{6} = \frac{36}{6} = 6$$

$$Var(X) = E(X^2) - E(X)^2 = 6 - \left(\frac{7}{3}\right)^2$$

$$= 6 - \frac{49}{9} = \frac{5}{9}$$

③ $$E(Y) = E(3X+5) = 3E(X) + 5$$

$$= 3 \times \frac{7}{3} + 5 = 12$$

④ $$Var(Y) = Var(3X+5) = 9Var(X)$$

$$= 9 \times \frac{5}{9} = 5$$

Answer　　13.①　14.①　15.④

16 퀴즈 게임에서 우승한 철수는 주사위를 던져서 그 나온 숫자에 100,000원을 곱한 상금을 받게 되었다. 그런데 그 주사위에는 홀수가 없이 짝수만이 있다. 즉 2가 2면, 4가 2면, 6이 2면인 것이다. 그 주사위를 던졌을 때 받게 될 상금의 기댓값은 얼마인가?

① 300,000원   ② 400,000원

③ 350,000원   ④ 450,000원

16.

$$E(X) = 2 \times \frac{2}{6} + 4 \times \frac{2}{6} + 6 \times \frac{2}{6} = \frac{4+8+12}{6} = 4$$

따라서 상금의 기댓값은 400,000(=4×100,000)원이다.

17 공정한 주사위 1개를 굴려 윗면에 나타난 수를 X라 할 때, X의 기댓값은?

① 3   ② 3.5

③ 6   ④ 2.5

17.

$$E(X) = \sum xp(x) = 1 \times \frac{1}{6} + \cdots + 6 \times \frac{1}{6}$$
$$= \frac{1+2+3+4+5+6}{6} = \frac{21}{6} = 3.5$$

18 3개의 공정한 동전을 던질 때 적어도 앞면이 하나 이상 나올 확률은?

① $\frac{7}{8}$ ② $\frac{6}{8}$

③ $\frac{5}{8}$ ④ $\frac{4}{8}$

18.

적어도 앞면이 하나 이상 나올 확률=1−(3개 동전 중 앞면이 하나도 안 나올 확률)= $1 - \frac{1}{8} = \frac{7}{8}$

19.

A, B가 서로 독립이면 P(A∩B)=P(A)P(B)

① P(A)P(B^c)=P(A){1−P(B)}=P(A)−P(A)P(B)
         =P(A)−{P(A)+P(B)−P(A∪B)}
         =P(A∪B)−P(B)=P(A−B)=P(A∩B^c)

② P(A^c)P(B^c)={1−P(A)}{1−P(B)}
         =1−P(A)−P(B)+P(A)P(B)
         =1−{P(A)+P(B)−P(A∩B)}
         =1−P(A∪B)=P(A∪B)^c=P(A^c∩B^c)

③ A, B가 배반사건이면 서로 종속이다.

19 양의 확률을 갖는 사건 A, B, C의 독립성에 대한 설명으로 틀린 것은?

① A와 B가 독립이면, A와 B^c 또한 독립이다.

② A와 B가 독립이면, A^{c}와 B^c 또한 독립이다.

③ A와 B가 배반사건이면 A와 B는 독립이 아니다.

④ A와 B가 독립이고 A와 C가 독립이면, A와 B∩C 또한 독립이다.

Answer   16.②   17.②   18.①   19.④

2018. 4. 28. 제2회

20 $P(A) = 0.4$, $P(B) = 0.2$, $P(B|A) = 0.4$일 때 $P(A|B)$는?

① 0.4   ② 0.5

③ 0.6   ④ 0.8

20.

조건부확률 $P(B|A) = \dfrac{P(A \cap B)}{P(A)}$

$P(A \cap B) = P(B|A)P(A) = 0.4 \times 0.4 = 0.16$

$\therefore \; P(A|B) = \dfrac{P(A \cap B)}{P(B)} = \dfrac{0.16}{0.2} = 0.8$

2018. 4. 28. 제2회

21 확률변수 X의 평균은 10, 분산은 50이다. $Y = 5 + 2X$의 평균과 분산은?

① 20, 15   ② 20, 20

③ 25, 15   ④ 25, 20

21.

$E(X) = 10$, $V(X) = 5$

$E(Y) = E(5 + 2X) = 5 + 2E(X) = 5 + 2 \times 10 = 25$

$Var(Y) = Var(5 + 2X) = 2^2 Var(X) = 4 \times 5 = 20$

2018. 4. 28. 제2회

22 똑같은 크기의 사과 10개를 다섯 명의 어린이에게 나누어주는 방법의 수는? (단, $\binom{n}{r}$은 n개 중에서 r개를 선택하는 조합의 수이다.)

① $\binom{14}{5}$ ② $\binom{15}{5}$

③ $\binom{14}{10}$ ④ $\binom{15}{10}$

22.

중복조합: 서로 다른 n개를 중복을 허락하여 r개 선택하는 경우의 수. $H(n, r) = C(n+r-1, r)$

10개의 사과를 5명에게 나눠주는 방법이므로 이는 다시 말해 서로 다른 5명을 중복을 허용하여 10개를 선택하는 경우의 수와 마찬가지이므로

$H(5, 10) = C(5 + 10 - 1, 10) = C(14, 10)$ 이다.

2018. 3. 4. 제1회

23 10개의 전구가 들어 있는 상자가 있다. 그 중 2개의 불량품이 포함되어 있다. 이 상자에서 전구 4개를 비복원으로 추출하여 검사할 때, 불량품이 1개 포함될 확률은?

① 0.076   ② 0.25

③ 0.53   ④ 0.8

23.

4개를 비복원으로 추출하여 불량품이 1개가 포함되는 경우의 수 $\cdots$ $_4C_1 = 4$

$\bigcirc \bigcirc \bigcirc \times : \dfrac{8}{10} \times \dfrac{7}{9} \times \dfrac{6}{8} \times \dfrac{2}{7} = \dfrac{2}{15}$

$\bigcirc \bigcirc \times \bigcirc : \dfrac{8}{10} \times \dfrac{7}{9} \times \dfrac{2}{8} \times \dfrac{6}{7} = \dfrac{2}{15}$

$\bigcirc \times \bigcirc \bigcirc : \dfrac{8}{10} \times \dfrac{2}{9} \times \dfrac{7}{8} \times \dfrac{6}{7} = \dfrac{2}{15}$

$\times \bigcirc \bigcirc \bigcirc : \dfrac{2}{10} \times \dfrac{8}{9} \times \dfrac{7}{8} \times \dfrac{6}{7} = \dfrac{2}{15}$

$\dfrac{2 + 2 + 2 + 2}{15} = \dfrac{8}{15} = 0.53$

Answer   20.④   21.④   22.③   23.③

24 어느 대형마트 고객관리팀에서는 다음과 같은 기준에 따라 매일 고객을 분류하여 관리한다.

구분	구매 금액
A 그룹	20만 원 이상
B 그룹	10만 원 이상~20만 원 미만
C 그룹	10만 원 미만

어느 특정한 날 마트를 방문한 고객들의 자료를 분류한 결과 A그룹이 30%, B그룹이 50%, C그룹이 20%인 것으로 나타났다. 이 날 마트를 방문한 고객 중 임의로 4명을 택할 때 이들 중 3명만이 B그룹에 속할 확률은?

① 0.25　　　　　　② 0.27

③ 0.37　　　　　　④ 0.39

24.

이항분포의 확률함수 $P(X=x) = {}_nC_x p^x (1-p)^{n-x}$

X : B 그룹의 방문 수=3

n : 총 방문수=4

p : B그룹을 방문할 확률=$\frac{50}{100} = 0.5$

$P(X=x) = {}_nC_x p^x (1-p)^{n-x} = {}_4C_3 \left(\frac{1}{2}\right)^3 \left(1-\frac{1}{2}\right)^{1-3}$

$= 4 \times \left(\frac{1}{2}\right)^3 \left(\frac{1}{2}\right) = \frac{1}{4} = 0.25$

25 $P(A) = P(B) = \frac{1}{2}$, $P(A|B) = \frac{2}{3}$일 때, $P(A \cup B)$을 구하면?

① $\frac{1}{3}$　　　　　　② $\frac{1}{2}$

③ $\frac{2}{3}$　　　　　　④ 1

25.

조건부확률 $P(A|B) = \frac{P(A \cap B)}{P(B)}$,

$P(A \cap B) = P(A|B)P(B) = \frac{2}{3} \times \frac{1}{2} = \frac{1}{3}$

$P(A \cup B) = P(A) + P(B) - P(A \cap B)$

$= \frac{1}{2} + \frac{1}{2} - \frac{1}{3} = \frac{2}{3}$

26 상자에 파란 공이 5개, 빨간 공이 4개, 노란 공이 3개 들어있다. 이 중 임의로 1개의 공을 꺼낼 때 그것이 빨간 공일 확률은?

① $\frac{1}{3}$　　　　　　② $\frac{1}{4}$

③ $\frac{1}{5}$　　　　　　④ $\frac{1}{6}$

26.

$P(A) = \frac{\text{사건 } A\text{의 총 수}}{\text{표본공간에 있는 사건의 총 수}}$

$= \frac{4}{(5+4+3)} = \frac{4}{12} = \frac{1}{3}$

27 어느 대학의 학생 중 40%가 여성이고 그 중 10%는 아르바이트를 한다. 그 대학교에서 임의로 한 학생을 뽑았을 때 아르바이트를 하는 여성일 확률은?

① 0.01   ② 0.04
③ 0.25   ④ 0.4

28 두 개의 확률변수 X와 Y가 독립일 때 옳지 않은 것은?

① $E(XY) = E(X)E(Y)$
② $cov(X, Y) = 0$
③ $P(A|B) = P(A)$
④ $P(B|A) = P(A)$

29 자동차 경주에서 A가 이길 확률이 $\frac{2}{9}$, B는 A의 두 배, C는 B의 두 배의 확률을 가질 때, C가 경주에서 이길 확률은?

① $\frac{6}{9}$ ② $\frac{7}{9}$
③ $\frac{8}{9}$ ④ $\frac{7}{18}$

30 다음 설명 중 확률에 대한 성질로 옳은 것은?

① 표본분포의 평균값과 모집단의 평균값은 같지 않다.
② 평균값의 표준오차는 모집단의 표준편차를 표본크기 n의 제곱근으로 나눈 값이다.
③ 사건 A와 B가 서로 상호보완적일 때 사건 A 또는 B가 일어날 확률은 $P(A \cup B) = P(A) + P(B)$이다.
④ 사건 A가 B에 속할 때의 확률은 $P(A) > P(B)$이다.

27.

아르바이트를 하는 여성일 확률은 $0.4 \times 0.1 = 0.04$ 이다.

28.

상호 독립적일 경우
$P(A|B) = P(A)$, $P(B|A) = P(B)$가 된다.

29.

A가 이길 확률 $\frac{2}{9}$, B는 $2A$, C는 $2B$이다. 차례대로 대입하면 $\frac{8}{9}$이 된다.

30.

① 표본분포의 평균값과 모집단의 평균값은 같다.
③ 사건 A와 B가 서로 배타적일 때,
$P(A \cup B) = P(A) + P(B)$이다.
④ 사건 A가 B에 속할 때 확률은 $P(A) \leq P(B)$이다.

Answer   27.②   28.④   29.③   30.①

31 다음 사건 A, B가 상호배반적임을 나타내는 식으로 옳은 것은?

① $P(A \cap B) = 0$

② $P(A \cap B) = P(A) \cdot P(B)$

③ $P(A|B) = P(A)$

④ $P(A \cup B) = P(A) + P(B) - P(A \cap B)$

31.

②③④ 사건 A, B가 서로 독립적임을 나타내는 식이다.

---

32 사건 A가 일어날 확률은 0.3, 사건 B가 일어날 확률은 0.5로 사건 A 또는 B가 일어날 확률을 0.7이라 할 때 사건 A와 B가 동시에 일어날 확률을 구하면?

① 0.1   ② 0.3

③ 0.5   ④ 0.8

32.

두 사건이 서로 배타적이 아니므로
$P(A \cup B) = P(A) + P(B) - P(A \cap B)$ 공식에 의해
$0.7 = 0.3 + 0.5 - P(A \cap B)$이 된다.
따라서 $P(A \cap B) = 0.1$이다.

---

33 다음 확률분포의 분류 중 성질을 달리하는 분포는?

① 카이제곱분포   ② 지수분포

③ 초기하분포   ④ t분포

33.

①②④ 연속확률분포
③ 이산확률분포

---

34 어느 통계학 강좌의 수강생 중 40%가 A학점을 받았을 때 1학년 중에서 A학점을 받은 학생이 전체 수강생의 12%이고, 15%가 2학년 학생이라고 한다. 이때 무작위로 뽑은 한 학생이 A학점을 받았을 때 그 학생이 1학년일 확률은 얼마인가?

① $\dfrac{5}{8}$ ② $\dfrac{3}{4}$

③ $\dfrac{3}{8}$ ④ $\dfrac{3}{10}$

34.

뽑은 학생이 A학점을 받은 학생일 사건을 A, 1학년일 사건을 B라 하면 조건부확률의 계산 법칙에 의하여

$$P(B/A) = \frac{P(A \cap B)}{P(A)} = \frac{0.12}{0.4} = \frac{3}{10}$$

35 다음 분포 중 이산형분포로 옳은 것은?

① 포아송분포

② 정규분포

③ F분포

④ 지수분포

36 다음 중 7명 중에서 3명을 뽑을 수 있는 방법의 수는?

① 112

② 35

③ 56

④ 210

37 다음 중 확률의 공리를 만족하지 않는 것은?

① $0 \leq P(A) \leq 1$

② $P(\Omega) = 1$

③ $P(A \cup B) = P(A) + P(B)$

④ $A_1, \cdots, A_n$ 이 상호배반이면
$$P(A_1 \cup \cdots \cup A_n) = P(A_1) + \cdots + P(A_n)$$

38 $E(Y) = 10$일 때, $X = 2Y + 3$ 의 기댓값은 얼마인가?

① 23

② 30/2

③ 3/20

④ 10

35.

②③④ 연속확률분포

36.

서로 다른 n개 중 무작위로 r개를 뽑는 방법의 수는 $_nC_r$로 표시되므로 $_7C_3 = \dfrac{7!}{3!(7-3)!} = \dfrac{7 \cdot 6 \cdot 5}{3 \cdot 2 \cdot 1} = 35$ 가 된다.

37.

$$P(A \cup B) = P(A) + P(B) - P(A \cap B)$$

38.

$$E(X) = E(2Y + 3) = 2E(Y) + 3$$

39 X의 확률분포가 다음과 같을 때, 기댓값과 분산은 각각 얼마인가?

X	1	3
p_i	1/2	1/2

① 1.5, 3　　　　　　② 2, 1

③ 3, 3　　　　　　④ 2, 2

39.

$E(X) = 1 \cdot \frac{1}{2} + 3 \cdot \frac{1}{2} = 2$

$E(X^2) = 1^2 \cdot \frac{1}{2} + 3^2 \cdot \frac{1}{2} = 5$

$V(X) = E(X^2) - [E(X)]^2$

$= 5 - 2^2 = 5 - 4 = 1$

참고 : 2^2는 2의 제곱에 해당되는 부분입니다.

40 X의 확률분포가 다음과 같다. 이 때 $Y = 10X + 5$의 기댓값은?

X	0	1	2	3
p_i	1/27	10/27	8/27	8/27

① 20.5　　　　　　② 22.5

③ 23.5　　　　　　④ 25.5

40.

$E(X) = 1 \cdot \frac{10}{27} + 2 \cdot \frac{8}{27} + 3 \cdot \frac{8}{27} = \frac{50}{27}$

$E(Y) = E(10X + 5) = 10E(X) + 5$
$= 10 \times 50/27 + 5 \approx 23.5$

41 $P(A) = 0.4$, $P(B) = 0.2$, $P(A|B) = 0.6$일 때 $P(A \cap B)$의 값은?

① 0.08　　　　　　② 0.12

③ 0.24　　　　　　④ 0.48

41.

$P(A \mid B) = \frac{P(A \cap B)}{P(B)}$

$0.6 = P(A \cap B)/0.2$

따라서, $P(A \cap B) = 0.12$

42 X의 확률 함수 $f(x)$가 다음과 같을 때, $(X-1)$의 기댓값은?

X	-1	0	1	2	3
$f(x)$	$\frac{1}{8}$	$\frac{1}{8}$	$\frac{2}{8}$	$\frac{2}{8}$	$\frac{2}{8}$

① 0　　　　　　② $\frac{3}{8}$

③ $\frac{5}{8}$　　　　　　④ $\frac{11}{8}$

42.

$E(X) = -1 \cdot \frac{1}{8} + 0 \cdot \frac{1}{8} + 1 \cdot \frac{2}{8} + 2 \cdot \frac{2}{8} + 3 \cdot$

$E(X-1) = E(X) - 1 = \frac{11}{8} - 1 = \frac{3}{8}$

Answer　　39.② 40.③ 41.② 42.②

여러 가지 확률분포

section 1 확률

1 이산형 확률분포 2019 1회

(1) 베르누이시행

① 개념: 사건의 발생결과가 두 개뿐인 시행을 베르누이시행이라 하며 다양한 확률분포에서 이항분포(binomial distribution), 포아송분포(poisson distribution), 초기하분포(hypergeomertic distribution) 등의 자주 사용되는 전형적인 이산 확률분포의 경우 그 기초를 베르누이시행에 두고 있다.

> 예 • 자격증 시험에 합격 또는 불합격한다.
> • 동전을 던지면 앞면 또는 뒷면이 나온다.
> • 제품을 검사할 때 양품 또는 불량품이 나온다.
> • 당구시합에서 이기거나 진다.
> • 태어나는 아기는 아들이거나 딸이다.

② 베르누이확률변수
  ⊙ 표본공간: $S = \{s, f\}$ (s : 성공, f : 실패)
  ⓛ 성공확률을 $p = P(s)$, 실패확률을 $q = P(f)$로 표시하며 $p \geq 0$, $q \geq 0$ 이면 $p + q = 1$이 된다.
  ⓒ 표본공간 $S = \{s, f\}$에서 $X(s) = 1, X(f) = 0$인 확률변수 X를 뜻한다.

(2) 이항분포(binomial distribution) 2019 2회

① 이항실험: 베르누이시행과 조건은 동일하면서 이 시행을 n회 반복한다는 조건이 추가될 때, 즉 두 개의 결과값을 갖고 각 시행이 다른 시행의 결과에 미치는 영향이 없을 때 이 시행의 전체를 이항실험이라고 한다.

> ✿ Plus tip **이항확률분포**
> 이러한 이항실험과 관련된 이항확률변수 X는 n번의 시행에서의 성공횟수를 나타내는 것으로, 이항확률변수와 관련된 확률분포를 이항확률분포라 한다.

② **이항분포의 의의**: 베르누이 시행을 반복할 때 특정 사건이 나타날 확률을 p라 하고 확률변수 X를 'n번 시행했을 때의 성공횟수'라고 할 경우 X의 확률분포는 시행횟수 n과 성공률 p로 나타낸다.

> 🖉 Plus tip **이항분포**
> 이항분포는 n과 p에 의해서 결정된다.

③ **이항분포의 확률함수**

$$P(X = x) = {}_nC_x \cdot p^x \cdot q^{n-x}$$

- ${}_nC_x = \dfrac{n!}{(n-x)!x!}$
- $q = 1 - p$

> 🖉 Plus tip **확률함수**
> 확률함수의 경우 계산하기 번거로운 단점이 있어 n, p, x가 주어졌을 때 확률을 표로 제시하여 그 확률을 구하기도 한다. 이때 확률표를 이항분포표라고 한다.

④ **이항분포의 특징**

ㄱ $p = 0.5$일 때 기대치 np에 대하여 대칭이 된다.

ㄴ $np \geq 5$, $n(1-p) \geq 5$일 때 정규분포에 근사한다.

ㄷ $p \leq 0.1$, $n \geq 50$일 때 포아송분포에 근사한다.

⑤ **이항분포의 기대치와 분산** `2018 6회` `2019 6회` `2020 6회`

ㄱ 기댓값 : $E(X) = np$

ㄴ 표준편차 : $\sqrt{np(1-p)}$

ㄷ 분산 : $np(1-p)$

(3) 포아송분포(Poisson distribution) `2018 1회` `2019 1회` `2020 1회`

① **포아송과정(Poisson process)** : 어떠한 구간, 즉 주어진 공간, 단위시간, 거리 등에서 이루어지는 발생할 확률이 매우 작은 사건이 나타나는 현상을 의미한다.

> 예 • 음식점의 영업시간 동안 방문하는 손님의 수
> • 하루 동안 발생하는 교통사고의 수
> • 경기시간 동안 농구선수가 성공시키는 슛의 수
> • 책에서 발견되는 오타의 수
> • 축구경기에서 발생하는 반칙의 수

기출PLUS

기출 2018년 3월 4일 제1회 시행

어느 대형마트 고객관리팀에서는 다음과 같은 기준에 따라 매일 고객을 분류하여 관리한다.

구분	구매금액
A그룹	20만 원 이상
B그룹	10만 원 이상 ~ 20만 원 미만
C그룹	10만 원 미만

어느 특정한 날 마트를 방문한 고객들의 자료를 분류한 결과 A그룹이 30%, B그룹이 50%, C그룹이 20%인 것으로 나타났다. 이날 마트를 방문한 고객 중 임의로 4명을 택할 때 이들 중 3명만이 B그룹에 속할 확률은?

① 0.25 ② 0.27
③ 0.37 ④ 0.39

기출 2018년 4월 28일 제2회 시행

확률변수 X는 시행횟수가 n이고, 성공할 확률이 p인 이항분포를 따를 때, 옳은 것은?

① $E(X) = np(1-p)$

② $V(X) = \dfrac{p(1-p)}{n}$

③ $E\left(\dfrac{X}{n}\right) = p$

④ $E\left(\dfrac{X}{n}\right) = \dfrac{p(1-p)}{n^2}$

기출 2019년 8월 4일 제3회 시행

특정 제품의 단위 면적당 결점의 수 또는 단위 시간당 사건 발생수에 대한 확률분포로 적합한 분포는?

① 이항분포
② 포아송분포
③ 초기하분포
④ 지수분포

정답 ①, ③, ②

② 포아송과정의 3가지 특성

    ㉠ 비집락성 : 극히 작은 시간·공간에서 둘 이상의 사건이 일어날 확률은 극히 작다.

    ㉡ 비례성 : 단위시간이나 공간에서 사건의 평균출현횟수는 일정하며 이는 시간· 공간에 따라 변하지 않는다.

    ㉢ 독립성 : 한 단위시간이나 공간에서 출현하는 사건의 횟수는 다른 단위시간 이나 공간에서 출현하는 사건의 횟수와 중복되지 않고 서로 독립적이다.

③ 포아송분포 : 단위시간, 단위면적, 단위부피에 무작위적으로 일어날 수 있는 확 률적 사건을 나타내는 데 많이 이용된다. 특히 그러한 사상이 발생한 건수는 구할 수 있지만, 발생하지 않을 건수는 계산할 수 없을 때 유용하게 쓰일 수 있다.

> ☞ Plus tip 포아송분포
> 포아송분포는 기댓값에 의해 그 분포가 결정된다.

기출 2018년 4월 28일 제2회 시행

확률변수 X는 포아송분포를 따른다 고 하자. X의 평균이 5라고 할 때 분산은 얼마인가?

① 1
② 3
③ 5
④ 9

④ 포아송분포의 확률함수

$$p(x) = \frac{e^{-\lambda}\lambda^x}{x!}$$

• $x = 0, 1, 2, \ldots$
• $e =$ 자연대수(2.71828⋯)
• $0 < \lambda < \infty$
• $\lambda =$ 단위시간, 단위구간에서 발생횟수의 평균값(포아송분포의 기댓값)

> ☞ Plus tip λ의 값
> 여기서 λ의 값은 이항분포의 기댓값, 즉 np와 같다.

기출 2018년 3월 4일 제1회 시행

홈쇼핑 콜센터에서 30분마다 전화 를 통해 주문이 성사되는 건수는 6.7건인 포아송분포를 따른다고 할 때의 설명으로 틀린 것은?

① 확률변수는 주문이 성사되는 주 문건수를 말한다.

② x의 확률함수는 $\frac{e^{-6.7}(6.7)^r}{x!}$ 이다.

③ 1시간 동안의 주문 건수 평균 은 13.4이다.

④ 분산 $r = 6.72$ 이다.

⑤ 포아송분포의 기댓값과 분산

    ㉠ 기댓값 : $E(X) = \lambda = np$

    ㉡ 표준편차 : $Std(X) = \sqrt{\lambda} = \sqrt{np}$

    ㉢ 분산 : $Var(X) = \lambda = np$

> ☞ Plus tip 이항분포와 포아송 분포
> 이항분포에서 분산은 npq이지만 포아송분포에서는 q값이 매우 작기 때문에 q 값은 1에 가깝다. 따라서 포아송 분포에서는 분산이 np가 되어 평균과 분산이 같은 특성을 지니게 되는 것이다.

정답 ③, ④

⑥ 특징

⊙ 기대치와 분산이 같다.

ⓛ $\lambda \geq 5$일 때 정규분포에 근사하다.

ⓒ $\displaystyle\lim_{n \to \infty} p(x) = 0$

ⓔ λ가 작을 때는 오른쪽으로 꼬리가 긴 분포가 되며 λ가 커질 때에는 대칭형 태에 가까워진다.

ⓜ $X_1 \sim P(\lambda_1)$, $X_2 \sim P(\lambda_2)$이고 X_1과 X_2가 서로 독립적이라면 $(X_1 + X_2)$ $\sim P(\lambda_1 + \lambda_2)$이다.

ⓗ λ값의 변화에 따른 포아송분포의 형태

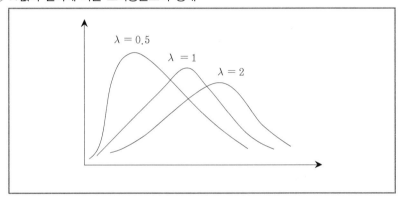

> 🐿 Plus tip λ와 포아송분포 형태
> λ가 커짐에 따라 점차 좌우대칭의 형태를 띤다.

(4) 초기하분포(hypergeometric distribution) `2019 1회` `2020 1회`

① 개념 : 결과가 두 가지로만 나타나는 반복적인 시행에서 발생횟수의 확률분포를 나타내는 것은 이항분포와 비슷하지만, 반복적인 시행이 독립이 아니라는 것과 발생확률이 일정하지 않다는 차이점이 있다.

> 예 • 초코맛 4개, 아몬드 맛 6개가 들어있는 과자상자에서 무작위로 5개의 과자 를 집을 때 초코맛 과자의 수
> • 7개의 중 5개가 양품인 가전제품에서 5개를 선택할 때 양품의 수

기출PLUS

`기출` 2020년 6월 14일 제1 · 2회 통합 시행

초기하분포와 이항분포에 대한 설명 으로 틀린 것은?

① 초기하분포는 유한모집단으로부 터의 복원추출을 전제로 한다.

② 이항분포는 베르누이 시행을 전 제로 한다.

③ 초기하분포는 모집단의 크기가 충분히 큰 경우 이항분포로 근 사될 수 있다.

④ 이항분포는 적절한 조건 하에서 정규분포로 근사될 수 있다.

`정답` ①

항아리 속에 흰 구슬 2개, 붉은 구슬 3개, 검은 구슬 5개가 들어 있다. 이 항아리에서 임의로 구슬 3개를 꺼낼 때, 흰 구슬 2개와 검은 구슬 1개가 나올 확률은?

① 1/24
② 9/40
③ 3/10
④ 1/5

② 초기하분포의 확률함수

$$P(X) = \frac{{}_a C_x \, {}_b C_{(n-x)}}{{}_N C_n}$$

• $N = a + b$

③ 초기하분포의 기댓값과 분산

⊙ 기댓값 : $E(X) = n\dfrac{a}{N}$

ⓛ 표준편차 : $Std(X) = \sqrt{np\left(1 - \dfrac{a}{N}\right)\dfrac{N-n}{N-1}}$

ⓒ 분산 : $Var(X) = n\dfrac{a}{N}\left(1 - \dfrac{a}{N}\right)\dfrac{N-n}{N-1}$

④ 특성

⊙ 기댓값은 이항분포의 기댓값과 같은 결과이다.

ⓛ 분산은 이항분포의 분산에 $\dfrac{N-n}{N-1}$ (유한모집단 수정계수)을 곱한 값이다.

ⓒ $\dfrac{N-n}{N-1}$ 은 항상 1보다 작기 때문에 초기하분포의 분산은 이항분포의 분산보다 작다.

ⓔ 표본비율이 심하게 작은 경우에는 초기하분포 대신에 이항분포를 이용한 근삿값을 사용한다.

② 연속확률분포

(1) 연속확률분포의 특성

① 정해진 범위 내에서 모든 실수값을 취할 수 있으므로 곡선의 형태로 나타난다.

② 수평축은 확률변수 X의 범위를 나타낸다.

③ 확률밀도함수는 곡선의 높이로 나타나며 이것으로 분포의 모양이 결정된다.

④ 확률밀도함수는 음수값을 가질 수 없으므로 수평축 아래에 존재하지 않는다.

정답 ①

⑤ 확률밀도함수 아래의 면적이 확률이 되므로 전체면적은 항상 1이다.

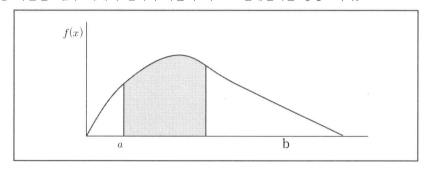

(2) 정규분포(normal distribution) 2018 7회 2019 1회 2020 3회

① 개념 : 연속확률분포의 일종으로 Gauss 분포라고도 하며 수많은 사회·경제·자연 현상은 정규분포에 가까운 분포를 이루고 있으므로 그 활용도는 매우 높다. 정규분포는 어떤 점에 대칭인 확률밀도함수의 그래프를 가진다.

> 🦢 Plus tip 정규분포의 유용성
>   ㉠ 여러 요인에 영향을 받는 변수들의 분포함수로 이용할 수 있다.
>   ㉡ 확률변수가 취할 수 있는 값이 많을 때 용이하게 근삿값을 얻을 수 있다.

② 정규분포의 확률밀도함수 : 정규확률변수(normal random variable)에서 $-\infty$와 $+\infty$ 사이의 모든 값을 취할 수 있는 연속확률변수를 말하며 그에 대한 정의는 다음과 같다.

$$f(x) = \frac{1}{\sqrt{2\pi\sigma^2}} e^{-\frac{1}{2}\left(\frac{x-\mu}{\sigma}\right)^2}$$

- e = 자연대수(2.71828…)
- π = 원 둘레와 지름의 비율(3.14159…)
- $-\infty < x < +\infty$, $-\infty < \mu < +\infty$
- $\sigma > 0$

③ 정규분포곡선 : 정규분포의 확률밀도함수에 의한 분포는 다음과 같은 모양이 되며 그 모양은 하나로 정의되는 것이 아니라 평균 μ와 표준편차 σ에 의해 다양한 모양을 이룰 수 있다.

> 🦢 Plus tip 정규분포곡선
> 정규분포는 평균 μ에 의해 분포의 중심위치, 표준편차 σ에 의해 분포의 모양이 결정된다.

기출PLUS

기출 2020년 9월 26일 제4회 시행
정규분포에 관한 설명으로 틀린 것은?
① 정규분포곡선은 자유도에 따라 모양이 달라진다.
② 정규분포는 평균을 기준으로 대칭인 종 모양의 분포를 이룬다.
③ 평균, 중위수, 최빈수가 동일하다.
④ 정규분포에서 분산이 클수록 정규분포곡선은 양 옆으로 퍼지는 모습을 한다.

정답 ①

기출 2019년 8월 27일 제2회 시행

평균이 μ이고 표준편차가 $\sigma(>0)$인 정규분포 $N(\mu, \sigma^2)$에 대한 설명으로 틀린 것은?

① 정규분포 $N(\mu, \sigma^2)$은 평균 μ에 대하여 좌우대칭인 종 모양의 분포이다.

② 평균 μ의 변화는 단지 분포의 중심위치만 이동시킬 뿐 분포의 형태에는 변화를 주지 않는다.

③ 표준편차 σ의 변화는 σ값이 커질수록 μ 근처의 확률은 커지고 꼬리부분의 확률은 작아지는 모양으로 분포의 형태에 영향을 미친다.

④ 확률변수 X가 정규분포 $N(\mu, \sigma^2)$을 따르면, 표준화된 확률변수 $Z = (X-)/\sigma$는 $N(0, 1)$을 따른다

정답 ③

⊙ 평균은 같으나 분산이 다른 정규분포($\sigma_1 < \sigma_2$)

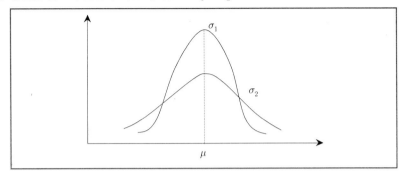

ⓒ 분산은 같으나 평균이 다른 정규분포($\mu_1 < \mu_2$)

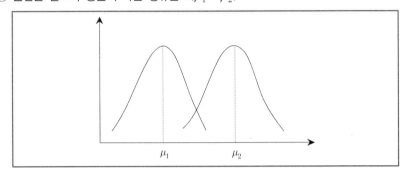

ⓒ 평균과 분산이 모두 다른 정규분포($\mu_1 < \mu_2$, $\sigma_1 < \sigma_2$)

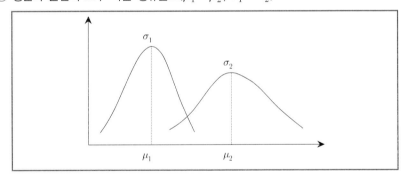

④ 특성

⊙ 정규분포곡선 아래의 전체면적은 1 또는 100%이다.

ⓒ 표준편차가 같더라도 평균값의 차이에 따라 분포위치가 달라진다.

ⓒ 확률밀도함수 그래프를 가지며 평균치에 대하여 대칭형태를 이루므로 평균은 중앙값, 최빈값과 같다.

ⓔ 평균값 또는 기댓값보다 매우 크거나 작은 값이 나타날 확률은 매우 작지만 값이 결코 0은 아니다.

ⓜ 표준편차가 커질수록 평평한 종모양을 취하며 작아질수록 곡선의 높이가 높은 종모양을 취한다.

⑤ 정규분포의 기댓값과 분산

  ㉠ 기댓값 : $E(X) = \mu$

  ㉡ 표준편차 : $Std(X) = \sigma$

  ㉢ 분산 : $Var(X) = \sigma^2$

> ☆ **Plus tip** 정규분포 모양
>
> 정규분포의 모양은 μ와 σ에 의해 결정되므로 평균이 μ, 표준편차가 σ인 정규분포는 $N(\mu, \sigma^2)$으로 표현한다.

(3) 표준정규분포(standard normal distribution) `2018 4회` `2019 4회` `2020 1회`

① 의의 : 정규분포의 모양이 평균 μ와 편차 σ에 따라 다르다 하더라도 확률변수 X가 평균에서 떨어진 거리를 표준편차의 배수로 표현한 $\dfrac{X-\mu}{\sigma}$의 값이 같으면 평균에서부터 X까지의 면적은 같아진다. 따라서 이러한 정규분포의 특성에 따라 정규분포에서 확률을 구할 때는 매번 확률밀도함수를 적분하는 번거로운 계산보다 $\dfrac{X-\mu}{\sigma}$의 값을 표준화 Z(standardized Z)한 후 미리 면적을 구해놓은 표를 이용하여 그 값을 구하고 있다.

② 개념 : 표준정규분포는 정규분포가 표준화 과정을 거쳐 확률변수 Z가 기댓값이 0, 분산은 1인 정규분포를 따르는 것을 말하며 확률변수 X가 $N(\mu, \sigma^2)$라면 X의 μ와 σ의 값과 관계없이 Z는 $N(0, 1)$의 분포를 갖게 되며 이를 $Z \sim N(0, 1)$라 나타낸다.

③ 표준화(standardization)

> $$Z값 = \frac{확률변수값 - 평균}{표준편차} = \frac{X-\mu}{\sigma}$$
>
> • 표기 시 $X \sim N(\mu, \sigma^2)$이고 $Z \sim N(0, 1)$이다.

  ㉠ 정규확률변수의 확률은 정규분포곡선과 횡축 사이의 면적으로 계산되며 실제 확률변수값을 Z값이라고 불리는 표준단위로 변환시켜 계산한다.

  ㉡ 확률변수값이 평균값보다 클 때는 Z값이 양의 값을 가지고 평균값보다 작을 때는 Z값이 음의 값을 갖는다.

④ Z분포표 : 정규분포의 경우 표준화를 거쳐 Z값이 같아지면 평균에서부터 Z값까지의 면적이 같아지므로 통계학에서는 표에 Z값에 따른 면적을 나열한 Z분포표를 이용하여 확률을 구한다. 다음은 Z분포표의 일부이다.

기출PLUS

기출 2021년 3월 7일 제1회 시행

평균이 70이고, 표준편차가 5인 정규분포를 따르는 집단에서 추출된 1개의 관찰값이 80이었다고 하자, 이 개체의 상대적 위치를 나타내는 표준화점수는?

① -2   ② 0.025

③ 2   ④ 2.5

기출 2019년 8월 4일 제3회 시행

어떤 산업제약의 제품 중 10%는 유통과정에서 변질되어 불량품이 발생한다고 한다. 이를 확인하기 위하여 해당 제품 100개를 추출하여 실험하였다. 이때 10개 이상이 불량품일 확률은?

① 0.1

② 0.3

③ 0.5

④ 0.7

기출 2018년 3월 4일 제1회 시행

A회사에서 개발하여 판매하고 있는 신형 pc의 수명은 평균이 5년이고 표준편차가 0.6인 정규본포를 따른다고 한다. A회사의 신형 pc 중 9대를 임의로 추출하여 수명을 측정하였다. 평균수명이 4.6년 이하일 확률은?
(단, $P(|Z| > 2) = 0.046$,
　$P(|Z| > 1.96) = 0.05$,
　$P(|Z| > 2.58) = 0.01$)

① 0.01

② 0.023

③ 0.025

④ 0.048

정답 ③, ③, ②

기출 2021년 3월 7일 제1회 시행

공정한 주사위 1개를 20번 던지는 실험에서 1의 눈을 관찰한 횟수를 확률변수 X라 하고, 정규근사를 이용하여 $P(X \geq 4)$의 근사값을 구하려 할 때, 연속성 수정을 고려한 근사식으로 맞는 것은? (단, Z는 표준정규분포를 따르는 확률변수이다.)

❶ $P(Z \geq 0.1)$
② $P(Z \geq 0.4)$
③ $P(Z \geq 0.7)$
④ $P(Z \geq 1)$

기출 2019년 8월 19일 제3회 시행

공정한 주사위 1개를 20번 던지는 실험에서 1의 눈을 관찰한 횟수를 확률변수 N라 하고, 정규근사를 이용하여 $P(X \geq 4)$의 근사값을 구하려 한다. 다음 중 연속성 수정을 고려한 근사식으로 옳은 것은? (단, Z는 표준정규분포를 따르는 확률변수)

① $P(Z \geq 0.1)$
② $P(Z \geq 0.4)$
③ $P(Z \geq 0.7)$
④ $P(Z \geq 1)$

정답 ①, ①

㉠ Z분포표(표준정규분포표)

Z	.00	.01	.02	.03	.04	.05	.06	.07	.08	.09
0.0	.0000	.0040	.0080	.0120	.0160	.0199	.0239	.0279	.0319	.0359
0.1	.0398	.0438	.0478	.0517	.0557	.0596	.0636	.0675	.0714	.0753
0.2	.0793	.0832	.0871	.0910	.0948	.1987	.1026	.1064	.1103	.1141
0.3	.1179	.1217	.1255	.1293	.1331	.1368	.1406	.1443	.1480	.1517
0.4	.1554	.1591	.1628	.1664	.1700	.1736	.1772	.1808	.1844	.1879
0.5	.1915	.1950	.1985	.2019	.2054	.2088	.2123	.2157	.2190	.2224
0.6	.2257	.2291	.2324	.2357	.2389	.2422	.2454	.2486	.2517	.2549
0.7	.2580	.2611	.2642	.2673	.2703	.2734	.2764	.2794	.2823	.2852
0.8	.2881	.2910	.2939	.2967	.2995	.3023	.3051	.3078	.3106	.3133
0.9	.3159	.3186	.3212	.3238	.3264	.3289	.3315	.3340	.3365	.3389
1.0	.3413	.3438	.3461	.3485	.3508	.3531	.3554	.3577	.3599	.3621
1.1	.3643	.3665	.3686	.3708	.3729	.3749	.3770	.3790	.3810	.3830
1.2	.3849	.3869	.3888	.3907	.3925	.3944	.3962	.3980	.3997	.4015
1.3	.4032	.4049	.4066	.4082	.4099	.4115	.4131	.4147	.4162	.4177
⋮										

㉡ Z분포표의 해석

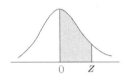

- $Z = 0.39 = 0.3 + 0.09 \rightarrow P = (0 \leq Z \leq 0.39) = 0.1517$
- $Z = 0.72 = 0.7 + 0.02 \rightarrow P = (0 \leq Z \leq 0.72) = 0.2642$
- $Z = 1.15 = 1.1 + 0.05 \rightarrow P = (0 \leq Z \leq 1.15) = 0.3749$

㉢ 표준정규분포 계산하는 순서의 예를 들면 다음과 같다.

예 서원각은 이번에 A라는 책을 출판한다. 대략 기존의 독자가 평균 6,000명에, 표준편차가 1,500명인 정규분포를 이룬다고 알고 있다. 초판을 8,000부 인쇄했을 때, 이 서적이 부족할 확률을 계산하여라.

$X \sim N(6,000, \, 1,500^2)$

$P(X \geq 8,000) = P(Z \geq \dfrac{8,000 - 6,000}{1,500}) = P(Z > 1.33)$

$= 0.5 - P(Z \leq 1.33) = 0.5 - 0.408 = 0.0902$ 부족할 확률은 약 9%이다.

> ☆ Plus tip 중심극한정리(central limit theroem, CLT)
> 모든 표본분포의 크기가 커짐에 따라 표본분포는 정규분포에 유사한 형태로 변해간다는 정리로 정규분포의 유용성을 뒷받침하는 중요한 이유 중 하나이다.

③ 표본분포 [2020 2회]

(1) 평균의 표본분포(sampling distribution of mean)

① 개념 : 주어진 모집단에서 표본을 추출할 때 어떤 원소가 표본으로 추출되는지에 따라 그 평균은 다르게 나타나고 실제 표본을 추출하기 전까지 그 값은 알 수 없으므로 표본의 평균은 확률변수가 된다. 따라서 표본의 평균들은 확률분포를 갖게 되며 이것을 표본평균의 표본분포라고 한다.

② 평균의 표본분포의 기댓값과 분산

⑤ 기댓값 : $E(\overline{X}) = \overline{\overline{X}} = \mu$

⑥ 표준편차 : $Std(\overline{X}) = \sigma_{\overline{x}} = \frac{\sigma}{\sqrt{n}}$ (복원추출), $\sigma_{\overline{x}} = \frac{\sigma}{\sqrt{n}} \times \sqrt{\frac{N-n}{N-1}}$ (비복원추출)

⑥ 분산 : $Var(\overline{X}) = \sigma_{\overline{x}}^2 = \frac{\sigma^2}{n}$ (복원추출), $\sigma_{\overline{x}}^2 = \frac{\sigma^2}{n} \times \frac{N-n}{N-1}$ (비복원추출)

③ 특성

⑤ 모집단이 정규분포라면 표본평균의 분포도 표본의 크기에 상관없이 정규분포를 이룬다.

⑥ 모집단이 정규분포가 아니라고 하더라도 표본의 크기가 충분히 클 때 모집단의 분포와 상관없이 표본평균의 분포는 정규분포에 가까워진다.

> ☆ Plus tip 중심극한이론
> 두 번째 특성은 중심극한이론이라고 하며 모집단이 정규분포가 아님에도 표본의 평균이나 비율의 추정에서 정규분포를 사용하는 이유는 바로 이 중심극한이론에 의한 것이다.

기출 PLUS

기출 2020년 8월 23일 제3회 시행

평균이 μ이고 분산이 σ^2인 임의의 모집단에서 확률표본 X_1, X_2, $\cdots$, X_n을 추출하였다. 표본평균 $\overline{X}$에 대한 설명으로 틀린 것은?

① $E(\overline{X}) = \mu$이다.

② $V(\overline{X}) = \frac{\sigma^2}{n}$이다.

③ n이 충분히 클 때, $\overline{X}$의 근사분포는 $N(\mu, \sigma^2)$이다.

④ n이 충분히 클 때, $\frac{\overline{X}-\mu}{\sigma/\sqrt{n}}$의 근사분포는 $N(0, 1)$이다.

기출 2018년 3월 4일 제1회 시행

표본평균의 확률분포에 관한 설명으로 틀린 것은?

① 모집단의 확률분포가 정규분포이면 표본평균의 확률분포도 정규분포이다.

② 표본평균의 확률분포는 모집단의 확률분포에 관계없이 정규분포이다.

③ 모집단의 표준편차가 σ이면 표본의 크기가 n인 표본평균의 표준오차는 $\sigma/\sqrt{n}$이다.

④ 표본평균의 평균은 모집단의 평균과 동일하다.

기출 2018년 8월 19일 제3회 시행

어느 포장기계를 이용하여 생산한 제품의 무게는 평균이 240g, 표준편차는 8g인 정규분포를 따른다고 한다. 이 기계에서 생산한 제품 25개의 평균 무게가 242g 이하일 확률은? (단, Z는 표준정규분포를 따르는 확률변수)

① $P(Z<1)$ ② $P\left(Z \leq \frac{5}{4}\right)$

③ $P\left(Z \leq \frac{3}{2}\right)$ ④ $P(Z \leq 2)$

정답 ③, ②, ②

기출 PLUS

기출 2021년 3월 7일 제1회 시행:

10m당 평균 1개의 흠집이 나타나는 전선이 있다. 이 전선 10m를 구입하였을 때, 발견되는 흠집수의 확률분포는?

① 이항분포
② 초기하분포
③ 기하분포
④ 푸아송분포

기출 2020년 6월 14일 제1·2회 통합 시행

평균이 μ, 분산이 σ^2인 모집단에서 크기 n의 임의표본을 반복추출하는 경우, n이 크면 중심극한정리에 의하여 표본합의 분포는 정규분포를 수렴한다. 이때 정규분포의 형태는?

① $N\left(\mu, \dfrac{\sigma^2}{n}\right)$
② $N(\mu, n\sigma^2)$
③ $N(n\mu, n\sigma^2)$
④ $N\left(n\mu, \dfrac{\sigma^2}{n}\right)$

기출 2020년 6월 14일 제1·2회 통합 시행

어떤 공장에서 생산하고 있는 진공관은 10%가 불량품이라고 한다. 이 공장에서 생산되는 진공관 중에서 임의로 100개를 취할 때, 표본불량률의 분포는 근사적으로 어느 것을 따르는가? (단, N은 정규분포를 의미한다.)

① $N(0.1, \ 9 \times 10^{-4})$
② $N(10, \ 9)$
③ $N(10, \ 3)$
④ $N(0.1, \ 3 \times 10^{-4})$

정답 ④, ①, ①

(2) 중심극한이론(central limit theorem) 2018 2회 2019 2회 2020 2회

① 개념 : 중심극한이론은 표본집단의 크기가 충분히 클 경우($n \geq 30$), 모집단의 분포와 상관없이 표본평균의 분포는 정규분포를 따른다. 표본분포의 구체적 형태에 대해 모집단의 분포형태가 알려져 있지 않은 경우와 모집단의 분포가 정규분포를 따르는 경우로 나눌 수 있다.

② 모집단 분포가 알려져 있지 않거나 알려져 있더라도 정규분포를 따르지 않는 경우에는 중심극한정리를 사용한다.

> **Plus tip** 중심극한정리
> 평균이 μ이고 표준편차가 σ인 모집단으로부터 크기가 n인 표본을 취할 때, n이 큰 값이면 표본평균의 표본분포는 평균이 $\mu_{\overline{x}} = \mu$이고 표준오차가 $\sigma_{\overline{x}} = \sigma/\sqrt{n}$ 인 정규분포에 가깝다.

③ 정규모집단의 표본분포 : 평균이 μ이고 표준편차가 σ인 정규분포를 따르는 모집단으로부터 크기가 n인 표본을 취할 때, n의 값에 상관없이 표본평균의 표본분포는 평균이 $\mu_{\overline{x}} = \mu$이고 표준오차가 $\sigma_{\overline{x}} = \sigma/\sqrt{n}$인 정규분포이다.

(3) 비율의 표본분포(sampling distribution of proportion)

① 개념 : 전체 모집단에서 선택가능한 일정한 크기의 표본n을 무작위로 수없이 뽑아 구한 비율들의 분포를 말한다.

> **Plus tip** 표본분포
> 조사의 궁극적인 관심은 대부분 표본조사에서 사건이 발생하는 횟수가 아니라 전체 모집단에서 사건이 차지하는 비율에 있다. 이렇게 모집단에서의 비율 파악을 위해서는 표본에서 발생하는 횟수가 아닌 그 비율을 파악하는 것이 바람직하다. 즉, 100명 중 50명이 아닌 0.5로 파악하는 것이 옳다.

② 비율의 표본분포의 기댓값과 분산 2020 3회

ㄱ 기댓값 : $E(\hat{p}) = p$

ㄴ 표준편차 : $\sigma_{\hat{p}} = \sqrt{\dfrac{p(1-p)}{n}}$ (복원추출),

$\sigma_{\hat{p}} = \sqrt{\dfrac{p(1-p)}{n}} \times \sqrt{\dfrac{N-n}{N-1}}$ (비복원추출)

ㄷ 분산 : $Var(\hat{p}) = \dfrac{p(1-p)}{n}$ (복원추출),

$Var(\hat{p}) = \dfrac{p(1-p)}{n} \times \dfrac{N-n}{N-1}$ (비복원추출)

③ 특성

    ⊙ 모집단의 비율이 $p=0.5$이면 좌우대칭인 분포가 되어 표본의 크기와는 상관없이 비율의 표본분포는 정규분포를 이룬다.

    ⊙ 모집단의 비율이 $p=0.5$가 아니라고 하더라도 $np \geq 5$이고 $n(1-p) \geq 5$라면 정규분포에 가까워진다.

    ⊙ 비율의 표본분포의 계산하는 순서의 예를 들면 다음과 같다.

예 사회조사분석사 시험을 준비하는 사람의 60%가 20대인 것으로 나타났다. 사회조사분석사 시험을 준비하는 사람 100명을 무작위로 추출할 경우 20대인 사람이 70% 이하일 확률은 얼마인가?

풀이) $\sigma_{\hat{p}} = \sqrt{\dfrac{0.6(1-0.6)}{100}}$

70%인 점을 표준화하면 $Z = \dfrac{0.7-0.6}{\sqrt{\dfrac{0.6(1-0.6)}{100}}} = 2.04$

Z분포표에 따라 $Z=2.04$의 값은 0.4793이 된다.

따라서 $P(\hat{p} \leq 0.7) = p(Z \leq 2.04) = 0.5 + 0.4793 = 0.9793$

---

(4) 체비셰프 부등식(Chebyshev's Inequality)

확률변수 X에 대해 평균이 $E(X) = \mu$이고, 분산이 $Var(X) = \sigma^2$일 때, 임의의 양수 k에 대해 다음과 같다.

$$P(|X - \overline{X}| \leq ks) = P\left(\left|\frac{X-\overline{X}}{s}\right| \leq k\right) \geq 1 - \frac{1}{k^2}$$

예 어느 공장에서 일주일 동안 생산되는 제품의 수 X는 평균 50, 분산이 15인 확률분포를 따른다. 이 공장의 일주일 동안의 생산량이 45개에서 55개 사이일 확률의 하한을 구하면? **2018 2회**

풀이) $P(45 \leq X \leq 55)$

$= P\left(\dfrac{45-50}{\sqrt{15}} \leq \dfrac{X-\overline{X}}{s} \leq \dfrac{55-50}{\sqrt{15}}\right)$

$= P\left(\left|\dfrac{X-\overline{X}}{s}\right| \leq \dfrac{5}{\sqrt{15}}\right) \geq 1 - \left(\dfrac{\sqrt{15}}{5}\right)^2 = 1 - \dfrac{15}{25} = \dfrac{10}{25} = \dfrac{2}{5}$

기출PLUS

기출 2018년 3월 4일 제1회 시행

어느 고등학교 1학년생 280명에 대한 국어성적의 평균이 82점, 표준편차가 8점이었다. 66점부터 98점 사이에 포함된 학생들은 몇 명 이상인가?

① 211명

② 230명

③ 240명

④ 22명

정답▶ ①

(5) t분포

① 개념 : 대표적인 표본분포의 유형이다. 아일랜드의 W. S. Gosset에 의해 1907년에 발표됐으며 t분포는 소규모 표본에서 모평균의 신뢰구간을 측정하기 위한 것으로 student t분포라고도 한다.

② 특성

　㉠ 표준정규분포와 마찬가지로 0을 중심으로 좌우대칭 형태를 이룬다.

　㉡ 자유도 $(n-1)$가 증가할수록 t분포는 표준정규분포곡선에 가까워진다.

> ☝ Plus tip **표본에서의 모평균과 모비율의 신뢰구간**
>
> ㉠ 모평균 μ의 $100(1-\alpha)\%$ 신뢰구간
>
> $$\left[\bar{x}-t_{\alpha/2}(n-1)\cdot\frac{s}{\sqrt{n}},\ \bar{x}+t_{\alpha/2}(n-1)\cdot\frac{s}{\sqrt{n}}\right]$$
>
> ㉡ 모비율 p의 $100(1-\alpha)\%$ 신뢰구간
>
> $$\left[\hat{p}-z_{\alpha/2}\sqrt{\frac{\hat{p}(1-\hat{p})}{n}},\ \hat{p}+z_{\alpha/2}\frac{\sqrt{\hat{p}(1-\hat{p})}}{n}\right]$$

　㉢ 표본의 수가 30개 미만인 정규모집단의 모평균에 대한 신뢰구간 측정 및 가설검정에 유용한 연속확률분포이다.

　㉣ 정규분포곡선과 t분포곡선의 비교

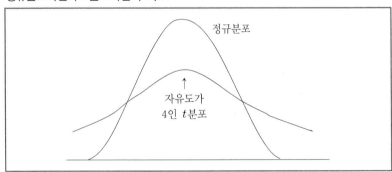

> ☝ Plus tip **정규분포 곡선과 t분포곡선**
> 자유도가 무한대(∞)인 경우의 t값은 Z값과 일치한다.

③ t분포표

자유도	α =0.4	0.25	0.1	0.05	0.025	0.01	0.005
1	0.325	1.000	3.078	6.314	12.706	31.821	63.657
2	.289	0.816	1.886	2.920	4.303	6.965	9.925
3	.277	.765	1.638	2.353	3.182	4.541	5.841
4	.271	.741	1.533	2.132	2.776	3.747	4.604
5	0.267	0.727	1.476	2.015	2.571	3.365	4.032
6	.265	.718	1.440	1.943	2.447	3.143	3.707
7	.263	.711	1.415	1.895	2.365	2.998	3.499
8	.262	.706	1.397	1.860	2.306	2.896	3.355
9	.261	.703	1.383	1.833	2.262	2.821	3.250
10	0.260	0.700	1.372	1.812	2.228	2.764	3.169
11	.260	.697	1.363	1.796	2.201	2.718	3.106
⋮							

㉠ t분포표의 해석

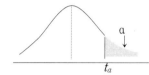

　　－자유도가 3이고, 특정한 t값 이상의 면적이 0.05가 되는 값은 2.353이다.
　　－자유도가 9이고, t값이 1.833이면 오른쪽 끝의 빗금부분의 확률은 5%가 된다.

㉡ t분포의 계산하는 순서의 예를 들면 다음과 같다.

> **예** 서원각에서는 올해 직원들의 성과를 파악하기 위하여 10명을 임의로 뽑아 조사한 결과, 한 사람 당 평균 23권의 책을 만들었다. 표준편차 6의 정규분포를 이룰 때 모집단의 한 직원당 평균 만든책의 90% 신뢰구간을 구하면?
>
> 풀이) 신뢰구간이 90% → $\dfrac{\alpha}{2}=0.05$ (모집단 평균이 구간의 상한보다 클 확률)
>
> 　　　자유도 $df=n-1=9 \rightarrow t_{0.05,9}=1.833$
>
> 　　　표준편차 $s=6$이므로 $s_{\bar{x}}=\dfrac{6}{10}=0.6$
>
> 　　　$23-(1.833)(0.6) \leq \mu \leq 23+(1.833)(0.6)$
>
> 　　　$\therefore 21.9002 \leq \mu \leq 24.0998$ (90%의 신뢰구간)

(6) χ^2 분포(chi-square distribution)

① **개념**: 정규분포를 따르는 모집단에서 n개의 표본을 반복하여 나오는 표본의 분산 s^2을 이용한 $\dfrac{(n-1)s^2}{\sigma^2}$의 값을 χ^2이라 하면, 표본의 추출에 따라 s^2의 값은 다르기 때문에 χ^2값은 확률변수이다. 이와 같은 표본분산 s^2들의 표본분포를 χ^2분포라고 하며 확률변수 χ^2은 $(n-1)$개의 자유도를 가진 χ^2를 이룬다.

> ☆ **Plus tip** χ^2 분포의 모양
> χ^2분포의 모양은 자유도에 의해 결정되며 자유도는 일반적으로 df(degree of freedom)라고 표기한다.

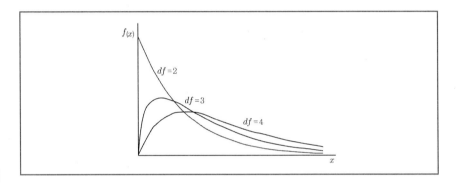

② **특성**

    ㉠ 봉우리가 하나인 단봉분포를 이룬다.

    ㉡ 분포는 좌우대칭이 아닌 오른쪽의 꼬리를 가진다.

    ㉢ χ^2은 제곱의 합으로 산출되기 때문에 항상 양수값을 가진다.

    ㉣ 자유도가 커지면 정규분포에 가까워진다.

③ χ^2분포표(카이제곱분포표)

α 자유도	.995	.990	.975	.950	.900	.750	.500	.250	.100	.050	.025	.010	.005
1	.0⁴393	.0³157	.0³982	.0²393	.0158	.102	.455	1.32	2.71	3.84	5.02	6.63	7.88
2	.0100	.0201	.0506	.103	.211	.575	1.39	2.77	4.61	5.99	7.38	9.21	10.6
3	.0717	.115	.216	.352	.584	1.21	2.37	4.11	6.25	7.81	9.35	11.3	12.8
4	.207	.297	.484	.711	1.06	1.92	3.36	5.39	7.78	9.49	11.1	13.3	14.9
5	.412	.554	.831	1.15	1.61	2.67	4.35	6.63	9.24	11.1	12.8	15.1	16.7
6	.676	.872	1.24	1.64	2.20	3.45	5.35	7.84	10.6	12.6	14.6	16.8	18.5
7	.989	1.24	1.69	2.17	2.85	4.25	6.35	9.04	12.0	14.1	16.0	18.5	20.3
8	1.34	1.65	2.18	2.73	2.49	5.07	7.34	10.2	13.4	15.5	17.5	20.1	22.0
9	1.73	2.09	2.70	3.33	4.17	5.90	8.34	11.4	14.7	16.9	19.0	21.7	23.6
10	2.16	2.56	3.25	3.94	4.87	6.74	9.34	12.5	16.0	18.3	20.5	23.2	25.2
11	2.60	3.05	3.82	4.57	5.58	7.58	10.3	13.7	17.3	19.7	21.9	24.7	26.8
⋮													

> ☝ Plus tip χ^2의 값
>
> χ^2의 값은 자유도와 오차율 α에 의해 결정된다.

㉠ χ^2분포표의 해석

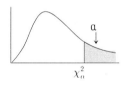

- $\chi^2_{df.\alpha}$에서 $\chi^2_{7.0.1} = 12.0 \rightarrow P(\chi^2 > 12.0) = 0.1$
- $\chi^2_{7.0.005} = 20.3 \rightarrow P(\chi^2 > 20.3) = 0.005$

㉡ χ^2분포의 계산하는 순서의 예를 들면 다음과 같다.

> **예** 서원각에서 사회조사분석사 도서의 1일 판매량은 평균 100권이고 분산이 18.53인 정규분포를 이루고 있다. 17일을 무작위추출하여 그 판매량을 조사했을 때 분산이 38.25 이상일 확률은 얼마인가?
>
> 풀이) n은 17 → 자유도 $\nu = n - 1 = 16$
>
> $$\chi^2_{(16)} = \frac{(n-1)s^2}{\sigma^2} = \frac{16 \times 38.25}{18.53} = 33.027$$

기출 & 예상문제

2020. 8. 23. 제3회

1 성공률이 p인 베르누이 시행을 4회 반복하는 실험에서 성공이 일어난 횟수 X의 표준편차는?

① $2\sqrt{p(1-p)}$ ② $2p(1-p)$

③ $\sqrt{p(1-p)}/2$ ④ $p(1-p)/2$

1.

성공률이 p인 베르누이 시행을 n회($=4$회) 반복하는 실험은 이항분포를 따르며, 이때 평균은 $np=4p$이며, 분산은 $np(1-p)=4p(1-p)$이므로 표준편차는 $\sqrt{4p(1-p)}=2\sqrt{p(1-p)}$이다.

2020. 8. 23. 제3회

2 성공확률이 0.5인 베르누이 시행을 독립적으로 10회 반복할 때, 성공이 1회 발생할 확률 A와 성공이 9회 발생할 확률 B 사이의 관계는?

① A < B ② A = B

③ A > B ④ A + B = 1

2.

• 성공이 1회 발생할 확률

$A = {}_{10}C_1(0.5)^1(0.5)^{10-1}$

$= \dfrac{10}{1}(0.5)^1(0.5)^9 = 10\times(0.5)^{10}$

• 성공이 9회 발생할 확률

$B = {}_{10}C_9(0.5)^9(0.5)^{10-9}$

$= \dfrac{10\times\cdots\times 9}{1\times\cdots\times 9}(0.5)^9(0.5)^1 = 10\times(0.5)^{10}$

따라서 $A=B$이다.

2020. 8. 23. 제3회

3 확률변수 X가 이항분포 $B(36, 1/6)$을 따를 때, 확률변수 $Y=\sqrt{5}\,X+2$ 표준편차는?

① $\sqrt{5}$ ② $5\sqrt{5}$

③ 5 ④ 6

3.

이항분포 $B(36, 1/6)$의 분산

$= npq = 36\times\dfrac{1}{6}\times\dfrac{5}{6} = 5$

$Var(Y) = Var(\sqrt{5}\,X+2)$

$= (\sqrt{5})^2 Var(X) = 5\times 5 = 25$

따라서 표준편차는 5이다.

2020. 8. 23. 제3회

4 다음 중 이산확률변수에 해당하는 것은?

① 어느 중학교 학생들의 몸무게

② 습도 80%의 대기 중에서 빛의 속도

③ 장마기간 동안 A도시의 강우량

④ 어느 프로야구 선수가 한 시즌 동안 친 홈런의 수

4.

④ 어느 프로야구 선수가 한 시즌 동안 친 홈런의 수는 포아송분포이다. 포아송분포는 이산확률분포에 해당된다.

Answer 1.① 2.② 3.③ 4.④

2020. 8. 23. 제3회

5 확률분포에 대한 설명으로 틀린 것은?

① X가 연속형 균일분포를 따르는 확률변수일 때, $P(X=x)$는 모든 x에서 영(0)이다.

② 포아송 분포의 평균과 분산은 동일하다.

③ 연속확률분포의 확률밀도함수 $f(x)$와 x축으로 둘러싸인 부분의 면적은 항상 1이다.

④ 정규분포의 표준편차 σ는 음의 값을 가질 수 있다.

2020. 8. 23. 제3회

6 중심극한정리(central limit theorem)는 어느 분포에 관한 것인가?

① 모집단

② 표본

③ 모집단의 평균

④ 표본의 평균

2020. 8. 23. 제3회

7 어느 투자자가 구성한 포트폴리오의 기대수익률이 평균 15%, 표준편차 3%인 정규분포를 따른다고 한다. 이때 투자자의 수익률이 15% 이하일 확률은?

① 0.25

② 0.375

③ 0.475

④ 0.5

5.

① 연속형 확률변수가 임의의 특정값을 가질 확률은 0이다.

② 포아송 분포의 기댓값 $E(X) = \lambda = np$, 분산 $Var(X) = \lambda = np$로 동일하다.

③ 연속확률분포의 면적은 확률이 되므로 전체 면적은 항상 1이다.

④ 표준편차는 퍼짐정도를 나타내는 것으로 음수가 될 수 없다.

6.

중심극한정리는 평균이 μ이고 표준편차가 σ인 모집단으로부터 크기가 n인 표본을 취할 때, n이 큰 값이면 표본평균의 표본분포는 평균이 μ이고 표준오차는 $\frac{\sigma}{\sqrt{n}}$인 정규분포를 따르는 것을 의미한다.

7.

$$P(X \leq 15) = P\left(\frac{X-\mu}{\sigma} \leq \frac{15-\mu}{\sigma}\right)$$
$$= P\left(Z \leq \frac{15-15}{3}\right) = P(Z \leq 0)$$

확률값은 0.5

Answer　5.④　6.④　7.④

2020. 8. 23. 제3회

8 평균이 μ이고 분산이 σ^2인 임의의 모집단에서 확률표본 X_1, X_2, $\cdots$, X_n을 추출하였다. 표본평균 $\overline{X}$에 대한 설명으로 틀린 것은?

① $E(\overline{X}) = \mu$이다.

② $V(\overline{X}) = \dfrac{\sigma^2}{n}$이다.

③ n이 충분히 클 때, $\overline{X}$의 근사분포는 $N(\mu, \sigma^2)$이다.

④ n이 충분히 클 때, $\dfrac{\overline{X} - \mu}{\sigma/\sqrt{n}}$의 근사분포는 $N(0, 1)$이다.

8.

③ n이 충분히 크면 $\overline{X}$의 근사분포는 $N(\mu, \sigma^2/n)$를 따른다.

2020. 6. 14. 제1 · 2회 통합

9 평균이 μ, 표준편차가 σ인 모집단에서 크기 n의 임의표본을 반복추출하는 경우, n이 크면 중심극한정리에 의하여 표본평균의 분포는 정규분포로 수렴한다. 이때 정규분포의 형태는?

① $N\left(\mu, \dfrac{\sigma^2}{n}\right)$ ② $N(\mu, n\sigma^2)$

③ $N(n\mu, n\sigma^2)$ ④ $N\left(n\mu, \dfrac{\sigma^2}{n}\right)$

9.

중심극한정리 ··· 평균이 μ이고 표준편차가 σ인 모집단으로부터 크기가 n인 표본을 취할 때, n이 큰 값이면 표본평균의 표본분포는 평균이 $\mu_{\overline{x}} = \mu$이고 표준오차가 $\sigma_{\overline{x}} = \dfrac{\sigma}{\sqrt{n}}$인 정규분포에 가깝다.

2020. 6. 14. 제1 · 2회 통합

10 명중률이 75%인 사수가 있다. 1개의 주사위를 던져서 1 또는 2의 눈이 나오면 2번 쏘고, 그 이외의 눈이 나오면 3번 쏘기로 한다. 1개의 주사위를 한 번 던져서 이에 따라 목표물을 쏠 때, 오직 한 번만 명중할 확률은?

① 3/32

② 5/32

③ 7/32

④ 9/32

10.

주사위 1 또는 2가 나올 확률 × 2번 쏴서 1번 명중

$\dfrac{2}{6} \times {}_2C_1\left(\dfrac{3}{4}\right)^1\left(\dfrac{1}{4}\right)^1 = \dfrac{2}{6} \times \dfrac{2}{1} \times \dfrac{3}{4} \times \dfrac{1}{4} = \dfrac{4}{32}$

주사위 3 이상 나올 확률 × 3번 쏴서 1번 명중

$\dfrac{4}{6} \times {}_3C_1\left(\dfrac{3}{4}\right)^1\left(\dfrac{1}{4}\right)^2 = \dfrac{4}{6} \times \dfrac{3}{1} \times \dfrac{3}{4} \times \dfrac{1}{16} = \dfrac{3}{32}$

따라서 $\dfrac{4}{32} + \dfrac{3}{32} = \dfrac{7}{32}$ 이다.

Answer 8.③ 9.① 10.③

2020. 6. 14. 제1 · 2회 통합

11 동전을 던질 때 앞면이 나올 확률을 0.4라고 할 때 동전을 세 번 던져서 두 번은 앞면이, 한 번은 뒷면이 나올 확률은?

① 0.125

② 0.192

③ 0.288

④ 0.375

11.

앞면이 나올 확률$(p) = 0.4$

$P(X=2) = {}_3C_2 \times 0.4^2 \times (1-0.4)^{3-2}$
$\qquad\qquad = 3 \times 0.16 \times 0.6 = 0.288$

2020. 6. 14. 제1 · 2회 통합

12 초기하분포와 이항분포에 대한 설명으로 틀린 것은?

① 초기하분포는 유한모집단으로부터의 복원추출을 전제로 한다.

② 이항분포는 베르누이 시행을 전제로 한다.

③ 초기하분포는 모집단의 크기가 충분히 큰 경우 이항분포로 근사될 수 있다.

④ 이항분포는 적절한 조건 하에서 정규분포로 근사될 수 있다.

12.

① 초기하분포는 N개 중에 n번 추출했을 때 원하는 것을 k개 뽑힐 확률의 분포이다. 이 때, 이항분포는 복원추출을, 초기하분포는 비복원추출을 전제로 하고 있다.

2020. 6. 14. 제1 · 2회 통합

13 다음 중 이항분포에 관한 설명으로 틀린 것은?

① $p = \dfrac{1}{2}$이면 좌우대칭의 형태가 된다.

② $p = \dfrac{3}{4}$이면 왜도가 음수(−)인 분포이다.

③ $p = \dfrac{1}{4}$이면 왜도가 0이 아니다.

④ $p = \dfrac{1}{2}$이면 왜도는 양수(+)인 분포이다.

13.

$p = 0.75$인 이항분포 ⇒ 왼쪽 꼬리분포(왜도 음수)
$p = 0.50$인 이항분포 ⇒ 좌우대칭분포(왜도 0)
$p = 0.25$인 이항분포 ⇒ 오른쪽 꼬리분포(왜도 양수)

Answer   11.③ 12.① 13.④

14 A회사에서 생산하고 있는 전구의 수명시간은 평균이 $\mu = 800$ (시간)이고, 표준편차가 $\sigma = 40$(시간)이라고 한다. 무작위로 이 회사에서 생산한 전구 64개를 조사하였을 때 표본의 평균수명시간이 790.2시간 미만일 확률은? (단, $Z_{0.005} = 2.58 = 2.58$, $Z_{0.025} = 1.96$, $Z_{0.05} = 1.645$이다)

① 0.01

② 0.025

③ 0.5

④ 0.10

15 어떤 자격시험의 성적은 평균 70, 표준편차 10인 정규분포를 따른다고 한다. 상위 5%까지를 1등급으로 분류한다면, 1등급이 되기 위해서는 최소한 몇 점을 받아야 하는가?
(단, $P(Z \le 1.645) = 0.95$, $Z \sim N(0, 1)$이다.)

① 86.45

② 89.60

③ 90.60

④ 95.0

16 X는 정규분포를 따르는 확률변수이다. $P(X < 10) < 0.5$일 때, X의 기댓값은?

① 8

② 8.5

③ 9.5

④ 10

14.

표본평균의 분포

$\overline{X} \sim N(\mu,\ \sigma^2/n) = N(800,\ 40^2/64)$

$P(X < 790.2)$

$= P\left(\dfrac{X-\mu}{\sigma} < \dfrac{790.2-\mu}{\sigma} \right)$

$= P\left(\dfrac{X-800}{40/8} < \dfrac{790.2-800}{40/8} \right)$

$= P(Z < -1.96) = 0.025$

15.

$P(Z \le 1.645) = P\left(\dfrac{X-\mu}{S} \le 1.645 \right)$

$\qquad\qquad = P\left(\dfrac{X-70}{10} \le 1.645 \right)$

$\qquad\qquad = P(X \le 1.645 \times 10 + 70)$

$\qquad\qquad = P(X \le 86.45)$

16.

$P(X < 10) = P\left(\dfrac{X-\mu}{\sigma} < \dfrac{10-\mu}{\sigma} \right)$

$\qquad\qquad = P\left(Z < \dfrac{10-\mu}{\sigma} \right)$

$\qquad\qquad = 0.5$ 이므로

표준정규분포에서 확률값이 0.5인 경우는 $\dfrac{10-\mu}{\sigma} = 0$ 인 경우로 $\mu = 10$이다. 그러므로 X의 기댓값은 10 이다.

Answer 14.② 15.① 16.④

17 어떤 공장에서 생산하고 있는 진공관은 10%가 불량품이라고 한다. 이 공장에서 생산되는 진공관 중에서 임의로 100개를 취할 때, 표본불량률의 분포는 근사적으로 어느 것을 따르는가? (단, N은 정규분포를 의미한다.)

① $N(0.1,\ 9 \times 10^{-4})$

② $N(10,\ 9)$

③ $N(10,\ 3)$

④ $N(0.1,\ 3 \times 10^{-4})$

18 표본크기가 3인 자료 $x_1,\ x_2,\ x_3$의 평균 $\overline{x}=10$, 분산 $s^2 = 1,000$이다. 관측값 10이 추가되었을 때, 4개 자료의 분산 s^2은? (단, 표본 분산 s^2은 불편분산이다.)

① 100/3

② 50

③ 55

④ 2,000/3

19 정규분포를 따르는 모집단의 모평균에 대한 가설 $H_0 : \mu = 50$ VS $H_1 : \mu < 50$을 검정하고자 한다. 크기 $n = 100$의 임의표본을 취하여 표본평균을 구한 결과 $\overline{x} = 49.02$를 얻었다. 모집단의 표준편차가 5라면 유의확률은 얼마인가? (단, $P(Z \leq -1.96) = 0.025$, $P(Z \leq -1.96)$이다.)

① 0.025

② 0.05

③ 0.95

④ 0.975

17.

$Pn \sim N(p,\ pq/n)$

$= N(0.1,\ 0.09/100) = N(0.1,\ 0.0009)$

* $p = 0.1,\ q = 1 - p = 1 - 0.1 = 0.9$

* $pq = 0.1 \times 0.9 = 0.09$

18.

표본크기 3인 자료

• 평균$= \dfrac{x_1 + x_2 + x_3}{3} = 10$, $x_1 + x_2 + x_3 = 30$

• 분산

$= \dfrac{(x_1 - 10)^2 + (x_2 - 10)^2 + (x_3 - 10)^2}{3 - 1} = 1,000$

$(x_1 - 10)^2 + (x_2 - 10)^2 + (x_3 - 10)^2 = 2,000$

※ 관측값 10 추가된 자료

• 평균$= \dfrac{x_1 + x_2 + x_3 + 10}{4} = \dfrac{30 + 10}{4} = \dfrac{40}{4} = 10$

• 분산

$= \dfrac{(x_1 - 10)^2 + (x_2 - 10)^2 + (x_3 - 10)^2 + (x_1 - 10)^2}{4 - 1}$

$= \dfrac{2,000 + (10 - 10)^2}{3} = \dfrac{2,000}{3}$

19.

단측검정

$P\left(Z \leq \dfrac{X - \mu}{\sigma / \sqrt{n}}\right) = P\left(Z \leq \dfrac{49.02 - 50}{5 / \sqrt{100}}\right)$

$= P\left(Z \leq \dfrac{-0.98}{0.5}\right)$

$= P(Z \leq -1.96) = 0.025$

Answer   17.①   18.④   19.①

20 어떤 산업제약의 제품 중 10%는 유통과정에서 변질되어 불량품이 발생한다고 한다. 이를 확인하기 위하여 해당 제품 100개를 추출하여 실험하였다. 이때 10개 이상이 불량품일 확률은?

① 0.1

② 0.3

③ 0.5

④ 0.7

21 동전을 3회 던지는 실험에서 앞면이 나오는 횟수를 X라고 할 때, 확률변수 $Y = (X-1)^2$의 기댓값은?

① 1/2

② 1

③ 3/2

④ 2

22 특정 제품의 단위 면적당 결점의 수 또는 단위 시간당 사건 발생수에 대한 확률분포로 적합한 분포는?

① 이항분포

② 포아송분포

③ 초기하분포

④ 지수분포

20.

불량품인 확률은 이항분포 $B(100, 0.1)$를 따르며, 이때, 평균은 $np = 100 \times 0.1 = 10$,

분산은 $np(1-p) = 100 \times 0.1 \times 0.9 = 9$이다.

$$P(X \geq 10) = P\left(\frac{X-\mu}{\sigma} \geq \frac{10-\mu}{\sigma}\right)$$
$$= P\left(Z \geq \frac{10-10}{3}\right) = P(Z \geq 0) = 0.5$$

21.

	0	1	2	3	전체
$P(X=x)$	$(0.5)^3$	$3 \times (0.5)^3$	$3 \times (0.5)^3$	$(0.5)^3$	1

• 앞면이 0개 나올 확률
$$= {}_3C_0(0.5)^0(0.5)^{3-0} = 1 \times (0.5)^0 \times (0.5)^3$$
$$= (0.5)^3$$
• 앞면이 1개 나올 확률
$$= {}_3C_1(0.5)^1(0.5)^{3-1} = \frac{3}{1} \times (0.5)^1 \times (0.5)^2$$
$$= 3 \times (0.5)^3$$
• 앞면이 2개 나올 확률
$$= {}_3C_2(0.5)^2(0.5)^{3-2} = \frac{3 \times 2}{1 \times 2} \times (0.5)^2 \times (0.5)^1$$
$$= 3 \times (0.5)^3$$
• 앞면이 3개 나올 확률
$$= {}_3C_3(0.5)^3(0.5)^{3-3} = 1 \times (0.5)^3 \times (0.5)^0$$
$$= (0.5)^3$$
따라서
• $E(X) = 0 \times (0.5)^3 + 1 \times 3 \times (0.5)^3 + 2$
$$\times 3 \times (0.5)^3 + 3 \times (0.5)^3 = 12 \times (0.5)^3$$
• $E(X^2) = 0^2 \times (0.5)^3 + 1^2 \times 3 \times (0.5)^3 + 2^2$
$$\times 3 \times (0.5)^3 + 3^2 \times (0.5)^3 = 24 \times (0.5)^3$$
$E(Y) = E(X^2 - 2X + 1) = E(X^2) - 2E(X) + 1$
$$= 24 \times (0.5)^3 - 2 \times 12 \times (0.5)^3 + 1 = 1$$

22.

포아송 과정은 어떠한 구간, 즉 주어진 공간, 단위 시간, 거리 등에서 이루어지는 발생할 확률이 매우 작은 사건이 나타나는 현상을 의미한다.

Answer 20.③ 21.② 22.②

23 눈의 수가 3이 나타날 때까지 계속해서 공정한 주사위를 던지는 실험에서 주사위를 던진 횟수를 확률변수 X라고 할 때, X의 기댓값은?

① 3.5
② 5
③ 5.5
④ 6

23.

눈의 수가 3이 나타날 확률은 $\frac{1}{6}$ 이며, 기하분포의

$E(X) = \frac{1}{p}$ 이므로 X의 기댓값은 6이다.

24 항아리 속에 흰 구슬 2개, 붉은 구슬 3개, 검은 구슬 5개가 들어 있다. 이 항아리에서 임의로 구슬 3개를 꺼낼 때, 흰 구슬 2개와 검은 구슬 1개가 나올 확률은?

① 1/24
② 9/40
③ 3/10
④ 1/5

24.

$$P(X) = \frac{{}_aC_{x_1} \times {}_bC_{x_2} \times {}_cC_{(n-x_1-x_2)}}{{}_NC_n} = \frac{{}_2C_2 \times {}_5C_1 \times {}_3C_0}{{}_{10}C_3}$$

$$= \frac{1 \times 5 \times 1}{\frac{10 \times 9 \times 8}{1 \times 2 \times 3}} = \frac{5}{120} = \frac{1}{24}$$

25 공정한 동전 두 개를 던지는 시행을 1,200회하여 두 개 모두 뒷면이 나온 횟수를 X라고 할 때, $P(285 \leq X \leq 315)$의 값은? (단, $Z \sim N(0, 1)$일 때, $P(Z < 1) = 0.84$)

① 0.35
② 0.68
③ 0.95
④ 0.99

25.

두 개 모두 뒷면이 나오는 확률 $= \frac{1}{2} \times \frac{1}{2} = \frac{1}{4}$

이항분포를 따르므로 $B(n, p) = B\left(1,200, \frac{1}{4}\right)$

이항분포 평균 $= np$

이항분포 표준편차 $= \sqrt{np(1-p)}$

$285 \leq X \leq 315$

$$\frac{285 - np}{\sqrt{np(1-p)}} \leq \frac{X - \mu}{s} \leq \frac{315 - np}{\sqrt{np(1-p)}}$$

$$\frac{285 - 1,200/4}{\sqrt{1,200 \times 1/4 \times 3/4}} \leq Z \leq \frac{315 - 1,200/4}{\sqrt{1,200 \times 1/4 \times 3/4}}$$

$$\frac{285 - 300}{15} \leq Z \leq \frac{315 - 300}{15}$$

$-1 \leq Z \leq 1$

$1 - 2 \times P(Z \geq 1) = 1 - 2 \times \{1 - P(Z < 1)\}$
$= 1 - 2 \times (1 - 0.84)$
$= 1 - 2 \times 0.16 = 0.68$

Answer   23.④   24.①   25.②

26 어느 고등학교 1학년 학생의 신장은 평균이 168cm이고, 표준 편차가 6cm인 정규분포를 따른다고 한다. 이 고등학교 1학년 학생 100명을 임의 추출할 때, 표본평균이 167cm이상 169cm 이하인 확률은? (단, $P(Z \le 1.67) = 0.9525$)

① 0.9050

② 0.0475

③ 0.8050

④ 0.7050

27 특정 질문에 대해 응답자가 답해줄 확률은 0.5이며, 매 질문 시 답변 여부는 상호독립적으로 결정된다. 5명에게 질문하였을 경우, 3명이 답해줄 확률과 가장 가까운 값은?

① 0.50

② 0.31

③ 0.60

④ 0.81

28 다음 중 X의 확률분포가 대칭이 아닌 것은?

① 공정한 주사위 2개를 차례로 굴릴 때, 두 주사위에 나타 난 눈의 합 X의 분포

② 공정한 동전 1개를 10회 던질 때, 앞면이 나타난 횟수 X 의 분포

③ 불량품이 5개 포함된 20개의 제품 중 임의로 3개의 제품 을 구매하였을 때, 구매한 제품 중에 포함되어 있는 불량 품의 개수 X의 분포

④ 완치율이 50%인 약품으로 20명의 환자를 치료하였을 때 완치된 환자 수 X의 분포

26.

$167 \le X \le 169$

$$\frac{167 - \mu}{s/\sqrt{n}} \le \frac{X - \mu}{s/\sqrt{n}} \le \frac{169 - \mu}{s/\sqrt{n}}$$

$$\frac{167 - 168}{6/\sqrt{100}} \le Z \le \frac{169 - 168}{6/\sqrt{100}}$$

$$\frac{-1}{6/10} \le Z \le \frac{1}{6/10}$$

$-1.67 \le Z \le 1.67$

$1 - 2 \times P(Z \ge 1.67) = 1 - 2 \times (1 - P(Z \le 1.67))$
$$= 1 - 2 \times (1 - 0.9525)$$
$$= 1 - 2 \times 0.0475 = 0.9050$$

27.

5명 가운데 3명이 답해줄 확률

$${}_5C_3 (0.5)^3 (0.5)^{5-3} = \frac{5 \times 4 \times 3}{1 \times 2 \times 3} \times (0.5)^5$$
$$= 10 \times (0.5)^5 = 0.3125$$

28.

①②④ 대칭, ③ 비대칭 확률분포를 가진다.

① 두 주사위 눈의 합

• 2 나올 경우의 수=(1, 1), 확률=$\frac{1}{36}$

• 12 나올 경우의 수=(6, 6), 확률=$\frac{1}{36}$

② 앞면이 나타나는 횟수 : 이항분포 확률함수
$$= {}_nC_x (0.5)^x (0.5)^{n-x} = {}_nC_x (0.5)^n$$

• 0개 나올 확률=${}_{10}C_0 \left(\frac{1}{2}\right)^{10}$

• 10개 나올 확률=${}_{10}C_{10}\left(\frac{1}{2}\right)^{10} = {}_{10}C_0\left(\frac{1}{2}\right)^{10}$

③ 불량품의 개수

• 0개 나올 확률=정상×정상×정상
$$= \frac{15}{20} \times \frac{14}{19} \times \frac{13}{18}$$

• 3개 나올 확률=불량품×불량품×불량품
$$= \frac{5}{20} \times \frac{4}{19} \times \frac{3}{18}$$

④ 완치된 환자 수 : 이항분포 확률함수
$$= {}_nC_x (0.5)^x (0.5)^{n-x} = {}_nC_x (0.5)^n$$

• 0명 나올 확률=${}_{20}C_0 \left(\frac{1}{2}\right)^{20}$

• 20명 나올 확률=${}_{20}C_{20}\left(\frac{1}{2}\right)^{20} = {}_{20}C_0\left(\frac{1}{2}\right)^{20}$

Answer 26.① 27.② 28.③

29 5%의 불량제품이 만들어지는 공장에서 하루 만들어지는 제품 중에서 임의로 100개의 제품을 골랐다. 불량품 개수의 기댓값과 분산은 얼마인가?

① 기댓값 : 5, 분산 : 4.75

② 기댓값 : 10, 분산 : 4.65

③ 기댓값 : 5, 분산 : 4.65

④ 기댓값 : 10, 분산 : 4.75

29.

이항분포 $B(100,\ 0.05)$를 따르며,

기댓값은 $np = 100 \times 0.05 = 5$,

분산은 $np(1-p) = 100 \times 0.05 \times (1 - 0.05)$
$= 100 \times 0.05 \times 0.95 = 4.75$ 이다.

30 평균이 μ이고 표준편차가 $\sigma(>0)$인 정규분포 $N(\mu,\ \sigma^2)$에 대한 설명으로 틀린 것은?

① 정규분포 $N(\mu,\ \sigma^2)$은 평균 μ에 대하여 좌우대칭인 종 모양의 분포이다.

② 평균 μ의 변화는 단지 분포의 중심위치만 이동시킬 뿐 분포의 형태에는 변화를 주지 않는다.

③ 표준편차 σ의 변화는 σ값이 커질수록 μ 근처의 확률은 커지고 꼬리부분의 확률은 작아지는 모양으로 분포의 형태에 영향을 미친다.

④ 확률변수 X가 정규분포 $N(\mu,\ \sigma^2)$을 따르면, 표준화된 확률변수 $Z = (X-)/\sigma$는 $N(0,\ 1)$을 따른다.

30.

표준편차는 평균에서 떨어진 정도를 의미하므로 표준편차 σ가 커질수록 평균 μ에서 멀어지며 꼬리 부분의 확률이 커지는 모양의 분포 형태이다.

31 A도시에서는 실업률이 5.5%라고 발표하였다. 그러나 관련 민간단체에서는 실업률 5.5%는 너무 낮게 추정된 값이라고 여겨 이를 확인하고자 노동력 인구 중 520명을 임의로 추출하여 조사한 결과 39명이 무직임을 알게 되었다. 이를 확인하기 위한 검정을 수행할 때 검정통계량의 값은?

① -2.58

② 1.75

③ 1.96

④ 2.00

31.

실업률 $p_0 = 0.055$

무직 비율 $p = \dfrac{39}{520} = 0.075$

검정통계량

$$Z = \frac{p - p_0}{\sqrt{\dfrac{p_0(1-p_0)}{n}}} = \frac{0.075 - 0.055}{\sqrt{\dfrac{0.055 \times (1 - 0.055)}{520}}}$$

$$= \frac{0.02}{0.009998} = 2$$

Answer　29.①　30.③　31.④

32 중심극한정리에 대한 설명으로 옳은 것은?

> ㉠ 표본의 크기가 충분히 큰 경우 모집단의 분포의 형태에 관계없이 성립한다.
> ㉡ 모집단의 분포는 연속형, 이산형 모두 가능하다.
> ㉢ 표본평균의 기댓값과 분산은 모집단의 것과 동일하다.

① ㉠
② ㉠, ㉡
③ ㉡, ㉢
④ ㉠, ㉡, ㉢

33 20대 성인 여자의 키의 분포가 정규분포를 따르고 평균값은 160cm이고 표준편차는 10cm라고 할 때, 임의의 여자의 키가 175cm보다 클 확률은 얼마인가? (단, 다음 표준정규분포의 누적확률표를 참고한다)

Z	.00	.01	.02	.03	.04
1.0	0.8413	0.8438	0.8461	0.8485	0.8508
1.1	0.8643	0.8665	0.8686	0.8708	0.8729
1.2	0.8849	0.8869	0.8888	0.8907	0.8925
1.3	0.9032	0.9049	0.9666	0.9082	0.9099
1.4	0.9192	0.9207	0.9222	0.9236	0.9251
1.5	0.9332	0.9345	0.9357	0.937	0.9382
1.6	0.9452	0.9463	0.9474	0.9484	0.9495
1.7	0.9554	0.9564	0.9573	0.9582	0.9591
1.7	0.9641	0.9649	0.9656	0.9664	0.9671
1.9	0.9713	0.9719	0.9726	0.9732	0.9738

① 0.0668
② 0.0655
③ 0.9332
④ 0.9345

32.

㉠ 중심극한정리는 표본의 크기가 충분히 큰 경우 표본평균의 표본분포는 정규분포를 따른다.
㉡ 모집단의 분포가 연속형, 이산형 모두 가능하다.
㉢ 평균이 μ 이고 표준편차가 σ 인 모집단으로부터 중심극한정리에 따르면 표본평균의 표본분포는 평균이 μ 이고 표준편차는 $\frac{\sigma}{\sqrt{n}}$ 이므로 모집단과 표본평균의 표준편차는 다르다.

33.

$P(X \geq 175)$
$= P\left(\dfrac{X-\mu}{s} \geq \dfrac{175-\mu}{s}\right)$
$= P\left(Z \geq \dfrac{175-160}{10}\right)$
$= P(Z \geq 1.5) = 1 - P(Z \leq 1.5)\}$
$= 1 - \underline{0.9332}$
$= 0.0668$

Z	.00	.01	.02	.03	.04
1.0	0.8413	0.8438	0.8461	0.8485	0.8508
1.1	0.8643	0.8665	0.8686	0.8708	0.8729
1.2	0.8849	0.8869	0.8888	0.8907	0.8925
1.3	0.9032	0.9049	0.9666	0.9082	0.9099
1.4	0.9192	0.9207	0.9222	0.9236	0.9251
1.5	0.9332	0.9345	0.9357	0.937	0.9382
1.6	0.9452	0.9463	0.9474	0.9484	0.9495
1.7	0.9554	0.9564	0.9573	0.9582	0.9591
1.7	0.9641	0.9649	0.9656	0.9664	0.9671
1.9	0.9713	0.9719	0.9726	0.9732	0.9738

Answer 32.② 33.①

34 n개의 베르누이시행(Bernoulli's trial)에서 성공의 개수를 X라 하면 X의 분포는?

① 기하분포

② 음이항분포

③ 초기하분포

④ 이항분포

34.

베르누이시행을 n번 반복하는 경우의 분포는 이항 분포에 해당한다.

35 A, B, C 세 지역에서 금맥이 발견될 확률은 각각 20%라고 한다. 이들 세 지역에 대하여 금맥이 발견될 수 있는 지역의 수에 대한 기댓값은?

① 0.60

② 0.66

③ 0.72

④ 0.75

35.

이항분포 확률함수 $= {}_n C_x (0.2)^x (0.8)^{n-x}$

㉠ 0 지역에서 금맥이 발견될 확률

$${}_3 C_0 (0.2)^0 (0.8)^{3-0} = (0.8)^3 = 0.512$$

㉡ 1 지역에서 금맥이 발견될 확률

$${}_3 C_1 (0.2)^1 (0.8)^{3-1} = 3 \times (0.2)^1 (0.8)^2 = 0.384$$

㉢ 2 지역에서 금맥이 발견될 확률

$${}_3 C_2 (0.2)^2 (0.8)^{3-2} = 3 \times (0.2)^2 (0.8)^1 = 0.096$$

㉣ 3 지역에서 금맥이 발견될 확률

$${}_3 C_3 (0.2)^3 (0.8)^{3-3} = (0.2)^3 = 0.008$$

	0	1	2	3	전체
$P(X=x)$	0.512	0.384	0.096	0.008	1

$E(X)$
$= 0 \times 0.512 + 1 \times 0.384 + 2 \times 0.096 + 3 \times 0.008$
$= 0 + 0.384 + 0.192 + 0.024 = 0.60$

36 K라는 양궁선수는 화살을 쏘았을 때 과녁의 중심에 맞출 확률이 0.6이라고 한다. 이 선수가 총 7번 화살을 쏜다면 과녁의 중심에 몇 번 정도 맞출 것으로 기대할 수 있는가?

① 8.57

② 6.00

③ 4.20

④ 1.68

36.

이항분포 $B(7, 0.6)$를 따르며,
기댓값은 $np = 7 \times 0.6 = 4.20$이다.

Answer 34.④ 35.① 36.③

37 임의의 모집단으로부터 확률표본을 취할 때 표본평균의 확률분포는 표본의 크기가 충분히 크면 근사적으로 정규분포를 따른다는 사실의 근거가 되는 이론은?

① 중심극한의 정리

② 대수의 법칙

③ 체비셰프의 부등식

④ 확률화의 원리

37.

중심극한정리는 평균이 μ이고 표준편차가 σ인 정규분포를 따르는 모집단으로부터 크기가 n인 표본을 취할 때, n의 값에 상관없이 표본평균의 표본분포는 $N(\mu,\ \sigma^2/n)$를 따른다.

38 어느 기업의 신입직원 월 급여는 평균이 2백만 원, 표준편차는 40만 원인 정규분포를 따른다고 한다. 신입직원들 중 100명의 표본을 추출할 때, 표본평균의 분포는?

① $N(200,\ 16)$

② $N(200,\ 160)$

③ $N(200,\ 400)$

④ $N(200,\ 1600)$

38.

모집단의 평균이 μ이고, 표준편차가 σ인 정규분포이면 n의 크기와 상관없이 $N\left(\mu,\ \dfrac{\sigma^2}{n}\right)$인 정규분포를 따른다. 즉 다시 말해, 평균이 2백만 원이고 표준편차가 40만 원일 경우, 100명의 표본에서는 $N\left(200,\ \dfrac{40^2}{100}\right) = N(200,\ 16)$이다.

39 확률변수 X는 이항분포 $B(n,\ p)$를 따른다고 하자. $n = 10$, $p = 0.5$일 때, 확률변수 X의 평균과 분산은?

① 평균 2.5, 분산 5

② 평균 2.5, 분산 2.5

③ 평균 5, 분산 5

④ 평균 5, 분산 2.5

39.

$E(X) = np = 10 \times 0.5 = 5$

$Var(X) = np(1-p) = 10 \times 0.5 \times 0.5 = 2.5$

Answer　37.① 38.① 39.④

40 평균이 μ이고, 표준편차가 σ인 모집단으로부터 크기가 n인 확률표본을 취할 때, 표본평균 $\overline{X}$의 분포에 대한 설명으로 옳은 것은?

① 표본의 크기가 커짐에 따라 접근적으로 평균이 μ이고 표준편차가 $\sigma/\sqrt{n}$인 정규분포를 따른다.

② 표본의 크기가 커짐에 따라 평균이 μ이고 표준편차가 σ/n정규분포를 따른다.

③ 모집단의 확률분포와 동일한 분포를 따르되, 평균은 μ이고 표준편차가 $\sigma/\sqrt{n}$이다.

④ 모집단의 확률분포와 동일한 분포를 따르되, 평균은 μ이고 표준편차가 σ/n이다.

40.

중심극한정리 … 표본의 크기가 커짐에 따라 접근적으로 평균이 μ이고 표준편차가 $\sigma/\sqrt{n}$인 정규분포를 따른다.

41 공정한 주사위 1개를 20번 던지는 실험에서 1의 눈을 관찰한 횟수를 확률변수 N라 하고, 정규근사를 이용하여 $P(X \geq 4)$의 근삿값을 구하려 한다. 다음 중 연속성 수정을 고려한 근사식으로 옳은 것은? (단, Z는 표준정규분포를 따르는 확률변수)

① $P(Z \geq 0.1)$ ② $P(Z \geq 0.4)$
③ $P(Z \geq 0.7)$ ④ $P(Z \geq 1)$

41.

주사위에서 1의 눈을 관찰한 횟수는 이항분포 $B(n, p) = B(20, 1/6)$를 따르며 연속형 수정(0.5)을 고려하면 $P(X \geq 4)$는 $P(X \geq 3.5)$가 된다.

$$P(X \geq 4) = P(X \geq 3.5) = P\left(\frac{X-\mu}{\sigma} \geq \frac{3.5-np}{\sqrt{npq}}\right)$$
$$= P\left(\frac{X-\mu}{\sigma} \geq \frac{3.5-20/6}{\sqrt{20 \times 1/6 \times 5/6}}\right)$$
$$= P\left(Z \geq \frac{3.5-20/6}{10/6}\right) = P(Z \geq 0.1)$$

42 어느 포장기계를 이용하여 생산한 제품의 무게는 평균이 240g, 표준편차는 8g인 정규분포를 따른다고 한다. 이 기계에서 생산한 제품 25개의 평균 무게가 242g 이하일 확률은? (단, Z는 표준정규분포를 따르는 확률변수)

① $P(Z < 1)$

② $P\left(Z \leq \dfrac{5}{4}\right)$

③ $P\left(Z \leq \dfrac{3}{2}\right)$

④ $P(Z \leq 2)$

42.

$$P(X \leq 242) = P\left(\frac{X-240}{8/\sqrt{25}} \leq \frac{242-240}{8/\sqrt{25}}\right)$$
$$= P\left(Z \leq \frac{2}{8/5}\right) = \left(Z \leq \frac{5}{4}\right)$$

Answer 40.① 41.① 42.②

43 컴퓨터 제조회사에서 보증기간을 정하려고 한다. 컴퓨터 수명은 평균 3년, 표준편차 9개월인 정규분포를 따른다고 한다. 보증기간 이전에 고장이 나면 무상수리를 해 주어야 한다. 이 회사는 출하 제품 가운데 5% 이내에서만 무상수리가 되기를 원한다. 보증기간을 몇 개월로 정하면 되겠는가?
(단, $P(Z > 1.645) = 0.05$)

① 17

② 19

③ 21

④ 23

43.

$P(Z < -1.645) = P(Z > 1.645) = 0.05$

$P(X < m) = P\left(\dfrac{X - \mu}{\sigma} < \dfrac{m - \mu}{\sigma}\right)$

$\qquad = P\left(Z < \dfrac{m - \mu}{\sigma}\right)$

$\qquad = P\left(Z < \dfrac{m - 36}{9}\right) = 0.05$

$\dfrac{m - 36}{9} \leq -1.645, \ m \leq -1.645 \times 9 + 36 \approx 21.195$

따라서 무상수리 기간은 21개월 이하로 정할 수 있다.

44 확률변수 X가 평균이 100이고 표준편차가 10인 정규분포를 따른다고 했을 때, X가 80보다 작을 확률은 얼마인가? (단, $p(-0.2 < z < 0.2) = 0.159$, $p(-2 < z < 2) = 0.954$)

① 0.477

② 0.079

③ 0.421

④ 0.023

44.

$p(X < 80) = p\left(\dfrac{X - \mu}{\sigma} < \dfrac{80 - \mu}{\sigma}\right)$

$\qquad = p\left(\dfrac{X - 100}{10} < \dfrac{80 - 100}{10}\right)$

$\qquad = p(Z < -2)$

$1 - p(-2 < z < 2) = p(z < -2) + p(z > 2)$

$\qquad = 2p(z < -2)$

$p(Z < -2) = \dfrac{1}{2}\{1 - p(-2 < Z < 2)\}$

$\qquad = \dfrac{1}{2}(1 - 0.954) = 0.023$

45 표준정규분포를 따르는 확률변수의 제곱은 어떤 분포를 따르는가?

① 정규분포

② t-분포

③ F-분포

④ 카이제곱분포

45.

$Z \sim N(0, 1), \ Z^2 \sim \chi_1^2$

2018. 4. 28. 제2회

46 사회조사분석사 시험 응시생 500명의 통계학 성적의 평균점수는 70점이고, 표준편차는 10점이라고 한다. 통계학 성적이 정규분포를 따른다고 할 때, 성적이 '50점에서 90점' 사이인 응시자는 약 몇 명인가? (단, $P(Z < 2) = 0.9772$)

① 498명

② 477명

③ 378명

④ 250명

46.

$$P(50 < X < 90) = P\left(\frac{50-\mu}{\sigma} < Z < \frac{90-\mu}{\sigma}\right)$$
$$= P\left(\frac{50-70}{10} < Z < \frac{90-70}{10}\right)$$
$$= P(-2 < Z < 2)$$

$P(Z < 2) - P(Z < -2) = 0.9772 - (1 - 0.9772)$
$= 0.9772 - 0.0228 = 0.9544$

500명의 응시생들 가운데 이 구간에 포함된 학생들의 수는 500 × 0.9544≈477 명이다.

2018. 4. 28. 제2회

47 확률변수 X는 포아송 분포를 따른다고 하자. X의 평균이 '5'라고 할 때 분산은 얼마인가?

① 1

② 3

③ 5

④ 9

47.

포아송 분포의 평균 $E(X) = \lambda$, $Var(X) = \lambda$이므로 $E(X) = Var(X) = 5$

2018. 4. 28. 제2회

48 어느 제약회사에서 생산하고 있는 진통제는 복용 후 진통효과가 나타날 때까지 걸리는 시간이 평균 30분, 표준편차 8분인 정규분포를 따른다고 한다. 임의로 추출한 100명의 환자에게 진통제를 복용시킬 때, 복용 후 40분에서 44분 사이에 진통효과가 나타나는 환자의 수는? (단, 다음 표준정규분포표를 이용하시오.)

z	$P(0 \le Z \le z)$
0.75	0.27
1.00	0.37
1.25	0.39
1.50	0.43
1.75	0.46

① 4

② 5

③ 7

④ 10

48.

$P(40 \le X \le 44)$
$$= P\left(\frac{40-30}{8} \le \frac{X-\mu}{\sigma} \le \frac{44-30}{8}\right)$$
$= P(1.25 \le Z \le 1.75)$
$= P(0 \le Z \le 1.75) - P(0 \le Z \le 1.25)$
$= 0.46 - 0.39 = 0.07$

100명의 환자들 가운데 이 구간에 포함된 환자들의 수는 100×0.07=7명이다.

Answer 46.② 47.③ 48.③

49 다음 중 표본평균($\overline{X} = \frac{1}{n}\sum_{i=1}^{n} x_i$)의 분포에 관한 설명으로 틀린 것은?

① 표본평균의 분포 평균은 모집단의 평균과 동일하다.
② 표본의 크기가 어느 정도 크면 표본평균의 분포는 근사적 정규분포를 따른다.
③ 표본평균의 분포는 모집단의 분포와 동일하다.
④ 표본평균의 분포 분산은 표본의 크기에 따라 달라진다.

49.

표본평균의 분포와 상관없이 n이 충분히 크면 중심극한정리에 의해 표본평균의 표본분포는 정규분포를 따른다.

50 확률변수 X는 시행횟수가 n이고 성공할 확률이 p인 이항분포를 따를 때, 옳은 것은?

① $E(X) = np(1-p)$
② $V(X) = \frac{p(1-p)}{n}$
③ $E\left(\frac{X}{n}\right) = p$
④ $E\left(\frac{X}{n}\right) = \frac{p(1-p)}{n^2}$

50.

① $E(X) = np$
② $Var(X) = np(1-p)$
④ $E\left(\frac{X}{n}\right) = \frac{1}{n}E(X) = \frac{np}{n} = p$

51 사건 A의 발생확률이 1/5인 임의실험을 50회 반복하는 독립시행에서 사건 A가 발생한 횟수의 평균과 분산은?

① 평균 : 10, 분산 : 8
② 평균 : 8, 분산 : 10
③ 평균 : 7, 분산 : 11
④ 평균 : 11, 분산 : 7

51.

이항분포의 확률변수

평균 $E(X) = np = 50 \times \frac{1}{5} = 10$

분산 $V(X) = np(1-p)$
$= 50 \times \frac{1}{5} \times \left(1 - \frac{1}{5}\right)$
$= 50 \times \frac{1}{5} \times \frac{4}{5} = 8$

Answer 49.③ 50.③ 51.①

52 표본평균의 확률분포에 관한 설명으로 틀린 것은?

① 모집단의 확률분포가 정규분포이면 표본평균의 확률분포도 정규분포이다.

② 표본평균의 확률분포는 모집단의 확률분포에 관계없이 정규분포이다.

③ 모집단의 표준편차가 σ이면 표본의 크기가 n인 표본평균의 표준오차는 $\sigma/\sqrt{n}$이다.

④ 표본평균의 평균은 모집단의 평균과 동일하다.

52.

모집단 평균이 μ이고, 표준편차가 σ인 정규분포이면, n의 크기와 상관없이 표본평균의 확률분포는 $N\left(\mu,\ \left(\dfrac{\sigma}{\sqrt{n}}\right)^2\right)$인 정규분포를 따른다.

53 어느 농구선수의 자유투 성공률은 90%이다. 이 선수가 한 시즌에 20번의 자유투를 시도한다고 할 때 자유투의 성공 횟수에 대한 기댓값은?

① 17   ② 18

③ 19   ④ 20

53.

이항분포의 확률변수

기댓값 $E(X) = np = 20 \times 90/100 = 18$

54 어느 고등학교 1학년생 280명에 대한 국어성적의 평균이 82점, 표준편차가 8점이었다. 66점부터 98점 사이에 포함된 학생들은 몇 명이라고 할 수 있는가? (단, $P(|Z|>2) = 0.046$)

① 211명

② 230명

③ 240명

④ 22명

54.

$\overline{X} = 82$, $S = 8$일 때, 체비세프 정리에 의해서

$P(|X - \overline{X}| \le ks)$

$= P(-ks \le X - \overline{X} \le ks)$

$= P(\overline{X} - ks \le X \le \overline{X} + ks)$

$= P(82 - 8k \le X \le 82 + 8k) \ge 1 - \dfrac{1}{k^2}$

$82 - 8k = 66$, $82 + 8k = 98$, $\therefore\ k = 2$

$P(66 \le X \le 98) \ge 1 - \dfrac{1}{k^2} = 1 - \dfrac{1}{2^2} = \dfrac{3}{4}$

따라서 280명의 학생들 가운데 $P(66 < X < 98)$에 포함된 학생들의 수는 $280 \times \dfrac{3}{4} = 210$ 초과인 211명 이상이다.

Answer   52.②   53.②   54.①

55 이항분포를 따르는 확률변수 X에 관한 설명으로 틀린 것은?

① 반복시행횟수가 n이면, X가 취할 수 있는 가능한 값은 0부터 n까지이다.

② 반복시행횟수가 n이고, 성공률이 p이면 X의 평균은 np 이다.

③ 반복시행횟수가 n이고, 성공률이 p이면 X의 분산은 $np(1-p)$이다.

④ 확률변수 X는 0 또는 1만을 취한다.

55.

④ X가 0 또는 1 두 개뿐인 시행을 베르누이 시행이라 하며, 이러한 베르누이 시행이 n회 반복하였을 때 나타나는 분포를 이항분포라 한다.

56 A회사에서 개발하여 판매하고 있는 신형 PC의 수명은 평균이 5년이고 표준편차가 0.6년인 정규분포를 따른다고 한다. A회사의 신형 PC 중 9대를 임의로 추출하여 수명을 측정하였다. 평균수명이 4.6년 이하일 확률은? (단, $P(|Z|>2)=0.046$, $P(Z>|1.96|)=0.05$, $P(|Z|>2.58)=0.01$)

① 0.01 ② 0.023
③ 0.025 ④ 0.048

56.

$$P(X \leq 4.6) = P\left(\frac{X-\mu}{\sigma/\sqrt{n}} \leq \frac{4.6-\mu}{\sigma/\sqrt{n}}\right)$$
$$= P\left(\frac{X-5}{0.6/\sqrt{9}} \leq \frac{4.6-5}{0.6/\sqrt{9}}\right)$$
$$= P(Z \leq -2)$$

$P(|Z|>2)=0.046$ 이므로 $P(Z \leq -2)=0.023$

57 홈쇼핑 콜센터에서 30분마다 전화를 통해 주문이 성사되는 건수는 $\lambda=6.7$인 포아송분포를 따른다고 할 때의 설명으로 틀린 것은?

① 확률변수 x는 주문이 성사되는 주문 건수를 말한다.

② x의 확률함수는 $\dfrac{e^{-6.7}(6.7)^x}{x!}$이다.

③ 1시간 동안의 주문건수 평균은 13.4이다.

④ 분산 $\lambda^2=6.7^2$이다.

57.

② 포아송 분포의 확률함수 $p_x=\dfrac{e^{-\lambda}\lambda^x}{x!}$

③ 30분마다 주문건수 평균 $E_X=\lambda=6.7$이므로 1시간 주문건수 평균은 $6.7\times 2=13.4$

④ 분산 $Var(X)=\lambda=6.7$

Answer 55.④ 56.② 57.④

58 확률변수 X가 정규분포 $N(\mu, \sigma^2)$을 따를 때, 다음 설명 중 틀린 것은?

① X의 확률분포는 좌우 대칭인 종 모양이다.

② $Z = (X-\mu)/\sigma$라 두면, Z의 분포는 $N(0, 1)$이다.

③ X의 평균, 중위수는 일치하므로 X의 분포의 비대칭도는 0이다.

④ X의 관측값이 $\mu - \sigma$ 와 $\mu + \sigma$ 사이에 나타날 확률은 약 95%이다.

58.

④ $P(\mu - \sigma \leq X \leq \mu + \sigma) \approx 68\%$,
$P(\mu - 2\sigma \leq X \leq \mu + 2\sigma) \approx 95\%$,
$P(\mu - 3\sigma \leq X \leq \mu + 3\sigma) \approx 99\%$

59 어떤 시험에서 학생들의 점수는 평균이 75점, 표준편차가 15점인 정규분포를 따른다고 한다. 상위 10%의 학생에게 A학점을 준다고 했을 때, 다음 중 A학점을 받을 수 있는 최소 점수는?(단, $P(0 < Z < 1.28) = 0.4$)

① 89

② 93

③ 95

④ 97

59.

상위 10%의 학생에게 A 학점을 주며, 그 점수를 a 라고 하면,

$$P(a < X) = P\left(\frac{a-\mu}{s} < \frac{X-\mu}{s}\right)$$
$$= P\left(\frac{a-75}{15} < \frac{X-75}{15}\right)$$
$$= P\left(\frac{a-75}{15} < Z\right)$$
$$= 0.1$$

$P(0 < Z < 1.28) = 0.4$를 이용하여
$P(1.28 < Z) = 0.5 - 0.4 = 0.1$ 이므로
$\frac{a-75}{15} = 1.28$, $a = 1.28 \times 15 + 75 = 94.2$

따라서 최소 점수는 95점이다.

60 사건 A의 발생확률이 1/5인 임의실험을 50회 반복하는 독립시행에서 사건 A가 발생한 횟수의 평균과 분산은?

① 평균 : 10, 분산 : 8

② 평균 : 8, 분산 : 10

③ 평균 : 7, 분산 : 11

④ 평균 : 11, 분산 : 7

60.

이항분포의 확률변수
평균 $E(X) = np = 50 \times 1/5 = 10$
분산
$V(X) = npq = 50 \times 1/5 \times (1 - 1/5)$
$= 50 \times 1/5 \times 4/5 = 8$

Answer   58.④   59.③   60.①

61 표본평균의 확률분포에 관한 설명으로 틀린 것은?

① 모집단의 확률분포가 정규분포이면 표본평균의 확률분포도 정규분포이다.

② 표본평균의 확률분포는 모집단의 확률분포에 관계없이 정규분포이다.

③ 모집단의 표준편차가 σ이면 표본의 크기가 n인 표본평균의 표준오차는 $\frac{\sigma}{\sqrt{n}}$이다.

④ 표본평균의 평균은 모집단의 평균과 동일하다.

61.

모집단 평균이 μ이고, 표준편차가 σ인 정규분포이면, n의 크기와 상관없이 표본평균의 확률분포는 $N\left(\mu, \left(\frac{\sigma}{\sqrt{n}}\right)^2\right)$인 정규분포를 따른다.

62 어떤 대학 사회학과 학생들의 통계학 성적분포가 근사적으로 $N(60, 10^2)$을 따른다고 한다. 50점 이하인 학생에게 F학점을 준다고 할 때 F학점을 받게 될 학생들의 비율을 구할 수 있는 것은?

① $P(Z \leq 1)$

② $P(Z \leq -1)$

③ $P(Z \leq 2)$

④ $P(Z \leq -2)$

62.

표준정규화 과정을 거쳐

$Z = \frac{X - \mu}{\sigma} = \frac{50 - 60}{10} = -1$에서 ②가 정답이다.

그 후 과정으로 범위를 확인하여야 하지만 -1만으로도 정답을 확인할 수 있다.

63 생수공장의 생수 생산량은 360개이고, 불량률 10%로 이 공장의 기댓값과 분산은?

① 36, 32.4

② 3.6, 36

③ 36, 3.6

④ 36, $\sqrt{32.4}$

63.

기댓값은 $E(X) = np$, 분산은 $V(X) = np(1-p)$으로 구한다.

$E(X) = np = 360 \times 0.1 = 36$

$Var(X) = np(1-p) = 36 \times (1-0.1) = 32.4$

64 조사분석사시험의 과거 성적분포가 근사적으로 평균이 70, 표준편차가 8인 정규분포를 따른다고 한다. 내년에도 비슷한 수준의 자격시험을 실시할 예정이며 과거의 성적분포에 따른 상위 30%에 해당하는 점수를 얻으면 합격시키려 한다. 내년 시험에 합격하기 위해서는 최소한 몇 점을 받아야 하는가? [단, 표준정규분포에서 $P(Z \leq 0.52) = 0.7$]

① 75.62

② 74.16

③ 74.54

④ 76.46

64.

$Z = \dfrac{X - \mu}{\sigma}$ 에서 상위 30% 안에 들기 위해

$\dfrac{X - 70}{8} \geq \dfrac{52}{100}$ 이어야 하므로 $X \geq 74.16$ 이 된다.

65 $X_0, X_1, \cdots, X_n$ 이 정규분포 $N(\mu, \sigma^2)$에서 얻은 확률분포일 때 옳은 것은?

① $\dfrac{\overline{X} - \mu}{\sigma / \sqrt{n}}$ 는 $N(1, \sigma^2)$에 따른다.

② $\dfrac{\overline{X} - \mu}{\sigma / \sqrt{n}}$ 는 $N(0, \sigma^2)$에 따른다.

③ $\dfrac{\overline{X} - \mu}{\sigma / \sqrt{n}}$ 는 $N(0, \sigma^2)$에 따른다.

④ $\dfrac{\overline{X} - \mu}{\sigma / \sqrt{n}}$ 는 $N(0, 1)$에 따른다.

65.

표준화 정규분포로의 변환은 평균이 0이고 표준편차가 1인 것을 의미한다.

66 불량률이 0.01인 제품을 20개씩 한 box에 넣어서 포장하였다. 10개의 box를 구입했을 때, 기대되는 불량품의 총 개수는?

① 4개

② 5개

③ 2개

④ 3개

66.

$E(x) = np$에서 한 박스에 20개이므로

$0.01 \times 20 \times 10 = 2$개

Answer   64.②   65.④   66.③

67 다음 중 표준정규분포의 특징이 아닌 것은?

① 표준정규분포는 평균을 기준으로 대칭한다.

② 표준정규분포가 갖는 평균과 중앙값은 같다.

③ 표준정규분포 면적은 분포의 평균과 표준편차에 따라 달라진다.

④ 유의수준은 표본의 결과가 모집단의 성질을 반영하는 것이 아니라 표본의 특성에 따라 나타날 확률의 범위이다.

68 X가 $N(\mu, \sigma^2)$인 분포를 따를 경우 $Y = aX + b$의 분포는?

① 중심극한정리에 의하여 표준정규분포 $N(0, 1)$

② a와 b의 값에 관계없이 $N(\mu, \sigma^2)$

③ $N(a\mu + b, a^2\sigma^2 + b)$

④ $N(a\mu + b, a^2\sigma^2)$

69 모집단의 평균 μ와 표준편차 σ를 알고 있으며 표본의 크기 N이 클 때 표본평균의 표본분포 형태는 정규분포의 모양을 나타낸다. 이 경우 우리가 알 수 있는 것은?

① $\mu_{\bar{x}} = 0$　　　　　② $\mu_{\bar{x}} = \dfrac{\sigma}{N}$

③ $\mu_{\bar{x}} = \dfrac{S}{\sqrt{N-1}}$　　　　④ $\mu_{\bar{x}} = \mu$

70 표준화 변환을 하면 변화된 자료의 평균과 표준편차의 값은?

① 평균 = 0, 표준편차 = 1

② 평균 = 1, 표준편차 = 1

③ 평균 = 1, 표준편차 = 0

④ 평균 = 0, 표준편차 = 0

67.

표준정규분포는 평균 0, 표준편차가 1로 정해져 있다.

68.

$E(aX + b) = aE(X) + b.\ Var(aX + b) = a^2 Var(X)$

따라서 $E(aX + b) = aE(X) + b \rightarrow a\mu + b$

$Var(aX + b) = a^2 Var(X) \rightarrow a^2\sigma^2$

69.

중심극한정리에 의하여 N이 큰 값이면 평균이 $\mu_{\bar{x}} = \mu$이고 표준오차가 $\sigma_{\bar{x}} = \dfrac{\sigma}{\sqrt{n}}$인 정규분포를 따른다.

70.

표준화 변환을 한다는 것은 정규분포곡선으로 만든다는 의미이다.

Answer　67.③　68.④　69.④　70.①

71 다음 중 평균값이 작을 때 시간당 또는 면적당 일어나는 기대 수를 결정하는 데 이용하는 분포는?

① 포아송분포   ② 정규분포

③ 이항분포   ④ 확률분포

71.

포아송분포를 적용하기 위해 필요한 조건 중 비례 성을 설명한 것으로 예로 교환전화의 통화 수, 단 위시간당 개인이 잡은 생선 수 등을 들 수 있다.

72 다음 설명 중 정규분포의 특성으로 옳지 않은 것은?

① 정규확률막대그림은 좌우비대칭 형태를 취한다.
② 평균 또는 기댓값보다 매우 크거나 작을 확률은 극히 작다.
③ 곡선아래의 전체면적은 1 또는 100%이다.
④ 표준편차가 커질수록 평평한 모양의 형태를 취한다.

72.

① 정규확률막대그림은 좌우대칭 형태를 취하며 평균치에서 최고점을 갖는다.

73 정규분포의 특성에 대한 설명으로 틀린 것은?

① 평균, 중위수, 최빈수가 모두 일치한다.
② $X=\mu$에 관해 종 모양의 좌우대칭이고, 이 점에서 확률 밀도함수가 최댓값 $\frac{1}{(\sigma\sqrt{2\pi})}$을 갖는다.
③ 분포의 기울어진 방향과 정도를 나타내는 왜도 $\alpha_3=0$이다.
④ 분포의 봉우리가 얼마나 뾰족한가를 관측하는 첨도 $\alpha_4=1$ 이다.

73.

④ 정규분포의 첨도는 3이다.
※ 왜도의 특징
  ⊙ 자료의 분포가 정규분포보다 높은 봉우리를 가지면 첨도는 3보다 높다.
  ⓒ 자료의 분포가 정규분포보다 낮은 봉우리를 가지면 첨도는 3보다 작다.

74 어느 농구선수의 자유투 성공률은 80%라고 알려져 있다. 자유 투를 10개 던지는 실험을 실시할 경우 자유투 성공의 횟수에 관심이 있다고 할 때, 이 확률변수의 기댓값과 표준편차는?

① 기댓값 : 0.8, 표준편차 : 0.16

② 기댓값 : 8, 표준편차 : 1.6

③ 기댓값 : 0.8, 표준편차 : $(0.16)^{\frac{1}{2}}$

④ 기댓값 : 8, 표준편차 : $(1.6)^{\frac{1}{2}}$

74.

기댓값은 $E(X)=np$, 분산은 $V(X)=np(1-p)$, 표 준편차는 $\sqrt{np(1-p)}$ 이므로
기댓값 $=10\times0.8=8$
표준편차 $=\sqrt{10\times0.8\times0.2}=(1.6)^{\frac{1}{2}}$

75 다음 설명 중 포아송분포의 특징으로 옳지 않은 것은?

① 단위시간이나 단위공간에서 희귀하게 일어나는 사건의 횟수 등에 유용하게 사용될 수 있다.

② 어떤 단위시간이나 공간에서 출연하는 성공횟수는 다른 단위시간이나 공간에서 출현하는 횟수와 독립적이다.

③ 포아송분포는 독립성, 비집락성, 비례성을 만족할 때 적용된다.

④ 포아송분포의 평균을 m이라 하면, 그 분산은 $2m$이다.

76 다음 중 정규분포에 대한 설명으로 옳지 않은 것은?

① 확률밀도함수의 그래프를 가지며 가우스분포라고도 한다.

② 정규분포곡선은 종 모양의 곡선이다.

③ 평균값과 중위수가 같다.

④ 확률변수의 값은 평균값의 대소와 상관없이 Z값의 절댓값을 갖는다.

77 다음 중 크기가 5인 모집단 3, 4, 5, 2, 1에서 크기 3인 임의표본을 복원추출할 때 숫자의 표본평균 $\overline{X}$의 평균과 분산은 얼마인가?

① $E(\overline{X}) = 2$, $V(\overline{X}) = \dfrac{1}{3}$

② $E(\overline{X}) = 3$, $V(\overline{X}) = \dfrac{1}{3}$

③ $E(\overline{X}) = 2$, $V(\overline{X}) = \dfrac{2}{3}$

④ $E(\overline{X}) = 3$, $V(\overline{X}) = \dfrac{2}{3}$

75.

④ 포아송분포는 $E(X) = V(X) = m$인 분포이다.

76.

④ 확률변수 값이 평균값보다 클 때는 Z값의 양의 값을, 평균값보다 작을 때는 Z값의 음의 값을 갖는다.

77.

모집단의 평균을 μ, 분산을 σ^2이라 하면

$\mu = \dfrac{1}{5}(3 + 4 + 5 + 2 + 1) = 3$

$\sigma^2 = \dfrac{1}{5}(3^2 + 4^2 + 5^2 + 2^2 + 1^2) - 3^2 = 2$

따라서 $E(\overline{X}) = \mu = 3$이고, $V(\overline{X}) = \dfrac{\sigma^2}{n} = \dfrac{2}{3}$

Answer 75.④ 76.④ 77.④

78 다음 중 베르누이시행의 설명으로 옳지 않은 것은?

① 각 시행의 결과는 두 가지 상호 배타적인 사건으로만 되어 있다.

② 어느 시행에서 나타날 확률이 통계적으로 종속적일 경우 베르누이시행을 할 수 없다.

③ 매 시행의 성공확률을 p라 하면 실패확률 q는 $(1-p)$이다.

④ 베르누이시행은 이항분포를 포함한다.

78.

④ 이항분포는 베르누이시행을 포함한다.

79 독립적으로 반복하여 시행하는 경우에 각 시행마다 나타날 수 있는 가능한 결과가 오직 2개, 즉 성공 또는 실패로 나타날 때 그 시행을 무엇이라고 하는가?

① 독립반복 시행

② 베르누이 시행

③ 평균시행

④ 예비시행

79.

독립시행, 결과는 단 2개(성공, 실패)인 시행을 베르누이 시행이라고 하고, 이항분포, 기하, 음이항분포 등이 베르누이 시행을 따른다.

80 다음은 포아송 분포의 성질을 설명한 것이다. 틀린 것은?

① 주어진 시간 또는 면적, 공간 내에서 발생하는 우연적 현상에 적용된다.

② X가 포아송 분포를 따른다고 할 때 확률함수는 $f(x;\lambda) = \dfrac{e^{-\lambda}\lambda^x}{x!}$ 이다.

③ 기댓값과 분산은 동일하게 λ 이다.

④ 포아송 분포에서 λ가 매우 작아지고 n이 크면 이항분포로 접근한다.

80.

이항분포에서 n이 아주 크고, p가 매우 작으면 포아송분포에 근사한다.

Answer　78.④　79.②　80.④

81 다음 중 정규분포의 성질로 맞지 않는 것은?

① $x = \mu$ 에 대해 좌우대칭이며 이 점에서 최댓값 $(\sigma\sqrt{2\pi})^{-1}$ 를 갖는다.

② $\mu - \sigma < x < \mu + \sigma$ 에서 아래로 볼록하다.

③ 왜도는 0, 첨도는 3이다.

④ 기댓값과 분산은 각각 μ, σ^2 이다.

82 다음 분포 중 대칭인 것은?

① F분포

② 포아송 분포

③ 카이제곱 분포

④ 정규분포

83 다음 중 이항분포를 따르지 않는 것은?

① 일정 시간 내에 도착하는 사람의 수

② 동전을 3회 던졌을 때 나타나는 앞면의 수

③ 한 부모에게서 태어나는 자녀 중 남아의 수

④ 주사위를 5회 던져서 1의 눈이 나오는 횟수

84 사회현안에 대한 찬반 여론조사를 실시한 결과 찬성률이 0.8 이었다면 3명을 임의 추출했을 때 2명이 찬성할 확률은?

① 0.096

② 0.384

③ 0.533

④ 0.667

81.

② $\mu - \sigma < x < \mu + \sigma$ 위로 볼록하다

82.

정규분포, t-분포는 좌우대칭인 분포이다.

83.

① 포아송 분포는 일정 시간, 면적, 공간 등에서의 성공의 횟수를 다룬다.

84.

성공횟수를 묻는 이항분포이다. p = 0.8, 시행횟수 n = 3
$P(X = 2) = {}_3C_2(0.8)^2 \cdot (0.2)^1 = 0.384$

Answer   81.② 82.④ 83.① 84.②

85 다음 괄호 안에 알맞은 것은?

> 확률변수 X가 정규분포 $N(\mu,\ \sigma^2)$을 따르는 모집단으로부터 크기 n인 표본을 임의추출하면 표본평균의 분포는 정규분포 (   )을 따른다.

① $N(\mu,\ \sigma^2)$

② $N\left(\mu,\ \dfrac{\sigma^2}{n}\right)$

③ $N\left(\dfrac{\mu}{n},\ \sigma^2\right)$

④ $N\left(\mu,\ \dfrac{\sigma}{n}\right)$

86 $X_1,\ X_2,\ \cdots,\ X_n$이 정규모집단 $N(\mu,\ \sigma^2)$으로부터의 랜덤표본이고, 표본평균을 $\overline{X}$, 표본분산을 S^2이라고 할 때, 통계량 $\dfrac{\overline{X}-\mu}{S/\sqrt{n}}$의 분포는?

① 자유도가 $(n-1)$인 t-분포

② 자유도가 n인 t-분포

③ 자유도가 $(n-1)$인 카이제곱분포

④ 자유도가 n인 카이제곱분포

87 정규분포의 일반적인 성질이 아닌 것은?

① 정규분포는 평균에 대하여 대칭이다.

② 평균과 표준편차가 같은 두 개의 다른 정규분포가 존재할 수 있다.

③ 정규분포에서 평균, 중위수, 최빈수는 모두 같다.

④ 밀도함수 곡선은 수평에서부터 어느 방향으로든지 수평축에 닿지 않는다.

85.

$E(\overline{X}) = \mu,\ V(\overline{X}) = \sigma^2/n$

86.

$\overline{X} \sim N\left(\mu, \dfrac{\sigma^2}{n}\right)$에서 표준화하면 $Z = \dfrac{\overline{X}-\mu}{\sigma/\sqrt{n}}$인데, σ 대신 S 사용할 경우, 즉, $\dfrac{\overline{X}-\mu}{S/\sqrt{n}}$는 t-분포를 따르고, 자유도 $(n-1)$를 따른다.

87.

정규분포의 위치와 모양은 평균과 표준편차로 정해짐으로 같은 평균과 표준편차인 정규분포는 다른 정규분포는 존재할 수 없다.

Answer   85.② 86.① 87.②

88 X_1, X_2, $\cdots$, X_n은 서로 독립이고, 성공률이 p인 동일한 베르누이분포를 따른다. 이 때, $X_1 + X_2 + \cdots + X_n$은 어떤 분포를 따르는가? (단, B는 이항분포를, Poisson은 포아송분포를 나타냄)

① $B(n/2,\ p)$

② $B(n,\ p)$

③ $Poisson(p)$

④ $Poisson(np)$

88.

베르누이 분포에서의 확률변수는 시행횟수가 1번일 때 성공의 횟수(0 or 1)이며, 이를 모두 합한 $X_1 + X_2 + \cdots + X_n$은 시행횟수가 n이며, 각 시행의 성공확률 p를 따르는 이항분포가 된다.

89 어느 고등학교 1학년 학생의 신장은 평균이 168cm이고, 표준편차가 6cm인 정규분포를 따른다고 한다. 이 고등학교 1학년 학생 100명을 임의 추출할 때, 표본평균이 167cm 이상 169cm 이하일 확률은? (단, $P(Z \leq 1.67) = 0.9525$)

① 0.9050

② 0.0475

③ 0.8050

④ 0.7050

89.

모집단의 분포 $X \sim N(168, 6^2)$ 이고, 표본평균의 분포 $\overline{X} \sim N(168, 6^2/100)$

$P(167 \leq \overline{X} \leq 169)$

$= P\left(\dfrac{167 - 168}{0.6} \leq Z \leq \dfrac{169 - 168}{0.6} \right)$
$= P(-1.67 \leq Z \leq 1.67)$
$= P(Z \leq 1.67) - (1 - P(Z \leq -1.67))$
$= 0.9050$

90 어떤 용기에 들어있는 내용물은 무게가 평균 16g이고 표준편차는 0.6g이다. 그 중 36개의 용기를 뽑아 그 안의 내용물의 무게를 조사했다면, 뽑힌 용기의 내용물의 평균무게는 어떤 분포를 따르는가?

① $N(16, 0.6^2)$

② $N(16, 0.6^2/36)$

③ $N(16, 0.6/\sqrt{36})$

④ $N(16, 0.6 \times 36)$

90.

$\overline{X} \sim N(\mu,\ \sigma^2/n)$

Answer   88.② 89.① 90.②

91 $\overline{X}$ 가 $N(\mu_1, \sigma_1{}^2)$ 을 따르고, $\overline{Y}$ 가 $N(\mu_2, \sigma_2{}^2)$ 를 따를 때 다음 중 틀린 것은?

① $E(\overline{X} + \overline{Y}) = \mu_1 + \mu_2$

② $Var(\overline{X} - \overline{Y}) = \dfrac{\sigma_1{}^2}{n_1} - \dfrac{\sigma_2{}^2}{n_2}$

③ $E(\overline{X} - \overline{Y}) = \mu_1 - \mu_2$

④ $Var(\overline{X} + \overline{Y}) = \dfrac{\sigma_1{}^2}{n_1} + \dfrac{\sigma_2{}^2}{n_2}$

92 500명의 성인 남녀를 대상으로 현 정권에 대한 지지여부를 익명으로 찬반의견을 조사하는 경우 이항분포가 되기 위한 조건으로 볼 수 없는 것은?

① 500번의 반복시행으로 이루어진다.

② 개인의 응답결과는 찬성과 반대 및 중립 세 가지 범주로 나눈다.

③ 응답을 하는 경우 다른 사람의 영향을 받지 않는다.

④ 찬성이나 반대에 응답할 가능성은 응답자에게 동일하다.

91.

분산의 성질은 상수항이 제곱으로 나오므로,

$$Var(\overline{X} - \overline{Y}) = \frac{\sigma_1{}^2}{n_1} + \frac{\sigma_2{}^2}{n_2}$$

92.

독립시행 및 결과 2가지, 반복이어야 한다.

Answer   91.②   92.②

기출 PLUS

기출 2021년 3월 7일 제1회 시행:

추정에 대한 설명으로 맞는 것은?

① 검정력은 작을수록 바람직하다.
② 신뢰구간은 넓을수록 바람직하다.
③ 표본의 수는 통계적 추론에 영향을 미치지 않는 표본조사시의 문제이다.
④ 모든 다른 조건이 동일하다면 표본의 수가 클수록 신뢰구간의 길이는 짧아진다.

section 1 추정

① 의의

우리가 일상생활에서 미래의 현상이나 사건을 추측하기 위해서는 단순히 데이터를 정리하거나 요약하는 것으로는 부족하다. 따라서 효율적인 의사결정과 정확한 추측을 위해서는 통계적인 추론이 반드시 필요하다.

② 개념

통계적 추론은 표본을 이용하여 미지의 모수를 추측하는 통계적 추정과 이 값에 대한 가설검정으로 나눌 수 있다. 여기서 추정이란 일정 신뢰수준하에 표본의 특성을 바탕으로 하여 모집단의 특성을 추측하는 과정을 말한다. 표본을 추출하는 이유는 모집단의 특성을 알 수 없거나 알려진 모집단의 특성에 대해 신뢰성이 의심될 때 표본의 특성을 파악하여 알려지지 않거나 신뢰성이 없는 모집단의 특성을 추론하기 위함이다. 이러한 추정은 점추정과 구간추정으로 구분할 수 있다.

> **🖒 Plus tip 모수**
> 모수는 모집단의 특성을 수치로 표현한 것으로, 모집단의 전체를 조사하지 않고서는 그 값을 알 수 없다. 또한 모집단의 전체를 조사하는 것은 비용과 시간 등에 대한 문제로 쉽지가 않다. 때문에 통계학에서는 모집단을 대표하는 표본을 사용하여 모수의 값을 구하는 접근방법을 사용하는 것이다.

(1) 점추정

표본의 특성을 바탕으로 하나의 값으로 모수를 추정하는 방법을 말한다.

정답 ④

(2) 구간추정

모수를 포함하리라고 기대되는 구간으로 추정하는 방법을 말한다.

❸ 용어의 정의

(1) 추정량(estimator)

표본정보에 의존하는 확률변수로서 모집단의 특성을 추정하는 데 사용되는 표본의 특성, 즉 통계량을 말한다.

(2) 추정치(estimate)

추정값이라고도 하며 표본에 의해 계산된 추정량의 특정값을 말한다.

(3) 신뢰구간(confidence interval)

추정값에 신뢰수준, 표준편차 등을 가감하여 구간을 추정하는 것으로 신뢰도의 구간을 나타낸다.

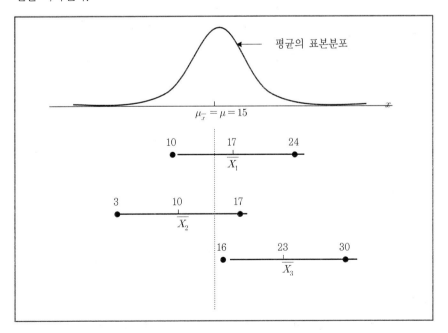

기출PLUS

기출 2021년 3월 7일 제1회 시행

어느 지역의 청년취업률을 알아보기 위해 조사한 500명 중 400명이 취업을 한 것으로 나타났다. 이 지역의 청년취업률에 대한 95% 신뢰구간은? (단, Z가 표준정규분포를 따르는 확률변수일 때, $P(Z > 1.96) = 0.025$ 이다.)

① $0.8 \pm 1.96 \times \dfrac{0.8}{\sqrt{500}}$

② $0.8 \pm 1.96 \times \dfrac{0.16}{\sqrt{500}}$

③ $0.8 \pm 1.96 \times \sqrt{\dfrac{0.8}{500}}$

④ $0.8 \pm 1.96 \times \sqrt{\dfrac{0.16}{500}}$

정답 ④

다음 중 바람직한 추정량(estimator)의 선정기준이 아닌 것은?

① 할당성(quota)
② 효율성(efficiency)
③ 일치성(consistency)
④ 불편성(unbiasedness)

추정량이 가져야 할 바람직한 성질이 아닌 것은?

① 편의성(biasedness)
② 효율성(efficiency)
③ 일치성(consistency)
④ 충분성(sufficiency)

어느 대학생들의 한 달 동안 다치는 비율을 알아보기 위하여 150명을 대상으로 조사한 결과 그 중 90명이 다친 것으로 나타났다. 다칠 비율 p의 점추정치는?

① 0.3
② 0.4
③ 0.5
④ 0.6

정답 ①, ①, ④

---

section **2** 점추정

① 의의

어떤 모집단이 미지의 모수 θ를 갖고 이 모집단으로부터 추출된 확률표본을 $X_1, \cdots, X_n$이라 할 때 함수 $T(X_1, \cdots, X_n)$로써 모수의 참값이라고 추측되는 하나의 값을 측정하는 과정이다.

② 추정량의 선정기준 2019 1회 2020 1회

(1) 불편성(unbiasedness) 2018 1회 2019 1회

① 개념 : 좋은 추정량이 되기 위해 갖추어야 할 가장 중요한 요건이라 할 수 있다. 불편성이란 편의가 없다는 것으로 추정량의 기댓값과 모수 간에 차이가 없다. 즉 추정량의 평균이 추정하려는 모수와 같음을 나타낸다. 따라서 불편성을 갖는 추정량이란 추정량의 기대치가 모집단의 모수와 같다는 것을 의미한다.

② 불편추정량 : 표본분포에서 추정량 $\hat{\theta}$의 기댓값이 모수 θ와 같을 때의 추정량 $\hat{\theta}$를 말하는 것으로 다음과 같이 정의된다.

> ✿ Plus tip 불편추정량
> $E(\hat{\theta}) \neq \theta$이면 $B = E(\hat{\theta}) - \theta$로 편의를 나타내어 추정량 $\hat{\theta}$의 중심이 모수 θ로부터의 벗어난 정도를 나타낼 수 있다.

$$E(\hat{\theta}) = \theta$$

• 추정량 $= \hat{\theta}$
• 모수 $= \theta$
• 편향 $= E(\hat{\theta}) - \theta$

> ✿ Plus tip 편향이 0일 때
> 편향(편의)이 0일 때가 바로 불편추정량이 되는 것이다.

③ 특성

　㉠ 표본평균은 모집단 평균의 불편추정량이 된다. → $E(\overline{X}) = \mu$

　㉡ 분모를 $(n-1)$로 사용한 경우 표준편차는 모집단 표준편차의 불편추정량이 된다.

$$E\left(\frac{1}{n-1}\sum_{i=1}^{n}(x_i-\overline{x})^2\right)$$

$$=\frac{1}{n-1}E\left(\sum_{i=1}^{n}(x_i-\mu+\mu-\overline{x})^2\right)$$

$$=\frac{1}{n-1}E\left(\sum_{i=1}^{n}\{(x_i-\mu)-(\overline{x}-\mu)\}^2\right)$$

$$=\frac{1}{n-1}E\left(\sum_{i=1}^{n}\{(x_i-\mu)^2-2(\overline{x}-\mu)(x_i-\mu)+(\overline{x}-\mu)^2\}\right)$$

$$=\frac{1}{n-1}E\left\{\sum_{i=1}^{n}(x_i-\mu)^2-2(\overline{x}-\mu)\sum_{i=1}^{n}(x_i-\mu)+\sum_{i=1}^{n}(\overline{x}-\mu)^2\right\}$$

$$=\frac{1}{n-1}\left[\sum_{i=1}^{n}E(x_i-\mu)^2-E\,n\,(\overline{x}-\mu)^2\right]$$

$$=\frac{1}{n-1}\left[n\sigma^2-\sigma^2\right]=\sigma^2$$

(2) 효율성(efficiency) 2018 1회 2019 3회

① 개념 : 분산은 자료의 산포를 나타내는 것이라고 앞서 설명한 바 있다. 따라서 좋은 추정량이 되기 위해서는 자료의 흩어짐의 정도인 추정량의 분산을 살펴볼 필요가 있다. 효율성이란 추정량의 분산과 관련된 개념으로 불편추정량 중에서 표본분포의 분산이 더 작은 추정량이 효율적이라는 성질을 말한다.

② 정의 : 두 추정량 θ_1과 θ_2에 대해 표준편차가 θ_1보다 θ_2가 크면 θ_1이 θ_2보다 더 유효하다고 한다.

$$Var(\hat{\theta}_1) < Var(\hat{\theta}_2) \rightarrow \text{효율성은 } \hat{\theta}_1 > \hat{\theta}_2$$
- $E(\hat{\theta}_1) = E(\hat{\theta}_2) = \theta$

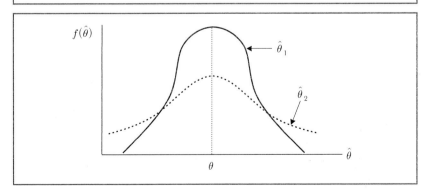

기출PLUS

기출 2019년 3월 3일 제1회 시행
다음 중 추정량에 요구되는 바람직한 성질이 아닌 것은?

① 불편성(unbiasedness)
② 효율성(efficiency)
③ 충분성(sufficiency)
④ 정확성(accuracy)

기출 2018년 3월 4일 제1회 시행
모수의 추정에서 추정량의 분포에 대하여 요구되는 성질 중 표본오차와 관련 있는 것은?

① 불편성
② 정규성
③ 일치성
④ 유효성

정답 ④, ④

표본의 크기가 커짐에 따라 확률적
으로 모수에 수렴하는 추정량은?

① 불편추정량
② 유효추정량
③ 일치추정량
④ 충분추정량

(3) 일치성(consistency)

① 개념 : 표본의 크기가 매우 크다면 참값에 매우 가까운 추정값을 거의 항상 얻게 되기를 요구할 수 있다. 즉 표본의 크기가 커질수록 추정값은 모수에 접근한다는 성질이다. 또한 $E(\theta) = \theta$, $n \to \infty$ 이고, $Var(\theta) \to 0$이면 θ는 일치성을 갖는다.

> 🖱 **Plus tip 추정량의 일치성**
>
> 추정량이 일치성을 지닌다는 것이 불편성의 추정량을 보장하지는 않는다.

② 정의

$$\lim_{n \to \infty} P(|\hat{\theta} - \theta| < \epsilon) = 1$$

• ϵ는 0에 가까운 매우 작은 양수

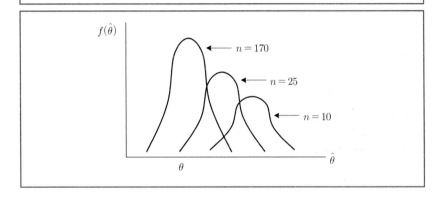

(4) 충족성(sufficient estimator)

추출한 추정량이 얼마나 모수에 대한 정보를 충족시키는지에 대한 개념으로 추정량이 모수에 대하여 가장 많은 정보를 제공할 때 이 추정량을 충족추정량이라고한다.

❸ 점추정법

(1) 모평균의 점추정 2018 1회

① 모평균의 점추정량에는 표본의 평균, 중앙값, 최빈값 등이 있으나 일반적으로 가장 적합한 것은 표본의 평균 $\overline{X}$이다.

정답 ③

② 공식

㉠ 추정량 : 표본평균 $\overline{X} = \dfrac{\displaystyle\sum_{i=1}^{n} X_i}{n} = \mu$

㉡ 표준오차 : $SE(\overline{X}) = \dfrac{\sigma}{\sqrt{n}}$

㉢ 표준오차의 추정량 : $SE(\overline{X}) = \dfrac{s}{\sqrt{n}}$

> ☆ Plus tip
> 실업률, 불량률, 찬성률 등과 같이 모집단 내의 어떤 특정 속성을 갖는 것들의 비율을 뜻한다.

(2) 모분산의 점추정 2019 1회

① 모분산에 대한 정보를 주는 통계량으로서 $\displaystyle\sum_{i=1}^{n}(X_i - \overline{X})^2$, $\displaystyle\sum_{i=1}^{n}|X_i - \overline{X}|$, $\max X_i$ $- \min X_i$가 있으며 이들 중에서 $\displaystyle\sum_{i=1}^{n}(X_i - \overline{X})^2$은 계산이 용이하고 많은 정보를 제공해 준다.

② 공식

㉠ 모표준편차의 추정량 : $\hat{\sigma} = \sqrt{S^2} = S$

㉡ 모분산의 추정량 : $\widehat{\sigma^2} = S^2 = \dfrac{\sum(X_i - \overline{X})^2}{n-1}$

(3) 모비율의 점추정 2018 2회 2020 1회

① 개념 : 모비율 분포는 이항분포를 따른다.

> ☆ Plus tip 표본 크기가 클 경우
> 표본의 크기가 클 경우에는 중심극한정리에 의해 표본비율의 분포는 정규분포를 따른다.

② 공식

㉠ 추정량 : 표본비율 $\hat{p} = \dfrac{X}{n}$

㉡ 표준오차 : $SE(\hat{p}) = \sqrt{\dfrac{pq}{n}}$

㉢ 표준오차의 추정량 : $\sqrt{\dfrac{\hat{p}\hat{q}}{n}}$

기출PLUS

기출 2018년 4월 28일 제2회 시행

다음 설명 중 틀린 것은?

① 모수의 추정에 사용되는 통계량을 추정량이라고 하고 추정량의 관측값을 추정치라고 한다.
② 모수에 대한 추정량의 기댓값이 모수와 일치할 때 불편추정량이라 한다.
③ 모표준편차는 표본표준편차의 불편추정량이다.
④ 표본평균은 모평균의 불편추정량이다.

기출 2018년 4월 28일 제2회 시행

어떤 사회정책에 대한 찬성률을 추정하고자 한다. 크기 n인 임의표본(확률표본)을 추출하여 자료를 x_1, $\cdots$, x_n으로 입력하였을 때에 대한 점 추정치로 옳은 것은? (단, 찬성이면 0, 반대면 1로 코딩한다)

① $\dfrac{1}{\sqrt{n}}\displaystyle\sum_{i=1}^{n} x_i$

② $\dfrac{1}{n}\displaystyle\sum_{i=1}^{n} x_i$

③ $\dfrac{1}{\sqrt{n}}\displaystyle\sum_{i=1}^{n}(1-x_i)$

④ $\dfrac{1}{n}\displaystyle\sum_{i=1}^{n}(1-x_i)$

정답 ③, ④

section 3 구간추정

1 구간추정

(1) 의의

표본의 오차로 인해 점추정치는 모수와 같아지는 것이 어려우며 추정의 불확실 정도를 표현 못하는 단점을 지닌다. 이러한 점추정치의 단점을 극복하기 위해 구간추정치를 사용한다.

(2) 개념

미지 모수 θ의 참값이 속할 것으로 기대되는 범위, 즉 신뢰구간을 일정한 방법에 따라 추정하는 과정이다.

> 예 • 올해 입사자의 평균연령은 25~27세이다.
> • 스키장의 오늘 하루 입장객은 100~120명 정도이다.
> • 서원 씨의 주량은 3~5병이다.

(3) 용어의 정리

① 신뢰수준(confidence level) : 신뢰도라고 하며 신뢰구간 내에서 모수가 포함될 확률을 말한다.

② 오차율(error rate) : 신뢰구간 내에서 모수가 포함되지 않을 확률을 말한다.

2 신뢰구간추정 [2018 6회] [2019 6회] [2020 2회]

$$(\overline{X} - C) \leq \mu \leq (\overline{X} + C) \quad (\mu : \text{모평균}, \ \overline{X} : \text{표본평균})$$

(1) 표본평균을 안다고 할 때 μ 모평균을 추정하는 핵심은 C이다.

$$P[(\overline{X} - C) \leq \mu \leq (\overline{X} + C)] = 1 - \alpha$$

$$P[(\overline{X} - C) \leq \mu \leq (\overline{X} + C)] = 0.90$$

기출 2018년 4월 28일 제2회 시행

정규분포를 따르는 모집단으로부터 10개의 표본을 임의추출한 모평균에 대한 95% 신뢰구간은 (74.76, 165.24)이다. 이때 모평균의 추정치와 추정량의 표준오차는? (단, t가 자유도가 9인 t-분포를 따르는 확률변수일 때, $P(t > 2.262) = 0.025$이다)

① 90.48, 20
② 90.48, 40
③ 120, 20
④ 120, 40

정답 ③

(2) 위의 식은 모평균 μ를 포함할 확률이 90%라는 의미이다.

(3) 그렇다면 90% 신뢰수준으로 모평균을 포함하는 C의 값은 무엇인가 기타 수학적 해석을 생략하고 바로 수식을 표현하고자 한다.

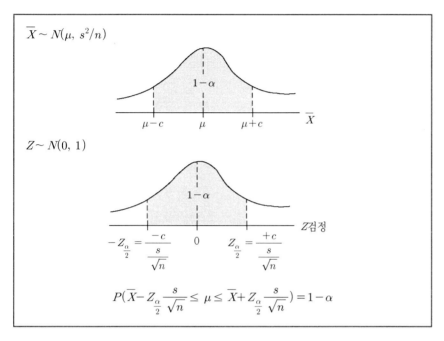

$$\overline{X} \sim N(\mu,\ s^2/n)$$

$$Z \sim N(0,\ 1)$$

$$P\left(\overline{X} - Z_{\frac{\alpha}{2}} \frac{s}{\sqrt{n}} \le \mu \le \overline{X} + Z_{\frac{\alpha}{2}} \frac{s}{\sqrt{n}}\right) = 1-\alpha$$

일반적으로 $\alpha = 0.10$이면 90% 신뢰구간의 $Z_{\frac{\alpha}{2}} = 1.65$가 된다.

$\alpha = 0.05$이면 95% 신뢰구간의 $Z_{\frac{\alpha}{2}} = 1.96$이 된다.

$\alpha = 0.01$이면 99% 신뢰구간의 $Z_{\frac{\alpha}{2}} = 2.58$이 된다.

③ 신뢰구간추정의 효율성

(1) 동일한 구간추정방법을 반복적으로 사용하여 얻어지는 신뢰구간들의 참값을 내포한 횟수이다.

(2) 동일한 구간추정방법을 반복적으로 사용하여 얻어지는 신뢰구간들의 길이이다.

기출 PLUS

기출 2018년 3월 4일 제1회 시행

모분산 $\sigma^2 = 16$인 정규모집단에서 표본의 크기가 25인 확률표본을 추출한 결과 표본평균 10을 얻었다. 모평균에 대한 90% 신뢰구간을 구하면? (단, 표준정규분포를 따르는 확률변수 Z에 대해 $P(Z < 1.28) = 0.90$, $P(Z < 1.645) = 0.95$, $P(Z < 1.96) = 0.975$)

① $(8.43,\ 11.57)$

② $(8.68,\ 11.32)$

③ $(8.98,\ 11.02)$

④ $(9.18,\ 10.82)$

정답 ②

기출PLUS

기출 2021년 3월 7일 제1회 시행

표본자료로부터 추정한 모평균 μ에 대한 95% 신뢰구간이 (-0.042, 0.522)일 때, 유의수준 0.05에서 귀무가설 $H_0 : \mu = 0$ 대립가설 $H_1 : \mu \neq 0$의 검증 결과는 어떻게 해석할 수 있는가?

① 신뢰구간이 0을 포함하기 때문에 귀무가설을 기각할 수 없다.
② 신뢰구간의 상한이 0.522로 0보다 상당히 크기 때문에 귀무가설을 기각해야 한다.
③ 신뢰구간과 가설검증은 무관하기 때문에 신뢰구간을 기초로 검증에 대한 어떠한 결론도 내릴 수 없다.
④ 신뢰구간을 계산할 때 표준정규분포의 임계값을 사용했는지 또는 t분포의 임계값을 사용했는지에 따라 해석이 다르다.

기출 2020년 8월 23일 제3회 시행

모평균에 대한 신뢰구간의 길이를 1/4로 줄이고자 한다. 표본 크기를 몇 배로 해야 하는가?

① 1/4배　② 1/2배
③ 2배　④ 16배

기출 2020년 8월 23일 제3회 시행

모평균 μ의 구간추정치를 구할 경우 95% 신뢰수준을 갖는 모평균 μ의 오차한계를 ±5라고 할 때 신뢰수준 95%의 의미는?

① 같은 방법으로 여러 번 신뢰구간을 만들 경우 평균적으로 100개 중에서 95개는 모평균을 포함한다는 뜻이다.
② 모평균과 구간추정치가 95% 같다는 뜻이다.
③ 표본편차가 100±5 내에 있을 확률을 의미한다.
④ 구간추정치가 맞을 확률을 의미한다.

정답 ①, ④, ①

④ 오차의 한계

(1) 오차한계

신뢰구간 안에 모집단의 평균이 포함되어 있을 가능성이 $100(1-\alpha)$%이지만 표본의 평균 $\bar{x}$가 바로 우리가 찾는 모집단 평균 μ일 가능성은 적다. 그러나 $\bar{x}$와 μ의 차이, 즉 오차가 $Z_{\frac{\alpha}{2}}\dfrac{\sigma}{\sqrt{n}}$를 넘지 않을 것임을 $100(1-\alpha)$% 확신할 수 있다.

따라서 $Z_{\frac{\alpha}{2}}\dfrac{\sigma}{\sqrt{n}}$가 오차한계이다.

(2) μ추정에 필요한 표본의 크기 결정

$\bar{x}$를 이용하여 μ를 추정할 때 표본의 크기를 다음과 같이 정하면 $\bar{x}$와 μ의 차이인 오차가 e를 초과하지 않을 것이라고 $(1-\alpha)100$% 확신할 수 있다. 만약 σ값이 알려져 있지 않으면 $n \geq 30$인 표본을 이용하여 s를 계산한 뒤 σ 대신 사용한다.

$$n \geq \left(\frac{Z_{\frac{\alpha}{2}}\sigma}{e}\right)^2$$

⑤ 여러 가지 구간추정법

(1) 모평균의 구간추정(단일 모집단의 경우)

① 모분산을 아는 경우 : 표본의 크기가 30개 미만인 경우 모평균 μ에 대한 $100(1-\alpha)$% 신뢰구간은 $\left(\overline{X} - Z_{\frac{\alpha}{2}}\dfrac{\sigma}{\sqrt{n}},\ \overline{X} + Z_{\frac{\alpha}{2}}\dfrac{\sigma}{\sqrt{n}}\right)$이다. 여기서 α는 틀릴 확률, 즉 유의수준(significance level)을 말한다.

② 모분산을 모르는 경우 : 표본의 크기가 큰 경우의 모평균 μ에 대한 $100(1-\alpha)$% 신뢰구간은

$\left(\overline{X} - Z_{\frac{\alpha}{2}}\dfrac{s}{\sqrt{n}},\ \overline{X} + Z_{\frac{\alpha}{2}}\dfrac{s}{\sqrt{n}}\right)$이다.

(2) 모비율의 구간추정

두 모집단의 X, Y가 확률적으로 독립적일 때 모비율 p에 대한 $100(1-\alpha)\%$ 근사 신뢰구간은

$$\left(\hat{p} - Z_{\frac{\alpha}{2}}\sqrt{\frac{\hat{p}\hat{q}}{n}}, \quad \hat{p} + Z_{\frac{\alpha}{2}}\sqrt{\frac{\hat{p}\hat{q}}{n}}\right)$$이다.

(3) 모평균의 구간추정(두 모집단의 경우)

① 두 표본평균의 차이$(\overline{X_1} - \overline{X_2})$의 표본분포의 특성: 평균과 표준편차가 각각 (μ_1, σ_1)과 (μ_2, σ_2)인 두 개의 모집단에서 크기가 n_1, n_2인 독립표본을 추출하였을 때, $(\overline{X_1} - \overline{X_2})$의 표본분포의 평균은 $\mu_{\overline{X_1} - \overline{X_2}} = \mu_1 - \mu_2$이고 표준오차는 $\sigma_{\overline{X_1} - \overline{X_2}} = \sqrt{\frac{\sigma_1^2}{n_1} + \frac{\sigma_2^2}{n_2}}$이다.

② 평균과 표준편차가 각각 (μ_1, σ_1)과 (μ_2, σ_2)인 두 개의 모집단에서 크기가 n_1, n_2인 독립표본을 추출하였을 때, n_1과 n_2가 모두 30 이상이거나 두 모집단 모두 정규분포를 이룬다면 $\mu_1 - \mu_2$의 $100(1-\alpha)\%$ 신뢰구간은 다음과 같이 정의된다.

$$(\overline{X_1} - \overline{X_2}) - Z_{\alpha/2}\sqrt{\frac{\sigma_1^2}{n_1} + \frac{\sigma_2^2}{n_2}} \leq \mu_1 - \mu_2 \leq (\overline{X_1} - \overline{X_2}) + Z_{\alpha/2}\sqrt{\frac{\sigma_1^2}{n_1} + \frac{\sigma_2^2}{n_2}}$$

③ 합동분산을 이용한 $\mu_1 - \mu_2$의 신뢰구간 **2019 1회** **2020 1회** : 정규분포에 유사한 두 개의 모집단에서 크기가 각각 n_1과 n_2인 표본을 추출했을 때 $\sigma_1^2 = \sigma_2^2$이나 그 값이 알려져 있지 않고 n_1과 n_2가 30을 넘지 못하면, 합동분산 S_p^2을 이용하여 다음과 같이 신뢰구간을 구할 수 있다. 여기서 $t_{\frac{\alpha}{2}}$는 자유도가 $n_1 + n_2 - 2$인 t분포에서 오른쪽 끝부분의 넓이가 $\frac{\alpha}{2}$인 t값을 의미한다.

합동분산(=공통분산) $S_p^2 = \dfrac{(n_1-1)S_1^2 + (n_2-1)S_2^2}{n_1 + n_2 - 2}$

$$(\overline{X_1} - \overline{X_2}) - t_{(n_1+n_2-1, \alpha/2)}S_p^2\sqrt{\frac{1}{n_1} + \frac{1}{n_2}} \leq \mu_1 - \mu_2$$
$$\leq (\overline{X_1} - \overline{X_2}) + t_{(n_1+n_2-1, \alpha/2)}S_p^2\sqrt{\frac{1}{n_1} + \frac{1}{n_2}}$$

기출 2020년 8월 23일 제3회 시행

흡연자 200명과 비흡연자 600명을 대상으로 한 흡연장소에 관한 여론조사 결과가 다음과 같다. 비흡연자 중 흡연금지를 선택한 사람의 비율과 흡연자 중 흡연금지를 선택한 사람의 비율 간의 차이에 대한 95% 신뢰구간은? [단, $P(Z \leq 1.96) = 0.025$ 이다]

구분	비흡연자	흡연자
흡연금지	44%	8%
흡연장소 지정	52%	80%
제재 없음	4%	12%

① 0.24 ± 0.08 ② 0.36 ± 0.05
③ 0.24 ± 0.18 ④ 0.36 ± 0.16

기출 2018년 8월 19일 제3회 시행

시계에 넣는 배터리 16개의 수명을 측정한 결과 평균이 2년이고 표준편차가 1년이었다. 이 배터리 수명의 95% 신뢰구간을 구하면? (단, $t_{(15, 0.025)} = 2.13$)

① $(1.47, 2.53)$ ② $(1.73, 2.27)$
③ $(1.87, 2.13)$ ④ $(1.97, 2.03)$

기출 2019년 8월 4일 제3회 시행

다음은 경영학과, 컴퓨터정보학과에서 15점 만점인 중간고사 결과이다. 두 학과 평균의 차이에 대한 95% 신뢰구간은?

구분	영학과	컴퓨터정보학과
표본크기	36	49
표준평균	9.26	9.41
표준편차	0.75	0.86

① $-0.15 \pm 1.96\sqrt{\dfrac{0.75^2}{36} + \dfrac{0.86^2}{49}}$

② $-0.15 \pm 1.645\sqrt{\dfrac{0.75^2}{36} + \dfrac{0.86^2}{49}}$

③ $-0.15 \pm 1.96\sqrt{\dfrac{0.75^2}{36} + \dfrac{0.86^2}{48}}$

④ $-0.15 \pm 1.645\sqrt{\dfrac{0.75^2}{36} + \dfrac{0.86^2}{48}}$

정답 ②, ①, ①

(4) 모비율의 구간추정(두 모집단인 경우)

모집단 비율차이의 $100(1-\alpha)\%$ 신뢰구간은 다음과 같이 정의한다.

$$(\hat{p_1}-\hat{p_2}) - Z_{\frac{\alpha}{2}}\sqrt{\frac{\hat{p_1}(1-\hat{p_1})}{n_1}+\frac{\hat{p_2}(1-\hat{p_2})}{n_2}} \leq p_1 - p_2$$

$$\leq (\hat{p_1}-\hat{p_2}) + Z_{\frac{\alpha}{2}}\sqrt{\frac{\hat{p_1}(1-\hat{p_1})}{n_1}+\frac{\hat{p_2}(1-\hat{p_2})}{n_2}}$$

section 4 표본의 크기

1 의의

표본의 크기를 크게 하면 모집단과 비슷해져 표본오차를 줄일 수 있다. 하지만 표본의 크기가 무조건 커야 정확성이 높아지는 것은 아니다. 따라서 표본통계량으로 모수를 정확하게 알아내려면 표본의 크기가 어느 정도 되는 것이 가장 적절한 것인지가 문제된다. 결국 표본의 크기는 신뢰도와 정밀도의 문제이다.

2 표본크기 결정 시 고려요소

(1) 시간과 비용을 고려한다.

(2) 이론과 표본설계를 고려한다.

(3) 모집단의 동질성을 고려한다.

(4) 표본추출 형태 및 조사방법의 형태를 고려한다.

(5) 연구변수 및 분석카테고리 수를 고려한다.

❸ 표본의 크기 결정 `2018 2회` `2019 3회` `2020 3회`

(1) 모평균 추정

① 모집단의 크기를 아는 경우 : $n \geq \left(\dfrac{Z_{\frac{\alpha}{2}} \sigma}{d} \right)^2 \dfrac{N-n}{N-1} = \dfrac{N}{\left(\dfrac{d}{Z_{\frac{\alpha}{2}}} \right)^2 \left(\dfrac{N-1}{\sigma^2} \right) + 1}$

② 모집단의 크기를 모르는 경우 : $n \geq \left(\dfrac{Z_{\frac{\alpha}{2}} \sigma}{d} \right)^2$

(2) 모비율 추정

① 모비율 P에 대한 지식이 없는 경우 : $n \geq \dfrac{Z_{\frac{\alpha}{2}}^2}{4d^2}$

② P가 P^* 근방이라 예상되는 경우 : $n \geq P^*(1-p^*) \dfrac{Z_{\frac{\alpha}{2}}^2}{d^2}$

기출PLUS

`기출` 2019년 3월 3일 제1회 시행

어느 이동통신 회사에서 20대를 대상으로 자사의 선호도에 대한 조사를 하려한다. 전년도 조사에서 선호도가 40%이었다. 금년도 조사에서 선호도에 대한 추정의 95% 오차한계가 4% 이내로 되기 위한 표본의 최소 크기는?
(단, $Z \sim N(0,\ 1)$일 때,
$P(Z > 1.96) = 0.025$,
$P(Z > 1.65) = 0.05$)

① 409
② 426
③ 577
④ 601

정답 ③

05 기출 & 예상문제

2020. 8. 23. 제3회

1 모평균에 대한 신뢰구간의 길이를 1/4로 줄이고자 한다. 표본 크기를 몇 배로 해야 하는가?

① 1/4배 ② 1/2배
③ 2배 ④ 16배

2020. 8. 23. 제3회

2 어느 대학생들의 한 달 동안 다치는 비율을 알아보기 위하여 150명을 대상으로 조사한 결과 그 중 90명이 다친 것으로 나타났다. 다칠 비율 p의 점추정치는?

① 0.3 ② 0.4
③ 0.5 ④ 0.6

2020. 8. 23. 제3회

3 어느 회사에서 만들어낸 제품의 수명의 표준편차는 50이라고 한다. 제품 100개를 생산하여 실험한 결과 수명평균($\overline{x}$)이 280이었다. 모평균의 신뢰구간에 대한 설명으로 틀린 것은?

① 표본평균 $\overline{X}$가 모평균 μ로부터 $1.96\sigma\sqrt{n}=9.8$ 이내에 있을 확률은 약 0.95이다.

② 부등식 $\mu-9.8<\overline{X}<\mu+9.8$은 $|\overline{X}-\mu|<9.8$은 $|\overline{X}-\mu|<9.8$또는 $\mu\in(\overline{X}-9.8,\ \overline{X}+9.8)$로 표현 가능하다.

③ 100개의 시제품의 표본평균 $\overline{x}$를 구하는 작업을 무한히 반복하여 구해지는 구간들 $(\overline{x}-9.8,\ \overline{x}+9.8)$가운데 약 95%는 모평균 μ를 포함할 것이다.

④ 모평균 μ가 95% 신뢰구간 $(\overline{x}-9.8,\ \overline{x}+9.8)$에 포함될 확률이 0.95이다.

1.

신뢰구간은 $\overline{X}\pm Z\times\dfrac{\sigma}{\sqrt{n}}$이므로 신뢰구간 길이는 $2Z\times\dfrac{\sigma}{\sqrt{n}}$이다. 따라서 신뢰구간 길이를 $\dfrac{1}{4}$로 줄이기 위해서는

$2Z\times\dfrac{\sigma}{\sqrt{n}}\times\dfrac{1}{4}=2Z\times\dfrac{\sigma}{4\sqrt{n}}=2Z\times\dfrac{\sigma}{\sqrt{16n}}$이므로

표본 크기는 16배 증가한다.

2.

점추정은 표본분포에서의 추정량의 기댓값과 모수가 같은 불편추정량이기 때문에 다칠 비율 p의 점추정치는 $\dfrac{90}{150}=0.6$이다

3.

모평균의 구간추정(모분산을 모르는 경우)

: $\overline{x}\pm Z_{0.05/2}\dfrac{50}{\sqrt{100}}=\overline{x}\pm 1.96\dfrac{50}{\sqrt{100}}=\overline{x}\pm 9.8$

95% 신뢰구간의 개념은 모평균이 해당 신뢰구간에 포함될 확률이 0.95가 아니라, 표본평균의 신뢰구간들 가운데 95%의 신뢰구간이 모평균을 포함한다는 의미에 해당된다.

Answer 1.④ 2.④ 3.④

4 흡연자 200명과 비흡연자 600명을 대상으로 한 흡연장소에 관한 여론조사 결과가 다음과 같다. 비흡연자 중 흡연금지를 선택한 사람의 비율과 흡연자 중 흡연금지를 선택한 사람의 비율 간의 차이에 대한 95% 신뢰구간은? [단, $P(Z \leq 1.96) = 0.025$ 이다]

구분	비흡연자	흡연자
흡연금지	44%	8%
흡연장소 지정	52%	80%
제재 없음	4%	12%

① 0.24 ± 0.08

② 0.36 ± 0.05

③ 0.24 ± 0.18

④ 0.36 ± 0.16

5 추정량이 가져야 할 바람직한 성질이 아닌 것은?

① 편의성(biasedness)

② 효율성(efficiency)

③ 일치성(consistency)

④ 충분성(sufficiency)

4.

- 비흡연자 중 흡연금지를 선택한 사람의 비율
  : $\hat{p_1} = 0.44$
- 비흡연자 : $n_1 = 600$
- 흡연자 중 흡연금지를 선택한 사람의 비율
  : $\hat{p_2} = 0.08$
- 흡연자 : $n_2 = 200$

$$(\hat{p_1} - \hat{p_2}) \pm Z_{0.05/2} \sqrt{\frac{\hat{p_1}(1-\hat{p_1})}{n_1} + \frac{\hat{p_2}(1-\hat{p_2})}{n_2}}$$

$$= (0.44 - 0.08)$$
$$\pm Z_{0.025} \sqrt{\frac{0.44(1-0.44)}{600} + \frac{0.08(1-0.08)}{200}}$$

$$= 0.36 \pm 1.96 \sqrt{\frac{0.2464}{600} + \frac{0.0736}{200}}$$

$$= 0.36 \pm 0.05$$

5.

추정량의 결정기준으로는 일치성, 불편성, 효율성, 충분성을 들 수 있다. 즉, biasedness가 아니라 unbiasedness(= 비편향성, 불편성)이여야 한다.

6 $N(\mu, \sigma^2)$인 모집단에서 표본을 임의추출할 때 표본평균이 모평균으로부터 0.5σ 이상 떨어져 있을 확률이 0.3174이다. 표본의 크기를 4배로 할 때, 표본평균이 모평균으로부터 0.5σ 이상 떨어져 있을 확률은? (단, Z가 표준정규분포를 따르는 확률변수일 때, 확률 $P(Z > X)$은 다음과 같다.)

Z	$P(Z > X)$
0.5	0.3085
1.0	0.1587
1.5	0.0668
2.0	0.0228

① 0.0456

② 0.1336

③ 0.6170

④ 0.6348

7 A약국의 드링크제 판매량에 대한 표준편차(σ)는 10으로 정규분포를 이루는 것으로 알려져 있다. 이 약국의 드링크제 판매량에 대한 95% 신뢰구간을 오차한계 0.5보다 작게 하기 위해서는 표본의 크기를 최소한 얼마로 하여야 하는가? (단, 95% 신뢰구간의 $Z_{0.025} = 1.96$)

① 77

② 768

③ 784

④ 1,537

6.

$$P\left(\frac{X-\mu}{\sigma/\sqrt{n}} < Z < \frac{X+\mu}{\sigma/\sqrt{n}}\right) = 0.3174$$

$$2 \times P\left(Z > \frac{X+\mu}{\sigma/\sqrt{n}}\right) = 0.3174$$

$$P\left(Z > \frac{X+\mu}{\sigma/\sqrt{n}}\right) = 0.3174/2 = 0.1587 = P(Z > 1.0)$$

표본의 크기 n이 4배로 증가하면,

$$P\left(\frac{X-\mu}{\sigma/\sqrt{4n}} < Z < \frac{X+\mu}{\sigma/\sqrt{4n}}\right)$$

$$= P\left(2 \times \frac{X-\mu}{\sigma/\sqrt{n}} < Z < 2 \times \frac{X+\mu}{\sigma/\sqrt{n}}\right)$$

$$= 2 \times P\left(Z > 2 \times \frac{X+\mu}{\sigma/\sqrt{n}}\right) = 2 \times P(Z > 2.0)$$

$$= 2 \times 0.0228 = 0.0456$$

7.

$$Z_{\alpha/2} \times \frac{\sigma}{\sqrt{n}} = Z_{0.025} \times \frac{10}{\sqrt{n}} = 1.96 \times \frac{10}{\sqrt{n}} \leq 0.5$$

$$\sqrt{n} \geq (1.96 \times 10)/0.5$$

$$n \geq 1,536.64$$

8 다음은 두 모집단 N($N(\mu_1, \sigma^2)$, $N(\mu_2, \sigma^2)$)으로부터 서로 독립된 표본을 추출하여 얻은 결과이다.

$$n_1 = 11, \overline{x_1} = 23, S_1^2 = 10$$
$$n_1 = 16, \overline{x_2} = 25, S_2^2 = 15$$

공통분산 S_p^2의 값은?

① 11　　　　　　　　② 12
③ 13　　　　　　　　④ 14

8.

공통분산

$$S_p^2 = \frac{(n_1 - 1)S_1^2 + (n_2 - 1)S_2^2}{n_1 + n_2 - 2}$$
$$= \frac{(11-1) \times 10 + (16-1) \times 15}{11 + 16 - 2}$$
$$= \frac{100 + 225}{25} = 13$$

9 표본평균에 대한 표준오차의 설명으로 틀린 것은?

① 표본평균의 표준편차를 말한다.
② 모집단의 표준편차가 클수록 작아진다.
③ 표본크기가 클수록 작아진다.
④ 항상 0 이상이다.

9.

표준오차는 $\frac{표준편차}{표본수의 제곱근} = \frac{S}{\sqrt{n}}$이므로 표준편차가 작을수록, 표본크기는 클수록 작아진다.

10 평균이 μ이고 표준편차가 σ인 모집단에서 임의 추출한 100개의 표본평균 $\overline{X}$와 1,000개의 표본평균 $\overline{Y}$를 이용하여 μ를 측정하고자 한다. 의 두 추정량 $\overline{X}$와 $\overline{Y}$ 중 어느 추정량이 더 좋은 추정량인지를 올바르게 설명한 것은?

① $\overline{X}$의 표준오차가 더 크므로 $\overline{X}$가 더 좋은 추정량이다.
② $\overline{X}$의 표준오차가 더 작으므로 $\overline{X}$가 더 좋은 추정량이다.
③ $\overline{Y}$의 표준오차가 더 크므로 $\overline{Y}$가 더 좋은 추정량이다.
④ $\overline{Y}$의 표준오차가 더 작으므로 $\overline{Y}$가 더 좋은 추정량이다.

10.

$\overline{X}$의 분포는 $N\left(\mu, \frac{\sigma^2}{n}\right) = N\left(\mu, \frac{\sigma^2}{100}\right)$
$\overline{Y}$의 분포는 $N\left(\mu, \frac{\sigma^2}{n}\right) = N\left(\mu, \frac{\sigma^2}{1,000}\right)$
$\overline{Y}$의 표준오차가 더 작으므로 $\overline{Y}$가 더 좋은 추정량이 된다.

Answer　　8.③　9.②　10.④

11 모집단의 표준편차의 값이 상대적으로 작을 때에 표본평균 값의 대표성에 대한 해석으로 가장 적합한 것은?

① 대표성이 크다.

② 대표성이 적다.

③ 표본의 크기에 따라 달라진다.

④ 대표성의 정도는 표준편차와 관계없다.

11.

표준편차는 산포도로 평균으로부터 퍼짐 정도를 나타낸다. 따라서 모집단의 표준편차가 상대적으로 작을 경우, 모집단의 자료가 모평균에 밀집되어 있다는 것으로 여기서 얻어진 표본의 표본평균 값의 대표성이 커진다.

12 어떤 도시의 특정 정당 지지율을 추정하고자 한다. 지지율에 대한 90% 추정오차한계를 5% 이내가 되도록 하기 위한 최소 표본의 크기는? (단, Z가 표준정규분포를 따르는 확률변수일 때 $P(Z \le 1.645) = 0.95$, $P(Z \le 1.96) = 0.975$, $P(Z \le 2.576) = 0.995$ 이다.)

① 68

② 271

③ 385

④ 664

12.

모비율 P에 대한 지식이 없는 경우, 표본 크기는

$$n = \frac{Z_{\alpha/2}^2}{4d^2} = \frac{Z_{0.05}^2}{4d^2} = \frac{1.645^2}{4 \times (0.05)^2} = \frac{2.706}{0.01} = 270.6$$

이므로 최소 표본의 크기는 271이다.

13 평균이 μ이고, 표준편차가 σ인 정규모집단으로부터 표본을 관측할 때, 관측값이 $\mu+2\sigma$와 $\mu-2\sigma$ 사이에 존재할 확률은 약 몇 %인가?

① 33%

② 68%

③ 95%

④ 99%

13.

$\mu \pm 1SD$일 경우는 68%, $\mu \pm 2SD$는 95%, $\mu \pm 3SD$는 99%에 해당한다.

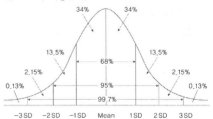

2019. 8. 4. 제3회

14 정규모집단 $N(\mu, \sigma^2)$에서 추출한 확률표본 $X_1, X_2, \cdots,$ X_n의 표본분산 $S^2 = \dfrac{1}{n-1}\sum_{i-1}^{n}(X_i - \overline{X})^2$에 대한 설명으로 옳은 것은?

① S^2은 σ^2의 불편추정량이다.

② S는 σ의 불편추정량이다

③ S^2은 카이제곱분포를 따른다.

④ S^2의 기댓값은 σ^2/n이다.

14.

① $E(S^2) = \sigma^2$으로 불편추정량이다.

③ $\dfrac{(n-1)S^2}{\sigma^2} \sim \chi^2(n-1)$

2019. 8. 4. 제3회

15 검정통계량의 분포가 정규분포가 아닌 검정은?

① 대표본에서 모평균의 검정

② 대표본에서 두 모비율의 차에 관한 검정

③ 모집단이 정규분포인 대표본에서 모분산의 검정

④ 모집단이 정규분포인 소표본에서 모분산을 알 때, 모평균의 검정

15.

모집단이 정규분포인 대표본에서 모분산을 검정하고자 할 때는 χ^2분포를 사용한다.

2019. 8. 4. 제3회

16 모평균 θ에 대한 95% 신뢰구간이 (−0.042, 0.522)일 때, 귀무가설 $H_0 : \theta = 0$과 대립가설 $H_1 : \theta \neq 0$을 유의수준 0.05에서 검정한 결과에 대한 설명으로 옳은 것은?

① 신뢰구간이 0을 포함하고 있으므로 귀무가설을 기각할 수 없다.

② 신뢰구간과 가설검정은 무관하기 때문에 신뢰구간을 기초로 검증에 대한 어떠한 결론도 내릴 수 없다.

③ 신뢰구간을 계산할 때 표준정규분포의 임계값을 사용했는지 또는 t분포의 임계값을 사용했는지에 따라 해석이 다르다.

④ 신뢰구간의 상한이 0.522로 0보다 크므로 귀무가설을 기각한다.

16.

신뢰구간에 0이 포함되어 있으면, $\theta = 0$이 될 가능성도 있으므로 통계적으로 유의하지 않으며, 따라서 귀무가설을 기각할 수 없다.

Answer 14.① 15.③ 16.①

17 통계조사 시 한 가구를 조사하는데 소요되는 시간을 측정하기 위하여 64가구를 임의 추출하여 조사한 결과 평균 소요시간이 30분, 표준편차 5분이었다. 한 가구를 조사하는데 소요되는 평균시간에 대한 95%의 신뢰구간 하한과 상한은 각각 얼마인가? (단, $Z_{0.025} = 1.96$, $Z_{0.05} = 1.645$)

① 28.8, 31.2

② 28.4, 31.6

③ 29.0, 31.0

④ 28.5, 31.5

17.

$$\overline{X} - Z_{\alpha/2}\frac{S}{\sqrt{n}} \le \mu \le \overline{X} + Z_{\alpha/2}\frac{S}{\sqrt{n}}$$

$$30 - 1.96 \times \frac{5}{\sqrt{64}} \le \mu \le 30 + 1.96 \times \frac{5}{\sqrt{64}}$$

$$30 - 1.225 \le \mu \le 30 + 1.225$$

$$28.775 \le \mu \le 31.225$$

따라서 신뢰구간 하한은 28.8, 상한은 31.2이다.

18 정규모집단으로부터 뽑은 확률표본 X_1, X_2, X_3가 주어졌을 때, 모집단의 평균에 대한 추정량으로 다음을 고려할 때 옳은 설명은? (단, X_1, X_2, X_3의 관측값은 2, 3, 4이다.)

$$A = \frac{(X_1 + X_2 + X_3)}{3}$$

$$B = \frac{(X_1 + 2X_2 + X_3)}{4}$$

$$C = \frac{(2X_1 + X_2 + X_3)}{4}$$

① A, B, C 중에 유일한 불편추정량은 A이다.

② A, B, C 중에 분산이 가장 작은 추정량은 A이다.

③ B는 편향(bias)이 존재하는 추정량이다.

④ 불편성과 최소분산성의 관점에서 가장 선호되는 추정량은 B이다.

18.

① 불편추정량은 표본분포에서 추정량 $\hat{\theta}$의 기댓값이 모수 θ와 같을 때의 추정량 $\hat{\theta}$을 의미한다. $[E(\hat{\theta}) = \theta]$ 또한, 표본평균은 모집단 평균의 불편추정량이다. 따라서 A, B, C 모두 불편추정량이다.

② $Var(A) = \frac{3}{9}\sigma^2$, $Var(B) = \frac{6}{16}\sigma^2$, $Var(C) = \frac{9}{16}\sigma^2$이므로 A의 분산이 가장 작은 추정량이다.

$$Var(A) = Var\left(\frac{X_1 + X_2 + X_3}{3}\right)$$
$$= \frac{Var(X_1) + Var(X_2) + Var(X_3)}{9}$$
$$= \frac{3}{9}\sigma^2$$

$$Var(B) = Var\left(\frac{X_1 + 2X_2 + X_3}{4}\right)$$
$$= \frac{Var(X_1) + 4Var(X_2) + Var(X_3)}{16}$$
$$= \frac{6}{16}\sigma^2$$

$$Var(C) = Var\left(\frac{2X_1 + X_2 + 2X_3}{4}\right)$$
$$= \frac{4Var(X_1) + Var(X_2) + 4Var(X_3)}{16}$$
$$= \frac{9}{16}\sigma^2$$

③ A, B, C 모두 불편추정량이므로 편향이 0이다.

④ 불편성과 최소분산성을 고려하였을 때, 모두 불편추정량이며, 분산이 A가 가장 작으므로 가장 선호되는 추정량은 A이다.

Answer 17.① 18.②

19 어느 공공기관의 민원서비스 만족도에 대한 여론조사를 하기 위하여 적절한 표본크기를 결정하고자 한다. 95% 신뢰수준에서 모비율에 대한 추정오차의 한계가 ±4% 이내에 있게 하려면 표본크기는 최소 얼마가 되어야 하는가? (단, 표준화 정규분포에서 $P(Z \geq 1.96) = 0.025$)

① 157명

② 601명

③ 1,201명

④ 2,401명

19.

모비율 P에 대한 지식이 없는 경우, 표본 크기는

$$n = \frac{Z_{\alpha/2}^2}{4d^2} = \frac{1.96^2}{4 \times (0.04)^2} = \frac{3.8416}{0.0064} = 600.25$$

20 어느 이동통신 회사에서 20대를 대상으로 자사의 선호도에 대한 조사를 하려한다. 전년도 조사에서 선호도가 40%이었다. 금년도 조사에서 선호도에 대한 추정의 95% 오차한계가 4% 이내로 되기 위한 표본의 최소 크기는? (단, $Z \sim N(0, 1)$일 때, $P(Z > 1.96) = 0.025$, $P(Z > 1.65) = 0.05$)

① 409

② 426

③ 577

④ 601

20.

$$n \geq P^*(1 - P^*) \frac{Z_{\alpha/2}^2}{d^2} = 0.4 \times 0.6 \times \frac{1.96^2}{0.04^2} = 576.24$$

따라서 표본의 최소 크기는 577명이다.

21 곤충학자가 70마리의 모기에게 A회사의 살충제를 뿌리고 생존시간을 관찰하여 $\overline{x} = 18.3$, $s = 5.2$를 얻었다. 생존시간의 모평균 μ에 대한 99% 신뢰구간은?

① $8.6 \leq \mu \leq 28.0$

② $17.1 \leq \mu \leq 19.5$

③ $18.1 \leq \mu \leq 18.5$

④ $16.7 \leq \mu \leq 19.9$

21.

$$\overline{X} - Z_{\alpha/2} \frac{S}{\sqrt{n}} \leq \mu \leq \overline{X} + Z_{\alpha/2} \frac{S}{\sqrt{n}}$$

$$18.3 - 2.58 \times \frac{5.2}{\sqrt{70}} \leq \mu \leq 18.3 + 2.58 \times \frac{5.2}{\sqrt{70}}$$

$$18.3 - 1.6 \leq \mu \leq 18.3 + 1.6$$

$$16.7 \leq \mu \leq 19.9$$

Answer   19.② 20.③ 21.④

22 확률변수 X가 평균이 5이고 표준편차가 2인 정규분포를 따를 때, X의 값이 4보다 크고 6보다 작을 확률은? (단, $P(Z < 0.5) = 0.6915$, $Z \sim N(0,\ 1)$)

① 0.6915

② 0.3830

③ 0.3085

④ 0.2580

23 IQ점수는 $N(100,\ 15^2)$를 따른다고 한다. IQ점수가 100인 경우는 전체의 몇 % 인가?

① 0

② 50

③ 75

④ 100

24 다음 중 추정량에 요구되는 바람직한 성질이 아닌 것은?

① 불편성(unbiasedness)

② 효율성(efficiency)

③ 충분성(sufficiency)

④ 정확성(accuracy)

22.

$4 \le X \le 6$

$\dfrac{4 - \mu}{s} \le \dfrac{X - \mu}{s} \le \dfrac{6 - \mu}{s}$

$\dfrac{4 - 5}{2} \le Z \le \dfrac{6 - 5}{2}$

$-0.5 \le Z \le 0.5$

$1 - 2 \times P(Z \ge 0.5) = 1 - 2 \times [1 - P(Z < 0.5)]$
$= 1 - 2 \times (1 - 0.6915) = 1 - 2 \times 0.3085 = 0.3830$

23.

IQ 점수 100의 표준화는 $\dfrac{x - \mu}{s} = \dfrac{100 - 100}{15} = 0$이며, 표준정규분포는 $N(0,\ 1)$이므로 이때 0은 평균(= 가운데 세로선)에 해당된다. 즉, 이는 전체의 50%에 해당된다.

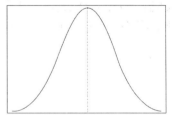

24.

추정량에 요구되는 바람직한 성질은 불편성(= 비편향성), 효율성, 일치성, 충분성이다.

2019. 3. 3. 제1회

25 두 모집단의 분산이 같지 않다고 가정하여 평균차이를 검정했을 때 유의수준 5% 이하에서 통계적으로 평균차이가 유의하였다. 만약 두 모집단의 분산이 같은 경우 가설 검정결과의 변화로 틀린 것은?

① 유의확률이 작아진다.

② 평균차이가 존재한다.

③ 표준오차가 커진다.

④ 검정통계량 값이 커진다.

25.

두 모집단의 분산이 같지 않을 경우에는 S_1, S_2가 검정통계량에 반영되지만, 두 모집단의 분산이 같을 경우는 공통으로 한 개의 분산이 반영되기 때문에 분산이 줄어들고, 검정통계량 값이 커지면서 유의확률은 작아지게 된다. 따라서 표준오차가 작아진다.

2018. 8. 19. 제3회

26 2010년 도소매업의 사업체당 종사자 수는 평균 3.0명이고 변동계수는 0.40이다. 95% 신뢰구간으로 옳은 것은? (단, $Z_{0.05}$= 1.645, $Z_{0.025}$=1.96)

① 0.648명 ~ 5.352명

② 2.216명 ~ 3.784명

③ 1.026명 ~ 4.974명

④ 2.342명 ~ 3.658명

26.

변동계수 $C = \dfrac{\sigma}{\overline{x}}$, 95% 신뢰구간 $\overline{x} \pm 1.96\sigma$

$\sigma = C \times \overline{x} = 0.4 \times 3 = 1.2$

95% 신뢰구간 $3 \pm 1.96 \times 1.2 = (0.648 \sim 5.352)$

2018. 8. 19. 제3회

27 버스전용차로를 유지해야 하는 것에 대해 찬반 비율을 조사하기 위하여 서울에 거주하는 성인 1000명을 임의로 추출하여 조사한 결과 700명이 찬성한다고 응답하였다. 서울에 거주하는 성인 중 버스전용차로제에 찬성하는 사람의 비율의 추정치는?

① 0.4

② 0.5

③ 0.6

④ 0.7

27.

찬성확률 $(p) = \dfrac{\text{찬성 인원수}}{\text{표본 전체 인원수}} = \dfrac{700}{1,000} = 0.7$,

$E(\hat{p}) = p = 0.7$

Answer 25.③ 26.① 27.④

28 시계에 넣는 배터리 16개의 수명을 측정한 결과 평균이 2년이고 표준편차가 1년이었다. 이 배터리 수명의 95% 신뢰구간을 구하면? (단, $t_{(15,\ 0.025)} = 2.13$)

① $(1.47,\ 2.53)$

② $(1.73,\ 2.27)$

③ $(1.87,\ 2.13)$

④ $(1.97,\ 2.03)$

28.

모분산을 모르는 경우의 모평균의 신뢰구간

$$\left(\overline{X} - t_{n-1,\ \alpha/2}\frac{S}{\sqrt{n}},\ \overline{X} + t_{n-1,\ \alpha/2}\frac{S}{\sqrt{n}}\right)$$

$$= \left(2 - t_{15,\ 0.025}\frac{1}{\sqrt{16}},\ 2 + t_{15,\ 0.025}\frac{1}{\sqrt{16}}\right)$$

$$= \left(2 - 2.13 \times \frac{1}{4},\ 2 + 2.13 \times \frac{1}{4}\right) = (1.4675, 2.5325)$$

29 지난 해 C대학 야구팀은 총 77게임을 하였는데 37번의 홈경기에서 26게임을 이긴 반면에 40번의 원정경기에서는 23게임을 이겼다. 홈경기 승률($\widehat{P_1}$)과 원정경기 승률($\widehat{P_2}$) 간의 차이에 대한 95% 신뢰구간으로 옳은 것은? (단, $Var(\widehat{p_1}) = 0.0056$, $Var(\widehat{p_2}) = 0.0061$ 이며, 표준정규분포에서 $P(Z \geq 1.65) = 0.05$ 이고 $P(Z \geq 1.96) = 0.025$이다.)

① $0.128 \pm 1.65\sqrt{0.0005}$

② $0.128 \pm 1.65\sqrt{0.0117}$

③ $0.128 \pm 1.96\sqrt{0.0005}$

④ $0.128 \pm 1.96\sqrt{0.0117}$

29.

$p_1 = \frac{26}{37} = 0.703$, $p_2 = \frac{23}{40} = 0.575$

※ 비율의 95% 신뢰구간

$$(\widehat{p_1} - \widehat{p_2}) \pm Z_{0.025}\sqrt{Var(\widehat{p_1}) + Var(\widehat{p_2})}$$

$$= (0.703 - 0.575) \pm \sqrt{0.0056 + 0.0061}$$

$$= 0.128 \pm \sqrt{0.0117}$$

30 어떤 정책에 대한 찬성여부를 알아보기 위해 400명을 랜덤하게 조사하였다. 무응답이 없다고 했을 때 신뢰수준 95% 하에서 통계적 유의성이 만족되려면 적어도 몇 명이 찬성해야 하는가? (단, $Z_{0.05} = 1.645$, $Z_{0.025} = 1.96$)

① 205명

② 210명

③ 215명

④ 220명

30.

모비율에 대한 가설검정

H_0: p=0.5 vs H_1: p≠0.5, 양측검정

$$Z = \frac{\hat{p} - 0.5}{\sqrt{\frac{0.5 \times 0.5}{400}}} = 1.96$$

$\hat{p} \approx 0.549$, $x = 400 \times 0.549 = 219.6 \approx 220$

Answer 28.① 29.④ 30.④

2018. 4. 28. 제2회

31 다음 설명 중 틀린 것은?

① 모수의 추정에 사용되는 통계량을 추정량이라 하고 추정량의 관측값을 추정치라고 한다.

② 모수에 대한 추정량의 기댓값이 모수와 일치할 때 불편추정량이라 한다.

③ 모표준편차는 표본표준편차의 불편추정량이다.

④ 표본평균은 모평균의 불편추정량이다.

31.

분모가 n 대신 $n-1$을 사용할 경우, 표본분산 s^2은 모분산 σ^2의 불편추정량이 된다. 그렇다고 해서, 표본표준편차 s는 모표준편차 σ의 불편추정량은 아니다.

2018. 4. 28. 제2회

32 정규분포를 따르는 모집단으로부터 10개의 표본을 임의추출한 모평균에 대한 95% 신뢰구간은 (74.76, 165.24)이다. 이때 모평균의 추정치와 추정량의 표준오차는? (단, t가 자유도가 9인 t-분포를 따르는 확률변수일 때, $P(t > 2.262) = 0.025$이다.)

① 90.48, 20

② 90.48, 40

③ 120, 20

④ 120, 40

32.

모평균 μ의 $100(1-\alpha)$% 신뢰구간

$$\left(\overline{x} - t_{n-1,\ \alpha/2} \cdot \frac{s}{\sqrt{n}}\ ,\ \overline{x} + t_{n-1,\ \alpha/2} \cdot \frac{s}{\sqrt{n}}\right)$$

표준오차$(SE) = \dfrac{\text{표준편차}(SD)}{\sqrt{n}}$

95% 신뢰구간

$$\left(\overline{x} - t_{9,\ 0.025} \cdot \frac{s}{\sqrt{n}}\ ,\ \overline{x} + t_{9,\ 0.025} \cdot \frac{s}{\sqrt{n}}\right)$$

$$= \left(\overline{x} - 2.262 \times \frac{s}{\sqrt{10}}\ ,\ \overline{x} + 2.262 \times \frac{s}{\sqrt{10}}\right)$$

$$= (74.76,\ 165.24)$$

$$\left(\overline{x} - 2.262 \times \frac{s}{\sqrt{10}}\right) + \left(\overline{x} + 2.262 \times \frac{s}{\sqrt{10}}\right)$$

$$= 74.76 + 165.24$$

$$\therefore\ 2 \times \overline{x} = 240 \rightarrow \overline{x} = 120$$

$$-\left(\overline{x} - 2.262 \times \frac{s}{\sqrt{10}}\right) + \left(\overline{x} + 2.262 \times \frac{s}{\sqrt{10}}\right)$$

$$= -74.76 + 165.24$$

$$\therefore\ 2 \times 2.262 \times \frac{s}{\sqrt{10}} = 90.48 \rightarrow \frac{s}{\sqrt{10}} = 20$$

2018. 4. 28. 제2회

33 343명의 대학생을 랜덤하게 뽑아서 조사한 결과 110명의 학생이 흡연 경험이 있었다. 대학생 중 흡연 경험자 비율에 대한 95% 신뢰구간을 구한 것으로 옳은 것은? (단, $Z_{0.025} = 1.96$, $Z_{0.05} = 1.645$, $Z_{0.1} = 1.282$)

① $0.256 < p < 0.386$

② $0.279 < p < 0.362$

③ $0.271 < p < 0.370$

④ $0.262 < p < 0.379$

33.

모비율 p의 95% 신뢰구간

$$\left(\hat{p} - z_{0.025}\sqrt{\frac{\hat{p}(1-\hat{p})}{n}}\ ,\ \hat{p} + z_{0.025}\sqrt{\frac{\hat{p}(1-\hat{p})}{n}}\right)$$

흡연 경험 비율 : 110/343 = 0.321

$$\left(\begin{array}{l}0.321 - 1.96\sqrt{\dfrac{0.321 \times 0.679}{343}}\ , \\ 0.321 + 1.96\sqrt{\dfrac{0.321 \times 0.679}{343}}\end{array}\right) = (0.271, 0.370)$$

Answer 31.③ 32.③ 33.③

34 어떤 사회정책에 대한 찬성률 Θ를 추정하고자 한다. 크기 n인 임의표본(확률표본)을 추출하여 자료를 x_1, ..., x_n으로 입력하였을 때 Θ에 대한 점추정치로 옳은 것은? (단, 찬성이면 0, 반대면 1로 코딩한다.)

① $\dfrac{1}{\sqrt{n}}\displaystyle\sum_{i=1}^{n}x_i$ ② $\dfrac{1}{n}\displaystyle\sum_{i=1}^{n}x_i$

③ $\dfrac{1}{\sqrt{n}}\displaystyle\sum_{i=1}^{n}(1-x_i)$ ④ $\dfrac{1}{n}\displaystyle\sum_{i=1}^{n}(1-x_i)$

34.

모비율의 점추정량 $\hat{p}=\dfrac{X}{n}$

찬성률 Θ에 대한 추정량을 구해야 되는데 찬성 =0, 반대=1로 코딩되어 있기 때문에 이를 찬성=1, 반대=0으로 바꿔줘야 되므로 (1−x)로 계산되어야 된다. 따라서 $\hat{p}=\dfrac{1}{n}\displaystyle\sum_{i=1}^{n}(1-x_i)$ 이다.

35 모분산 $\sigma^2=16$인 정규모집단에서 표본의 크기가 25인 확률표본을 추출한 결과 표본평균 10을 얻었다. 모평균에 대한 90% 신뢰구간을 구하면? (단, 표준정규분포를 따르는 확률변수 Z에 대해 $P(Z<1.28)=0.90$, $P(Z\leq 1.645)=0.95$, $P(Z\leq 1.96)=0.975$)이다.)

① $(8.43,\ 11.57)$

② $(8.68,\ 11.32)$

③ $(8.98,\ 11.02)$

④ $(9.18,\ 10.82)$

35.

모평균 μ에 대한 $100(1-\alpha)\%$ 신뢰구간

$\left(\overline{X}-Z_{\alpha/2}\dfrac{\sigma}{\sqrt{n}},\ \overline{X}+Z_{\alpha/2}\dfrac{\sigma}{\sqrt{n}}\right)$

$=\left(10-Z_{0.05}\dfrac{4}{\sqrt{25}},\ 10+Z_{0.05}\dfrac{4}{\sqrt{25}}\right)$

$=\left(10-1.645\times\dfrac{4}{\sqrt{25}},\ 10+1.645\times\dfrac{4}{\sqrt{25}}\right)$

$=(8.68, 11.32)$

36 사업시행에 대한 찬반 여론을 수렴하기 위해 400명의 주민을 대상으로 표본조사를 실시하였다. 그러나 표본수가 너무 적어 신뢰성에 문제가 있다는 지적이 있어 4배인 1600명의 주민을 재조사하였다. 신뢰수준 95%하에서 추정오차는 얼마나 감소하는가?

① 1.23%

② 1.03%

③ 2.45%

④ 2.06%

36.

찬반 여론의 비율을 알지 못하기 때문에 p=0.5로 가정한 모비율 추정을 위한 추정오차는

$\pm Z_{\alpha/2}\dfrac{p(1-q)}{\sqrt{n}}=2\times Z_{0.025}\times\dfrac{0.5\times 0.5}{\sqrt{400}}$

$=2\times 1.96\times\dfrac{0.25}{20}=0.049$

표본수가 4배 증가하였을 경우의 추정오차는

$\pm Z_{\alpha/2}\dfrac{p(1-q)}{\sqrt{4n}}=2\times Z_{0.025}\times\dfrac{0.5\times 0.5}{\sqrt{1.600}}$

$=2\times 1.96\times\dfrac{0.25}{40}=0.0245$

그러므로 표본수가 4배가 되면 측정오차는 0.049−0.0245=0.0245(=2.45%)로 감소하게 된다.

Answer 34.④ 35.② 36.③

37 모수의 추정에서 추정량의 분포에 대하여 요구되는 성질 중 표준오차와 관련 있는 것은?

① 불편성

② 정규성

③ 일치성

④ 유효성

37.

좋은 추정량이 되기 위해서는 자료의 흩어짐의 정도인 추정량의 분산을 살펴볼 필요가 있다. 효율성(유효성)이란 추정량의 분산과 관련된 개념으로 불편추정량 중에서 표본분포의 분산이 더 작은 추정량이 효율적이라는 성질을 말한다.

38 어느 공장에서 생산되는 축구공의 탄력을 조사하기 위해 랜덤하게 추출한 49개의 공을 조사한 결과 평균이 200mm 표준편차가 20mm였다. 이 공장에서 생산되는 축구공의 탄력의 평균에 대한 95% 신뢰구간을 추정하면?

(단, $P(Z>1.96) = 0.025$, $P(Z>1.645) = 0.05$)

① $200 \pm 1.645 \times \dfrac{20}{7}$

② $200 \pm 1.645 \times \dfrac{20}{49}$

③ $200 \pm 1.96 \times \dfrac{20}{7}$

④ $200 \pm 1.96 \times \dfrac{20}{49}$

38.

모평균 μ에 대한 $100(1-\alpha)$% 신뢰구간

$\left(\overline{X} - Z_{\alpha/2} \dfrac{\sigma}{\sqrt{n}}, \ \overline{X} + Z_{\alpha/2} \dfrac{\sigma}{\sqrt{n}} \right)$

$= \left(200 - Z_{0.025} \dfrac{20}{\sqrt{49}}, \ 200 + Z_{0.025} \dfrac{20}{\sqrt{49}} \right)$

$= \left(200 - \dfrac{1.96 \times 20}{7}, \ 200 + \dfrac{1.96 \times 20}{7} \right)$

39 전국의 400가구를 대상으로 월평균 가구 총수입을 조사한 결과 평균 200만 원이라는 응답이 나왔다. 모집단의 표준편차가 40만 원으로 알려져 있을 때, 우리나라 가구의 한달 평균 총수입률의 95% 신뢰구간으로 구한 값은? (단, $Z_{0.05} = 1.64$, $Z_{0.025} = 1.96$이고, 단위는 만 원으로 계산한다)

① (196.71, 203.29)

② (196.08, 203.92)

③ (198.04, 201.96)

④ (198.35, 201.64)

39.

$\overline{X} - Z_{\frac{\alpha}{2}} \dfrac{S}{\sqrt{n}} \leq \mu \leq \overline{X} + Z_{\frac{\alpha}{2}} \dfrac{S}{\sqrt{n}}$ 에 대입하면

$200 - (1.96) \cdot \dfrac{40}{\sqrt{400}} \leq \mu \leq 200 + (1.96) \cdot \dfrac{40}{\sqrt{400}}$

$196.08 \leq \mu \leq 203.92$

Answer 37.④ 38.③ 39.②

40 총선을 앞두고 한 지역구의 유권자 400명을 대상으로 조사한 결과 A후보의 지지율은 30.5%, B후보의 지지율은 34.8%로 나왔다. 자료에 따르면 이번 조사는 95% 신뢰수준에서 오차한계가 ±5%이라고 하였다. 이때 결과의 해석으로 옳은 것은?

① 1,000명을 대상으로 조사한다면 오차한계는 ±5%보다 크게 된다.

② B후보가 지지율이 높으므로 당선된다.

③ A후보는 지지율이 낮으므로 포기해야 한다.

④ 실제 선거에서는 A후보가 앞설 수도 있다.

41 모평균 μ의 구간추정치를 구할 경우 95% 신뢰수준을 갖는 모평균 μ의 오차한계를 ±5라고 할 때 신뢰수준 95%의 의미는?

① 같은 방법으로 여러 번 신뢰구간을 만들 경우 평균적으로 100개 중에서 95개는 모평균을 포함한다는 뜻이다.

② 모평균과 구간추정치가 95% 같다는 뜻이다.

③ 표본편차가 100 ± 5 내에 있을 확률을 의미한다.

④ 구간추정치가 맞을 확률을 의미한다.

42 크기 n인 표본으로 신뢰수준 95%를 갖도록 모평균을 추정하였더니 신뢰구간의 길이가 10이었다. 동일한 조건하에서 표본의 크기만을 1/4로 줄이면 신뢰구간의 길이는?

① $\frac{1}{4}$로 줄어든다.

② $\frac{1}{2}$로 줄어든다.

③ 2배로 늘어난다.

④ 4배로 늘어난다.

40.

±5%이므로 34.8%는 29.8%에서 39.8% 사이에 있을 수 있다. 30.5% 역시 마찬가지여서 실제로 A후보가 앞설 수도 있다.

41.

① 신뢰수준 95%의 의미이다.

42.

신뢰구간은 $\overline{X} \pm Z \cdot \frac{\sigma}{\sqrt{n}}$ 이므로 표본크기를 $\frac{1}{4}$로 줄이면 신뢰구간의 길이는 2배로 늘어난다.

43 모든 조건이 동일하다면, 표본의 수를 네 배로 늘릴 때 표본평균의 신뢰구간은 몇 배인가?

① 4배   ② $\frac{1}{4}$ 배

③ 2배   ④ $\frac{1}{2}$ 배

43.

표본수를 4배로 늘리면 표본평균의 신뢰구간은 $\frac{1}{2}$ 배가 된다.

44 다음 중 추정량의 성질이 아닌것은?

① 불편성   ② 정규성
③ 유효성   ④ 충분성

44.

추정량의 결정기준은 불편성, 효율(유효)성, 일치성, 충분성이다.

45 표본 수 100, 표본평균 15.8과 표준편차 4.2에서 신뢰수준 95% 신뢰구간을 구한 것으로 옳은 것은? (단, 신뢰구간 95%에 대한 Z 값은 1.96 이다.)

① $15.2 \sim 16.4$ ② $14.98 \sim 16.62$
③ $14.94 \sim 16.66$ ④ $15.7 \sim 15.9$

45.

$$\overline{X} - Z_{\frac{\alpha}{2}} \frac{S}{\sqrt{n}} \leq \mu \leq \overline{X} + Z_{\frac{\alpha}{2}} \frac{S}{\sqrt{n}}$$

$$15.8 - (1.96) \cdot \frac{4.2}{\sqrt{100}} \leq \mu \leq 15.8 + (1.96) \cdot \frac{4.2}{\sqrt{100}}$$

$14.98 \sim 16.62$가 된다.

46 어느 선거구에서 갑후보의 지지율을 조사하기 위하여 100명의 유권자를 조사한 결과 갑후보의 지지율이 65%이었다. 갑후보의 지지율에 대한 95%의 신뢰구간은?

① $0.65 \pm (1.96) \sqrt{\frac{0.65(1-0.65)}{100}}$

② $0.65 \pm (1.96) \frac{0.65(1-0.65)}{100}$

③ $0.65 \pm (1.645) \sqrt{\frac{0.65(1-0.65)}{100}}$

④ $0.65 \pm (1.645) \frac{0.65(1-0.65)}{100}$

46.

모비율의 구간추정은

$$\left[\hat{p} - Z_{\frac{\alpha}{2}} \sqrt{\frac{\hat{p}(1-\hat{p})}{n}}, \ \hat{p} + Z_{\frac{\alpha}{2}} \sqrt{\frac{\hat{p}(1-\hat{p})}{n}} \right]$$ 이다.

47 지역 서비스체계의 타당성에 대한 여론을 조사하기 위해서 적절한 표본크기를 결정하고자 한다. 95% 신뢰수준에서 모비율에 대한 추정오차의 한계가 4% 이내에 있게 하려면 표본크기는 어느 정도로 해야 하겠는가? (단, 표준화 정규분포에서 $P(Z \geq 1.96) = 0.025$이다)

① 157명

② 601명

③ 1201명

④ 2401명

48 대표본에서 변동계수 C를 이용하여 모평균 μ에 대한 95% 신뢰구간을 표시하고자 한다. 표본평균 $\overline{x}$, 표본크기를 n이라 할 때, 올바른 공식은?

① $\overline{x} \pm 1.96 C / \sqrt{n}$

② $\overline{x}(1 \pm 1.96 C / \sqrt{n})$

③ $\overline{x}(1 \pm 1.96 C)$

④ $(\overline{x}/c) \pm 1.96 C / \sqrt{n}$

49 다음 설명 중 추정량의 결정기준으로 옳지 않은 것은?

① 충족성은 모수에 대한 정보와 지식을 요약해 준다.

② 모수의 모든 참값에 대해 추정량 θ의 기댓값이 참값 θ일 것을 요구한다.

③ 표본의 크기 n이 너무 클 경우 추정값을 구할 수 없다.

④ 두 추정량 θ_1, θ_2의 표준오차에서 θ_2가 더 크면 θ_1이 θ_2보다 더 유효하다고 한다.

47.

$$n = \frac{\left(\frac{Z}{d}\right)^2}{4} = \frac{\left(\frac{1.96}{0.04}\right)^2}{4} = 600.25$$

48.

변동계수 $C = \dfrac{\sigma}{\overline{x}}$, 95% 신뢰구간은 $\overline{x} \pm 1.96\sigma/\sqrt{n}$

$\therefore \sigma = C \times \overline{x}$이므로

$\overline{x} \pm 1.96(C \times \overline{x})/\sqrt{n} = \overline{x}(1 \pm 1.96 C / \sqrt{n})$

49.

③ $n \to \infty$이면 참값에 근접한 추정값을 거의 항상 얻게 된다.

Answer **47.② 48.② 49.③**

50 설문을 이용한 여론조사에서 95% 신뢰도에서 ±5% 이내의 정확도를 유지하려면 최소 몇 명 정도를 표집해야 하는가? (단, 오차의 한계는 표본오차에 국한된다.)

① 385
② 650
③ 1,100
④ 2,000

51 정규분포를 따르는 집단의 모평균의 값에 대하여 $H_0 : u = 50$, $H_1 : u < 50$을 세우고 표본 100개의 평균을 구한 결과 $\overline{x} = 49.02$를 얻었다. 모집단의 표준편차가 5라면 유의확률은 얼마인가? [단, $p(Z \leq -1.96) = 0.025$, $p(Z \leq -1.645) = 0.05$]

① 0.025
② 0.05
③ 0.95
④ 0.975

52 9개의 데이터에서 분산이 36이었다. 표준오차의 값은 얼마인가?

① 2/3
② 2
③ 3
④ 4

53 A보건소에서 한 도시의 사람들 중 청각장애인의 비율 p를 추정하고자 할 때 95%의 확신을 갖고 추정오차가 0.05 이하이도록 하려고 하면 필요한 표본의 크기는? (단, 다른 도시의 예로 보아 p는 약 0.2 근방이라고 예상된다.)

① 243
② 246
③ 248
④ 249

50.

모비율 P에 대한 지식이 없는 경우 표본크기를 구하면 $n \geq \dfrac{Z_{\frac{\alpha}{2}}^2}{4d^2}$

$Z_{\frac{\alpha}{2}} = 1.96$이므로 $n \geq \dfrac{(1.96)^2}{4(0.05)^2} = 384.16$이 나온다.

따라서 최소한 385명 이상이면 된다.

51.

$z_0 = \dfrac{\overline{x} - u_0}{\sigma / \sqrt{n}} = \dfrac{49.02 - 50}{5 / \sqrt{100}} = -1.96$

$p(z \leq -1.96) = 0.025$

※ 중심극한정리 : 평균이 μ이고 표준편차가 σ인 모집단으로부터 크기가 n인 표본을 취할 때, n이 큰 값이면 표본평균의 표본분포는 평균이 μ이고 표준오차는 $\dfrac{\sigma}{\sqrt{n}}$인 정규분포를 따르는 것을 의미한다.

52.

표준오차는 $\sigma_{\overline{x}} = \sigma / \sqrt{n} \rightarrow \dfrac{\sqrt{36}}{\sqrt{9}} = 2$

53.

$n \geq p \times q \times (Z_{\frac{\alpha}{2}}/d)^2$에 의해

$n \geq 0.2 \times 0.8 \times (1.96/0.05)^2 \approx 245.86$

따라서 필요한 표본의 크기는 246이다.

54 다음 신뢰구간에 대한 설명 중 옳지 않은 것은?

① 신뢰구간을 감소시키기 위해서는 평균의 표준오차를 감소시켜야 한다.

② 신뢰구간을 감소시키기 위해서는 표본의 크기를 줄여야 한다.

③ 신뢰구간을 감소시키기 위해서는 원집단의 표준편차를 감소시켜야 한다.

④ 신뢰구간을 증가시키면 모평균에 대한 신뢰성은 높아진다.

55 다음 한 도시의 실업률을 조사하기 위해 취업적령자를 대상으로 조사한 결과 임의추출한 200명 중 150명이 실업자였다면 95% 오차한계는?

① 0.6076

② 0.06

③ 6.076

④ 0.006076

56 A대학 학생들의 주당 TV 보는 시간을 알아보고자 임의로 9명을 추출하여 조사해 본 결과 다음과 같다. TV 보는 시간은 모평균이 μ인 정규분포에 따른다고 가정하자. μ에 대한 가장 적합한 추정치는?

9, 10, 13, 13, 14, 15, 17, 21, 22

① 13

② 14

③ 14.5

④ 14.9

54.

② 표준오차는 $\sigma/\sqrt{n}$로 구할 수 있다. 따라서 표본오차와 표본크기가 반비례 관계에 있으므로 표본오차를 감소시키려면 표본의 크기를 늘려야 한다.

55.

$p = \dfrac{150}{200} = 0.75$, $Z_{\frac{\alpha}{2}} = 1.96$

따라서 95% 오차한계 $= 1.96\sqrt{\dfrac{\bar{p}(1-\bar{p})}{n}}$

$= 1.96\sqrt{\dfrac{0.75 \times 0.25}{200}}$

$= 1.96 \times 0.0306 = 0.0599$

$\fallingdotseq 0.06$

56.

표본의 분포 간 간격이 큰 폭의 변화가 없이 일정하므로 평균치의 적용치를 적용해도 무방하므로 9 + 10 + 13 + 13 + 14 + 15 + 17 + 21 + 22 = $\dfrac{134}{9}$ = 14.888 이므로 14.9가 적합하다.

57 다음 중 평균치를 추정하기 위한 신뢰구간에서 표본의 크기가 커질수록 신뢰구간은 어떻게 되는가?

① 감소한다.
② 변하지 않는다.
③ 증가한다.
④ 알 수 없다.

58 다음 중 $\overline{X} = 62, \sigma_{\overline{X}} = 0.73$일 때 μ에 대한 표준편차의 2배 이내의 신뢰구간은 얼마인가?

① $60.54 \leq \mu \leq 63.46$
② $63.90 \leq \mu \leq 66.10$
③ $66.62 \leq \mu \leq 67.38$
④ $127.76 \leq \mu \leq 132.24$

59 다음 중 표본크기의 결정에 대한 설명으로 옳은 것은?

① 모분산을 알고 모집단이 정규분포일 경우 표본크기는
$n \geq \dfrac{Z_{\frac{\alpha}{2}}^{2} - \sigma^2}{4d^2}$ 이다.

② 모비율 추정에서 p가 p^* 근방이라고 예상되는 경우 표본
의 크기는 $n < p^* q^* \dfrac{Z_{\frac{\alpha}{2}}^{2}}{d^2}$ 이다.

③ 모분산만으로도 쉽게 표본크기를 결정할 수 있다.
④ 모비율 p에 대한 지식이 없는 경우의 표본의 크기는
$n \geq \dfrac{Z_{\frac{\alpha}{2}}^{2}}{4d^2}$ 이다.

57.

신뢰구간을 감소시키기 위해서는 표본크기의 감소, 원집단의 표준편차 감소 등이 일어나야 한다.

58.

$\overline{X} \pm 2\sigma_{\overline{X}} = 62 \pm 1.46 = 60.54 \sim 63.46$

59.

① $n \leq \dfrac{Z_{\frac{\alpha}{2}}^{2} - \sigma^2}{d^2}$

② $n \geq p \times q \times \dfrac{Z_{\frac{\alpha}{2}}^{2}}{d^2}$

③ 모분산뿐만 아니라 신뢰구간과 허용추정오차에 따라 표본의 크기가 결정된다.

Answer 57.① 58.① 59.④

60 다음 $n = 16$으로 얻은 평균의 표준오차가 7일 때, 이 표준오차를 반으로 줄이기 위해서는 표본의 크기를 얼마로 해야 하는가?

① 8

② 16

③ 32

④ 64

61 다음 중 통계적 추론에 대한 설명으로 옳지 않은 것은?

① 신뢰도를 높이기 위해선 신뢰구간이 넓어져야 한다.

② 표본의 크기는 허용추정오차의 결정에 따라 정해진다.

③ 모집단의 분포가 반드시 정규분포이어야만 $\overline{X}$는 정규분포를 따른다.

④ 중심극한정리에 의해 n이 클 때 표본의 크기는 $\dfrac{X - np}{\sqrt{np(1-p)}}$

$\sim N(0,\ 1)$이다.

62 모수 θ의 모든 값에 대하여 $E(\hat{\theta}) = \theta$를 만족하는 추정량 $\hat{\theta}$는 무슨 추정량인가?

① 유효추정량

② 충분추정량

③ 일치추정량

④ 불편추정량

63 다음 중 추정량 $\hat{\theta}$의 편의 $b(\hat{\theta})$를 바르게 나타낸 것은?

① $E(\hat{\theta}) - \theta$

② $E(\hat{\theta}) + \theta$

③ $\theta E(\hat{\theta})$

④ $\dfrac{E(\hat{\theta})}{\theta}$

60.

$\sigma_{\bar{x}} = \dfrac{\sigma}{\sqrt{n}}$에서 $7 = \dfrac{\sigma}{\sqrt{16}}$이므로 $\sigma = 28$이며

표준오차가 3.5일 때는 $3.5 = \dfrac{28}{\sqrt{n}}$, $\sqrt{n} = \dfrac{28}{3.5} = 8$

이 된다.

따라서 표본의 크기 $n = 64$이다.

61.

③ 모집단의 분포가 반드시 정규분포가 아니더라도 n이 충분히 크면 중심극한정리에 의하여 $\overline{X}$는 근사적으로 정규분포를 따른다.

62.

편의(bias) $= E(\hat{\theta}) - \theta$ 이며, 편의가 0이면 $\hat{\theta}$는 불편추정량이다.

63.

편의(bias) $= E(\hat{\theta}) - \theta$

64 다음은 추정량의 성질을 설명한 것이다. 바른 설명은?

① $E(\hat{\theta}) = \theta$를 만족하는 $\hat{\theta}$는 유효추정량이다.

② 모수 θ에 대해서 두 추정량 $\hat{\theta_1}$, $\hat{\theta_2}$의 분산을 $V(\hat{\theta_1})$, $V(\hat{\theta_2})$라 할 때, $V(\hat{\theta_1}) < V(\hat{\theta_2})$면 $\hat{\theta_2}$는 $\hat{\theta_1}$보다 더 유효한 추정량이다.

③ $\lim_{n \to \infty} P(|\hat{\theta} - \theta| < \epsilon) = 1$을 만족하는 $\hat{\theta}$는 일치 추정량이다.

④ $E(\hat{\theta} - \theta) = 0$을 만족하는 $\hat{\theta}$는 편의 추정량이다.

64.

편의(bias) $= E(\hat{\theta}) - \theta$이며, 편의가 0이면 $\hat{\theta}$는 불편추정량이다.

65 다음 중 표본의 크기에 관한 설명으로 옳지 않은 것은?

① 표본크기 n을 정하기 위해서는 모분산(σ^2)을 알아야 한다.

② 모집단의 동질성을 고려하되 시간과 비용을 고려할 필요가 없다.

③ 신뢰구간과 허용추정오차에 따라 표본의 크기가 결정될 수 있다.

④ 표본크기를 결정할 때 표본추출 형태 및 조사방법의 형태를 고려한다.

65.

② 표본크기를 결정할 때 시간과 비용 역시 고려한다.

66 다음 중 카이제곱분포를 이용하기에 적당한 것은?

① 모평균의 구간추정

② 모표준편차의 구간추정

③ 분산비에 대한 구간추정

④ 평균차에 대한 구간추정

66.

모표준편차의 추론은 카이제곱분포를, 분산비는 F-검정을 사용함

Answer   64.④ 65.② 66.②

67 점 추정치(Point estimate)에 관한 설명으로 틀린 것은?

① 표본의 평균으로부터 모집단의 평균을 추정하는 것도 점 추정치이다.

② 점 추정치는 표본의 평균을 정밀하게 조사하여 나온 결과이기 때문에 항상 모집단의 평균치와 거의 동일하다.

③ 점 추정치의 통계적 속성은 일치성, 충분성, 효율성, 불편성 등 4가지 기준에 따라 분석될 수 있다.

④ 점 추정치를 구하기 위한 표본 평균이나 표본비율의 분포는 정규분포를 따른다.

68 한 철강회사는 봉강을 생산하는데 5개의 봉강을 무작위로 추출하여 인장강도를 측정했다. 표본평균은 제곱인치(psi)당 22kg이었고, 표본표준편차는 8kg이었다. 이 회사는 봉강의 평균 인장강도를 신뢰도 90%에서 양측신뢰구간으로 추정한 것은? (단, 모집단은 정규분포를 따르고, $t_{4,\ 0.1} = 1.5332$, $t_{5,\ 0.1} = 1.4759$, $t_{4,\ 0.05} = 2.1318$, $t_{5,\ 0.05} = 2.0150$, $p(z > 1.28) = 0.1$, $p(z > 1.96) = 0.025$, $p(z > 1.645) = 0.5$이다.)

① 22 ± 7.63

② 22 ± 7.21

③ 22 ± 5.89

④ 22 ± 5.22

69 어느 선거구의 국회의원 선거에서 특정후보에 대한 지지율을 조사하고자 한다. 지지율의 95% 추정오차한계가 5% 이내가 되기 위한 표본의 크기는 최소한 얼마 이상이어야 하는가? (단, $Z \sim N(0, 1)$일 때, $P(Z \le 1.96) = 0.975$)

① 235   ② 285

③ 335   ④ 385

67.

점 추정치는 모집단에서 추출한 표본으로 이는 모집단의 일부이므로 항상 모집단의 평균치와 동일하지는 않다.

68.

모평균에 대한 신뢰구간 추정은 다음과 같다.

$$\left[\overline{X} - t_{(n-1,\, \alpha/2)} \frac{s}{\sqrt{n}} \ , \ \overline{X} + t_{(n-1,\, \alpha/2)} \frac{s}{\sqrt{n}} \right]$$

$$= \left[22 - t_{(4,\, 0.05)} \frac{8}{\sqrt{5}} \ , \ 22 + t_{(4,\, 0.05)} \frac{8}{\sqrt{5}} \right]$$

$$= \left[22 - 2.1318 \frac{8}{\sqrt{5}} \ , \ 22 + 2.1318 \frac{8}{\sqrt{5}} \right]$$

$$\fallingdotseq 22 \pm 7.627$$

69.

$n \ge \dfrac{1}{4} \left(\dfrac{Z_{\alpha/2}}{d} \right)^2 = \dfrac{1}{4} \left(\dfrac{1.96}{0.05} \right)^2 = 384.16$ 이므로 최소 385명이어야 한다.

Answer   67.②   68.①   69.④

70 다음에서 설명하고 있는 개념은 무엇인가?

추정량의 분산과 관련된 개념으로 불편추정량 중에서 표본분포의 분산이 더 작은 추정량이 효율적이라는 성질을 말한다.

① 불편성
② 일치성
③ 충족성
④ 효율성

70.

① 추정량의 평균이 추정하려는 모수와 같음을 나타낸다.
② 표본의 크기가 커질수록 추정값은 모수에 접근한다는 성질이다.
③ 추출한 추정량이 얼마나 모수에 대한 정보를 충족시키는지에 대한 개념이다.

기출 2021년 3월 7일 제1회 시행:

제1종 오류를 범할 확률의 허용한계를 뜻하는 통계적 용어는?

① 기각역
② 유의수준
③ 검정통계량
④ 대립가설

기출 2021년 3월 7일 제1회 시행:

가설검정에 관한 설명으로 맞는 것은?

① p-값이 유의수준보다 크면 귀무가설을 기각한다.
② 1종 오류와 2종 오류 중 더 심각한 오류는 1종 오류이다.
③ 일반적으로 표본자료에 의해 입증하고자 하는 가설을 귀무가설로 세운다.
④ 양측검정으로 유의하지 않은 자료라도 단측검정을 하면 유의할 수도 있다.

기출 2019년 3월 3일 제1회 시행

가설검정과 관련한 용어에 대한 설명으로 틀린 것은?

① 제2종 오류란 대립가설 H_1이 참임에도 불구하고 귀무가설 H_0를 기각하지 못하는 오류이다.
② 유의수준이란 제1종 오류를 범할 확률의 최대허용한계를 말한다.
③ 유의확률이란 검정통계량의 관측값에 의해 귀무가설을 기각할 수 있는 최소의 유의수준을 뜻한다.
④ 검정력함수란 귀무가설을 채택할 확률을 모수의 함수로 나타낸 것이다.

정답 ②, ④, ④

section **1** 가설검정의 기초

1 가설검정의 의의

모집단이 갖는 미지의 특성에 관한 예상이나 주장을 기초로 가설의 채택이나 기각을 결정하는 통계적 기법으로서 표본으로 얻은 정보를 확실히 입증하고자 하는 과정을 가설검정이라고 한다.

(1) 가설검정의 절차

① 가설설정
② 유의수준(α) 결정 ⇒ 주관적(일반적으로 0.1, 0.05, 0.01)
③ 검정통계량의 설정
④ p-value 계산 후 유의수준과 비교 판단(또는 임계치를 계산하여 검정통계량과 비교)
⑤ 귀무가설(H_0)의 기각여부 결정

(2) 유의수준

귀무가설의 값이 참일 경우 이를 기각할 확률의 허용한계이다.

(3) 검정통계량

귀무가설과 대립가설의 판정을 위하여 사용되는 표본통계량이다.

(4) 기각역

검정통계량 값이 기각역 안에 들어가면 귀무가설 H_0는 기각하고, 반대로 채택역에 있으면 H_0을 채택한다. 기각역의 경계를 정하는 값을 임계치(critical value)라 부른다. 기각역과 임계치는 유의수준에 의해서 결정된다.

❷ 귀무가설과 대립가설 `2018 2회`

가설은 두 가지로 구성된다. 귀무가설(null hypothesis, H_0)은 기존의 가설 즉, 일반적으로 통용되거나 기존의 가설로 기각되기를 바라면서 세운 가설을 말하고 대립가설(alternative hypothesis, H_1)은 새로운 주장이나 기존의 가설과 반대되는 내용으로 분석자가 증명하고자 하는 내용을 설정한 가설이며, 이를 연구가설이라고도 한다.

❸ 가설검정의 방법 `2019 1회`

(1) 기각역(critical region)의 형태에 따른 분류

단측검정, 양측검정이 있다.

① 단측검정 : 대립가설의 모수 영역이 한쪽에 주어지는 검정이다.

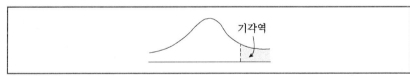

② 양측검정 : 대립가설의 모수 영역이 양쪽에 주어지는 검정이다.

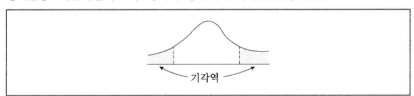

(2) 모집단 형태에 따른 분류

① 단순검정 : 귀무가설이 참일 경우 모수값이 하나의 일정한 값으로 주어지는 검정이다.

② 복합검정 : 귀무가설이 참일 경우 모수값이 기각역 이하의 어느 값으로 주어지는 검정이다.

가설검정의 오류에 대한 설명으로 틀린 것은?

① 제2종 오류는 대립가설이 사실일 때 귀무가설을 채택하는 오류이다.
② 가설검정의 오류는 유의수준과 관계가 있다.
③ 제1종 오류를 작게 하기 위해서는 유의수준을 크게 할 필요가 있다.
④ 제1종 오류와 제2종 오류를 범할 가능성은 반비례관계에 있다.

다음 중 제1종 오류가 발생하는 경우는?

① 참이 아닌 귀무가설(H_0)을 기각하지 않을 경우
② 참인 귀무가설(H_0)을 기각하지 않을 경우
③ 참이 아닌 귀무가설(H_0)을 기각할 경우
④ 참인 귀무가설(H_0)을 기각할 경우

가설검정에 대한 다음 설명 중 틀린 것은?

① 귀무가설이 참일 때, 귀무가설을 기각하는 오류를 제1종 오류라고 한다.
② 대립가설이 참일 때, 귀무가설을 기각하지 못하는 오류를 제2종 오류라고 한다.
③ 유의수준 1%에서 귀무가설을 기각하면 유의수준 5%에서도 귀무가설을 기각한다.
④ 주어진 관측값의 유의확률이 5%일 때, 유의수준 1%에서 귀무가설을 기각한다.

정답 ③, ④, ④

---

④ 가설검정의 오류 [2018 5회] [2019 4회] [2020 2회]

(1) 제1종 오류

① 귀무가설(H_0)이 모집단의 특성을 올바르게 나타내고 있음에도 불구하고, 이를 기각하였을 때 생기는 오류이다.
② 1종 오류는 유의수준과 관련이 있으며 1종 오류 감소는 유의수준 감소를 의미한다.

(2) 제2종 오류

귀무가설이 모집단의 특성을 반영하지 못하고 이를 받아들여 생기는 오류이다.

> ☆ **Plus tip** 제1종 오류와 제2종 오류의 관계
> 제1종 오류의 가능성을 줄일 경우 제2종 오류의 가능성이 커지므로 두 종류의 오류를 관리할 수 없으며, 제1종 오류에 따른 비용이 클수록 유의수준은 낮아진다.

⑤ P값(유의확률)을 이용한 가설검정 [2018 1회] [2019 1회] [2020 2회]

① P값 : P 값은 표본을 토대로 계산한 검정통계치로 H_0을 기각할 수 있는 가장 작은 α값이다. 즉, P값은 H_0가 옳다는 가정하에서 구한 검정통계치보다 더 극단적인 값이 검정통계치로 나올 확률이다.

② P값을 이용한 가설검정 규칙
　㉠ P값 $< \alpha$이면 귀무가설을 기각한다.
　㉡ P값 $\geq \alpha$이면 귀무가설을 기각하는 데 실패한다.

③ **단측검정** : 검정통계량의 적은 쪽 꼬리확률

　양측검정 : 검정통계량의 적은 쪽 꼬리확률 × 2

❻ 평균치와 비율의 가설검정

(1) 한 모집단에서의 평균에 대한 검정통계량

$$t = \frac{\overline{X} - \mu}{s/\sqrt{n}}$$

(2) 한 모집단에서의 분산에 대한 검정통계량

$$\chi^2 = \frac{(n-1)\,s^2}{\sigma^2}$$

(3) 한 모집단에서의 비율에 대한 검정통계량

$$Z = \frac{\hat{p} - p}{\sqrt{\dfrac{pq}{n}}}$$

(4) 크기가 작은 두 모집단의 평균의 차 $\mu_1 - \mu_2$ 에 대한 검정통계량(등분산)

$$T = \frac{\left(\overline{X_1} - \overline{X_2}\right) - (\mu_1 - \mu_2)}{S_p \sqrt{\dfrac{1}{n_1} + \dfrac{1}{n_2}}}, \quad 자유도\ df = n_1 + n_2 - 2$$

(5) 크기가 작은 두 정규모집단의 평균의 차 $\mu_1 - \mu_2$ 에 대한 검정통계량

$$Z = \frac{\left(\overline{X_1} - \overline{X_2}\right) - (\mu_1 - \mu_2)}{\sqrt{\dfrac{{\sigma_1}^2}{n_1} + \dfrac{{\sigma_2}^2}{n_2}}}$$

(6) 두 모집단의 분산 비에 대한 검정통계량

$$F = \frac{{s_1}^2}{{s_2}^2}$$

기출PLUS

기출 2021년 3월 7일 제1회 시행

검정통계량의 분포가 나머지 셋과 다른 것은?

① 모분산이 미지인 정규모집단의 모평균에 대한 검정

② 독립인 두 정규모집단의 모분산의 비에 대한 검정

③ 모분산이 미지이고 동일한 두 정규모집단의 모평균의 차에 대한 검정

④ 단순회귀모형 $y = \beta_0 + \beta_1 x + \varepsilon$ 에서 모회귀직선 $E(y) = \beta_0 + \beta_1 x$ 의 기울기 β_1 에 관한 검정

기출 2018년 3월 4일 제1회 시행

유의확률에 관한 설명으로 옳은 것은?

① 검정통계량의 값을 관측하였을 때, 이에 근거하여 귀무가설을 기각할 수 있는 최소의 유의수준을 말한다.

② 검정에 의해 의미있는 결론에 이르게 될 확률을 의미한다.

③ 제1종 오류를 범할 확률의 최대 허용한계를 뜻한다.

④ 대립가설이 참일 때 귀무가설을 기각하게 될 최소의 확률을 뜻한다.

정답 ②, ①

(7) 두 모집단의 비율의 차 $p_1 - p_2$에 대한 검정통계량

$$Z = \frac{(\hat{p_1} - \hat{p_2}) - (p_1 - p_2)}{\sqrt{pq\left(\dfrac{1}{n_1} + \dfrac{1}{n_2}\right)}}, \quad p = \frac{n_1\hat{p_1} + n_2\hat{p_2}}{n_1 + n_2} = \frac{X_1 + X_2}{n_1 + n_2}$$

> **Plus tip s_p^2의 값**
>
> s_p^2는 두 모집단의 분산이 같다는 가정하의 공통분산 σ^2의 합동추정량으로서
> $\dfrac{(n_1 - 1)S_1^{\ 2} + (n_2 - 1)S_2^{\ 2}}{n_1 + n_2 - 2}$로 구할 수 있다.

section 2 단일모집단의 가설검정

1 모집단평균의 가설검정 2019 1회

(1) σ를 아는 경우

① 정규분포를 따르는 모집단에 대한 가설의 검정통계량은 Z분포를 사용하며 다음과 같이 정의된다.

$$Z = \frac{\overline{X} - \mu_0}{\dfrac{\sigma}{\sqrt{n}}}$$

② 기각역

귀무가설	대립가설	기각역(유의수준 : α)
$H_0 : \mu = \mu_0$	$H_A : \mu \neq \mu_0$	$\lvert Z \rvert \geq z_{\frac{\alpha}{2}} \rightarrow H_0$ 기각
$H_0 : \mu \geq \mu_0$	$H_A : \mu < \mu_0$	$Z \leq -z_\alpha \rightarrow H_0$ 기각
$H_0 : \mu \leq \mu_0$	$H_A : \mu > \mu_0$	$Z \geq z_\alpha \rightarrow H_0$ 기각

(2) σ를 모르는 경우

① 대표본인 경우

ㄱ 표본 $n \geq 30$이고 σ를 모르는 경우 가설의 검정은 σ^2의 대신에 s^2을 사용하며 검정통계량의 정의는 다음과 같다.

$$Z = \frac{\overline{X} - \mu_0}{\dfrac{s}{\sqrt{n}}}$$

ㄴ 기각역

귀무가설	대립가설	기각역(유의수준 : α)
$H_0 : \mu = \mu_0$	$H_A : \mu \neq \mu_0$	$\lvert Z \rvert \geq z_{\frac{\alpha}{2}} \rightarrow H_0$ 기각
$H_0 : \mu \geq \mu_0$	$H_A : \mu < \mu_0$	$Z \leq -z_\alpha \rightarrow H_0$ 기각
$H_0 : \mu \leq \mu_0$	$H_A : \mu > \mu_0$	$Z \geq z_\alpha \rightarrow H_0$ 기각

> ☆ Plus tip 기각역
> σ를 아는 경우와 같음을 알 수 있다.

② 소표본인 경우

ㄱ 표본 $n \leq 30$이고 σ를 모르는 경우 가설의 검정은 t분포를 사용하며 검정통계량의 정의는 다음과 같다.

$$T = \frac{\overline{X} - \mu_0}{\dfrac{s}{\sqrt{n}}}$$

ㄴ 기각역

귀무가설	대립가설	기각역(유의수준 : α)
$H_0 : \mu = \mu_0$	$H_A : \mu \neq \mu_0$	$\lvert T \rvert \geq t\left(n-1, \dfrac{\alpha}{2}\right) \rightarrow H_0$ 기각
$H_0 : \mu \geq \mu_0$	$H_A : \mu < \mu_0$	$T \leq -t(n-1, \alpha) \rightarrow H_0$ 기각
$H_0 : \mu \leq \mu_0$	$H_A : \mu > \mu_0$	$T \geq t(n-1, \alpha) \rightarrow H_0$ 기각

모집단으로부터 추출한 크기 100의 표본을 취하여 조사한 결과 표본비율은 $\hat{p} = 0.42$ 이었다. 귀무가설 $H_0 : p = 0.4$ 와 대립가설 $H_1 : p > 0.4$를 검정하기 위한 검정통계량은?

① $\dfrac{0.4}{\sqrt{0.4(1-0.4)/100}}$

② $\dfrac{0.42-0.4}{\sqrt{0.42(1-0.42)/100}}$

③ $\dfrac{0.42+0.4}{\sqrt{0.42(1-0.42)/100}}$

④ $\dfrac{0.42-0.4}{\sqrt{0.4(1-0.4)/100}}$

모집단으로부터 크기가 100인 표본을 추출하였다. 이 표본으로부터 표본비율 $\hat{p} = 0.42$를 추정하였다. 모비율에 대한 가설 $H_0 : p = 0.4$ vs $H_1 : p > 0.4$를 검정하기 위한 검정통계량은?

① $\dfrac{0.4}{\sqrt{0.4(1-0.4)/100}}$

② $\dfrac{0.42-0.4}{\sqrt{0.4(1-0.4)/100}}$

③ $\dfrac{0.42+0.4}{\sqrt{0.4(1-0.4)/100}}$

④ $\dfrac{0.42}{\sqrt{0.4(1-0.4)/100}}$

정답 ④, ②

② 모집단비율의 가설검정 2018 3회 2019 3회 2020 2회

(1) 모집단 비율의 가설검정의 검정통계량은 다음과 같이 정의된다.

$$Z = \frac{\hat{p} - p_0}{\sqrt{\dfrac{p_0(1-p_0)}{n}}}$$

$\hat{p}$: 표본비율

p_0 : 귀무가설의 모집단 비율

(2) 기각역

귀무가설	대립가설	기각역(유의수준 : α)
$H_0 : \hat{p} = p_o$	$H_A : \hat{p} \neq p_o$	$\|Z\| \geq z_{\frac{\alpha}{2}} \to H_0$ 기각
$H_0 : \hat{p} \geq p_o$	$H_A : \hat{p} < p_o$	$Z \leq -z_\alpha \to H_0$ 기각
$H_0 : \hat{p} \leq p_o$	$H_A : \hat{p} > p_o$	$Z \geq z_\alpha \to H_0$ 기각

> ☝ Plus tip 모비율 가설검정의 계산하는 순서의 예
>
> 예 사회조사분석사의 시험을 앞두고 시행기관에서는 각 수험서에 대한 선호도의 조사를 실시하였다. 수험생 150명을 무작위로 추출하여 S도서에 대한 선호도를 조사한 결과 30%였고 일주일이 지난 오늘, 같은 수험생을 대상으로 조사한 선호도가 28%라면, 신뢰수준 99%에서 지난주에 비해 선호도가 변하였다고 할 수 있는가?
>
> 풀이) ㉠ 가설의 설정 : 지난주의 선호도 30%의 변동을 증명하는 것이므로
> $$H_0 : p_o = 30\%, \ H_A \neq 30\%$$
>
> ㉡ 유의수준의 결정 : $\alpha = 0.01$,
>
> ㉢ 임계값 및 기각영역의 결정 : $Z_{\frac{\alpha}{2}} = Z_{0.005}$
> $$Z_{0.005} = \pm 2.575$$
>
> ㉣ 검정통계량의 계산 : $Z = \dfrac{\hat{p} - p_o}{\sigma_p} = \dfrac{\hat{p} - p_o}{\sqrt{\dfrac{p_o(1-p_o)}{n}}}$
>
> $$\therefore \sigma_p = \sqrt{\frac{(0.3)(1-0.3)}{150}} = 0.0374$$
>
> $$\therefore Z = \frac{(0.28-0.3)}{0.0374} = -0.5347$$
>
> ㉤ 결론 및 해석 : $Z(=-0.534) > Z_{\frac{\alpha}{2}}(= -2.575)$
>
> $\therefore$ S도서에 대한 선호도가 지난주에 비해 변했다고 할 수 없다.

section 3 두 모집단의 가설검정

1 두 모집단평균의 가설검정 `2018 1회` `2019 4회` `2020 1회`

(1) σ를 아는 경우

① 두 모집단의 분산이 알려져 있고 정규분포를 이룬다면 표본의 크기와 상관없이 표본평균의 차이도 정규분포를 이룬다. 따라서 Z분포를 사용한다. 평균의 차이에 대한 검정통계량의 정의는 다음과 같다.

$$Z = \frac{(\overline{X}_1 - \overline{X}_2) - \mu_o}{\sigma_d}$$

- $\mu_o = \mu_1 - \mu_2$
- $\sigma_d = \sqrt{\dfrac{\sigma_1^2}{n_1} + \dfrac{\sigma_2^2}{n_2}}$

② 기각역

귀무가설	대립가설	기각역(유의수준 : α)
$H_0 : \mu_1 = \mu_2$	$H_A : \mu_1 \neq \mu_2$	$\lvert Z \rvert \geq z_{\frac{\alpha}{2}} \rightarrow H_0$ 기각
$H_0 : \mu_1 \geq \mu_2$	$H_A : \mu_1 < \mu_2$	$Z \leq -z_\alpha \rightarrow H_0$ 기각
$H_0 : \mu_1 \leq \mu_2$	$H_A : \mu_1 > \mu_2$	$Z \geq z_\alpha \rightarrow H_0$ 기각

(2) σ를 모르는 경우

① 대표본의 경우($n \geq 30$)

㉠ 표본 n_1, n_2의 크기가 크고 σ의 크기를 모르는 경우 검정통계량의 정의는 다음과 같다.

$$Z = \frac{(\overline{X}_1 - \overline{X}_2) - \mu_o}{\sqrt{\dfrac{s_1^2}{n_1} + \dfrac{s_2^2}{n_2}}}$$

- $\mu_o = \mu_1 - \mu_2$

기출 2018년 3월 4일 제1회 시행

다음은 두 종류의 타이어의 평균수명에 차이가 있는지를 확인하기 위하여 각각 60개의 표본을 추출하여 조사한 결과이다. 두 타이어의 평균수명에 차이가 있는지를 유의수준 5%에서 검정한 결과는?

(단, $P(Z > 1.96) = 0.025$,
$P(Z > 1.645) = 0.05$)

타이어	표본 크기	평균수명 (km)	표준편차 (km)
A	60	48,500	3,600
B	60	52,000	4,200

① 두 타이어의 평균수명에 통계적으로 유의한 차이가 없다.

② 두 타이어의 평균수명에 통계적으로 유의한 차이가 있다.

③ 두 타이어의 평균수명이 완전히 일치한다.

④ 주어진 정보만으로는 알 수 없다.

정답 ②

ⓛ 기각역

귀무가설	대립가설	기각역(유의수준 : α)
$H_0 : \mu_1 = \mu_2$	$H_A : \mu_1 \neq \mu_2$	$|Z| \geq z_{\frac{\alpha}{2}} \to H_0$ 기각
$H_0 : \mu_1 \geq \mu_2$	$H_A : \mu_1 < \mu_2$	$Z \leq -z_\alpha \to H_0$ 기각
$H_0 : \mu_1 \leq \mu_2$	$H_A : \mu_1 > \mu_2$	$Z \geq z_\alpha \to H_0$ 기각

> ☞ **Plus tip** 기각역
> σ를 아는 경우와 동일하며 다만 σ^2 대신 s^2을 사용했음을 알 수 있다.

② 소표본의 경우($n < 30$)

ⓐ 두 모집단의 분포는 정규분포를 따르며 두 모집단의 분산은 서로 같다는 가정하에 가설검정이 가능하다. 검정통계량의 정의는 다음과 같다.

$$T = \frac{(\overline{X}_1 - \overline{X}_2) - \mu_o}{s_p \sqrt{\dfrac{1}{n_1} + \dfrac{1}{n_2}}}$$

- $\mu_o = \mu_1 - \mu_2$
- $s_p = \sqrt{\dfrac{(n_1 - 1)s_1^{\,2} + (n_2 - 1)s_2^{\,2}}{n_1 + n_2 - 2}}$

ⓛ 기각역

귀무가설	대립가설	기각역(유의수준 : α)
$H_0 : \mu_1 = \mu_2$	$H_A : \mu_1 \neq \mu_2$	$|T| \geq t(n_1 + n_2 - 2, \frac{\alpha}{2}) \to H_0$ 기각
$H_0 : \mu_1 \geq \mu_2$	$H_A : \mu_1 < \mu_2$	$T \leq -t(n_1 + n_2 - 2, \alpha) \to H_0$ 기각
$H_0 : \mu_1 \leq \mu_2$	$H_A : \mu_1 > \mu_2$	$T \geq t(n_1 + n_2 - 2, \alpha) \to H_0$ 기각

기출 2020년 8월 23일 제3회 시행

어느 회사에서는 두 공장 A와 B에서 제품을 생산하고 있다. 각 공장에서 8개와 10개의 제품을 임의로 추출하여 수명을 조사한 결과 다음의 결과를 얻었다.

┌ 보기 ┐

A 공장 제품의 수명 : 표본평균 = 122, 표본표준편차 = 22

B 공장 제품의 수명 : 표본평균 = 120, 표본표준편차 = 18

다음과 같은 $t-$검정통계량을 사용하여 두 공장 제품의 수명에 차이가 있는지를 검정하고자 할 때, 필요한 가정이 아닌 것은?

┌ 보기 ┐

검정통계량

$$t = \frac{122 - 120}{\sqrt{\left(\dfrac{7 \times 22^2 + 9 \times 18^2}{16}\right) \times \left(\dfrac{1}{8} + \dfrac{1}{10}\right)}}$$

① 두 공장 A, B의 제품의 수명은 모두 정규분포를 따른다.

② 공장 A의 제품에서 임의추출한 표본과 공장 B의 제품에서 임의추출한 표본은 서로 독립이다.

③ 두 공장 A, B에서 생산하는 제품 수명의 분산은 동일하다.

④ 두 공장 A, B에서 생산하는 제품 수명의 중위수는 같다.

정답 ④

❷ 대응모집단의 평균차의 가설검정 `2018 3회` `2019 1회` `2020 1회`

(1) 검정통계량

$$Z = \frac{\bar{d} - \mu_D}{\dfrac{s_d}{\sqrt{n}}}$$

- $\mu_D = \mu_1 - \mu_2$

(2) 기각역

귀무가설	대립가설	기각역(유의수준 : α)
$H_0 : \mu_1 - \mu_2 = \mu_D$	$H_A : \mu_1 - \mu_2 \neq \mu_D$	$\lvert T \rvert \geq t\left(n-1, \dfrac{\alpha}{2}\right) \to H_0$ 기각
$H_0 : \mu_1 - \mu_2 \geq \mu_D$	$H_A : \mu_1 - \mu_2 < \mu_D$	$T \leq -t(n-1, \alpha) \to H_0$ 기각
$H_0 : \mu_1 - \mu_2 \leq \mu_D$	$H_A : \mu_1 - \mu_2 > \mu_D$	$T \geq t(n-1, \alpha) \to H_0$ 기각

❸ 두 모집단비율의 가설검정

(1) 검정통계량

$$Z = \frac{(\hat{p_1} - \hat{p_2}) - (p_1 - p_2)}{\sqrt{pq\left(\dfrac{1}{n_1} + \dfrac{1}{n_2}\right)}}, \quad p = \frac{n_1 \hat{p_1} + n_2 \hat{p_2}}{n_1 + n_2} = \frac{\overline{X_1} + \overline{X_2}}{n_1 + n_2}$$

(2) 기각역

귀무가설	대립가설	기각역(유의수준 : α)
$H_0 : p_1 - p_2 = 0$	$H_A : p_1 - p_2 \neq 0$	$\lvert Z \rvert \geq z_{\frac{\alpha}{2}} \to H_0$ 기각
$H_0 : p_1 - p_2 \geq 0$	$H_A : p_1 - p_2 < 0$	$Z \leq -z_{\alpha} \to H_0$ 기각
$H_0 : p_1 - p_2 \leq 0$	$H_A : p_1 - p_2 > 0$	$Z \geq z_{\alpha} \to H_0$ 기각

기출 2020년 6월 14일 제1·2회 통합 시행

어떤 처리 전후의 효과를 분석하기 위한 대응비교에서 자료의 구조가 다음과 같다.

쌍	처리 건	처리 후	차이
1	X_1	Y_1	$D_1 = X_1 - Y_1$
2	X_2	Y_2	$D_2 = X_2 - Y_2$
⋮	⋮	⋮	⋮
n	X_n	Y_n	$D_n = X_n - Y_n$

일반적인 몇 가지 조언을 가정할 때 처리 이전과 이후의 평균에 차이가 없다는 귀무가설을 검정하기 위한 검정통계량 $T = \dfrac{\overline{D}}{S_D / \sqrt{n}}$ 은 t 분포를 따른다. 이때 자유도는?

(단, $\overline{D} = \dfrac{1}{n} \sum\limits_{i=1}^{n} D_i$, $S_D^{\,2} = \dfrac{\sum\limits_{i=1}^{n}(D_i - \overline{D})^2}{n-1}$ 이다.)

① $n-1$ 　　② n
③ $2(n-1)$ 　④ $2n$

기출 2020년 6월 14일 제1·2회 통합 시행

어느 정당에서는 새로운 정책에 대한 찬성과 반대를 남녀별로 조사하여 다음의 결과를 얻었다.

구분	남자	여자	합계
표본수	250	200	450
찬성자수	110	104	214

남녀별 찬성률에 차이가 있다고 볼 수 있는가에 대하여 검정할 때 검정통계량을 구하는 식은?

① $Z = \dfrac{\dfrac{110}{250} - \dfrac{104}{200}}{\sqrt{\dfrac{214}{450}\left(1 - \dfrac{214}{450}\right)\left(\dfrac{1}{250} - \dfrac{1}{200}\right)}}$

② $Z = \dfrac{\dfrac{110}{250} - \dfrac{104}{200}}{\sqrt{\dfrac{214}{450}\left(1 - \dfrac{214}{450}\right)\left(\dfrac{1}{250} + \dfrac{1}{200}\right)}}$

③ $Z = \dfrac{\dfrac{110}{250} + \dfrac{104}{200}}{\sqrt{\dfrac{214}{450}\left(1 - \dfrac{214}{450}\right)\left(\dfrac{1}{250} + \dfrac{1}{200}\right)}}$

④ $Z = \dfrac{\dfrac{110}{250} + \dfrac{104}{200}}{\sqrt{\dfrac{214}{450}\left(1 - \dfrac{214}{450}\right)\left(\dfrac{1}{250} - \dfrac{1}{200}\right)}}$

정답 ①, ②

2020. 8. 23. 제3회

1 어느 회사에서는 두 공장 A와 B에서 제품을 생산하고 있다. 각 공장에서 8개와 10개의 제품을 임의로 추출하여 수명을 조사한 결과 다음의 결과를 얻었다.

- A 공장 제품의 수명 : 표본평균 = 122, 표본표준편차 = 22
- B 공장 제품의 수명 : 표본평균 = 120, 표본표준편차 = 18

다음과 같은 $t-$검정통계량을 사용하여 두 공장 제품의 수명에 차이가 있는지를 검정하고자 할 때, 필요한 가정이 아닌 것은?

$$\text{검정통계량} : t = \frac{122-120}{\sqrt{\left(\dfrac{7\times 22^2 + 9 \times 18^2}{16}\right)\times\left(\dfrac{1}{8}+\dfrac{1}{10}\right)}}$$

① 두 공장 A, B의 제품의 수명은 모두 정규분포를 따른다.

② 공장 A의 제품에서 임의추출한 표본과 공장 B의 제품에서 임의추출한 표본은 서로 독립이다.

③ 두 공장 A, B에서 생산하는 제품 수명의 분산은 동일하다.

④ 두 공장 A, B에서 생산하는 제품 수명의 중위수는 같다.

1.

30개 미만의 소표본 자료의 두 집단 비교를 위한 t 검정을 위해서는 ① 정규분포를 따르며, ② 독립이며, ③ 등분산을 만족한다는 가정을 따라야 한다. 이 때 중위수는 가정에 포함되지 않는다.

2 이라크 파병에 대한 여론조사를 실시했다. 100명을 무작위로 추출하여 조사한 결과 56명이 파병에 대해 찬성했다. 이 자료로부터 파병을 찬성하는 사람이 전 국민의 과반수 이상이 되는지를 유의수준 5%에서 통계적 가설검정을 실시했다. 다음 중 옳은 것은?

> $[P(|Z| > 1.64) = 0.10, \ P(|Z| > 1.96) = 0.05, \ P(|Z| > 2.58) = 0.01)]$

① 찬성률이 전 국민의 과반수 이상이라고 할 수 있다.

② 찬성률이 전 국민의 과반수 이상이라고 할 수 없다.

③ 표본의 수가 부족해서 결론을 얻을 수 없다.

④ 표본의 과반수이상이 찬성해서 찬성률이 전 국민의 과반수 이상이라고 할 수 있다.

3 다음 중 유의확률(p-value)에 대한 설명으로 틀린 것은?

① 주어진 데이터와 직접적으로 관계가 있다.

② 검정통계량이 실제 관측된 값보다 대립가설을 지지하는 방향으로 더욱 치우칠 확률로서 귀무가설 하에서 계산된 값이다.

③ 유의확률이 작을수록 귀무가설에 대한 반증이 강한 것을 의미한다.

④ 유의수준이 유의확률보다 작으면 귀무가설을 기각한다.

2.

비율에 대한 검정

$H_0 : p_0(\text{찬성률}) = 0.5, \ H_1 : p_0(\text{찬성률}) > 0.5$

$\hat{p} = \dfrac{56}{100}, \ p_0 = 0.5, \ q_0 = (1 - p_0) = 1 - 0.5 = 0.5$

$Z = \dfrac{\hat{p} - p_0}{\sqrt{\dfrac{p_0 q_0}{n}}} = \dfrac{0.56 - 0.5}{\sqrt{\dfrac{0.5 \times 0.5}{100}}} = \dfrac{0.06}{0.05} = 1.2$

따라서 검정량은 1.2로 유의수준 5%에서의 기각역 1.96 $[P(|Z| > 1.96) = 0.05]$보다 작으므로 귀무가설을 기각할 수 없다(단측 검정). 즉, 찬성률이 전 국민의 과반수 이상이라고 할 수 없다.

3.

① 유의확률은 주어진 데이터를 기반으로 계산한다.

② 검정통계량은 귀무가설이 사실이라는 가정 하에서 계산된다.

③ 유의확률이 작을수록 귀무가설을 더욱 강하게 기각할 수 있다.

④ 유의수준(α)이 유의확률(p 값)보다 작으면(= 유의수준보다 유의확률이 크면) 귀무가설을 기각하지 못한다.

Answer　2.② 3.④

4 기존의 금연교육을 받은 흡연자들 중 30%가 금연을 하는 것으로 알려져 있다. 어느 금연 운동단체에서는 새로 구성한 금연교육 프로그램이 기존의 금연교육보다 훨씬 효과가 높다고 주장한다. 이 주장을 검정하기 위해 임의로 택한 20명의 흡연자에게 새 프로그램으로 교육을 실시하였다. 검정해야 할 가설은 $H_0 : p = 0.3$ 대 $H_1 : p \geq 0.3$ (p : 새 금연교육을 받은 후 금연율)이며, X를 20명 중 금연한 사람의 수라 할 때 기각역을 "$X \geq 8$"로 정하였다. 이때, 유의수준은?
(단, $P(x \geq c |$ 금연교육 후 금연율 $= p))$

c＼p	0.2	0.3	0.4	0.5
⋮	⋮	⋮	⋮	⋮
5	0.370	0.762	0.949	0.994
6	0.196	0.584	0.874	0.979
7	0.087	0.039	0.750	0.942
8	0.032	0.228	0.584	0.868
⋮	⋮	⋮	⋮	⋮

① 0.032   ② 0.228

③ 0.584   ④ 0.868

5 가설검정에 대한 다음 설명 중 틀린 것은?

① 귀무가설이 참일 때, 귀무가설을 기각하는 오류를 제1종 오류라고 한다.

② 대립가설이 참일 때, 귀무가설을 기각하지 못하는 오류를 제2종 오류라고 한다.

③ 유의수준 1%에서 귀무가설을 기각하면 유의수준 5%에서도 귀무가설을 기각한다.

④ 주어진 관측값의 유의확률이 5%일 때, 유의수준 1%에서 귀무가설을 기각한다.

4.

기각역이란 귀무가설을 기각할 수 있는 관측값의 영역을 의미하며, 이때, 귀무가설은 $p = 0.3$이다. 따라서 기각역이 $X \geq 8 (c = 8)$이었을 때, 유의수준은 $c = 8$, $p = 0.3$의 교차점인 0.228에 해당된다.

5.

③ 유의수준 1%에서 귀무가설이 기각되었다는 것은 유의확률이 1%보다 작다는 것을 의미하며, 이는 유의수준 5%보다도 작기 때문에 귀무가설을 기각할 수 있다.

④ 유의수준(1%)보다 유의확률(5%)이 크면 귀무가설을 기각하지 못한다.

Answer   4.② 5.④

6 통계적 가설검정을 위한 검정통곗값에 대한 유의확률(p -value)이 주어졌을 때, 귀무가설을 유의수준 α로 기각할 수 있는 경우는?

① p-value $= \alpha$ ② p-value $< \alpha$

③ p-value $\geq \alpha$ ④ p-value $> 2\alpha$

6.

유의확률(p-value)이 유의수준(α)보다 작을 경우, 귀무가설을 기각할 수 있다.

7 다음 중 제1종 오류가 발생하는 경우는?

① 참이 아닌 귀무가설(H_0)을 기각하지 않을 경우

② 참인 귀무가설(H_0)을 기각하지 않을 경우

③ 참이 아닌 귀무가설(H_0)을 기각할 경우

④ 참인 귀무가설(H_0)을 기각할 경우

7.

제1종 오류는 귀무가설이 참임에도 불구하고 귀무가설을 기각할 경우에 발생하는 오류를 의미한다. ①은 제2종 오류에 해당된다.

8 어떤 처리 전후의 효과를 분석하기 위한 대응비교에서 자료의 구조가 다음과 같다.

쌍	처리 건	처리 후	차이
1	X_1	Y_1	$D_1 = X_1 - Y_1$
2	X_2	Y_2	$D_2 = X_2 - Y_2$
$\vdots$	$\vdots$	$\vdots$	$\vdots$
n	X_n	Y_n	$D_n = X_n - Y_n$

일반적인 몇 가지 조언을 가정할 때 처리 이전과 이후의 평균에 차이가 없다는 귀무가설을 검정하기 위한 검정통계량 $T = \dfrac{\overline{D}}{S_D / \sqrt{n}}$ 은 t분포를 따른다. 이때 자유도는?

(단, $\overline{D} = \dfrac{1}{n} \sum_{i=1}^{n} D_1$, $S_D^2 = \dfrac{\sum_{i=1}^{n} (D_1 - \overline{D})^2}{n-1}$ 이다.)

① $n-1$ ② n

③ $2(n-1)$ ④ $2n$

8.

대응모집단의 평균차의 가설검증의 자유도는 $n-1$ 이다.

9 10명의 스포츠댄스 회원들이 한 달간 댄스프로그램에 참가하여 프로그램 시작 전 체중과 한 달 후 체중의 차이를 알아보려고 할 때 적합한 검정방법은?

① 대응표본 t-검정   ② 독립표본 t-검정

③ z-검정   ④ F-검정

9.

동일한 표본을 대상으로 실험 전, 후의 차이를 비교하는 검정방법은 대응표본 t-검정이다.

10 가설검정에 대한 설명으로 틀린 것은?

① 가설은 귀무가설과 대립가설이 있다.

② 귀무가설은 주로 기존의 사실을 위주로 보수적으로 세운다.

③ 가설검정의 과정에서 유의수준은 유의확률(p-value)을 계산 후에 설정한다.

④ 유의확률(p-value)이 유의수준보다 작으면 귀무가설을 기각한다.

10.

유의수준은 제1종 오류의 허용범위이므로 유의확률과 상관없이 사전에 미리 설정하여야 한다. 일반적으로는 0.05를 기준으로 검정한다.

11 다음은 경영학과, 컴퓨터정보학과에서 15점 만점인 중간고사 결과이다. 두 학과 평균의 차이에 대한 95% 신뢰구간은?

구분	영학과	컴퓨터정보학과
표본크기	36	49
표준평균	9.26	9.41
표준편차	0.75	0.86

① $-0.15 \pm 1.96 \sqrt{\dfrac{0.75^2}{36} + \dfrac{0.86^2}{49}}$

② $-0.15 \pm 1.645 \sqrt{\dfrac{0.75^2}{36} + \dfrac{0.86^2}{49}}$

③ $-0.15 \pm 1.96 \sqrt{\dfrac{0.75^2}{36} + \dfrac{0.86^2}{48}}$

④ $-0.15 \pm 1.645 \sqrt{\dfrac{0.75^2}{36} + \dfrac{0.86^2}{48}}$

11.

$$(\overline{x_1} - \overline{x_2}) \pm Z_{\alpha/2} \sqrt{\frac{\sigma_1^2}{n_1} + \frac{\sigma_2^2}{n_2}}$$

$$= (9.26 - 9.41) \pm Z_{0.025} \sqrt{\frac{0.75^2}{36} + \frac{0.86^2}{49}}$$

$$= (-0.15) \pm 1.96 \sqrt{\frac{0.75^2}{36} + \frac{0.86^2}{49}}$$

Answer   9.① 10.③ 11.①

12 국회의원 선거에 출마한 A후보의 지지율이 50%를 넘는지 확인하기 위해 유권자 1,000명을 조사하였더니 550명이 A후보를 지지하였다. 귀무가설 $H_0 : p = 0.5$ 대립가설 $H_1 : p > 0.5$의 검정을 위한 검정통계량 Z_0는?

① $Z_0 = \dfrac{0.55 - 0.5}{\sqrt{\dfrac{0.55 \times 0.55}{1,000}}}$

② $Z_0 = \dfrac{0.55 - 0.5}{\sqrt{\dfrac{0.55 \times 0.45}{1,000}}}$

③ $Z_0 = \dfrac{0.55 - 0.5}{\sqrt{\dfrac{0.5 \times 0.5}{1,000}}}$

④ $Z_0 = \dfrac{0.55 - 0.5}{\dfrac{\sqrt{0.5 \times 0.5}}{1,000}}$

12.

지지율 $p_0 = 0.5$

유권자 지지 비율 $p = \dfrac{550}{1,000} = 0.55$

검정통계량

$$Z = \dfrac{p - p_0}{\sqrt{\dfrac{p_0(1 - p_0)}{n}}} = \dfrac{0.55 - 0.5}{\sqrt{\dfrac{0.5 \times (1 - 0.5)}{1,000}}}$$

$$= \dfrac{0.55 - 0.5}{\sqrt{\dfrac{0.5 \times 0.5}{1,000}}}$$

13 검정력(power)에 대한 설명으로 옳은 것은?

① 참인 귀무가설을 채택할 확률이다.
② 거짓인 귀무가설을 채택할 확률이다.
③ 귀무가설이 참임에도 불구하고 이를 기각시킬 확률이다.
④ 대립가설이 참일 때 귀무가설을 기각시킬 확률이다.

13.

검정력은 대립가설이 참일 때 귀무가설을 기각시키고 대립가설을 채택할 확률이다. 이는 $1 - \beta$에 해당하는 것으로 β는 2종 오류에 해당한다.

14 "성과 정당지지도 사이에 관계가 있는가?"를 살펴보기 위하여 설문조사 실시, 분석한 결과 Pearson 카이제곱 값이 32.29, 자유도가 1, 유의확률이 0.000이었다. 이 분석에 근거할 때, 유의수준 0.05에서 "성과 정당지지도 사이의 관계"에 대한 결론은?

① 정당의 종류는 2가지이다.
② 성과 정당지지도 사이에 유의미한 관계가 있다.
③ 성과 정당지지도 사이에 유의미한 관계가 없다.
④ 위에 제시한 통계량으로는 성과 정당지지도 사이의 관계를 알 수 없다.

14.

유의수준 0.05보다 유의확률값이 적으면($p < 0.05$) 귀무가설을 기각하고 대립가설을 채택하게 된다. 따라서 성과 정당지지도 사이에 관계가 있는가에 관한 질문에서 귀무가설은 '성과 정당지지도 사이에 관계가 없다'이며 대립가설은 '성과 정당지지도 사이에 관계가 있다'로 볼 수 있으며 유의확률(0.000)이 유의수준(0.05)보다 적기 때문에 귀무가설은 기각되므로 성과 정당지지도 사이에 유의한 관계가 있다고 볼 수 있다.

Answer　12.③　13.④　14.②

15 통계적 가설의 기각여부를 판정하는 가설검정에 대한 설명으로 옳은 것은?

① 표본으로부터 확실한 근거에 의하여 입증하고자 하는 가설을 귀무가설이라 한다.

② 유의수준은 제2종 오류를 범할 확률의 최대허용한계이다.

③ 대립가설을 채택하게 하는 검정통계량의 영역을 채택역이라 한다.

④ 대립가설이 옳은데도 귀무가설을 채택함으로써 범하게 되는 오류를 제2종 오류라 한다.

15.

① 대립가설은 입증하고자 하는 가설을 의미하며, 귀무가설은 일반적으로 통용되거나 기존의 가설로 기각되기를 바라면서 세운 가설을 말한다.

② 유의수준은 1종 오류를 범할 확률의 최대허용한계이다.

③ 기각역은 대립가설을 채택하게 하는 검정통계량의 영역이다.

16 다음 사례에 알맞은 검정방법은?

> 도시지역의 가족과 시골지역의 가족 간에 가족의 수에 있어서 평균적으로 차이가 있는지를 알아보고자 도시지역과 시골지역 중 각각 몇 개의 지역을 골라 가족의 수를 조사하였다.

① 독립표본 t-검정

② 더빈 왓슨검정

③ χ^2-검정

④ F-검정

16.

독립표본 t 검정은 두 모집단(도시지역, 시골지역)의 평균(가족 수의 평균)을 비교하고자 할 때, 표본의 크기에 따라 z분포 또는 t분포를 사용하여 추정, 검정하는 방법을 의미한다.

Answer 15.④ 16.①

17 다음에 적합한 가설검정법과 검정통계량은?

> 중량이 50g으로 표기된 제품 10개를 랜덤 추출하니 평균 $\bar{x}=49g$, 표준편차 $s=0.6g$이었다. 제품의 중량이 정규분포를 따를 때, 평균중량 μ에 대한 귀무가설 $H_0 : \mu=50$ 대 대립가설 $H_1 : \mu<50$을 검정하고자 한다.

① 정규검정법, $Z_0 = \dfrac{49-50}{\sqrt{0.6/10}}$

② 정규검정법, $Z_0 = \dfrac{49-50}{0.6/\sqrt{10}}$

③ t-검정법, $t_0 = \dfrac{49-50}{\sqrt{0.6/10}}$

④ t-검정법, $t_0 = \dfrac{49-50}{0.6/\sqrt{10}}$

17.

t분포는 표본의 수가 30개 미만인 정규모집단의 모평균에 대한 신뢰구간 측정 및 가설검정에 유용한 연속확률분포이다. 따라서 해당 검정은 t-검정법을 통해 계산할 수 있으며, 검정통계량은

$t = \dfrac{\bar{x}-\mu}{s/\sqrt{n}} = \dfrac{49-50}{0.6/\sqrt{10}}$ 이다.

18 국회의원 후보 A에 대한 청년층 지지율 p_1과 노년층 지지율 p_2의 차이 p_1-p_2는 6.6%로 알려져 있다. 청년층과 노년층 각각 500명씩 랜덤추출하여 조사하였더니, 위 지지율 차이는 3.3%로 나타났다. 지지율 차이가 줄어들었다고 할 수 있는지를 검정하기 위한 귀무가설 H_0와 대립가설 H_1은?

① $H_0 : p_1-p_2 = 0.033,\ H_1 : p_1-p_2 > 0.033$

② $H_0 : p_1-p_2 = 0.033,\ H_1 : p_1-p_2 \leq 0.033$

③ $H_0 : p_1-p_2 = 0.066,\ H_1 : p_1-p_2 \geq 0.066$

④ $H_0 : p_1-p_2 = 0.066,\ H_1 : p_1-p_2 < 0.066$

18.

지지율의 차이가 6.6%이므로 귀무가설 $H_0 : p_1-p_2 = 0.066$이고, 지지율 차이가 줄어들었다고 할 수 있는지를 검증한다고 하였으므로 대립가설 $H_1 : p_1-p_2 < 0.066$이다.

19 유의수준에 대한 설명으로 옳은 것은?

① 대립가설이 참일 때 귀무가설을 채택하는 오류를 범할 확률의 최대허용한계이다.

② 유의수준 α 검정법이란 제2종 오류를 범할 확률이 α 이하인 검정 방법을 말한다.

③ 귀무가설이 참임에도 불구하고 귀무가설을 기각하는 오류를 범할 확률의 최대허용한계를 뜻한다.

④ 제1종 오류를 범할 확률과 제2종 오류를 범할 확률 중 큰 쪽의 확률을 의미한다.

20 가설검정과 관련한 용어에 대한 설명으로 틀린 것은?

① 제2종 오류란 대립가설 H_1이 참임에도 불구하고 귀무가설 H_0를 기각하지 못하는 오류이다.

② 유의수준이란 제1종 오류를 범할 확률의 최대허용한계를 말한다.

③ 유의확률이란 검정통계량의 관측값에 의해 귀무가설을 기각할 수 있는 최소의 유의수준을 뜻한다.

④ 검정력함수란 귀무가설을 채택할 확률을 모수의 함수로 나타낸 것이다.

19.

유의수준은 귀무가설이 참임에도 불구하고 귀무가설을 기각하는 오류를 범할 확률의 최대허용한계를 의미한다.

20.

검정력은 귀무가설이 거짓일 때 귀무가설을 기각할 수 있는 능력을 의미한다.

Answer 19.③ 20.④

21 어느 회사에서는 남녀사원이 퇴직할 때까지의 평균근무연수에 차이가 있는지를 알아보기 위하여 표본을 무작위로 추출하여 다음과 같은 자료를 얻었다. 남자사원의 평균근무연수가 여자사원에 비해 2년보다 더 길다고 할 수 있는가에 대해 유의수준 5%로 검정한 결과는?

구분	남자사원	여자사원
표본크기	50	35
평균근무연수	21.8	18.5
표준편차	5.6	2.4

① 귀무가설을 기각한다. 따라서 남자사원의 평균 근무연수는 여자사원보다 더 길다.

② 귀무가설을 채택한다. 따라서 남자사원의 평균 근무연수는 여자사원보다 더 길지 않다.

③ 귀무가설을 기각한다. 따라서 남자사원의 평균 근무연수는 여자사원에 비해 2년보다 더 길다.

④ 귀무가설을 채택한다. 따라서 남자사원의 평균 근무연수는 여자사원에 비해 2년보다 더 길지 않다.

22 가설검정 시 대립가설(H_1)이 사실인 상황에서 귀무가설(H_0)을 기각할 확률은?

① 검정력

② 신뢰수준

③ 유의수준

④ 제2종 오류를 범할 확률

21.

㉠ 귀무가설 : (남자 사원 근무연수 μ_1 – 여자사원 근무연수 μ_2) = 2

㉡ 대립가설 : (남자 사원 근무연수 μ_1 – 여자사원 근무연수 μ_2) > 2 (단측검정)

㉢ 검정통계량

$$Z = \frac{(\overline{X_1} - \overline{X_2}) - (\mu_1 - \mu_2)}{\sqrt{\dfrac{S_1^2}{N_1} + \dfrac{S_2^2}{N_2}}} = \frac{(21.8 - 18.5) - 2}{\sqrt{\dfrac{5.6^2}{50} + \dfrac{2.4^2}{35}}}$$

$$= \frac{1.3}{\sqrt{0.6272 + 0.1646}} = 1.46$$

$Z = 1.46 < Z_{0.05} = 1.645$ 이므로 귀무가설을 기각하지 못함.

따라서 남자사원의 평균 근무연수는 여자사원에 비해 2년보다 더 길다고 볼 수 없다.

22.

검정력은 대립가설이 참일 때 귀무가설을 기각시키고 대립가설을 채택할 확률이다. 이는 $1 - \beta$에 해당하는 것으로 β는 2종 오류에 해당한다.

2019. 3. 3. 제1회

23 어느 기업의 전년도 대졸 신입사원 임금의 평균이 200만 원이라고 한다. 금년도 대졸신입사원 중 100명을 조사하였더니 평균이 209만 원이고 표준편차가 50만 원이었다. 금년도 대졸 신입사원의 임금이 인상되었는지 유의수준 5%에서 검정한다면, 검정통계량의 값과 검정 결과는? (단, $P(|Z| > 1.64) = 0.10$, $P(|Z| > 1.96) = 0.05$, $P(|Z| > 2.58) = 0.01$)

① 검정통계량 : 1.8, 검정결과 : 금년도 대졸신입사원 임금이 전년도에 비하여 인상되었다고 할 수 있다.

② 검정통계량 : 1.8, 검정결과 : 금년도 대졸신입사원 임금이 전년도에 비하여 인상되었다고 할 수 없다.

③ 검정통계량 : 2.0, 검정결과 : 금년도 대졸신입사원 임금이 전년도에 비하여 인상되었다고 할 수 있다.

④ 검정통계량 : 2.0, 검정결과 : 금년도 대졸신입사원 임금이 전년도에 비하여 인상되었다고 할 수 없다.

23.

검정통계량 $Z = \dfrac{\bar{x} - \mu}{s / \sqrt{n}} = \dfrac{209 - 200}{50 / \sqrt{100}} = \dfrac{9}{5} = 1.8$

유의수준 5%에서 검정하게 되면, 임금이 인상되었는지를 판단하는 것이므로 단측검정이며, 기각역은 $Z \geq Z_{0.05}$가 되고, 1.8≥1.64를 만족하게 되므로 대졸신입사원의 임금이 작년에 비해서 올랐다고 할 수 있다.

2018. 8. 19. 제3회

24 검정력(power)에 관한 설명으로 옳은 것은?

① 귀무가설이 옳음에도 불구하고 이를 기각할 확률이다.
② 옳은 귀무가설을 채택할 확률이다.
③ 대립가설이 참일 때, 귀무가설을 기각할 확률이다.
④ 거짓인 귀무가설을 채택할 확률이다.

24.

③ 검정력(power)은 대립가설이 참일 때, 귀무가설을 기각할 확률($1-\beta$)이다.

2018. 8. 19. 제3회

25 가설검정의 오류에 대한 설명으로 틀린 것은?

① 제2종 오류는 대립가설이 사실일 때 귀무가설을 채택하는 오류이다.
② 가설검정의 오류는 유의수준과 관계가 있다.
③ 제1종 오류를 작게 하기 위해서는 유의수준을 크게 할 필요가 있다.
④ 제1종 오류와 제2종 오류를 범할 가능성은 반비례관계에 있다.

25.

유의수준은 제1종 오류의 최대 허용한계로 제1종 오류를 작게 하기 위해서는 유의수준을 작게 한 후 검정하여야 한다.

Answer 23.① 24.③ 25.③

26 다음은 왼손으로 글자를 쓰는 사람을 8명에 대하여 왼손의 악력 X와 오른손의 악력 Y를 측정하여 정리한 결과이다. 왼손으로 글자를 쓰는 사람들의 왼손 악력이 오른손 악력보다 강하다고 할 수 있는가에 대해 유의수준 5%에서 검정하고자 한다. 검정통계량 T의 값과 기각역을 구하면?

구분	관측값	평균	분산
X	90 … 110	$\overline{X} = 107.25$	$S_X = 18.13$
Y	87 … 100	$\overline{X} = 103.25$	$S_Y = 18.26$
$D = X - Y$	3 … 10	$\overline{D} = 3.5$	$S_D = 4.93$

d, f	α			
	…	0.05	0.025	…
		⋮	⋮	
6	…	1.943	2.447	…
7	…	1.895	2.365	…
8	…	1.860	.306	
		⋮	⋮	

① $T = 2.01$, $T \geq 1.895$

② $T = 0.71$, $T \geq 1.860$

③ $T = 2.01$, $|T| \geq 2.365$

④ $T = 0.71$, $|T| \geq 1.895$

26.

왼손 악력(X)이 오른손 악력(Y)보다 강한지를 가설 검정해야 되므로 단측검정이다.

- 귀무가설: 왼손 악력(X)=오른쪽 악력(Y)
- 대립가설: 왼손 악력(X)>오른쪽 악력(Y)

자유도 $d = n - 1 = 8 - 1 = 7$

검정통계량 $T = \dfrac{\overline{D} - d_0}{S_D / \sqrt{n}} = \dfrac{3.5 - 0}{4.93 / \sqrt{8}} = 2.01$

$T \geq t(d, \alpha) = t(7, 0.05) = 1.895$

27 "남녀간 월급여의 차이가 있다" 라는 주장을 검정하기 위하여 사회조사를 실시하였다. 조사결과 남자집단의 월평균급여를 μ_1, 여자집단의 월평균급여를 μ_2 라고 한다면 귀무가설은?

① $\mu_1 > \mu_2$

② $\mu_1 = \mu_2$

③ $\mu_1 < \mu_2$

④ $\mu_1 \neq \mu_2$

27.

귀무가설은 기존의 가설 즉, 일반적으로 통용되는 가설로 해당 주장의 대립가설은 '남자집단 월평균급여와 여자집단 월평균급여는 같지 않다'($\mu_1 \neq \mu_2$) 이며, 귀무가설은 '남자집단 월평균급여와 여자집단 월평균급여는 같다'($\mu_1 = \mu_2$)이다.

Answer 26.① 27.②

2018. 4. 28. 제2회

28 다음 중 가설검정에 관한 설명으로 옳은 것은?

① 일반적으로 표본자료에 의해 입증하고자 하는 가설을 대립가설로 세운다.

② 1종 오류와 2종 오류 중 더 심각한 오류는 1종 오류이다.

③ p-값이 유의수준보다 크면 귀무가설을 기각한다.

④ 양측검정으로 유의하지 않은 자료라도 단측검정을 하면 유의할 수도 있다.

26.

① 대립가설은 표본자료를 분석하여 모수에 대해 입증하고자 하는 가설에 해당된다.

② 1종 오류, 2종 오류 모두 오류이기 때문에 1종 오류가 2종 오류보다 더 심각한 오류라고는 볼 수 없다.

③ p-값이 유의수준보다 크면 귀무가설은 기각하지 못한다.

2018. 4. 28. 제2회

29 모집단으로부터 크기가 100인 표본을 추출하였다. 이 표본으로부터 표본비율 $\hat{p} = 0.42$를 추정하였다. 모비율에 대한 가설 $H_0 : p = 0.4$ vs $H_1 : p > 0.4$를 검정하기 위한 검정통계량은?

① $\dfrac{0.4}{\sqrt{0.4(1-0.4)/100}}$

② $\dfrac{0.42-0.4}{\sqrt{0.4(1-0.4)/100}}$

③ $\dfrac{0.42+0.4}{\sqrt{0.4(1-0.4)/100}}$

④ $\dfrac{0.42}{\sqrt{0.4(1-0.4)/100}}$

29.

모비율에 대한 가설검정

$H_0 : p = 0.4$ vs $H_1 : p > 0.4$

검정통계량

$$Z = \frac{\hat{p} - p_0}{\sqrt{p_0(1-p_0)/n}} = \frac{0.42 - 0.4}{\sqrt{0.4(1-0.4)/100}}$$

Answer 28.④ 29.②

30 어느 회사는 노조와 협의하여 오후의 중간 휴식시간을 '20'분으로 정하였다. 그런데 총무과장은 대부분의 종업원이 규정된 휴식시간보다 더 많은 시간을 쉬고 있다고 생각하고 있다. 이를 확인하기 위하여 전체 종업원 '1000'명 중에서 '25'명을 조사한 결과 표본으로 추출된 종업원의 평균 휴식시간은 '22'분이고 표준편차는 '3'분으로 계산되었다. 유의수준 0.05에서 총무과장의 의견에 대한 가설검정 결과로 옳은 것은?
(단, $t(0.05, 24) = 1.711$)

① 검정통계량 $T < 1.711$이므로 귀무가설을 기각한다.

② 검정통계량 $T < 1.711$이므로 귀무가설을 채택한다.

③ 종업원의 실제 휴식시간은 규정시간 20분보다 더 길다고 할 수 있다.S

④ 종업원의 실제 휴식시간은 규정시간 20분보다 더 짧다고 할 수 있다.

31 평균이 μ이고 분산이 16인 정규모집단으로부터 크기가 100인 확률표본의 평균을 $\overline{X}$라 하자. 가설 $H_0 : \mu = 8$ vs $H_1 : \mu = 6.416$의 검정을 위해 기각역을 $\overline{X} < 7.2$로 할 때, 제1종 오류와 제2종 오류를 범할 확률은? (단, $P(Z < 2) = 0.977$, $P(Z < 1.96) = 0.975$, $P(Z < 1) = 0.841$)

① 제1종 오류를 범할 확률 0.05, 제2종 오류를 범할 확률 0.025

② 제1종 오류를 범할 확률 0.023, 제2종 오류를 범할 확률 0.025

③ 제1종 오류를 범할 확률 0.023, 제2종 오류를 범할 확률 0.05

④ 제1종 오류를 범할 확률 0.05, 제2종 오류를 범할 확률 0.023

30.

귀무가설 H_0 : 휴식시간=20분, 대립가설 H_1 : 휴식시간>20분

통계량 $T = \dfrac{\overline{X} - \mu}{s/\sqrt{n}} = \dfrac{22 - 20}{3/\sqrt{25}} = \dfrac{2}{3/5} = 3.33$

$> t(0.05, 24) = 1.711$이므로 귀무가설을 기각하고 대립가설을 채택한다. 따라서 종업원들의 휴식시간은 규정된 휴식시간(20분)보다 더 길다고 볼 수 있다.

31.

표준화 : $\dfrac{\mu - \mu_0}{\sigma/\sqrt{n}}$

$\mu = 6.416$일 경우 : $\dfrac{6.416 - 8}{4/\sqrt{100}} = -3.96$,

$\mu = 7.2$일 경우 : $\dfrac{7.2 - 8}{4/\sqrt{100}} = -2$

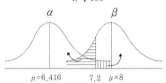

표준화시키면,

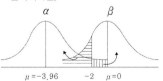

제1종 오류의 확률 : β 그래프에서 -2보다 작을 확률로

$P(-2 > Z) = 1 - P(Z > -2) = 1 - 0.977 = 0.023$

제2종 오류의 확률 : α 그래프에서 $1.96(=-2-(-3.96))$보다 클 확률로

$P(1.96 < Z) = 1 - P(Z < 1.96) = 1 - 0.975 = 0.025$

Answer 30.③ 31.②

32 어느 자동차 회사의 영업 담당자는 영업전략의 효과를 검정하고자 한다. 영업사원 '10'명을 무작위로 추출하여 새로운 영업 전략을 실시하기 전과 실시한 후의 영업성과(월 판매량)를 조사하였다. 영업사원의 자동차 판매량의 차이는 정규분포를 따른다고 하자. 유의수준 5%에서 새로운 영업전략이 효과가 있는지 검정한 결과는? (단, 유의수준 5%에 해당하는 자유도 '9'인 t분포값은 −1.8333이다.)

실시 이전	5	8	6	6	9	7	10	10	12	5
실시 이후	8	10	7	11	9	12	14	9	10	6

① 새로운 영업전략의 판매량 증가 효과가 있다고 할 수 있다.
② 새로운 영업전략의 판매량 증가 효과가 없다고 할 수 있다.
③ 새로운 영업전략 실시 전후 판매량은 같다고 할 수 있다.
④ 주어진 정보만으로는 알 수 없다.

33 일정기간 공사장지대에서 방목한 가축 소변의 불소 농도에 변화가 있는가를 조사하고자 한다. 랜덤하게 추출한 '10'마리의 가축 소변의 불소농도를 방목초기에 조사하고 일정기간 방목한 후 다시 소변의 불소 농도를 조사하였다. 방목 전후의 불소 농도에 차이가 있는가에 대한 분석방법으로 적합한 것은?

① 단일 모평균에 대한 검정
② 독립표본에 의한 두 모평균의 비교
③ 쌍체비교(대응비교)
④ F−test

32.

대응표본 t 검정, 단측검정

H_0 : 실시이전=실시이후($D_1 - D_2 = 0$)
H_1 : 실시이전<실시이후($D_1 - D_2 < 0$)

실시이전(D_1)	5	8	7	6	9	7	10	10	12	5
실시이후(D_2)	8	10	7	11	9	12	14	9	10	6
차이(D=D_1−D_2)	−3	−2	0	−5	0	−5	−4	1	2	−1

$$\overline{D} = \frac{1}{10}\sum_{i=1}^{10} D_i = \frac{-17}{10} = -1.7$$

$$S_D = \sqrt{\frac{1}{n-1}\sum_{i=1}^{n}(D_i - \overline{D})^2}$$

$$= \sqrt{\frac{1}{10-9}\sum_{i=1}^{10}(D_i - (-1.7))^2}$$

$$= \sqrt{\frac{53.6}{9}} = \sqrt{5.96} = 2.44$$

$$T = \frac{\overline{D} - 0}{S_D/\sqrt{n}} = \frac{-1.8}{2.44/\sqrt{10}}$$

$$= -2.33 < t_{(9, 0.05)} = -1.833$$

이므로 귀무가설이 기각되어 실시 이전보다 실시 이후의 판매량이 증가하였다고 볼 수 있다.

33.

대응비교는 비교하고자 하는 두 그룹이 서로 짝을 이루고 있어 독립집단이라는 가정을 만족하지 못할 경우의 차이를 비교하려는 목적이다. 동일 대상의 방목 전후의 불소농도의 차이를 분석하는 것이므로 대응비교가 적합하다.

Answer 32.① 33.③

34 다음은 두 종류의 타이어의 평균수명에 차이가 있는지를 확인하기 위하여 각각 60개의 표본을 추출하여 조사한 결과이다. 두 타이어의 평균수명에 차이가 있는지를 유의수준 5%에서 검정한 결과는? (단, $P(Z > 1.96) = 0.025, P(Z > 1.645) = 0.05$)

타이어	표본크기	평균수명(km)	표준편차(km)
A	60	48500	3600
B	60	52000	4200

① 두 타이어의 평균수명에 통계적으로 유의한 차이가 없다.

② 두 타이어의 평균수명에 통계적으로 유의한 차이가 있다.

③ 두 타이어의 평균수명이 완전히 일치한다.

④ 주어진 정보만으로는 알 수 없다.

34.

• 귀무가설 : 두 종류 타이어의 평균수명은 같다(A=B)

• 대립가설 : 두 종류 타이어의 평균수명은 다르다(A≠B), 양측검정

• 서로 독립인 두 집단의 평균 비교 : 독립표본 t 검정 표본의 크기가 어느 정도 크기 때문에

$$Z = \frac{(\overline{X_1} - \overline{X_2}) - (\mu_1 - \mu_2)}{\sqrt{\dfrac{s_1^2}{n_1} + \dfrac{s_2^2}{n_2}}}$$

$$= \frac{(48,500 - 52,000) - 0}{\sqrt{\dfrac{(3,600)^2}{60} + \dfrac{(4,200)^2}{60}}}$$

$$= \frac{-3,500}{\sqrt{216,000 + 294,000}} \approx -4.9$$

$|Z| > Z_{0.025} = 1.96$ 이므로 귀무가설 기각, 즉 두 타이어의 평균수명에 통계적으로 유의한 차이가 있다.

35 모집단으로부터 추출한 크기 100의 표본을 취하여 조사한 결과 표본 비율은 $\hat{p} = 0.42$ 이었다. 귀무가설 $H_0 : p = 0.4$와 대립가설 $H_0 : p > 0.4$을 검정하기 위한 검정통계량은?

① $\dfrac{0.4}{\sqrt{0.4(1-0.4)/100}}$

② $\dfrac{0.42 - 0.4}{\sqrt{0.42(1-0.42)/100}}$

③ $\dfrac{0.42 + 0.4}{\sqrt{0.42(1-0.42)/100}}$

④ $\dfrac{0.42 - 0.4}{\sqrt{0.4(1-0.4)/100}}$

35.

• 모비율에 대한 가설검정

$H_0 : p = 0.4 \ vs \ H_1 : p > 0.4$, 단측검정

• 검정통계량

$$Z = \frac{\hat{p} - p_0}{\sqrt{p_0(1-p_0)/n}} = \frac{0.42 - 0.4}{\sqrt{0.4(1-0.4)/100}}$$

Answer 34.② 35.④

36 유의확률에 관한 설명으로 옳은 것은?

① 검정통계량의 값을 관측하였을 때, 이에 근거하여 귀무가설을 기각할 수 있는 최소의 유의수준을 말한다.

② 검정에 의해 의미 있는 결론에 이르게 될 확률을 의미한다.

③ 제1종 오류를 범할 확률의 최대허용한계를 뜻한다.

④ 대립가설이 참일 때 귀무가설을 기각하게 될 최소의 확률을 뜻한다.

36.

유의확률(p-value)은 표본을 토대로 계산한 검정통계량으로 귀무가설 H_0가 사실이라는 가정 하에 검정통계량보다 더 극단적인 값이 나올 확률로 귀무가설을 기각할 수 있는 최소의 유의수준을 의미한다.

37 가설검정에 대한 설명으로 틀린 것은?

① 제1종 오류란 귀무가설이 사실임에도 불구하고 귀무가설을 기각하는 오류이다.

② 제2종 오류란 대립가설이 사실임에도 불구하고 귀무가설을 기각하지 못하는 오류이다.

③ 가설검정에서 유의수준이란 제1종 오류를 범할 확률의 최대 허용한계이다.

④ 유의수준을 감소시키면 제2종 오류를 범할 확률 역시 감소한다.

37.

제1종 오류와 제2종 오류는 반비례 관계에 있다. 즉 제1종 오류의 가능성이 줄어들면 제2종 오류의 가능성은 커진다. 유의수준은 제1종 오류를 범할 확률의 최대 허용한계이므로 이것을 감소시키면 제2종 오류를 범할 확률은 커지게 된다.

38 어느 화장품 회사에서 새로 개발한 상품에 대한 선호도를 조사하려고 한다. 400명의 조사 대상자 중에서 새 상품을 선호한 사람은 220명이었다. 이때, 다음 가설에 대한 유의확률은? (단, $Z \sim N(0, 1)$이다.)

$$H_0 : p = 0.5 \quad vs \quad H_1 : p > 0.5$$

① $P(Z \geq 1)$

② $P\left(Z \geq \dfrac{5}{4}\right)$

③ $P\left(Z \geq \dfrac{3}{2}\right)$

④ $P(Z \geq 2)$

38.

$p = 220/400 = 0.55$

$$P\left(Z \geq \frac{p - p_0}{\sqrt{p_0 q_0 / n}} = \frac{0.55 - 0.5}{\sqrt{0.55(1 - 0.55)/400}} = \frac{0.05}{\sqrt{0.55 \times 0.45/400}} \approx 2.01 \right)$$

Answer 36.① 37.④ 38.④

39 평균이 μ이고 분산이 $\sigma^2 = 9$인 정규모집단에서 크기가 100인 확률표본에서 얻은 표본평균 $\overline{X}$를 이용하여 가설 $H_0 : \mu = 0$, $H_1 : \mu \geq 0$을 유의수준 0.05로 검정하는 경우 기각역 $Z \geq 1.645$일 때 검정통계량 Z에 해당하는 것은?

① $\dfrac{100\overline{X}}{9}$

② $\dfrac{100\overline{X}}{3}$

③ $\dfrac{10\overline{X}}{9}$

④ $\dfrac{10\overline{X}}{3}$

40 정규분포를 따르는 어떤 집단의 모평균이 10인지를 검정하기 위하여 크기가 25인 표본을 추출하여 관찰한 자료의 표본평균은 9, 표본표준편차는 2.50이었다. t 검정통계량의 자유도는 얼마인가?

① 24

② 25

③ 26

④ 27

41 가설검증에서 제1종 오류를 범할 확률을 무엇이라고 하는가?

① 유의수준

② 유의확률(p값)

③ 오차한계

④ 신뢰수준

39.

$$Z = \frac{\overline{X} - \mu_0}{\dfrac{\sigma}{\sqrt{n}}} = \frac{(\overline{X} - 0)}{\left(\dfrac{3}{\sqrt{100}}\right)} = \frac{10\overline{X}}{3}$$

40.

t 통계량의 자유도는 (표본수 – 1)이다.

41.

유의수준(α)이란 제1종 오류를 범할 확률을 말한다.

Answer　39.④　40.①　41.①

42 통계적 가설검증을 실시할 때 유의수준과 오류의 발생확률과의 관계에 대해서 잘못 서술한 것은?

① 가설검증에서 유의수준이란 제1종 오류를 범할 때 최대 허용오차이다.

② 유의수준을 감소시키면(예를 들어 0.05에서 0.01로) 제2종 오류의 확률 역시 감소한다.

③ 제2종 오류의 확률, 즉 거짓인 귀무가설을 받아들일 확률은 쉽게 결정할 수 없다.

④ 유의수준은 표본의 결과가 모집단의 성질을 반영하는 것이 아니라 표본의 특성에 따라 나타날 확률의 범위이다.

43 만일 자료에서 모평균 μ에 대한 95%의 신뢰구간이(−0.042, 0.522)로 나왔다면, 이 유의수준 0.05에서 귀무가설 $H_0 : \mu = 0$일 때 대립가설 $H_1 : \mu \neq 0$의 검증결과는 어떻게 해석할 수 있는가?

① 신뢰구간과 가설검증은 무관하기 때문에 신뢰구간을 기초로 검증에 대한 어떠한 결론도 내릴 수 없다.

② 신뢰구간이 0을 포함하기 때문에 귀무가설을 기각할 수 없다.

③ 신뢰구간의 상한이 0.522로 0보다 상당히 크기 때문에 귀무가설을 기각한다.

④ 신뢰구간을 계산할 때 표준정규분포의 임계값을 사용했는지, 또는 t 분포의 임계값을 사용했는지에 따라 해석이 다르다.

42.

② 유의수준을 감소시키면 1종 오류는 감소하지만, 상대적으로 2종 오류, 즉 잘못된 귀무가설을 채택할 확률이 증가한다.

43.

신뢰구간이 0을 포함한다는 것은 95% 신뢰구간 안에 귀무가설인 $\mu = 0$을 포함하는 것으로 귀무가설을 기각할 수 없다.

44 다음 표본통계량을 이용하여 가설을 검증할 경우에 대한 설명으로 옳지 않은 것은?

① 표본평균이 기각영역 내에 위치하면 귀무가설을 기각하게 된다.

② 제1종 오류를 범할 가능성이 유의수준보다 작을 경우 귀무가설을 받아들인다.

③ 표본평균값이 증가함에 따라 대립가설을 받아들일 가능성이 높아진다.

④ 한계치를 구하는 계산에서 정규분포 Z값 대신 t값을 사용한 것은 모집단의 표준편차를 알 수 없기 때문이다.

44.

② 제1종 오류를 범할 가능성이 유의수준보다 작은 경우에는 귀무가설을 기각하고 큰 경우에는 귀무가설을 받아들인다.

45 다음 가설검정 중 틀린 귀무가설을 받아들이는 것을 무슨 오류라 하는가?

① 제1종 오류

② 제2종 오류

③ 제3종 오류

④ 제4종 오류

45.

② β오류라고도 하며 귀무가설을 기각하고 대립가설을 채택하는 제1종 오류와 반대성격을 갖는다.

46 다음 중 T-Test와 Z-Test의 설명으로 옳지 않은 것은?

① T-Test는 표본평균이 세 개 이상일 경우에 이용이 가능하다.

② Z-Test는 모집단의 분산을 알 경우에 이용한다.

③ 일반적으로 마케팅조사에서는 T-Test를 이용한다.

④ Z-Test는 표본의 수가 30개 이상으로 정규분포를 예측할 수 있을 때 이용한다.

46.

① T-Test는 두 개의 표본평균 간의 차를 검정할 때 이용하는 것으로 세 개 이상일 경우 이용할 수 없다.

Answer 44.② 45.② 46.①

47 다음 중 가설설정 시 유의해야 할 사항으로 옳지 않은 것은?

① 두 가설은 미지의 모집단에 특성에 관한 것이어야 한다.

② 귀무가설은 자료에 의해 정확히 옳지 않다고 판명될 때까지는 올바른 주장이라 가정한다.

③ 두 가설은 모집단이 취할 수 있는 모든 가능한 값을 포함해야 한다.

④ 두 가설은 상호보완적 관계로 동시에 관리할 수 있다.

48 다음 설명 중 맞지 않는 것은?

① 귀무가설과 대립가설 중 어느 하나를 택하는 데 사용되는 표본통계량을 검정 통계량이라 한다.

② 제2종 과오를 범할 확률을 β 라 할 때, $1-\beta$ 를 검정력이라 한다.

③ 표본분산 $s^2 = \dfrac{1}{n}\sum_{i=1}^{n}(X_i - \overline{X})^2$ 은 모분산 σ^2 의 불편추정량이다.

④ 표본평균 $\overline{X}$ 는 모평균의 불편추정량이며, 일치추정량이다.

49 귀무가설 $H_0 : \mu = 300(kg)$, 대립가설 $H_1 : \mu \neq 300(kg)$ 일 때, $|Z_0|$값이 4.0이 나왔다면 유의수준 $\alpha = 0.05$로써 $H_0 : \mu = 300(kg)$ 라고 할 수 있는가?

① 할 수 있다.
② 할 수 없다
③ 판정보류
④ 알 수 없다.

47.

④ 두 가설은 하나의 가설을 받아들일 경우 다른 가설은 받아들일 수 없다.

48.

모분산 σ^2의 불편추정량은
$s^2 = \dfrac{1}{n-1}\sum_{i=1}^{n}(X_i - \overline{X})^2$ 이다.

49.

$|Z_0|=4.0 > Z_{\alpha/2} = 1.96$이므로 H_0을 기각한다.

50 검정통계량 t_0의 값이 다음과 같을 때, 귀무가설 $H_0 : \mu = \mu_0$의 채택, 또는 기각 여부를 판정한다면 어떻게 되겠는가?

$$|t_0| < t_{(n-1, \alpha/2)}$$

① 귀무가설 기각
② 귀무가설 채택
③ 판정보류
④ 알 수 없다.

51 다음과 같은 가설이 있다면 이 가설에 대한 채택 또는 기각 여부를 설명한 것 중 틀린 것은?

$$H_0 : \mu = 50, \ H_1 : \mu \neq 50$$

① 검정통계량이 $|Z_0| < Z_{0.025}$일 경우 귀무가설 채택
② 검정통계량이 $|Z_0| > Z_{0.025}$일 경우 귀무가설 기각
③ 검정통계량이 $|t_0| < t_{(n-1, 0.025)}$일 경우 귀무가설 채택
④ 검정통계량이 $|t_0| > t_{(n-1, 0.025)}$일 경우 귀무가설 채택

52 독립인 두 그룹의 평균비교에 있어서 모분산을 모른다고 할 때, 먼저 실시해야 하는 검정은?

① Z-검정
② C-검정
③ T-검정
④ F-검정

50.

검정통계량 값이 임계치보다 작으면 $|t_0| < t_{(n-1, \alpha/2)}$, H_0을 채택한다.

51.

검정통계량 값이 임계치보다 크면 H_0을 기각한다.

52.

독립표본 T-검정 시 두 그룹의 분산 비 검정에 따라 검정통계량이 다르게 되며, 두 그룹의 분산 비 검정은 F-검정이다.

Answer　50.② 51.④ 52.④

53 아래 내용에 대한 가설형태는?

> 기존의 진통제는 진통효과가 나타나는 시간이 평균 30분이고 표준편차는 5분이라고 한다. 새로운 진통제를 개발하였는데, 개발팀은 이 진통제의 진통효과가 30분 미만이라고 주장한다.

① $H_0 : \mu < 30$ $H_1 : \mu > 30$

② $H_0 : \mu = 30$ $H_1 : \mu < 30$

③ $H_0 : \mu > 30$ $H_1 : \mu = 30$

④ $H_0 : \mu = 30$ $H_1 : \mu \neq 30$

54 독립인 두 그룹의 평균비교에 있어서 한 그룹의 표본수는 20이고 다른 한 그룹의 표본수는 25일 때, t검정을 사용하고 모분산이 같다고 가정하다면 자유도는?

① 19   ② 20

③ 38   ④ 43

55 정규분포를 따르는 집단의 모평균의 값에 대하여 $V.S.$ H_1 : $\mu \neq 50$을 세우고 표본 100개의 평균을 구한 결과 $\bar{x} = 49.02$ 를 얻었다. 모집단의 표준편차가 5라면 유의확률은 얼마인가?
(단, $P(Z \leq -1.96) = 0.025$, $P(Z \leq -1.645) = 0.05$)

① 0.25

② 0.05

③ 0.95

④ 0.975

53.

분석자가 증명하고자 하는 가설을 대립가설(H_1)로 설정한다.

54.

독립인 두 그룹의 평균비교 시 모분산이 같은 경우 T-검정의 자유도는 $n_1 + n_2 - 2 = 20 + 25 - 2 = 43$이다

55.

양측검정이며, 유의확률은 $2 \times P(Z < z_0)$임.
$$z_0 = \frac{\bar{x} - \mu_0}{\sigma / \sqrt{n}} = \frac{49.02 - 50}{5 / \sqrt{100}} = -1.96$$

Answer   53.② 54.④ 55.②

56 다음 중 Z검정을 사용해야 하는 경우가 아닌 것은?

① 모비율차에 대한 검정

② 대표본의 평균검정

③ 분산의 동질성 검정

④ 두 그룹 간의 평균차 검정(모분산을 아는 경우)

56.

분산의 동질성 검정은 F-검정이다.

57 운전자에게 의무적으로 안전띠(Seat belt)를 매도록 한 정책이 교통사고로 인한 사망률을 줄이려는 정책목표에 어느 정도 기여했는가를 밝히기 위하여, 정책실시 사전적 시점과 사후적 시점에서 일정한 기간 동안 매일 발생한 사망자수를 조사하였다. 어떤 분석방법이 적절한가?

① 대응표본 t-검증

② 상관관계분석

③ 요인분석

④ ANOVA

57.

대응표본은 효과 전과 후를 측정하며 그 차이분석은 대응표본 t-검증이다.

58 공무원교육원에서 계량분석에 관한 교육을 실시하였다. 교육실시 전과 후에 계량분석의 활용에 대한 이해력에 유의미한 차이가 있는가를 알아보기 위하여 다음과 같은 자료를 수집하였다. 어떤 통계분석방법이 적절한가?

교육 실시 전	교육 실시 후	교육 실시 전	교육 실시 후	교육 실시 전	교육 실시 후	교육 실시 전	교육 실시 후
65	78	83	95	71	87	86	90
72	80	58	67	58	65	70	80
64	65	65	75	75	83	73	80
62	63	68	65	58	75	71	65
62	58	60	56	86	95	74	72
58	62	76	74	64	70	78	90

① 회귀분석

② ANOVA

③ 대응표본 t-검증

④ 요인분석

58.

교육 실시 전과 후를 측정하였으며 그 차이분석은 대응표본 t-검증이다.

59 토익 특강을 실시하기 전에 학생의 토익성적을 조사하고 특강 실시 후 토익성적을 조사하여 특강이 일정한 효과를 얻었는지 분석하고자 하는 경우 적절한 분석 방법은?

① 일표본 T검증
② 집단별 평균분석
③ 독립표본 T검증
④ 대응표본 T검증

60 어떤 회사의 직원의 월평균 매출이 12억 원이었다. 올해에는 그 보다 많을 것이라고 생각하여 임의로 400명을 골라 조사해 보니, 평균이 12.9억 원, 표준편차 10억 원이었다. 매출이 12억 원보다 많을 것이라는 주장을 유의수준 5%에서 검정하고자 한다. 이 경우 가설검정에 적당한 방법은?

① Z-분포표 이용, 양측검정
② Z-분포표 이용, 단측검정
③ t-분포표 이용, 양측검정
④ t-분포표 이용, 단측검정

61 다음 설명 중 올바른 것은?

① 귀무가설이 진이 아닌데 귀무가설을 받아들이는 경우는 제2종 오류이다.
② 귀무가설이 진인데 귀무가설을 기각하는 경우는 제2종 오류이다.
③ 귀무가설이 진이 아닌데 귀무가설을 기각하지 못하는 경우는 제1종 오류이다.
④ 귀무가설이 진인데 귀무가설을 받아들이는 경우는 제1종 오류이다.

59.

토익 특강 실시 전과 후를 측정하였으며 그 차이 즉 효과를 알아보기 위해 대응표본 t-검증을 실시한다.

60.

표본 수가 30 이상이므로 중심극한정리에 의해 정규분포를 사용할 수 있으며, 주장하고 싶은 것은 매출이 12억 이상 즉 대립가설은 $H_1 : \mu > 12$이므로 단측검정이다.

61.

귀무가설이 진인데 귀무가설을 기각하는 경우 제1종 오류이며, 귀무가설이 진이 아닌데 귀무가설을 채택하는 경우 제2종 오류에 해당한다.

Answer　59.④　60.②　61.①

62 노동자들의 봉급이 성별에 따라 유의미한 차이가 있는가를 알아보기 위해서는 어떤 통계분석기법이 적절한가?

① ANOVA

② 상관관계분석

③ t-검증

④ 판별분석

62.

두 집단의 평균차이를 알아보는 분석방법은 독립 표본 t-검정이다.

section 1 빈도분석

① 빈도분석의 목적

빈도분석이란 자료값의 출현횟수에 그 관심사항을 두는 분석으로 보통 설문지의 분석에 많이 사용되고 있다. 빈도분석을 실시할 때, 관심사항이 되는 통계량은 빈도, 상대도수, 누적상대도수 등이 있으며, 그 결과는 막대그래프나 원 도표 등으로 도식화시킬 수도 있다. 주어진 자료에 크기의 대소가 존재한다면, 위의 결과를 통해서 산포도, 평균 등을 알아볼 수 있다.

② 빈도분석에서 사용되는 자료의 형태 – 명목척도 또는 순서척도 (범주형)

> **예** • 당신의 성별은?
>
> ① 남 ② 여
>
> • 당신의 나이는?
>
> ① 만 20세 미만 ② 만 20세 – 24세 미만
>
> ③ 24세 – 28세 미만 ④ 만 28세 – 32세 미만
>
> ⑤ 32세 – 36세 미만 ⑥ 만 36세 – 40세 미만
>
> ⑦ 40세 – 44세 미만 ⑧ 만 44세 이상

section 2 적합도 검정 2018 1회

1 적합도 검정의 목적

어떤 확률변수가 가정한 분포를 따르는지의 여부를 표본자료를 이용하여 검정하는 것

2 가설 및 원리

(1) 가설

H_0 : 확률변수 X가 특정한 분포를 따른다.

H_1 : 확률변수 X가 특정한 분포를 따르지 않는다.

(2) 원리

① 빈도 표

범주	1	2	3	⋯	J
관측빈도수	O_1	O_2	O_3	⋯	O_J
기대빈도수	E_1	E_2	E_3	⋯	E_J

$O_j\,(j=1,2,\cdots,J)$: 관측된 확률변수의 빈도수

$E_j\,(j=1,2,\cdots,J)$: J개의 범주에 대한 기대빈도수

② 검정통계량

$$\chi^2 = \sum_{j=1}^{J} \frac{(O_j - E_j)^2}{E_j} \sim app\ \chi^2_{(J-1)}$$

③ 기타

㉠ $E_j \geqq 5$인 조건을 만족하는 경우 H_0 하에서 χ^2 분포를 한다.

㉡ χ^2의 값이 클 때 기각되는 우측 검정이다.

㉢ O_j가 분포를 따르면 E_j가 거의 차이가 없다. 그러면 값이 작아진다.

기출 2020년 9월 26일 제4회 시행

다음은 어느 공장의 요일에 따른 직원들의 지각 건수이다. 지각 건수가 요일별로 동일한 비율인지 알아보기 위해 카이제곱(χ^2) 검정을 실시할 경우, 이 자료에서 χ^2값은?

요일	월	화	수	목	금	합계
지각횟수	65	43	48	41	73	270

① 14.96
② 16.96
③ 18.96
④ 20.96

기출 2018년 4월 28일 제2회 시행

어느 지방선거에서 각 후보자의 지지도를 알아보기 위하여 120명을 표본으로 추출하여 다음과 같은 결과를 얻었다. 세 후보 간의 지지도가 같은지를 검정하기 위한 검정통계량의 값은?

후보자 명	지지자 수
갑	40
을	30
병	50

① 2
② 4
③ 5
④ 8

정답 ①, ③

❸ 예제

어떤 주사위가 공정하다는 가설을 검정하고자 한다. p_i를 i번째 면이 나타날 확률이라 할 때 실제 주사위를 던졌을 때 다음과 같이 나왔다. 유의수준 0.01에서 공정한지 검정하시오.

범주(주사위의 눈)	1	2	3	4	5	6	합계
관측빈도수(O_j)	4	7	8	13	11	5	48
기대빈도수(E_j)	8	8	8	8	8	8	48

(1) $H_0 : p_i = \dfrac{1}{6}$ $\qquad\qquad (i = 1,\ 2,\ \cdots,\ 6)$

$\qquad H_1 :$ 최소한 한 개는 $p_i \neq \dfrac{1}{6}$

(2) $\alpha = 0.01$

(3) 검정통계량 계산

각 기대빈도수는 $\quad n \times p_i = 48 \times \dfrac{1}{6} = 8$

$$\chi^2 = \sum_{i=1}^{6} \frac{(O_i - 8)^2}{8}$$

$$= \frac{1}{8}\left\{ (4-8)^2 + (7-8)^2 + (8-8)^2 + (13-8)^2 + (11-8)^2 + (5-8)^2 \right\}$$

$$= \frac{1}{8}(16 + 1 + 25 + 9 + 9) = \frac{60}{8} = 7.5$$

(4) P-value

$$P\left(\chi^2 > 7.5\right) > 0.1 > 0.01 = \alpha$$

(5) 유의수준 0.01에서 주사위의 발생확률은 같다고 할 수 있다. 즉, 이 주사위는 공정하다고 할 수 있다.

section 3 교차분석(분할표 분석)

1 교차표(분할표)의 의의

(1) 교차표(분할표)

변수의 속성에 의하여 구분된 각 칸에 두 개 또는 그 이상의 변수에 대한 분포현황을 나타내주는 빈도표이다.

(2) 분할계수

분할표의 2개의 분류변수 간의 관계 또는 상관정도를 나타내주는 상수이다.

2 카이제곱분포 2019 2회 2020 1회

(1) 의의

① 카이제곱통계량이나 $\chi^2 -$ 통계량의 값이 유의한지 여부를 결정하는 분석방법이다.

② 1990년경 Pearson에 의해 개발되었으며 이 분포는 통계분할표분석에 매우 유용하게 사용되고 있다.

(2) Pearson의 분할계수

$$p = \sqrt{\frac{\chi^2}{\chi^2 + n}} \quad (\chi^2 : \text{계산된 } \chi^2 - \text{통계량 값}, \ n : \text{표본의 크기})$$

> ☆ Plus tip Pearson 분할계수의 성질
> ㉠ 분할계수 값의 범위는 $0 \le p \le 1$이다.
> ㉡ p값이 커질수록 상관의 정도도 커진다.
> ㉢ p값의 최대극한값은 변수의 분류 수에 따라 달라진다.

(3) $\chi^2 -$ 검정의 이용

① 집단별로 어떤 특성에 해당하는 자료의 분포에 대한 검정을 할 때 이용한다.

② 몇 개의 카테고리를 갖고 있는 자료들의 동질성 등을 검정할 때 이용한다.

③ 명목척도들 간의 측정된 변수들 사이의 관계를 분석하고자 할 때 이용한다.

④ 통계분할표분석뿐만 아니라 모형의 적합도 검정에도 사용한다.

기출 2020년 9월 26일 제4회 시행

카이제곱분포에 대한 설명으로 틀린 것은?

① 자유도가 k인 카이제곱분포의 평균은 k이고, 분산은 $2k$이다.

② 카이제곱분포의 확률밀도함수는 오른쪽으로 치우쳐져 있고, 왼쪽으로 긴 꼬리를 갖는다.

③ V_1, V_2가 서로 독립이며 각각 자유도가 k_1, k_2인 카이제곱분포를 따를 때, $V_1 + V_2$는 자유도가 $k_1 + k_2$인 카이제곱분포를 따른다.

④ Z_1, $\cdots$, Z_k가 서로 독립이며 각각 표준정규분포를 따르는 확률변수일 때 Z_1^2, $\cdots$, Z_k^2은 자유도가 k인 카이제곱분포를 따른다.

기출 2020년 9월 26일 제4회 시행

어떤 동전이 공정한가를 검정하고자 20회를 던져본 결과 앞면이 15번 나왔다. 이 검정에서 사용되는 카이제곱 통계량 $\sum_{i=1}^{2} \frac{(O_i - \epsilon_i)^2}{\epsilon_i}$ 의 값은?

① 2.5
② 5
③ 10
④ 12.5

정답 ②, ②

다음은 서로 다른 3가지 포장형태 (A, B, C)의 선호도가 같은지를 90명을 대상으로 조사한 결과이다. 선호도가 동일한지를 검정하는 카이제곱 검정통계량의 값은?

포장상태	A	B	C
응답자수	23	36	31

① 2.87   ② 2.97

③ 3.07   ④ 4.07

3×4 분할표 자료에 대한 독립성 검정을 위한 카이제곱통계량의 자유도는?

① 12   ② 10

③ 8   ④ 6

다음은 A대학 입학시험의 지역별 합격자 수를 성별에 따라 정리한 자료이다. 지역별 합격자 수가 성별에 따라 차이가 있는지를 검정하기 위해 교차분석을 하고자 한다. 카이제곱(χ^2) 검정을 한다면 자유도는 얼마인가?

구분	A지역	B지역	C지역	D지역	합계
A	40	30	50	50	170
B	60	40	70	30	200
합계	100	70	120	80	370

① 1   ② 2

③ 3   ④ 4

정답 ①, ④, ③

(4) χ^2 – 검정과정

① 귀무가설과 대립가설을 설정한다.

② 유의수준 α 를 설정한다.

③ 교차분석표나 상황표를 작성한다.

④ 검정통계량 χ^2 을 계산한다.

$$\chi^2 = \sum \frac{(f_0 - f_e)^2}{f_e}$$

- f_0 : 실제빈도
- f_e : 기대빈도

⑤ χ^2 과 임계치를 상호 비교하여 기각역을 설정한다.

(5) 특성

① 0보다 큰 값을 갖는 범위에서만 정의된다.

② 자유도가 커짐에 따라 비대칭분포 형태에서 대칭형태로 바뀐다.

③ 관찰도수와 기대도수의 차이를 평가하기 위한 검정통계량이다.

④ χ^2 분포는 연속적 확률분포로서 오른쪽 꼬리분포를 이룬다.

⑤ 통계분할표에서 변수들 간의 연관성을 검정하는 가장 일반적인 형태이다.

> ☆ Plus tip χ^2 – 검정의 자유도
> (열의 수 – 1)(행의 수 – 1)인 χ^2 – 분포를 따른다.

③ 2×2 분할표 2019 1회 2020 1회

(1) 개념

각 변수가 두 개의 속성만을 가질 때 작성되는 분할표이다.

(2) χ^2 – 분포가 이산형이므로 연속성 수정이 통계검정량에 적용된다.

(3) 2×2 분할표의 연관성 분석방법으로 연관성 계수를 이용한다.

(4) 2×2 분할표의 행과 열의 수가 항상 2이므로 자유도는 언제나 1이다.

④ r×c 교차분석 [2018 6회] [2019 4회] [2020 4회]

(1) 의의

2×2 분할표의 변형된 형태로 각 변수의 범주가 둘 이상으로 확장되었을 때 작성된다.

(2) 내용

① r×c 분할표 검정에는 χ^2분포가 적용된다.

② 자유도는 (행의 수 − 1)(열의 수 −1), 즉 $(r-1)(c-1)$로 표시한다.

③ 교차분석에는 독립성 검정과 동질성 검정, 2가지가 존재한다. 이 두 검정은 다른 상황에서 사용하는 것이 원칙이나 근본적으로 같은 검정방법으로 사용된다.

(3) 독립성 검정

① 가설

H_0 : 두 변수가 관계가 있다.

H_1 : 분류된 변수가 통계적으로 독립이다.

② 분할표 : 두 변수를 각각 r개와 c개를 분할해 각 칸에 관측 수를 나타낸 표

	1	2	⋯	c	합계
1	O_{11}	O_{21}	⋯	O_{c1}	$O_{\cdot 1}$
2	O_{12}	O_{22}	⋯	O_{c2}	$O_{\cdot 2}$
⋮	⋮	⋮	⋮	⋮	⋮
r	O_{1r}	O_{2r}	⋯	O_{rc}	$O_{\cdot r}$
합계	$O_{1\cdot}$	$O_{2\cdot}$	⋯	$O_{c\cdot}$	$O_{\cdot\cdot}$

$O_{ij}\,(i=1,2,\cdots r,\ j=1,2,\cdots,c)$: 두 범주형 변수 범주의 관측빈도

$E_{ij}\,(i=1,2,\cdots r,\ j=1,2,\cdots,c)$: 두 범주형 변수 범주의 기대빈도

기출PLUS

기출 2018년 8월 19일 제3회 시행

4×5 분할표 자료에 대한 독립성검정에서 카이제곱 통계량의 자유도는?

① 9   ② 12
③ 19   ④ 20

기출 2020년 6월 14일 제1·2회 통합 시행

행의 수가 2, 열의 수가 3인 이원교차표에 근거한 카이제곱 검정을 하려고 한다. 검정통계량의 자유도는 얼마인가?

① 1   ② 2
③ 3   ④ 4

기출 2019년 3월 3일 제1회 시행

월요일부터 금요일까지 업무를 보는 어느 가전제품 서비스센터에서는 요일에 따라 애프터서비스 신청률이 다른가를 알아보기 위해 요일별 서비스 신청건수를 조사한 결과 다음과 같았다. 귀무가설 "H_0 : 요일별 서비스 신청률은 모두 동일하다."를 유의수준 5%에서 검정할 때, 검정통계량의 값과 검정결과로 옳은 것은? (단, $X^2(4,\ 0.05)=9.49$이며 $X^2(k,\ a)$는 자유도 k인 카이제곱분포의 $100(1-a)$%백분위 수이다)

요일	월	화	수	목	금	계
서비스 신청건수	21	25	35	32	37	150

① 10.23, H_0를 기각함
② 10.23, H_0를 채택함
③ 6.13, H_0를 기각함
④ 6.13, H_0를 채택함

정답 ②, ②, ④

작년도 자료에 의하면 어느 대학교의 도서관에서 도서를 대출한 학부 학생들의 학년별 구성비는 1학년 12%, 2학년 20%, 3학년 33%, 4학년 35%였다. 올해 이 도서관에서 도서를 대출한 학부 학생들의 학년별 구성비가 작년도와 차이가 있는가를 분석하기 위해 학부생 도서 대출자 400명을 랜덤하게 추출하여 학생들의 학년별 도수를 조사하였다. 이 자료를 갖고 통계적인 분석을 하는 경우 사용되는 검정통계량은?

① 자유도가 4인 카이제곱 검정통계량
② 자유도가 $(3, 396)$인 F-검정통계량
③ 자유도가 $(1, 398)$인 F-검정통계량
④ 자유도가 3인 카이제곱 검정통계량

다음은 어느 손해보험회사에서 운전자의 연령과 교통법규 위반횟수 사이의 관계를 알아보기 위하여 무작위로 추출한 18세 이상, 60세 이하인 500명의 운전자 중에서 지난 1년 동안 교통법규위반 횟수를 조사한 자료이다. 두 변수 사이의 독립성 검정을 하려고 할 때 검정통계량의 자유도는?

위반횟수	연령			합계
	18~25	26~50	51~60	
없음	60	110	120	290
1회	60	50	40	150
2회 이상	30	20	10	60
합계	150	180	170	500

① 1
② 3
③ 4
④ 9

정답 ④, ③

③ 기대빈도

$$E_{ij} = \frac{O_{i.} \, O_{.j}}{O_{..}}$$

④ 검정통계량

$$\chi^2 = \sum_{i=1}^{r} \sum_{j=1}^{c} \frac{(O_{ij} - E_{ij})^2}{E_{ij}} \sim app \quad \chi^2_{(r-1)(c-1)}$$

단, $E_{ij} \geq 5$인 조건을 만족하는 경우 H_0하에서 χ^2분포를 이룬다.

⑤ 예제

> 대통령 선거에서 사람들의 교육수준과 투표참여도 사이에 어떠한 관계가 있는지를 살펴보고자 유권자 150명을 무작위로 추출하여 조사한 자료가 다음 표에 정리되어 있다.
>
> | 교육수준 | 투표참여 여부 | | | | 합계 |
> |---|---|---|---|---|---|
> | | 예 | | 아니오 | | |
> | 고졸 이하 | 10 | 14 | 20 | 16 | 30 |
> | 고졸 | 30 | 33 | 40 | 37 | 70 |
> | 대졸 | 30 | 23 | 20 | 27 | 50 |
> | 합계 | 70 | | 80 | | 150 |
>
> 유의수준 1%에서 교육수준과 투표참여도 사이에 관계가 있는지를 검정하라.
>
> 풀이)
> ㉠ H_0 : 교육수준과 투표참여도 사이에는 관계가 없다.(독립)
>
> H_1 : 교육수준과 투표참여도 사이에는 관계가 있다.
>
> ㉡ $\alpha = 0.01$
>
> ㉢ $\chi^2 = \sum_{i=1}^{2} \sum_{j=1}^{3} \frac{(O_{ij} - E_{ij})^2}{E_{ij}} = 6.59$
>
> ㉣ $df = (3-1) \times (2-1) = 2$이므로 $\chi^2 = 6.59 < \chi^2_{(2, 0.01)}$
>
> ㉤ H_0 채택하므로 유의수준 0.01에서 교육수준과 투표참여에는 관계가 없다고 할 수 있다.

(4) 동일성 검정

① 가설

   H_0 : 각 분포는 동일하다.

   H_1 : not H_0

② 분할표, 기대빈도, 검정통계량 모두 독립성 검정과 동일

③ 예제

A, B, C의 3지구의 표본세대의 소득분포를 조사하여 다음표를 얻었다. 3지구에 소득분포의 차이가 인정되는가?

소득계층 / 지구명	1~3만 원		3~5만 원		5~15만 원		합계
A	160	186	185	162	42	39	387
B	95	88	70	77	18	18	183
C	54	44	22	39	6	9	92
합계	319		277		66		662

유의수준 5%에서 검정하라.

풀이)

㉠ H_0 : 세 지역의 소득분포는 같다.

  H_1 : 세 지역의 소득분포는 다르다.

㉡ $\alpha = 0.05$

㉢ $df = (3-1) \times (3-1) = 4$, $\chi^2_{(4, 0.05)} = 9.488$

㉣ $\chi^2 = 25.821 > \chi^2_{(4, 0.05)}$

㉤ H_0 기각하므로, 유의수준 0.05에서 지역에 따라 소득분포는 다르다고 할 수 있다.

기출PLUS

기출 2020년 6월 14일 제1 · 2회 통합 시행

화장터 건립의 후보지로 거론되는 세 지역의 여론을 비교하기 위해 각 지역에서 500명, 450명, 400명을 임의추출하여 건립에 대한 찬성여부를 조사하고 분할표를 작성하여 계산한 결과 검정통계량의 값이 7.550이었다. 유의수준 5%에서 임계값과 검정 결과가 알맞게 짝지어진 것은? (단, $X^2_{0.025}(2) = 7.38$, $X^2_{0.05}(2) = 5.99$, $X^2_{0.025}(3) = 9.35$, $X^2_{0.05}(3) = 7.81$ 이다.)

① 7.38, 지역에 따라 건립에 대한 찬성률에 차이가 있다.

② 5.99, 지역에 따라 건립에 대한 찬성률에 차이가 있다.

③ 9.35, 지역에 따라 건립에 대한 찬성률에 차이가 없다.

④ 7.81, 지역에 따라 건립에 대한 찬성률에 차이가 없다.

정답 ②

2020. 8. 23. 제3회

1 다음은 어느 손해보험회사에서 운전자의 연령과 교통법규 위반횟수 사이의 관계를 알아보기 위하여 무작위로 추출한 18세 이상, 60세 이하인 500명의 운전자 중에서 지난 1년 동안 교통법규위반 횟수를 조사한 자료이다. 두 변수 사이의 독립성 검정을 하려고 할 때 검정통계량의 자유도는?

위반횟수	연령			합계
	18~25	26~50	51~60	
없음	60	110	120	290
1회	60	50	40	150
2회 이상	30	20	10	60
합계	150	180	170	500

① 1　　　　　　　　② 3
③ 4　　　　　　　　④ 9

1.

자유도는 (행의 수−1)×(열의 수−1)이며, 이때, 행의 수는 위반횟수 범주 3개(없음, 1회, 2회 이상), 열의 수는 연령 범주 3개(18~25, 26~50, 51~60)이므로 $(3-1)\times(3-1)=4$ 이다.

2020. 8. 23. 제3회

2 다음 (　　)에 들어갈 분석방법으로 옳은 것은?

독립변수(X) 종속변수(Y)	범주형 변수	연속형 변수
범주형 변수	(㉠)	
연속형 변수	(㉡)	(㉢)

① ㉠ : 교차분석, ㉡ : 분산분석, ㉢ : 회귀분석
② ㉠ : 교차분석, ㉡ : 회귀분석, ㉢ : 분산분석
③ ㉠ : 분산분석, ㉡ : 분산분석, ㉢ : 회귀분석
④ ㉠ : 회귀분석, ㉡ : 회귀분석, ㉢ : 분산분석

2.

독립변수(X)	종속변수(Y)	분석방법
범주형 변수	범주형 변수	㉠ 교차분석
범주형 변수	연속형 변수	㉡ 분산분석
연속형 변수	연속형 변수	㉢ 회귀분석

Answer　1.③ 2.①

3 가정 난방의 선호도와 방법에 대한 분할표가 다음과 같다. 난방과 선호도가 독립이라는 가정 하에서 "가스난방"이 "아주 좋다"에 응답한 셀의 기대도수를 구하면?

선호도 \ 난방방법	기름	가스	기타
아주 좋다	20	30	20
적당하다	15	40	35
좋지 않다	50	20	10

① 26.25

② 28.25

③ 31.25

④ 32.45

4 화장터 건립의 후보지로 거론되는 세 지역의 여론을 비교하기 위해 각 지역에서 500명, 450명, 400명을 임의출하여 건립에 대한 찬성여부를 조사하고 분할표를 작성하여 계산한 결과 검정통계량의 값이 7.55이었다. 유의수준 5%에서 임계값과 검정 결과가 알맞게 짝지어진 것은?

(단, $X^2_{0.025}(2) = 7.38$, $X^2_{0.05}(2) = 5.99$, $X^2_{0.025}(3) = 9.35$, $X^2_{0.05}(3) = 7.81$ 이다.)

① 7.38, 지역에 따라 건립에 대한 찬성률에 차이가 있다.

② 5.99, 지역에 따라 건립에 대한 찬성률에 차이가 있다.

③ 9.35, 지역에 따라 건립에 대한 찬성률에 차이가 없다.

④ 7.81, 지역에 따라 건립에 대한 찬성률에 차이가 없다.

5 행의 수가 2, 열의 수가 3인 이원교차표에 근거한 카이제곱검정을 하려고 한다. 검정통계량의 자유도는 얼마인가?

① 1

② 2

③ 3

④ 4

3.

선호도 \ 난방	기름	가스	기타	합
아주 좋다	20	30	20	70
적당하다	15	40	35	90
좋지 않다	50	20	10	80
합	85	90	65	240

"가스난방", "아주 좋다"에 응답한 셀의 기대도수

$$= \frac{행의\ 합계 \times 열의\ 합계}{전체\ 합계} = \frac{90 \times 70}{240} = 26.25$$

4.

· 귀무가설 : 지역에 따라 건립에 대한 찬성률은 같다.

· 대립가설 : 지역에 따라 건립에 대한 찬성률은 다르다.

· 임계값은 유의수준 5%에서 자유도는 (찬성여부 범주수− 1)×(지역 범주 수− 1) = (2− 1)×(3− 1) = 2인 $X^2_{0.05}(2) = 5.99$이며, 검정통계량(7.55)이 임계값보다 크므로 귀무가설은 기각되고, 지역에 따라 건립에 대한 찬성률 차이는 있다고 볼 수 있다.

5.

자유도는 $(2− 1) \times (3− 1) = 1 \times 2 = 2$ 이다.

Answer 3.① 4.② 5.②

6 어느 정당에서는 새로운 정책에 대한 찬성과 반대를 남녀별로 조사하여 다음의 결과를 얻었다.

구분	남자	여자	합계
표본수	250	200	450
찬성자수	110	104	214

남녀별 찬성률에 차이가 있다고 볼 수 있는가에 대하여 검정할 때 검정통계량을 구하는 식은?

① $Z = \dfrac{\dfrac{110}{250} - \dfrac{104}{200}}{\sqrt{\dfrac{214}{450}\left(1 - \dfrac{214}{450}\right)\left(\dfrac{1}{250} - \dfrac{1}{200}\right)}}$

② $Z = \dfrac{\dfrac{110}{250} - \dfrac{104}{200}}{\sqrt{\dfrac{214}{450}\left(1 - \dfrac{214}{450}\right)\left(\dfrac{1}{250} + \dfrac{1}{200}\right)}}$

③ $Z = \dfrac{\dfrac{110}{250} + \dfrac{104}{200}}{\sqrt{\dfrac{214}{450}\left(1 - \dfrac{214}{450}\right)\left(\dfrac{1}{250} + \dfrac{1}{200}\right)}}$

④ $Z = \dfrac{\dfrac{110}{250} + \dfrac{104}{200}}{\sqrt{\dfrac{214}{450}\left(1 - \dfrac{214}{450}\right)\left(\dfrac{1}{250} - \dfrac{1}{200}\right)}}$

6.

남자 표본수 $n_1 = 250$, 여자 표본수 $n_2 = 200$,
남자 찬성자 수 $X_1 = 110$, 여자 찬성자 수 $X_2 = 104$

$\widehat{p_1} = \dfrac{X_1}{n_1} = \dfrac{110}{250}$, $\widehat{p_2} = \dfrac{X_2}{n_2} = \dfrac{104}{200}$

$\hat{p} = \dfrac{X_1 + X_2}{n_1 + n_2} = \dfrac{110 + 104}{250 + 200} = \dfrac{214}{450}$

$Z = \dfrac{\widehat{p_1} - \widehat{p_2}}{\sqrt{\hat{p}(1 - \hat{p})\left(\dfrac{1}{n_1} + \dfrac{1}{n_2}\right)}}$

$= \dfrac{\dfrac{110}{250} - \dfrac{104}{200}}{\sqrt{\dfrac{214}{450}\left(1 - \dfrac{214}{450}\right)\left(\dfrac{1}{250} + \dfrac{1}{200}\right)}}$

Answer 6.②

7 6면 주사위의 각 눈이 나타날 확률이 동일한지를 알아보기 위하여 주사위를 60번 던진 결과가 다음과 같다. 다음 설명 중 틀린 것은?

눈	1	2	3	4	5	6
관측도수	10	12	10	8	10	10

① 카이제곱 동질성검정을 이용한다.

② 카이제곱 검정통계량 값은 0.8이다.

③ 귀무가설은 "각 눈이 나올 확률은 1/6이다."이다.

④ 귀무가설 하에서 각 눈이 나올 기대도수는 10이다.

7.

① 주사위를 활용해 나온 실험에서 검정은 적합성 검정에 속한다.

② 검정통계량은

$$\sum_{i=1}^{n} \frac{(O_i - E_i)^2}{E_i} = \sum_{i=1}^{6} \frac{(O_i - E_i)^2}{E_i}$$

$$= \frac{(10-10)^2}{10} + \frac{(12-10)^2}{10} + \frac{(10-10)^2}{10}$$

$$+ \frac{(8-10)^2}{10} + \frac{(10-10)^2}{10} + \frac{(10-10)^2}{10}$$

$$= 0 + \frac{4}{10} + 0 + \frac{4}{10} + 0 + 0 = \frac{8}{10} = 0.8$$

③ 각 눈이 나타날 확률이 동일한지를 알아보기 위함이며, 눈이 나올 모든 종류는 6가지이므로 귀무가설 H_0은 각 눈의 확률 $= \frac{1}{6}$이다.

④ 눈이 나올 모든 종류는 6가지이며, 총 60번 시행하였기 때문에 각 눈이 나올 기대도수는 $\frac{60}{6} = 10$이다.

8 카이제곱검정에 의해 성별과 지지하는 정당 사이에 관계가 있는지를 알아보기 위해 자료를 조사한 결과, 남자 200명 중 A정당 지지자가 140명, B정당 지지자가 60명, 여자 200명 중 A정당 지지자가 80명, B정당 지지자는 120명이다. 성별과 정당 사이에 관계가 없을 경우 남자와 여자 각각 몇 명이 B정당을 지지한다고 기대할 수 있는가?

① 남자 : 50명, 여자 : 50명

② 남자 : 60명, 여자 : 60명

③ 남자 : 80명, 여자 : 80명

④ 남자 : 90명, 여자 : 90명

8.

구분	A정당	B정당	합
남자	140	60	200
여자	80	120	200
합	220	180	400

"남자", "B 정당"에 응답한 셀의 기대도수

$$\frac{\text{행의 합계} (= \text{남자합계}) \times \text{열의 합계} (= \text{B정당})}{\text{전체 합계}}$$

$$= \frac{180 \times 200}{400} = 90$$

"여자", "B 정당"에 응답한 셀의 기대도수

$$\frac{\text{행의 합계} (= \text{여자합계}) \times \text{열의 합계} (= \text{B정당})}{\text{전체 합계}}$$

$$= \frac{180 \times 200}{400} = 90$$

따라서 B정당을 지지하는 남자, 여자의 기대도수는 각각 90명이다.

Answer 7.① 8.④

9 행변수가 M개의 범주를 갖고 열변수가 N개의 범주를 갖는 분할표에서 행변수와 열변수가 서로 독립인지를 검정하고자 한다. $(i,\ j)$셀의 관측도수를 O_{ij}, 귀무가설 하에서의 기대도수의 추정치를 $\widehat{E_{ij}}$라 할 때, 이 검정을 위한 검정통계량은?

① $\displaystyle\sum_{i=1}^{M}\sum_{j=1}^{N}\frac{(O_{ij}-\widehat{E_{ij}})^2}{O_{ij}}$

② $\displaystyle\sum_{i=1}^{M}\sum_{j=1}^{N}\frac{(O_{ij}-\widehat{E_{ij}})^2}{\widehat{E_{ij}}}$

③ $\displaystyle\sum_{i=1}^{M}\sum_{j=1}^{N}\frac{(O_{ij}-\widehat{E_{ij}})}{\widehat{E_{ij}}}$

④ $\displaystyle\sum_{i=1}^{M}\sum_{j=1}^{N}\left(\frac{O_{ij}-\widehat{E_{ij}}}{\sqrt{n\widehat{E_{ij}}O_{ij}}}\right)$

9.

검정통계량은 $\chi^2=\displaystyle\sum_{i=1}^{r}\sum_{j=1}^{c}\frac{(O_{ij}-E_{ij})^2}{E_{ij}}$ 이다.

10 월요일부터 금요일까지 업무를 보는 어느 가전제품 서비스센터에서는 요일에 따라 애프터서비스 신청률이 다른가를 알아보기 위해 요일별 서비스 신청건수를 조사한 결과 다음과 같았다. 귀무가설 "H_0 : 요일별 서비스 신청률은 모두 동일하다."를 유의수준 5%에서 검정할 때, 검정통계량의 값과 검정결과로 옳은 것은? (단, $X^2(4,\ 0.05)=9.49$이며 $X^2(k,\ a)$는 자유도 k인 카이제곱분포의 $100(1-a)$%백분위 수이다)

요일	월	화	수	목	금	계
서비스 신청건수	21	25	35	32	37	150

① 10.23, H_0를 기각함

② 10.23, H_0를 채택함

③ 6.13, H_0를 기각함

④ 6.13, H_0를 채택함

10.

$$\sum_{i=1}^{n}\frac{(O_i-E_i)^2}{E_i}=\sum_{i=1}^{5}\frac{(O_i-E_i)^2}{E_i}$$

$$=\frac{(21-30)^2}{30}+\frac{(25-30)^2}{30}+\frac{(35-30)^2}{30}$$

$$+\frac{(32-30)^2}{30}+\frac{(37-30)^2}{30}$$

$$=\frac{81}{30}+\frac{25}{30}+\frac{25}{30}+\frac{4}{30}+\frac{49}{30}=\frac{184}{30}=6.31$$

$X^2(4,\ 0.05)=9.49$보다 검정통계량($=6.31$) 값이 작으므로 귀무가설(H_0)을 기각하지 못한다.

Answer　9.② 10.④

11 두 정당 (A, B)에 대한 선호도가 성별에 따라 다른지 알아보기 위하여 1,000명을 임의추출하였다. 이 경우에 가장 적합한 통계분석법은?

① 분산분석
② 회귀분석
③ 인자분석
④ 교차분석

11.

범주형 변수 간의 연관성을 알아보는 분석을 교차분석이라고 한다.

12 작년도 자료에 의하면 어느 대학교의 도서관에서 도서를 대출한 학부 학생들의 학년별 구성비는 1학년 12%, 2학년 20%, 3학년 33%, 4학년 35%였다. 올해 이 도서관에서 도서를 대출한 학부 학생들의 학년별 구성비가 작년도와 차이가 있는가를 분석하기 위해 학부생 도서 대출자 400명을 랜덤하게 추출하여 학생들의 학년별 도수를 조사하였다. 이 자료를 갖고 통계적인 분석을 하는 경우 사용되는 검정통계량은?

① 자유도가 4인 카이제곱 검정통계량
② 자유도가 (3, 396)인 F-검정통계량
③ 자유도가 (1, 398)인 F-검정통계량
④ 자유도가 3인 카이제곱 검정통계량

12.

작년과 올해의 학년별 도서 대출 분포의 차이가 있는지를 검정할 때 교차분석을 이용할 수 있다. 이때, 만약 행을 년도(작년, 올해), 열을 학년(1, 2, 3, 4)이라고 한다면 자유도는 (행의 수-1)×(열의 수-1)=(2-1)×(4-1)=3으로 자유도가 3인 카이제곱 검정통계량을 통해 구할 수 있다.

13 다음은 서로 다른 3가지 포장형태(A, B, C)의 선호도가 같은지를 90명을 대상으로 조사한 결과이다. 선호도가 동일한지를 검정하는 카이제곱 검정통계량의 값은?

포장형태	A	B	C
응답자수	23	36	31

① 2.87
② 2.97
③ 3.07
④ 4.07

13.

$$기대빈도\ f_e = \frac{표본수}{그룹\ 수} = \frac{23+36+31}{3} = \frac{90}{3} = 30$$

$$\chi^2 = \sum \frac{(실제값 - 기대빈도)^2}{기대\ 빈도} = \sum \frac{(f_o - f_e)^2}{f_e}$$

$$= \frac{(23-30)^2}{30} + \frac{(36-30)^2}{30} + \frac{(31-30)^2}{30}$$

$$= \frac{49+36+1}{30} = \frac{86}{30} \approx 2.87$$

Answer　　11.④　12.④　13.①

2018. 8. 19. 제3회

14 4×5 분할표 자료에 대한 독립성검정에서 카이제곱 통계량의 자유도는?

① 9

② 12

③ 19

④ 20

14.

$r \times c$ 교차분석의 자유도는 (행의 수−1)(열의 수−1), 즉 $(r-1)(c-1) = (4-1)(5-1) = 3 \times 4 = 12$

2018. 4. 28. 제2회

15 결혼시기가 계절(봄, 여름, 가을, 겨울)별로 동일한 비율인지를 검정하려고 신혼부부 '200'쌍을 조사하였다. 가장 적합한 가설 검정 방법은?

① 카이제곱 적합도 검정

② 카이제곱 독립성 검정

③ 카이제곱 동질성 검정

④ 피어슨 상관계수 검정

15.

범주형 자료 비율의 적합도 검정 : 카이제곱

① **적합도 검정**(goodness of fit test) : 어떤 확률변수가 가정한 분포를 따르는지의 여부를 표본자료를 이용하여 검정(변수 1개)

② **독립성 검정**(test of independence) : 서로 다른 요인들의 연관성 여부 검정(변수 2개)

③ **동질성 검정**(test of homogeneity) : 요인들의 분포가 서로 비슷하게 나타나고 있는지 검정(변수 2개)

2018. 4. 28. 제2회

16 어느 지방선거에서 각 후보자의 지지도를 알아보기 위하여 120명을 표본으로 추출하여 다음과 같은 결과를 얻었다. 세 후보간의 지지도가 같은지를 검정하기 위한 검정통계량의 값은?

후보자 명	지지자 수
갑	40
을	30
병	50

① 2

② 4

③ 5

④ 8

16.

검정통계량 $\sum \dfrac{(O_i - e_i)^2}{e_i}$

기대빈도 $e_i = (40 + 30 + 50)/3 = 40$

$$\sum \dfrac{(O_i - e_i)^2}{e_i}$$

$$= \dfrac{(40-40)^2 + (30-40)^2 + (50-40)^2}{40}$$

$$= \dfrac{200}{40} = 5$$

17 다음은 A대학 입학시험의 지역별 합격자 수를 성별에 따라 정리한 자료이다. 지역별 합격자 수가 성별에 따라 차이가 있는지를 검정하기 위해 교차분석을 하고자 한다. 카이제곱(χ^2)검정을 한다면 자유도는 얼마인가?

	A지역	B지역	C지역	D지역	합계
남	40	30	50	50	170
여	60	40	70	30	200
합계	100	70	120	80	370

① 1
② 2
③ 3
④ 4

18 새로운 복지정책에 대한 찬반여부가 성별에 따라 차이가 있는지를 알아보기 위해 남녀 100명씩을 랜덤하게 추출하여 조사한 결과이다. 가설 "H_0 : 새로운 복지정책에 대한 찬반여부는 남녀 성별에 따라 차이가 없다."의 검정에 대한 설명으로 틀린 것은?

	찬성	반대
남자	40	60
여자	60	40

① 가설검정에 이용되는 카이제곱 통계량의 자유도는 1이다.
② 가설검정에 이용되는 카이제곱 통계량의 값은 8이다.
③ 유의수준 0.05에서 기각역의 임계값이 3.84이면 카이제곱 검정의 유의확률(p값)은 0.05보다 크다.
④ 남자와 여자의 찬성비율에 대한 오즈비(Odds ratio)는 $\dfrac{(0.4/0.6)}{(0.6/0.4)} = 0.444$로 구해진다.

17.

$r \times c$ 분할표 검정에서 자유도는 (행의 수−1)×(열의 수−1), 즉 $(r-1) \times (c-1)$로 표시한다. 즉, 자유도는 (2−1)×(4−1)=3이다.

18.

① $r \times c$의 카이제곱 통계량의 자유도는 $(r-1)(c-1) = (2-1)(2-1) = 1$
② 카이제곱 검정통계량

$$\chi^2 = \sum_{i=1}^{2}\sum_{j=1}^{2} \frac{(O_{ij} - E_{ij})^2}{E_{ij}}$$
$$= \frac{(40-50)^2}{50} + \frac{(60-50)^2}{50} + \frac{(60-50)^2}{50} + \frac{(40-50)^2}{50}$$
$$= \frac{400}{50} = 8$$

③ $\chi^2 = 8 > 3.84$이므로 카이제곱 검정의 유의확률은 0.05보다 작다.
④ 남자와 여자의 찬성비율에 대한 오즈비(Odds Ratio)
$$\frac{P(찬성|남자)/P(반대|남자)}{P(찬성|여자)/P(반대|여자)} = \frac{0.4/0.6}{0.6/0.4} = 0.444$$

Answer 17.③ 18.③

19 직업별로 소비자행동에 어떤 차이가 있는지를 보기 위해서 취업주부를 대상으로 전문직, 세무직, 생산직으로 나누어 소비성향을 측정하였다. 이때 소비행동은 여러 개의 문항을 이용하여 연속변수의 척도를 구성하였다. 직업별로 소비행동의 차이가 있는지를 알아보려면 어떤 통계적 분석을 실시하는 것이 적합한가?

① 분할표분석
② 회귀분석
③ 상관관계분석
④ 분산분석

20 두 정당(A, B)에 대한 선호도가 성별에 따라 다른지 알아보기 위하여 1,000명을 임의추출하였다. 이 경우에 가장 적합한 통계분석법은?

① 분산분석
② 회귀분석
③ 인자분석
④ 교차분석

21 다음 중 통계량의 자유도는 무엇에 의하여 결정되는가?

① 관찰 수
② 모집단의 크기
③ 유한모집단의 크기
④ 제약조건 수

19.

명목척도(전문직, 사무직, 생산직)을 독립변수로 하고 빈도차이를 검정할 때에는 분할표분석을 사용한다.

20.

성별에 따라 두 정당선호도의 분포를 검정할 때 교차분석을 이용한다.

21.

통계량의 자유도는 $(r-1)(c-1)$로 행과 열의 관찰 수를 필요로 한다.

22 다음 중 χ^2-검정에 대한 설명으로 옳은 것은?

① 2×2 통계분할표의 자유도는 값이 가변적이다.

② 관찰도수와 기대도수의 차의 제곱값이다.

③ 자유도가 커짐에 따라 대칭형태를 이룬다.

④ χ^2-검정은 ϕ보다 작은 값의 범위에서도 정의할 수 있다.

23 다음 중 χ^2-분포에 대한 설명으로 옳지 않은 것은?

① $\chi^2 = \dfrac{\sum (f_o - f_e)^2}{f_e}$

② n이 커질수록 오른쪽 꼬리가 길게 뻗는 분포가 된다.

③ 자유도 df는 표본의 크기 n에서 1을 뺀 것이다.

④ χ^2-분포는 자유도에 따라 분포의 양상이 달라진다.

24 다음 중 $r \times c$ 분할표를 이용한 가설검증에 있어서 행의 수가 5이고 열의 수가 3일 때 자유도는 얼마인가?

① $df = 8$ ② $df = 1$

③ $df = 5$ ④ $df = 4$

25 다음 χ^2-검정에서 기각역의 임계치의 자유도는? (단, r : 행의 수, c : 열의 수)

① rc ② $(r-1)(c-1)$

③ $rc - 1$ ④ $c(r-1)$

※ [26~27] 다음은 자동차를 생산하는 甲회사에서 자동차의 빛깔에 대한 소비자들의 성향을 조사하기 위하여 서울지방에서 280명을 임의추출하여 설문조사한 결과이다. 이때 $H_o : p_1 = p_2 = p_3 = p_4 = 0.25$가 성립하는가를 검정할 때($\alpha = 0.05$) 다음 물음에 답하시오.

흰색	노란색	회색	하늘색	합계
103	55	72	50	280

26 위 자료에 대한 χ^2 – 검정 시의 자유도는?

① 1
② 2
③ 3
④ 4

27 위 자료의 χ^2 – 검정통계량으로 옳은 것은?

① 20.52
② 23.54
③ 27.52
④ 24.54

28 다음 χ^2 – 검정에 대한 설명으로 옳지 않은 것은?

① 적합도의 검정 및 독립성의 검정에 주로 이용한다.
② 적합도 검정이란 한 모집단의 비율을 검정하는 것이며 독립성의 검정이란 2개 이상의 모집단의 비율을 비교하는 것이다.
③ χ^2 – 검정은 몇 개의 카테고리를 갖고 있는 자료들의 동질성 등을 검정할 때 이용한다.
④ 자유도에 상관없이 항상 비대칭형태를 이룬다.

26.
χ^2 – 검정의 자유도는 $(n-1)$이므로 $4-1 = 3$이다.

27.
$$\sum \frac{(f_o - f_e)^2}{f_e}$$
$$= \frac{(103-70)^2}{70} + \frac{(55-70)^2}{70} + \frac{(72-70)^2}{70}$$
$$+ \frac{(50-70)^2}{70}$$
$$\fallingdotseq 24.54$$

28.
④ 자유도가 커질수록 비대칭 분포형태에서 대칭형태로 바뀐다.

29 다음 중 몇 개의 카테고리를 갖고 있는 자료의 동질성을 검사하는 검정법은?

① Z-검정
② t-검정
③ χ^2-검정
④ F-검정

30 질적인 두 변수 간의 연관성을 알아보는 방법은?

① 교차분석
② 상관분석
③ 회귀분석
④ 분산분석

31 어느 지역의 금연훈련학교에 월요일부터 금요일까지 걸려오는 전화의 횟수가 다음과 같을 때 유의수준 5%에서 걸려오는 전화의 횟수와 요일과 무관한지의 여부결과를 검정한다면 그 결과는?

월요일	화요일	수요일	목요일	금요일
152	137	146	115	185

① 귀무가설을 기각한다.
② 위의 자료만으로는 알 수 없다.
③ 귀무가설을 채택한다.
④ 유의성이 있다.

32 교차분석과 관련이 없는 것은?

① 확률의 독립
② χ^2 검정
③ 범주형 변수
④ F검정

29.

χ^2-검정은 카테고리 자료의 동질성 검사 이외에 명목척도 간의 측정된 변수 사이의 관계분석이나 모형의 적합도 검정에 사용된다.

30.

범주형(질적) 변수 간의 연관성을 알아보는 분석을 교차분석이라 한다.

31.

㉠ 매일 걸려 오는 전화횟수의 기댓값

$$= \frac{152 + 137 + \cdots + 185}{5} = 147$$

㉡ $\chi^2 = \sum \frac{(f_o - f_e)^2}{f_e}$

$$= \frac{(152-147)^2}{147} + \frac{(137-147)^2}{147} =$$
$$+ \cdots + \frac{(185-147)^2}{147}$$

$$\frac{25 + 100 + 1 + 1024 + 144}{147} \fallingdotseq 17.64$$

㉢ 자유도는 $df = 5 - 1 = 4$
㉣ $\chi^2_{0.05}(4.d.f) = 9.49$

따라서, χ^2-통계량 값 17.64가 크므로 전화횟수와 요일과는 무관하다는 귀무가설을 기각한다.

32.

F검정은 분산 비 검정, 분산분석에서 사용한다.

33 교차분석에서 사용하는 χ^2값은?

① (기대빈도−관측빈도)^2/관측빈도

② (기대빈도−관측빈도)/관측빈도

③ (관측빈도−기대빈도)^2/기대빈도

④ (관측빈도−기대빈도)/기대빈도

33.

$\sum_{i=1}^{M}\sum_{j=1}^{N} \frac{(O_{ij} - \widehat{E}_{ij})^2}{\widehat{E}_{ij}}$, O_{ij} : 관측빈도, $\widehat{E}_{ij}$: 기대빈도

34 성별에 따라 모 입학시험 합격자의 지역별 자료이다. 성별과 지역별로 차이가 있는지 검정하기 위해 교차분석을 하고자 한다. 카이제곱(χ^2)검정을 한다면 자유도는 얼마인가?

	A 지역	B 지역	C 지역	D 지역	합계
남	40	30	50	50	170
여	60	40	70	30	200
합계	100	70	120	80	370

① 1

② 2

③ 3

④ 4

34.

교차분석 시 통계량의 자유도는
$(a-1)(b-1) = (2-1)(4-1) = 3$
여기서 a, b는 각 변수의 범주 수를 의미

35 행 변수가 M개의 범주를 갖고 열 변수가 N개의 범주를 갖는 분할표에서 행 변수와 열 변수가 서로 독립인지를 검정하고자 한다. (i, j) 셀의 관측도수를 O_{ij}, 귀무가설하에서의 기대도수의 추정치를 $\widehat{E}_{ij}$라 할 때, 이 검정을 위한 검정통계량은?

① $\sum_{i=1}^{M}\sum_{j=1}^{N} \frac{(O_{ij} - \widehat{E}_{ij})^2}{O_{ij}}$

② $\sum_{i=1}^{M}\sum_{j=1}^{N} \frac{(O_{ij} - \widehat{E}_{ij})^2}{\widehat{E}_{ij}}$

③ $\sum_{i=1}^{M}\sum_{j=1}^{N} \frac{(O_{ij} - \widehat{E}_{ij})}{O_{ij}}$

④ $\sum_{i=1}^{M}\sum_{j=1}^{N} \frac{(O_{ij} - \widehat{E}_{ij})}{\sqrt{n\widehat{E}_{ij}O_{ij}}}$

35.

위 교차분석(분할표 분석)의 검정통계량은
$\sum_{i=1}^{M}\sum_{j=1}^{N} \frac{(O_{ij} - \widehat{E}_{ij})^2}{\widehat{E}_{ij}}$

36 아래 자료는 어느 여론조사에서 나타난 학력과 연령대별 Chi-Square 검증이다. 다음의 설명 중 옳은 것은?

	Chi-Square Tests		
	value	df	Asymp. sig.(2-tailed)
Pearson Chi-Square	137.355(a)	8	.00
Likelihood Ratio	131.352	8	.00
N of Valid Cases	604		

a : 0 cells have expected count less than 5.
The minimum expected count is 8.27

① 학력과 연령대는 아무런 관련성이 없다.
② 연령대별로 학력의 차이가 유의미하다.
③ 셀의 기대빈도가 5보다 작은 것이 없기 때문에 카이자승의 결과가 신뢰성이 없다.
④ Chi-Square 검증으로는 관계의 방향이나 정도를 정확히 알 수 없다.

36.

유의확률이 .00이므로 귀무가설을 기각한다.
즉 연령대별로 학력의 차이가 있다.

08 분산분석

기출 PLUS

기출 2020년 8월 23일 제3회 시행

분산분석에 관한 설명으로 틀린 것은?

① 3개의 모평균을 비교하는 검정
　에서 분산분석으로 사용할 수
　있다.
② 서로 다른 집단 간에 독립을
　가정한다.
③ 분산분석의 검정법은 t-검정
　이다.
④ 각 집단별 자료의 수가 다를
　수 있다.

기출 2020년 9월 26일 제4회 시행

다음 중 분산분석(ANOVA)에 관한
설명으로 틀린 것은?

① 분산분석은 분산값들을 이용해
　서 두 개 이상의 집단 간 평균
　차이를 검정할 때 사용된다.
② 각 집단에 해당되는 모집단의
　분포가 정규분포이며 서로 동
　일한 분산을 가져야 한다.
③ 관측값에 영향을 주는 요인은
　등간척도나 비율척도이다.
④ 분산분석의 가설검정에는 F-
　분포 통계량을 이용한다.

정답 ③, ③

---

section **1** 분산분석

1 기본개념 (2018 2회) (2019 1회) (2020 1회)

(1) 분산분석(analysis of variance)의 의의

두 모집단의 평균을 비교할 때 표본의 크기에 따라 Z분포 또는 t분포를 사용하여 추정·검정의 통계활동을 수행하였다. 하지만 모집단이 두 개가 아닌 세 개 이상인 경우도 일상생활에서 종종 발생하게 된다. 이때 다수의 모집단을 반드시 두 개의 모집단으로 분리하여 평균을 비교하는 것은 번거롭고 비효율적이기 때문에 효율적인 의사결정을 위한 통계활동으로 여러 모집단의 평균을 동시에 비교하는 분산분석을 시행하는 것이다.

(2) 분산분석의 개념

분산분석은 약칭으로 ANOVA라고 하며, 다수 집단의 평균값의 차이를 검정하고자 하는 분석방법이다. 비계량적인 독립변수와 계량적인 종속변수 사이의 관계를 파악하며 독립변수가 하나인 경우를 일원배치분산분석(one-way ANOVA), 독립변수가 둘인 경우는 이원배치분산분석(two-way ANOVA)이라 한다.

> 🖈 **Plus tip 분산분석**
> 분산분석은 다수의 집단 평균값을 검정하는 것이므로 종속변수는 정량적 변수여야 한다.

> 📖 강부장은 할인점의 매출 감소원인을 파악하고자 한다. 매출감소의 원인이 상대적으로 높은 가격이라 생각된다면 할인점 매출이 종속변수가 되고 가격이 독립변수가 되며 그 외 모든 다른 요인들은 외생변수가 된다.
> 할인점 가격 수준을 세 가지로 분류한다면 분산분석을 적용할 수 있다.

❷ 분산분석의 자료조건

(1) 독립변수들의 척도는 명목 · 서열척도이어야 한다.

(2) 종속변수는 등간 · 비율척도의 자료만 사용할 수 있다.

❸ 분산분석의 주요가정 `2018 2회` `2019 2회` `2020 1회`

(1) 각 표본이 추출된 모집단의 분포는 정규분포이어야 한다.

(2) 등분산성(homogeneity)의 가정이다.

(3) 각 표본들은 상호독립적이어야 한다.

❹ 분산분석의 유형 `2018 4회` `2019 2회` `2020 1회`

(1) 일원배치 분산분석

① 개념 : 분석하고자 하는 변수가 1개인 모집단에 대해 한 개 인자의 영향만을 분석하는 가장 단순한 실험계획법이다.

② 분석자료의 구조 : 요인 A가 i개의 수준을 이루고 있으며, 각 수준에서 j개의 표본을 추출하여 확률변수 Y의 값을 측정하였을 때 분석자료의 구조는 다음과 같다.

요인 관측 수	A_1	A_2	$\cdots$	A_i	
1	Y_{11}	Y_{21}	$\cdots$	Y_{i1}	
2	Y_{12}	Y_{22}	$\cdots$	Y_{i2}	
$\vdots$	$\vdots$	$\vdots$		$\vdots$	
k	Y_{1k}	Y_{2k}	$\cdots$	Y_{ik}	
	$\overline{Y_1}$	$\overline{Y_2}$	$\cdots$	$\overline{Y_p}$	$\overline{Y}$

기출 2019년 4월 27일 제2회 시행

3개 이상의 모집단의 모평균을 비교하는 통계적 방법으로 가장 적합한 것은?

① t-검정
② 회귀분석
③ 분산분석
④ 상관분석

기출 2018년 4월 28일 제2회 시행

분산분석의 기본 가정이 아닌 것은?

① 각 모집단에서 반응변수는 정규분포를 따른다.
② 각 모집단에서 독립변수는 F분포를 따른다.
③ 반응변수의 분산은 모든 모집단에서 동일하다.
④ 관측값들은 독립적이어야 한다.

정답 ③, ②

일원배치 분산분석법을 적용하기에 부적합한 경우는?

① 어느 화학회사에서 3개 제조업체에서 생산된 기계로 원료를 혼합하는데 소요되는 평균시간이 동일한지를 검정하기 위하여 소요시간(분) 자료를 수집하였다.

② 소기업 경영연구에 실린 한 논문은 자영업자의 스트레스가 비자영업자보다 높다고 결론을 내렸다. 부동산중개업자, 건축가, 증권거래인들을 각각 15명씩 무작위로 추출하여 5점 척도로 된 15개 항목으로 직무스트레스를 조사하였다.

③ 어느 회사에 다니는 회사원은 입사 시 학점이 높은 사람일수록 급여를 많이 받는다고 알려져 있다. 30명을 무작위로 추출하여 평균평점과 월급여를 조사하였다.

④ A구, B구, C구 등 3개 지역이 서울시에서 아파트 가격이 가장 높은 것으로 나타났다. 각 구마다 15개씩 아파트 매매가격을 조사하였다.

분산분석에 대한 설명으로 옳은 것은?

① 분산분석이란 각 처리집단의 분산이 서로 같은지를 검정하기 위한 방법이다.

② 비교하려는 처리집단이 k개 있으면 처리에 의한 자유도는 $k-2$가 된다.

③ 두 개의 요인이 있을 때 각 요인의 주효과를 알아보기 위해서는 요인간 교호작용이 있어야 한다.

④ 일원배치분산분석에서 일원배치의 의미는 반응변수에 영향을 주는 요인이 하나인 것을 의미한다.

정답 ③, ④

> ### 🖐 Plus tip X_{ij}와 X_{13}
> X_{ij}는 i번째 수준의 j번째 표본의 값, 즉 X_{13}은 1번째 수준의 3번째 관측치를 말한다.

③ **구조 모형식** : 모집단 전체의 평균 μ와 i번째 요인수준의 평균 μ_i의 차이를 α라고 할 때 c번째 요인수준의 c번째 조사대상의 확률변수값 Y_{ic}의 모형식은 다음과 같다.

$$Y_{ij} = \mu + \alpha_i + \epsilon_{ij}$$

• $\alpha_i = \mu - \mu_i$

> ### 🖐 Plus tip α_i
> 여기서 α_i는 요인수준에 따른 i번째 처리효과라고 할 수 있다.(단, $\sum \alpha_i = 0$)

④ **변동의 분할** : 변동(variation)은 제곱합(sum of square)이라고도 하며 분산을 구하는 공식에서 분자 부분에 해당한다. 총 변동(total variation)은 총 제곱합(total sum of square)라고도 하며 SST로 표시하며 공식은 다음과 같다.

㉠ $\sum\limits_{i=1}^{c}\sum\limits_{j}^{m}(X_{ij} - \overline{\overline{X}})^2 = \sum\limits_{i=1}^{c}\sum\limits_{j}^{m}(\overline{X_{i.}} - \overline{\overline{X}})^2 + \sum\limits_{i}^{c}\sum\limits_{j}^{m}(X_{ij} - \overline{X_{i.}})^2$

㉡ 총 변동 SST = 그룹 간 변동 SSB + 그룹 내 변동 SSW

⑤ **수정항(correction term)을 이용한 공식의 활용**

$CT = \dfrac{T^2}{cm}$, $T = \sum\limits_{i=1}^{c}\sum\limits_{j=1}^{m}X_{ij}$

㉠ $SST = \sum\limits_{i=1}^{c}\sum\limits_{i=1}^{m}X_{ij}^2 - CT$

㉡ $SSB = \sum\limits_{i=1}^{c}\dfrac{\overline{X_{i.}}}{n} - CT$

㉢ $SSW = SST - SSB$

⑥ **분산분석표의 작성**

㉠ 검정통계량 F비 $= \dfrac{MSB}{MSW}$

㉡ 그룹간 평균제곱 $MSB = \dfrac{SSB}{c-1}$

㉢ 그룹내 평균제곱 $MSW = \dfrac{SSW}{cm-c}$

Plus tip 분산분석표

MSB가 커질수록 F비는 커지므로 귀무가설을 기각하며 MSB가 크다는 것은 결국 그룹 간의 변동차이가 크다는 것이고 요인수준의 평균들은 같다고 판단하기 어렵다는 의미가 된다.

(2) 이원분산분석법(two−way ANOVA)

① 개념 : 두 변수들이 교차된 상황에서 하는 실험으로 분석하고자 하는 변수의 수가 2개이다.

Plus tip 이원분산분석법의 장점

이원분산분석법은 각 요인의 상호작용 효과를 파악할 수 있어 결과를 일반화시키기 용이하다는 장점이 있다.

② 분석자료의 구조 : 이원분산분석법의 분석자료의 구조는 다음과 같다.

  ㉠ 반복이 있는 경우

	요인수준					평균
	A_1	A_2	$\cdots$	A_c	합계	
B_1	X_{111}	X_{211}	$\cdots$	X_{c11}	$T_{\cdot 1 \cdot}$	$\overline{X}_{\cdot 1 \cdot}$
	X_{112}	X_{212}	$\cdots$	X_{c12}		
	$\vdots$	$\vdots$	$\cdots$	$\vdots$		
	X_{11r}	X_{21r}		X_{c1r}		
B_2	X_{121}	X_{221}	$\cdots$	X_{c21}	$T_{\cdot 2 \cdot}$	$\overline{X}_{\cdot 2 \cdot}$
	X_{122}	X_{222}	$\cdots$	X_{c22}		
	$\vdots$	$\vdots$	$\cdots$	$\vdots$		
	X_{12r}	X_{22r}		X_{c2r}		
$\vdots$				$\vdots$		
B_r	X_{1m1}	X_{2m1}	$\cdots$	X_{cm1}	$T_{\cdot m \cdot}$	$\overline{X}_{\cdot m \cdot}$
	X_{1m2}	X_{2m2}	$\cdots$	X_{cm2}		
	$\vdots$	$\vdots$	$\cdots$	$\vdots$		
	X_{1mr}	X_{2mr}	$\cdots$	X_{cmr}		
합계	$T_{1 \cdot \cdot}$	$T_{2 \cdot \cdot}$	$\cdots$	$T_{c \cdot \cdot}$	T	
평균	$\overline{X}_{1 \cdot \cdot}$	$\overline{X}_{2 \cdot \cdot}$	$\cdots$	$\overline{X}_{c \cdot \cdot}$		$\overline{\overline{X}}$

ⓛ 반복이 없는 경우

	A_1	A_2	⋯	A_c	합계	평균
B_1	X_{11}	X_{21}	⋯	X_{c1}	$T_{c\cdot1}$	$\overline{X}_{\cdot1}$
B_2	X_{12}	X_{22}	⋯	X_{c2}	$T_{c\cdot2}$	$\overline{X}_{\cdot2}$
⋮	⋮	⋮		⋮	⋮	⋮
B_r	X_{1r}	X_{2r}	⋯	X_{cr}	$T_{\cdot r}$	$\overline{X}_{\cdot r}$
합계	$T_1\cdot$	$T_2\cdot$	⋯	$T_c\cdot$	T	
평균	$\overline{X}_1\cdot$	$\overline{X}_2\cdot$	⋯	$\overline{X}_c\cdot$		$\overline{\overline{X}}$

③ 구조 모형식

ⓗ $Y_{ij} = \mu + \alpha_i + b_j + \epsilon_{ij}$

ⓛ $Y_{ijk} = \mu + \alpha_i + b_j + \alpha b_{ij} + \epsilon_{ijk}$

④ 변동의 분할

ⓗ 반복이 있는 경우 : $SST = SSB + SSAB + SSW$

ⓛ 반복이 없는 경우 : $SST = SSA + SSB + SSAB + SSW$

⑤ 분산분석의 과정

(1) 집단 내 분산

집단요소들의 측정치가 각 집단의 평균치를 중심으로 얼마나 분포되어 있는가를 나타낸다.

① 집단 내 분산 : $SSW = \sum_i \sum_j (X_{ij} - \overline{X}_j)^2$ (X_{ij} : 각 요소의 측정치, $\overline{X}_j$: j집단의 평균치)

② 자유도 : df = (집단의 수 × 집단 내 측정치의 수) − 집단의 수

③ 평균분산 : $MSW = \dfrac{\text{집단 내 분산}}{\text{자유도}} = \dfrac{SSW}{df}$

(2) 집단 간 분산

전체평균에서 각 집단의 평균들이 얼마나 떨어져 있는가를 나타낸다.

① 집단 간 분산 : $SSB = \sum_j n_j (\overline{X_{j\cdot}} - \overline{\overline{X}})^2$ (n_j : j 집단의 개수, $\overline{\overline{X}}$: 전체평균)

② 자유도 : $df =$ (집단의 수 $- 1$)

③ 평균분산 : $MSB = \dfrac{SSB}{df}$

(3) 전체분산

전체평균에서 각 요소들의 개별 측정치가 얼마나 떨어져 있는가를 나타내며 집단 내 분산값과 집단 간 분산값의 합으로도 구할 수 있다.

① 전체분산 : $SST = \sum_i \sum_j (X_{ij} - \overline{\overline{X}})^2 = SSW + SSB$

② 자유도 : $df =$ (집단의 수 $\times$ 집단 내 측정치의 수) -1

③ 평균분산 : $MST = \dfrac{SST}{df}$

> ☆ Plus tip F검정
>
> 집단 간의 차이가 있음을 검정하기 위하여 집단 간 평균분산을 집단 내 평균분산으로 나눈 값이며, F-분포는 자유도 값에 좌우된다.

(4) F 검정

① F값은 집단 내 평균분산에 대한 집단 간 평균분산의 비로 나타낸다.

$$F = \frac{MSB}{MSW}$$

② F값이 크다는 의미는 집단 간 분산이 크다는 의미이고, 상대적으로 집단 내 분산이 작다는 것을 의미한다.

기출PLUS

기출 2018년 4월 28일 제2회 시행

서로 다른 4가지 교수방법 A, B, C, D의 학습효과를 알아보기 위하여 같은 수준에 있는 학생 중에서 99명을 임의추출하여 A교수방법에 19명, B교수방법에 31명, C교수방법에 27명, D교수방법에 22명을 할당하였다. 일정 기간 수업 후 성취도를 100점 만점으로 측정, 정리하여 다음의 평방합(제곱합)을 얻었다. 교수방법 A, B, C, D의 학습효과 사이에 차이가 있는가를 검정하기 위한 F-통계량 값은?

그룹 간 평방합	63.21
그룹 내 평방합	350.55

① 0.175

② 0.180

③ 5.71

④ 8.11

기출 2019년 8월 4일 제3회 시행

성별 평균소득에 관한 설문조사자료를 정리한 결과, 집단 내 평균제곱(mean squares within groups)은 50, 집단 간 평균제곱(mean squares between groups)은 25로 나타났다. 이 경우에 F값은?

① 0.5

② 2

③ 25

④ 75

정답 ③, ①

어느 질병에 대한 3가지 치료약의 효과를 비교하기 위한 일원분산분석 모형 $X_{ij} = +\alpha_i + \epsilon_{ij}$에서 오차항 ϵ_{ij}에 대한 가정으로 틀린 것은?

① ϵ_{ij}의 기댓값은 0이 아니다.
② ϵ_{ij}의 분포는 정규분포를 따른다.
③ ϵ_{ij}의 분산은 어떤 i, j에 대해서도 일정하다.
④ 임의의 ϵ_{ij}와 $\epsilon_{\hat{i}\hat{j}}(i \neq \hat{i}$ 또는 $j \neq \hat{j})$는 서로 독립이다.

다음 분산분석표에 관한 설명으로 틀린 것은?

변동	제곱합(SS)	자유도(df)
급간 (between)	10.95	1
급내 (within)	73	10
합계 (total)		

① F 통계량의 값은 0.15이다.
② 두 개의 집단의 평균을 비교하는 경우이다.
③ 관찰치의 총 개수는 12개이다.
④ F 통계량이 임계값보다 작으면 각 집단의 평균이 같다는 귀무가설을 기각하지 않는다.

다음 중 분산분석표에 나타나지 않는 것은?

① 제곱합
② 자유도
③ F-값
④ 표준편차

정답 ①, ①, ④

---

6 일원분산분석표 [2018 4회] [2019 5회] [2020 3회]

변동의 원인	제곱합	자유도	분산	F값
집단 간	SSB	$K-1$	$S_1^2 = \dfrac{SSB}{K-1}$	$\dfrac{S_1^2}{S_2^2}$
집단 내	SSW	$N-K$	$S_2^2 = \dfrac{SSW}{N-K}$	
합계	SST			

※ 일원분산분석표에서 N은 전체 개수, K는 처리집단 수를 의미한다.

예 5개 제약회사에서 판매되는 두통약의 지속효과를 조사한 것이다. 25명의 피실험자를 5개 그룹으로 나누고 각 그룹에 서로 다른 두통약을 제공한 뒤 약의 지속효과를 시간으로 나타낸 자료가 다음과 같을 때 $\alpha = 0.05$에서 두통약의 지속효과에 대한 가설을 검증하라.

	A	B	C	D	E
	5	9	3	2	7
	4	7	5	3	6
	8	8	2	4	9
	6	6	3	1	4
	3	9	7	4	7
합계	26	39	20	14	33
평균	5.2	7.8	4.0	2.8	6.6

㉠ $H_0 : \mu_1 = \mu_2 = \mu_3 = \mu_4 = \mu_5$
㉡ H_1 : 최소한 두 개의 평균은 서로 값이 다르다.
㉢ $\alpha = 0.05$
㉣ 기각역 : $F > F(4,\ 20 : 0.05) = 2.87$
㉤ $T = 26 + 39 + \cdots + 33 = 132$

$$SST = 5^2 + 4^2 + ... + 7^2 - \frac{(132)^2}{25} = 137.04$$

$$SSB = \frac{26^2 + 39^2 + ... + 33^2}{5} - \frac{(132)^2}{25} = 79.44$$

$$SSW = 137.04 - 79.44 = 57.6$$

변동의 원인	제곱합	자유도	분산	F값
집단 간	79.44	4	19.86	6.90
집단 내	57.6	20	2.88	
합계	137.04	24		

※ 분산분석표에서 구한 F값이 6.90으로 기각역 안에 포함된다. 따라서 두통약의 효과에는 차이가 없다는 귀무가설을 기각한다.

2020. 8. 23. 제3회

1 두 변량 중 X를 독립변수, Y를 종속변수로 하여 X와 Y의 관계를 분석하고자 한다. X가 범주형 변수이고 Y가 연속형 변수일 때 가장 적합한 분석 방법은?

① 회귀분석

② 교차분석

③ 분산분석

④ 상관분석

1.

X가 범주형 변수, Y가 연속형 변수일 때 분산분석으로 분석할 수 있다.

2020. 8. 23. 제3회

2 철선을 생산하는 어떤 철강회사에서는 A, B, C 세 공정에 의해 생산되는 철선의 인장강도(kg/cm²)에 차이가 있는가를 알아보기 위해 일원배치법을 적용하였다. 각 공정에서 생산된 철선의 인장강도를 5회씩 반복 측정한 자료로부터 총제곱합 606, 처리제곱합 232를 얻었다. 귀무가설 "H_0 : A, B, C 세 공정에 의한 철선의 인장강도에 차이가 없다."를 유의수준 5%에서 검정할 때, 검정통계량과 검정결과로 옳은 것은? (단, $F(2, 12 ; 0.05) = 3.89$, $F(3, 11 ; 0.05) = 3.59$이다)

① 3.72, H_0를 기각함

② 2.72, H_0를 기각함

③ 3.72, H_0를 기각하지 못함

④ 2.72, H_0를 기각하지 못함

2.

• 귀무가설
H_0 : A, B, C 세 공정에 의한 철선의 인장강도에 차이가 없다.

• 대립가설
H_1 : A, B, C 세 공정에 의한 철선의 인장강도에 차이가 있다.

• 기각역
$F > F(K-1, N-K ; 0.05)$; N=전체 개수,
K=처리 집단 수
$F > F(3-1, 15-3 ; 0.05)$

변동	제곱합	자유도	평균제곱	F
급간	232	2 (=3−1)	116 (=232/2)	3.72 (=116/31.17)
급내	374 (=606−232)	12 (=15−3)	31.17 (=374/12)	
합계	606	14		

F-값은 3.72이며, 5%에서의 기각역 $F(2, 12 ; 0.05)$ = 3.89보다 작으므로 귀무가설 H_0를 기각하지 못한다.

Answer　1.③　2.③

3 분산분석에 관한 설명으로 틀린 것은?

① 3개의 모평균을 비교하는 검정에서 분산분석으로 사용할 수 있다.

② 서로 다른 집단 간에 독립을 가정한다.

③ 분산분석의 검정법은 t-검정이다.

④ 각 집단별 자료의 수가 다를 수 있다.

4 다음 분산분석표에 관한 설명으로 틀린 것은?

변동	제곱합(SS)	자유도(df)	F
급간(between)	10.95	1	
급내(within)	73	10	
합계(total)			

① F 통계량의 값은 0.15이다.

② 두 개의 집단의 평균을 비교하는 경우이다.

③ 관찰치의 총 개수는 12개이다.

④ F 통계량이 임계값보다 작으면 각 집단의 평균이 같다는 귀무가설을 기각하지 않는다.

5 다음 중 분산분석표에 나타나지 않는 것은?

① 제곱합

② 자유도

③ F-값

④ 표준편차

3.

③ 분산분석의 검정법은 F 검정을 따르며, F 검정은 집단간의 차이가 있음을 검정하기 위하여 집단간 평균분산을 집단내 평균분산으로 나눈 값이며 F 분포는 자유도에 좌우된다.

4.

① F통계량 값은 1.50이다.

변동	제곱합	자유도	평균제곱	F
급간	10.95	1	10.95	1.5(= 10.95/7.3)
급내	73	10	7.3	
합계		11		

② 급간의 자유도는 집단수-1 = 1, 집단수는 2개

③ 급내의 자유도는 총 개수-집단수 = 10, 총 개수는 12개

④ • 귀무가설 : 각 집단의 평균이 같다.
• 대립가설 : 각 집단의 평균이 같지 않다.
• F 통계량이 임계값보다 작으면 귀무가설을 기각하지 못한다.

5.

분산분석표에는 제곱합, 자유도, 평균제곱합(= 분산), F값이 있다.

Answer   3.③   4.①   5.④

6 반복수가 동일한 일원배치법의 모형 $Y_{ij} = \mu + \alpha_0 + \epsilon_{lj}$, $i = 1, 2, \cdots, k$, $j = 1, 2, \cdots, n$에서 오차항 ϵ_{ij}에 대한 가정이 아닌 것은?

① 오차항 ϵ_{ij}는 서로 독립이다.

② 오차항 ϵ_{ij}의 분산은 동일하다.

③ 오차항 ϵ_{ij}는 정규분포를 따른다.

④ 오차항 ϵ_{ij}는 자기상관을 갖는다.

6.

오차항은 독립성, 등분산성, 정규성을 따른다.

7 A, B, C 세 공법에 대하여 다음의 자료를 얻었다.

A : 56, 60, 50, 65, 64
B : 48, 61, 48, 52, 46
C : 55, 60, 44, 46, 55

일원분산분석을 통하여 위의 세 가지 공법 사이에 유익한 차이가 있는지 검정하고자 할 때, 처리제곱합의 자유도는?

① 1   ② 2

③ 3   ④ 4

7.

처리의 자유도는 처리집단 수−1이므로 처리집단 수는 A, B, C인 3그룹이므로 $3 - 1 = 2$이다.

8 성별 평균소득에 관한 설문조사자료를 정리한 결과, 집단 내 평균제곱(mean squares within groups)은 50, 집단 간 평균제곱(mean squares between groups)은 25로 나타났다. 이 경우에 F값은?

① 0.5   ② 2

③ 25   ④ 75

8.

$$F = \frac{\text{집단 간 평균제곱합}}{\text{집단 내 평균제곱합}} = \frac{25}{50} = 0.5$$

Answer   6.④   7.②   8.①

2019. 8. 4. 제3회

9 3개의 처리(treatment)를 각각 5번씩 반복하여 실험하였고, 이에 대해 분산분석을 실시하고자 할 때의 설명으로 틀린 것은?

① 분산분석표에서 오차의 자유도는 12이다.

② 분산분석의 영가설(H_0)은 3개의 처리 간 분산이 모두 동일하다고 설정한다.

③ 유의수준 0.05하에서 계산된 F-비 값은 $F(0.05, 2, 12)$ 분포값과 비교하여, 영가설의 기각여부를 결정한다.

④ 처리 평균제곱은 처리 제곱합을 처리 자유도로 나눈 것을 말한다.

2019. 8. 4. 제3회

10 대기오염에 따른 신체발육정도가 서로 다른지를 알아보기 위해 대기오염상태가 서로 다른 4개 도시에서 각각 10명씩 어린이들의 키를 조사하였다. 분산분석의 결과가 다음과 같을 때, 다음 중 틀린 것은?

구분	제곱합 (SS)	자유도 (df)	평균제곱합 (MS)	F
처리(B)	2,100	a	b	
오차(W)	c	d	e	f
총합(T)	4,900	g		

① b = 700

② c = 2,800

③ g = 39

④ f = 8.0

9.

① 총 N 수는 $3 \times 5 = 15$개, 집단 수 K는 3이므로 오차의 자유도는 $N - K = 15 - 3 = 12$이다.

② 분산분석의 귀무가설 H_0은 '3 집단의 평균이 모두 같다(= 동일하다)'이다. 이때, 대립가설 H_1은 '3 집단 가운데 하나라도 평균이 다르다'이다.

③ F검정의 $F(\alpha, m-1, n-1)$은 처리의 자유도, 오차의 자유도로 이루어진 것이므로, $F(\alpha, K-1, N-K) = F(0.05, 2, 12)$이다.

④ 처리 평균제곱은 처리의 제곱합을 처리의 자유도로 나눈 것으로 $MSB = SSB/(K-1)$에 해당한다.

10.

구분	제곱합	자유도	평균제곱합	F
처리 (B)	2,00	a=3 (=4−1)	b=700 (=2,100/3)	f=9.0 (=700/77.78)
오차 (W)	c=2,800 (=4,900−2,100)	d=36 (=39−3)	e=77.78 (=2,800/36)	
총합 (T)	4,900	g=39 (=4×10−)		

b = 700, c = 2,800, g = 39, f = 90이다.

2019. 4. 27. 제2회

11 다음은 k개의 처리효과를 비교하기 위한 일원배치법에서, $i-$번째 처리에서 얻은 $j-$번째 관측값 $Y_{ij}(i=1,\cdots, k, j=1, \cdots, n)$에 대한 모형이다. 다음 중 오차항 ϵ_{ij}에 대한 가정이 아닌 것은?

> $Y_{ij}=\mu+\alpha_i+\epsilon_{ij}$, $i=1, 2, \cdots, k, j=1, 2, \cdots, n\mu$는 총 평균, α_1는 $i-$번째 처리효과이며 $\sum\alpha_1=0$이고 ϵ_{ij}는 실험오차에 해당하는 확률변수이다.

① ϵ_{ij}는 정규분포를 따른다.

② ϵ_{ij} 사이에 자기상관이 존재한다.

③ 모든 i, j에 대하여 ϵ_{ij}의 분산은 동일하다.

④ 모든 i, j에 대하여 ϵ_{ij}는 서로 독립이다.

11.

분산분석의 주요 가정은 ① 정규분포를 따르며, ③ 등분산성, ④ 상호독립성이 성립되어야 한다.

2019. 4. 27. 제2회

12 다음 분산분석표에 관한 설명으로 틀린 것은?

요인	자유도	제곱합	평균제곱	F값	유의확률
Month	7	127049	18150	1.52	0.164
전자	135	1608204	11913		
계	142	1735253			

① 총 관측자료 수는 142이다.

② 요인은 Month로서 수준 수는 8개이다.

③ 오차량의 분산 추정값은 11913이다.

④ 유의수준 0.05에서 인자의 효과가 인정되지 않는다.

12.

① 총 관측자료 수는 총 자유도(=142)는 총 관측자료 수−1 이므로 총 관측자료 수는 143이다.

② 요인은 Month로서 Month의 자유도(=7)는 Month의 수준 수−1 이므로 수준 수는 8이다.

③ 평균 제곱값이 분산 추정값이기 때문에 오차(=잔차)의 분산 추정값은 11913이다.

④ 유의수준 0.05보다 유의확률 0.1644가 더 크기 때문에 귀무가설(=인자의 효과 차이는 없다)이 기각되지 않아 인자의 효과가 인정되지 않는다.

2019. 4. 27. 제2회

13 3개 이상의 모집단의 모평균을 비교하는 통계적 방법으로 가장 적합한 것은?

① $t-$검정

② 회귀분석

③ 분산분석

④ 상관분석

13.

분산분석은 다수의 집단(세 집단 이상) 평균값을 검정하는 것이다.

2019. 3. 3. 제1회

14 다음 중 일원배치법의 모집단 모형으로 적합한 것은? (단, Y_i는 관측값이고 μ는 이들의 모평균, ϵ_i나 ϵ_{ij}는 실험의 오차로서 평균 0, 분산 σ^2인 정규분포 N(μ, σ^2)을 따르고 서로 독립이다.)

① $Y_{ij} = \mu + \alpha_i + \epsilon_{ij},\ i = 1,\ \cdots,\ k,\ j = 1,\ \cdots,\ n$

② $Y_{ij} = \mu + \alpha_i + \beta_j + \epsilon_{ji},\ i = 1,\ \cdots,\ p,\ j = 1,\ \cdots,\ q$

③ $Y_i = \alpha + \beta X_i + \epsilon_i,\ i = 1,\ \cdots,\ n$

④ $Y_i = \alpha + \beta_1 X_1 + \beta_2 X_2 + \epsilon_i,\ i = 1,\ \cdots,\ n$

14.

k개 처리에서 n회씩 실험을 반복하는 일원배치모형은 $Y_{ij} = \mu + \alpha_i + \epsilon_{ij}$이다. 단, $i = 1,\ 2,\ \cdots,\ k$이고, $j = 1,\ 2,\ \cdots,\ n$이며, $\epsilon_{ij} \sim N(0,\ \sigma^2)$이다.

2019. 3. 3. 제1회 시행

15 일원분산분석으로 4개의 평균의 차이를 동시에 검정하기 위하여 귀무가설을 $H_0 : \mu_1 = \mu_2 = \mu_3 = \mu_4$라 정할 때 대립가설 H_1은?

① H_1 : 모든 평균이 다르다.

② H_1 : 적어도 세 쌍 이상의 평균이 다르다.

③ H_1 : 적어도 두 쌍 이상의 평균이 다르다.

④ H_1 : 적어도 한 쌍 이상의 평균이 다르다.

15.

분산분석의 대립가설은 '최소한 적어도 한 쌍 이상의 평균이 다르다'이다.

Answer 13.③ 14.① 15.④

2019. 3. 3. 제1회 시행

16 일원분산분석 모형에서 오차항에 대한 가정에 해당되지 않는 것은?

① 정규성　　　　　　② 독립성

③ 일치성　　　　　　④ 등분산성

16.

분산분석의 주요 가정은 정규분포를 따르며, 등분산성, 상호독립성이 성립되어야 한다.

2018. 8. 19. 제3회 시행

17 일원배치법에 대한 설명으로 옳은 것은?

① 한 종류의 인자가 특성값에 미치는 영향을 조사하고자 할 때 사용하는 분석법이다.

② 인자의 처리별 반복수는 동일하여야 한다.

③ 3명의 기술자가 3가지의 재료를 이용해서 어떤 제품을 만들고자 할 때 가장 좋은 제품을 만들 수 있는 조건을 찾으려면 일원배치법이 적절한 방법이다.

④ 일원배치법에 의해 여러 그룹의 분산의 차이를 해석할 수 있다.

17.

② 인자의 처리별 반복수는 동일하지 않아도 된다.

③ 3명의 기술자, 3가지의 재료 즉, 2 변수에 대한 최적의 조건을 찾기 위해서는 이원배치법이 적절한 방법이다.

④ 일원배치법을 통해 여러 그룹의 평균의 차이를 해석할 수 있다.

2018. 8. 19. 제3회 시행

18 분산분석에 대한 설명으로 옳은 것은?

① 분산분석이란 각 처리집단의 분산이 서로 같은지를 검정하기 위한 방법이다.

② 비교하려는 처리집단이 k개 있으면 처리에 의한 자유도는 $k-2$가 된다.

③ 두 개의 요인이 있을 때 각 요인의 주효과를 알아보기 위해서는 요인간 교호작용이 있어야 한다.

④ 일원배치분산분석에서 일원배치의 의미는 반응변수에 영향을 주는 요인이 하나인 것을 의미한다.

18.

① 분산분석은 두 개 이상의 집단간 평균차이를 검정할 사용된다.

② 비교하려는 처리집단이 k개가 있으면 처리에 의한 자유도는 $k-1$이 된다.

③ 요인간 교호작용은 두 개 요인의 상호작용을 알아보기 위해 필요하다.

Answer　16.③　17.①　18.④

19 일원배치모형을 $x_{ij} = \mu + a_i + \epsilon_{ij}$ $(i = 1, 2, \cdots, k,\ j = 1,$ $2, \cdots, 1n)$로 나타낼 때, 분산분석표를 이용하여 검정하려는 귀무가설 H_0는? (단, i는 처리, j는 반복을 나타내는 첨자이며, 오차항 $\epsilon_{ij} \sim N(0,\ \sigma^2)$이고 서로 독립적이며 $\overline{X_i} = \sum\limits_{j=1}^{n} x_{ij}/n$이다.)

① $H_0 : \overline{x_1} = \overline{x_2} = \cdots = \overline{x_k}$

② $H_0 : \overline{a_1} = \overline{a_2} = \cdots = \overline{a_k} = 0$

③ $H_0 :$ 적어도 한 a_i는 0이 아니다.

④ $H_0 :$ 오차항 $\epsilon_{ij} a_i$들은 서로 독립이다.

19.

일원배치모형의 귀무가설 H_0는 '모든 $\overline{a_i}$는 0이다' 이며, 대립가설 H_1은 '적어도 한 a_i는 0이 아니다.' 이다.

20 분산분석에 대한 옳은 설명만 짝지어진 것은?

> ㉠ 집단간 분산을 비교하는 분석이다.
> ㉡ 집단간 평균을 비교하는 방법이다.
> ㉢ 검정통계량은 집단 내 제곱합과 집단간 제곱합으로 구한다.
> ㉣ 검정통계량은 총제곱합과 집단간 제곱합으로 구한다.

① ㉠, ㉢

② ㉠, ㉣

③ ㉡, ㉢

④ ㉡, ㉣

20.

분산분석은 3집단 이상의 집단간의 평균을 비교하는 목적을 가지고 있으며, 검정통계량 F는 (집단 간 제곱합 / 집단내 제곱합)으로 구한다.

21 다음 분산분석(ANOVA)표는 상품포장색깔(빨강, 노랑, 파랑)이 판매량에 미치는 영향을 알아보기 위해서 4곳의 가게를 대상으로 실험한 결과이다.

요인	제곱합	자유도	평균제곱	F값	p값
상품포장	72.00	2	36.00	3.18	0.0904
잔차	102	9	( )		

위의 분산분석표에서 ( )에 알맞은 잔차평균제곱값은 얼마인가?

① 11.33

② 14.33

③ 10.23

④ 13.23

21.

상품포장의 제곱합$(SSB) = 72.00$

- 상품포장의 자유도 = 집단수$(K) - 1 = 3 - 1 = 2$
- 상품포장의 평균제곱 $S_1^2 = \dfrac{SS_b}{K-1} = \dfrac{72.00}{2} = 36.00$
- 잔차의 제곱합$(SSW) = 102$
- 잔차의 자유도 = 전체 개수(N) -집단수$(K) = 9$
- 잔차의 평균제곱 $S_2{}^2 = \dfrac{SSW}{N-K} = \dfrac{102}{9} = 11.33$

$$F = \frac{MSB}{MSE} = \frac{36.00}{11.33} = 3.18$$

22 일원분산분석에 대한 설명으로 틀린 것은?

① 제곱합들의 비를 이용하여 분석하므로 F분포를 이용하여 검정한다.

② 오차제곱합을 이용하므로 χ^2분포를 이용하여 검정할 수도 있다.

③ 세 개 이상 집단 간의 모평균을 비교하고자 할 때 사용한다.

④ 총제곱합은 처리제곱합과 오차제곱합으로 분해된다.

22.

분산분석은 제곱합의 비에 대한 F분포를 통해 검정한다.

Answer   21.①   22.②

23 서로 다른 4가지 교수방법 A, B, C, D의 학습효과를 알아보기 위하여 같은 수준에 있는 학생 중에서 99명을 임의추출하여 A교수방법에 19명, B교수방법에 31명, C교수방법에 27명, D교수방법에 22명을 할당하였다. 일정 기간 수업 후 성취도를 100점 만점으로 측정, 정리하여 다음의 평방합(제곱합)을 얻었다. 교수방법 A, B, C, D의 학습효과 사이에 차이가 있는가를 검정하기 위한 F-통계량 값은?

그룹 간 평방합	63.21
그룹 내 평방합	350.55

① 0.175

② 0.180

③ 5.71

④ 8.11

24 분산분석의 기본 가정이 아닌 것은?

① 각 모집단에서 반응변수는 정규분포를 따른다.

② 각 모집단에서 독립변수는 F분포를 따른다.

③ 반응변수의 분산은 모든 모집단에서 동일하다.

④ 관측값들은 독립적이어야 한다.

25 다음 분산분석표의 각 ( ) 안에 들어갈 값으로 옳은 것은?

요인	자유도	제곱합	평균제곱	F값	유의확률
인자	1	199.34	199.34	(C)	0.099
잔차	6	315.54	(B)		
계	(A)	514.88			

① A : 7   B : 1893.24   C : 9.50

② A : 7   B : 1893.24   C : 2.58

③ A : 7   B : 52.59   C : 3.79

④ A : 7   B : 52.59   C : 2.58

23.

$$F = \frac{S_1^2}{S_2^2} = \frac{SSB/K-1}{SSW/N-K} = \frac{63.21/(4-1)}{350.55/(99-4)}$$

$$= \frac{21.07}{3.69} = 5.71$$

24.

독립변수가 F분포를 따르는 것이 아니라 집단 내 평균분산에 대한 집단 간 평균분산의 비가 F분포를 따른다.

25.

분산분석표

요인	자유도	제곱합	평균제곱	F값
인자	$K-1=1$	SSB =199.34	MSB $= \frac{SSB}{K-1}$ $= \frac{199.34}{1}$ $= 199.34$	$\frac{MSB}{MSE}$ $= \frac{199.34}{52.59}$ $= 3.79$(C)
잔차	$N-K=6$	SSE =315.54	MSE $= \frac{SSE}{N-K}$ $= \frac{315.54}{6}$ $= 52.59$(B)	
계	$N-1=7$(A)	SST =514.88		

Answer   23.③   24.②   25.③

26 일원배치법의 모형 $Y_{ij} = \mu + \alpha_i + \epsilon_{ij}$에서 오차항 ϵ_{ij}의 가정에 대한 설명으로 틀린 것은?

① 오차항 ϵ_{ij}는 정규분포를 따른다.

② 오차항 ϵ_{ij}는 서로 독립이다.

③ 오차항 ϵ_{ij}의 기댓값은 0이다.

④ 오차항 ϵ_{ij}의 분산은 동일하지 않아도 무방하다.

26.

일원배치분산분석에서 오차항에 대한 가정

㉠ 정규성 : 모집단은 정규분포 $N(0, \sigma^2)$을 따른다.

㉡ 등분산성 : 각 모집단의 분산이 같아야 한다.

㉢ 독립성 : 오차들 간에는 서로 독립이다.

27 일원배치 분산분석에서 인자의 수준이 3이고 각 수준마다 반복실험을 5회씩 한 경우 잔차(오차)의 자유도는?

① 9   ② 10

③ 11   ④ 12

27.

전체 개수 $N(= 3 \times 5 = 15)$, 처리 집단 수 $K(= 3)$ 라고 할 때,

• 인자의 자유도 : $K - 1 = 3 - 1 = 2$

• 잔차(오차)의 자유도 : $N - k = 15 - 3 = 12$

• 전체 자유도 : $N - 1 = 15 - 1 = 14$

28 일원배치 분산분석법을 적용하기에 부적합한 경우는?

① 어느 화학회사에서 3개 제조업체에서 생산된 기계로 원료를 혼합하는 데 소요되는 평균시간이 동일한지를 검정하기 위하여 소요시간(분) 자료를 수집하였다.

② 소기업 경영연구에 실린 한 논문은 자영업자의 스트레스가 비자영업자보다 높다고 결론을 내렸다. 부동산중개업자, 건축가, 증권거래인 등을 각각 15명씩 무작위로 추출하여 5점 척도로 된 15개 항목으로 직무스트레스를 조사하였다.

③ 어느 회사에 다니는 회사원은 입사 시 학점이 높은 사람일수록 급여를 많이 받는다고 알려져 있다. 30명을 무작위로 추출하여 평균평점과 월급여를 조사하였다.

④ A구, B구, C구 등 3개 지역이 서울시에서 아파트 가격이 가장 높은 것으로 나타났다. 각 구마다 15개씩 아파트 매매가격을 조사하였다.

28.

일원배치분산분석법은 독립변수(범주형 자료, 비계량 자료)와 종속변수(연속형 자료, 계량 자료) 사이의 관계를 파악한다. 하지만 ③의 평균점수와 월급여는 모두 계량 자료(=연속형 자료)이므로 일원배치분산분석법 대신 상관분석이나 회귀분석법이 적합할 수 있다.

Answer   26.④   27.④   28.③

29 분산분석의 기본 가정이 아닌 것은?

① 각 모집단에서 반응변수는 정규분포를 따른다.

② 각 모집단에서 독립변수는 F분포를 따른다.

③ 반응변수의 분산은 모든 모집단에서 동일하다.

④ 관측값들은 독립적이어야 한다.

30 다음 분산분석(ANOVA) 표는 상품포장색깔(빨강, 노랑, 파랑)이 판매량에 미치는 영향을 알아보기 위해서 4곳의 가게를 대상으로 실험한 결과이다.

요인	제곱합	자유도	평균제곱	F값	p값
상품포장	72.00	2	36.00	3.18	0.0904
잔차	102	9	( )		

위의 분산분석표에서 ( )에 알맞은 잔차 평균제곱 값은 얼마인가?

① 11.33 ② 14.33

③ 10.23 ④ 13.23

31 서로 다른 4가지 교수방법 A, B, C, D의 학습효과를 알아보기 위하여 같은 수준에 있는 학생 중에서 99명을 무작위 추출하여 A 교수방법에 19명, B 교수방법에 31명, C 교수방법에 27명, D 교수방법에 22명을 할당하였다. 일정 기간 수업 후 성취도를 100점 만점으로 측정, 정리하여 다음의 평방합(제곱합)을 얻었다. 교수방법 A, B, C, D의 학습효과 사이에 차이가 있는가를 검정하기 위한 F-통계량 값은?

그룹 간 평방합	63.21
그룹 내 평방합	350.55

① 0.175 ② 0.180

③ 5.71 ④ 8.11

29.

분산분석의 기본가정: 오차항(관측값=반응변수)은 정규성, 등분산, 독립성을 가진다.
② 독립변수가 F 분포를 따르는 것이 아니라 집단 내 평균분산에 대한 집단 간 평균분산의 비가 F 분포를 따른다.

30.

분산분석표

요인	제곱합	자유도	평균제곱	F값
인자	$SSB=72.00$	$K-1=2$	$MSB = \dfrac{SSB}{K-1} = \dfrac{72.00}{2} = 36.00$	$\dfrac{MSB}{MSE} = \dfrac{36.00}{11.33} = 3.18$
잔차	$SSE=102$	$N-K=9$	$MSE = \dfrac{SSE}{N-K} = \dfrac{102}{9} = (11.33)$	

31.

$$F = \frac{MSB}{MSE} = \frac{SSB/K-1}{SSE/N-K} = \frac{63.21/(4-1)}{350.55/(99-4)}$$
$$= \frac{21.07}{3.69} = 5.71$$

Answer   29.② 30.① 31.③

32 일원배치 분산분석에 대한 설명으로 틀린 것은?

① 제곱합들의 비를 이용하여 분석하므로 F분포를 이용하여 검정한다.

② 오차제곱합을 이용하므로 χ^2분포를 이용하여 검정할 수도 있다.

③ 세 개 이상 집단 간의 모평균을 비교하고자 할 때 사용한다.

④ 총 제곱합은 처리제곱합과 오차제곱합으로 분해된다.

33 일원배치법에 대한 설명으로 옳은 것은?

① 한 종류의 인자가 특성값에 미치는 영향을 조사하고자 할 때 사용하는 분석법이다.

② 인자의 처리별 반복 수는 동일하여야 한다.

③ 3명의 기술자가 3가지의 재료를 이용해서 어떤 제품을 만들고자 할 때 가장 좋은 제품을 만들 수 있는 조건을 찾으려면 일원배치법이 적절한 방법이다.

④ 일원배치법에 의해 여러 그룹의 분산의 차이를 해석할 수 있다.

34 분산분석에 대한 설명으로 옳은 것은?

① 분산분석이란 각 처리집단의 분산이 서로 같은지를 검정하기 위한 방법이다.

② 비교하려는 처리집단이 k개 있으면 처리에 의한 자유도는 $k-2$가 된다.

③ 두 개의 요인이 있을 때 각 요인의 주효과를 알아보기 위해서는 요인 간 교호작용이 있어야 한다.

④ 일원배치분산분석에서 일원배치의 의미는 반응변수에 영향을 주는 요인이 하나인 것을 의미한다.

32.

분산분석은 제곱합의 비에 대한 F분포를 통해 검정한다.

33.

② 인자의 처리별 반복 수는 동일하지 않아도 된다.

③ 3명의 기술자, 3가지의 재료 즉, 두 변수에 대한 최적의 조건을 찾기 위해서는 이원배치법이 적절한 방법이다.

④ 일원배치법을 통해 여러 그룹의 평균의 차이를 해석할 수 있다.

34.

① 분산분석은 두 개 이상의 집단 간 평균차이를 검정할 때 사용된다.

② 비교하려는 처리집단이 k개가 있으면 처리에 의한 자유도는 $k-1$이 된다.

③ 요인 간 교호작용은 두 개 요인의 상호작용을 알아보기 위해 필요하다.

35 일원배치모형을 $x_{ij} = \mu + \alpha_i + \varepsilon_{ij}$ ($i = 1, 2, \cdots, k$; $j = 1, 2, \cdots, n$)로 나타낼 때, 분산분석표를 이용하여 검정하려는 귀무가설 H_0는? (단, i는 처리, j는 반복을 나타내는 첨자이며, 오차항 $\varepsilon_{ij} \sim N(0, \sigma^2)$이고 서로 독립적이며 $\overline{x_i} = \sum_{j=1}^{n} x_{ij} / n$ 이다.)

① $H_0 : \overline{x_1} = \overline{x_2} = \ldots = \overline{x_k}$

② $H_0 : \overline{\alpha_1} = \overline{\alpha_2} = \ldots = \overline{\alpha_k} = 0$

③ $H_0 :$ 적어도 한 α_1는 0이 아니다.

④ $H_0 :$ 오차항 ε_{ij}들은 서로 독립이다.

36 분산분석에 대한 옳은 설명만 짝지어진 것은?

> ㉠ 집단 간 분산을 비교하는 분석이다.
> ㉡ 집단 간 평균을 비교하는 분석이다.
> ㉢ 검정통계량은 집단 내 제곱합과 집단 간 제곱합으로 구한다.
> ㉣ 검정통계량은 총 제곱합과 집단 간 제곱합으로 구한다.

① ㉠, ㉢   ② ㉠, ㉣

③ ㉡, ㉢   ④ ㉡, ㉣

37 다음 분산분석표에서 결정계수(R^2)는?

변동요인	자유도	제곱합	평균제곱	F값	P값
모형	2	1,519.98	759.99	( )	0.0212
잔차	20	759.02	37.95		
총합	22	2,279.00			

① 0.05   ② 0.66

③ 0.49   ④ 0.8

35.

일원배치모형의 귀무가설 H_0는 '모든 $\overline{\alpha_i}$는 0이다.'이다.

36.

분산분석은 3집단 이상의 집단 간의 평균을 비교하는 목적을 가지고 있으며 검정 통계량 F는 (집단 간 제곱합 / 집단 내 제곱합)으로 구한다.

37.

결정계수

$(R^2) = \dfrac{\text{집단 간 제곱합}}{\text{총 제곱합}} = \dfrac{1,519.98}{2,279.00} \fallingdotseq 0.6669$

38 일원분산분석을 시행하였다. 처리는 모두 5개이며, 각 처리당 6회씩 반복 실험을 하였다. 결정계수의 값이 0.6, 처리평균제곱의 값이 300이라면 처리제곱합과 자유도의 값은 얼마인가?

① 1200, 4
② 900, 5
③ 1600, 4
④ 1200, 5

39 지역과 토양의 질에 따라 토마토 생산량에 차이가 있는지를 확인하기 위하여 4개 지역에서 각각 A, B, C 세 종류의 토양을 적용시킨 후에 생산량을 조사하였다. 지역과 토양의 종류에 따라 생산량에 차이가 있는가를 알고 싶다면 어떤 통계분석 방법을 실시해야 하는가?

① 회귀분석
② 상관분석
③ 카이분석
④ 분산분석

40 분산분석에 대한 설명 중 옳은 것으로 짝지어진 것은?

⊙ 집단 간 분산을 비교하는 분석이다.
ⓒ 집단 간 평균을 비교하는 분석이다.
ⓒ 검정통계량은 집단 내 제곱합(SS_w : sum of square within)과 집단 간 제곱합(SS_b : sum of square between)으로 구한다.
ⓔ 검증통계량은 총제곱합(SS_t : total sum of square)과 집단 간 제곱합(SS_b : sum of square between)으로 구한다.

① ⊙ⓒ
② ⊙ⓔ
③ ⓒⓒ
④ ⓒⓔ

38.

처리평균제곱 = $\dfrac{처리제곱합}{자유도}$

$300 = \dfrac{X}{4}$, $X = 1,200$

자유도는 $n - 1$이므로 4이다.

39.

세 집단을 비교하는 검정은 분산분석을 이용한다.

40.

분산분석은 종속변수의 개별관측치와 이들 관측치의 평균값 사이의 변동을 그 원인에 따라 몇 가지로 나누어 분석하는 방법이다.

41 일원분산분석을 시행하였다. 처리는 모두 5개이며 각 처리당 6회씩 반복실험을 하였다. F값이 0.6, 처리제곱합의 값이 300이라면 오차제곱합의 값은 얼마인가?

① 800

② 900

③ 1,600

④ 3,125

42 성별 평균소득에 관한 설문조사자료를 정리한 결과, 집단 내 편차제곱의 평균(MS_w)은 50, 집단 간 편차제곱의 평균(MS_b)은 25로 나타났다. 이 경우에 F값은?

① 0.5

② 3.2

③ 2.5

④ 3.5

43 분산분석을 수행하는 데 필요한 가정이 아닌 것은?

① 독립성(Independence)

② 등분산성(Homosecdasticity)

③ 불편성(Unbiasedeness)

④ 정규성(Normality)

41.

분산분석표

변동의 원인	제곱합	자유도	분산	F값
처리	MSR	$K-1$	SSR $=MSR/(K-1)$	SSR/SSE
오차	MSE	$n-K$	SSE $=MSE/(n-K)$	
합계		$n-1$		

• 처리제곱합 $MSR = 300$
• 처리 자유도 $K-1 = 5-1 = 4$
• 오차 자유도 $n-K = (5 \times 6) - 5 = 25$
• 전체 자유도 $n-1 = (5 \times 6) - 1 = 29$
• 처리 분산 $SSR = MSR/(K-1) = 300/4 = 75$
• F값 $= SSR/SSE = 75/SSE = 0.6$
  따라서, $SSE = 125$
• 오차 분산 $SSE = MSE/(n-K) = MSE/25 = 125$
  따라서, 오차제곱합 $MSE = 3125$

42.

$$F = \frac{MS_b}{MS_w} = \frac{25}{50} = 0.5$$

43.

불편성은 추정량의 기댓값(표본분포의 평균)이 추정될 모수의 값과 동일할 때 그러한 추정량을 불편추정량이라 한다. 그러므로 불편성을 가정하면 분산분석을 할 필요가 없다.

44 다음 일원분산분석에서 처리 간 평방합(SSR)과 오차평방합(SSE)은?

변동요인	자유도	제곱합	F값
처리변동	2	SSR	5.0
오차변동	20	SSE	
전체변동	22	300	

① $SSR = 80$, $SSE = 220$

② $SSR = 100$, $SSE = 200$

③ $SSR = 150$, $SSE = 150$

④ $SSR = 200$, $SSE = 100$

45 다음 중 분석방법에 대한 설명으로 옳지 않은 것은?

① 분산분석방법의 자료는 독립변수의 명목·서열척도에 의해 측정되며 종속변수는 등간·비율척도에 의해 측정되어야 한다.

② 군집분석과 판별분석 전체 집단들 간의 종속관계 파악인지, 상호관계 파악인지에 따라 초점을 달리한다.

③ 요인분석은 독립변수와 종속변수가 지정되어 변수들 간의 상호관계를 규명하는 분석기법이다.

④ 회귀분석은 분석의 목적이나 독립변수가 등간·비율척도로 측정된다는 점에서 판별분석과 상이하다.

46 세 그룹 이상의 평균을 비교할 때 사용하는 분석은?

① 회귀분석

② 분산분석

③ 빈도분석

④ 신뢰도 분석

44.

$$F = \frac{\text{처리 간 평균제곱합}}{\text{오차평균 제곱합}}$$

$$F = \frac{\dfrac{SSR}{2}}{\dfrac{SSE}{20}} = 5$$

$2SSR = SSE$

SSR가 100이면 SSE는 200이다.

45.

④ 회귀분석과 판별분석의 공통점이다.

46.

세 집단 이상의 평균비교는 일원분산분석을 통해 알아본다.

47 분산분석에서 두 집단 간의 평균차의 유의성에 대해서 알아보는 것을 무엇이라 하는가?

① 평균분석

② 평균차 검정

③ 다중비교

④ 순위합 검정

48 분산분석이란 무엇의 크기를 알아보는 것인가?

① 집단 내 변동 / 집단 간 변동

② 집단 간 변동 / 집단 내 변동

③ 집단 내 변동 − 집단 간 변동

④ 집단 내 변동 + 집단 간 변동

49 다음과 같은 분산분석표가 주어졌다고 하자. A ~ D의 값을 나타낸 것 중 옳지 않은 것은?

요인	제곱합	자유도	평균제곱합	F
계급 간 변동	63	3	B	D
계급 내 변동	90	A	C	
계	153	18		

① A = 15

② B = 21

③ C = 6

④ D = 0.29

50 다음 중 아래의 분산분석표에 관한 설명으로 틀린 것은?

요인	제곱합	자유도	평균제곱	F값	유의확률
처리	3836.55	4	959.14	15.48	0.000
잔차	1549.27	25	61.97		
계	4385.83	29			

① 분산분석에 사용된 집단의 수는 5개이다.

② 분산분석에 사용된 관찰값의 수는 30개이다.

③ 각 처리별 평균값에 차이가 있다.

④ 위의 분산분석표에서 F값과 유의확률은 서로 관련이 없는 통계값이다.

51 3개 이상의 모집단의 모평균을 비교하는 통계적 방법으로 가장 적합한 것은?

① t-검정

② 회귀분석

③ 분산분석

④ 상관분석

52 분산분석표에서 사용하는 표본분표는?

① 정규분포

② F-분포

③ t-분포

④ χ^2-분포

50.

① 처리의 자유도는 $k-1$로, k는 집단 수이므로 5이다.

② 총계의 자유도는 $n-1$로, n은 관찰값으로 30이다.

③ 유의확률 0.000이 유의수준 0.01보다 작으므로 각 처리별 평균값에 차이가 있다.

④ F값이 커질수록 유의확률은 작아지는 관계가 있다.

51.

세 집단 이상의 평균 비교는 일원분산분석을 통해 알아본다.

52.

분산분석은 F-분포를 사용한다.

53 다음 중 분산분석에 관한 설명으로 옳지 않은 것은?

① 종속변수들의 척도는 명목·서열척도이어야 한다.
② 분산분석은 약칭으로 ANOVA라고 하며, 다수 집단의 평균값의 차이를 검정하고자 하는 분석방법이다.
③ 각 표본이 추출된 모집단의 분포는 정규분포이어야 한다.
④ 각 표본들은 상호독립적이어야 한다.

53.
① 독립변수들의 척도는 명목·서열척도이어야 한다.

54 분산분석에 관한 설명 중 적절하지 않은 것은?

① 여러 개의 표본평균이 동일한지의 여부를 한번에 측정할 수 있게 해준다.
② 연속변수인 종속변수에 몇 개의 이산변수인 독립변수가 어떤 영향을 미치는지 분석하는 것과 같다.
③ 분산분석을 위해 표본의 수가 같아야 한다.
④ 각 표본의 분산은 동일하다는 가정하에 수행된다.

54.
분산분석에서 각 집단의 표본의 수는 같지 않아도 된다.

55 집단 간의 차이가 집단 내의 차이에 비해서 커질수록 나타나는 현상에 대한 설명으로 틀린 것은?

① F값이 커진다.
② 집단 간 변동량이 커진다.
③ 귀무가설의 기각가능성이 높아진다.
④ 집단 간 차이가 없다는 주장이 받아들여질 가능성이 커진다.

55.
$F = \dfrac{\text{집단 간 평균제곱합}}{\text{집단 내 평균제곱합}}$ 이므로 F값은 커지며 귀무가설을 기각하게 된다.

56 $n_1 = 12$, $n_2 = 15$, $n_3 = 10$인 경우 F분포의 자유도가 올바른 것은?

① $df_1 = 34$, $df_2 = 2$

② $df_1 = 2$, $df_2 = 34$

③ $df_1 = 3$, $df_2 = 37$

④ $df_1 = 37$, $df_2 = 3$

56.

$df_1 = p - 1 = 2$, $df_2 = n - p = 34$

57 어느 정책실험에서 실험대상자들을 세 개의 집단으로 무작위 분류하였다. 정책실험을 실시한 후 세 집단의 평균을 구하였다. 세 집단의 평균차이를 검증하려면 어떤 통계분석기법을 사용하는 것이 가장 적합한가?

① 교차분석

② 상관분석

③ 분산분석

④ t-검증

57.

세 집단 이상의 평균비교는 일원분산분석을 통해 알아본다.

09 상관분석과 회귀분석

chapter

기출 PLUS

section 1 │ 상관분석

1 상관관계의 의의

하나의 변수가 다른 변수와 어느 정도 밀집성을 갖고 변화하는가 등의 관련성을 상관관계라 하며 이를 분석하여 사용하는 것을 상관관계분석이라 한다.

2 상관관계의 기본원리

(1) 산점도 [2019 2회]

두 변수 간의 계략적 연관성을 알아보기 위하여 서로 대응하는 자료를 좌표평면 위에 표시하여 나타낸다.

┃산점도의 유형┃

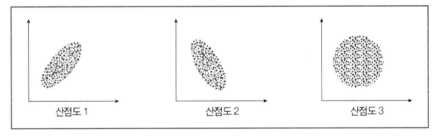

기출 2020년 3월 3일 제1회 시행

다음 중 상관분석의 적용을 위해 산점도에서 관찰해야 하는 자료의 특징이 아닌 것은?

① 선형 또는 비선형 관계의 여부
② 이상점의 존재 여부
③ 자료의 층화 여부
④ 원점(0, 0)의 통과 여부

정답 ④

▌상관관계의 형태 ▌

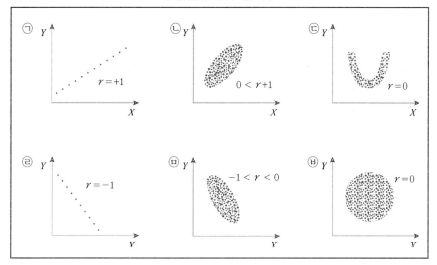

(2) 공분산

두 변수 사이의 상관성을 나타내는 지표로 두 변수를 X, Y라 했을 때 X의 증감에 따른 Y의 증감에 대한 척도로 $S_{xy} = \sum(x_i - \overline{x})(y_i - \overline{y})$로 표시한다.

(3) 상관계수 [2019 3회] [2020 3회]

측정대상이나 단위에 상관없이 두 변수 사이의 일관된 선형관계를 나타내주는 지표로 공분산을 표준화시켜 단위문제를 해소한 값이다.

$$r_{xy} = \frac{S_{xy}}{S_x \cdot S_y} = \frac{\displaystyle\sum_{i=1}^{n}(x_i - \overline{x})(y_i - \overline{y})}{\sqrt{\displaystyle\sum_{i=1}^{n}(x_i - \overline{x})^2}\sqrt{\displaystyle\sum_{i=1}^{n}(y_i - \overline{y})^2}}$$

단, S_x : X의 표준편차, S_y : Y의 표준편차

① 상관계수 r_{xy}는 $-1 \leq r_{xy} \leq 1$ 사이의 값을 가진다.

② 상관계수의 절댓값이 0.2 이하일 경우 약한 상관관계라 한다.

③ 상관계수의 절댓값이 0.6 이상일 경우 강한 상관관계라 한다.

④ 상관계수 값이 0에 가까우면 무상관이라 한다.

기출PLUS

기출 2021년 3월 7일 제1회 시행:
다음은 3개의 자료 A, B, C에 대한 산점도이다. 이 자료에 대한 상관계수가 −0.93, 0.20, 0.70 중 하나일 때, 산점도와 해당하는 상관계수의 값을 올바르게 짝지은 것은?

┌ 보기 ┐
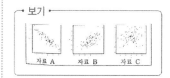
자료 A   자료 B   자료 C

① 자료 A : −0.93, 자료 B : 0.20,
   자료 C : 0.70
② 자료 A : −0.93, 자료 B : 0.70,
   자료 C : 0.20
③ 자료 A : 0.20, 자료 B : −0.93,
   자료 C : 0.70
④ 자료 A : 0.20, 자료 B : 0.70,
   자료 C : −0.93

기출 2019년 4월 27일 제2회 시행
상관분석 및 회귀분석을 실시할 때의 설명으로 틀린 것은?

① 연구자는 먼저 설명변수와 반응변수의 산점도를 그려서 관계를 파악해보아야 한다.
② 두 변수간의 관계가 선형이 아니라면, 관련이 있어도 상관계수가 0이 될 수 있다.
③ 상관계수가 +1에 가까우면 높은 상관이 있는 것이고, −1에 가까우면 상관이 없는 것으로 해석할 수 있다.
④ 두 개의 설명변수가 있을 때 다중회귀분석을 실시한 경우의 회귀계수와 각각 단순회귀분석을 했을 때의 회귀계수는 달라진다.

정답 ②, ③

상관계수(피어슨 상관계수)에 대한 설명으로 가장 거리가 먼 것은?

① 선형관계에 대한 설명에 사용된다.
② 상관계수의 값은 변수의 단위가 달라지면 영향을 받는다.
③ 상관계수의 부호는 회귀계수의 기울기(b)의 부호와 항상 같다.
④ 상관계수의 절대치가 클수록 두 변수의 선형관계가 강하다고 할 수 있다.

다른 변수들의 상관관계를 통제하고 순수하게 두 변수간의 상관관계를 나타내는 것은?

① 단순상관계수
② 편상관계수
③ 다중상관계수
④ 결정계수

회귀분석에 대한 설명 중 옳은 것은?

① 회귀분석에서 분산분석표는 사용되지 않는다.
② 독립변수는 양적인 관찰 값만 허용된다.
③ 회귀분석은 독립변수 간에는 상관관계가 0인 경우만 분석 가능하다.
④ 회귀분석에서 t-검정과 F-검정이 모두 사용된다.

정답 ②, ②, ④

> ☆ Plus tip
>
> 만약 두 변수간의 관계가 곡선형 관계를 갖는다면, 상관계수는 0에 가까울 수도 있고, 높은 상관관계일 수도 있다. 따라서, 단순히 상관계수만을 가지고 두 변수 간의 관계를 결정짓는 것은 오류를 수반할 수도 있다. 그래서 반드시 상관계수를 구하기 전에 산점도를 그려 선형적인 형태를 확인해야 한다.

❸ 상관계수의 종류

(1) 단순상관계수

두 변수 간의 상관관계를 나타내며, 보통 pearson의 상관계수를 말한다.

(2) 다중상관계수

두 변수 이상의 상관관계를 나타낸다.

(3) 부분상관계수(편상관계수) 2019 1회

변수들 간의 상관관계를 통제하고 순수하게 두 변수만의 상관관계를 나타낸다.

section 2 회귀분석의 일반 2019 3회 2020 1회

(1) 회귀분석의 의의

독립변수와 종속변수 간의 관계분석으로 알고 있는 변수로부터 알지 못하는 변수를 예측할 수 있도록 변수 간의 관계식을 찾아내는 분석방법이다.

① **독립변수**: 종속변수에 영향을 미치는 변수로 연구자의 조작이 가능한 변수이다.

② **종속변수**: 회귀분석을 통해 예측하고자 하는 변수로서 독립변수에 의하여 그 값이 종속적으로 결정되는 변수이다.

③ **상관분석**: 두 변수 간의 관계 정도를 분석하는 것이다.

(2) 회귀분석의 절차

① 두 변수의 선형관계를 알아보기 위하여 산점도를 작성한다.

② 최소자승법을 이용하여 최적의 직선식을 구한다.

③ 귀무가설을 기각할 것인가를 결정하기 위하여 분산분석을 실시한다.

④ 이상의 분석을 기초로 의사결정을 한다.

(3) 회귀분석의 목적

① 상관관계의 크기와 유의도를 알려준다.

② 독립변수와 종속변수 간의 상관관계(상호관련성 여부)를 알려준다.

③ 독립변수와 종속변수 간의 관계가 양의 방향 내지 음의 방향으로 관련되어 있는지를 알려준다.

(4) 회귀분석의 가정 2019 4회

① 독립변수들은 비교적 독립적이어야 한다.

② 분석되는 모든 변수들의 관측자료에 오류가 포함되지 않아야 한다.

③ 독립적으로 추출·분석한 각 관측치가 무작위표본을 구성하여야 한다.

④ 잔차평균이 0이어야 하며 잔차크기나 분산이 관측값의 영향을 받으면 안 된다.

⑤ 회귀분석에 사용된 함수식이 종속변수에 영향을 끼친다고 생각되는 독립변수를 포함하며, 두 변수 간의 관계가 이론적인 면은 물론 관측자료의 적합도 면에서도 타당성을 가진다.

> ☆ Plus tip 잔차의 성질
>
> ㉠ 잔차의 합 $\sum_{i=1}^{n} e_i = 0$이다.
>
> ㉡ 잔차들의 x_i, $\hat{y_i}$에 대한 가중합 $\sum_{i=1}^{n} x_i e_i = 0$, $\sum_{i=1}^{n} \hat{y_i} e_i = 0$이다.
>
> ㉢ 잔차의 검토를 통하여 단순회귀모형의 직선관계, 등분산성, 독립성, 정규성 등이 옳은가를 추측할 수 있다.
>
> ㉣ 실제 관측값 y_i와 추측값 $\hat{y_i} = \alpha + \beta x_i$의 차(差)이다.
>
> ㉤ 잔차의 크기는 오차항의 분산 σ^2의 크기에 따라 나타난다.

기출PLUS

기출 2019년 3월 3일 제1회 시행

회귀분석에서는 회귀모형에 대한 몇 가지 가정을 전제로 하여 분석을 실시하게 되며, 이러한 가정들에 대한 타당성은 잔차분석(residual analysis)을 통해 판단하게 된다. 이 때 검토되는 가정이 아닌 것은?

① 정규성
② 등분산성
③ 독립성
④ 불편성

기출 2019년 4월 27일 제2회 시행

단순회귀모형 $yi = \beta_0 + \beta_1 x_i + \epsilon_i (i = 1, 2, \cdots, n)$의 적합된 회귀식 $\hat{Y_i} = b_0 + b_1 x_i$와 잔차 $e_i = y_i - \hat{y_i}$ 관계에서 성립하지 않는 것은?
(단, $\epsilon_i \sim N(0, \sigma^2)$ 이다)

① $\sum_{i=1}^{n} e_i = 0$

② $\sum_{i=1}^{n} e_i y_i = 0$

③ $\sum_{i=1}^{n} e_i \hat{y_i} = 0$

④ $\sum_{i=1}^{n} e_i x_i = 0$

정답 ④, ②

단순회귀모형 $y_i = \beta_0 + \beta_1 x_i + \epsilon_i$ 에 대한 분산분석표가 다음과 같다. 설명변수와 반응변수가 양의 상관관계를 가질 때, $H_0 : \beta_1 = 0$ 대 $H_1 : \beta_1 \neq 0$ 을 검정하기 위한 t-검정통계량의 값은?

요인	제곱합	자유도	평균제곱	$F-$통계량
회귀	24.0	1	24.0	4.0
오차	60.0	10	6.0	

① -2   ② -1
③ 1   ④ 2

단순회귀모형에 대한 추정회귀직선이 $\hat{y} = a + bx$ 일 때, b의 값은?

구분	평균	표준편차	상관계수
x	40	4	0.75
y	30	3	

① 0.07   ② 0.56
③ 1.00   ④ 1.53

회귀분석에 관한 설명으로 틀린 것은?

① 회귀분석은 자료를 통하여 독립변수와 종속변수 간의 함수관계를 통계적으로 규명하는 분석방법이다.
② 회귀분석은 종속변수의 값 변화에 영향을 미치는 중요한 독립변수들이 무엇인지 알 수 있다.
③ 단순회귀선형모형의 오차(ϵ_i)에 대한 가정에서 $\epsilon_i \sim N(0, \ \sigma^2)$ 이며, 오차는 서로 독립이다.
④ 최소제곱법은 회귀모형의 절편과 기울기를 구하는 방법으로 잔차의 합을 최소화시킨다.

정답 ④, ②, ④

section 3 단순회귀분석

1 의의

오직 한 개의 독립변수를 고려하여 종속변수와 독립변수 간의 상호관련성을 하나의 함수식으로 나타낸 것을 단순회귀분석이라 한다.

2 모형의 구조식과 추정회귀식 2018 1회 2019 3회

(1) 모형의 구조식

$$Y_i = \beta_0 + \beta_1 X_i + \epsilon_i$$

① Y_i : 반응변수

② X_i : 독립변수

③ β_0 : 절편, β_1 : 기울기 ⇒ 추정해야 할 모수

(2) 추정회귀식 2018 4회 2019 9회 2020 4회

잔차제곱합을 최소로 하는 직선으로 거리의 합이 가장 작은 직선이다.

① **최소자승법 원리** : 회귀식으로부터 계산된 종속변수의 예측치($\hat{Y_i}$)와 실제 관찰치(Y_i)의 차이를 잔차 e_i 라고 할 때, 이 잔차들의 제곱의 합을 최소로 하는 β_0와 β_1을 추정하는 것

$$\min \sum e_i^2 = \min \sum (Y_i - \widehat{Y_i})^2$$
$$= \min \sum (Y_i - \widehat{\beta_0} - \widehat{\beta_1} X_i)^2$$

- $\widehat{\beta_0}$ 에 대한 편미분

$$-2\sum (Y - \widehat{\beta_0} - \widehat{\beta_1} X_i) = 0 \;\Rightarrow\; \sum Y_i = n\widehat{\beta_0} + \widehat{\beta_1} \sum X_i$$

- $\widehat{\beta_1}$ 에 대한 편미분

$$2\sum (Y - \widehat{\beta_0} - \widehat{\beta_1} X_i)(-X_i) = 0 \;\Rightarrow\; \sum Y_i X_i = \widehat{\beta_0} \sum X_i + \widehat{\beta_1} \sum X_i^2$$

- 정규방정식

$$\sum Y_i = n\widehat{\beta_0} + \widehat{\beta_1} \sum X_i$$
$$\sum Y_i X_i = \widehat{\beta_0} \sum X_i + \widehat{\beta_1} \sum X_i^2$$

- 추정결과

$$\widehat{\beta_1} = \frac{\sum_{i=1}^{n}(X_i - \overline{X})(Y_i - \overline{Y})}{\sum_{i=1}^{n}(X_i - \overline{X})^2}$$
$$\widehat{\beta_0} = \overline{Y} - \widehat{\beta_1}\overline{X}$$

예 어떤 약품 첨가물의 양(x)과 효능(y)에 대한 데이터이다. 최소자승법을 사용하여 회귀직선식을 추정하여라.

x	1.7	2.3	2.8	3.5	4.2	4.9
y	33	35	50	45	66	63

풀이) $\overline{x} = 3.233$, $\overline{y} = 48.667$, $S(xx) = 7.1933$, $S(xy) = 75.8667$

$$\beta = \frac{S(xy)}{S(xx)} = \frac{75.8667}{7.1933} = 10.5469$$
$$\alpha = \overline{y} - \beta\overline{x} = 48.667 - 10.5469 \times 3.233 = 14.5689$$

회귀식 $\widehat{y} = 14.5689 + 10.5469x$

❸ 회귀모형의 적합성 검정 [2018 1회] [2020 1회]

β_0 과 β_1 의 추정치가 통계적으로 유의한지 살펴보는 과정이다. β_0 가 유의하지 않다고 판단되면, 그 회귀직선은 y절편이 0이라고 보아도 좋으나 β_1 이 유의하지 않다고 판단되면, 회귀직선 자체가 무의미하게 된다.

기출 PLUS

기출 2018년 3월 4일 제1회 시행

단순회귀모형 $Y_i = \beta_0 + \beta_1 X_i + \epsilon_i$, $(i = 1, 2, \cdots, n)$의 가정하에 최소제곱법에 의해 회귀직선을 추정하는 경우 잔차 $e_i = Y_i - \widehat{Y_i}$의 성질로 틀린 것은?

① $\sum e_i = 0$

② $\sum e_i = \sum X_i e_i$

③ $\sum e_i^2 = \sum \widehat{X_i} e_i$

④ $\sum X_i e_i^2 = \sum \widehat{Y_i} e_i$

정답 ③

(1) β_0에 대한 검정

① 가설

$$H_o : \beta_0 = 0$$
$$H_1 : \beta_0 \neq 0$$

② 검정통계량

$$T = \frac{\hat{\beta}_0 - \beta_0}{S_{\hat{\beta}_0}} \sim t_{(n-2)} \quad 단, \ S_{\hat{\beta}_0} = \sigma^2 \left[\frac{1}{n} + \frac{\overline{X^2}}{\sum_{i=1}^{n}(X_i - \overline{X})^2} \right]$$

(2) β_1에 대한 검정

① 가설

$$H_o : \beta_1 = 0$$
$$H_1 : \beta_1 \neq 0$$

② 검정통계량

$$T = \frac{\hat{\beta}_1 - \beta_1}{S_{\hat{\beta}_1}} \sim t_{(n-2)} \quad 단, \ S_{\hat{\beta}_1} = \frac{\sigma^2}{\sum_{i=1}^{n}(X_i - \overline{X})^2}$$

(3) 분산분석적 접근

① 변동의 계산

$$Y_i - \overline{Y} = \hat{Y}_i - \overline{Y} \qquad + Y_i - \hat{Y}_i \qquad \Rightarrow 제곱$$
$$(Y_i - \overline{Y})^2 = (\hat{Y}_i - \overline{Y})^2 \qquad + (Y_i - \hat{Y}_i)^2 \qquad \Rightarrow summation$$
$$\sum_{i=1}^{n}(Y_i - \overline{Y})^2 = \sum_{i=1}^{n}(\hat{Y}_i - \overline{Y})^2 \qquad + \sum_{i=1}^{n}(Y_i - \hat{Y}_i)^2$$

전체편차(SST) =회귀에 의한 설명(SSR) +설명 못하는 부분(SSE)

위의 변동은 정규성 가정에 의해서 모두 χ^2분포로 유도할 수 있다. 회귀식이 주어진 자료를 잘 설명할 수 있으려면 '회귀에 의한 설명' 부분이 '설명 못하는 부분'에 비해서 상대적으로 더 큰 값을 가져야 하므로 다음의 비에 관심을 두게 된다.

$$\frac{회귀에 \ 의한 \ 설명}{설명 \ 못하는 \ 부분}$$

이러한 χ^2분포를 갖는 변수의 비는 적당한 변환에 의해서 $F-$분포를 유도할 수 있다.

통계학 과목을 수강한 학생 가운데 학생 10명을 추출하여, 그들이 강의에 결석한 시간(X)과 통계학점수(Y)를 조사하여 다음 표를 얻었다.

X	5	4	5	7	3	5	4	3	7	5
Y	9	4	5	11	5	8	9	7	7	6

단순 선형 회귀분석을 수행한 다음 결과의 ( )에 들어갈 것으로 틀린 것은?

요인	자유도	제곱합	평균 제곱	F값
회귀	(a)	9.9	(b)	(c)
오차	(d)	33.0	(e)	
전체	(f)	42.9		

보기

$$R^2 = (\ g \ )$$

① $a = 1$, $b = 9.9$
② $d = 8$, $e = 4.125$
③ $c = 2.4$
④ $g = 0.7$

정답 ④

$$\frac{SSR/SSR의\ 자유도}{SSE/SSE의\ 자유도} = \frac{SSR/1}{SSE/n-2} \sim F_{(SSR의\ 자유도,\ SSE의\ 자유도)} = F_{(1,\ n-2)}$$

② 분산분석표

변동의 원인	변동	자유도	평균변동	F
회귀	SSR	1	$MSR = SSR/1$	$\dfrac{MSR}{MSE}$
잔차	SSE	$n-2$	$MSE = SSE/n-2$	
총 변동	SST	$n-1$		

회귀직선이 유효한지에 대한 검정은 위의 분산분석표에 의거해서 F검정을 실시한다.

④ 회귀모형의 진단 2018 4회 2019 5회 2020 2회

인과관계를 갖는 모든 이변량은 회귀모형으로 나타낼 수 있다. 하지만, 이렇게 나타낸 회귀모형이 과연 타당한지의 여부를 살펴보는 것 또한 매우 중요하다. 실제로 많은 사람들이 단순히 회귀모형을 적용하여 회귀계수를 계산한 것만으로 분석을 종료하는 오류를 범하고 있다. 따라서, 회귀모형적합의 타당성을 알아보는 회귀진단과정이 필요하다.

(1) 결정계수(R^2)

① 개념 : 결정계수는 회귀모형으로 주어진 자료의 변동을 얼마나 설명할 수 있는지에 대한 척도로서 간단히 '설명력'이라고도 표현하며 다음의 식으로 계산된다. ⇒ 전체변동에서 회귀식이 설명해 주는 변동비

$$R^2 = \frac{SSR}{SST} = 1 - \frac{SSE}{SST}$$

예를 들어, 결정계수의 값이 0.67로 계산되었다면 주어진 자료는 회귀모형에 의해서 67% 정도의 변동을 설명할 수 있다는 의미를 갖는다.

② 결정계수의 성질

㉠ $0 \le R^2 \le 1$

㉡ 오차의 제곱합이 0이면 $R^2 = 1$이다. 따라서 $R^2 = 1$이면 추정회귀선이 표본자료의 관찰 값에 매우 적합하며 완벽하게 자료를 설명하고 있음을 의미한다.

ⓒ 추정기울기 $\widehat{\beta_1} = 0$이면 오차의 제곱합과 총 제곱합이 같으므로 $R^2 = 0$이고 이 경우 독립변수 X와 종속변수 Y 간에 아무런 관계가 존재하지 않는다. 또한 $R^2 = 0$이면 자료는 추정회귀선에 의하여 전혀 설명되지 않으며 자료에 부적합한 회귀선이라는 것을 의미한다.

(2) 오차의 가정

① 개념

$$\epsilon_i \sim N(0,\ \sigma^2)$$

기출 2020년 6월 14일 제1·2회 통합 시행

회귀모형에서 오차항은 분산이 상수이며 서로 독립인 정규분포를 따른다고 가정하였다. 잔차는 예측값과 실측값의 차이로 정의되며, 이론적으로 잔차의 분포는 오차항의 분포와 동일한 성질을 갖는다고 가정한다. 따라서, 잔차의 분포가 실제로 어떻게 나타나는지를 살펴보는 과정은 매우 중요하다. 이를 잔차분석이라 한다.

반복수가 동일한 일원배치법의 모형
$Y_{ij} = \mu + \alpha_0 + \epsilon_{ij}, \quad i = 1,\ 2,\ \cdots,\ k,$
$j = 1,\ 2,\ \cdots,\ n$ 에서 오차항 ϵ_{ij}에 대한 가정이 아닌 것은?

② 잔차의 형태
문제가 생길 수 있는 잔차의 형태는 다음과 같다.

(a) 등분산성에 의심이 가는 잔차

① 오차항 ϵ_{ij}는 서로 독립이다.
② 오차항 ϵ_{ij}의 분산은 동일하다.
③ 오차항 ϵ_{ij}는 정규분포를 따른다.
④ 오차항 ϵ_{ij}는 자기상관을 갖는다.

(b) 독립성에 의심이 가는 잔차

(c) 고려 중인 변수 외에 다른 변수가 필요한 경우

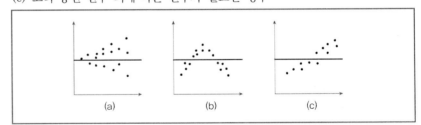

만약 회귀분석 후 잔차에 대해서 살펴본 결과가 위와 같이 나타났다면, 주어진 자료를 변형시켜 회귀분석을 다시 실시하거나, 새로운 분석모형을 설정해야 한다.

정답 ④

section 4 다중회귀분석

① 다중회귀분석의 일반 2018 1회 2019 1회 2020 2회

(1) 개념

단순회귀분석의 변형으로 독립변수가 두 개 이상 증가된 경우의 회귀분석으로 사회현상이나 자연현상에서 종속변수에 영향을 주는 독립변수를 두 개 이상 가진 경우가 일반적이다.

(2) 모형의 구조식

$$Y_i = \beta_0 + \beta_1 X_{1i} + \beta_2 X_{2i} + \cdots + \beta_k X_{ki} + \epsilon_i, \ \epsilon \sim N(0, \ \sigma^2)$$

(3) 최적 추정식

우리가 추정해야 하는 모수는 $k+1$ 개이며, 추정된 모형식은 아래의 식이 된다.

$$\widehat{Y}_i = \widehat{\beta}_0 + \widehat{\beta}_1 X_{1i} + \widehat{\beta}_2 X_{2i} + \cdots + \widehat{\beta}_k X_{ki}$$

회귀계수를 추정하는 방법은 단순회귀모형에서와 같이 최소자승법을 사용하는데, 다중회귀의 경우는 말 그대로 추정해야 할 회귀계수의 수가 많으므로 행렬을 이용하여 추정한다.

$$b = (X'X)^{-1}X'Y$$

(4) 가정

① 모든 독립변수들은 서로 독립적이다.

② 오차항 ϵ_i 는 서로 독립이며 평균이 0이다.

③ 오차항 ϵ_i 는 분산이 일정하다(등분산).

④ 오차항 ϵ_i 는 정규분포를 따른다.

기출PLUS

기출 2021년 3월 7일 제1회 시행

다음은 독립변수가 k개인 경우의 중회귀모형이다. 최소제곱법에 의한 회귀계수 벡터 β의 추정식 b는? (단, X'은 X의 치환행렬이다.)

---- 보기 ----

$y = X_\beta + \varepsilon$

$y = \begin{bmatrix} y_1 \\ y_2 \\ \vdots \\ y_n \end{bmatrix}$ $X = \begin{bmatrix} 1 & x_{11} & x_{12} & \cdots & x_{1k} \\ 1 & x_{21} & x_{22} & \cdots & x_{2k} \\ \vdots & \vdots & \vdots & \vdots & \vdots \\ 1 & x_{n1} & x_{n2} & \cdots & x_{nk} \end{bmatrix}$

$\beta = \begin{bmatrix} \beta_0 \\ \beta_1 \\ \beta_2 \\ \vdots \\ \beta_k \end{bmatrix}$ $\epsilon = \begin{bmatrix} \epsilon_1 \\ \epsilon_2 \\ \vdots \\ \epsilon_n \end{bmatrix}$

① $b = X'y$
② $b = (X'X) - 1y$
③ $b = X - 1y$
④ $b = (X'X) - 1X'y$

기출 2020년 8월 23일 제3회 시행

다중선형회귀분석에 대한 설명으로 틀린 것은?

① 결정계수는 회귀직선에 의해 종속변수가 설명되어지는 정도를 나타낸다.

② 추정된 회귀식에서 절편은 독립변수들이 모두 0일 때 종속변수의 값을 나타낸다.

③ 회귀계수는 해당 독립변수가 1단위 증가하고 다른 독립변수는 변하지 않을 때, 종속변수의 증가량을 뜻한다.

④ 각 회귀계수의 유의성을 판단할 때는 정규분포를 이용한다.

정답 ④, ④

기출PLUS

기출 2018년 8월 19일 제3회 시행

표본의 수가 n 이고, 독립변수의 수가 k 인 중선형회귀모형의 분산분석표에서 잔차제곱합 SSE의 자유도는?

① k
② $k+1$
③ $n-k-1$
④ $n-1$

기출 2020년 8월 23일 제3회 시행

중회귀분석에서 회귀계수에 대한 검정결과가 아래와 같을 때의 설명으로 틀린 것은? (단, 결정계수는 0.891이다.)

요인 (Predictor)	회귀 계수 (Coet)	표준 오차 (StDev)	통계량 (T)	P값 (P)
절편	-275.26	24.38	-11.29	0.000
Head	4.458	3.167	1.41	0.161
Neck	19.112	1.200	15.92	0.000

① 설명변수는 Head와 Neck이다.
② 회귀변수 중 통계적 유의성이 없는 변수는 절편과 Neck이다.
③ 위 중회귀모형은 자료 전체의 산포 중에서 약 89.1%를 설명하고 있다.
④ 회귀방정식에서 다른 요인을 고정시키고 Neck이 한 단위 증가하면 반응값은 19.112가 증가한다.

정답 ③, ②

❷ 회귀모형의 적합성 검정 [2018 4회] [2020 1회]

(1) 분산분석

추정된 중회귀선이 유의한지 살펴보는 방법은 단순회귀에서와 마찬가지로 분산분석의 개념을 사용한다. 이 때, 독립변수의 수가 많으므로 자유도가 약간 달라진다.

$$SST = \sum_{i=1}^{n} (Y_i - \overline{Y})^2 \qquad 자유도 : n-1$$

$$SSR = \sum_{i=1}^{n} (\widehat{Y_i} - \overline{Y})^2 \qquad 자유도 : k$$

$$SSE = \sum_{i=1}^{n} (Y_i - \widehat{Y_i})^2 \qquad 자유도 : n-k-1$$

이 때에도 마찬가지로 '회귀에 의한 변동'이 '잔차에 의한 변동'보다 통계적으로 유의하게 나타나는지를 살펴본다.

검정에 사용되는 귀무가설은 아래와 같다.

$$H_0 : \beta_1 = \beta_2 = \cdots = \beta_k = 0$$
$$H_1 : 적어도 하나의 \beta_i 는 0이 아니다.$$

이 귀무가설을 검정하기 위해서는 다음의 분산분석표가 고려된다.

변동의 원인	변동	자유도	평균변동	F
회귀	SSR	k	$MSR = SSR/k$	$\dfrac{MSR}{MSE}$
잔차	SSE	$n-k-1$	$MSE = SSE/n-k-1$	
총 변동	SST	$n-1$		

귀무가설이 맞으면, MSR/MSE는 자유도가 $(k, n-k-1)$인 F분포를 따르므로
$F > F(k, n-k-1 ; \alpha)$면 귀무가설을 기각
$F < F(k, n-k-1 ; \alpha)$면 귀무가설을 채택

(2) 회귀계수의 검정

단순회귀에서와 마찬가지로 t검정을 이용하여 회귀계수의 유의성을 검정한다.
$E(b) = \beta$, $Var(b) = (X'X)^{-1}\sigma^2$ 로부터

$$T = \frac{\widehat{\beta_j} - \beta_j}{\sqrt{c_{jj}MSE}} \sim t_{(n-k-1)} 이고,$$

이 때의 MSE는 σ^2의 추정량으로서

$$MSE = \frac{1}{n-k-1} \sum_{i=1}^{n} (Y_i - \widehat{Y_i})^2 \text{ 이고 } c_{jj} \text{ 는 } (X'X)^{-1} \text{ 의 } jj \text{ 번째 원소가 된다.}$$

만약 귀무가설 $H_0 : \beta_j = 0$에 대해서 검정을 한다면,

$$T_0 = \frac{\widehat{\beta_j} - 0}{\sqrt{c_{jj}MSE}} \sim t_{(n-k-1)}$$

역시 성립해야 하므로 다음의 사항에 의해서 귀무가설을 채택여부를 결정한다.

$|T_0| > t(n-k-1, \alpha/2)$ 면 귀무가설을 기각

$|T_0| < t(n-k-1, \alpha/2)$ 면 귀무가설을 채택

❸ 회귀모형의 진단

(1) 수정된 결정계수 `2020 1회`

회귀모형 내에 독립변수의 수가 늘어나면 그 독립변수가 종속변수와 전혀 무관하더라도 결정계수의 값은 증가한다. 이런 경우 수정된 결정계수를 사용하기도 하는데, 그 식은 아래와 같다.

$$R_a^2 = 1 - \left(\frac{n-1}{n-p}\right)\frac{SSE}{SST} \Rightarrow R_a^2 = 1 - \frac{SSE/n-p}{SST/n-1}$$

(2) 잔차분석

잔차가 오차항의 특성을 갖는다고 가정하고 잔차가 등분산성, 독립성, 정규성을 따르는지 조사한다. 그리고 잔차의 산포형태를 통해서 회귀직선을 적합시킨 것이 타당한지 살펴보아야 한다. 만약 주어진 자료가 곡선의 패턴을 갖는다면 잔차의 산포도는 특정 패턴을 갖는다.

→ 직선성이 의심되는 경우는 변수변환을 통해서 해결한다. 등분산성 가정이 만족되지 않을 때는 가중최소 제곱법을 이용하여 자료를 변환시킨다.

(3) 다(중)공선성

① 개념 : 다중 회귀모형에서 가장 중요한 가정은 독립변수들이 서로 독립이라는 것이다. 하지만 실제로 사회과학 자료를 다루다보면 독립변인들 간에 서로 상관관계를 가지고 있는 경우가 발생한다. 이 때는 독립변수 간에 다공선성이 존재한다고 하는데, 이러한 다공선성을 없애주는 작업이 필요하다. 다공선성이 존재하는 자료에 그냥 회귀직선을 적합시키면, 차후 잔차분석 시에 잔차의 분산이 비정상적으로 커질 수 있다.

기출PLUS

기출 2020년 8월 23일 제3회 시행

중회귀모형에서 결정계수에 대한 설명으로 옳은 것은?

① 결정계수는 1보다 큰 값을 가질 수 있다.
② 상관계수의 제곱은 결정계수와 동일하다.
③ 설명변수를 통한 반응변수에 대한 설명력을 나타낸다.
④ 변수가 추가될 때 결정계수는 감소한다.

정답 ③

② 다공선성 확인

    ㉠ 어떤 한 독립변수의 추가/삭제가 다른 회귀계수의 변화에 큰 영향을 미칠 때

    ㉡ 중요하다고 판단되는 독립변수의 회귀계수에 대한 신뢰구간 폭이 너무 클 때

    ㉢ 중요하다고 판단되는 독립변수에 대한 회귀계수가 유의하지 않다고 나타날 때

    ㉣ 독립변수 사이의 상관계수 값이 클 때

③ 다공선성 체크방법

    ㉠ 분산팽창인자(Variance Inflation Factor) : 변수의 변환요구 여부와 주어진 모형에서 독립변수들에 대한 회귀계수가 최소자승법에 의하여 잘 추정되었는지를 파악하기 위한 것으로 $(VIF)_j = \dfrac{1}{1-R_j^2}$ $(j = 1, \ 2, \ \cdots, \ k)$

    ㉡ 공차한계 : 분산팽창계수의 역수

$$T_j = \frac{1}{VIF_j}$$

(4) 자동상관

잔차항들이 정(+)이나 부(−) 방향으로 상호 상관되어 있는 현상으로 시계열 자료를 이용하여 회귀분석을 하는 경우에 사용되며 자동상관 존재유무는 더빈 왓슨 계수를 이용하여 판정한다.

> 🏵 Plus tip 더빈 왓슨(Durbin − Watson) 계수 **2019 1회**
> 자기상관에 대한 검정을 하기 위한 검정통계량이다.
> ㉠ 더빈 − 왓슨값이 0에 가까우면 정의 상관관계를 나타낸다.
> ㉡ 더빈 − 왓슨값이 2에 가까우면 자기상관현상이 무시될 수 있다.
> ㉢ 더빈 − 왓슨값이 4에 가까우면 부의 상관관계를 나타낸다.

④ 더미변수(dummy variable, 가변수) **2018 1회 2019 2회**

(1) 의의

계량경제학에서 주로 사용되는 개념으로 정성적(定性的) 또는 속성적(屬性的)인 요인을 분석할 목적으로 사용된다.

(2) 더미변수의 일반 예

어떤 자동차 대리점에서 20명의 영업사원 개개인이 받은 교육기간과 영업실적건수를 성별에 따라 조사한 결과 얻어진 자료이다. 이 때 종속변수를 실적건수로, 독립변수를 교육기간과 성별로 놓고 중회귀분석을 실시하기로 한다고 하자.

사원번호	실적건수(Y_i)	교육기간(X_{1i})	성별(X_{2i})
1	17	151	남
⋮	⋮	⋮	⋮
20	14	246	여

가변수를 사용한 회귀모형은 다음과 같다.

$$Y_i = \beta_0 + \beta_1 X_{1i} + \beta_2 D_i + \epsilon_i$$

단, $D_i = \begin{cases} 0, & \text{여자} \\ 1, & \text{남자} \end{cases}$

주어진 회귀분석의 기댓값을 구해보자.

여자의 경우 : $E(Y) = \beta_0 + \beta_1 X_1$

남자의 경우 : $E(Y) = (\beta_0 + \beta_2) + \beta_1 X_1$

즉, 두 개의 회귀선이 만들어지는데, 기울기는 모두 β_1으로 동일하다. 이 식으로 우리가 얻을 수 있는 정보는 두 회귀선이 기울기는 같지만 절편이 다르므로 남녀 간에는 절편만큼의 실적건수 차가 발생한다는 사실이다.

(3) 회귀계수에 대한 추/검정

기본적인 추·검정 방법은 위에서 알아본 다중회귀모형과 동일하다. 즉, 회귀계수인 β_1, β_2의 유의성을 살펴본다거나, 회귀선의 적합성 여부를 판단하는 과정을 실시할 수 있다. 단, 이 회귀모형에서 분석자가 특별히 관심을 가져야 할 사항은 성별과 관련된 회귀계수인 β_2라는 것이다. 그리고, β_2의 유의성 해석으로 "성별이 실적건수에 영향을 미치는가?" 또는 "성별의 효과가 있는가?"와 같은 질문에 대해 답할 수 있다.

(4) 교호작용항의 포함

① 분산분석에서 잘 사용되는 용어로서 두 개의 변인이 상호작용하여 새로운 효과를 낼 수 있는지에 대해서 알아볼 수 있다. 즉, 위의 예제를 통해 보면, 교육기간과 성별이 동시에 작용하여 실적에 영향을 미치는지 살펴볼 수 있는 것이다. 이러한 상호작용을 교호작용이라 하며, 회귀모형에 교호작용을 의미하는 항을 추가하여 분석을 실시한다.

기출PLUS

기출 2019년 4월 27일 제2회 시행

봉급생활자의 근속년수, 학력, 성별이 연봉에 미치는 관계를 알아보고자 연봉을 반응변수로 하여 다중회귀분석을 실시하기로 하였다. 연봉과 근속년수는 양적 변수이며, 학력(고졸 이하, 대졸, 대학원 이상)과 성별(남, 여)은 질적 변수일 때, 중회귀모형에 포함되어야 할 가변수(dummy variable)의 수는?

① 1 　　② 2
③ 3 　　④ 4

기출 2018년 4월 28일 제2회 시행

교육수준에 따른 생활만족도의 차이를 다양한 배경변수를 통제한 상태에서 비교하기 위해서 다중회귀분석을 실시하고자 한다. 교육수준을 5개의 범주로(무학, 초졸, 중졸, 고졸, 대졸 이상) 측정하였다. 이때 대졸을 기준으로 할 때, 교육수준별 차이를 나타내는 가변수(Dummy Variable)를 몇 개 만들어야 하는가?

① 1개 　　② 2개
③ 3개 　　④ 4개

기출 2019년 3월 3일 제1회 시행

봉급생활자의 연봉과 근속년수, 학력 간의 관계를 알아보기 위하여 연봉을 반응변수로 하여 회귀분석을 실시하기로 하였다. 그런데 근속년수는 양적 변수이지만 학력은 중졸, 고졸, 대졸로 수준 수가 3개인 지시변수(또는 가변수)이다. 다중회귀모형 설정 시 필요한 설명변수는 모두 몇 개인가?

① 1 　　② 2
③ 3 　　④ 4

정답 ③, ④, ③

$$Y_i = \beta_0 + \beta_1 X_{1i} + \beta_2 X_{2i} + \beta_3 X_{1i} X_{2i} + \epsilon_i$$

기출 2019년 8월 4일 제3회 시행

독립변수가 2(= k)개인 중회귀모형 $y_j = \beta_0 + \beta_1 x_{1j} + \beta_2 x_{2j} + \epsilon_j$, $j = 1, \cdots$; n의 유의성 검정에 대한 내용으로 틀린 것은?

① $H_0 : \beta_1 = \beta_2 = 0$

② $H_1 :$ 회귀계수 β_1, β_2 중 적어도 하나는 0이 아니다.

③ $\dfrac{MSE}{MSR} > (k,\ n-k-1,\ \alpha)$ 이면 H_0를 기각한다.

④ 유의확률 p가 유의수준 α보다 작으면 H_0을 기각한다.

② 이 모형으로부터 반응함수는

　㉠ 여자인 경우 : $E(Y) = \beta_0 + \beta_1 X_1$

　㉡ 남자인 경우 : $E(Y) = (\beta_0 + \beta_2) + (\beta_1 + \beta_3) X_1$

③ 교호작용을 고려하지 않은 경우와는 달리 이 경우는 회귀선의 기울기에서도 남녀간의 차이를 확인할 수 있다. 교호작용과 관련된 회귀계수는 β_3 이며, 이 회귀계수에 대한 추/검정 방법도 지금까지의 방법과 동일하다. β_3의 유의성 해석으로 "성별과 교육기간 간에 교호작용이 존재하는가?"에 대해 답할 수 있다.

(5) 질적 변수의 범주가 셋 이상인 경우

① 지금까지의 예에서는 질적변수가 성별이 되어 범주는 두 개를 가지고 있어 0, 1로 놓는데, 아무런 문제가 없었다. 그런데, 만약 범주가 셋 이상이 된다면 약간 확장된 형태의 회귀모형을 고려해야 한다.

② 위의 예에서 성별 대신 연령층(20대, 30대, 40대)을 고려한다고 하자. 이 경우에는 범주가 세 가지로 나누어진다. 이때에는 가변수를 두 개 고려한 다음의 모형을 사용한다.

$$Y_i = \beta_0 + \beta_1 X_{1i} + \beta_2 X_{2i} + \beta_3 X_{3i} + \epsilon_i$$

단, $\begin{cases} X_2 = 0,\ X_3 = 0 \ : \ 20대 \\ X_2 = 1,\ X_3 = 0 \ : \ 30대 \\ X_2 = 0,\ X_3 = 1 \ : \ 40대 \end{cases}$

③ 반응함수를 보면, 이러한 각 회귀계수가 갖는 의미를 알 수 있다.

　㉠ 20대인 경우 : $E(Y) = \beta_0 + \beta_1 X_1$

　㉠ 30대인 경우 : $E(Y) = (\beta_0 + \beta_2) + \beta_1 X_1$

　㉠ 40대인 경우 : $E(Y) = (\beta_0 + \beta_3) + \beta_1 X_1$

　㉣ 교호작용을 고려한다면 $X_{1i} X_{2i}$와 $X_{1i} X_{3i}$항을 추가하면 된다.

④ 지금까지의 내용으로부터 k개의 범주를 갖는 질적 변수를 회귀모형에 사용하려면 $k-1$개의 가변수를 사용할 수 있다는 사실을 알 수 있다. 역시 교호작용도 지금까지의 방법으로 (질적변수×양적변수)의 형태로서 교호작용을 진단할 수 있다.

정답 ③

2020. 8. 23. 제3회

1 변수 x와 y에 대한 n개의 자료 (x_1, y_1), $\cdots$, (x_n, y_n)에 대하여 단순회귀모형 $y_1 = \beta_0 + \beta_1 x_i + \epsilon_i$를 적합시키는 경우, 잔차 $e_i = y_i - \hat{y_i}(i = 1, \cdots, n)$에 대한 성질이 아닌 것은?

① $\sum_{i=1}^{n} e_i = 0$ ② $\sum_{i=1}^{n} e_i x_i = 0$

③ $\sum_{i=1}^{n} y_i e_i = 0$ ④ $\sum_{i=1}^{n} \hat{y_i} e_i = 0$

1.

잔차의 성질

㉠ 잔차의 합 : $\sum_{i=1}^{n} e_i = 0$

㉡ 잔차들의 x_i, $\hat{y_i}$에 대한 가중합

   : $\sum_{i=1}^{n} x_i e_i = 0$, $\sum_{i=1}^{n} \hat{y_i} e_i = 0$

2020. 8. 23. 제3회

2 두 변수 간의 상관계수에 대한 설명 중 틀린 것은?

① 한 변수의 값이 일정할 때 상관계수는 0이 된다.
② 한 변수의 값이 다른 변수값보다 항상 100만큼 클 때 상관계수는 1이 된다.
③ 상관계수는 변수들의 측정단위에 따라 변할 수 있다.
④ 상관계수가 0일 때는 두 변수의 공분산도 0이 된다.

2.

① 상관계수는 두 변수의 선형관계를 의미하는 것이므로 한 변수의 값이 일정하면 선형의 증감이 없기 때문에 상관계수는 0에 해당된다.
② 상관계수는 하나의 변수가 증가(또는 감소)할 때 다른 하나의 변수가 증가(또는 감소)하는지를 확인하는 것이므로 한 변수의 값이 다른 변수값보다 항상 100만큼 크다는 것은 하나의 변수가 증가할 때 다른 하나의 변수도 정확히 증가하는 것에 해당되므로 상관계수는 1에 해당된다.
③ 상관계수는 측정단위와는 무관하다.
④ 상관계수 $r = \dfrac{X와\ Y의\ 공분산}{X와\ Y의\ 표준편차}$이므로 상관계수가 0이면 공분산도 0이다.

2020. 8. 23. 제3회

3 피어슨 상관계수에 관한 설명으로 옳은 것은?

① 두 변수가 곡선관계가 되었을 때 기울기를 의미한다.
② 두 변수가 모두 질적변수일 때만 사용한다.
③ 상관계수가 음일 경우는 어느 한 변수가 커지면 다른 변수도 커지려는 경향이 있다.
④ 단순회귀분석에서 결정계수의 제곱근은 반응변수와 설명변수의 피어슨 상관계수이다.

3.

① 두 변수가 직선관계가 되었을 때 기울기를 의미한다.
② 두 변수가 모두 양적변수일 때 사용한다.
③ 상관계수가 음일 경우는 어느 한 변수가 커지면 다른 변수는 작아지는 경향이다.

Answer   1.③   2.③   3.④

4 단순회귀모형 $Y_i = \alpha + \beta x_i + \epsilon_i \ (i = 1, 2, \cdots, n)$을 적합하여 다음을 얻었다. $\sum_{i=1}^{n}(y_i - \hat{y_i})^2 = 200$, $\sum_{i=1}^{n}(\hat{y_i} - \overline{y})^2 = 300$일 때 결정계수 r^2을 구하면? (단, $\hat{y_i}$는 i번째 추정값을 나타낸다)

① 0.4

② 0.5

③ 0.6

④ 0.7

4.

- 설명되지 않는 변동$(SSE) = \sum_{i=1}^{n}(y_i - \hat{y_i})^2 = 200$
- 설명되는 변동$(SSR) = \sum_{i=1}^{n}(\hat{y_i} - \overline{y})^2 = 300$
- 총변동 $SST = SSR + SSE = 300 + 200 = 500$
- 결정계수$(R^2) = \dfrac{SSR}{SST} = \dfrac{300}{500} = 0.6$

5 단순회귀모형 $Y_i = \beta_0 + \beta_1 x_i + \epsilon_i$, $\epsilon_i \sim N(\sigma, \sigma^2)$에 관한 설명으로 틀린 것은?

① ϵ_i들은 서로 독립인 확률변수이다.

② Y는 독립변수이고 x는 종속변수이다.

③ β_0, β_1, σ^2은 회귀모형에 대한 모수이다.

④ 독립변수가 종속변수의 기댓값과 직선 관계인 모형이다.

5.

② 독립변수는 원인변수, x에 해당되며, 종속변수는 결과변수, Y에 해당된다.

6 다중선형회귀분석에 대한 설명으로 틀린 것은?

① 결정계수는 회귀직선에 의해 종속변수가 설명되어지는 정도를 나타낸다.

② 추정된 회귀식에서 절편은 독립변수들이 모두 0일 때 종속변수의 값을 나타낸다.

③ 회귀계수는 해당 독립변수가 1단위 증가하고 다른 독립변수는 변하지 않을 때, 종속변수의 증가량을 뜻한다.

④ 각 회귀계수의 유의성을 판단할 때는 정규분포를 이용한다.

6.

④ 각 회귀계수의 유의성은 t검정을 이용하여 검정한다.

Answer 4.③ 5.② 6.④

7 중회귀모형에서 결정계수에 대한 설명으로 옳은 것은?

① 결정계수는 1보다 큰 값을 가질 수 있다.

② 상관계수의 제곱은 결정계수와 동일하다.

③ 설명변수를 통한 반응변수에 대한 설명력을 나타낸다.

④ 변수가 추가될 때 결정계수는 감소한다.

8 다음은 처리(treatment)의 각 수준별 반복수이다. 오차제곱합의 자유도는?

수준	반복수
1	7
5	4
3	6

① 13

② 14

③ 15

④ 16

9 다음 표는 완전 확률화 계획법의 분산분석표에서 자유도의 값을 나타내고 있다. 반복수가 일정하다고 한다면 처리수와 반복수는 얼마인가?

변인	자유도
처리	(　　)
오차	42
전체	47

① 처리수 5, 반복수 7

② 처리수 5, 반복수 8

③ 처리수 6, 반복수 7

④ 처리수 6, 반복수 8

7.

① 결정계수는 회귀모형식의 설명력을 의미하며, r^2은 $0 \leq r^2 \leq 1$의 범위를 가지므로 1보다 큰 값을 가질 수는 없다.

② 독립변수가 한 개인 회귀모형(= 단순회귀모형)의 경우, 상관계수의 제곱이 결정계수와 동일하나 중회귀모형은 독립변수가 2개 이상으로 구성된 회귀모형식이기 때문에 상관계수의 제곱이 결정계수와 동일하지 않을 수 있다.

④ 회귀모형 내에 독립변수의 수가 늘어나면 그 독립변수가 종속변수와 전혀 무관하더라도 결정계수의 값은 증가한다. 따라서 이 경우, 수정된 결정계수를 사용한다.

8.

• 오차의 자유도 = 총 응답자 처리 수−처리 집단 수
= $(7+4+6)-3 = 17-3 = 14$

• 처리의 자유도 = 처리 집단 수 − 1 = 3 − 1 = 2

• 전체의 자유도 = 총 응답자 처리 수
$-1 = (7+4+6)-1 = 16$

9.

처리의 자유도는 47−42이므로 5이다. 자유도가 5이므로 실제 처리의 집단은 6개이다. 전체의 자유도는 총 응답자 처리수−1 이므로 총 응답자는 48명이다. 그러므로 총 응답자를 동일한 숫자로 6개 그룹으로 나누면 8개의 반복수가 된다.

Answer 7.③ 8.② 9.④

2020. 6. 14. 제1·2회 통합

10 단순회귀모형 $y_1 = \beta_0 + \beta_0 x_i + \epsilon_i$ $(i=1, 2, \cdots, n)$에서 최소제곱법에 의한 추정회귀직선 $\hat{y} = b_0 + b_1 x$의 설명력을 나타내는 결정계수 r^2에 대한 설명으로 틀린 것은?

① 결정계수 r^2은 총변동 $SST = \sum_{i=1}^{n} \left(y_i - \overline{y}\right)^2$ 중 추정회귀직선에 의해 설명되는 변동 $SST = \sum_{i=1}^{n} \left(\hat{y_i} - \overline{y}\right)^2$의 비율, 즉 SSR/SST로 정의된다.

② x와 y 사이에 회귀관계가 전혀 존재하지 않아 추정회귀직선의 기울기 b_1이 0인 경우에는 결정계수 r^2은 0이 된다.

③ 단순회귀의 경우 결정계수 r^2은 x와 y의 상관계수 r_{xy}와는 직접적인 관계가 없다.

④ x와 y의 상관계수 r_{xy}는 추정회귀계수 b_1이 음수이면 결정계수의 음의 제곱근 $-\sqrt{r^2}$과 같다.

2020. 6. 14. 제1·2회 통합

11 회귀분석에 관한 설명으로 틀린 것은?

① 회귀분석은 자료를 통하여 독립변수와 종속변수 간의 함수관계를 통계적으로 규명하는 분석방법이다.

② 회귀분석은 종속변수의 값 변화에 영향을 미치는 중요한 독립변수들이 무엇인지 알 수 있다.

③ 단순회귀선형모형의 오차(ϵ_i)에 대한 가정에서 $\epsilon_i \sim N(0, \sigma^2)$이며, 오차는 서로 독립이다.

④ 최소제곱법은 회귀모형의 절편과 기울기를 구하는 방법으로 잔차의 합을 최소화시킨다.

10.

① 결정계수(r^2) = 설명되는 변동/총변동 = SSR/SST

② 회귀관계가 존재하지 않을 경우, 기울기가 0이 되고, x와 y의 상관성도 없기 때문에 0이 된다. 따라서 결정계수 r^2도 0이 된다.

③ 두 변수의 상관계수 r의 제곱이 결정계수 r^2이 된다.

④ 회귀계수가 음수이면 x와 y는 음의 상관계수를 가진다.

11.

④ 최소제곱법은 잔차의 제곱합을 최소화시킨 것이다.

Answer 10.③ 11.④

12 중회귀분석에서 회귀계수에 대한 검정결과가 아래와 같을 때의 설명으로 틀린 것은? (단, 결정계수는 0.891이다.)

요인 (Predictor)	회귀계수 (Coet)	표준오차 (StDev)	통계량 (T)	P값 (P)
절편	−275.26	24.38	−11.29	0.000
Head	4.458	3.167	1.41	0.161
Neck	19.112	1.200	15.92	0.000

① 설명변수는 Head와 Neck이다.

② 회귀변수 중 통계적 유의성이 없는 변수는 절편과 Neck이다.

③ 위 중회귀모형은 자료 전체의 산포 중에서 약 89.1%를 설명하고 있다.

④ 회귀방정식에서 다른 요인을 고정시키고 Neck이 한 단위 증가하면 반응값은 19.112가 증가한다.

13 독립변수가 k개인 중회귀모형 $y = X\beta + \epsilon$에서 회귀계수벡터 β의 추정량 b의 분산–공분산 행렬 $Var(b)$은? (단, $Var(\epsilon) = \sigma^2 I$)

① $Var(b) = X'X\sigma^2$

② $Var(b) = (X'X)^{-1}\sigma^2$

③ $Var(b) = k(X'X)^{-1}\sigma^2$

④ $Var(b) = k(X'X)\sigma^2$

12.

① 설명변수 = 원인변수 = 독립변수 : Head, Neck

② 회귀변수(Head, Neck) 중 Head 변수가 유의수준 0.05보다 크기 때문에 통계적 유의성이 없다고 볼 수 있다.

③ 결정계수가 0.891이므로 자료 전체의 산포 중 89.1%를 설명할 수 있다.

④ 다른 요인의 효과가 고정되고, Neck이 1 증가하면 반응값은 19.112만큼 증가한다.

13.

추정량 b에 대한 $E(b) = \beta$, $Var(b) = (X'X)^{-1}\sigma^2$

Answer　12.②　13.①

14 통계학 과목을 수강한 학생 가운데 학생 10명을 추출하여, 그들이 강의에 결석한 시간(X)과 통계학점수(Y)를 조사하여 다음 표를 얻었다.

X	5	4	5	7	3	5	4	3	7	5
Y	9	4	5	11	5	8	9	7	7	6

단순 선형 회귀분석을 수행한 다음 결과의 ( )에 들어갈 것으로 틀린 것은?

요인	자유도	제곱합	평균제곱	F값
회귀	(a)	9.9	(b)	(c)
오차	(d)	33.0	(e)	
전체	(f)	42.9		

$$R^2 = (\ g\ )$$

① $a = 1$, $b = 9.9$

② $d = 8$, $e = 4.125$

③ $c = 2.4$

④ $g = 0.7$

15 피어슨 상관관계 값의 범위는?

① 0에서 1 사이

② −1에서 0 사이

③ −1에서 1 사이

④ −∞에서 +∞ 사이

14.

요인	자유도	제곱합	평균제곱	F값
회귀	1	9.9 (= SSR)	9.9 = 9.9/1 (= MSR)	2.4 = 9.9/4.125
오차	8 (= 10−2)	33.0 (= SSE)	4.125 = 33.0/8 (= MSE)	
전체	9 (= 10−1)	42.9 (= SST)		

$R^2 = SSR/SST = 9.9/42.9 = 0.23$

15.

상관계수는 −1에서 1 사이의 값으로 존재하며, −1에 가까울수록 높은 음의 상관성을, +1에 가까울수록 높은 양의 상관성을 나타낸다.

16 두 변수 간의 상관계수 값으로 옳은 것은?

x	2	4	6	8	10
y	5	4	3	2	1

① -1

② -0.5

③ 0.5

④ 1

17 단순회귀모형 $y_i = \beta + \beta_1 x_1 + \epsilon_1,\ \epsilon_i \sim N(0,\ \sigma^2)\,(i = 1,\ 2,\ \cdots,\ n)$에서 최소제곱법에 의해 추정된 회귀직선을 $\overline{y} = b_0 + b_1 x$라 할 때, 다음 설명 중 옳지 않은 것은?

(단, $S_x = \sum_{i=1}^{2}(x_i - \overline{x})^2$, $MSE = \sum_{i=1}^{n}(y_1 - \hat{y_i})^2 / (n-2)$이다)

① 추정량 b_1은 평균이 β_1이고, 분산이 σ^2 / S_{xx}인 정규분포를 따른다.

② 추정량 b_0은 회귀직선의 절편 β_0의 불편추정량이다.

③ MSE는 오차항 ϵ_i의 분산 σ^2에 대한 불편추정량이다.

④ $\dfrac{b_1 - \beta_1}{\sqrt{MSE / S_{xx}}}$는 자유도 각각 1, $n-2$인 F-분포 $F(1,\ n-2)$를 따른다.

16.

$$corr(X,\ Y) = \frac{X와\ Y의\ 공분산}{X와\ Y의\ 표준편차} = \frac{S_{xy}}{S_x S_y}$$

$$= \frac{E(XY) - E(X)E(Y)}{\sigma_x \sigma_y}$$

$$= \frac{14 - 6 \times 3}{\sqrt{8}\ \sqrt{2}} = \frac{14 - 18}{4} = \frac{-4}{4} = -1$$

$E(XY)$
$$= \frac{(2 \times 5) + (4 \times 4) + (6 \times 3) + (8 \times 2) + (10 \times 1)}{5}$$
$$= \frac{10 + 16 + 18 + 16 + 10}{5} = \frac{70}{5} = 14$$

$$E(X) = \frac{(2 + 4 + 6 + 8 + 10)}{5} = \frac{30}{5} = 6$$

$$E(Y) = \frac{(5 + 4 + 3 + 2 + 1)}{5} = \frac{15}{5} = 3$$

$$\sigma_x = \sqrt{\frac{(2-6)^2 + (4-6)^2 + (6-6)^2 + (8-6)^2 + (10-6)^2}{5}}$$
$$= \sqrt{\frac{16 + 4 + 0 + 4 + 16}{5}} = \sqrt{\frac{40}{5}} = \sqrt{8}$$

$$\sigma_y = \sqrt{\frac{(5-3)^2 + (4-3)^2 + (3-3)^2 + (2-3)^2 + (1-3)^2}{5}}$$
$$= \sqrt{\frac{4 + 1 + 0 + 1 + 4}{5}} = \sqrt{\frac{10}{5}} = \sqrt{2}$$

17.

$\dfrac{b_1 - \beta_1}{\sqrt{MSE / S_{xx}}}$는 자유도가 $n-2$인 t-분포 $t(n-2)$를 따른다.

Answer 16.① 17.④

18 n개의 관측치에 대하여 단순회귀모형 $Y_i\beta_0 + \beta_1 X_i + \epsilon_1$을 이용하여 분석하려 한다. $\sum_{i=1}^{n}(x_i - \overline{x})^2 = 20$, $\sum_{i=1}^{n}(\hat{y} - \overline{yx})^2 = 30$, $\sum_{i=1}^{n}(x_i - \overline{x})(y_i - \overline{y}) = -10$일 때, 회귀계수의 추정치 $\widehat{\beta_1}$의 값은?

① $-\dfrac{1}{3}$ ② $-\dfrac{1}{2}$

③ $\dfrac{2}{3}$ ④ $\dfrac{3}{2}$

18.

$$S_{xy} = \sum_{i=1}^{n}(x_i - \overline{x})(y_i - \overline{y}), \quad S_{xx} = \sum_{i=1}^{n}(x_i - \overline{x})^2$$

$$\hat{\beta_1} = \frac{S_{xy}}{S_{xx}} = \frac{-10}{20} = -\frac{1}{2}$$

---

19 회귀분석에서 결정계수 R^2에 대한 설명으로 틀린 것은?

① $R^2 = \dfrac{SSR}{SST}$

② $-1 \leq R^2 \leq 1$

③ SSE가 작아지면 R^2는 커진다.

④ R^2은 독립변수의 수가 늘어날수록 증가하는 경향이 있다.

19.

결정계수는 상관계수의 제곱으로 $0 \leq R^2 \leq 1$이다.

---

20 다음은 대응되는 두 변량 X와 Y를 관측하여 얻은 자료 (x_1, y_1), $\cdots$, (x_n, y_n)으로 그린 산점도이다. X와 Y의 표본상관계수의 절댓값이 가장 작은 것은?

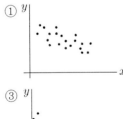

20.

상관계수는 두 변수 사이의 선형관계 정도를 나타내는 것으로 선형성이 없으면 상관계수 값은 0에 가깝다. 따라서 ④가 가장 선형성에서 벗어났기 때문에 상관계수의 절댓값이 나머지와 비교해 가장 작다.

Answer   18.②   19.②   20.④

21 회귀분석에 대한 설명 중 옳은 것은?

① 회귀분석에서 분산분석표는 사용되지 않는다.
② 독립변수는 양적인 관찰 값만 허용된다.
③ 회귀분석은 독립변수 간에는 상관관계가 0인 경우만 분석 가능하다.
④ 회귀분석에서 t-검정과 F-검정이 모두 사용된다.

22 회귀분석에서 추정량의 성질이 아닌 것은?

① 선형성
② 불편성
③ 등분산성
④ 유효성

23 다른 변수들의 상관관계를 통제하고 순수하게 두 변수간의 상관관계를 나타내는 것은?

① 단순상관계수
② 편상관계수
③ 다중상관계수
④ 결정계수

21.

① 분산분석표를 사용하여 회귀분석을 검정한다.

변동	제곱합	자유도	평균제곱	F
회귀	SSR	K	MSR $= SSR/k$	MSR/MSE
잔차	SSE	$n-k-1$	MSE $= SSE/n$ $-k-1$	
총변동	SST	$n-1$		

② 독립변수는 질적 관찰값도 더비 변수로 변환하여 회귀분석에 적용할 수 있다.
③ 독립변수 간에 상관관계가 0이 아니더라도 다중공선성이 존재하지 않으면 가능하다.

22.

회귀분석의 가정은 선형성, 등분산성, 독립성, 정규성이다.

23.

편상관계수는 공변량을 통제하고 순수하게 두 변수만의 상관관계를 나타낸다.

24 독립변수가 2($= k$)개인 중회귀모형 $y_j = \beta_0 + \beta_1 x_{1j} + \beta_2 x_{2j} + \epsilon_j$, $j = 1, \cdots, n$의 유의성 검정에 대한 내용으로 틀린 것은?

① $H_0 : \beta_1 = \beta_2 = 0$

② H_1 : 회귀계수 β_1, β_2 중 적어도 하나는 0이 아니다.

③ $\dfrac{MSE}{MSR} > (k, \ n-k-1, \ \alpha)$이면 H_0를 기각한다.

④ 유의확률 p가 유의수준 α보다 작으면 H_0을 기각한다.

24.

① 귀무가설 H_0는 $\beta_1 = \beta_2 = 0$이다.

② 대립가설 H_1은 회귀계수 β_1, β_2 중 적어도 하나는 0이 아니다.

③ 검정통계량 F는 MSR/MSE이며 $F > F\{k, \ (n-k-1)\}$이면 H_0는 기각한다.

변동	제곱합	자유도	평균제곱	F
회귀	SSR	K	MSR $= SSR/K$	MSR $/MSE$
잔차	SSE	$N-K-1$	MSE $= SSE/n-$ $K-1$	
총변동	SST	$n-1$		

④ 유의확률이 유의수준보다 작으면 귀무가설은 기각하고, 대립가설을 채택한다.

25 두 집단의 분산의 동일성 검정에 사용되는 검정통계량의 분포는?

① t – 분포

② 기하분포

③ χ^2 – 분포

④ F – 분포

25.

F 검정은 분산비 검정, 분산분석에서 사용한다.

26 표본의 수가 n이고, 독립변수의 수가 k인 중선형회귀모형의 분산분석표에서 잔차제곱합 SSE의 자유도는?

① k

② $k+1$

③ $n-k-1$

④ $n-1$

26.

중회귀분석의 잔차제곱합 SSE의 자유도는 $n-k-1$이다.

※ 분산분석표

	변동	자유도	평균변동	F
회귀	SSR	k	$MSR = SSR/k$	MSR $/MSE$
잔차	SSE	$n-k-1$	MSE $= SSE/(n-k-1)$	
총변동	SST	$n-1$		

Answer 24.③ 25.④ 26.③

27 상관분석 및 회귀분석을 실시할 때의 설명으로 틀린 것은?

① 연구자는 먼저 설명변수와 반응변수의 산점도를 그려서 관계를 파악해보아야 한다.

② 두 변수간의 관계가 선형이 아니라면, 관련이 있어도 상관계수가 0이 될 수 있다.

③ 상관계수가 +1에 가까우면 높은 상관이 있는 것이고, -1에 가까우면 상관이 없는 것으로 해석할 수 있다.

④ 두 개의 설명변수가 있을 때 다중회귀분석을 실시한 경우의 회귀계수와 각각 단순회귀분석을 했을 때의 회귀계수는 달라진다.

27.

상관계수는 -1에서 1 사이의 값으로 존재하며, -1에 가까울수록 높은 음의 상관성을, +1에 가까울수록 높은 양의 상관성을 나타낸다.

28 단순회귀분석에서 회귀직선의 추정식이 $\hat{y} = 0.5 - 2x$와 같이 주어졌을 때 다음 설명 중 틀린 것은?

① 반응변수는 y이고 설명변수는 x이다.

② 반응변수와 설명변수의 상관계수는 0.5이다.

③ 설명변수가 0일 때 반응변수가 기본적으로 갖는 값은 0.5이다.

④ 설명변수가 한 단위 증가할 때 반응변수는 평균적으로 2단위 감소한다.

28.

단순회귀분석에서 회귀직선의 추정식으로 반응변수와 설명변수의 상관계수를 확인할 수 없다. 다만, 결정계수(R^2)이 주어진다면 두 변수의 상관계수 r의 제곱이 R^2이 된다.

Answer 27.③ 28.②

29 다음과 같은 자료가 주어져 있다. 최소제곱법에 의한 회귀직선은?

x	y
3	12
4	22
5	32
3	22
5	32

① $y = \dfrac{30}{4}x - 6$

② $y = \dfrac{30}{4}x + 6$

③ $y = \dfrac{30}{2}x - 6$

④ $y = \dfrac{30}{2}x + 6$

29.

$y = \hat{\beta_0} + \hat{\beta_1}x$ 이며, 이때, $\hat{\beta_0}$, $\hat{\beta_1}$은 다음과 같다.

$$\overline{X} = \frac{(3+4+5+3+5)}{5} = \frac{20}{5} = 4$$

$$\overline{Y} = \frac{12+22+32+22+32}{5} = 24$$

$$\hat{\beta_1} = \frac{\displaystyle\sum_{i=1}^{5}(X_i - \overline{X})(Y_i - \overline{Y})}{\displaystyle\sum_{i=1}^{5}(X_i - \overline{X})^2}$$

$$= \frac{\begin{matrix}(3-4)(12-24)+(4-4)(22-24)+(5-4) \\ (32-24)+(3-4)(22-24)+(5-4)(32-24)\end{matrix}}{(3-4)^2+(4-4)^2+(5-4)^2+(3-4)^2+(5-4)^2}$$

$$= \frac{12+0+8+2+8}{1+0+1+1+1} = \frac{30}{4}$$

$$\hat{\beta_0} = \overline{Y} - \hat{\beta_1}\overline{X} = 24 - \frac{30}{4} \times 4 = 24 - 30 = -6$$

30 회귀분석에서의 결정계수에 관한 설명으로 틀린 것은?

① 결정계수 r^2의 범위는 $0 \leq r^2 \leq 1$이다.

② 종속변수의 총변동 중 회귀직선에 기인한 변동의 비율을 나타낸다.

③ 결정계수는 잔차제곱합(SSE)을 총제곱합(SST)으로 나눈 값이다.

④ 단순회귀분석의 경우 종속변수와 독립변수의 상관계수를 제곱한 값이 결정계수이다.

30.

③ 결정계수(R^2) = 설명되는 변동 / 총변동
= SSR/SST

Answer 29.① 30.③

31 단순회귀모형 $y_i = \beta_0 + \beta_1 x_i + \epsilon_i$ $(i = 1, 2, \cdots, n)$의 적합된 회귀식 $\widehat{Y_i} = b_0 + b_1 x_i$와 잔차 $e_i = y_i - \widehat{y_i}$ 관계에서 성립하지 않는 것은? (단, $\epsilon_i \sim N(0, \sigma^2)$이다)

① $\displaystyle\sum_{i=1}^{n} e_i = 0$

② $\displaystyle\sum_{i=1}^{n} e_i y_i = 0$

③ $\displaystyle\sum_{i=1}^{n} e_i \widehat{y_i} = 0$

④ $\displaystyle\sum_{i=1}^{n} e_i x_i = 0$

31.

잔차의 성질

㉠ 잔차의 합 : $\displaystyle\sum_{i=1}^{n} e_i = 0$

㉡ 잔차들의 x_i, $\widehat{y_i}$에 대한 가중합

$\displaystyle\sum_{i=1}^{n} e_i \widehat{y_i} = 0$, $\displaystyle\sum_{i=1}^{n} e_i x_i = 0$

32 단순선형회귀모형 $y = \beta_0 + \beta_1 x + \epsilon$을 고려하여 자료들로부터 다음과 같은 분산분석표를 얻었다. 이 때 결정계수는 얼마인가?

변인	자유도	제곱합	평균제곱합	F
회귀	1	541.69	541.69	29.036
잔차	10	186.56	18.656	
전체	11	728.25		

① 0.7

② 0.72

③ 0.74

④ 0.76

32.

결정계수(R^2)

$= \dfrac{\text{설명되는 변동}}{\text{총 변동}} = \dfrac{SSR}{SST} = \dfrac{541.69}{728.25} = 0.74$

33 봉급생활자의 근속년수, 학력, 성별이 연봉에 미치는 관계를 알아보고자 연봉을 반응변수로 하여 다중회귀분석을 실시하기로 하였다. 연봉과 근속년수는 양적 변수이며, 학력(고졸 이하, 대졸, 대학원 이상)과 성별(남, 여)은 질적 변수일 때, 중회귀모형에 포함되어야 할 가변수(dummy variable)의 수는?

① 1

② 2

③ 3

④ 4

33.

가변수의 수 = 범주 수-1이므로 학력의 가변수 수는 2(= 3-1), 성별의 가변수 수는 1(= 2-1)이므로 중회귀모형에 포함되어야 할 가변수 수는 학력 가변수 수+성별 가변수 수 = 2+1 = 3개이다.

Answer 　31.② 32.③ 33.③

34 단순회귀분석을 적용하여 자료를 분석하기 위해서 10쌍의 독립변수와 종속변수의 값들을 측정하여 정리한 결과 다음과 같은 값을 얻었다. 회귀모형 $Y_i = \alpha + \beta x_1 + \epsilon$ 의 β 의 최소제곱추정향을 구하면?

$$\sum_{i=1}^{10} x_i = 39, \quad \sum_{i=1}^{10} x_i^2 = 193, \quad \sum_{i=1}^{10} y_i = 35.1$$

$$\sum_{i=1}^{10} y_i^2 = 130.05, \quad \sum_{i=1}^{10} x_i y_i = 152.7$$

① 0.287

② 0.357

③ 0.387

④ 0.487

35 두 변수 X 와 Y 에 대해서 9개의 관찰값으로부터 계산한 통계량들이 다음과 같을 때, 단순회귀모형의 가정 하에 추정한 회귀직선은?

$$\overline{X} = 5.9, \quad \overline{Y} = 15.1$$

$$S_{XX} = \sum_{i=0}^{9} (X_i - \overline{X})^2 = 40.9$$

$$S_{YY} = \sum_{i=0}^{9} (Y_i - \overline{Y})^2 = 370.9$$

$$S_{XY} = \sum_{i=0}^{9} (X_i - \overline{X})(Y_i - \overline{Y}) = 112.1$$

① $\hat{Y} = -1.07 - 2.74x$

② $\hat{Y} = -1.07 + 2.74x$

③ $\hat{Y} = 1.07 - 2.74x$

④ $\hat{Y} = 1.07 + 2.74x$

34.

$$S_{xy} = \sum_{i=1}^{10} (x_i - \overline{x})(y_i - \overline{y}) = 10 \times \sum_{i=1}^{10} x_i y_i - \sum_{i=1}^{10} x_i \sum_{i=1}^{10} y_i$$
$$= 10 \times 152.7 - 39 \times 35.1 = 158.1$$

$$S_{xx} = \sum_{i=1}^{10} (x_i - \overline{x})^2 = 10 \times \sum_{i=1}^{10} x_i^2 - (\sum_{i=1}^{10} x_i)^2$$
$$= 10 \times 193 - 39^2 = 409$$

$$\hat{\beta} = \frac{S_{xy}}{S_{xx}} = \frac{158.1}{409} = 0.387$$

35.

$$\hat{\beta}_1 = \frac{S_{xy}}{S_{xx}} = \frac{112.1}{40.9} = 2.74,$$

$$\hat{\beta}_0 = \overline{Y} - \hat{\beta}_1 \times \overline{X} = 15.1 - 2.74 \times 5.9 = -1.07$$

$$\hat{Y} = \hat{\beta}_0 + \hat{\beta}_1 X = -1.07 + 2.74X$$

Answer 34.③ 35.②

36 두 변수 $(X,\ Y)$의 n개의 표본자료 $(x_1,\ y_1),\ \cdots,\ (x_n,\ y_n)$에 대하여 다음과 같이 정의된 표본상관계수 r에 관한 설명으로 틀린 것은?

$$r = \frac{\sum_{i=1}^{n}(x_i - \overline{x})(y_i - \overline{y})}{\sqrt{\sum_{i=1}^{n}(x_i - \overline{x})^2}\sqrt{\sum_{i=1}^{n}(y_i - \overline{y})^2}}$$

① 상관계수는 항상 −1 이상, 1 이하의 값을 갖는다.

② X와 Y 사이의 상관계수의 값과 $(X+2)$와 $2Y$ 사이의 상관계수의 값은 같다.

③ X와 Y 사이의 상관계수의 값과 $-3X$와 $2Y$ 사이의 상관계수의 값은 같다.

④ 서로 연관성이 있는 경우에도 X와 Y 사이의 상관계수의 값은 0이 될 수도 있다.

36.

① 상관계수의 범위는 $-1 \leq r \leq 1$이다.

② $Corr(X+2,\ 2Y) = Corr(X,\ Y)$

③ $Corr(-3X,\ 2Y) = -Corr(X,\ Y)$

④ 상관계수는 선형성에 관한 척도이므로 서로 연관성이 있더라도 선형이 아니면 상관계수는 0이 될 수 있다.

37 크기가 10인 표본으로부터 얻은 자료 $(x_1,\ y_1),\ (x_2,\ y_2),\ \cdots,$ $(x_{10},\ y_{10})$에서 얻은 단순선형회귀식의 기울기가 0인지 아닌지를 검정할 때, 사용되는 t분포의 자유도는?

① 19

② 18

③ 9

④ 8

37.

β_1의 검정통계량 $T = \dfrac{\hat{\beta}_1 - \beta_1}{S_{\hat{\beta}_1}} \sim t_{(n-2)}$이므로

t분포의 자유도는 $n-2$ 즉 $10-2=80$이다.

38 두 변수 x와 y의 함수관계를 알아보기 위하여 크기가 10인 표본을 취하여 단순회귀분석을 실시한 결과 회귀식 $y = 20 - 0.1x$을 얻었고, 결정계수 R^2은 0.81이었다. x와 y의 상관계수는?

① −0.1

② −0.81

③ −0.9

④ −1.1

38.

상관계수 r의 제곱이 결정계수이며, $y = \beta_0 + \beta_1 x$에서 β_1의 부호를 통해 x와 y의 방향을 알 수 있다. 즉, 결정계수는 0.81이므로 상관계수는 ± 0.90이며, $\beta_1 = -0.1$이므로 x와 y는 음의 방향이다. 따라서 상관계수는 −0.90이다.

Answer   36.③   37.④   38.③

39 결정계수(coefficient of determination)에 대한 설명으로 틀린 것은?

① 총변동 중에서 회귀식에 의하여 설명되어지는 변동의 비율을 뜻한다.

② 종속변수에 미치는 영향이 적은 독립변수가 추가 되어도 결정계수는 변하지 않는다.

③ 모든 측정값들이 추정회귀직선상에 있는 경우 결정계수는 1이다.

④ 단순회귀의 경우 독립변수와 종속변수간의 표본상관계수의 제곱과 같다.

39.

① 결정계수$(R^2) = \dfrac{SSR}{SST} = 1 - \dfrac{SSE}{SST}$으로 회귀식으로 설명되어지는 변동($SSR$)을 총변동($SST$)로 나눈 값이다.

② 종속변수에 미치는 영향이 적은 독립변수들이 추가되면 결정계수는 감소한다.

③ 결정계수는 회귀식으로 설명될 수 있는 것으로 모든 측정값들이 추정회귀직선에 있다면 결정계수는 1이 된다.

④ 단순회귀의 결정계수는 상관계수의 제곱값이다.

40 다음 중 상관분석의 적용을 위해 산점도에서 관찰해야 하는 자료의 특징이 아닌 것은?

① 선형 또는 비선형 관계의 여부

② 이상점의 존재 여부

③ 자료의 층화 여부

④ 원점(0, 0)의 통과 여부

40.

산점도는 두 변수의 선형관계를 판단할 수 있으며, 이때 원점 통과 여부에 따라 값이 달라지지는 않는다.

41 회귀분석에서는 회귀모형에 대한 몇 가지 가정을 전제로 하여 분석을 실시하게 되며, 이러한 가정들에 대한 타당성은 잔차분석(residual analysis)을 통해 판단하게 된다. 이 때 검토되는 가정이 아닌 것은?

① 정규성

② 등분산성

③ 독립성

④ 불편성

41.

회귀분석의 가정은 등분산성, 독립성, 정규성이다.

Answer　39.②　40.④　41.④

42 다중회귀분석에 관한 설명으로 틀린 것은?

① 표준화잔차의 절댓값이 2 이상인 값은 이상값이다.

② DW(Durbin-Watson) 통계량이 0에 가까우면 독립이다.

③ 분산팽창계수(VIF)가 10 이상이면 다중공선성을 의심해야 한다.

④ 표준화잔차와 예측값의 산점도를 통해 등분산성을 검토해야 한다.

42.

더빈 왓슨 계수값이 2에 가까우면 상관성이 없다.

43 봉급생활자의 연봉과 근속년수, 학력 간의 관계를 알아보기 위하여 연봉을 반응변수로 하여 회귀분석을 실시하기로 하였다. 그런데 근속년수는 양적 변수이지만 학력은 중졸, 고졸, 대졸로 수준 수가 3개인 지시변수(또는 가변수)이다. 다중회귀모형 설정 시 필요한 설명변수는 모두 몇 개인가?

① 1   ② 2

③ 3   ④ 4

43.

반응변수는 연봉, 설명변수는 근속년수, 학력이다. 따라서 총 설명변수 개수는 학력은 중졸, 고졸, 대졸의 3개의 지시변수이므로 총 변수는 2개(더미변수) + 근속년수 1개로 3개이다.

44 단순선형회귀모형 $Y_i = \alpha + \beta x_i + e_i$, $(i = 1, 2, \cdots, n)$에서 최소제곱추정량 $\hat{\alpha} + \hat{\beta} x$로부터 잔차 $\hat{e}_i = y_i - \hat{y}_i$로부터 서로 독립이고 등분산인 차들의 분산 $Var(e_i) = \sigma^2$, $(i = 1, 2, \cdots, n)$의 불편추정량을 구하면?

① $\hat{\sigma^2} = \dfrac{\sum_{i=1}^{n}(y_i - \hat{y_i})^2}{n-3}$ ② $\hat{\sigma^2} = \dfrac{\sum_{i=1}^{n}(y_i - \hat{y_i})^2}{n-2}$

③ $\hat{\sigma^2} = \dfrac{\sum_{i=1}^{n}(y_i - \hat{y_i})^2}{n-1}$ ④ $\hat{\sigma^2} = \dfrac{\sum_{i=1}^{n}(y_i - \hat{y_i})^2}{n}$

44.

오차분산 e^2의 추정량

$$MSE = \frac{\sum(y_i - \hat{y})^2}{n-k-1} = \frac{\sum(y_i - \hat{y})^2}{n-1-1} = \frac{\sum(y_i - \hat{y})^2}{n-2}$$

k는 독립변수 개수이다. 가정은 등분산성, 독립성, 정규성이다.

Answer   42.②   43.③   44.②

2018. 8. 19. 제3회

45 다음 자료는 설명변수(X)와 반응변수(Y) 사이의 관계를 알아 보기 위하여 조사한 자료이다. 설명변수(X)와 반응변수(Y) 사이에 단순회귀모형을 가정할 때, 회귀직선의 기울기에 대한 추정값은 얼마인가?

X_i	0	1	2	3	4	5
Y_i	4	3	2	0	-3	-6

① -2

② -1

③ 1

④ 2

2018. 8. 19. 제3회

46 단순회귀모형 $Y_i = \alpha + \beta x_i$에서 회귀계수 β를 최소자승법(least squares method)으로 추정하는 경우와 ε_i가 평균이 0, 분산이 σ^2인 정규분포를 따른다는 가정하에 최대우도법(maximum likelihood method)으로 추정하는 경우의 설명으로 옳은 것은?

① 최소자승법으로 구한 β가 최대우도법으로 구한 β보다 크다.

② 최소자승법으로 구한 β가 최대우도법으로 구한 β보다 작다.

③ 최소자승법으로 구한 β와 최대우도법으로 구한 β는 같다.

④ 최소자승법으로 구한 β와 최대우도법으로 구한 β는 크기를 비교할 수 없다.

2018. 8. 19. 제3회

47 회귀식에서 결정계수 R^2에 관한 설명으로 틀린 것은?

① 단순회귀모형에서는 종속변수와 독립변수의 상관계수의 제곱과 같다.

② R^2은 독립변수의 수가 늘어날수록 증가하는 경향이 있다.

③ 모든 측정값이 한 직선상에 놓이면 R^2의 값은 0이다.

④ R^2값은 0에서 1까지 값을 가진다.

45.

$$\sum_{i=1}^{6} x_i = (0+1+2+3+4+5) = 15$$

$$\sum_{i=1}^{6} y_i = (4+3+2-3-6) = 0$$

$$\sum_{i=1}^{6} x_i^2 = (0^2+1^2+2^2+3^2+4^2+5^2) = 55$$

$$\sum_{i=1}^{6} x_i y_i = (0+3+4+0-12-30) = -35$$

$$\hat{\beta}_1 = \frac{\displaystyle\sum_{i=1}^{6}(x_i - \overline{x})(y_i - \overline{y})}{\displaystyle\sum_{i=1}^{6}(x_i - \overline{x})^2} = \frac{n\displaystyle\sum_{i=1}^{6}x_i y_i - \displaystyle\sum_{i=1}^{6}x_i\displaystyle\sum_{i=1}^{6}y_i}{n\displaystyle\sum_{i=1}^{6}x_i^2 - \left(\displaystyle\sum_{i=1}^{6}x_i\right)^2}$$

$$= \frac{6\times(-35) - (15\times 0)}{(6\times 55) - 15^2} = \frac{-210}{330-225} = -2$$

46.

③ 최소제곱법은 잔차의 제곱합을 최소로 하는 직선으로 거리의 합이 작은 직선을 의미하며, 최대우도법은 분포 가정이 어려운 경우 우도비가 가장 높은 모수를 추정하는 방법을 의미한다. 그런데 표준정규분포를 따르는 가정하에서 최대우도법은 최소제곱법과 같다. 따라서 표준정규분포일 경우, 최소자승법으로 구한 β와 최대우도법으로 구한 β는 같다.

47.

③ 결정계수는 회귀모형으로 주어진 자료의 변동을 얼마나 설명할 수 있는지에 대한 척도를 의미하는 것으로 $R^2 = 1$은 추정회귀선이 표본자료의 관찰값이 모두 완벽하게 설명할 수 있는 것으로 모든 측정값이 한 직선상에 있게 되는 것을 의미한다.

48 중회귀모형 $y_i = \beta_0 + \beta_1 x_{1i} + \beta_2 x_{2i} + \epsilon_i$에 대한 분산분석표가 다음과 같다.

요인	제곱합	자유도	평균제곱	F	유의확률
회귀	66.12	2	33.06	33.96	0.000258
잔차	6.87	7	0.98		

위의 분산분석표를 이용하여 유의수준 0.05에서 모형에 대한 유의성검정을 할 때, 추론 결과로 가장 적합한 것은?

① 두 설명변수 x_1과 x_2 모두 반응변수에 영향을 주지 않는다.
② 두 설명변수 x_1과 x_2 모두 반응변수에 영향을 준다.
③ 두 설명변수 x_1과 x_2 중 적어도 하나는 반응변수에 영향을 준다.
④ 두 설명변수 x_1과 x_2 중 하나는 반응변수에 영향을 준다.

49 다음 중회귀모형에서 오차분석 e^2의 추정량은? (단, e_i는 잔차를 나타낸다.)

$$Y_i = \beta_0 + \beta_1 X_{1i} + \beta_2 X_{2i} + e_i, \ (i = 1, \ 2, \ \cdots, \ n)$$

① $\dfrac{1}{n-1} \sum e_i^2$

② $\dfrac{1}{n-2} \sum (Y_i - \widehat{\beta_0} - \widehat{\beta_1} X_{1i} - \widehat{\beta_2} X_{2i})^2$

③ $\dfrac{1}{n-3} \sum e_i^2$

④ $\dfrac{1}{n-4} \sum (Y_i - \widehat{\beta_0} - \widehat{\beta_1} X_{1i} - \widehat{\beta_2} X_{2i})^2$

48.

③ 분산분석표의 검정통계량의 유의확률이 유의수준 0.05보다 작기 때문에 모형은 통계적으로 유의하다고 해석할 수 있으며, 두 설명 변수 x_1, x_2 가운데 어느 변수가 반응변수에 영향을 주는지 세부적인 정보는 해당 분산분석표를 통해 알 수 없으나 최소 적어도 하나 이상은 반응변수에 영향을 준다고 해석할 수는 있다.

49.

오차분산 e^2의 추정량
$$MSE = \frac{1}{n-k-1} \sum e_i^2 = \frac{1}{n-2-1} \sum e_i^2$$
$$= \frac{1}{n-3} \sum e_i^2$$
k는 독립변수 개수이다.

Answer 48.③ 49.③

50 다음의 자료에 대해 절편이 없는 단순회귀모형 $Y_i = \alpha + \beta X_i + \epsilon_i$을 가정할 때, 최소제곱법에 의한 β의 추정값을 구하면?

x	1	2	3
y	1	2	2.5

① 0.75

② 0.82

③ 0.89

④ 0.96

50.

절편이 없는 β의 추정값

$$\hat{\beta} = \frac{\sum_{i=1}^{n} x_i y_i}{\sum_{i=1}^{n} x_i^2} = \frac{1 \times 1 + 2 \times 2 + 3 \times 2.5}{1^2 + 2^2 + 3^2} = \frac{12.5}{14} = 0.89$$

51 $Y = a + bX$, $(b > 0)$인 관계가 성립할 때 두 확률변수 X와 Y 간의 상관계수 $\rho_{X,Y}$는?

① $\rho_{X,Y} = 1.0$

② $\rho_{X,Y} = 0.8$

③ $\rho_{X,Y} = 0.6$

④ $\rho_{X,Y} = 0.4$

51.

$Corr(ax + b, \ cy + d)$

$ac > 0$이면 $Corr(x, \ y)$

$ac < 0$이면 $-Corr(x, \ y)$

$Corr(X, \ Y) = Corr(X, \ a + bX) = bCorr(X, X)$
$$= 1, \ b > 0$$

52 단순회귀분석을 수행한 결과, 〈보기〉와 같은 결과를 얻었다. 결정계수 R^2값과 기울기에 대한 가설 $H_0 : \beta_1 = 0$에 대한 유의수준 5%의 검정결과로 옳은 것은?

(단, $\alpha = 0.05$, $t_{(0.025, \ 3)} = 3.182$, $\sum_{i=1}^{5}(x_i - \bar{x})^2 = 329.2$)

〈보기〉

$$\hat{y} = 5.766 + 0.722x, \quad \bar{x} = \frac{118}{5} = 23.6$$

총제곱합(SST)=192.8, 잔차제곱합(SSE)=21.312

---

① $R^2 = 0.889$, 기울기를 '0'이라 할 수 없다.

② $R^2 = 0.551$, 기울기를 '0'이라 할 수 없다.

③ $R^2 = 0.889$, 기울기를 '0'이라 할 수 있다.

④ $R^2 = 0.551$, 기울기를 '0'이라 할 수 있다.

52.

• 결정계수
$$R^2 = \frac{SSR}{SST} = 1 - \frac{SSE}{SST} = 1 - \frac{21.312}{192.8} = 0.889$$

• β_1에 대한 검정
  귀무가설 : $\beta_1 = 0$, 대립가설 : $\beta_1 \neq 0$

• 검정통계량 $T = \dfrac{\hat{\beta}_1 - \beta_1}{S_{\hat{\beta}_1}} \sim t_{(n-2)}$

$$T = \frac{\hat{\beta}_1 - \beta_1}{S_{\hat{\beta}_1}} = \frac{\hat{\beta}_1 - 0}{\dfrac{\sqrt{MSE}}{\sqrt{S_{xx}}}} = \frac{\hat{\beta}_1 - 0}{\dfrac{\sqrt{SSE/(n-2)}}{\sqrt{\sum(x_i - \bar{x})^2}}}$$

$$= \frac{0.722 - 0}{\dfrac{\sqrt{21.312/3}}{\sqrt{329.2}}} = 4.915 > t_{(0.025, \ 5-2)} = 3.182$$

따라서, 귀무가설을 기각하므로 기울기를 0이라고 없다

53 변수 X와 Y에 대한 n개의 자료 $(x_1, y_1), \cdots, (x_n, y_n)$에 대하여 단순선형회귀모형 $Y_i = \beta_0 + \beta_1 x_i + \epsilon_i$을 적합시키는 경우, 잔차 $e_i = y_i - \hat{y}_i, (i = 1, \cdots, n)$에 대한 성질이 아닌 것은?

① $\sum_{i=1}^{n} e_i = 0$　　　　② $\sum_{i=1}^{n} x_i e_i = 0$

③ $\sum_{i=1}^{n} y_i e_i = 0$　　　　④ $\sum_{i=1}^{n} \hat{y}_i e_i = 0$

53.

$\sum e_i = \sum x_i e_i = \sum \hat{y}_i e_i = 0$

54 회귀분석 결과, 분산분석표에서 잔차제곱합(SSE)은 '60', 총 제곱합(SST)은 '240'임을 알았다. 이 회귀모형의 결정계수는?

① 0.25　　　　② 0.50

③ 0.75　　　　④ 0.95

54.

결정계수 $R^2 = \dfrac{SSR}{SST} = 1 - \dfrac{SSE}{SST} = 1 - \dfrac{60}{240} = 0.75$

55 교육수준에 따른 생활만족도의 차이를 다양한 배경변수를 통제한 상태에서 비교하기 위해서 다중회귀분석을 실시하고자 한다. 교육수준을 5개의 범주로 (무학, 초졸, 중졸, 고졸, 대졸 이상)측정하였다. 이 때, 대졸을 기준으로 할 때, 교육수준별 차이를 나타내는 가변수(dummy variable)를 몇 개 만들어야 하는가?

① 1개

② 2개

③ 3개

④ 4개

55.

가변수의 수 = 범주 수 - 1 = 5 - 1 = 4

56 아파트의 평수 및 가족 수가 난방비에 미치는 영향을 알아보기 위해 다중회귀분석을 실시하여 다음의 결과를 얻었다. 분석 결과에 대한 설명으로 틀린 것은? (단, Y는 아파트 난방비(단위 : 천 원)이다.)

모형	비표준화계수		표준화계수	t	p-값
	β	표준오차	Beta		
상수	39.69	32.74		1.21	0.265
평수(X_1)	3.37	0.94	0.85	3.59	0.009
가족 수(X_2)	0.53	0.25	0.42	1.72	0.090

① 추정된 회귀식은 $\hat{Y} = 39.69 + 3.37X_1 + 0.53X_2$ 이다.

② 유의수준 0.05에서 종속변수 난방비에 유의한 영향을 주는 독립변수는 평수이다.

③ 가족 수가 주어질 때, 난방비는 아파트가 1평 커질 때 평균 3.37(천 원) 증가한다.

④ 아파트 평수가 30평이고 가족이 5명인 가구의 난방비는 122.44(천 원)으로 예측된다.

56.

① 추정된 회귀식은 비표준화계수 결과의 상수, 평수(X_1), 가족수(X_2)를 통해 $\hat{Y} = 39.69 + 3.37X_1 + 0.53X_2$이다.

② 유의수준 5% 기준으로 평수(X_1)에서만 p-값이 0.05보다 작기 때문에 유의한 영향을 준다고 볼 수 있다.

③ 가족수가 고정되었을 때, 평수(X_1)의 계수가 3.37 이므로 아파트가 1평 커질 때 평균 3.37 증가한다고 볼 수 있다.

④ 추정된 회귀식 $\hat{Y} = 39.69 + 3.37X_1 + 0.53X_2$에 아파트 평수($X_1$)=30평, 가족수($X_2$)=5명을 대입하면 $\hat{Y} = 39.69 + 3.37 \times 30 + 0.53 \times 5 = 143.44$(천 원)으로 예측된다.

57 Y의 X에 대한 회귀직선식이 $\hat{Y} = 3 + X$라 한다. Y의 표준편차가 '5', X의 표준편차가 '3'일 때, Y와 X의 상관계수는?

① 0.6

② 1.0

③ 0.8

④ 0.5

57.

$\hat{\beta} = 1, \ S_x = 3, \ S_y = 5$

$r = \hat{\beta} \times \dfrac{S_x}{S_y} = 1 \times \dfrac{3}{5} = 0.6$

58 회귀분석을 실시한 결과, 다음의 분산분석표를 얻었다. 결정계수는 얼마인가?

구분	제곱합	자유도	평균제곱	F
회귀	3060	3	1020	51.0
잔차	1940	97	20	
전체	5000	100		

① 60.0%

② 60.7%

③ 61.2%

④ 62.1%

58.

결정계수 $R^2 = \dfrac{SSR}{SST} = \dfrac{3060}{5000} = 0.612$

59 독립변수가 k개인 중회귀모형 $y = X\beta + \epsilon$에서 회귀계수벡터 β의 추정량 b의 분산 – 공분산 행렬 $Var(b)$은?
(단, $Var(\epsilon) = \sigma^2 I$)

① $Var(b) = (X'X)^{-1}\sigma^2$

② $Var(b) = X'X\sigma^2$

③ $Var(b) = k(X'X)^{-1}\sigma^2$

④ $Var(b) = k(X'X)\sigma^2$

59.

추정량 b에 대한 $E(b) = \beta, \ Var(b) = (X'X)^{-1}\sigma^2$

Answer   57.① 58.③ 59.①

60 두 변수 X와 Y의 상관계수 r_{xy}에 대한 설명으로 틀린 것은?

① r_{xy}는 두 변수 X와 Y의 산포의 정도를 나타낸다.

② $-1 \leq r_{xy} \leq +1$

③ $r_{xy} = 0$이면 두 변수는 선형이 아니거나 무상관이다.

④ $r_{xy} = -1$이면 두 변수는 완전한 음의 상관관계에 있다.

61 통계학 강의를 수강한 학생들을 대상으로 결석시간 x와 학기말성적 y와의 관계를 회귀모형 「$y_i = \beta_0 + \beta_1 x_i + \epsilon_i$, $\epsilon_i = N(0, \sigma^2)$이고 서로 독립」의 가정하에 분석하기로 하고 수강생 10명을 임의로 추출하여 얻은 자료를 정리하여 다음의 결과를 얻었다.

> 추정회귀직선 : $\hat{y} = 85.93 - 10.62x$
>
> $$\sum_{i=1}^{10}(y_i - \bar{y})^2 = 2541.50$$
>
> $$\sum_{i=1}^{10}(y_i - \hat{y})^2 = 246.72$$

결석시간 x와 학기말 성적 y 간의 상관계수를 구하면?

① 0.95

② -0.95

③ 0.90

④ -0.90

60.

상관계수는 두 변수의 선형의 상관성 정도를 나타내는 척도에 해당된다.

61.

• 전체 편차$(SST) = \sum_{i=1}^{n}(y_i - \bar{y})^2$

• 설명하지 못하는 부분$(SSE) = \sum_{i=1}^{n}(y_i - \hat{y_i})^2$

• 결정계수

$$R^2 = \frac{SSR}{SST} = 1 - \frac{SSE}{SST} = 1 - \frac{246.72}{2541.50} = 0.902923$$

상관계수 $|r| = |\sqrt{R^2}| = |\sqrt{0.902923}| \approx |0.95|$

x의 회귀계수가 -10.62로 음수이므로 x와 y는 음의 상관관계에 있으므로 상관계수는 -0.950이다.

62 단순회귀모형 $Y_i = \alpha + \beta X_i + \epsilon_i, \ (i = 1, \ 2, \ \cdots, \ n)$에 대한 설명으로 틀린 것은?

① 결정계수는 X와 Y의 상관계수와는 관계없는 값이다.

② $\beta = 0$인 가설을 검정하기 위하여 자유도가 $n - 2$인 t분포를 사용할 수 있다.

③ 오차 ϵ_i의 분산의 추정량은 평균제곱오차이며 보통 MSE로 나타낸다.

④ 잔차의 그래프를 통해 회귀모형의 가정에 대한 타당성을 검토할 수 있다.

62.

① 단순회귀모형에서는 결정계수 R^2은 상관계수 r의 제곱 값에 해당한다.

63 단순회귀모형 $Y_i = \alpha + \beta X_i + \epsilon_i (i = 1, \ 2, \ \cdots, \ n)$의 가정 하에 최소제곱법에 의해 회귀직선을 추정하는 경우 잔차 $e_i = Y_i - \hat{Y}_i$의 성질로 틀린 것은?

① $\sum e_i = 0$

② $\sum e_i = \sum X_i e_i$

③ $\sum e_i^2 = \sum \hat{X}_i e_i$

④ $\sum X_i e_i = \sum \hat{Y}_i e_i$

63.

$\sum e_i = \sum X_i e_i = \sum \hat{Y}_i e_i = 0$

64 매출액과 광고액은 직선의 관계에 있으며, 이때 상관계수는 0.90이다. 만일 매출액을 종속변수 그리고 광고액을 독립변수로 선형 회귀분석을 실시할 경우, 추정된 회귀선의 설명력에 해당하는 값은?

① 0.99

② 0.91

③ 0.89

④ 0.81

64.

회귀선의 설명력은 결정계수 R^2으로 나타내며 이는 상관계수 r의 제곱 값에 해당한다. 따라서 결정계수 R^2은 $r^2 = (0.90)^2 = 0.81$ 이다.

Answer   62.①   63.③   64.④

65 단순회귀모형 $Y_i = \alpha + \beta x_i + \epsilon_i$, $(i = 1, 2, \cdots, n)$의 가정하에 자료를 분석하기로 하였다. 각각의 독립변수 x_i에서 반응변수 Y_i를 관측하여 정리한 결과가 다음과 같을 때, 회귀계수 α, β의 최소제곱 추정값을 순서대로 나열한 것은?

$$\overline{x} = \frac{1}{n}\sum_{i=1}^{n} x_i = 50 \qquad \sum_{i=1}^{n}(x_i - \overline{x})^2 = 2000$$

$$\overline{y} = \frac{1}{n}\sum_{i=1}^{n} y_i = 100 \qquad \sum_{i=1}^{n}(y_i - \overline{y})^2 = 3000$$

$$\sum_{i=1}^{n}(x_i - \overline{x})(y_i - \overline{y}) = -3500$$

① 187.5, −1.75
② 190.5, −2.75
③ 200.5, −1.75
④ 187.5, −2.75

66 다음 중 상관관계분석에 관한 설명으로 옳지 않은 것은?

① 표준화된 공분산의 값이 1에 가까우면 두 변수가 서로 의존적이며 상호관계가 있는 것으로 간주한다.
② 두 변수 간의 상호관계와 상호변이에 대한 분석이다.
③ 공분산 값이 0이면 거의 상호관계가 없다.
④ 독립변수의 값에 기초하여 종속변수의 값을 추정하고 예측하게 한다.

67 두 변량 X, Y의 상관계수가 0일 때 일반적으로 옳은 설명은?

① 두 변량 X, Y 사이에 아무관계가 없다.
② 두 변량 X, Y 사이에 선형관계가 없다.
③ 두 변량 X, Y 사이에 관계가 깊다.
④ 두 변량 X, Y 사이에 강한 선형관계가 있다.

65.

$$\hat{\beta} = \frac{\sum_{i=1}^{n}(x_i - \overline{x})(y_i - \overline{y})}{\sum_{i=1}^{n}(x_i - \overline{x})^2} = \frac{-3500}{2000} = -1.75$$

$$\hat{\alpha} = \overline{y} - \hat{\beta}\overline{x} = 100 - (-1.75) \times 50 = 100 + 87.5 = 187.5$$

66.

하나의 변수가 다른 변수와 어느 정도 밀집성을 갖고 변화하는가를 분석하는 것을 상관관계분석이라고 한다.
④ 회귀분석에 관한 내용이다.

67.

상관계수가 0이라는 것은 선형관계가 없다는 뜻이지 아무 관계가 없다는 것은 아니다.

Answer 65.① 66.④ 67.②

68 다음 중 두 개의 확률변수 X, Y가 독립일 때 공분산의 값과 그 역의 성립여부를 바르게 설명한 것은?

① 0, 성립　　　　　　② 0, 성립하지 않음

③ 1, 성립　　　　　　④ 1, 성립하지 않음

68.

독립일 때 두 변수는 공분산이 0이다.

69 다음 그림에서 상관계수 r의 값으로 옳은 것은?

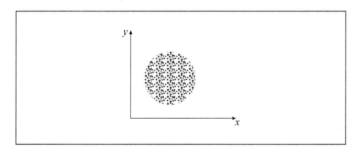

① -1, 0　　　　　　② 0

③ 1, 0　　　　　　④ ∞

69.

상관관계가 없다는 뜻이다.

70 다음 표본상관계수 $r = 0.6$, $S_{(xx)} = 25$, $S_{(yy)} = 27$일 때 $S_{(xy)}$의 값을 구하면?

① 12.57　　　　　　② 15.59

③ 18.46　　　　　　④ 20.51

70.

$$r = \frac{S_{(xy)}}{\sqrt{S_{(xx)}S_{(yy)}}} = \frac{S_{(xy)}}{\sqrt{25 \times 27}}$$

따라서 $S_{(xy)} = 0.6 \times \sqrt{675} ≒ 15.59$

71 상관계수에 대한 설명으로 옳지 않은 것은?

① 상관계수 r_{xy}는 두 변수 X와 Y의 산포의 정도를 나타낸다.

② $-1 \leq r_{xy} \leq +1$

③ $r_{xy} = 0$이면 두 변수는 무상관이다.

④ $r_{xy} = \pm 1$이면 두 변수는 완전상관관계에 있다.

71.

상관계수는 측정대상이나 단위에 상관없이 두 변수 사이의 일관된 선형관계를 나타내주는 지표로 공분산을 표준화시킨 값이다.

Answer　68.② 69.② 70.② 71.①

72 다음 중 표본상관계수 r을 바르게 표현한 식은?

① $r = \dfrac{S_{(xx)}}{\sqrt{S_{(xx)}S_{(yy)}}}$

② $r = \dfrac{S_{(xy)}}{\sqrt{S_{(xx)}S_{(yy)}}}$

③ $r = \dfrac{S_{(yy)}}{\sqrt{S_{(xx)}S_{(yy)}}}$

④ $r = \dfrac{S_{(xy)}}{\sqrt{S_{(xy)}S_{(xy)}}}$

73 상관계수에 관한 다음의 기술 중 옳은 것끼리 짝지은 것은?

> ㉠ 상관계수가 0에 가까울수록 변수 간에 상관이 없음을 뜻한다.
> ㉡ 상관계수의 절댓값은 1을 넘을 수가 없다.
> ㉢ 상관계수는 변수가 아무리 많더라도 두 변수 간만 구할 수 있다.

① ㉠㉡
② ㉠㉢
③ ㉡㉢
④ ㉠㉡㉢

74 교육수준과 정치적 성향의 관계를 알아보기 위하여 조사를 실시하고 조사한 자료를 분석한 결과 교육년수로 측정한 교육수준의 분산이 70, 정치적 성향의 분산이 50, 그리고 두 변수의 공분산이 $\sqrt{560}$ 으로 나타났다. 이때 두 변수 간의 적률상관계수의 값은 얼마인가?

① 0.1
② 0.2
③ 0.3
④ 0.4

75 다음 기대치가 $E(X) = 7$, $V(X) = 9$, $E(Y) = 10$, $V(Y) = 27$ 이며 X와 Y가 서로 독립일 때 공분산 $cov(X, Y)$는?

① 0
② 3
③ 5
④ 1

75.

X와 Y가 서로 독립이면 $cov(X, Y) = 0$이다.

76 양적인 두 변수 간의 선형적 관계를 알아보는 분석은?

① 상관분석
② 분산분석
③ 평균분석
④ 교차분석

76.

상관분석은 2개의 수치자료의 선형적인 정도를 알아볼 수 있다.

77 상관계수와 관련 없는 통계치는?

① 첨도
② 표준편차
③ 공분산
④ 평균

77.

$$\text{상관계수} = \frac{X와 \ Y의 \ 공분산}{X와 \ Y의 \ 표준편차}$$
$$= \frac{cov(X, Y)}{\sigma_X \sigma_Y} = \frac{E(XY) - E(X)E(Y)}{\sigma_X \sigma_Y}$$

78 상관계수에 대한 설명으로 옳지 않은 것은?

① 상관계수는 −1과 1 사이의 값을 갖는다.
② 상관계수가 0이라는 말은 두 변수 사이에 어떤 관계도 없다는 것을 의미한다.
③ 상관계수는 공분산을 표준화시킨 값이다.
④ 일반적으로 상관계수의 절댓값이 클수록 강한 상관관계가 있다.

78.

상관계수가 0이면 무상관으로 선형적인 관계가 없다는 것이며, 이는 두 변수 사이에 정말로 관계가 없을 수도 있으나, 곡선적인 관계처럼 비선형적이면서도 서로 관계가 있을 수 있다.

Answer 75.① 76.① 77.① 78.②

79 상관계수(r)의 값은 항상 어떤 범위를 갖는가?

① $-1 \leq r \leq 0$

② $-1 \leq r \leq 1$

③ $0 \leq r \leq 1$

④ $-\infty \leq r \leq \infty$

80 다음 자료를 가지고 두 변수 간의 상관관계를 해석하고자 할 때 이에 대한 분석으로 옳은 것은?

x	1	2	3	4
y	8	6	4	2

① x와 y는 완전한 음의 상관관계이다.

② x와 y는 완전한 양의 상관관계이다.

③ x와 y는 상관관계가 없다.

④ x와 y는 부분적 음의 상관관계이다.

81 다음 중 상관관계에 대한 설명으로 적합하지 않은 것은?

① 상관관계의 해석은 결정계수(Determinant coefficient)를 사용하여 이루어진다.

② 상관계수는 변인 X와 변인 Y의 인과관계를 나타낸다.

③ 상관을 통해 변인의 관계성의 정도를 파악할 수 있다.

④ 상관계수는 변인 간 관계성의 방향을 알려준다.

79.

$-1 \leq r_{xy} \leq 1$

80.

피어슨의 상관관계로 위 자료는 $y = -2x + 10$인 관계로 완전한 음의 직선적인 관계이다.

81.

두 수치자료의 인과관계는 회귀분석을 통해 알아볼 수 있다.

82 설명변수(X_i)와 반응변수(Y_i) 사이에 단순회귀모형을 가정할 때, 회귀직선의 절편에 대한 추정값은?

X_i	0	1	2	3	4	5
Y_i	4	3	2	0	−3	−6

① 2
② 3
③ 4
④ 5

83 10개의 관측자료를 사용하여 다음과 같은 회귀식을 구하였을 때 X_1이 4 증가하고 X_2가 3 증가할 경우 Y의 증가량은 얼마인가?

$$\hat{Y} = -0.65 + 1.55X_1 + 0.76X_2$$

① 6.93
② 7.35
③ 8.48
④ 10.8

84 다음 중 단순회귀모형에서 오차항에 부여되는 가정이 아닌 것은?

① 유일성
② 독립성
③ 등분산성
④ 정규성

85 다음 중 다중회귀분석의 가정으로 옳지 않은 것은?

① 모든 독립변수들은 서로 독립이다.
② 오차항 ϵ_i는 서로 독립이며 평균이 1이다.
③ 오차항 ϵ_i는 분산이 일정하다.
④ 오차항 ϵ_i는 정규분포를 따른다.

Answer 82.④ 83.③ 84.① 85.②

86 다음 중 회귀분석에 대한 설명으로 옳은 것은?

① 회귀분석은 외생변수의 값에 대한 종속변수 값의 추정치와 예측치를 제공한다.

② 회귀분석은 독립변수와 종속변수 간의 관계의 존재 여부는 알려주지만 수식으로 나타내지는 못한다.

③ 회귀분석의 결과로 나온 독립변수와 종속변수 간의 관계는 완전히 정확하게 확률적이다.

④ 회귀분석을 통해 우리는 종속변수의 값의 변화에 영향을 미치는 중요한 독립변수들이 무엇인지를 알 수 있다.

87 종속변수 Y를 독립변수 X_1과 X_2로 설명하는 선형회귀모형은?

① $Y = \alpha X_1 + \beta X_2 + \epsilon$

② $Y = \alpha X_1 X_2 + \beta + \epsilon$

③ $Y = \alpha + \beta + X_1$

④ $Y = X_2 + (\alpha + \beta)\epsilon$

88 회귀분석에서 관찰값과 예측값의 차이를 무엇이라고 하는가?

① 잔차(Residual) ② 오차(Error)

③ 편차(Deviation) ④ 거리(Distance)

89 다음 중 회귀분석에서 회귀제곱합(SSR)이 200이고 오차제곱합(SSE)이 40인 경우, 결정계수는?

① 0.83 ② 0.81

③ 0.5 ④ 0.25

86.

① 회귀분석은 독립변수의 값에 대한 종속변수 값의 추정치와 예측치를 제공한다.

② 회귀분석은 독립변수와 종속변수 간의 관계의 존재 여부를 알려주며 수식도 나타낸다.

③ 회귀분석의 결과로 나온 독립변수와 종속변수 간의 관계는 완전히 정확하지는 못하고 확률적이다.

87.

독립변수 X_1, X_2가 각각 구성된 ①이 정답이다.

88.

관찰값과 예측값의 차이를 잔차라고 한다.

89.

$R^2(결정계수) = \dfrac{회귀제곱합}{총제곱합} = \dfrac{200}{240} ≒ 0.83$

90 n개의 범주로 된 변수를 더미변수로 만들어 회귀분석에 이용할 경우 회귀분석모델에 포함되어야 하는 더미변수의 개수는?

① $n-1$

② $n+1$

③ n^2

④ $n-2$

91 교육년수(X_1)와 아버지의 교육년수(X_2), 공부시간(X_3)이 소득에 얼마나 영향을 미치는지 알아보기 위해 $\hat{y} = 8.14 + 3.48X_1 + 12.77X_2 + 5.49X_3$의 회귀모형으로 회귀분석을 하였다. 회귀계수를 표준화시켜 구한 회귀모형은 $\hat{y} = 8.14 + 2.88X_1 + 1.69X_2 + 4.89X_3$이었다. 세 변수 중 소득에 가장 많은 영향을 미치는 변수는?

① 교육년수

② 아버지의 교육년수

③ 공부시간

④ 비교할 수 없다.

92 다음 중 회귀직선에 대한 성질로 옳지 않은 것은?

① 같은 자료에서 계산된 두 회귀직선은 변량 X, Y의 평균 X바, Y바 점의 좌표의 교점을 지닌다.

② 최소자승법으로 유도된 회귀식은 관찰값과 추정값의 차의 제곱합을 최소로 한다.

③ 변량 X, Y의 X의 Y에 대한 회귀직선과 Y의 X에 대한 회귀선은 항상 같다.

④ 회귀선은 변량을 대표하고 그 표준편차의 값이 작을수록 회귀선은 정확히 변량간의 관계를 잘 설명해 준다.

90.

더미변수(Dummy variable)는 (변수 −1), 즉 ($n-1$)개가 필요하다.

91.

회귀모형에 변수 앞 정수가 가장 큰 것은 4.89로 공부시간 변수이다.

92.

회귀식 $Y = ax + b$와 $X = ay + b$는 다르다.

Answer　90.① 91.③ 92.③

93 다음 중 결정계수(Coefficient of defermination) R^2에 대한 설명으로 옳지 않은 것은?

① 총제곱의 합 중 설명된 제곱의 합의 비율을 뜻한다.

② 종속변수에 미치는 영향이 적은 독립변수가 추가된다면 결정계수는 변하지 않는다.

③ R^2의 값이 클수록 회귀선으로 실제 관찰치를 예측하는 데 정확성이 높아진다.

④ 독립변수와 종속변수 간의 표본상관계수 r의 제곱값과 같다.

94 회귀분석에서 독립변수에 의해서 설명되는 종속변수의 비율을 무엇이라고 하는가?

① 회귀계수(Regression coefficient)

② 신뢰계수(Coefficient confindence)

③ 결정계수(Coefficient of defermination)

④ 자유도(Degree of freedom)

95 두 변수 X와 Y가 서로 독립일 때 X와 Y의 회귀직선의 기울기는?

① 0

② 1

③ 0.5

④ −1

93.

② 종속변수에 미치는 영향이 적더라도 독립변수가 추가되면 결정계수는 변한다.

94.

결정계수는 R^2으로 나타내고 R^2이 클수록 회귀선은 실제관찰치를 예측하는 데 정확하다.

95.

X와 Y가 완전상관일 때 X와 Y의 회귀직선의 기울기는 1이다.

96 교육수준에 따른 생활만족도의 차이를 다양한 매개변수를 통제한 상태에서 비교하기 위해 다중회귀분석을 실시하고자 한다. 교육수준을 5개의 범주로(무학, 초등교졸, 중졸, 고졸, 대졸 이상) 등을 측정하였다. 이때 교육 수준별 차이를 나타내는 더미변수(Dummy variable)를 몇 개 만들어야 하겠는가?

① 1개
② 2개
③ 4개
④ 5개

97 다음 중 더빈 왓슨계수에 대한 설명으로 옳지 않은 것은?

① 자동상관의 존재유무를 판정하는 데 이용된다.
② 더빈–왓슨값이 4에 가까우면 부(−)의 상관관계를 나타낸다.
③ 더빈–왓슨값이 2에 가까우면 정(+)의 상관관계를 나타낸다.
④ 더빈–왓슨값이 0이나 4에 가까울수록 잔차들 간의 상관관계 모형이 적합하지 않다.

98 다음 단순회귀모형을 $y = \alpha + \beta_x + \epsilon,\ \epsilon \sim N(0,\ \sigma^2)$이라 설정할 때 오차제곱의 합을 최소로 하는 α, β를 찾는 방법으로 옳은 것은?

① 최우추정법
② 일치추정법
③ 최소자승법
④ 불편추정법

96.

회귀분석에서 독립변수가 정상적 변수일 때 분석을 위해 더미변수를 써서 회귀분석한다. 교육수준의 5개의 범주를 더미변수로 만들 때 변수 간의 선형종속 때문에 [변수의 수(교육수준의 수) − 1]개의 더미변수가 필요하며 다음과 같이 만든다. 이는 대졸 이상을 다른 수준들과 비교하는 기준으로 사용된다.

계절변수	더미변수 D_1	더미변수 D_2	더미변수 D_3	더미변수 D_4
무학	1	0	0	0
초등교졸	0	1	0	0
중졸	0	0	1	0
고졸	0	0	0	1
대졸 이상	0	0	0	0

97.

③ 더빈–왓슨값이 0에 가까우면 정의 상관관계를 나타내지만 2에 가까우면 자동상관이 무시될 수 있다.

98.

최소자승법은 Gauss가 창안한 것으로 가장 오래된 추정방법이다. 최소자승법에 의해 구해지는 α, β를 최소자승추정량이라 한다.

99 다음 회귀분석의 기본 가정인 $Y_i = \alpha + \beta X_i + \epsilon_i$의 설명으로 옳은 것은?

① 독립변수 X는 확률변수이다.

② 오차항 ϵ_i는 비정규분포를 이루며 서로 독립적이다.

③ 오차항 ϵ_i는 모두 동일한 분산을 가지며 기댓값은 0이다.

④ X와 Y는 비선형종속관계이다.

100 회귀모형을 적합한 결과 $\hat{y} = 10 + x_1 + 5x_2$를 얻었다. 두 변수 x_1과 x_2의 상대적 중요도에 대한 설명 중 맞는 것은?

① y를 설명하는 데 있어 x_2는 x_1보다 5배 더 중요하다.

② y를 설명하는 데 있어 x_1은 x_2보다 5배 더 중요하다.

③ 둘 다 똑같이 중요하다.

④ x_1과 x_2는 단위가 다를 수 있고 정의된 범위가 다를 수 있기 때문에 상대적 중요도를 함부로 말할 수 없다.

101 다음 결정계수에 대한 설명으로 옳지 않은 것은?

① 결정계수 $R^2 = \dfrac{\sum (\hat{Y} - \overline{Y})^2}{\sum (Y_i - \overline{Y})^2}$ 이다.

② 오차의 제곱합이 0이면 결정계수는 1의 값을 갖는다.

③ 추정기울기 b_1이 0이면 오차제곱의 합과 총 제곱합이 같으므로 결정계수는 0이다.

④ R은 X와 Y의 상관관계로 R^2값이 -1에 가까우면 X와 Y의 상관관계가 높아진다.

99.

① X는 비확률변수이다.

② 오차항 ϵ_i는 정규분포를 이룬다.

④ X와 Y는 선형종속관계이다.

100.

④ 오차항의 가정과 각각의 독립변수에 대하여는 동일하며 독립변수들 사이에는 독립적인 사실이 있으므로 상대적 중요도를 함부로 말할 수 없다.

101.

④ R은 X와 Y의 상관관계로 $0 \leq R^2 \leq 1$의 값을 가지며, R^2의 값이 0에 가까우면 낮은 상관관계를 갖고 1에 가까우면 높은 상관관계를 갖는다.

102 $\hat{Y} = 7 + 2X_1 + 5X_2$에서 회귀계수 2가 의미하는 것은?

① Y값은 2에서 일정하다.

② X_1이 1단위 증가하면 Y는 2단위 증가한다.

③ X_2가 일정하면 X_1이 1단위 증가할 때 Y는 2단위 증가한다.

④ X_1과 X_2가 각각 1단위씩 증가하면 Y는 14단위 증가한다.

102.

회귀계수의 추정값은 다른 변수를 일정하게 하고 1 단위 증가할 때 종속변수 값이 변한 값임

103 잔차제곱의 합을 최소화시키는 최소자승법(Ordinary Least Squares : OLS)은?

① $\min |Y_i - \hat{Y}_i|$

② $\min (Y_i - \hat{Y}_i)^2$

③ $\min (Y_i + \hat{Y}_i)^2$

④ $\min \sum (Y_i - \hat{Y}_i)^2$

103.

잔차 $= Y_i - \hat{Y}_i$

104 국방비, 비국방비, 총지출에 대한 회귀분석의 결과가 다음과 같다. 아래의 회귀분석결과에 대한 해석으로 옳은 것은?

	국방비	비국방비	총 일반지출
상수	77.0(2.07)*	102.0(1.9)	178.04(2.27)*
전년도 지출	1.08(53.1)**	1.13(78.2)**	1.12(78.54)**
R^2	0.991	0.995	0.995
D/W	0.71	1.09	0.51
( ): t값,　　*$p < 0.05$,　　**$p < 0.01$			

① 국방비, 비국방비, 총 일반지출의 상수는 모두 유의미하다.

② 국방비, 비국방비, 총 일반지출의 회귀분석에서 계열상관이 없다.

③ 국방비, 비국방비, 총 일반지출에 대한 전년도 지출의 설명력이 높은 것은 계열상관이 없기 때문이다.

④ 국방비, 비국방비, 총 일반지출 수준은 전년도 지출수준에 의해서 결정된다.

104.

① 비국방비 상수항에 대해서 귀무가설 채택하므로 유의미하지 않음

②③ D/W 통계량이 2에 가까우면 계열상관이 없으나, 0에 가까우면 양의 상관임

105 1인당 GNP(X)가 정부예산(Y)에 미치는 영향력을 분석하기 위해 단순회귀분석의 모형과 검증통계량은 다음과 같다. 아래 검증에 대한 설명으로 옳은 것은 어느 것인가?

$$Y = a + bX,\ b = 0.9489,\ t = 24.15,\ p-value < 0.001$$

① 1인당 GNP는 정부예산에 의미 있는 영향을 미치지 못한다.

② 1인당 GNP는 정부예산에 의미 있는 영향을 미친다.

③ 회귀계수는 0에 가깝다.

④ 유의수준이 .01인 경우에는 검증결과가 다르게 해석될 수 있다.

106 다음 단순회귀모형에 관한 설명으로 옳은 것은?

(단, $S_Y^2 = \sum_1^n (Y_i - \overline{Y})^2,\ S_X^2 = \sum_1^n (X_i - \overline{X})^2,\ e_i \sim N(0,\ \sigma^2)$)

$$Y_i = \alpha + \beta X_i + \epsilon_i,\ i = 1,\ 2,\ \cdots,\ n$$

① X와 Y의 표본상관계수를 r이라 하면 β의 최소제곱추정량은 $\hat{\beta} = r \dfrac{S_Y}{S_X}$이다.

② 모형에서 X_i와 Y_i를 바꾸어도 β의 추정량은 같다.

③ X가 Y의 변동을 설명하는 정도는 결정계수로 계산되며 Y의 변동이 작아질수록 높아진다.

④ 오차항 $e_1,\ e_2,\ \cdots,\ e_n$의 분산이 동일하지 않아도 무방하다.

105.

1인당 GNP(X)에 대한 유의성 검정에서 유의확률이 .001보다 작으므로 정부예산(Y)에 유의미한 영향을 미침

106.

② 반응변수와 설명변수가 바뀌면 β의 추정량은 다르다.

③ 회귀의 의한 변동이 클수록 결정계수는 높아진다.

④ 오차항의 분산은 동일하다는 가정을 따른다.

107 단순회귀분석의 기본가정에 대한 설명으로 틀린 것은?

① 오차항은 정규분포를 따른다.

② 독립변수와 오차는 상관계수가 0 이다.

③ 오차항의 기댓값은 0 이다.

④ 오차항들의 분산이 항상 같지는 않다.

108 다음은 독립변수가 k개인 경우의 중회귀모형이다. 최소제곱법에 의한 회귀계수 벡터 β의 추정식 b는? (단, $y = \begin{bmatrix} y_1 \\ y_2 \\ \vdots \\ y_n \end{bmatrix}$,

$X = \begin{bmatrix} 1 & x_{11} & x_{12} & \cdots & x_{1k} \\ 1 & x_{21} & x_{22} & \cdots & x_{2k} \\ \vdots & \vdots & \vdots & \vdots & \vdots \\ 1 & x_{n1} & x_{n2} & \cdots & x_{nk} \end{bmatrix}$, $\beta = \begin{bmatrix} \beta_0 \\ \beta_1 \\ \beta_2 \\ \vdots \\ \beta_k \end{bmatrix}$, $\epsilon = \begin{bmatrix} \epsilon_1 \\ \epsilon_2 \\ \vdots \\ \epsilon_n \end{bmatrix}$ 이며, X' 은

X의 변환행렬)

$$y = X\beta + \epsilon$$

① $b = X^{-1}y$

② $b = X'y$

③ $b = (X'X)^{-1}X'y$

④ $b = (X'X)^{-1}y$

107.

기본가정으로 오차항은 정규성, 등분산성, 독립성이 있다.

$\epsilon_i \sim iid\, N(0, \sigma^2)$

그러므로 오차항들의 분산은 항상 같아야 한다.

108.

중회귀모형에서 최소제곱법에 의한 회귀계수의 추정식 $b = (X'X)^{-1}X'y$ 이다.

109 단순회귀분석에서 회귀직선의 추정식이 $\hat{y} = 0.5 - 2x$와 같이 주어졌을 때의 설명으로 틀린 것은?

① 반응변수는 y이고, 설명변수는 x이다.

② 설명변수가 한 단위 증가할 때 반응변수는 2단위 감소한다.

③ 반응변수와 설명변수의 상관계수는 0.5이다.

④ 설명변수가 0일 때 반응변수의 예측값은 0.5이다.

110 회귀분석 결과 분산분석표에서 잔차제곱합(SSE)은 60, 총제곱합(SST)은 240임을 알았다. 이 회귀모형에서 결정계수는 얼마인가?

① 0.25

② 0.5

③ 0.75

④ 0.95

109.

단순회귀분석에서 회귀직선의 추정식으로 반응변수와 설명변수의 상관계수를 확인할 수 없음. 단 R^2(결정계수)가 주어진다면, 두 변수의 상관계수 r의 제곱이 R^2이 된다.

110.

$$R^2 = \frac{SSR}{SST} = 1 - \frac{SSE}{SST}$$
$$= 1 - (60/240) = 1 - 0.25 = 0.75$$

111 회귀분석모형에서는 독립변수가 질적 변수이며 그 범주가 5개인 경우에는 가변수가 몇 개가 되어야 하는가?

① 0개

② 4개

③ 5개

④ 6개

111.

가변수(더미변수) = 범주 수 − 1
= 5 − 1
= 4

분포표

분포표

표-1. 표준정규분포표

Z	0.00	0.01	0.02	0.03	0.04	0.05	0.06	0.07	0.08	0.09
0.0	.0000	.0040	.0080	.0120	.0160	.0199	.0239	.0279	.0319	.0359
0.1	.0398	.0438	.0478	.0517	.0557	.0596	.0636	.0675	.0714	.0753
0.2	.0793	.0832	.0871	.0910	.0948	.0987	.1026	.1064	.1103	.1141
0.3	.1179	.1217	.1255	.1293	.1331	.1368	.1406	.1443	.1480	.1517
0.4	.1554	.1591	.1628	.1664	.1700	.1736	.1772	.1808	.1844	.1879
0.5	.1915	.1950	.1985	.2019	.2054	.2088	.2123	.2157	.2190	.2224
0.6	.2257	.2291	.2324	.2357	.2389	.2422	.2454	.2486	.2518	.2549
0.7	.2580	.2611	.2642	.2673	.2704	.2734	.2764	.2794	.2823	.2852
0.8	.2881	.2910	.2939	.2967	.2995	.3023	.3051	.3078	.3106	.3133
0.9	.3159	.3186	.3212	.3238	.3264	.3289	.3315	.3340	.3365	.3389
1.0	.3413	.3438	.3461	.3485	.3508	.3531	.3554	.3577	.3599	.3621
1.1	.3643	.3665	.3686	.3708	.3729	.3749	.3770	.3790	.3810	.3830
1.2	.3849	.3869	.3888	.3907	.3925	.3944	.3962	.3980	.3997	.4015
1.3	.4032	.4049	.4066	.4082	.4099	.4115	.4131	.4147	.4162	.4177
1.4	.4192	.4207	.4222	.4236	.4251	.4265	.4279	.4292	.4306	.4319
1.5	.4332	.4345	.4357	.4370	.4382	.4394	.4406	.4418	.4429	.4441
1.6	.4452	.4463	.4474	.4484	.4495	.4505	.4515	.4525	.4535	.4545
1.7	.4554	.4564	.4573	.4582	.4591	.4599	.4608	.4616	.4625	.4633
1.8	.4641	.4649	.4656	.4664	.4671	.4678	.4686	.4693	.4699	.4706
1.9	.4713	.4719	.4726	.4732	.4738	.4744	.4750	.4756	.4761	.4767
2.0	.4772	.4778	.4783	.4788	.4793	.4798	.4803	.4808	.4812	.4817
2.1	.4821	.4826	.4830	.4834	.4838	.4842	.4846	.4850	.4854	.4857
2.2	.4861	.4864	.4868	.4871	.4875	.4878	.4881	.4884	.4887	.4890
2.3	.4893	.4896	.4898	.4901	.4904	.4906	.4909	.4911	.4913	.4916
2.4	.4918	.4920	.4922	.4925	.4927	.4929	.4931	.4932	.4934	.4936
2.5	.4938	.4940	.4941	.4943	.4945	.4946	.4948	.4949	.4951	.4952
2.6	.4953	.4955	.4956	.4957	.4959	.4960	.4961	.4962	.4963	.4964
2.7	.4965	.4966	.4967	.4968	.4696	.4970	.4971	.4972	.4973	.4974
2.8	.4974	.4975	.4976	.4977	.4977	.4978	.4979	.4980	.4980	.4981
2.9	.4981	.4982	.4982	.4983	.4984	.4984	.4985	.4985	.4986	.4986
3.0	.4987	.4987	.4987	.4988	.4988	.4989	.4989	.4989	.4990	.4990

예 Z = 1.24일 때 빗금친 부분의 확률은 0.3925임

표-2. T-분포표

자유도	α=0.4	0.25	0.1	0.05	0.025	0.01	0.005
1	0.325	1.000	3.078	6.314	12.706	31.821	63.657
2	.289	0.816	1.886	2.920	4.303	6.965	9.925
3	.277	.765	1.638	2.353	3.182	4.541	5.841
4	.271	.741	1.533	2.132	2.776	3.747	4.604
5	0.267	0.727	1.476	2.015	2.571	3.365	4.032
6	.265	.718	1.440	1.943	2.447	3.143	3.707
7	.263	.711	1.415	1.895	2.365	2.998	3.499
8	.262	.706	1.397	1.860	2.306	2.896	3.355
9	.261	.703	1.383	1.833	2.262	2.821	3.250
10	0.260	0.700	1.372	1.812	2.228	2.764	3.169
11	.260	.697	1.363	1.796	2.201	2.718	3.106
12	.259	.695	1.356	1.782	2.179	2.681	3.055
13	.259	.694	1.350	1.771	2.160	2.650	3.012
14	.258	.692	1.345	1.761	2.145	2.624	2.977
15	0.258	0.691	1.341	1.753	2.131	2.602	2.947
16	.258	.690	1.337	1.746	2.120	2.583	2.921
17	.257	.689	1.333	1.740	2.110	2.567	2.898
18	.257	.688	1.330	1.734	2.101	2.552	2.878
19	.257	.688	1.328	1.729	2.093	2.539	2.861
20	0.257	0.687	1.325	1.725	2.086	2.528	2.845
21	.257	.686	1.323	1.721	2.080	2.518	2.831
22	.256	.686	1.321	1.717	2.074	2.508	2.819
23	.256	.685	1.319	1.714	2.069	2.500	2.807
24	.256	.685	1.318	1.711	2.064	2.492	2.797
25	0.256	0.684	1.316	1.708	2.060	2.485	2.787
26	.256	.684	1.315	1.706	2.056	2.479	2.779
27	.256	.684	1.314	1.703	2.052	2.473	2.771
28	.256	.683	1.313	1.701	2.048	2.467	2.763
29	.256	.683	1.311	1.699	2.045	2.462	2.756
30	0.256	0.683	1.310	1.697	2.042	2.457	2.750
40	.255	.681	1.303	1.684	2.021	2.423	2.704
60	.254	.679	1.296	1.671	2.000	2.390	2.660
120	.254	.677	1.289	1.658	1.980	2.358	2.617
∞	.253	.674	1.282	1.645	1.960	2.326	2.576

예 자유도가 7일 때 t값이 1.895이면 오른쪽 끝의 빗금친 부분의 확률은 5%임

표-3. 카이제곱분포표(χ^2-분포)

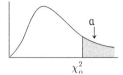

α v	0.995	0.99	0.975	0.95	0.9	0.5	0.1	0.05	0.025	0.01	0.005
1	0.00004	0.0002	0.001	0.004	0.02	0.45	2.71	3.84	5.02	6.63	7.88
2	0.01	0.02	0.05	0.10	0.21	1.39	4.61	5.99	7.38	9.21	10.60
3	0.07	0.11	0.22	0.35	0.58	2.37	6.25	7.81	9.35	11.34	12.84
4	0.21	0.30	0.48	0.71	1.06	3.36	7.78	9.49	11.14	13.28	14.86
5	0.41	0.55	0.83	1.15	1.61	4.35	9.24	11.07	12.83	15.09	16.75
6	0.68	0.87	1.24	1.64	2.20	5.35	10.64	12.59	14.45	16.81	18.55
7	0.99	1.24	1.69	2.17	2.83	6.35	12.02	14.07	16.01	18.48	20.28
8	1.34	1.65	2.18	2.73	3.49	7.34	13.36	15.51	17.53	20.09	21.95
9	1.73	2.09	2.70	3.33	4.17	8.34	14.68	16.92	19.02	21.67	23.59
10	2.16	2.56	3.25	3.94	4.87	9.34	15.99	18.31	20.48	23.21	25.19
11	2.60	3.05	3.82	4.57	5.58	10.34	17.28	19.68	21.92	24.72	26.76
12	3.07	3.57	4.40	5.23	6.30	11.34	18.55	21.03	23.34	26.22	28.30
13	3.57	4.11	5.01	5.89	7.04	12.34	19.81	22.36	24.74	27.69	29.82
14	4.07	4.66	5.63	6.57	7.79	13.34	21.06	23.68	26.12	29.14	31.32
15	4.60	5.23	6.26	7.26	8.55	14.34	22.31	25.00	27.49	30.58	32.80
16	5.14	5.81	6.91	7.96	9.31	15.34	23.54	26.30	28.85	32.00	34.27
17	5.70	6.41	7.56	8.67	10.09	16.34	24.77	27.59	30.19	33.41	35.72
18	6.26	7.01	8.23	9.39	10.86	17.34	25.99	28.87	31.53	34.81	37.16
19	6.84	7.63	8.91	10.12	11.65	18.34	27.20	30.14	32.85	36.19	38.58
20	7.43	8.26	9.59	10.85	12.44	19.34	28.41	31.41	34.17	37.57	40.00
21	8.03	8.90	10.28	11.59	13.24	20.34	29.62	32.67	35.48	38.93	41.40
22	8.64	9.54	10.98	12.34	14.04	21.34	30.81	33.92	36.78	40.29	42.80
23	9.26	10.20	11.69	13.09	14.85	22.34	32.01	35.17	38.08	41.64	44.18
24	9.89	10.86	12.40	13.85	15.66	23.34	33.20	36.42	39.36	42.98	45.56
25	10.52	11.52	13.12	14.61	16.47	34.34	34.38	37.65	40.65	44.31	46.93
26	11.16	12.20	13.84	15.38	17.29	25.34	35.56	38.89	41.92	45.64	48.29
27	11.81	12.88	14.57	16.15	18.11	26.34	36.74	40.11	43.19	46.96	49.64
28	12.46	13.56	15.31	16.93	18.94	27.34	37.92	41.34	44.46	48.28	50.99
29	13.12	14.26	16.05	17.71	19.77	28.34	39.09	42.56	45.72	49.59	52.34
30	13.79	14.95	16.79	18.49	20.60	29.34	40.26	43.77	46.98	50.89	53.67
40	20.71	22.16	24.43	26.51	29.05	39.34	51.81	55.76	59.34	63.69	66.77
50	27.99	29.71	32.36	34.76	37.69	49.33	63.17	67.50	71.42	76.15	79.49
60	35.53	37.48	40.48	43.19	46.46	59.33	74.40	79.08	83.30	88.38	91.95
70	43.28	45.44	48.76	51.74	55.33	69.33	85.53	90.53	95.02	100.43	104.21
80	51.17	53.54	57.15	60.39	64.28	79.33	96.58	101.88	106.63	112.33	116.32
90	59.20	61.75	65.56	69.13	73.29	89.33	107.57	113.15	118.14	124.12	128.30
100	67.33	70.06	74.22	77.93	82.36	99.33	118.50	124.34	129.56	135.81	140.17

예 v(자유도)가 5이고 χ^2(카이제곱 값)이 4.35일 때 오른쪽 끝의 빗금 친 부분의 확률은 0.5임

서원각 교재와 함께하는 STEP

공무원 학습방법

01 파워특강

공무원 시험을 처음 시작할 때
파워특강으로 핵심이론 파악

02 기출문제 정복하기

기본개념 학습을 했다면
과목별 기출문제 회독하기

03 전과목 총정리

전 과목을 한 권으로 압축한
전과목 총정리로 개념 완성

04 전면돌파 면접

필기합격!
면접 준비는 실제 나온 문제를
기반으로 준비하기

서원각과 함께하는
공무원 합격을 위한
공부법

05 인적성검사 준비하기

중요도가 점점 올라가는
인적성검사, 출제 유형 파악하기

제공도서 : 소방, 교육공무직

• 교재와 함께 병행하는 학습 step3 •

1step 회독하기

최소 3번 이상의
회독으로 문항을 분석

2step 오답노트
 YES
 NO
틀린 문제 알고 가자!

3step 백지노트

오늘 공부한 내용,
빈 백지에 써보면서 암기

다양한 정보와
이벤트를 확인하세요!

서원각 블로그에서 제공하는 용어를 보면서 알아두면 유용한 시사, 경제, 금융 등 다양한 주제의 용어를 공부해보세요. 또한 블로그를 통해서 진행하는 이벤트를 통해서 다양한 혜택을 받아보세요.

최신상식용어
최신 상식을 사진과 함께 읽어보세요.

시험정보
최근 시험정보를 확인해보세요.

도서이벤트
다양한 교재이벤트에 참여해서 혜택을 받아보세요.

상식 톡톡　　최신 상식용어 제공!
알아두면 좋은 최신 용어를 학습해보세요. 매주 올라오는 용어를 보면서 다양한 용어 학습!

학습자료실　　학습 PDF 무료제공
일부 교재에 보다 풍부한 학습자료를 제공합니다. 홈페이지에서 다양한 학습자료를 확인해보세요.

도서상담　　교재 관련 상담게시판
서원각 교재로 학습하면서 궁금하셨던 점을 물어보세요.

QR코드 찍으시면
서원각 홈페이지(www.goseowon.com)에 빠르게 접속할 수 있습니다.